毫米波通信系统混合预编码理论与算法

刘福来　著

西安电子科技大学出版社

内 容 简 介

本书以毫米波大规模MIMO系统混合预编码为重点，由浅入深地介绍了毫米波大规模MIMO系统混合预编码的相关理论与优化算法，主要包括带有恒模约束的矩阵列向量优化的单用户混合预编码算法、适用于部分连接的低计算复杂度的多用户非线性混合预编码算法、高能效自适应的混合预编码结构与算法、基于神经网络等的智能混合预编码算法等。本书相关章节给出了详细的混合预编码理论、系统模型、算法原理、仿真实验及性能分析等。通过仿真实验，验证毫米波大规模MIMO系统混合预编码相关理论和算法在提高系统频谱效率、降低系统功耗、增强系统鲁棒性等方面的可靠性和有效性。

本书既适合无线通信专业高年级本科生、研究生学习毫米波大规模MIMO系统混合预编码的相关内容，也可供工程技术人员研究开发毫米波大规模MIMO系统混合预编码时参考。

图书在版编目(CIP)数据

毫米波通信系统混合预编码理论与算法 / 刘福来著. —西安：西安电子科技大学出版社，2022.4

ISBN 978-7-5606-6296-1

Ⅰ. ①毫…　Ⅱ. ①刘…　Ⅲ. ①毫米波传播—无线电信道—信道编码

Ⅳ. ①TP84②TN911.22

中国版本图书馆CIP数据核字(2021)第252442号

策划编辑　刘小莉

责任编辑　汪　飞　刘小莉

出版发行　西安电子科技大学出版社(西安市太白南路2号)

电　　话　(029)88202421　88201467　　邮　　编　710071

网　　址　www.xduph.com　　电子邮箱　xdupfxb001@163.com

经　　销　新华书店

印刷单位　西安日报社印务中心

版　　次　2022年4月第1版　2022年4月第1次印刷

开　　本　787毫米×1092毫米　1/16　印张 18

字　　数　424千字

定　　价　50.00元

ISBN 978-7-5606-6296-1 / TP

XDUP 6598001-1

＊＊＊如有印装问题可调换＊＊＊

前言

随着宽带移动无线设备的大量普及，无线通信技术正面临着频谱资源危机。据估算，在未来10年内，无线通信业务量将出现500～1000倍的增长，多样化的应用场景和海量的设备连接对5G提出了严峻的挑战。其中，5G面临的一个严峻问题是频谱资源日益紧张，因此，需寻求以及探索各种方法以提高无线通信的频谱效率，或者开发新的频谱通信技术，才能满足人们快速增长的无线通信需求。

为了解决频谱资源短缺的问题，各国研究人员纷纷将目光转向更高传输频率的毫米波(Millimeter Wave，mmWave)传输系统。由于毫米波频段能提供几十到几百吉赫兹的空闲频谱资源，因此，它可在物理层面解决频谱资源短缺的问题，毫米波通信被认为是5G系统甚至未来6G传输系统的关键技术之一。其中，5G网络的关键在于探索3 GHz到300 GHz的高频毫米波频段。然而，在毫米波频段中，不仅信号的路径损耗很大，而且信道具有空间选择性，为解决以上这些问题，研究人员近年来将毫米波通信系统和大规模MIMO系统相结合以提高系统容量。由于毫米波通信系统波长λ较短，阵元间距小于或等于0.5λ，系统能够集成大规模天线阵列，而且毫米波的短波长和窄波束特性使得大规模天线阵列能够得到更好的应用，因此，毫米波技术和大规模MIMO技术相结合，能使得这两种技术的优势得到充分发挥。与此同时，在毫米波大规模MIMO系统中使用有效的混合预编码技术，能克服毫米波在传输过程中的路径损耗，并能建立高速率、低能耗的混合预编码结构。在毫米波大规模MIMO系统中，受能耗和成本等因素的限制，设计合理的预编码算法尤其重要。研究性能优良、计算复杂度低、能耗低和能量效率高的毫米波大规模MIMO混合预编码结构以及基于混合预编码结构的优化算法一直是国内外通信领域研究的热点，也是5G实现的基础，对5G通信产业的发展起着积极的作用，具有重要的应用价值和研究意义。

本书是以作者长期进行的相关科学研究工作为支撑，介绍毫米波通信系统混合预编码理论与算法的专著。作者是从事该技术研究的专业工作者，一直专注于毫米波通信系统混合预编码理论与算法研究，是我国较早从事这一领域研究的学者之一。研究期间，作者提出了几种性能优良、计算复杂度低、能耗低和能量效率高的毫米波大规模MIMO混合预编码结构以及基于混合预编码结构的混合预编码优化算法。这些算法为实现毫米波大规模MIMO系统能耗与数据传输速率的联合优化奠定了理论基础，部分研究成果填补了混合预编码相关技术的空白。作者致力于推动我国毫米波通信系统混合预编码通信技术的发展，多次获得相关科研项目的支持，科研项目主要涉及毫米波通信系统混合预编码关键技术、频谱大数据处理、压缩感知理论及应用等多方面的内容。经过多年的努力，项目组取得了大量的研究成果。在对这些成果梳理和总结的基础上，作者编撰了本书。

本书共分为7章，第1章介绍毫米波基础理论、毫米波通信以及毫米波混合预编码。

第2章介绍大规模MIMO系统特性、无线信道特征、天线阵列、预编码理论。

第3章阐述毫米波大规模MIMO混合预编码的基础理论，包括混合预编码基础、混合预编码与系统性能的数学关系、经典混合预编码算法，并给出上述相应算法的仿真实验与性能分析。

第 4 章给出基于 Givens-LS、P-OMP-IR、W-LS-IR 单用户混合预编码算法的系统模型、算法原理、计算复杂度分析、仿真实验及性能分析。

第 5 章阐述基于 TH-ROD、THP-CR、THP-OR 多用户混合预编码算法的系统模型、算法原理、仿真实验及性能分析。

第 6 章阐述新型高能效自适应混合预编码算法，分别给出基于自适应全连接结构的 BB-GPM 单用户混合预编码算法、基于自适应全连接结构的 BCD-GPM 单用户混合预编码算法、基于自适应部分连接结构的单用户混合预编码算法、基于 PCPS-S 结构的单用户混合预编码算法以及基于自适应结构的多用户混合预编码算法。此外，本章还给出上述相应算法的计算复杂度分析、仿真实验及性能分析。

第 7 章阐述智能混合预编码算法，分别给出基于机器学习的自适应连接混合预编码算法、基于深度学习的单用户混合预编码算法、基于深度学习的多用户混合预编码算法，并给出上述相应算法的仿真实验及性能分析。

本书由刘福来编撰，由史宝珠统稿和审阅。本书是作者长期从事毫米波通信系统混合预编码相关研究成果的提炼。东北大学秦皇岛分校的白晓宇、阚晓东、王欣伟、张延硕等对毫米波通信系统混合预编码的理论与算法进行了广泛而深入的研究，他们所取得的有关成果对本书起到了重要作用，在此一并向他们表示感谢！另外十分感谢姬雅慧、吴煜晨、苏志博、余秋颖等在本书图片、公式等编辑工作方面所做出的贡献。

由于作者水平有限，书中不足之处在所难免，恳请专家和读者批评指正。

作者
2021 年 5 月

目　录

第 1 章　绪论 …… 1

1.1　引言 …… 1

1.2　毫米波基础理论 …… 1

1.2.1　毫米波频段 …… 1

1.2.2　毫米波特性 …… 2

1.3　毫米波通信 …… 6

1.3.1　发展历程 …… 6

1.3.2　通信方式 …… 7

1.3.3　基本组成 …… 8

1.4　毫米波混合预编码 …… 9

1.4.1　基本概述 …… 9

1.4.2　混合预编码结构研究现状 …… 12

1.4.3　混合预编码算法研究现状 …… 16

1.5　本章小结 …… 20

参考文献 …… 20

第 2 章　大规模 MIMO 系统与预编码基础理论 …… 27

2.1　引言 …… 27

2.2　大规模 MIMO 系统特征 …… 27

2.3　无线信道特征 …… 29

2.3.1　信道的传播 …… 29

2.3.2　阵列的结构 …… 31

2.3.3　用户的信道建模 …… 31

2.4　天线阵列 …… 32

2.4.1　波束赋形 …… 32

2.4.2　大规模天线阵列 …… 33

2.5　预编码理论 …… 34

2.5.1　系统原理 …… 35

2.5.2　基本原则 …… 36

2.5.3　基本分类 …… 39

2.5.4　经典算法模型 …… 43

2.6　本章小结 …… 49

参考文献 …… 49

第 3 章　毫米波大规模 MIMO 系统混合预编码基础理论 …… 53

3.1　引言 …… 53

3.2 混合预编码的基础 …… 53
3.2.1 信道模型 …… 53
3.2.2 系统结构 …… 55
3.3 混合预编码与系统性能的数学关系 …… 60
3.3.1 单用户系统 …… 60
3.3.2 多用户系统 …… 65
3.4 经典混合预编码算法 …… 69
3.4.1 SVD 混合预编码算法 …… 69
3.4.2 OMP 稀疏混合预编码算法 …… 70
3.5 仿真实验与性能分析 …… 71
3.5.1 SVD 混合预编码算法 …… 71
3.5.2 OMP 稀疏混合预编码算法 …… 73
3.6 本章小结 …… 76
参考文献 …… 76
第4章 单用户混合预编码算法 …… 78
4.1 引言 …… 78
4.2 Givens-LS 单用户混合预编码算法 …… 78
4.2.1 系统模型 …… 78
4.2.2 算法原理 …… 80
4.2.3 计算复杂度分析 …… 88
4.2.4 仿真实验及性能分析 …… 90
4.3 P-OMP-IR 单用户混合预编码算法 …… 95
4.3.1 系统模型 …… 95
4.3.2 算法原理 …… 97
4.3.3 计算复杂度分析 …… 103
4.3.4 仿真实验及性能分析 …… 105
4.4 W-LS-IR 单用户混合预编码算法 …… 108
4.4.1 系统模型 …… 109
4.4.2 算法原理 …… 112
4.4.3 计算复杂度分析 …… 114
4.4.4 仿真实验及性能分析 …… 117
4.5 本章小结 …… 122
参考文献 …… 123
第5章 多用户混合预编码算法 …… 125
5.1 引言 …… 125
5.2 TH-ROD 多用户混合预编码算法 …… 125
5.2.1 系统模型 …… 125
5.2.2 算法原理 …… 127
5.2.3 仿真实验及性能分析 …… 139

5.3　THP-CR 多用户混合预编码算法 …… 146
5.3.1　系统模型 …… 146
5.3.2　算法原理 …… 149
5.3.3　仿真实验及性能分析 …… 154
5.4　THP-OR 多用户混合预编码算法 …… 158
5.4.1　系统模型 …… 158
5.4.2　算法原理 …… 159
5.4.3　仿真实验及性能分析 …… 165
5.5　本章小结 …… 172
参考文献 …… 172
第 6 章　新型高能效自适应混合预编码算法 …… 175
6.1　引言 …… 175
6.2　系统模型 …… 175
6.3　自适应混合预编码结构 …… 176
6.3.1　“感知—适应—行动”环 …… 176
6.3.2　自适应全连接混合预编码结构 …… 177
6.3.3　自适应部分连接混合预编码结构 …… 178
6.3.4　PCPS-S 结构 …… 178
6.3.5　FCPS-S 结构 …… 181
6.4　基于自适应全连接结构的 BB-GPM 单用户混合预编码算法 …… 184
6.4.1　问题描述 …… 184
6.4.2　模拟开关预编码矩阵优化 …… 184
6.4.3　模拟移相预编码矩阵优化 …… 188
6.4.4　数字预编码矩阵优化 …… 190
6.4.5　计算复杂度分析 …… 191
6.4.6　仿真实验及性能分析 …… 192
6.5　基于自适应全连接结构的 BCD-GPM 单用户混合预编码算法 …… 198
6.5.1　问题描述 …… 198
6.5.2　模拟开关预编码矩阵优化 …… 200
6.5.3　数字预编码矩阵优化 …… 202
6.5.4　模拟移相预编码矩阵优化 …… 202
6.5.5　计算复杂度分析 …… 204
6.5.6　仿真实验及性能分析 …… 206
6.6　基于自适应部分连接结构的单用户混合预编码算法 …… 215
6.6.1　问题描述 …… 215
6.6.2　模拟开关预编码矩阵优化 …… 216
6.6.3　模拟移相预编码矩阵优化 …… 216
6.6.4　数字预编码矩阵优化 …… 218
6.6.5　计算复杂度分析 …… 219

6.6.6 仿真实验及性能分析 …… 220
6.7 基于 PCPS-S 结构的单用户混合预编码算法 …… 225
6.7.1 问题描述 …… 225
6.7.2 模拟开关预编码矩阵优化 …… 226
6.7.3 数字预编码矩阵优化 …… 229
6.7.4 模拟移相预编码矩阵优化 …… 229
6.7.5 计算复杂度分析 …… 231
6.7.6 仿真实验及性能分析 …… 232
6.8 基于自适应结构的多用户混合预编码算法 …… 241
6.8.1 问题描述 …… 241
6.8.2 混合预编码矩阵优化 …… 242
6.8.3 模拟合并矩阵优化 …… 244
6.8.4 计算复杂度分析 …… 245
6.8.5 仿真实验及性能分析 …… 246
6.9 本章小结 …… 249
参考文献 …… 250
第 7 章 智能混合预编码算法 …… 252
7.1 引言 …… 252
7.2 基于机器学习的自适应连接混合预编码算法 …… 252
7.2.1 系统模型 …… 252
7.2.2 基于自适应交叉熵优化的自适应连接算法 …… 255
7.2.3 仿真实验及性能分析 …… 257
7.3 基于深度学习的单用户混合预编码算法 …… 261
7.3.1 系统模型 …… 261
7.3.2 基于深度学习的单用户混合预编码算法 …… 263
7.3.3 仿真实验及性能分析 …… 265
7.4 基于深度学习的多用户混合预编码算法 …… 268
7.4.1 系统模型 …… 268
7.4.2 基于深度学习的多用户混合预编码算法 …… 269
7.4.3 仿真实验及性能分析 …… 271
7.5 本章小结 …… 273
参考文献 …… 273
附录 数学符号说明 …… 276
后记 …… 278

第1章　绪　论

1.1　引　言

近几十年来，无线通信技术已经深入社会生产和人类生活的方方面面，与此同时无线通信技术也面临着挑战，日益紧张的频谱资源同快速增长的业务需求形成突出矛盾。据估计，在未来10年内，无线通信业务量将出现500～1000倍的增长，多样化的应用场景和海量的设备连接对现有无线通信技术提出了严峻的挑战[1]。为了提高无线通信的频谱效率，解决频谱资源短缺的问题，各种新型调制解调、信号处理的方式日趋复杂。其中，将无线通信的频谱扩展到毫米波(Millimeter Wave，mmWave)频段是近几年无线通信技术的发展趋势，因此毫米波频段具有非常广阔的应用前景。毫米波频段能提供几十到几百吉赫兹的空闲频谱资源，可以有效缓解快速增长的业务需求和频谱资源短缺之间的矛盾，毫米波通信被认为是5G(Fifth Generation)系统甚至未来6G传输系统的关键技术之一[2]。

然而，毫米波通信系统与现有的微波频段(如2.4 GHz频段和5 GHz频段)通信系统相比有很多不足，如高传播损耗等。毫米波通信要征服信号传输中的损耗、时延等方面的挑战才能在未来无线通信技术中产生大的影响，而应对损耗、时延等方面的挑战，毫米波通信系统需要有大容量、低损耗等方面的全新设计思路。为了使读者更加了解毫米波通信及其现状，本章将介绍毫米波的频段、特性，毫米波通信的发展历程、通信方式及基本组成，毫米波混合预编码的基本概述、混合预编码结构及混合预编码算法的研究现状等内容。

1.2　毫米波基础理论

电磁频谱是指电磁波按照频率或波长分段排列所形成的结构谱系。电磁波资源分为两大类：一类是频域电磁波资源；另一类是时域电磁波资源。毫米波是频域电磁波资源中极其重要、不可缺少的一段频谱资源。电磁波资源的开拓是一个漫长的过程，毫米波的开拓更是如此。

1.2.1　毫米波频段

对于电磁频谱频段的划分，不同国家、不同部门、不同应用领域都有不同的划分方法。如美国国防部1970年给出的军用划分：K波段的频谱范围为20～40 GHz，L波段的为40～60 GHz，M波段的为60～100 GHz，N波段的为100～200 GHz，O波段的为200～300 GHz[3]。而国际电信联盟的世界无线电大会分配给空间无线电通信的频段中，Ku波段的频谱范围为10.7～13.5 GHz和14.0～14.5 GHz(简称11/14、12/14 GHz)，Ka波段的为17.7～

20.2 GHz和27.5～30.0 GHz(简称20/30 GHz)，V波段的为40.5～42.5 GHz、42.5～43.5 GHz和47.2～50.2 GHz（简称40 GHz）[3]。图1.1所示是按频率高低划分的电磁频谱频段。

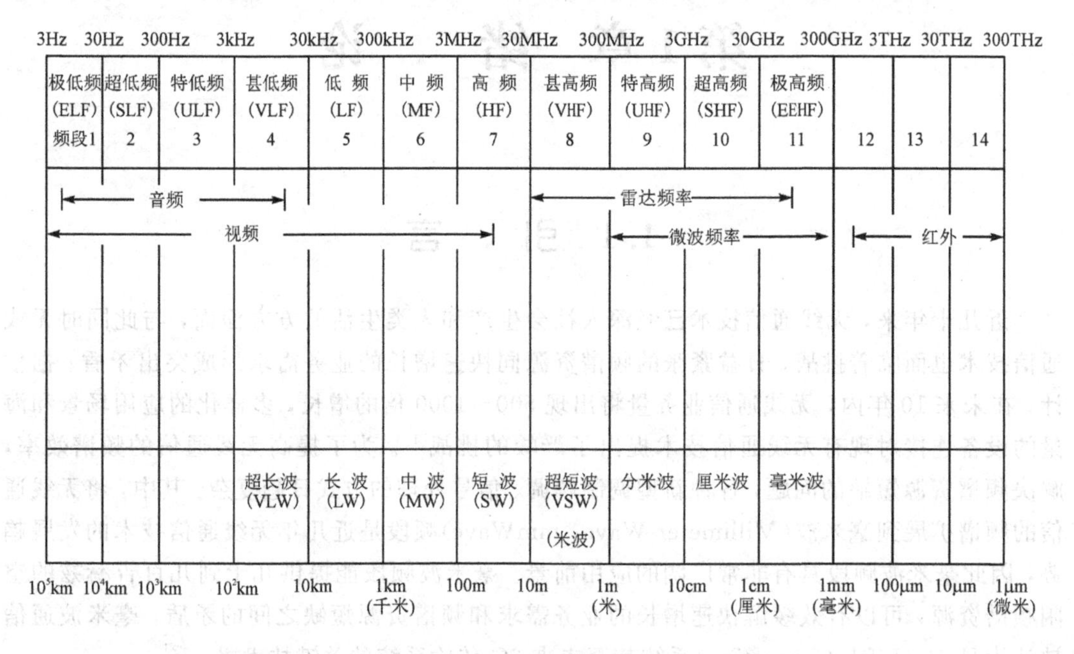

图1.1　电磁频谱频段

毫米波一般是指30～300 GHz的电磁频谱，相应波长为1～10 mm，它位于微波与远红外波相重叠的波长范围，因而兼有两种波谱的特点。根据电磁波的传播特性以及应用领域，毫米波频段又进一步细分为Ka频段、V频段、W频段、T频段(美国联邦通信委员会尚未给出180～300 GHz电磁频谱的具体划分)，如表1.1所示。太赫兹(Tera Hertz, THz)波是指0.1～10 THz的电磁频谱，过去称为近毫米波，在100～300 GHz与毫米波存在重叠。在研究过程中，人们也经常用大气传播窗口的中心频率称上述毫米波，分别为34 GHz、60 GHz、94 GHz、140 GHz、220 GHz频段，或者用对应的波长称上述毫米波，如8 mm、5 mm、3 mm、2 mm、1 mm波段。

表1.1　毫米波频段的具体划分

频段名称	频率范围/GHz
Ka	26.5～40
V	40～75
W	75～110
T	110～180

1.2.2　毫米波特性

在无线电频谱中，毫米波有三个基本特性：波长短、频带宽、大气衰减大。它的基本特性构成了其突出的优点和缺点。从通信领域的应用来看，可将毫米波的优缺点按照其三个基本特性来划分。

1. 波长短

毫米波波长短的优点如下：

第一，可以降低部件和系统的体积与重量。许多微波元器件和电路的尺寸与工作波长密切相关，其基本规律是：波长越短，尺寸越小。例如，工作于C波段(3.22～4.90 GHz)的国产矩形金属波导WJB-40的横截面尺寸为58.20 mm×29.10 mm，而工作于Ka波段(26.4～40.4 GHz)的WJB-320的横截面尺寸为7.112 mm×3.556 mm，后者横截面积仅为前者的1/67。又如工作于3.1 GHz的三阶波导带通滤波器的尺寸(长×宽×高)为17.88 cm×7.2 cm×3.4 cm，而工作于39.35 GHz的装在波导内的三阶鳍线带通滤波器的尺寸为2.48 cm×0.711 cm×0.3556 cm，后者体积仅为前者的1/696.7[3]。

第二，可以提高天线增益，降低发射功率。毫米波与光波在频谱表上相距甚近，因而毫米波具有类似于光波的特性。光波可以通过尺寸甚小的透镜、抛物面反射镜的聚集作用，形成很强的定向照射。毫米波也具有类似于光波的特性，它可利用几何光学原理，构成各种天线，形成很强的定向辐射。由于毫米波波长短，电子扫描天线阵可实现类似于电路板上的金属模式。因此通过控制每个天线元素所发射信号的相位，天线阵可将其波束对准任意方向，即在这个方向实现高增益，而在其他方向的增益很低。发射端和接收端通过波束训练将其天线互相对准，以降低所需的波束训练时间。

第三，可以减小波束宽度，提高角度分辨率，抑制多径干扰。在对地静止卫星通信中，由于对地静止同步轨道是唯一的，随着卫星数量的增多，特别是C波段和Ku波段卫星的广泛应用，使得相邻卫星间的干扰问题日益突出。为此，国际电信联盟规定，卫星在发射前要进行频率协调和干扰估算。为了避免相邻卫星间的相互干扰，同频段卫星间要留有足够的间隔。由此可知，所使用的频段越低，要求的间隔越大。如图1.2所示，在所用网络R中，卫星和地球站天线的主波束越宽，旁瓣越高，则受干扰网络R′的干扰越严重；反之，网络R对于网络R′的干扰也如此。此情况下方向性强的毫米波天线将有利于轨道和频谱资源的有效利用，而且工作于毫米波的卫星可允许的间隔也相对较小。例如，对地静止轨道上30/20 GHz(上/下行频率)卫星可按1°的间隔来配置，与4/6 GHz卫星系统相比，该频段卫星的数目可以增加2倍。这一理论结果为在拥挤的对地静止轨道的某一区间中，插入更多新(毫米波)卫星提供了可能性[3]。为了更好地了解毫米波与对地静止卫星通信系统的关系，表1.2给出了不同频段某些参数的比较。

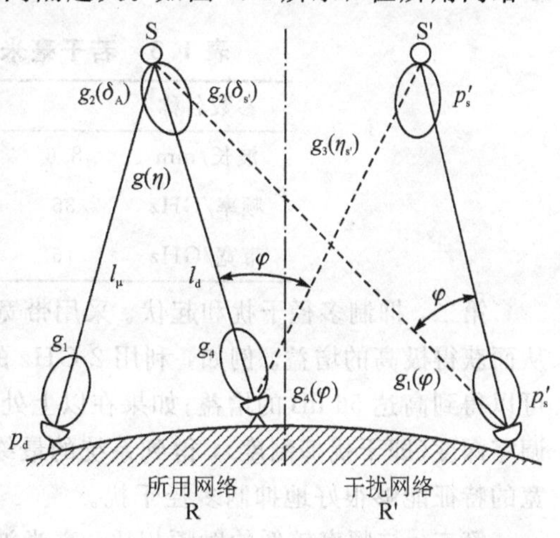

图1.2　同频段卫星网络干扰示意图

表 1.2 不同频段某些参数的比较

频　段/GHz	可用带宽/GHz	在对地静止轨道上的最小间隔/(°)	在 65 °弧度上可容纳的卫星数	覆盖美国一个州的点波束天线直径/m
6/4	0.8	2～3	22～23	9
14/12	0.8	2	33	3
30/20	3.5	1	66	1.5

毫米波波长短的缺点如下：

第一，机械加工精度高，造价昂贵。为保证卫星的性能，设备加工精度要求极高(例如面天线的精度要求为 10^{-4}～10^{-5})，元器件的寄生参数要减小到最低程度，这使得毫米波元器件和设备的价格昂贵。

第二，天线尺寸小，截获的电磁能量减少。波长短限制了元器件的功率，而且尺寸较小的天线在接收时所截获的能量随尺寸的减小而减少，最终造成接收灵敏度降低。

第三，毫米波不适合大空域搜索。毫米波较窄的波束宽度限制了目标的搜索和探测范围，使得毫米波不适合大范围使用。

2. 频带宽

毫米波频带宽的优点如下：

第一，频谱资源丰富，信息传输率高。如果按照 30～300 GHz 这一范围进行计算，整个毫米波带宽高达 270 GHz，是短波频带宽的 10 000 倍，是厘米波总带宽的 10 倍。但在实际应用中，大气对毫米波的传输带宽会产生影响。通常选用大气吸收峰以外的“窗口”作为毫米波可用带宽，如表 1.3 所示。在雷达系统中可以使用窄脉冲或宽带调频信号来研究目标的精细特征，在通信系统中可以利用空分、正交极化技术等频率复用技术来提高数据传输率。

表 1.3 若干毫米波大气窗口的可用带宽

参数名称	相应数值			
波长/mm	8.6	3.2	2.1	1.4
频率/GHz	35	94	140	220
带宽/GHz	16	23	26	70

第二，抑制多径干扰和起伏。采用带宽、超宽带扩频技术来抑制多径效应和杂乱回波，从而获得极高的增益。例如，利用 2 GHz 的射频带宽对 4.8 kb/s 的低速数据或话音扩频，可以得到高达 56 dB 的增益；如果在以上处理技术上加上调零天线技术，则可产生 30 dB 的调零深度(即干扰抑制度)，得到系统的最终干扰容限为 86 dB[3]。以上结果显示毫米波频带宽的特征能够很好地抑制多径干扰。

第三，与频率较低的射频相比，毫米波频率具有强的抗闪烁能力，电波在核爆炸后能较快恢复正常。闪烁现象很复杂，尤其在发生爆炸之后，在靠近爆点的局部地区更为严重，而这种闪烁现象随着频率的增加而减弱。因此，极高频通信与特高频通信在这方面是有优势的。但地面核爆炸产生的尘埃对信号的衰减作用很大，且频率越高衰减越严重，这是极高频通信面临的严重问题。根据相关研究可知采用极高频频率，特别是 44 GHz 左右的极高频频率不仅能降低闪烁现象，而且能减少尘埃所引起的衰减。

第四，可提高精密跟踪和目标识别的距离分辨能力，增加辐射计的灵敏度。例如，77 GHz 频段下的 SRR 频带与 24 GHz 频段下的只有 200 MHz 带宽的 ISM 频段相比，SRR 频带可提供高达 4 GHz 的扫描带宽，显著提高了距离分辨率、精度(距离分辨率表示雷达传感器能够分离两个相邻物体的能力，距离精度表示测量单个目标时的精确度)。由于距离分辨率和精度与扫描带宽成反比，因此与 24 GHz 相比，77 GHz 雷达传感器在距离分辨率和精度方面的性能更好。通常，77 GHz 雷达传感器可实现的距离分辨率为 4 cm(24 GHz 雷达传感器的距离分辨率为 75 cm)。

3. 大气衰减大

毫米波大气衰减大的优点：

第一，毫米波在大气中可以穿越电离层进行透射。在无线电波的传播中，大气上层的电离层可以对波长较长的电磁波产生强烈的折射和吸收，其中电离程度越强，波长越长，折射和吸收的作用越大。

第二，在大气传播窗口、烟雾灰尘、战场污染环境中，毫米波衰减低于红外和光波。在大气环境下，激光和红外对沙尘和烟雾的穿透力很差，而毫米波在这点上具有明显优势。根据大量相关现场试验可知，毫米波对于沙尘和烟雾具有很强的穿透力，几乎能无衰减地通过沙尘和烟雾。甚至在战场由爆炸和金属箔条产生的较强散射条件下，毫米波虽出现衰落但也是短期的，很快就会恢复。通常，毫米波通信不会随着离子的扩散和降落而引起长时间中断。

第三，在大气传播窗口中，吸收峰为安全选频、抑制干扰提供了保障。毫米波大气衰减主要由毫米波在通过大气层时被水蒸气和氧吸收所致。水蒸气分子具有电偶极矩性，氧分子具有磁偶极矩性。当毫米波通过大气层与水蒸气分子、氧分子相互作用时，水蒸气和氧会通过在某些毫米波波长上产生谐振来吸收毫米波的能量，而且这种吸收过程也受周围压力和温度的影响。图 1.3 给出了在海平面及高度为 4 km 处毫米波的大气衰减的典型值，其中，衰减峰值出现在 60 GHz、119 GHz 和 183 GHz 处的毫米波频段，分别对应于氧分子第一谐振、氧分子第二谐振和水蒸气第三谐振吸收[3]。当衰减峰值出现在 100 GHz 以下(60 GHz附近的吸收峰除外)毫米波频段时，毫米波的大气衰减很小。例如当大气窗口中衰减峰值为 35 GHz 时，毫米波的大气衰减为 0.14 dB/km，衰减峰值为 94 GHz 时，毫米波的大气衰减为 0.8 dB/km。当衰减峰值在 100～300 GHz(119 GHz 和 183 GHz 附近除外)毫米波频段时，毫米波的大气衰减不超过 10 dB/km。以上数据表明，吸收峰的恰当运用，可以很好地进行安全选频，抑制其他波的干扰。

毫米波大气衰减大的缺点：

第一，在恶劣天气下，毫米波的大气衰减减小了通信距离、降低了雷达威力等。例如雨、雪和冰雹等恶劣天气可以引起毫米波的大幅度衰减。除此之外，恶劣天气还会改变电磁波的极化，增加系统的噪声温度。

第二，雨、尘埃等增加了毫米波的散射，使得目标易被掩盖，严重制约毫米波在通信中的应用。

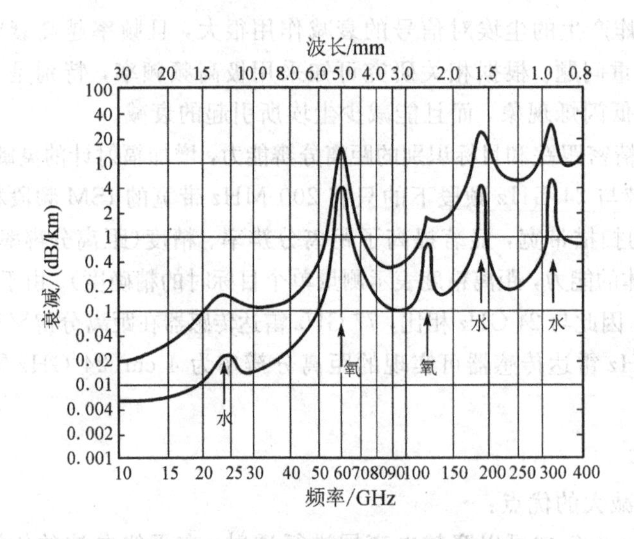

图 1.3　大气引起的毫米波吸收衰减

1.3　毫米波通信

1.3.1　发展历程

与目前广泛使用的 6 GHz 以下频段相比，30～300 GHz 左右的毫米波频段具有丰富的空闲频谱资源，能够支持 1 Gb/s 以上的数据传输速率，具有重要的应用价值[4]。在 21 世纪以前，毫米波通信技术主要应用于军事卫星领域，例如，早在 20 世纪 70 年代，美国国家航空航天局便开展了基于毫米波的卫星通信实验。20 世纪 90 年代，美国国防部在Milstar军事卫星通信系统中采用了 40 GHz 和 60 GHz 频段进行星间与星地通信，随后，美军又建立了宽带全球军事卫星通信系统，其信号载频约为 30～40 GHz，通信带宽高达 4.875 GHz，瞬时数据传输速率最高为 3.6 Gb/s[5]。

进入 21 世纪以来，随着无线超高清视频传输、远程医疗等新兴应用的出现与发展，民用无线通信系统在传输带宽、数据吞吐量等方面的需求开始快速增加。然而现有通信网络主要采用 6 GHz 以下频段进行数据传输，其频谱资源紧缺、带宽受限，难以有效满足高速率数据传输的需求。为此，从 2001 年开始，美国、加拿大、日本、中国，以及欧盟等世界主要国家和组织相继开放 60 GHz 左右的毫米波频段，并将它作为免许可频段[6]。该频段的开放有效缓减了高速率数据传输的需求与紧缺频谱资源之间的矛盾，有力促进了毫米波通信由军用领域向民用领域的技术转化。2008 年 12 月，支持 60 GHz 频段的首个无线个域网通信标准(ECMA - 387)由欧洲信息和通信系统标准化协会发布，该标准将 57～66 GHz 共 9 GHz 带宽划分为 4 个子频带，每个频带宽度为 2.16 GHz，最高可支持 6.35 Gb/s 的数据传输速率[7]。随后，2009 年 9 月，电气和电子工程师协会(Institute of Electrical and Electronics Engineers，IEEE)发布了无线个域网标准 IEEE 802.15.3c，其频带划分情况与

ECMA-387标准完全相同，最高数据传输速率为5.775 Gb/s[8]。2012年12月，IEEE发布了基于60 GHz频段的无线局域网标准IEEE 802.11ad，最高可实现6.75 Gb/s的数据传输速率[9]。2017年，IEEE开始制定下一代无线局域网标准IEEE 802.11ay，该标准采用信道绑定、多波束发射等技术，可将数据传输速率提高至20 Gb/s以上[10-11]。

然而上述无线个域网与局域网标准采用的60 GHz频段恰好位于氧吸收带内[12]，传输衰减比较严重，一般仅适用于室内短距离通信场景，较难应用于需要广域覆盖的移动通信网络。为此，从2013年起，通信行业的多家企业开始对28 GHz、73 GHz等低衰减毫米波频段进行研究，并陆续发布了通信样机。其中，尤为引人注目的是我国某通信公司于2014年发布的73 GHz频段通信样机，该样机采用10 GHz带宽，峰值传输速率可达100 Gb/s以上[13]。随后，2017年，第三代合作伙伴项目(3rd Generation Partnership Project，3GPP)与国际电信联盟完成了6～100 GHz频段信道模型的标准化工作，为毫米波移动通信网络的进一步发展奠定了重要技术基础[14]。2018年6月，3GPP完成了5G第一阶段标准(3GPP Release15)的制定，首次将24.25～29.5 GHz和37～40 GHz频段纳入移动通信系统空口协议，这是毫米波应用于移动通信的里程碑事件[15]。2019年11月，国际电信联盟决定从2021年1月1日起，将24.25～27.5 GHz、37～43.5 GHz和66～71 GHz共14.75 GHz带宽的毫米波频谱资源标识用于未来全球移动通信系统的建设，同时，为避免移动通信与卫星地球探测、射电天文等其他应用系统在毫米波频段上相互干扰，国际电信联盟进一步制订了一系列兼容性保护指标，并载入国际法《无线电规则》[16]。至此，毫米波频段用于移动通信网络的技术规则终于在全球范围内达成共识并形成法规，这为未来毫米波移动通信产业的发展提供了明确的政策指引。

随着通信技术的不断演进，未来通信系统必将在吞吐量、时延、连接密度、覆盖范围等各个方面都取得更加显著的进步[17-18]。为实现该愿景，具有大带宽、高速率等优势的毫米波通信技术将会被广泛地应用于各类新型通信场景中，例如毫米波无人机基站、毫米波车联网、毫米波无线回传网络等。展望未来“万物智联”新时代，毫米波通信的应用前景必将十分广阔，深入开展相关领域的技术研究，具有重要的意义与价值。

1.3.2 通信方式

借助毫米波丰富的频谱资源作传输媒质进行通信，可以解决通信容量的相关问题。例如在30～300 GHz的毫米波频段内选择30～100 GHz部分频段，可以得到高达70 GHz的工作频带。毫米波的这个频率范围要比微波接力通信和同轴电缆通信等的工作频带的总和宽100多倍，这无疑为发展多种信息业务提供了技术支撑。毫米波通信正是顺应新信息时代发展的高效通信方式之一。

毫米波通信按其传输方式分为毫米波无线电通信和毫米波有线电通信两大类。毫米波无线电通信又可分为地面无线电通信和空间无线电通信。毫米波有线电通信是指以波导传送30～120 GHz电磁波的通信。

1. 毫米波无线电通信

与传统的无线电短波、超短波和微波通信相比，毫米波无线电通信具有特有的性质。

在电磁频谱中，由于毫米波紧邻微波和光波（毫米波的波长介于微波和光波之间），因此毫米波也兼有微波和光波的某些特性。得益于毫米波波长短、频带宽、大气衰减大的特性，毫米波通信具有设备体积小、天线方向性强、便于通信隐蔽和保密、在传播过程中受杂波影响小、对尘埃等微粒穿透能力强以及通信较稳定等特性。

2. 毫米波有线电通信

在实际应用中，虽然毫米波无线电通信具有宽频带、大容量和高速率的优势，但由于受大气衰减的影响，毫米波无线电通信不利于长途通信。为避免毫米波无线电通信受大气衰减的影响，更好地进行长途通信，一般采用毫米波波导通信。毫米波波导通信是一种特殊的通信方式，它兼有线电通信和无线电通信的特点。由于波导在作用上与电线、电缆等传输媒质类似，是一种有形的物体，因此毫米波波导通信可以称之为有线电通信。又由于毫米波与一般的无线电通信在本质上类似，是一种无形的信息传输媒质，因此毫米波波导通信也可称之为“有线”的无线电通信。毫米波波导通信因在波导管内的特定空间中传播，因此具有安全性强、保密性高、抗干扰能力强、衰减小、传输距离远的特点。

虽然毫米波通信的特点与性能使得毫米波在通信领域得到了迅速发展，但在实际应用中，单一的毫米波通信方式难以解决所有通信问题。为了提高通信性能，毫米波通信方式需要与短波、超短波、微波设备，以及光纤、电缆等相互结合。在许多应用场景中，光缆一般起主导性作用，而在光缆难以实现通信的地方，便要采用毫米波等无线通信技术来实现通信。

由以上毫米波无线通信、有线通信以及卫星通信的描述可以了解到，毫米波通信方式不仅与其他通信方式存在相互竞争的关系，还存在相辅相成的关系。

1.3.3 基本组成

无线通信系统一般由发送设备（发射机）、接收设备（接收机）、传输媒质三部分组成。在毫米波通信系统中，发射机（又称发信机）将基带信号（信息）转换成可在信道上传输的射频（Radio Frequency，RF）信号；接收机（又称收信机）接收信号是发射机发射信号的逆过程，它将空中的电磁波通过抑制不需要的信号或噪声而筛选出所需信号，再经过放大、解调等得到原始的可用信息。接收机收到的电磁波传播途中所经过的空间区域称为信道[3]。按照国际电信联盟给出的相关定义指出，由无线电发射机和无线电接收机提供的信道称为无线线路。传输媒质一般是指电磁波。

天线是发送设备和接收设备的一个重要组成部分，主要用来辐射和接收无线电磁波。天线按照工作性质可分为发射天线和接收天线。发射天线的主要作用是将发射机沿某种传输线送来的射频信号以电磁波的形式向空间辐射；接收天线的作用是收集发射端发来的电磁波并通过传输线送入接收机。通常情况下，无线通信是双向的，天线是收发共用的，收信机、发信机通过双工器与天线连接。图 1.4 给出了典型的毫米波通信系统的基本组成。

在现代社会中，传输信道、交换机、通信协议等常常被应用于许多用户之间（点对点、点对多点等）的通信，其中通信设备（终端和传输设备）、交换设备、相关工作程序等的有机组合，构成了通信网络。

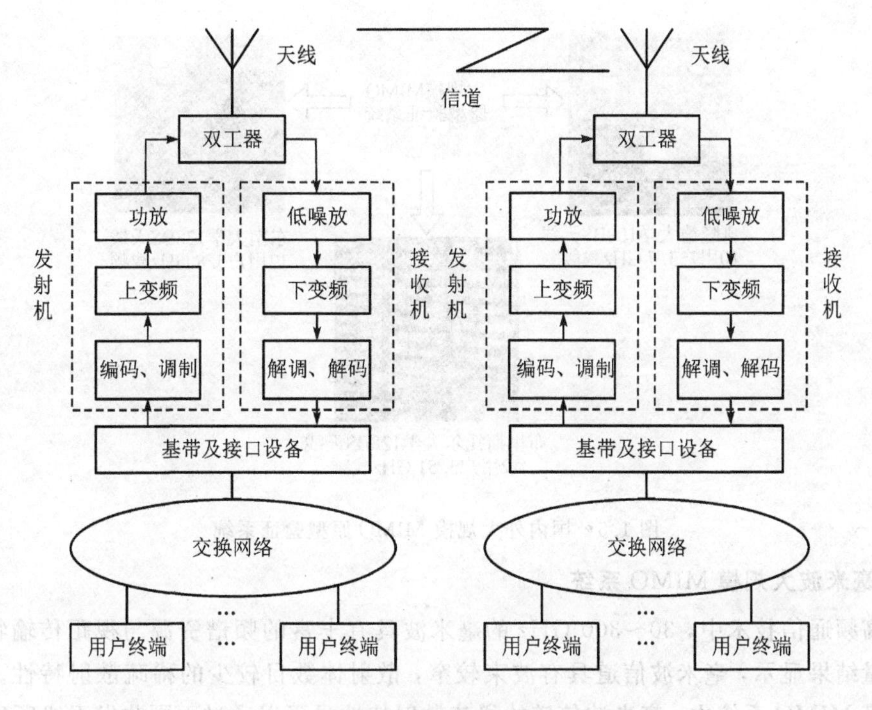

图 1.4　典型的毫米波通信系统的基本组成

1.4　毫米波混合预编码

1.4.1　基本概述

1. 大规模 MIMO 系统

与 6 GHz 以下频段相比，毫米波的大气衰减非常大。根据国际电信联盟无线电通信部门(International Telecommunication Union-Radio communications Sector，ITU-R)在建议书《无线电波在大气气体中的衰减》(ITU-R P. 676 - 11)中发布的数据，60 GHz 无线电信号在大气中的衰减率高达 15 dB/km (压强为 101.325 kPa，气温为 15℃，水蒸气密度为 7.5 g/m³)，相比之下，1 GHz 无线电信号的大气衰减率仅为 0.005 dB/km[20]。因此，毫米波通信系统通常需要采用大规模多输入多输出(Multiple Input Multiple Output，MIMO)技术来收发信号，通过多天线阵列增益来补偿大气衰减，从而完成数据的有效传输[21]。

2010 年，贝尔实验室的 Marzetta 教授通过在基站使用大规模天线阵列给出了能够大幅度提高系统容量的大规模多输入多输出系统，并由此开创了大规模 MIMO 相关理论[22]。2010 至 2013 年，贝尔实验室、隆德大学、林雪平大学、莱斯大学等对大规模 MIMO 的信道容量、传输技术、检测技术、信道状态信息(Channel State Information，CSI)获取技术等基本理论进行了深入研究，并在国际学术界引起了强烈反响[19]，图 1.5 所示为国内外大规模 MIMO 原型验证系统。为满足通信系统的发展需求，扩展可用频谱、提高频谱效率将成为通信系统发展的关键。目前 3GPP 已经将大规模 MIMO 系统的频谱扩展到了 6～100 GHz。

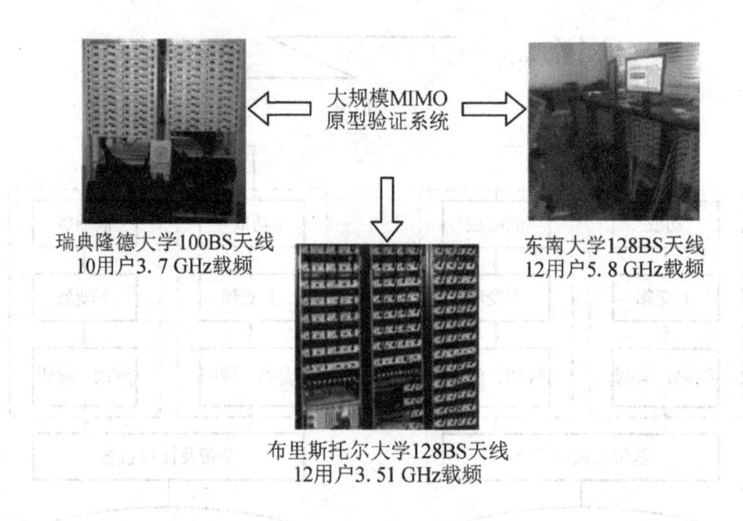

图 1.5　国内外大规模 MIMO 原型验证系统

2. 毫米波大规模 MIMO 系统

在高频通信技术中，30～300 GHz 的毫米波具有丰富的频谱资源与视距传输特性。据相关测量结果显示，毫米波信道具有波束较窄，散射体数目较少的稀疏散射特性。在毫米波大规模 MIMO 系统中，毫米波信道的稀疏散射特性是可以通过不同收发天线所经历的独立衰落信道的相关系数来实现的。而且在毫米波频段，为建立基站和用户端的大规模 MIMO天线阵列，一般采用在有限的物理空间中封装大量的天线阵元的方法。例如，在 3GPP 确定的 70 GHz 频段中，当基站和用户天线的最大数目分别为 1024 和 64 时，对应基站和用户的 RF 链的最大数目分别是 32 和 8[23-24]。

在通信领域中，5G 无线通信作为如今市场最为火热的通信方式之一，它一般由发射机(基站)、无线信道、接收机(用户)三部分组成。在 5G 无线网络快速发展的过程中，毫米波大规模 MIMO 技术可以被应用于 5G 无线网络的多个通信场景来增强系统容量、频谱效率和能量效率，例如，机器对机器(Machine to Machine, M2M)、车联网(Internet of Vehicles, IOV)、设备对设备(Device to Device, D2D)、回传、接入和垂直虚拟扇区化等。图 1.6 所示为毫米波大规模 MIMO 系统在 5G 无线网络中的系统模型。图 1.7 所示为毫米波大规模 MIMO 在 5G 无线网络中的应用。虽然毫米波大规模 MIMO 技术为 5G 无线网络的快速发展提供了保障，但是毫米波大规模 MIMO 系统仍然存在部分缺陷，需要通过不同技术手段来提升其性能，在实际应用中，往往需要根据系统或者网络的不同部分采用不同的方法来进行改善。发射方面一般涉及大规模 MIMO 天线阵列设计、预编码和信道估计等方法；传输方面一般涉及预编码、空间复用或两种技术相结合等方法。

3. 预编码

预编码是在发射端利用信道状态信息对发射信号进行预处理以消除信号间干扰和信道干扰，提高系统容量的信号处理方法。根据基带或射频的类型可以将预编码分为数字预编码、模拟预编码和混合预编码。其中，基带是指信源发出的没有经过调制的原始电信号所固有的频带；射频指可以辐射到空间的电磁频率。

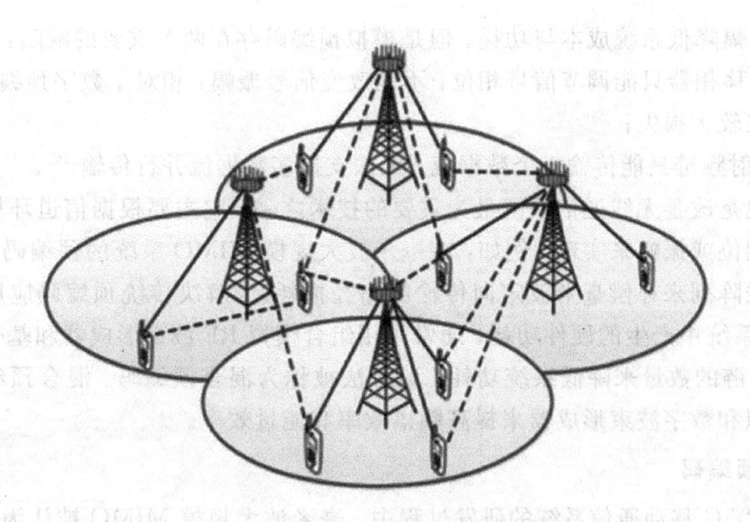

图 1.6 毫米波大规模 MIMO 系统在 5G 无线网络中的系统模型

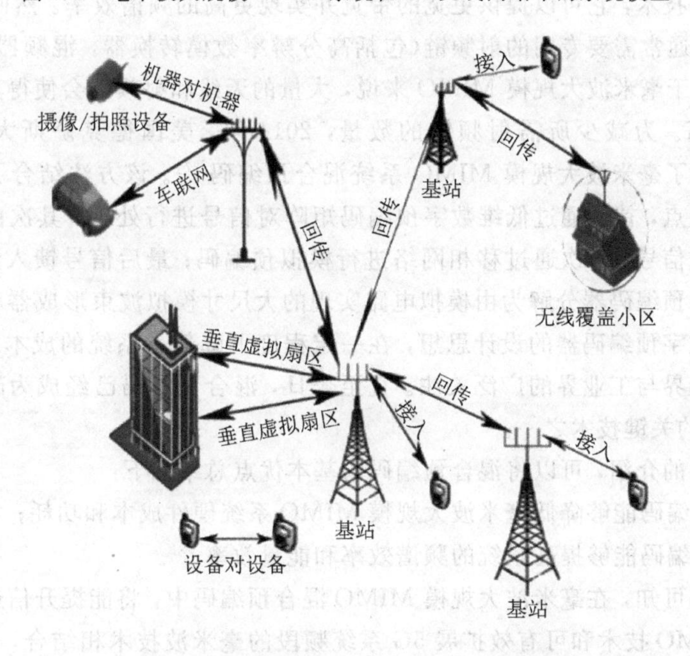

图 1.7 毫米波大规模 MIMO 在 5G 无线网络中的应用

预编码是 MIMO 系统的关键技术之一，其主要作用是根据信道状态信息自适应调整各天线阵元的权值，实现信号的定向发射与接收，从而提高信号接收强度，抑制干扰，改善系统性能。在 6 GHz 以下的低频段 MIMO 通信系统中，预编码通常在数字域进行，基带信号经过数字预编码矩阵处理后，由射频链转换为模拟信号馈入天线发射。然而数字预编码要求每个天线阵元连接 1 条独立射频链，由于毫米波大规模 MIMO 系统中天线阵元数量庞大，并且器件成本昂贵，若采用数字预编码，将导致系统功耗大、成本极高，无法实用[25]。因此，在 IEEE 802.15.3c、IEEE 802.11ad 等早期毫米波通信标准中，预编码普遍采用模拟预编码。模拟预编码将预编码从数字域转移到模拟域，通过模拟移相器完成信号的预编码处理，从而实现信号的定向发射与接收。与数字预编码相比，模拟预编码仅需 1 条射频链，就可以大幅降低系统成本与功耗。但是模拟预编码存在两个重要的缺陷：

(1) 模拟移相器只能调节信号相位，不能改变信号振幅，相对于数字预编码，模拟预编码的性能存在较大损失；

(2) 1 条射频链只能传输 1 个数据流，无法支持多数据流并行传输[26]。

预编码也是改善无线通信系统最为重要的技术之一，它主要根据信道环境和期望控制发射信号的相位或振幅来实现。例如，在毫米波大规模 MIMO 系统的预编码过程中，通常使用大型天线阵列来补偿毫米波定向传输的路径损耗；为解决传统预编码应用到毫米波大规模 MIMO 系统中产生的硬件功耗，通常采用组合模拟 RF 波束形成器和基带数字波束形成器减少 RF 链的数量来降低系统功耗，该方法被称为混合预编码。混合预编码旨在通过共同优化模拟和数字波束形成器来提高频谱效率和能量效率。

4. 混合预编码

在新一代 5G 移动通信系统的研发过程中，毫米波大规模 MIMO 被认为是 5G 无线通信有前景的一种技术，它可以提供更宽的带宽并实现更高的频谱效率。然而，在 MIMO 系统中，每个天线通常需要专用的射频链(包括高分辨率数模转换器，混频器等)来实现全数字信号处理。对于毫米波大规模 MIMO 来说，大量的天线和射频链会使得其硬件复杂性和能耗变得非常高。为减少所需射频链的数量，2014 年，美国德克萨斯大学奥斯汀分校 Heath 教授给出了毫米波大规模 MIMO 系统混合预编码[27]。该方法结合了数字预编码与模拟预编码的优点，首先通过低维数字预编码矩阵对信号进行处理；其次由射频链将数字信号转换为模拟信号；再次通过移相网络进行模拟预编码；最后信号馈入天线发射。混合预编码将全数字预编码器分解为由模拟电路实现的大尺寸模拟波束形成器和只需要少量射频链的小尺寸数字预编码器的设计思想，在一定程度上降低了系统的成本与功耗，一经给出便受到了学术界与工业界的广泛关注。直至今日，混合预编码已经成为改善毫米波大规模 MIMO 系统的关键技术之一。

通过本节中的介绍，可以将混合预编码的基本优点总结如下：

(1) 混合预编码能够降低毫米波大规模 MIMO 系统硬件成本和功耗；

(2) 混合预编码能够提高系统的频谱效率和能量效率[28]。

由以上总结可知，在毫米波大规模 MIMO 混合预编码中，将能提升信道容量和频谱效率的大规模 MIMO 技术和可有效扩展 5G 系统频段的毫米波技术相结合，能够使得 5G 通信系统性能更加稳定、高效。

1.4.2 混合预编码结构研究现状

1. 基本结构

毫米波大规模 MIMO 系统预编码结构主要包括数字预编码结构、模拟预编码架构、混合预编码结构三种，如图 1.8 所示。混合预编码结构主要包括基带、射频链和射频网络三部分。基带主要完成信号的数字预编码；射频链通常由模数/数模转换器、混频器、滤波器等器件组成，主要完成信号的模数/数模转换、上/下变频等功能；射频网络通常由射频移相器、射频开关等器件构成，主要对信号进行模拟预编码[29]。依据不同的射频网络结构，现有混合预编码结构可以分为固定全连接移相网络、固定部分连接移相网络、混合移相网络、反相射频网络、开关射频网络、混合射频网络、自适应移相网络等。

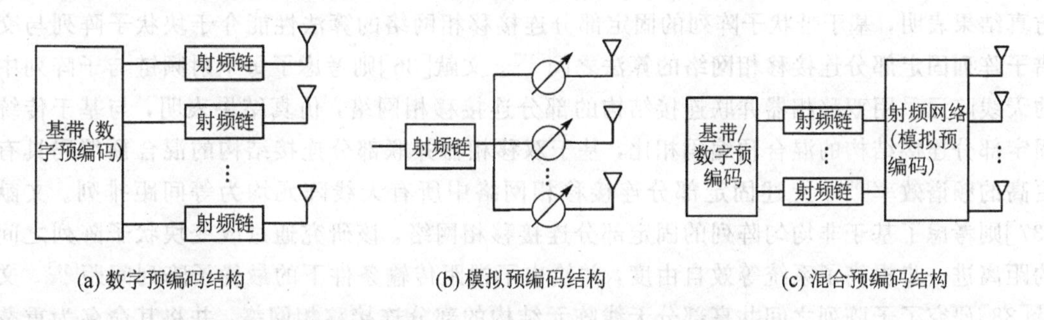

图 1.8 毫米波大规模 MIMO 系统预编码结构

根据功放和移相器等器件的结构分布，混合预编码的研究中主要有两种阵列结构，如图 1.9 所示，图(a)、(c)显示了全连接结构，其中，每个 RF 链与全部的天线相连，这种阵列结构，可以获得全阵列增益。常用的天线阵列有两种：均匀直线阵列(Uniform Linear Array，ULA)和均匀圆形阵列(Uniform Planar Array，UPA)。在高频段时，使用全连接结构时，系统复杂度增加，布线困难，为此在毫米波大规模 MIMO 系统中使用全连接结构有一定的局限性。图(b)、(d)显示了部分连接结构，在此结构下，每个 RF 链仅与一个子阵列的天线连接。

2. 研究现状

1) 固定全连接移相网络

在混合预编码结构中，固定全连接移相网络的研究起步较早。固定全连接移相网络指每条射频链与每个天线阵元之间都采用独立的移相器连接，每个天线阵元的信号都可以视为所有射频链信号的线性叠加，如图 1.9(a)所示。与其他射频网络相比，基于固定全连接移相网络的混合预编码具有较好的性能，特别是文献[30]、文献[31]和文献[32]分别给出在射频链数大于或等于 2 倍的数据流数、射频链数大于或等于信道路径数、每条射频链与每个天线阵元之间采用两个并联移相器连接条件下的固定全连接移相网络混合预编码。当移相器具有无限精度时，同时具备以上条件下的固定全连接移相网络混合预编码，具有与全数字预编码相似的频谱效率[30-32]。文献[33]则讨论了有限的移相器量化位数对固定全连接移相网络性能的影响，研究结果表明：当移相器存在量化误差时，每条射频链与每个天线阵元之间采用双移相器串联的连接方式比文献[32]中的双移相器并联连接方式具有更高的频谱效率和更低的误码率[32-33]。

总体而言，基于固定全连接移相网络的混合预编码可以得到与全数字预编码相近的频谱效率，但其所需移相器数量至少为射频链数与天线阵元数的乘积，硬件开销大，系统能耗高，能量效率低。

2) 固定部分连接移相网络

固定部分连接移相网络指将天线阵列划分为若干个子阵列，每条射频链仅与 1 个子阵列相连接，如图 1.9(b)所示。与固定全连接移相网络相比，固定部分连接移相网络所需移相器数量大幅减少，能耗显著降低。针对该结构，文献[34]对比了基于块状子阵列与交错子阵列的固定部分连接移相网络的算法性能，结果表明块状子阵列更有利于提高系统的频谱效率[34]。在此基础之上，文献[35]进一步研究了基于带状子阵列的部分连接移相网络，仿真结果表明，基于带状子阵列的固定部分连接移相网络的算法性能介于块状子阵列与交错子阵列固定部分连接移相网络的算法之间[35]。文献[36]则考虑了每个射频链与子阵列中的天线阵元采用双移相器并联连接结构的部分连接移相网络，仿真结果表明，与基于传统固定部分连接结构的混合预编码相比，基于双移相器并联部分连接结构的混合预编码具有更高的频谱效率[36]。上述固定部分连接移相网络中所有天线阵元均为等间距排列。文献[37]则考虑了基于非均匀阵列的固定部分连接移相网络，该研究通过改变块状子阵列之间的距离进一步提高了系统等效自由度，并给出了视距传输条件下的最优子阵列间距[37]。文献[38]研究了子阵列之间共享部分天线阵元结构的部分连接移相网络，并将其命名为重叠子阵列部分连接移相网络，仿真结果表明子阵列的重叠可有效提高系统频谱效率[38]。

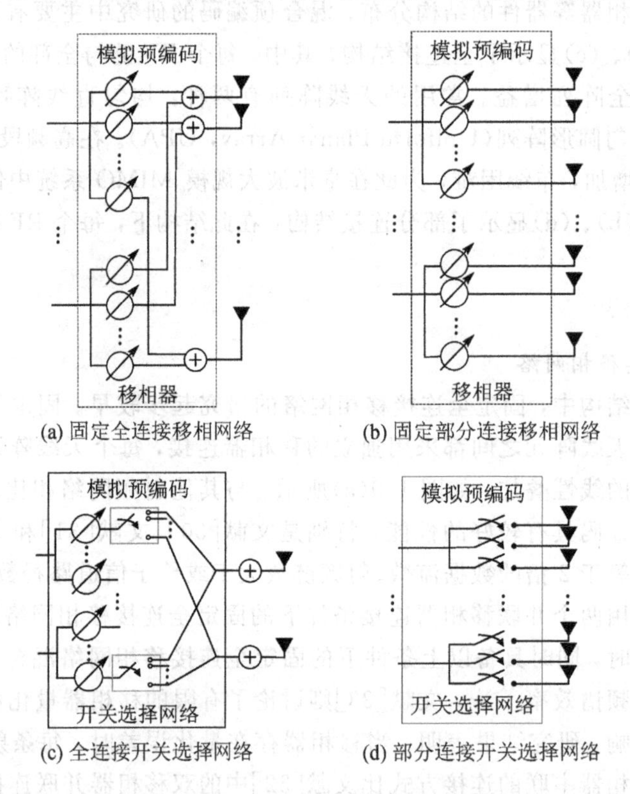

图 1.9　混合预编码中模拟预编码结构

总体来说，与固定全连接移相网络相比，固定部分连接移相网络的硬件开销较小，能耗也相对较低，但其频谱效率存在较大损失。

3）混合移相网络

混合移相网络指固定全连接移相网络和固定部分连接移相网络相结合的移相网络。为了在固定全连接和固定部分连接移相网络之间取得较好的平衡，文献[39]、文献[40]以及文献[41]给出了混合移相网络。具体而言，文献[39]和文献[40]将天线阵元和射频链分别分为若干组，然后将对应组内的射频链和天线阵元分别通过固定全连接移相网络相连[39,40]。值得注意的是，固定全连接移相网络和固定部分连接移相网络分别相当于该混合移相网络的两个极端情况，当全部阵元与全部射频链都属于同一组时，即相当于固定全连接移相网络；当每条射频链单独分为1组并将全部阵元等分为与射频链数相等的组时，则相当于部分连接移相网络。文献[41]给出了双层移相网络级联结构的混合移相网络相关分析，其中第1层是低维全连接移相网络，第2层是高维部分连接移相网络[41]。从文献[39]、文献[40]以及文献[41]的相关分析来看，混合移相网络的功耗和性能介于固定全连接移相网络与固定部分连接移相网络之间，并且通过调节网络的结构参数可以灵活折中调节[39-41]性能与功耗。

上述3类射频网络结构都采用移相器作为基本的器件单元。考虑到移相器的成本与功耗较高，近年来，部分学者给出了基于反相器和开关的射频网络。

4）射频反相网络

射频反相网络指在射频链与天线阵元连接间增加反相器的射频网络。文献[42]首先给出利用反相器、开关从阵列中选取与射频链数相等的天线阵元，每条射频链仅连接一个天线阵元[42]。该结构不含有移相器，功耗非常低，但只有少量天线处于工作状态，频谱效率难以提升。

5）射频开关网络

射频开关网络指在射频链与天线阵元连接之间增加了开关的射频网络。在上述工作的基础上，文献[43]和文献[44]进一步增加了开关数量，使得每条射频链可以从全部阵元或者预先划分好的部分阵元中选择若干个阵元进行连接[43-44]。文献[45]和文献[46]则采用了全连接开关射频网络，即每条射频链与天线阵元之间都通过独立的开关进行连接，从而提升系统频谱效率[45-46]。

6）混合射频网络

混合射频网络指开关与反相器联合作用的射频网络。文献[47]和文献[48]给出了开关与反相器并联的混合射频网络，将开关对信号的处理能力从断开、闭合两个状态扩展为断开、闭合、反相，3个状态，在一定程度上改善了系统的频谱效率[47-48]。但总体而言，与移相网络相比，射频开关网络和射频反相网络对信号的处理能力有限，性能损失较大。

7）自适应移相网络

自适应移相网络指射频链与天线阵元之间连接可动态调整的移相网络。为了有效结合移相器与开关两者的优点，近年来，一些学者给出了自适应移相网络。该网络将低功耗开关引入固定全连接和部分连接移相网络，使得射频链与天线阵元之间的连接可进行动态调整，从而有效提升了移相网络对信道环境的自适应能力，具有较高的频谱效率和能量效率。具体而言，文献[49]首次给出了在固定部分连接移相网络的基础上引入开关的自适应结构（即自适应部分连接移相网络），从而使得射频链可自由选择天线阵元进行连接[49]，但要求与所有射频链连接的无线阵元数都相等，且不同的射频链不能连接同一无线阵元。文献[35]和文献[50]则允许不同射频链连接的无线阵元数不等，但每个阵元依然只能被1个射频链连接[35,50]。文献[51]和文献[52]进一步减少了开关数量，将阵列预先划分为若干子阵列，然后通过开关使得射频链可以根据CSI自适应选择任意的子阵列与其连接[51-52]。文献[53]则将开关置于射频链之前，其作用不再是根据CSI自适应调整子阵列的划分，而是关闭对当前系统整体性能贡献较小的射频链，节省能耗[53]。

从仿真结果来看，上述自适应部分连接移相网络在能量效率方面相对于固定部分连接移相网络具有明显优势。除此之外，部分学者还研究了自适应全连接移相网络，例如文献[54]在固定全连接移相网络中，为每个移相器串联1个开关，当某个移相器在当前信道环境下对系统整体性能贡献较小时，可将其关闭从而节省能耗[54]，如图1.9(c)所示。文献[55]则在上述结构基础之上进一步在每个天线阵元的前端也串联1个开关，从而根据信道环境将部分贡献较小的阵元关闭，节省能耗[55]。研究结果显示，相比于固定全连接移相网络，自适应全连接移相网络可显著提升系统能量效率。另外，还有部分学者给出了全连接结构与部分连接结构相结合形成新的自适应移相网络，例如文献[56]给出了部分连接移相网络—全连接开关网络级联的自适应移相网络[56]，而文献[57]则将两者的顺序互换，给出了全连接开关网络—部分连接移相网络的级联结构[57]。从仿真结果来看，上述两种网络级联结构都可在固定部分连接结构基础之上显著提升系统频谱效率和能量效率。

总体而言，自适应移相网络利用射频开关功耗较低的优势有效提升了混合预编码对信道环境的自适应能力，可在较低能耗前提下获得较高的频谱效率与能量效率，具有广阔的应用前景。然而现有自适应移相网络通常是在固定全连接或者固定部分连接移相网络的基础上引入开关而形成的，其包含的移相器数量至少与天线数量相同。由于毫米波大规模MIMO系统的天线阵列规模通常十分庞大，因此自适应移相网络的功耗依然较高，能量效率难以进一步提升。

通过以上描述的研究现状可以了解到，除性能较差的射频开关、反相网络外，现有射频网络普遍存在着移相器数量庞大、功耗较高等问题，其中固定全连接移相网络和混合移相网络所需移相器数量最多，功耗最高；固定部分连接移相网络和自适应移相网络相比在功耗方面有所降低，特别是自适应移相网络可以根据信道环境动态调整射频链与天线阵元的连接方式，从而以较低功耗达到较高的频谱效率。但值得注意的是，该网络结构所需移相器数量至少与天线阵元数量相等，考虑到毫米波大规模MIMO系统庞大的阵列规模，自适应移相网络的功耗依然难以令人满意，存在进一步优化的空间。

1.4.3 混合预编码算法研究现状

1.4.2节对几类主要的混合预编码结构的研究现状进行了概述。毫米波大规模MIMO系统的性能除了与混合预编码结构密切相关外，还取决于混合预编码算法，特别是恒模约束或0-1约束条件下模拟预编码矩阵的求解算法。因此，本节将以恒模约束与0-1约束的处理方法为重点，对混合预编码算法的研究现状进行介绍。考虑到单用户与多用户大规模MIMO系统在应用场景、混合预编码矩阵的求解思路等方面都存在较大区别，本节将对两者分别进行阐述。

1. 单用户毫米波混合预编码算法研究现状

单用户系统指发射端同一时刻仅能服务于1个用户的系统。时分多址接入(Time Division Multiple Access，TDMA)、载波监听多路访问(Carrier Sense Multiple Access，CSMA)、轮询访问等接入控制协议均满足上述条件，因此采用上述协议的通信系统均可被视为单用户系统。针对单用户系统，目前常用的混合预编码算法主要可以分为基于码本的混合预编码算法和基于非码本的混合预编码算法。

1）基于码本的混合预编码算法

基于码本的混合预编码算法是通过预先设计满足恒模约束的码本，并从中选取部分码字的方式来构建模拟预编码矩阵的。文献[58]给出了一种多分辨率码本的设计方法，该方法首先对信道进行大范围的扇区搜索。如果在该扇区内存在信号能量较强的传输路径，就对该区域做进一步细分搜索，如此循环直到较为精确地估计出信号来向角度，并以此构造模拟预编码矩阵[58]。文献[59]给出了重叠码本，该码本中每个码字的波束主瓣之间有部分重叠，从而可以减少码本搜索次数，加快预编码矩阵的求解速度[59]。文献[60]利用离散傅里叶变换(Discrete Fourier Transform，DFT)矩阵构造采样码本，从而提高码本的分辨率[60]。文献[61]则给出了两步码本设计方法，即首先通过坐标下降法给出具有近似矩形波束图的理想码本，然后利用交替最小化方法构造与理想码本残差最小的模拟预编码码本，并从中选取码字给出模拟预编码矩阵[61]。

上述基于码本的混合预编码算法不依赖于信道先验信息，但是当码本中码字的主瓣方向与信号能量较强的方向不完全匹配时，可能会造成系统性能的损失。

(1) 基于非均匀码本的混合预编码算法。

为解决基于码本的混合预编码算法的相关问题，文献[62]与文献[63]给出了非均匀码本，该码本在信号能量较强的方向上分配较多的码字，而在信号能量较弱的方向上不分配码字，从而在不增加码字数量的前提下使得阵列方向图能够更加精确地对准信号能量衰减较低的方向[62-63]。为了降低算法的计算开销，文献[64]等给出了递推求逆方法，显著降低了求逆运算的计算复杂度[64]。文献[65]和文献[66]等则分别将随机梯度下降法和递归最小二乘法引入空间稀疏混合预编码算法中，从而避免了求逆运算[65-66]。从相关研究结果来看，上述改进算法都可以有效降低空间稀疏混合预编码算法的计算开销，加快混合预编码矩阵的求解速度。

(2) 基于码本修正的混合预编码算法。

部分研究从提升系统频谱效率的角度出发给出了若干码本修正算法，例如文献[67]给出基于最优方向法的迭代优化算法[67]，文献[68]则利用信道矩阵最大奇异值对应的奇异向量对模拟预编码进行迭代修正[68]。从仿真结果来看，上述方法对系统频谱效率的改善都比较明显。

虽然非均匀码本和码本修正方法相比于均匀码本可以更好地匹配信道中信号能量较强的传输方向，但是码本中码字的分辨率始终是有限的，面对复杂多变的信道环境，码字的主瓣方向与信道主要传输路径的方向完全一致依然难以实现，因而不可避免地会造成系统性能的损失。

2）基于非码本的混合预编码算法

与上述基于码本的混合预编码算法相反，基于非码本的混合预编码算法无需借助于任何预定义码本，直接根据信道矩阵分步求解模拟预编码矩阵与数字预编码矩阵的优化问题来最大化系统频谱效率。文献[69]等给出了基于非码本的黎曼流形交替最小化混合预编码算法，该算法分别利用黎曼流形上的梯度投影和最小二乘法更新模拟预编码矩阵与数字预编码矩阵，其性能与全数字预编码的比较接近，但其计算开销太大[69]。为此，文献[31]和文献[70]分别给出利用 Broyden Fletcher Goldfarb Shanno 梯度法(简称 BFGF 梯度法)和 Barzilai Borwein 梯度法(简称 BB 梯度法)优化模拟预编码矩阵每个元素的辐角，然后通过最小二乘法给出数字预编码矩阵，从仿真结果来看，所提算法可在较低计算开销前提下给出与基于黎曼梯度交替最小化混合预编码算法相似的频谱效率[31,72]。

(1) 基于恒模约束的混合预编码算法。

在混合预编码相应模拟预编码过程或者其他矩阵计算中添加恒模约束条件的方法，称为基于恒模约束的混合预编码算法。文献[71]和文献[72]则首先将恒模约束丢弃，求解得到无约束模拟预编码矩阵，然后再将矩阵中所有元素的模值置为 1，从而给出满足恒模约束的模拟预编码矩阵[71-72]。具体而言，文献[71]给出了基于广义特征值分解的混合预编码方法，该方法首先通过广义特征值向量逐列优化无约束模拟预编码矩阵，优化完成后将所有元素模值置为 1，再通过卡罗需-库恩-塔克(Karush Kuhn Tucher，KKT)条件得到数字预编码矩阵[71]；文献[72]给出了两步梯度投影混合预编码算法，该方法首先通过梯度法得到无约束模拟预编码矩阵，再将其投影到恒模集合给出满足恒模约束的模拟预编码矩阵，最后利用最小二乘法求解数字预编码矩阵[72]。

(2) 基于 0-1 约束的混合预编码算法。

基于 0-1 约束的混合预编码算法是指将原约束条件通过平移、翻转、归一化等操作将约束条件映射到[0，1]区间中。基于非码本的混合预编码算法不仅可以用来求解恒模约束下的混合预编码问题，而且可有效求解 0-1 约束下的开关预编码矩阵优化问题。例如，文献[45]将射频开关对应的 0-1 约束松弛为[0，1]闭区间约束，并通过 KKT 条件给出开关预编码矩阵，然后利用最小二乘法得到数字预编码矩阵。

总体来说，基于非码本的混合预编码算法直接从信道矩阵出发求解模拟预编码矩阵和数字预编码矩阵，不依赖于任何预定义码字集合，可以有效提升系统的频谱效率。然而该类方法在处理非凸恒模及 0-1 约束方面依然存在不足。针对恒模约束主要有两类求解算法，其中基于梯度的混合预编码算法通过梯度投影来逐步更新模拟预编码矩阵元素的辐角，此类方法频谱效率较高，但计算开销很大；基于约束松弛的混合预编码算法通常将恒模约束丢弃或松弛，从而将原问题转换为凸问题求解，在此类方法中，由于原问题的可行域发生了改变，因此可能会造成一定程度的性能损失。针对 0-1 约束，现有算法普遍基于穷举、贪婪等方法进行求解，存在计算复杂度较高以及无法保证解的性能从而导致频谱效率损失等缺点。

2. 多用户毫米波混合预编码算法研究现状

多用户系统指发射端可同时服务于多个用户的系统，例如采用空分多址接入(Space Division Multiple Access，SDMA)、图样分割多址接入(Pattern Division Multiple Access，PDMA)等接入控制协议的通信系统。对于多用户毫米波大规模 MIMO 系统，在优化恒模约束和 0-1 约束下的混合预编码矩阵时，还必须同时有效消除用户间干扰，这使得多用户混合预编码优化问题的求解思路与单用户混合预编码有所不同。一般而言，在多用户系统中首先给出满足恒模约束或 0-1 约束的模拟预编码矩阵，然后在此基础之上利用数字预编码矩阵消除线性或者非线性的用户间干扰。为了表述方便，本节将分别把消除线性和非线性用户间干扰的混合预编码称为线性混合预编码和非线性混合预编码。

1）线性混合预编码

在线性混合预编码中，消除用户间干扰普遍由数字预编码矩阵采用迫零(Zero Forcing，ZF)、正则化迫零(Regularized ZF，RZF)、块对角化(Block Diagonalization，BD)、最大比传输(Maximum Ratio Transmission，MRT)等方法完成，模拟预编码则依然采用基于码本或者非码本的算法进行优化。

(1) 基于码本的线性混合预编码算法。

在基于码本的线性混合预编码算法中，DFT 码本的使用较为广泛。例如，文献[73]先利用 DFT 码本搜索给出收发两端最优配对码字，并通过信噪比(SNR)最大的配对码字重构等效信道矩阵，然后利用 ZF 算法得到数字预编码矩阵[73]。文献[74]借助于 DFT 码本通过匈牙利算法搜索最优码字构造模拟预编码矩阵，然后利用 ZF 和 RZF 算法获得数字预编码矩阵[74]。文献[75]针对高速移动通信场景给出了 DFT 码本频偏补偿方法，并通过卡尔曼滤波对信道状态进行跟踪，从而可在高速运动条件下快速得到模拟预编码[75]。除 DFT 码本外，文献[76]和文献[77]还给出了基于导向矢量码本的混合预编码算法，即通过信号能量较强路径的导向矢量构造模拟预编码矩阵，数字预编码则由 ZF 算法得出[76-77]。

(2) 基于非码本线性混合预编码算法。

在基于非码本线性混合预编码算法中，模拟预编码矩阵通常由信道矩阵直接给出，然后再通过 ZF、RZF、BD 等消除线性用户间干扰的方法求得数字预编码矩阵。例如，文献[78]先采用 Majorization Minimization(简称 MM)算法得到模拟预编码矩阵，然后通过 ZF 算法求得数字预编码矩阵[78]；文献[79]给出了基于坐标上升的模拟预编码矩阵优化方法，并通过 BD 算法求解数字预编码矩阵[79]。基于非码本混合预编码矩阵求解不仅可以有效处理恒模约束，也可用来处理 0－1 约束。例如，文献[80]针对自适应部分连接结构首先通过穷举法搜索天线阵元的最优分组，然后利用消除连续干扰的方法给出模拟预编码矩阵[80]；文献[81]给出了低复杂度贪婪算法，先逐一为每个天线阵元搜索当前最优的射频链并与之连接，然后分别利用信道协方差矩阵的奇异值分解和 RZF 算法给出模拟预编码矩阵与数字预编码矩阵[81]。

上述混合预编码算法均为线性方法，对发射信号的处理相对比较简单，在消除干扰的同时会不可避免地在一定程度上放大噪声，特别是对于条件数较高的信道矩阵，噪声放大效应尤为严重。

2）非线性混合预编码

对线性混合预编码消除干扰时会放大噪声的情况，文献[82]指出，若在预编码矩阵之前预先对信号进行非线性扰动，则可以有效抑制噪声放大效应，从而提升用户接收信号的信噪比，改善系统频谱效率和误码率[82]。

常见的非线性混合预编码有 Tomlinson Harashima(简称 TH)混合预编码、矢量扰动(Vector Perturbation，VP)混合预编码、Trellis 混合预编码等。目前，针对这些非线性混合预编码算法在多用户毫米波大规模 MIMO 系统中的应用也有较多的研究成果。

文献[83]给出了非线性混合最小均方误差矢量扰动(Minimum Mean Squared Errors Vector Pertuabation，MMSE-VP)预编码算法[83]。该算法首先通过整数规划来获得扰动矢量，然后将模拟预编码矩阵的优化问题建模为凸规划并通过信赖域算法求解，最后通过

RZF 预编码得出数字预编码矩阵。仿真结果表明，该算法的误码率优于全数字 RZF 预编码，但文献[83]假设模拟预编码可同时调节信号的振幅与相位，忽略了恒模约束。考虑到硬件开销和功耗，该假设条件在实际中难以实现。在此基础之上，文献[84]进一步给出了在恒模约束下的非线性混合 MMSE-VP 预编码算法，在所给算法中，借助于 DFT 码本，模拟预编码矩阵的优化问题被建模为 0－1 规划问题，并通过分支定界法求解[84]。文献[85]则进一步将非线性混合 MMSE-VP 预编码算法扩展到了多基站多用户系统[85]。

总体来说，相比于线性混合预编码算法，非线性混合 MMSE-VP 预编码算法可以显著改善系统性能，但文献[83]～[87]所给出的非线性混合预编码算法计算复杂度较高，特别是求解模拟预编码矩阵所采用的分支定界法和求解扰动矢量所采用的格基规约算法都有非常大的计算开销，难以实际应用[83-87]。

由以上的混合预编码算法研究现状的相关描述可以了解到，目前，各国学者在毫米波大规模 MIMO 系统混合预编码算法领域已经取得了较为丰硕的研究成果，但是从相关研究结果来看，无论是单用户还是多用户系统，现有混合预编码算法往往难以有效处理非凸恒模或 0-1 约束条件，导致系统性能较差或者计算复杂度较高。例如，基于码本的混合预编码算法通过在预定义的码本中寻找最优码字来构造模拟预编码矩阵，如果该码本中的码字不能完全适配当前信道环境中信号能量较强的方向，那么其所求解的系统性能就会有所下降；基于非码本的混合预编码算法则普遍通过梯度投影、凸松弛等方法处理恒模约束，其中梯度投影法相对而言求解精度较高，但计算复杂度高，凸松弛方法则会改变原始问题的可行域，导致求解误差较大。

1.5 本章小结

在如今的信息时代中，稳定、高效的通信技术是信息快速发展的关键。其中，毫米波丰富的频谱资源与大规模 MIMO 的大系统容量的特性是实现稳定、高效的通信技术的必要条件之一，而预编码是充分利用毫米波、大规模 MIMO 两者特性的技术手段。因此，为了使读者能够更加深入地了解毫米波混合预编码的相关基础理论，本章详细阐述了毫米波混合预编码相关研究所需的毫米波的频段、特性，毫米波通信的发展历程、通信方式、基本组成，以及毫米波混合预编码的基本概述、混合预编码结构及混合预编码算法的研究现状。

参考文献

[1] RAPPAPORT T S, SHU S, MAYZUS R, et al. Millimeter wave mobile communications for 5G cellular: It Will Work!. IEEE Access [J], 2013, 1: 335－349.

[2] YIN B, ABU-SURRA S, GARY X, et al. High-throughput beamforming receiver for millimeter wave mobile communication[C]. 2013 IEEE Global Communications Conference (GLOBECOM), 2013: 3697－3702.

[3] 甘仲民. 毫米波通信技术与系统[M]. 北京：电子工业出版社，2003.

[4] 洪伟，余超，陈继新，郝张成. 毫米波与太赫兹技术[J]. 中国科学：信息科学，2016,

46(8)：1086－1107.
[5] 王琦，王毅凡. Ka 波段通信卫星发展应用现状[J]. 卫星与网络，2010，(8)：20－27.
[6] 岳光荣，李连鸣，成先涛，李少谦. 60GHz 频段短距离无线通信[M]. 北京：国防工业出版社，2014.
[7] SEYEDI A. On the physical layer performance of ECMA－387：a standard for 60GHz WPANs [C]. IEEE International Conference on Ultra-Wideband，2009：28－32.
[8] BAYKAS T，SUM C S，LAN Z，et al. IEEE 802.15.3c：the first IEEE wireless standard for data rates over 1 Gb/s [J]. IEEE Communications Magazine，2011，49(7)：114－121.
[9] NITSCHE T，CORDEIRO C，FLORES A B，et al. IEEE 802.11ad：directional 60 GHz communication for multi-gigabit-per-second Wi-Fi [J]. IEEE Communications Magazine，2014，52(12)：132－141.
[10] PANG J，TOKGOZ K，MAKI S. A 28.16-Gb/s area-efficient 60-GHz CMOS bidirectional transceiver for IEEE 802.11ay [J]. IEEE Transactions on Microwave Theory and Techniques，2020，68(1)：252－263.
[11] CHEN C，KEDEM O，SILVA C R C M，CORDEIRO C. Millimeter-wave fixed wireless access using IEEE 802.11ay [J]. IEEE Communications Magazine，2019，57(12)：98－104.
[12] 胡大璋. 低层大气中氧气吸收的研究[J]. 电波科学学报，1996，11(3)：27－32.
[13] IMT－2020(5G)推进组. 高频段专题组技术报告[R]. 北京：2019.
[14] 3GPP. Study on channel model for frequency spectrum above 6 GHz [R]. Valbonne：2017.
[15] 3GPP. Release 15 description [R]. Valbonne，2018.
[16] ITU-R. World radiocommunication conference 2019 (WRC－19) final acts [R]. Geneva，2020.
[17] GIORDANI M，POLESE M，MEZZAVILLA M，et al. Toward 6G networks：use cases and technologies [J]. IEEE Communications Magazine，2020，58(3)：55－61.
[18] 魏克军，胡泊. 6G 愿景需求及技术趋势展望[J]. 电信科学，2020，36(2)：126－129.
[19] 丁婷. 毫米波大规模 MIMO 系统中的混合预编码技术研究[D]. 中国人民解放军战略支援部队信息工程大学，2019.
[20] ITU-R. Recommendation ITU-R P.676－11 attenuation by atmospheric gases [R]. Geneva，2016.
[21] GOSWAMI M，KWON H M. Submillimeter wave communication versus millimeter wave communication [J]. Digital Communications and Networks，2020，6(1)：64－74.
[22] MARZETTA T L. Noncooperative Cellular Wireless with Unlimited Numbers of Base Station Antennas [J]. IEEE Transactions on Wireless Communications，2010，9(11)：3590－3600.

[23] XIAO M, MUMTAZ S, HUANG Y, et al. Millimeter Wave Communications for Future Mobile Networks [J]. IEEE Journal on Selected Areas in Communications, 2017, 35(9): 1909 - 1935.

[24] GAO X, DAI L, HAN S, et al. Energy Efficient Hybrid Analog and Digital Precoding for Mm Wave MIMO Systems With Large Antenna Arrays [J]. IEEE Journal on Selected Areas in Communications, 2016, 34(4): 998 - 1009.

[25] HU A, YANG S. Spatial overlapping index based joint beam selection for millimeter-wave multiuser MIMO systems [J]. Signal Processing, 2020, 167: 1 - 10.

[26] AL-FALAHY N, ALANI O Y K. Millimeter wave frequency band as a candidate spectrum for 5G network architecture: a survey [J]. Physical Communication, 2019, 32: 120 - 144.

[27] AYACH O E, RAJAGOPAL S, ABU-SURRA S, PI Z, HEATH R W. Spatially sparse precoding in millimeter wave MIMO systems [J]. IEEE Transactions on Wireless Communications, 2014, 13(3): 1499 - 1513.

[28] BUSARI S A, HUQ K M S, RODRIGUEZ J. Millimeter-wave massive MIMO communication for future wireless systems: a survey [J]. IEEE Communications Surveys & Tutorials, 2018, 20(2): 836 - 869.

[29] UWAECHIA A N, MAHYUDDIN N M. A comprehensive survey on millimeter wave communications for fifth-generation wireless networks: feasibility and challenges [J]. IEEE Access, 2020, 8: 62367 - 62414.

[30] SOHRABI F. Hybrid beamforming and one-bit precoding for large-scale antenna arrays[D]. Toronto: University of Toronto, 2018.

[31] 金爵宁. 有限字符输入下的 MIMO 预编码研究[D]. 上海：上海交通大学，2018.

[32] YU X, ZHANG J, LETAIEF K B. Alternating minimization for hybrid precoding in multiuser OFDM mmWave systems [C]. Asilomar Conference on Signals, Systems and Computers, 2016: 281 - 285.

[33] LIN Y-P. On the quantization of phase shifters for hybrid precoding systems [J]. IEEE Transactions on Signal Processing, 2017, 65(9): 2237 - 2246.

[34] ZHANG J A, HUANG X, DYADYUK V, GUO Y J. Massive hybrid antenna array for millimeter-wave cellular communications [J]. IEEE Wireless Communications, 2015, 22(1): 79 - 87.

[35] PARK S, ALKHATEEB A, HEATH R W. Dynamic subarrays for hybrid precoding in wideband mmWave MIMO systems [J]. IEEE Transactions on Wireless Communications, 2017, 16(5): 2907 - 2920.

[36] YU X, ZHANG J, LETAIEF K B. Partially-connected hybrid precoding in mm-wave systems with dynamic phase shifter networks [C]. IEEE International Workshop on Signal Processing Advances in Wireless Communications, 2017: 129 - 133.

[37] XUE C, HE S, OU F, et al. Asymmetric subarray structure design for mmWave

LoS MIMO communication systems [C]. IEEE/CIC International Conference on Communications in China, 2016: 1-6.

[38] SONG N, YANG T, SUN H. Overlapped subarray based hybrid beamforming for millimeter wave multiuser massive MIMO [J]. IEEE Signal Processing Letters, 2017, 24(5): 550-554.

[39] 张笛笛. 基于混合波束赋形的大规模 MIMO 系统关键技术研究[D]. 北京: 北京邮电大学, 2019.

[40] 赵宏宇, 姚红艳. 毫米波 massive MIMO 系统中混合连接的混合预编码设计[J]. 通信学报, 2020, 41(3): 45-52.

[41] ZHAO P, WANG Z. Hybrid precoding for millimeter wave communications with fully connected subarrays [J]. IEEE Communications Letters, 2018, 22(10): 2160-2163.

[42] MéNDEZ-RIAL R, RUSU C, HEATH R W, et al. Channel estimation and hybrid combining for mmWave: phase shifters or switches [C]. IEEE Information Theory and Applications Workshop, 2016: 90-97.

[43] MéNDEZ-RIAL R, RUSU C, HEATH R W, et al. Hybrid MIMO architectures for millimeter wave communications: phase shifters or switches [J]. IEEE Access, 2016, 4: 247-267.

[44] ARDAH K, FODOR G, SILVA Y C B, et al. A unifying design of hybrid beamforming architectures employing phase shifters or switches [J]. IEEE Transactions on Vehicular Technology, 2018, 67(11): 11243-11247

[45] MOLINA F, BORRàS J. Low-complexity switching network design for hybrid precoding in mmWave MIMO systems [C]. European Signal Processing Conference, 2019: 1-5.

[46] NOSRATI H, ABOUTANIOS E, SMITH D, WANG X. Switch-based hybrid precoding in mmWave massive MIMO systems [C]. European Signal Processing Conference, 2019: 1-5.

[47] GAO X, DAI L, SUN Y, HAN S, I C-L. Machine learning inspired energy-efficient hybrid precoding for mmWave massive MIMO systems [C]. IEEE International Conference on Communications, 2017: 1-6.

[48] TIAN M, ZHANG J, ZHAO Y, et al. Switch and Inverter based hybrid precoding algorithm for mmWave massive MIMO system: analysis on sum-rate and energy-efficiency [J]. IEEE Access, 2019, 7: 49448-49455.

[49] ZHU X, WANG Z, DAI L, WANG Q. Adaptive hybrid precoding for multiuser massive MIMO [J]. IEEE Communications Letters, 2016, 20(4): 776-779.

[50] 甘天江, 傅友华, 王海荣. 毫米波大规模 MIMO 系统中基于机器学习的自适应连接混合预编码[J]. 信号处理, 2020, 36(5): 677-685.

[51] ZHANG J, HUANG Y, YU T, et al. Hybrid precoding for multi-subarray

millimeter-wave communication systems [J]. IEEE Wireless Communications Letters, 2018, 7(3): 440 - 443.

[52] HUANG W, LU Z, HUANG Y, YANG L. Hybrid precoding for single carrier wideband multi-subarray millimeter wave systems [J]. IEEE Wireless Communications Letters, 2019, 8(2): 484 - 487.

[53] REN T, LI Y. Hybrid precoding design for energy efficient millimeter-wave massive MIMO systems [J]. IEEE Communications Letters, 2020, 24(3): 648 - 652.

[54] XUE X, WANG Y, YANG L, SHI J, LI Z. Energy-efficient hybrid precoding for massive MIMO mmWave systems with a fully-adaptive-connected structure [J]. IEEE Transactions on Communications, 2020, 68(6): 3521 - 3535.

[55] GUO J C, YU Q Y, MENG W X, XIANG W. Energy-efficient hybrid precoder with adaptive overlapped subarrays for large-array mmWave systems [J]. IEEE Transactions on Wireless Communications, 2020, 19(3): 1484 - 1502.

[56] PAYAMI S, GHORAISHI M, DIANATI M, SELLATHURAI M. Hybrid beamforming with a reduced number of phase shifters for massive MIMO systems [J]. IEEE Transactions on Vehicular Technology, 2018, 67(6): 4843 - 4851.

[57] LIU F, KAN X, BAI X, et al. Hybrid precoding based on adaptive RF-chain-to-antenna connection for millimeter wave MIMO systems [J]. Physical Communication, 2020, 39: 1 - 9.

[58] XIAO Z, HE T, XIA P, XIA X-G. Hierarchical codebook design for beamforming training in millimeter-wave communication [J]. IEEE Transactions on Wireless Communications, 2016, 15(5): 3380 - 3392.

[59] KOKSHOORN M, CHEN H, WANG P, LI Y, VUCETIC B. Millimeter wave MIMO channel estimation using overlapped beam patterns and rate adaptation [J]. IEEE Transactions on Signal Processing, 2017, 65(3): 601 - 616.

[60] MAO J, GAO Z, WU Y, ALOUINI M S. Over-sampling codebook-based hybrid minimum sum-mean-square-error precoding for millimeter-wave 3D-MIMO [J]. IEEE Wireless Communications Letters, 2018, 7(6): 938 - 941.

[61] CHEN K, QI C, LI G Y. Two-step codeword design for millimeter wave massive MIMO systems with quantized phase shifters [J]. IEEE Transactions on Signal Processing, 2020, 68(1): 170 - 180.

[62] CHEN Y, CHEN D, JIANG T. Non-uniform quantization codebook-based hybrid precoding to reduce feedback overhead in millimeter wave MIMO systems [J]. IEEE Transactions on Communications, 2019, 67(4): 2779 - 2791.

[63] CHEN Y, CHEN D, TIAN Y, JIANG T. Spatial lobes division-based low complexity hybrid precoding and diversity combining for mmWave IoT systems [J]. IEEE Internet of Things Journal, 2019, 6(2): 3228 - 3239.

[64] LEE Y Y, WANG C H, HUANG Y H. A hybrid RF/baseband precoding processor based on parallel-index- selection matrix-inversion-bypass simultaneous orthogonal matching pursuit for millimeter wave MIMO systems [J]. IEEE Transactions on Signal Processing, 2015, 63(2): 305-317.

[65] MOHAMMED A N, KOSTANIC I. Stochastic gradient descent for reducing complexity in millimeter wave hybrid precoding design [C]. IEEE Wireless and Microwave Technology Conference, 2018: 1-4.

[66] ZHANG Y, HUANG Y, QIN X, et al. Low complexity hybrid precoding based on ORLS for mmWave massive MIMO systems [C]. IEEE Wireless Communications and Networking Conference, 2018: 1-6.

[67] MIRZA J, ALI B, NAQVI S S, et al. Hybrid precoding via successive refinement for millimeter wave MIMO communication systems [J]. IEEE Communications Letters, 2017, 21(5): 991-994.

[68] DU R, LIU F, WANG X, et al. P-OMP-IR algorithm for hybrid precoding in millimeter wave MIMO systems [J]. Progress in Electromagnetics Research M, 2018, 68: 163-171.

[69] YU X, SHEN J C, ZHANG J, et al. Alternating minimization algorithms for hybrid precoding in millimeter wave MIMO systems [J]. IEEE Journal of Selected Topics in Signal Processing, 2016, 10(3): 485-500.

[70] MULLA M, ULUSOY A H, RIZANER A, AMCA H. Barzilai-Borwein gradient algorithm based alternating minimization for single user millimeter wave systems [J]. IEEE Wireless Communications Letters, 2020, 9(4): 508-512.

[71] LIN T, CONG J, ZHU Y, et al. Hybrid beamforming for millimeter wave systems using the MMSE criterion [J]. IEEE Transactions on Communications, 2019, 67(5): 3693-3708.

[72] CHEN J C. Gradient projection-based alternating minimization algorithm for designing hybrid beam- forming in millimeter-wave MIMO systems [J]. IEEE Communications Letters, 2019, 23(1): 112-115.

[73] NAIR S S, BHASHYAM S. Hybrid beamforming in MU-MIMO using partial interfering beam feedback [J]. IEEE Communications Letters, 2020, 24(7): 1548-1552.

[74] SUN X, QI C. Codeword selection and hybrid precoding for multiuser millimeter-wave massive MIMO systems [J]. IEEE Communications Letters, 2019, 23(2): 386-389.

[75] XU K, SHEN Z, WANG Y, XIA X. Location-aided MIMO channel tracking and hybrid beamforming for high-speed railway communications: an angle-domain approach [J]. IEEE System Journal, 2020, 14(1): 93-104.

[76] BUSARI S A, HUQ K M S, et al. Terahertz massive MIMO for beyond-5G

wireless communication [C]. IEEE International Conference on Communications, 2019: 1-6.

[77] LIU G, CHEN L, WANG W. A novel two-timescale limited feedback hybrid beamforming/combining design for millimeter wave systems [J]. IEEE Access, 2019, 7: 153475-153488.

[78] CUI X, LI Q. Hybrid beamforming with finite-resolution phase shifters for multiuser millimeter-wave downlink [J]. IEEE Wireless Communications Letters, 2020, 9(2): 219-222.

[79] ARDAH K, FODOR G, SILVA Y C B, FREITAS W C, ALMEIDA A L F. Hybrid analog-digital beamforming design for SE and EE maximization in massive MIMO networks [J]. IEEE Transactions on Vehicular Technology, 2020, 69(1): 377-389

[80] NGUYEN N T, LEE K. Unequally sub-connected architecture for hybrid beamforming in massive MIMO systems [J]. IEEE Transactions on Wireless Communications, 2020, 19(2): 1127-1140.

[81] LIU Y, WANG J. Low-complexity OFDM-based hybrid precoding for multiuser massive MIMO systems [J]. IEEE Wireless Communications Letters, 2020, 9(3): 263-266.

[82] HOCHWALD B M, PEEL C B, SWINDELHURST A L. A vector-perturbation technique for near-capacity multiantenna multiuser communication-part II: perturbation [J]. IEEE Transactions on Communications, 2005, 53(3): 537-544.

[83] MAI R, LE-NGOC T, NGUYEN D H N. Hybrid MMSE-VP precoding for multi-user massive MIMO systems [C]. IEEE International Conference on Communications, 2017: 1-6.

[84] MAI R, LE-NGOC T, NGUYEN D H N. Two-timescale hybrid RF-baseband precoding with MMSE-VP for multi-user massive MIMO broadcast channels [J]. IEEE Transactions on Wireless Communications, 2018, 17(7): 4462-4476.

[85] MAI R, LE-NGOC T. Nonlinear hybrid precoding for coordinated multi-cell massive MIMO systems [J]. IEEE Transactions on Vehicular Technology, 2019, 68(3): 2459-2471..

[86] CHANG T Y, CHEN C E. A hybrid Tomlinson - Harashima transceiver design for multiuser mmWave MIMO systems [J]. IEEE Wireless Communications Letters, 2018, 7(1): 118-121.

[87] XING C, ZHAO X, XU W, DONG X Li G Y. A framework on hybrid MIMO transceiver design based on matrix-monotonic optimization[J]. IEEE Transactions on Signal Processing, 2019, 67(13): 3531-3546.

第 2 章　大规模 MIMO 系统与预编码基础理论

2.1 引　　言

下一代无线通信系统致力于达到每秒吉比特以上的数据吞吐率以支持高速率的多媒体业务。毫米波频段(30～300 GHz)尚存在大量未使用的频谱，可利用的频带宽，信息容量大，成为下一代通信系统中提高数据传输速率的主要频段。然而，毫米波通信面临的一个主要问题是，自由空间路径损耗使得接收端信号大幅度衰减(也称衰落现象)。不仅如此，当信号穿过雨、雾或收发两端之间的障碍物时，信号衰减会更加严重，甚至会引起信号中断[1]。因此，克服信号传输过程中的衰减和损耗，提升系统容量成为毫米波通信技术的主要研究方向。

"衰落"现象是无线信道的一个典型特征，即信号的幅值在时间和频率上产生波动，它可以分为大尺度衰落和小尺度衰落。大尺度衰落是指信号从发射端经过一段较长的距离传播到接收端经受的自由空间路径损耗，一般分为平均路径损耗和阴影，其中自由空间路径损耗模型主要有一般路径损耗模型、Okumura - Hata 模型以及 IEEE 802.16d 模型等;小尺度衰落是指移动台在较短距离内移动时，由于多径相消或相长干涉所引起的接收信号在短期内的快速变动，主要表现为多径衰落。

大规模多输入多输出技术是在基站端部署大规模阵列，与传统 MIMO 技术相比它能够有效抵抗不同用户间的干扰，显著提升系统容量。毫米波频段的天线尺寸很小，这为配备大规模天线阵列提供了可能性。首先，大规模 MIMO 的基站天线数量可远大于用户数，故系统可以获得很高的复用增益、分集增益和阵列增益。其次，大规模 MIMO 能够将信号能量聚焦在很窄的波束上，因此可以有效地提升能量效率。最后，在大规模 MIMO 系统中，预编码是下行链路中至关重要的信号处理技术，它利用发射端的信道状态信息，将调制过的符号流变换成适应当前信道的数据流，并将信号能量集中到目标用户附近，从而有效减小信号衰减和损耗，提升系统性能[1]。

由以上描述可知，研究毫米波大规模 MIMO 系统以及预编码技术对推进下一代无线通信的发展有重要意义。因此为了使读者更加了解毫米波与现代通信相关技术，本章将详细地从毫米波大规模 MIMO 系统以及预编码技术等方面做出相关介绍。

2.2 大规模 MIMO 系统特征

大规模天线阵列构成的大规模 MIMO 系统是由贝尔实验室的 Marzetta 教授所提出的，主要目的是大幅度提高系统容量[2]，该方法的提出开创了大规模 MIMO 技术的研究。大规模 MIMO 系统的基本特征如下：

(1) 大规模 MIMO 系统在基站覆盖区域内配置数十根甚至数百根天线。其中，这些天线以大规模阵列方式集中放置，且相对于 4G 系统中的 4(或 8)根天线数增加了一个量级以上；

(2) 分布在基站覆盖区内的多个用户，在同一频谱资源上，利用基站配置的大规模天线所提供的空间自由度，与基站同时进行通信，从而提升频谱资源在多个用户之间的复用能力、各个用户链路的频谱效率以及抵抗小区间干扰的能力，最终实现频谱资源在整体利用率上的大幅提升；

(3) 利用基站配置的大规模天线所提供的分集增益和阵列增益，每个用户与基站之间通信的功率效率得到了进一步提升。在 20 MHz 带宽的同频复用时分双工(Time Division Duplex，TDD)系统中，每个小区可用 MU-MIMO(多用户多输入多输出)方式服务 42 个用户，当小区间无协作且接收、发送只采用简单的最大比合并(Maximal Ratio Combining，MRC)或最大比传输(Maximal Ratio Transmission，MRT)时，每个小区的平均容量也高达1.8 Gb/s[2]。

由以上的描述可知，大规模 MIMO 系统的应用将在系统容量、信号处理算法、节能、硬件实现、系统空间时延及可靠性等方面具有优势，具体可以总结为以下几点[3-4]：

(1) 大规模 MIMO 系统不仅可以提升系统容量，同时也能够提升能量效率。它通过增加基站天线数，提升空间复用增益，来提升系统容量。由于采用大规模天线阵列后，空间能量传播被集中在极其狭窄的区域内，即是波阵面的相干叠加，因此能量效率得到了提升。该过程中，通过将发射信号适当赋形，使天线发出的所有波阵面在目标终端集中集合，而在其他地方随机分散；通过使用低复杂度的线性接收机，即最大比合并接收机和迫零接收机，使大规模 MIMO 系统可以提升系统容量与能量效率。

(2) 由于用户间信道趋近正交，大规模 MIMO 系统中的多种线性 MIMO 空间处理方法(包括最大比合并/最大比传输，迫零、最小均方误差)的性能趋于一致，因此采用最简单的线性处理方法就可以达到良好的性能，并大大降低大规模天线带来的基带信号处理的复杂度，使得现有基带芯片可以实时处理几百个天线单元采集的信号。

(3) 大规模 MIMO 技术可大幅度降低基站的功耗和成本。① 从理论上来讲，在保证终端接收功率不变的情况下，与单天线基站相比，采用 M 根天线的基站的总发射功率降低为单天线基站的 $1/M$，单个天线的发射功率降低为 $1/(2M)$。② 传统 MIMO 技术中使用价格昂贵的超线性、功率为 50 W 的放大器，而在大规模 MIMO 系统中这些设备可用上百个低功耗、输出功率仅为毫瓦级别的放大器代替。③ 一些昂贵且庞大的设备，如大型同轴电缆等也可被移除，最终使得基站采用的功放更易实现，效率更高。④ 利用大规模 MIMO 的合并特性还可降低对放大器和射频链路准确性和线性的约束程度。根据大数定律，当信号从很多天线发出时，它们在空间中的合并可将噪声、衰落和硬件缺陷平均消除掉。大规模 MIMO系统对衰落的强有力抵抗特性使其可以忽略少数几个天线单元的传输失误。⑤ 随着集成电路技术的进步，可以在成本很低的单个芯片中集成单个天线对应的射频通道以及相应的模数和数模转换单元(类似于传感器网络中的传感节点)。如此，即使采用数百个天线单元，其成本也不会高于当前体积庞大的高功率基站，最终使得大规模 MIMO 比当前基站更符合绿色节能的要求。

(4) 大规模MIMO系统可以减少空间时延。无线通信系统一个最大的影响因素就是衰落。当信号从基站发出时，会经历多条路径到达目的地，这多条路径中的电磁波彼此随机干扰，很难建立起一条低时延的无线链路。而由于大规模MIMO是依赖于大数定律和波束赋形的，因此可有效地减少衰落，从而使衰落不再影响空间时延。

(5) 大规模MIMO系统可增强系统鲁棒性。有意识的人为干扰是无线通信系统的一个严重威胁。现在，人们仅花费几百元人民币便可从网络上购得一台简单的干扰台。近年来，已有相当数量的无线干扰事故发生，尤其是涉及公共安全的事故。例如，在2001年的哥德堡欧盟峰会上，示威者使用位于附近的一部干扰台，令指挥官在骚乱发生时无法对事先布置好的700名警力下命令，最终导致事态失控。在实际应用中，由于频谱属稀缺资源，无法通过一味地扩展频段来增强无线通信的鲁棒性，因此增加更多的天线就成了最佳选择。而大规模MIMO系统正是针对这一需求，使天线数远大于终端数，从而利用多余的自由度来消除干扰台的信号，从而增强系统的鲁棒性。

(6) 当多天线系统趋于大型化时，一些基本的系统特性也将会发生变化。① 随机矩阵在理论上的渐近性将会更加明显，传统多天线系统中的随机性将在大规模MIMO系统中变得确定。例如，信道矩阵的奇异值分布将趋于一个确定性函数。② 高矩阵或扁矩阵的条件数将得到大大改善。当维数较大时，一些矩阵操作，如矩阵求逆等，都可以通过级数展开等技术得以快速实现。随着多天线系统维度的增加，系统热噪声将被平均掉，系统将主要受限于终端间的干扰。③ 随着阵列孔径的增加，系统的分辨率将会大大提升。阵列的通信性能对传播信道实际统计特性的依赖度将会逐渐减弱，转而更加依赖于信道的聚集特性，例如不同终端之间信道向量的渐近正交性。④ 结合多用户MIMO技术，大规模MIMO系统将会弥补传统点对点MIMO系统的一些不足，使得大规模MIMO系统在视距传输条件下依然具有较好的性能。例如，当基站天线阵列足够大时，任意两个终端之间的角度空间都会大于阵列的角度瑞利分辨力，因而不同终端之间的信道向量将趋于渐近正交。⑤ 大规模MIMO系统能够同时服务的终端数量不再受限于天线的个数，而是受限于终端数量较大时信道状态信息获取的能力。

2.3　无线信道特征

随着天线数量的增加和阵列尺寸的增大，大规模MIMO系统信道特征将会发生显著改变。这些特征的变化会对信道建模、性能分析和系统设计产生至关重要的影响。因此，为了设计出完善的大规模MIMO系统，研究人员对实际的大规模MIMO系统进行了大量理论和实测分析，总结出许多大规模MIMO系统无线信道的重要特征。

2.3.1　信道的传播

大规模MIMO系统中无线信道的一个关键特征就是终端信道之间的相互正交性，该关键特征被称为信道的最佳传播条件[5]。在最佳传播条件下，可以通过简单的线性处理技术来获得最佳的系统性能。为了获得最佳传播条件，信道向量 $\boldsymbol{g}_k$ ($k=1,2,\cdots,K$) 之间必须满

足成对正交，即

$$\boldsymbol{g}_i^{\mathrm{H}}\boldsymbol{g}_j=\begin{cases}0 & i、j=1,2,\cdots,K \text{ 且 } i\neq j\\ \|\boldsymbol{g}_k\|^2\neq 0 & k=1,2,\cdots,K\end{cases} \tag{2.1}$$

然而，在实际应用中，上述条件很难完全成立，因此只能近似获得，这时称信道提供了近似最佳的传播条件。其中，当天线数量 M 增大且 $k\neq j$ 时，若满足

$$\frac{1}{M}\boldsymbol{g}_k^{\mathrm{H}}\boldsymbol{g}_j\rightarrow 0 \quad M\rightarrow\infty \tag{2.2}$$

则称信道是渐进最佳的。在实际应用中，若要判断信道是否是最佳的，一个最有效的指标就是信道的条件数，即矩阵 $\boldsymbol{G}^{\mathrm{H}}\boldsymbol{G}$ 的最小和最大奇异值的比值。当在最佳传播条件下时，有

$$\boldsymbol{G}^{\mathrm{H}}\boldsymbol{G}=\mathrm{diag}\{\|\boldsymbol{g}_1\|^2,\cdots,\|\boldsymbol{g}_K\|^2\} \tag{2.3}$$

其中，若所有信道向量 $\boldsymbol{g}_k$ 有相同的范数，则 $\boldsymbol{G}^{\mathrm{H}}\boldsymbol{G}$ 的条件数等于1，即

$$\frac{\lambda_{\min}}{\lambda_{\max}}=1 \tag{2.4}$$

式中，$\lambda_{\min}$ 和 $\lambda_{\max}$ 分别表示 $\boldsymbol{G}^{\mathrm{H}}\boldsymbol{G}$ 的最小和最大奇异值。同理，当 $M\rightarrow\infty$，信道提供渐近最佳的传播条件时，有

$$\boldsymbol{G}^{\mathrm{H}}\boldsymbol{G}\rightarrow\boldsymbol{D} \tag{2.5}$$

式中，$\boldsymbol{D}$ 是对角矩阵。

通常，大规模 MIMO 系统包括两种信道模型，即独立同分布的瑞利衰落模型和随机均匀分布的视距传播模型。在独立同分布的瑞利衰落模型中，信道是独立同分布的高斯随机向量。利用大数定律，可以得到

$$\begin{cases}\dfrac{1}{M}\|\boldsymbol{g}_k\|^2\rightarrow 1 & M\rightarrow\infty\\ \dfrac{1}{M}\boldsymbol{g}_k^{\mathrm{H}}\boldsymbol{g}_j\rightarrow 0 & M\rightarrow\infty, k\neq j\end{cases} \tag{2.6}$$

此时，信道提供渐近最佳的传播条件。

对于随机均匀分布的视距传播信道模型，考虑基站和终端之间无衰落的直射路径。假设阵列是元素间隔为 d 的等距线阵，则在远场模型下，信道向量 $\boldsymbol{g}_k$ 可以建模为

$$\boldsymbol{g}_k=\left[1 \quad \mathrm{e}^{-\mathrm{j}2\pi\frac{d}{\lambda}\sin\theta_k} \quad \cdots \quad \mathrm{e}^{-\mathrm{j}2\pi(M-1)\frac{d}{\lambda}\sin\theta_k}\right]^{\mathrm{T}} \tag{2.7}$$

其中，θ_k 是第 k 个终端的到达角；λ 是载波波长。对于任意给定的不同角度 θ_k，可以直观地发现

$$\frac{1}{M}\|\boldsymbol{g}_k\|^2=1,\ \frac{1}{M}\boldsymbol{g}_k^{\mathrm{H}}\boldsymbol{g}_j\rightarrow 0 \quad M\rightarrow\infty, k\neq j \tag{2.8}$$

由以上描述可知，此时信道提供了渐进最佳的传播条件。

独立同分布的瑞利衰落模型和随机均匀分布的视距传播模型分别对应着两种极端情形：丰富的散射场景和无散射场景。文献[5]的研究对大规模系统在这两种信道模型下的信道状况进行了分析，并指出独立同分布的瑞利衰落信道和随机均匀分布的视距传播信道都能提供渐近最佳的传播条件[5]。独立同分布的瑞利衰落信道的奇异值很好地分布于其最大值和最小值之间。随机均匀分布的视距传播信道的奇异值则多集中于其最大奇异值附近且只有少量很小的奇异值。由以上描述可知，在随机均匀分布的视距传播模型中如果选择性

地丢弃少量终端用户，那么信道将提供近似最佳的传播条件。在实际应用场景中，信道模型往往介于上述两种模型之间，因而可以合理推测：在大多数实际环境中，信道都将提供渐近最佳的传播条件。

2.3.2　阵列的结构

大规模 MIMO 系统中，天线阵列的结构通常包括线阵、面阵、圆柱形阵列等，其中，不同阵列的结构决定着阵列的孔径和分辨力。当大规模天线以线阵形式放置时，阵列将拥有最大的空间角度分辨力，但此时它只能用于一维平面，无法同时得到用户信道的俯仰角信息，且天线数量的增加也将使阵列尺寸变得非常大。以 3.32 GHz 频段 128 天线等距线阵为例，阵列尺寸将达到 7.3 m。此外，阵列尺寸的增加还将带来信号模型的重大变化。传统 MIMO 系统中，阵列尺寸相对于用户与基站间的距离来说基本可以忽略，因此，信道模型通常考虑的都是远场模型，用户信号的入射波基本是平面波。然而，随着大规模阵列尺寸的增加，信道的近场效益带来的影响就必须要考虑。当用户位于阵列的瑞利距离之内时，信号波前将不再是平行波而是球面波，如图 2.1 所示。通常，球面波波前使得散射体对整体阵列分辨波达方向会产生影响。

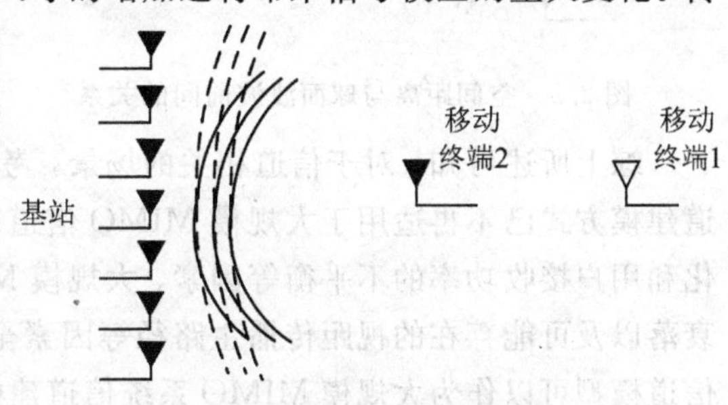

图 2.1　大规模 MIMO 等距线阵近场效应

当天线阵列以面阵、圆柱形阵列等 2D/3D(2 维/3 维)结构布置时，阵列可以有效地控制其尺寸，并具备同时分辨水平角和仰角的能力，以实现大规模系统的空间复用。但是，2D/3D 等结构的阵列密集部署也会显著增加天线之间的耦合。对于平面方阵，每个天线阵元周围一般存在 4 个邻接阵元，在 3D 阵列中则会有 6 个邻接阵元。通常，天线阵元间隔的减小会进一步增加相互之间的耦合。因此为了获得良好的系统性能，耦合补偿或消除耦合将是完善系统不可或缺的方法。以上阐述表明，大规模 MIMO 系统中天线阵列的结构对系统分辨力、天线耦合等都有着重要的影响。

2.3.3　用户的信道建模

2.3.1 中分析了大规模 MIMO 信道的最佳传播条件，在最佳传播条件下，用户信道之间渐近正交。在实际应用中，大规模 MIMO 系统的用户信道间往往会遭受强相关影响。

在传统 MIMO 系统建模时，具有相同时延、相同波达方向的散射体往往成组出现，并形成所谓的散射簇。不同散射簇或散射体的数量往往是有限的，且同一个散射簇中的多径传播分量之间通常是相关的，因此减少了有效散射体的个数。同理，对于多个用户的联合散射体而言，虽然用户之间分散得很远，但用户信道之间仍存在相关性。通常，在以下几种场景下用户信道之间将会经历强相关。

首先，当不同用户多径信道的主角度之间区别不大时，且不同用户信道在接收阵列上的相位变化不足以达到去相关的效果时，用户信道之间将会经历强相关。

其次，当用户信道的角度一致时，由于它们在空间上距离太近，使得产生的球面波波前仍不足以达到去相关的效果，此时用户信道之间同样会经历强相关，如图 2.2 所示。

最后，当用户信道中存在共同的强散射体时，系统无法完全区分用户信道，这也将导致用户信道之间经历强相关，如图 2.3 所示。

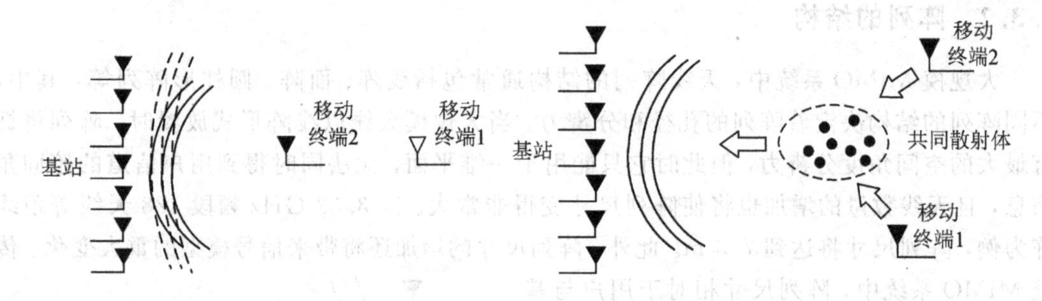

图 2.2　空间距离与球面波波前间的关系　　　图 2.3　共同散射体导致用户信道相关

综上所述可知，对于信道相关的场景，考虑到信道环境的非平稳性，标准的 MIMO 信道建模方式已不再适用于大规模 MIMO 信道。因此，结合 2.3.2 中所提到的阵列尺寸的变化和用户接收功率的不平衡等因素，大规模 MIMO 系统的信道建模需要将小尺度、大尺度衰落以及可能存在的视距传播主路径等因素全部考虑进来。例如，改进的 COST2100 几何信道模型可以作为大规模 MIMO 系统信道建模的基准，或者通过基于用户的射线跟踪模型进行信道的建模。表 2.1 给出了传统 MIMO(如单链路 MIMO、多链路 MIMO)和大规模 MIMO 系统在信道建模时应当考虑的信道特征。

表 2.1　传统 MIMO 与大规模 MIMO 系统的信道特征

性质	单链路 MIMO	多链路 MIMO	大规模 MIMO
衰落相关	小尺度衰落	大尺度衰落	小尺度及大尺度衰落
空间相关	链路内	链路间	链路内及链路外

2.4　天线阵列

5G，即第五代无线通信系统，是在走过模拟通信、第二代、第三代和正在经历的第四代 LTE(长期演进)系统之后的高效率通信系统。

通常一个体系的革新换代必包含无数的创新点，5G 也是如此。5G 的一项关键技术就是大规模 MIMO 天线阵列。其之所以成为关键技术之一是因为大规模 MIMO 天线阵列的应用可以大幅度提升信道容量。因此，为了使读者更加了解现有通信技术的关键技术，本节将介绍大规模 MIMO 天线阵列。

2.4.1　波束赋形

1. 概述

理解大规模天线阵列首先需要了解波束赋形方法。传统通信方式是基站与手机间单天线到单天线的电磁波传播，基站端拥有多根天线，可以自动调节各个天线发射信号的相位，使发射信号在手机接收点形成电磁波的叠加，从而达到提高接收信号强度的目的。

从基站方面看，这种利用数字信号处理产生的叠加效果就如同完成了基站端虚拟天线方向图的构造，因此称为“波束赋形”。通过这一方法，发射信号的能量可以汇集到用户所在位置，而不向其他方向扩散，并且基站可以通过监测用户的信号，对其进行实时跟踪，使最佳发射方向跟随用户的移动，保证在任何时候手机接收的电磁波信号都处于叠加状态。打个比方，传统通信就像灯泡，照亮整个房间，而波束赋形就像手电筒，光亮可以智能地汇集到目标位置上。

在实际应用中，多天线的基站也可以同时瞄准多个用户，构造朝向多个目标用户的不同波束，并有效减小各个波束之间的干扰。这种多用户的波束赋形在空间上有效地分离了不同用户间的电磁波，是大规模天线的基础所在。

2. 方法

波束赋形，用于将波束辐射方向图引导至具有固定响应的所需方向。天线阵列的波束赋形和波束扫描可通过移相系统或时滞系统来实现。波束赋形通常有以下三种方法：

(1) 移相。

在窄带系统中，时滞也称移相。在射频或中频下，可通过以铁氧体移相器进行移相来实现波束赋形；在基频下，可通过数字信号处理进行移相。在宽带系统中，由于需要使主波束的方向不随频率变化，因此优先选择时滞式波束赋形。

(2) 时滞。

时滞可通过改变传输线长度的方式引入。与移相的情形一致，时滞可在射频或中频下引入。通常，如此引入的时滞在较宽的频率范围内均能良好运行。然而，时间扫描阵列的带宽受振子带宽和振子电气间距的限制。当工作频率增大时，振子间的电气间距随之增大，从而导致波束宽度在高频下发生一定程度的窄化。当频率进一步增大时，还将最终导致栅瓣现象。在相控阵列中，当波束赋形方向超出主波束最大值时，便会产生栅瓣，该现象会使主波束的分布发生错误。因此，为了避免发生栅瓣现象，天线振子必须具有合适的间距。

(3) 权重向量。

权重向量是一种复向量，其幅度分量决定旁瓣电平与主波束宽度，相位分量决定主波束角度与零深位置。通常，在窄带阵列中的相位分量由移相器施加得到。

2.4.2　大规模天线阵列

1. 定义

大规模天线阵列是基于多用户进行波束赋形的，在基站端布置几百根天线，对几十个目标接收机调制各自的波束，通过空间信号隔离，在同一频率上同时传输几十条信号。这种对空间资源的充分挖掘，可以有效利用宝贵而稀缺的频谱资源，并且几十倍地提升信道容量。

图 2.4 所示是大规模天线阵列原型机，从图中可以看到由 64 个小天线组成的天线阵列，这很好地展示了大规模天线阵列的雏形。

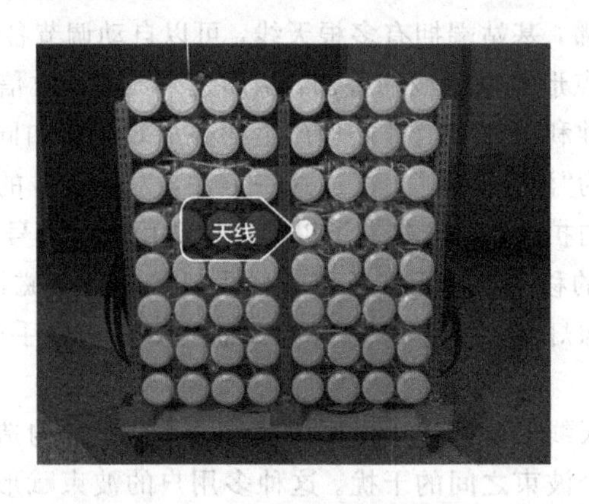

图 2.4　大规模天线阵列原型机

2. 优势

大规模天线阵列并不只是简单地扩增天线数量，因为量变可以引起质变。依据大数定律和中心极限定理可知，当样本数趋向于无穷时，均值趋向于期望值，而独立随机变量的均值分布趋向于正态分布。随机变量趋于稳定，这正是实际用户中需要满足的要求。

在单天线对单天线的传输系统中，由于环境的复杂性，电磁波在空气中经过多条路径传播后在接收点可能相位相反，互相削弱，此时信道很有可能陷于很强的衰落，影响用户接收到的信号质量。而当基站天线数量增多时，针对于用户的几百根天线就拥有了几百个信道，它们相互独立，同时陷入衰落的概率便大大减小。因此大规模天线阵列的优势可以大概总结为以下三点。

第一，大幅度提高信道容量。

第二，因为有数量众多的天线同时发射信号，由波束赋形形成的信号叠加增益将使得每根天线只需以小功率发射信号，从而避免使用昂贵的大动态范围功率放大器，减少了硬件开销。

第三，大数定律造就的平坦衰落信道使得低时延通信成为可能。传统通信系统为了对抗信道的深度衰落，需要使用信道编码和交织器(交织器的目的是将不同时间段的信号交织混合，从而分散某一短时间内的连续错误)，将由深度衰落引起的连续突发错误分散到各个不同的时间段上，而该过程导致接收机需完整接收所有数据才能获得信息，这会造成时延。但在大规模天线阵列下，得益于大数定律，衰落消失，信道变得良好，对抗深度衰弱的过程可以大大简化，因此时延也可以大幅减少。

2.5　预编码理论

预编码是在下行链路的发射端利用信道状态信息对发射信号进行预处理，可将不同用户及天线之间的干扰最小化，并将信号能量集中到目标用户附近，使接收端获得较好的信噪比，从而提高系统的信道容量。预编码中最关键的两个挑战是获取信道状态信息和预编码矩阵。随着大规模天线阵列的使用，信道矩阵和预编码矩阵的维度也随之增高，同时算法的计算复杂度、系统硬件开销和实现难度等也随之增加。现已有很多研究工作针对降低计算复杂度和开销展开。例如，文献[9]提出用牛顿法和切比雪夫迭代法估计信道矩阵的逆来降低迫零预编码算法中求逆的计算量[9]；文献[10]采用基于统计信道信息的预编码，其中，统计信道状态相较于即时信道状态变化慢，因此可采用简单的长期反馈方式或信道互易性来得到，最终大大减少了系统的开销[10]；文献[11]采用信漏噪比代替信干噪比来作为多用户 MIMO 场景下预编码矩阵求解的优化目标，该方法有效地避免了非确定性多项式的相关问题[11]。

通常，根据预编码矩阵作用于基带或射频网络，预编码可分为数字预编码、模拟预编码和混合预编码。在数字预编码中，虽然传统的线性和非线性预编码都可以直接应用到大规模 MIMO 系统中，但非线性预编码的计算复杂度过高，因此线性算法更占优势。对于模拟预编码来说，虽然需要牺牲其部分性能，但能够显著地减少系统硬件的开销。混合预编码作为近年热门的方案之一，它能够结合数字预编码和模拟预编码的优点，在硬件开销和系统性能之间进行折中处理。

一般地，信道估计根据是否引入训练信号可分为训练估计和盲估计。其中，训练估计需要给每个用户设计不同的导频序列，由于在实际小区中存在着大量的用户，因此大规模 MIMO 系统通常存在着严重的导频污染。盲估计是直接根据接收到的数据来估计信道和发射信号，且一般是通过基站端部署大规模天线的，因此其估计算法的计算复杂度和计算量都很高。在实际操作中应结合周围的实际环境以及用户需求设计出较为完善的大规模 MIMO 系统。

2.5.1　系统原理

与传统单天线不同，大规模 MIMO 系统在发射端和接收端均配置了多个天线阵元对信号进行发射和接收，为通信系统提供了空间复用增益和分集增益，实现了信号的多路复用，大幅度提高了系统的信道容量和频谱效率。在大规模 MIMO 系统中，信号在发射端经信源编码、信道编码、基带调制、预编码等操作处理后发送出去，再经过无线信道到达接收端，在接收端信号经合并、基带解调、信道解码、信源解码操作后得到接收信号。

传统的全数字 MIMO 预编码是一种基于数字域的信号预处理，其系统模型如图 2.5 所示。假设发射端和接收端分别包含 N_t 和 N_r 个天线阵元，为了同时控制传输信号的幅值和相位，全数字 MIMO 预编码需要为每个天线阵元配备一个专用的射频链，并满足 $N_{RF}^t=N_t$，$N_{RF}^r=N_r$。从图 2.5 中可以看出，当 N_s 个传输数据流信号 $\boldsymbol{s}(\boldsymbol{s}\in\mathbb{C}^{N_s\times 1})$ 经过数字预编码矩阵 $\boldsymbol{F}_{BB}(\boldsymbol{F}_{BB}\in\mathbb{C}^{N_t\times N_s})$ 后，利用射频链传输到发射天线阵列，然后经过信道矩阵

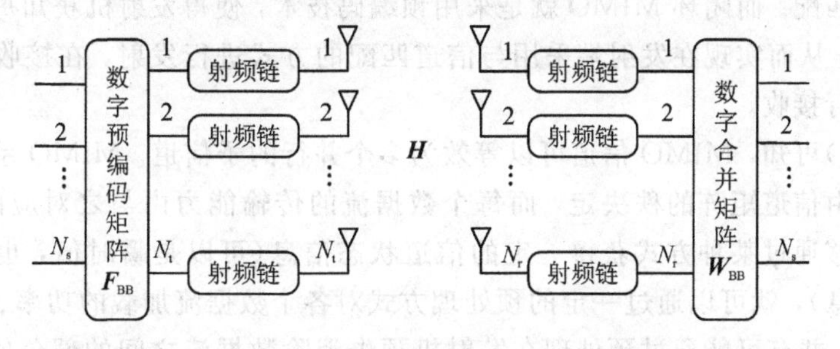

图 2.5　传统的全数字 MIMO 预编码系统模型

$\boldsymbol{H}(\boldsymbol{H} \in \mathbb{C}^{N_r \times N_t})$处理后被接收天线阵列接收，再经过射频链后被数字合并矩阵$\boldsymbol{W}_{BB}(\boldsymbol{W}_{BB} \in \mathbb{C}^{N_r \times N_s})$处理，最终得到接收信号$\boldsymbol{y}(\boldsymbol{y} \in \mathbb{C}^{N_s \times 1})$，整个过程的数学表达式可以表示为

$$\boldsymbol{y} = \boldsymbol{W}_{BB}^{H} \boldsymbol{H} \boldsymbol{F}_{BB} \boldsymbol{s} + \boldsymbol{W}_{BB}^{H} \boldsymbol{n} \tag{2.9}$$

其中，$\boldsymbol{n}$表示噪声信号，服从噪声功率为σ_n^2的复高斯分布$\mathcal{CN}(0, \sigma_n^2)$。

2.5.2 基本原则

1. 方法设计

通常，TD-LTE下行传输采用MIMO-OFDM的物理层构架，通过最多4个发射天线并行传输多个(最多4个)数据流，能够有效地提高峰值传输速率。在LTE的物理层处理过程中，预编码是其核心功能模块，物理下行共享信道的几种主要传输模式都是通过预编码实现的。

在MIMO系统中，当发射端不能获得任何信道状态信息时，各个并行数据流均等地分配功率与传输速率，并分别采用全向发射的方式，由此获得最优的性能。假设MIMO的信号模型表示为

$$\boldsymbol{y} = \boldsymbol{H}\boldsymbol{s} + \boldsymbol{n} \tag{2.10}$$

式中，$\boldsymbol{y}$、$\boldsymbol{H}$、$\boldsymbol{s}$和$\boldsymbol{n}$分别表示接收信号、信道矩阵、发射信号和噪声信号。此时系统容量可表示为：

$$C = \text{lb}\left(\det\left(\boldsymbol{I}_{N_t} + \frac{\rho}{N_t}\boldsymbol{H}^{H}\boldsymbol{H}\right)\right) = \sum_{i=1}^{N_s}\left(\text{lb}\left(1 + \frac{\rho}{N_t}\sigma_i^2\right)\right) \tag{2.11}$$

式中，ρ表示接收信号平均功率，lb(·)表示$\log_2(\cdot)$，det(·)表示矩阵的行列式，$\boldsymbol{I}_{N_t}$表示N_t维单位阵，$\boldsymbol{H}^H$为$\boldsymbol{H}$的共轭转置，N_t为发射天线阵元数，σ_i^2为$\boldsymbol{H}^H$的第i个非零特征值。

如果发射端能够获知每个数据流的信道质量，就可以通过调整每个数据流的调制与编码方式实现数据速率与各子信道传输能力的匹配，同时，发射端可以根据信道所能支持的并行子信道数量合理地选择并行传输的数据流数，而每个数据流在信道中的空间分布特性由选取的预编码矩阵所确定。开环MIMO不能获知信道状态信息，其链路性能在很大程度上受到接收算法的影响。当接收机采用迫零或最小均方误差等简单的线性算法时，开环MIMO的差错概率性能往往较差。当采用串行干扰消除(Sucssesive Interference Cancellation, SIC)等干扰消除算法时，虽能够有效地改善差错概率性能，但是又会增加接收机计算复杂度。开环MIMO实际上相当于只在接收端采用与信道相匹配的方式进行接收，而发射信号并未与信道相匹配。而闭环MIMO就是采用预编码技术，使得发射机获知每个数据流的信道质量等信息，从而实现在发射端采用与信道匹配的方式进行发射，在接收端采用与信道匹配的方式进行接收。

由式(2.11)可知，MIMO信道可以等效为多个并行的子信道。MIMO系统所能支持的最大数据流数由信道矩阵的秩决定，而每个数据流的传输能力由与之对应的奇异值决定。如果发射机能够通过某种方式获得一定的信道状态信息(可以是瞬时值，也可以是短期或中长期统计信息)，就可以通过一定的预处理方式对各个数据流加载的功率、速率乃至发射方向进行优化，并有可能通过预处理在发射机预先消除数据流之间的部分或全部干扰，以获得更好的性能。在预编码中，发射机可以根据信道条件，对发射信号的空间特性进行优

化，使发射信号的空间分布特性与信道条件相匹配，从而可以有效地降低对接收机算法的依赖程度。由此，即使采用简单的迫零或最小均方误差等线性算法，也能够获得较好的性能。

预编码可以采用线性或非线性算法，但由于复杂度等方面的原因，在目前的无线通信系统中一般只考虑线性预编码。经过线性预编码之后，MIMO的信号模型表示为

$$y = \boldsymbol{HFs} + \boldsymbol{n} \tag{2.12}$$

式中，$\boldsymbol{F}$为线性预编码矩阵。对应的MIMO的信道容量可以改写为

$$C = \mathrm{lb}\left(\det\left(\boldsymbol{I}_{N_t} + \frac{\rho}{N_t}\boldsymbol{H}^{\mathrm{H}}\boldsymbol{HF}\right)\right) \tag{2.13}$$

发射机可以通过上下行信道之间的互易性或通过用户终端设备(UE)反馈方式获取信道状态信息。基于发射机获得的信道状态信息，预编码系统可以根据信道所能支持的并行传输数据流数，将有限的发射功率分配给能够有效传输的数据流，从而避免发射功率的浪费。从理论角度考虑，可以根据每个子信道的传输能力，按照类似注水定理的原则对每个数据流的功率分配进行优化，以提高MIMO链路的信道容量，同时可以通过自适应调制编码的方式使每个子信道的传输速率最大化。通常，在TD-LTE中采用自适应编码调制的方式，可以根据最多两个等效子信道的信道质量选择适当的调制编码算法以使吞吐量最大。

根据所选择的优化目标与具体的接收机检测算法的区别，预编码器的理论设计准则可以采用最小奇异值准则(Minimum Singular Value Criterion，MSV-SC)、最小均方误差准则(Minmum Square Error Criterion，MSE-SC)、最大容量准则(Maximum Capacity Criterion，MC-SC)与最大似然准则(Maximum Likelihood Criterion，ML-SC)等。

(1) 最小奇异值准则，$\boldsymbol{F} = \arg\max\limits_{\boldsymbol{F}_i \in \boldsymbol{F}} \sigma_{\min}(\boldsymbol{HF}_i)$，即选择预编码矩阵使得预编码后的等效信道的最小奇异值最大化。

(2) 最小均方误差准则，$\boldsymbol{F} = \arg\max\limits_{\boldsymbol{F}_i \in \boldsymbol{F}} m(\overline{\mathrm{MSE}(\boldsymbol{F}_i)})$，其中，$m(\overline{\mathrm{MSE}(\boldsymbol{F}_i)})$表示基于最小均方误差接收机后MSE矩阵的某种函数，一般常用的函数包括迹或行列式，MSE矩阵表示为$(\overline{\mathrm{MSE}(\boldsymbol{F}_i)}) = (\boldsymbol{I} + \boldsymbol{F}_i^{\mathrm{H}}\boldsymbol{H}^{\mathrm{H}}\boldsymbol{HF}_i)^{-1}$。

(3) 最大容量准则，即选择能使等效信道的信道容量最大化的预编码矩阵。

(4) 最大似然准则，$\boldsymbol{F} = \arg\max\limits_{\boldsymbol{F}_i \in \boldsymbol{F},\, S_i、S_j \in N_s, S_i \neq S_j} \min \| \boldsymbol{HF}(S_1 - S_2) \|_2$，即选择能够使预编码之后的任意两个信号向量之间的最小欧式距离最大化的预编码矩阵。

对于以上方法中的信道矩阵的奇异值分解(Singular Value Decomposition，SVD)可以表示为

$$\boldsymbol{H} = \boldsymbol{U\Sigma V}^{\mathrm{H}} \tag{2.14}$$

根据相关文献的研究结论可知，在无记忆独立同分布的瑞利信道中，如果限定预编码矩阵为酉矩阵，则MSV、MSE与MC准则下的最优线性预编码器都是信道矩阵奇异值分解之后得到的$\boldsymbol{V}$矩阵的前N_s列。需要说明的是，最优线性预编码器并不唯一。根据所使用的预编码矩阵集合的特点，可以将预编码分为非码本的预编码和基于码本的预编码。所谓码本，是指有限个预编码矩阵所构成的集合。基于码本的预编码中，可用的预编码矩阵只能从码本中选取；在非码本的预编码中，并不对可选用的预编码矩阵的个数进行限制，因此预编

码矩阵可以是任何符合设计规则与应用条件限制的矩阵，而并不限于取自某个特定的码本。

2. 方法应用

利用预编码对发射信号进行预处理，可以消除传输数据流信号之间的部分或全部干扰，从而达到降低 MIMO 信道的空间相关性、提高系统性能等目的。该方法一般需要已知发射端高精度实时有效的信道状态信息。当同频复用时分双工系统的上下行链路工作在同一频段时，一个相干工作时间内信道状态信息不变，因此利用该系统的信道互易性容易获得发射端信道状态信息。然而，频分双工(Frequency Division Duplexing，FDD)系统上下行链路工作在不同频段，需要通过接收端反馈才能获得发射端信道状态信息。当信道环境变化较快时，由于存在反馈信息时延和信道估计误差等因素，反馈信息无法及时反映信道状态变化，导致发射端只能获得部分信道状态信息，最终影响预编码效果。

常用的预编码系统框图如图 2.6 所示。发射端传输数据流信号 $\boldsymbol{s}$ 经过预编码矩阵 $\boldsymbol{F}$ 处理后获得信号 $\boldsymbol{x}$，并从发射天线阵列发出，经过信道矩阵 $\boldsymbol{H}$ 到达接收端，再被合并矩阵 $\boldsymbol{W}$ 处理，得到最终的接收信号 $\boldsymbol{y}$。

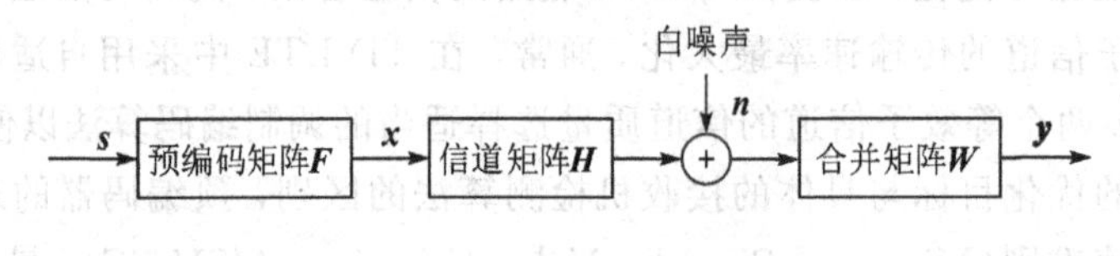

图 2.6　预编码系统框图

MIMO 预编码具有以下优势[12]：

(1) 消除用户间干扰，提高系统容量；

(2) 简化接收端算法，降低发射端功耗；

(3) 发射端已知信道状态信息，可以利用反馈消除干扰，降低误码率。

由前文所述可知，根据信道矩阵获取方式的不同，现有的预编码可以分为基于码本的预编码和基于非码本的预编码。基于码本的预编码要求事先设计好码本，并且需要在发射端和接收端已知码本内容的情况下，按照某种优化准则从已有码本中选择与当前信道状态信息最匹配的预编码矩阵，其中，码本的设计对预编码性能有重要影响。常用的码本设计主要有离散傅里叶码本设计、格拉斯曼装箱码本设计等。使用码本的好处在于反馈开销小、灵活性强，但是该方法存在信号传输性能差等缺点。基于非码本的预编码主要利用同频复用时分双工系统的信道互易性获得下行信道信息，然后进行矩阵分解生成预编码矩阵，有效减少上行反馈开销。常见的非码本的预编码有迫零预编码、最小均方误差预编码、块对角预编码、奇异值分解预编码以及最大比传输等方法。本小节接下来主要介绍后面章节将用到的奇异值分解预编码。

假设发射端和接收端已知理想信道状态信息，奇异值分解预编码系统框图如图 2.7 所示。首先在发射端利用矩阵 $\boldsymbol{V}$ 对发射信号进行预处理，然后再利用信道矩阵 $\boldsymbol{H}$ 进行处理，最后在接收端利用矩阵 $\boldsymbol{U}^{\mathrm{H}}$ 对接收信号进行合并处理，接收端的输出信号 $\boldsymbol{y}$ 为

$$\boldsymbol{y}=\sqrt{\rho}\,\boldsymbol{U}^{\mathrm{H}}\boldsymbol{H}\boldsymbol{V}\boldsymbol{s}+\boldsymbol{U}^{\mathrm{H}}\boldsymbol{n} \tag{2.15}$$

其中，ρ 表示接收信号平均功率，$\boldsymbol{n}$ 为复高斯白噪声信号。

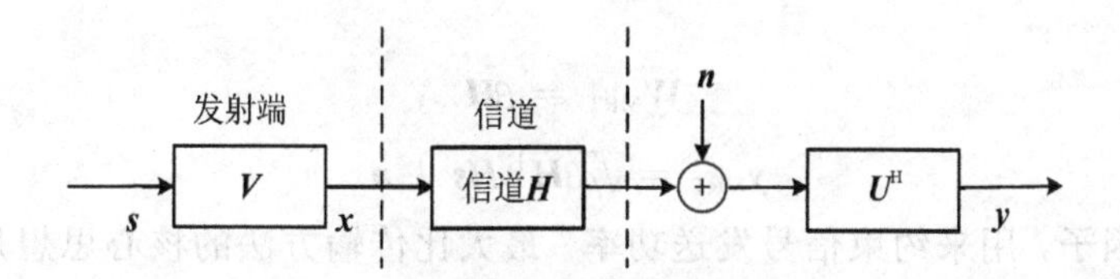

图 2.7　奇异值分解预编码系统框图

对于 MIMO 系统，假设发射端和接收端分别配置 N_t 个发射天线阵元和 N_r 个接收天线阵元，对信道矩阵 $\boldsymbol{H}$ 进行奇异值分解的数学表达式为

$$\boldsymbol{H} = \boldsymbol{U\Sigma V}^{\mathrm{H}} \tag{2.16}$$

其中，$\boldsymbol{U} \in \mathbb{C}^{N_r \times N_r}$，$\boldsymbol{V} \in \mathbb{C}^{N_t \times N_t}$，它们分别为信道矩阵 $\boldsymbol{H}$ 的左奇异矩阵和右奇异矩阵；$\boldsymbol{\Sigma} \in \mathbb{C}^{N_r \times N_t}$，为对角矩阵，其对角线元素是信道矩阵 $\boldsymbol{H}$ 经过降序排序的奇异值，均为非负实数，并且满足 $\sigma_1 \geqslant \sigma_2, \cdots, \sigma_{N_{\min}}$，$N_{\min} = \min(N_t, N_r) = N_r$。在 $N_{\min} = N_r$ 的情况下，信道矩阵 $\boldsymbol{H}$ 的秩等于其中非零奇异值的个数，满足 $\operatorname{rank}(\boldsymbol{H}) \leqslant N_{\min}$，$\operatorname{rank}(\cdot)$ 表示矩阵的秩。

根据 Telatar E. 研究的 MIMO 理论可知，当发射端传输数据流数为 N_s 时，奇异矩阵 $\boldsymbol{U}$ 和 $\boldsymbol{V}$ 可以进一步表示为[13]

$$\boldsymbol{U} = \begin{bmatrix} \boldsymbol{U}_1 & \boldsymbol{0} \\ \boldsymbol{0} & \boldsymbol{U}_2 \end{bmatrix}, \boldsymbol{V} = [\boldsymbol{V}_1, \boldsymbol{V}_2] \tag{2.17}$$

其中，矩阵 $\boldsymbol{U}_1$ 的维度为 $N_s \times N_s$，矩阵 $\boldsymbol{V}_1$ 的维度为 $N_t \times N_s$。

根据式(2.17)可知，全数字最优预编码矩阵 $\boldsymbol{F}_{\mathrm{opt}}$ 为信道矩阵 $\boldsymbol{H}$ 的前 N_s 个非零奇异值对应的右奇异向量构成的矩阵，即

$$\boldsymbol{F}_{\mathrm{opt}} = \boldsymbol{V}_1 = \boldsymbol{V}_{(:,1:N_s)} \tag{2.18}$$

其中，$(\cdot)_{(:,1:x)}$ 表示矩阵的前 x 列。本书也用 Opt 表示全数字最优预编码。

2.5.3　基本分类

大规模 MIMO 预编码方法一般可以分为三类，分别为数字预编码、模拟预编码、混合预编码。

1. 数字预编码

数字预编码是在数模转换前用矩阵处理调制的符号流。该方法要求射频链数和天线数相同，从而使系统具有很好的性能。传统 MIMO 系统中的线性和非线性预编码都可以直接应用到大规模 MIMO 系统中作为数字预编码，然而非线性预编码，如脏纸等算法由于其计算复杂度较高，随着天线数增加计算复杂度会剧增，因此不能够直接应用于大规模 MIMO 系统。此外，文献[14]做了实际测量，发现在大规模 MIMO 系统中，采用低计算复杂度的线性预编码就可实现脏纸编码(Dirty Paper Coding，DPC)算法预编码 98% 的性能[14]。因此，毫米波大规模 MIMO 系统中一般采用线性预编码，常见的线性预编码方法包括最大比传输方法、迫零方法、正则迫零方法和截断多项式展开方法(Truncated Polynomial Expansion，TPE)等。

(1) 最大比传输方法。

最大比传输方法在很多文献中又被称为匹配滤波方法[15-16]，其预编码矩阵和用户端接

收信号分别为

$$W_{\mathrm{MRT}} = \beta \boldsymbol{H} \tag{2.19}$$

$$\boldsymbol{y}_{\mathrm{MRT}} = \sqrt{\rho}\beta \boldsymbol{H}^{\mathrm{H}} \boldsymbol{H}\boldsymbol{s} + \boldsymbol{n} \tag{2.20}$$

其中，β是缩放因子，用来约束信号发送功率。最大比传输方法的核心思想是最大化目标用户的信号增益[15-17]，但不考虑不同用户间的干扰，仅适用于信道相关度低的场景。在高度相关性信道下，该方法的性能会急剧下降。另外，随着基站天线数的增加，$\boldsymbol{H}$ 中的信道矢量趋向于相互正交，使得 $\boldsymbol{H}^{\mathrm{H}}\boldsymbol{H}$ 近似于一个对角阵，最大比传输方法的优势也开始逐渐显现出来[18]，因此最大比传输方法更适用于基站天线数较多的场景。

(2) 迫零方法。

最大比传输方法只关注目标用户的有用信号，忽略了不同用户间的干扰。迫零方法正好相反，其致力于消除不同用户间的干扰。在不考虑噪声的影响情况下，迫零方法的预编码矩阵和接收信号向量分别为

$$\boldsymbol{W}_{\mathrm{ZF}} = \beta \boldsymbol{H}\ (\boldsymbol{H}^{\mathrm{H}}\boldsymbol{H})^{-1} \tag{2.21}$$

$$\boldsymbol{y}_{\mathrm{ZF}} = \sqrt{\rho}\beta \boldsymbol{H}^{\mathrm{H}}\boldsymbol{H}\ (\boldsymbol{H}^{\mathrm{H}}\boldsymbol{H})^{-1}\boldsymbol{s} + \boldsymbol{n} \tag{2.22}$$

迫零方法在信噪比较高的区域，系统能达到很好的性能和较高的速率；在信噪比较低的区域，由于其忽略了噪声的影响，因此系统可达总速率没有最大比传输方法高[19]。迫零方法需要对 $K \times K$ 维矩阵进行求逆运算，运算量会随着用户数增长而增加，因此迫零方法适用于用户数较少的场景。

(3) 正则迫零方法。

大规模 MIMO 系统中，正则迫零方法被视为最实用并且性能可靠的预编码方法之一[20]，其基本思想是最小化接收信号与发射信号之间的均方误差，因此又被称为最小均方误差预编码方法，其预编码矩阵和接收信号分别为

$$\boldsymbol{W}_{\mathrm{RZF}} = \beta \boldsymbol{H}\ (\boldsymbol{H}^{\mathrm{H}}\boldsymbol{H} + \xi \boldsymbol{I}\boldsymbol{K})^{-1} \tag{2.23}$$

$$\boldsymbol{y}_{\mathrm{RZF}} = \sqrt{\rho}\beta \boldsymbol{H}^{\mathrm{H}}\boldsymbol{H}\ (\boldsymbol{H}^{\mathrm{H}}\boldsymbol{H} + \xi \boldsymbol{I}\boldsymbol{K})^{-1}\boldsymbol{s} + \boldsymbol{n} \tag{2.24}$$

其中，ξ是正则化系数，与基站总传输功率 P 及噪声功率σ^2 相关。正则迫零方法结合了迫零方法和最大比传输方法的优点，当$\xi \to 0$，式(2.24)成为迫零方法；当$\xi \to \infty$时，式(2.24)演变成最大比传输方法[21]。正则迫零方法需要对矩阵求逆，计算复杂度与天线数密切相关[22]，因此该方法适合用户数量较少的场景。另外，很多文献也提出可以采用计算复杂度较低的迭代算法代替正则迫零方法中的求逆运算[9,20]。

(4) 截断多项式展开方法。

截断多项式展开方法，是在正则迫零方法的基础上演变而来的[23]，其基本思想是用矩阵多项式逼近正则迫零方法中矩阵的逆。根据文献[24]提出的引理 2.1，对于任何正定厄尔米特矩阵 $\boldsymbol{X}$，都有 $\boldsymbol{X}^{-1} = \alpha\ (\boldsymbol{I} - (\boldsymbol{I} - \alpha\boldsymbol{X}))^{-1} = \alpha \sum\limits_{l}^{\infty} (\boldsymbol{I} - \alpha\boldsymbol{X})^{l}$，其中，如果 α 满足 $0 < \alpha < \dfrac{2}{\max\lambda_n(\boldsymbol{X})}$，则第二个等式成立。引理 2.1 表明，任何厄尔米特矩阵的逆都可由矩阵多项式表示。更重要的是，由于 $(\boldsymbol{I} - \alpha\boldsymbol{X})^{l}$ 的特征值随着 l 的增大而趋于零，因此低阶项

对结果的影响最大。以上引理说明，只使用第一个 J 项来考虑截断多项式展开矩阵是有意义的。因此，可将式(2.24)通过一系列变换得到截断多项式展开预编码矩阵[24]：

$$\boldsymbol{W}_{\mathrm{TPE}} = \sum_{l=1}^{J-1} \omega_l \, (\boldsymbol{H}^{\mathrm{H}}\boldsymbol{H})^l \boldsymbol{H}^{\mathrm{H}} \tag{2.25}$$

$$\boldsymbol{y}_{\mathrm{TPE}} = \sqrt{\rho} \sum_{l=1}^{J-1} \omega_l \, (\boldsymbol{H}^{\mathrm{H}}\boldsymbol{H})^l \boldsymbol{H}^{\mathrm{H}} \boldsymbol{s} + \boldsymbol{n} \tag{2.26}$$

其中，ω_l 为标量系数；J 代表多项式阶数。事实上，$J=1$ 时，式(2.25)变为 $\boldsymbol{W}_{\mathrm{TPE}} = \omega_l \boldsymbol{H}^{\mathrm{H}}$，即最大比传输方法的预编码矩阵；$J=K$ 时可得到正则迫零方法的预编码矩阵。采用截断多项式展开预编码算法可避免复杂的求逆运算，且多项式各级求解可同步进行，提高了运算效率。另外，由于可以对参数 J 进行拆分，因此该算法易于通过硬件实现。但从性能上看，只有当 J 很大时，其性能才能逼近正则迫零方法，然而 J 越大硬件开销也越大。除此之外，截断多项式展开预编码算法只有在基站天线数远大于用户数时，才能近似达到正则迫零方法的性能，当基站天线数减少或者用户数变多时，其性能都会受到影响。

2. 模拟预编码

模拟预编码是在数模转换之后对输入符号流进行处理。这类方法可将多根天线同时连到一条射频链上，非常适用于大规模 MIMO 系统天线数很多的情况，能显著降低系统硬件成本，且计算复杂度较低。模拟预编码根据采用的不同器件可分为两类，分别为：基于移相的方法，它利用低成本的移相器控制每个天线发射信号的相位；基于天线选择的方法，它利用成本更低的射频开关激活需要工作的部分天线。

(1) 基于移相的方法。

寻找合适的移相矩阵是基于移相方法的关键，最简单的方法是提取信道矩阵中元素的相位作为移相矩阵[25]。但在实际应用中，由于所使用移相器的限制，必须对 $M \times K$ 个相位进行量化，而量化误差会使预编码的性能大打折扣。文献[26]采用功率迭代的方法求解一组相位集合，该方法在迭代 3～4 次之后就能收敛，但需要发射端不停地向接收端发送训练序列，训练开销较大[26]。

(2) 基于天线选择的方法。

基于天线选择的方法是采用廉价的射频开关代替模拟移相器，也称开关模拟预编码方法[27]。发射信号时，选择激活有更好信道条件且相位相近的天线子阵列来发射波束，且选择天线时是基于最大化信噪比准则。开关模拟预编码方法能够获得全天线增益和全分集增益，但其性能无法超越基于移相的方法，两者可达总速率的差值上界为 2logπ。文献[27]的仿真结果表明：开关模拟预编码方法在基站天线数较多的时候性能较好[27]。文献[28]指出在选择工作天线时还可采用功率最大标准[28]，选取功率最大的信道向量对应的发射天线集合，这种方法不用进行信噪比计算，计算复杂度较低。然而，其天线增益低，总体性能较差。

基于天线选择的方法与基于移相的方法相比可进一步降低硬件成本和功耗，但其性能要差于基于移相的方法，且其需要一定复杂度的天线选择算法的支撑。天线选择算法的计算复杂度会随着天线数的增加呈指数增长[29]。总体来说，模拟预编码不需要为每个发射天线配置一条射频链，大大降低了硬件成本，但其缺乏对信号幅度的调节，所以性能普遍没有数字预编码好。

3. 混合预编码

大规模 MIMO 系统中，数字预编码能达到很好的性能，但需要给每个发射天线配置一条射频链，成本昂贵。模拟预编码在成本上比数字预编码更低，但模拟预编码矩阵中每个系数拥有恒定的模，缺乏对信号幅度的控制，其性能比数字预编码差。混合预编码结合了以上两种方法的优点，即在支持幅度调节和相位调节的同时，减少射频链数。

常用的两种混合预编码系统结构如图 2.8 所示[30]。图 2.8(a)所示是复杂结构，每个射频链通过移相器和所有天线相连，每个天线阵元输出是所有射频信号的线性组合；图 2.8(b)所示是低复杂性结构，天线阵列被分为 N 个子阵列，每个射频链分别与子阵列相连，这降低了系统的复杂性。基带传输数据流经数字基带预编码器作用形成 N 个输出流，然后并上变频到射频链上，再经模拟预编码器映射到 M 个天线上发送出去。图 2.8 中的射频链由数模转换器/模数转换器、混频器、功放组成。

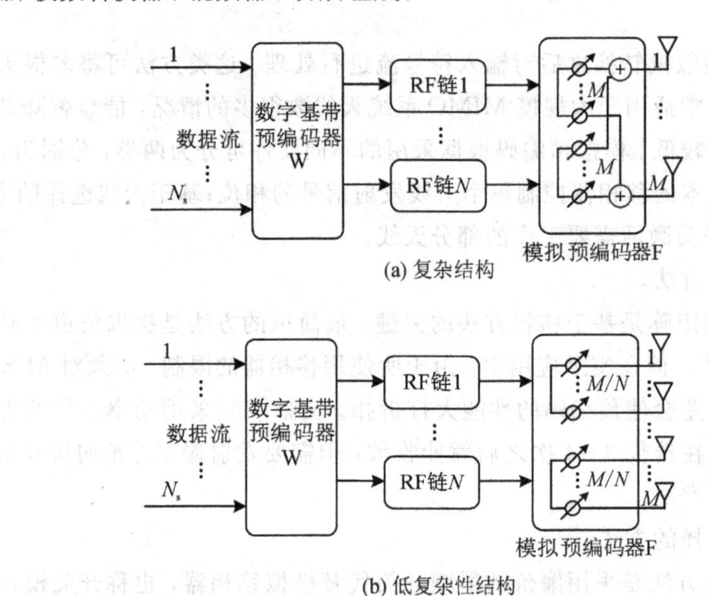

图 2.8　混合预编码系统结构

(1) 复杂结构混合预编码。

文献[31]研究的移相器迫零方法是基于图 2.8(a)中的复杂结构进行的。该方案中提取信道矩阵的相位形成模拟预编码矩阵，经模拟预编码矩阵作用后的信道作为基带等效信道，在基带上，使用迫零方法求解数字预编码矩阵。其预编码矩阵由两个部分组成，在射频上，模拟预编码矩阵 $\boldsymbol{F}$ 的元素为

$$F_{ij}=\frac{1}{\sqrt{M}}\mathrm{e}^{\mathrm{j}\varphi_{ij}} \tag{2.27}$$

其中，F_{ij} 表示矩阵 $\boldsymbol{F}$ 的第 (ij) 个元素，φ_{ij} 表示信道矩阵 $\boldsymbol{H}$ 第 (i,j) 个元素的相位。在基带上，数字预编码矩阵为

$$\boldsymbol{W}_{\mathrm{RZF}} = \boldsymbol{H}_{\mathrm{eq}}^{\mathrm{H}} (\boldsymbol{H}_{\mathrm{eq}} \boldsymbol{H}_{\mathrm{eq}}^{\mathrm{H}})^{-1} \boldsymbol{\Lambda} \tag{2.28}$$

其中，$\boldsymbol{H}_{\mathrm{eq}}$ 是经 $\boldsymbol{F}$ 作用后的等效信道，$\boldsymbol{H}_{\mathrm{eq}} = \boldsymbol{H}^{\mathrm{H}} \boldsymbol{F}$，$\boldsymbol{\Lambda}$ 是用于限制发射信号功率的对角阵。可以看出：等效信道 $\boldsymbol{H}_{\mathrm{eq}}$ 是 $K \times K$ 维的矩阵。相较于原始信道矩阵，行数从 M 行降到 K 行，大大降低了求逆运算的复杂度。另外，PZF(Phased - ZF)方法可以支持同时传输 K 路数据流，并且只需要 K 个射频链。然而其性能会不同程度地受到迫零方法的约束，几乎不可能超过迫零方法。

(2) 低复杂结构混合预编码。

文献[32]提出的则是基于图 2.8(b)中的低复杂性结构进行的。结合迫零和最大比传输方法，将天线阵列分为若干组，组内采用最大比传输方法，组间采用迫零方法[32]，并基于实测小区场景对所提方法进行性能仿真，结果证明：该方法与迫零方法的信干噪比相差 1 dB时，需要的射频链数减少至迫零方案的 1/25。ZF-MRT 方法的射频链数可以任意调节，但射频链数越少，性能也会越差。除此之外，ZF-MRT 方法性能受到迫零方法的约束，几乎不可能超越迫零方法。

2.5.4 经典算法模型

1. 模型概述

通常在发射端进行的可使接收端的信号检测简化或提高系统性能的一切预处理方法都可认为是预编码。预编码与信号检测不同，它需要在发射端已知信道状态信息。在对称的时分双工系统中，接收和发射交替进行，如果这种接收和发射的转化时间小于信道的相干时间，此时接收端所估计的信道状态信息可用于下一发射时刻对发射信号进行信号预处理。在其他系统中，如在频分双工系统中，信道状态信息可以先在接收端进行估计，然后再通过一个反馈信道发送到发射端。

在通信系统中，一般必须在已知信道状态信息的前提条件下才能在发射端进行预编码处理，所以预编码的使用对信道模型具有一定要求。在多址接入信道中，由于各用户不能协同处理，因此限制了预编码的使用。然而，在广播信道中，虽然各用户的信号检测方法可能不同，但仍可使用预编码。

通常认为预编码本质上是自适应系统的一种特殊情况。MIMO 自适应系统是指通信系统的发射端根据不同的信道状态信息，做出不同空时传输技术的策略选择。其中，选择的标准非常多样，因此这也构成了发送方式的多样性，最常用的两个标准是信道容量标准和误码率(Bit Error Rate，BER)标准。在实际应用中，不同的 MIMO 传输技术对信道反馈量的要求也不同，且信道状态信息的选择需要根据通信所要求的服务质量和具体的信道条件来决定。通常情况下，预编码应用的前提条件是传输信道要具有慢衰落特性，即信道变化要慢几个符号周期，这样，通过反馈，发射端才能获得准确的信道状态信息。当信道变化较快时，反馈信息如果不能及时反映信道状态的变化，此时预编码的效果将会大打折扣，进而影响信号的传输性能。当信道变化较慢，信道状态信息容易获取时，就可以根据反馈的信道状态信息进行预编码，从而进一步改善系统的性能。正如前文所述，根据预编码矩阵的获取方式，预编码算法分为基于码本的预编码算法和非码本的预编码算法。由于本书中大部分研究内容是基于非码本的预编码算法，因此本小节将主要对基于非码本的预编码算法做详细介绍，而对基于码本的预编码算法只做简单概述。

(1) 基于非码本的预编码算法。

在基于非码本的预编码算法中，预编码矩阵是在发射端获得的。发射端利用获取的信道状态信息，进行预编码矩阵运算。常见的基于信道分解的预编码算法有奇异值分解[33]、几何均值分解（Geometric Mean Decomposition，GMD）[34]、均匀信道分解（Uniform Channel Decomposition，UCD）[35]等。本节主要介绍基于奇异值分解的预编码算法。

图 2.9 所示为单用户大规模 MIMO 预编码系统框图，假设发射端有 N_t 根天线，接收端有 N_r 根天线，发射端发射已调复数数据流信号 $\boldsymbol{s}$，$\boldsymbol{s}$ 经过发射端预编码矩阵 $\boldsymbol{F}$ 的处理后上传到发射天线的各个阵元上发射出去，经过 MIMO 信道矩阵 $\boldsymbol{H}$ 处理后的接收信号为

$$\boldsymbol{x} = \boldsymbol{HFs} + \boldsymbol{n} \tag{2.29}$$

其中，$\boldsymbol{n}$ 为复高斯白噪声，均值为 0，方差为 σ^2。

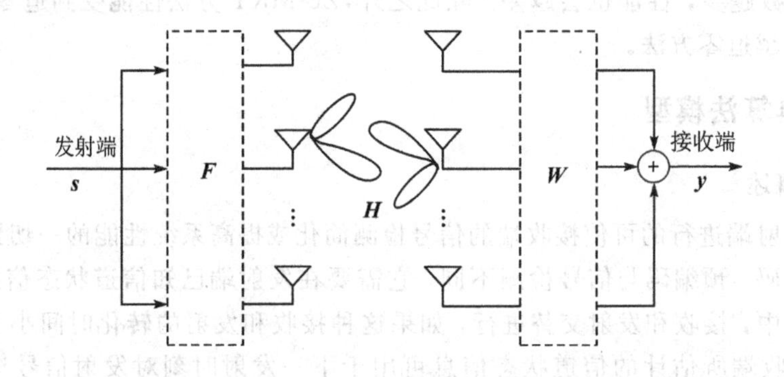

图 2.9　单用户大规模 MIMO 预编码系统框图

在接收端使用合并预编码矩阵 $\boldsymbol{W}$ 对接收到的信号进行加权合并运算，则可以得到如下的接收信号：

$$\boldsymbol{y} = \boldsymbol{W}^{\mathrm{H}}\boldsymbol{x} = \boldsymbol{W}^{\mathrm{H}}\boldsymbol{HFs} + \boldsymbol{W}^{\mathrm{H}}\boldsymbol{n} \tag{2.30}$$

为了使传输信号的接收信噪比最大，发射端预编码矩阵应按照下式的最优化准则获取，即

$$\boldsymbol{F}_t = \underset{\boldsymbol{F}}{\operatorname{argmax}}[(\boldsymbol{HF})^{\mathrm{H}}\boldsymbol{HF}] \tag{2.31}$$

根据凸优化理论中的 KKT 条件[36]，在各数据流之间功率平均分配的前提下，在发射端，最优预编码矩阵 $\boldsymbol{F}_t$ 的列由 $\boldsymbol{H}^{\mathrm{H}}\boldsymbol{H}$ 的 N_s 个最大的特征值对应的特征向量构成，其中，N_s 为数据流数。同样，在接收端，最优预编码矩阵 $\boldsymbol{W}_r$ 的列由 $\boldsymbol{HH}^{\mathrm{H}}$ 的 N_s 个最大的特征值对应的特征向量构成。根据矩阵理论可知[37]，$\boldsymbol{F}_t$ 与 $\boldsymbol{W}_r$ 分别是对信道矩阵进行奇异值分解之后得到的右奇异矩阵与左奇异矩阵中最大的 N_s 个奇异值对应的奇异向量，由此，便产生了基于奇异值分解的预编码算法。

对信道矩阵 $\boldsymbol{H}$ 进行奇异值分解得到

$$\boldsymbol{H} = \boldsymbol{U\Lambda V}^{\mathrm{H}} \tag{2.32}$$

其中，$\boldsymbol{U} = [\boldsymbol{u}_1, \boldsymbol{u}_2, \cdots, \boldsymbol{u}_{N_r}]$，是 N_r 阶酉矩阵；$\boldsymbol{V} = [\boldsymbol{v}_1, \boldsymbol{v}_2, \cdots, \boldsymbol{v}_{N_t}]$，是 N_t 阶酉矩阵；$\boldsymbol{\Lambda}$ 是 $N_r \times N_t$ 阶对角矩阵，对角线上元素是 $\boldsymbol{H}$ 的 p ($p = \min(N_t, N_r)$) 个奇异值 $\sigma_1, \sigma_2, \cdots, \sigma_p$，将其按递减的顺序排列，即 $\sigma_1 > \sigma_2 > \cdots > \sigma_p$。于是，若已知信道矩阵 $\boldsymbol{H}$，则最优预编

码矩阵 $\boldsymbol{W}_{\mathrm{r}}$ 和 $\boldsymbol{F}_{\mathrm{t}}$ 分别为 $\boldsymbol{H}$ 的最大奇异值所对应的左奇异向量和右奇异向量，即 $\boldsymbol{W}_{\mathrm{r}}=\boldsymbol{U}_{(:,1:N_{\mathrm{s}})}$ 和 $\boldsymbol{F}_{\mathrm{t}}=\boldsymbol{V}_{(:,1:N_{\mathrm{s}})}$。

(2) 基于码本的预编码算法。

为了减少训练与反馈的成本，可以根据信道特性预先在收、发端各定义一组权向量集合，称为码本，在预编码时可以快速从已有码本中选取最优的权向量。使用码本的好处是在有限反馈的情形下实现闭环预编码，使得预编码简单易行。而且，码本可以在物理层实现，也可以在媒体接入控制层实现，相当灵活。然而，这样的优点是以牺牲信号的传输性能为代价的。码本设计是基于码本的预编码算法的研究重点，直接关系着预编码的性能和硬件复杂度的高低。在此，不再对基于码本的预编码算法进行详细介绍，感兴趣的读者可以参阅相关文献或书籍。

2. 部分模型举例

迫零预编码算法也称为信道反转预编码算法[38]，是一种典型的线性预编码算法，其主要思想为利用信道的广义逆矩阵对原始发射信号 $\boldsymbol{s}$ 实现信道矩阵的预均衡处理。迫零预编码算法框图如图 2.10 所示。原始发射信号 $\boldsymbol{s}$ 经过预编码矩阵均衡处理后，通过信道矩阵传输到接收端，此时不同用户间的干扰被有效地消除。若想在接收端恢复出原始发射信号 $\boldsymbol{s}$，只需要在接收端进行接收信号的均衡处理以消除发射端预编码的影响即可。

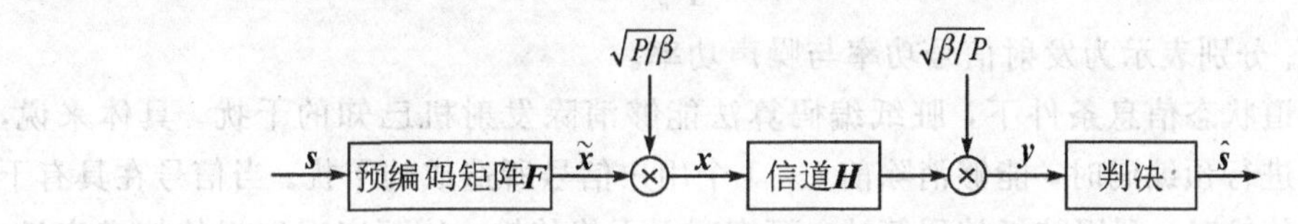

图 2.10　迫零预编码算法框图

图 2.10 中的预编码矩阵为

$$\boldsymbol{F}=\boldsymbol{H}^{\dagger}=\boldsymbol{H}^{\mathrm{H}}\,(\boldsymbol{H}\boldsymbol{H})^{-1} \tag{2.33}$$

其中，$\boldsymbol{H}^{\dagger}$ 为信道矩阵 $\boldsymbol{H}$ 的广义逆矩阵；$(\cdot)^{-1}$ 表示矩阵的逆。

原始发射信号 $\boldsymbol{s}$ 经过预编码矩阵后的信号 $\widetilde{\boldsymbol{x}}$ 为

$$\widetilde{\boldsymbol{x}}=\boldsymbol{F}\boldsymbol{s}=\boldsymbol{H}^{\mathrm{H}}\,(\boldsymbol{H}\boldsymbol{H})^{-1}\boldsymbol{s} \tag{2.34}$$

经过预编码矩阵处理后的信号功率为

$$\|\widetilde{\boldsymbol{x}}\|_{\mathrm{F}}^{2}=\mathrm{tr}(\widetilde{\boldsymbol{x}}\,\widetilde{\boldsymbol{x}}^{\mathrm{H}}) \tag{2.35}$$

其中，$\|\cdot\|_{\mathrm{F}}$ 表示为 Frobenius 范数，也称 F-范数。

原始发射信号 $\boldsymbol{s}$ 采用迫零预编码等价于原始发射信号 $\boldsymbol{s}$ 左乘信道的广义逆矩阵，这样的处理方式会使得发射端的发射信号功率过大。然而在实际通信系统中，发射信号的发射功率通常被限定为某个具体值。假设发射信号的发射功率被设置为 P，即 $\|\widetilde{\boldsymbol{x}}\|_{\mathrm{F}}^{2}=\mathrm{tr}(\widetilde{\boldsymbol{x}}\,\widetilde{\boldsymbol{x}}^{\mathrm{H}})=P$，为保证发射信号的发射功率，经过预编码后的信号需乘以功率控制因子以限制信号的发射功率。则经过功率控制后的发送信号 $\boldsymbol{x}$ 可以表示为

$$\boldsymbol{x}=\sqrt{\frac{P}{\beta}}\,\boldsymbol{H}^{\dagger}\boldsymbol{s} \tag{2.36}$$

其中，$\beta=\|\boldsymbol{H}^{\dagger}\boldsymbol{s}\|_{\mathrm{F}}^{2}$，为功率控制因子，显然此时 $\|\boldsymbol{x}\|^{2}=P$ 满足了发射信号的功率控制。

若想在接收端恢复出原始发射信号，需要在接收端乘以发射端预加的功率控制的倒数$\sqrt{\beta/P}$。结合式(2.36)，接收信号 $\boldsymbol{y}$ 为

$$\boldsymbol{y}=\sqrt{\frac{\beta}{P}}(\boldsymbol{Hx}+\boldsymbol{n})=\boldsymbol{x}+\sqrt{\frac{\beta}{P}}\boldsymbol{n} \tag{2.37}$$

由式(2.37)可以看出，功率控制因子β越大，接收端的等效接收噪声越大，这也是线性预编码算法最主要的性能缺陷，即利用迫零预编码进行用户间的干扰消除时，会恶化接收端接收信号的信噪比，对系统性能产生不利的影响。然而，非线性预编码算法恰能有效地降低发射信号的功率控制因子，弥补线性预编码算法的性能缺陷，有效地提高预编码算法的性能，因此为使读者更加了解非线性预编码的相关理论与方法，以下将重点阐述几种非线性预编码算法。

1) 脏纸编码算法

脏纸编码算法在理论上是一种近似最优非线性预编码算法。在发射端已知干扰信息的条件下，它能够在信号传输之前消除潜在的干扰，实现信号的无干扰传输。此时信道容量基本等于仅存在加性高斯白噪声的信道容量，即干扰不会影响信道容量，故采用脏纸编码算法的信道容量为

$$C=\text{lb}\left(1+\frac{P_s}{P_n}\right) \tag{2.38}$$

其中，P_s 和 P_n 分别表示为发射信号功率与噪声功率。

在已知信道状态信息条件下，脏纸编码算法能够消除发射机已知的干扰。具体来说，对第 k 个用户进行预编码时，能够消除前 $k-1$ 个用户信号所造成的干扰。当信号在具有干扰的信道进行传输时，利用脏纸编码算法，可实现无干扰传输，从而实现理想的信道容量。然而，在工程应用过程中，由于脏纸编码算法极为复杂且信道状态信息无法完全获得，因此脏纸编码算法性能受到严重的影响，且无法达到理想的信道容量，这最终导致脏纸编码算法在实际工程应用中难以实现。由此脏纸编码算法通常仅作为衡量其他非线性预编码算法性能的标准。

2) THP 算法

在实际工程应用中，往往需要平衡预编码算法的计算复杂度与性能，而 THP(Tomlinson-Harashima Precoding)算法就是一种能够兼顾计算复杂度与性能的预编码算法。已有文献表明，求模运算与脏纸编码算法结合的方法与 THP 算法几乎是等价的，也就是说 THP 算法是脏纸编码算法的一种低复杂度的近似实现[39]。如图 2.11 所示为 THP 算法框图，原始发射信号 $\boldsymbol{s}$ 首先经过反馈矩阵 $\boldsymbol{B}$ 进行非线性连续干扰消除处理，然后利用求模运算得到反馈求模后的信号 $\boldsymbol{x}$，此时用户间干扰被有效消除。

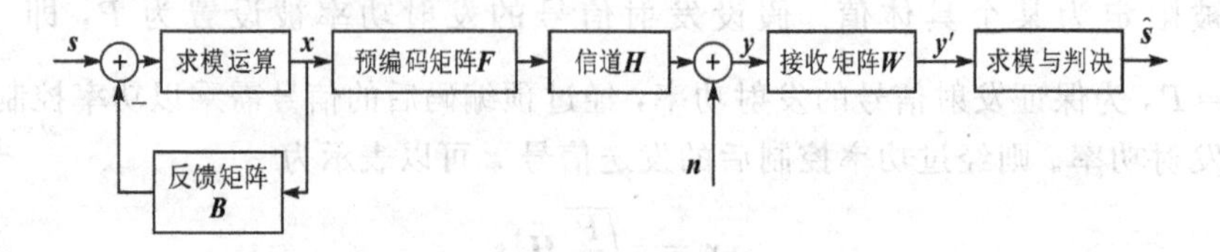

图 2.11 THP 算法框图

THP 算法基本思想为信号首先经过反馈矩阵进行非线性串行搅扰抵消处理，然后进行求模运算。这避免由非线性串行搅扰抵消处理导致的发射信号功率过大，最终实现发射信号的功率控制。由此可知，THP 算法的两步关键操作作为：求模运算与非线性串行搅扰抵消处理。下面将对这两步关键操作进行详细介绍。

(1) 求模运算。

THP 算法中的求模运算定义为

$$f_\tau(\boldsymbol{s}_k) = \boldsymbol{s}_k - \left\lfloor \frac{\boldsymbol{s}_k + \tau/2}{\tau} \right\rfloor \tau \tag{2.39}$$

其中，$\boldsymbol{s}_k$ 为第 k 个用户的数据；τ 为求模常量，与发射信号的调制方式有关，经过求模运算后的 $\boldsymbol{s}_k$ 都会在 $[-\tau/2, \tau/2)$ 内；$\lfloor \cdot \rfloor$ 表示向下取整运算。

由于经过预编码后的信号通常为复数，因此需要对复数信号的实部与虚部分别进行求模运算。此时，复数信号的求模运算可定义为

$$\mathrm{mod}_\tau(\boldsymbol{s}_k) = f_\tau[\mathrm{Im}(\boldsymbol{s}_k)] + \mathrm{j} \cdot f_\tau[\mathrm{Re}(\boldsymbol{s}_k)] \tag{2.40}$$

其中，mod(•) 表示求模运算；Im(•) 与 Re(•) 分别表示复数信号的实部与虚部。

求模常量 τ 通常规定为

$$\tau = 2 \mid c \mid_{\max} + \Delta \tag{2.41}$$

其中，$\mid c \mid_{\max}$ 表示为星座点的最大幅值；Δ 表示为星座点之间的最小欧式距离。

以 QPSK（四相移相键控）信号为例，初始星座点集合为 $\{\pm(1/2) \pm \mathrm{j}(1/2)\}$，求模常量 τ 经计算可得 $\tau = 2$，扩展星座图如图 2.12 所示。

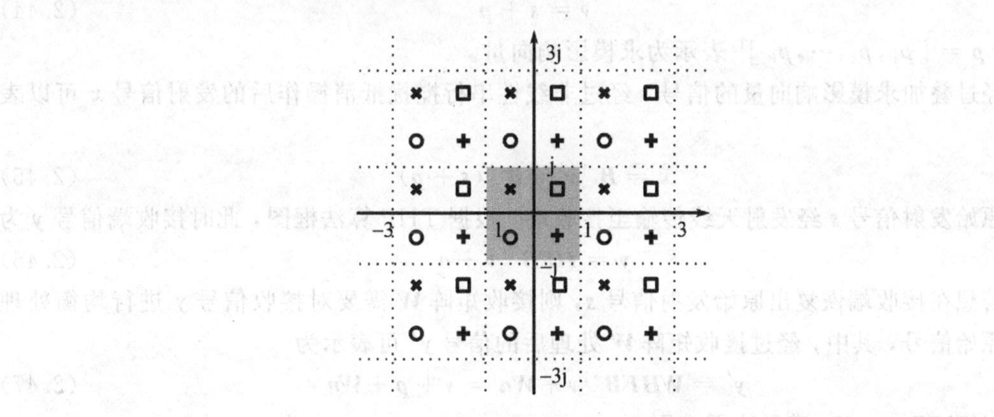

图 2.12　扩展星座图

最初的调制信号的取值只可能为中心阴影区域内的四个信号，即标准 QPSK 星座点。而经过干扰预消除处理之后，符号可能为平面中的任意一个点，即发射信号的功率会显著增大。利用求模运算，经过干扰预消除之后的信号实部与虚部将会限制到阴影区域内，从而实现功率控制。

(2) 非线性串行搅扰抵消处理。

THP 算法主要由非线性串行搅扰抵消处理、求模运算、预编码矩阵、接收矩阵几个部分组成。通过对信道矩阵 $\boldsymbol{H}$ 不同的分解方式，能获得不同的反馈矩阵 $\boldsymbol{B}$ 与预编码矩阵 $\boldsymbol{F}$ 以及接收矩阵 $\boldsymbol{W}$。在 THP 算法中，为保持发射信号功率不变，同时得到具有闭合形式的解，

预编码矩阵 $\boldsymbol{F}$ 通常为酉矩阵。考虑到实际系统中物理结构上的可实现性，反馈矩阵 $\boldsymbol{B}$ 通常为下三角矩阵，此时每个用户的干扰可看作仅与之前处理的用户有关，且不受尚未处理用户的影响。由此，经过非线性串行搅扰抵消处理与求模运算后的第 k 个用户数据为

$$\boldsymbol{s}_k = \mathrm{mod}\left(\boldsymbol{s}_k - \sum_{i=1}^{k-1} b_{ki}\,\boldsymbol{s}_i\right) \quad k = 1,2,\cdots,K \tag{2.42}$$

其中，$\boldsymbol{s}_k$ 表示为第 k 个用户的数据，b_{ki} 表示为反馈矩阵 $\boldsymbol{B}$ 的第 (k,i) 个元素。

利用式(2.40)，式(2.42)可进一步表示为

$$\boldsymbol{s}_k = \boldsymbol{s}_k - \sum_{i=1}^{k-1} b_{k,i}\,\boldsymbol{s}_i + p_k \quad k = 1,2,\cdots,K \tag{2.43}$$

其中，p_k 表示为求模影响因子。

式(2.43)可进一步理解为：THP 算法中的非线性串行搅扰抵消处理与求模运算可近似等效为在原始发射信号 $\boldsymbol{s}$ 后添加求模影响向量，具体等效结构如图 2.13 所示。

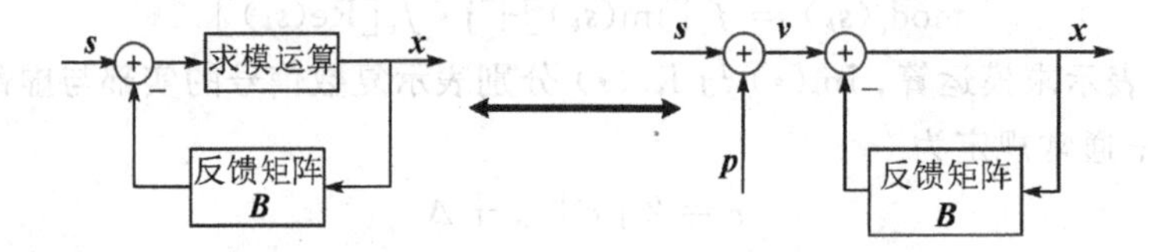

图 2.13　THP 算法中的等效结构

此时，原始发射信号 $\boldsymbol{s}$ 经过添加求模影响向量后的信号 $\boldsymbol{v}$ 可表示为

$$\boldsymbol{v} = \boldsymbol{s} + \boldsymbol{p} \tag{2.44}$$

其中，$\boldsymbol{p} = [p_1, p_2, \cdots, p_K]^{\mathrm{T}}$ 表示为求模影响向量。

经过叠加求模影响向量的信号 $\boldsymbol{v}$ 经过非线性串行搅扰抵消操作后的发射信号 $\boldsymbol{x}$ 可以表示为

$$\boldsymbol{x} = \boldsymbol{B}^{-1}\boldsymbol{v} = \boldsymbol{B}^{-1}(\boldsymbol{s} + \boldsymbol{p}) \tag{2.45}$$

原始发射信号 $\boldsymbol{s}$ 经发射天线传输至接收端，根据 THP 算法框图，此时接收端信号 $\boldsymbol{y}$ 为

$$\boldsymbol{y} = \boldsymbol{HFB}^{-1}\boldsymbol{v} + \boldsymbol{n} \tag{2.46}$$

若想在接收端恢复出原始发射信号 $\boldsymbol{s}$，则接收矩阵 $\boldsymbol{W}$ 需要对接收信号 $\boldsymbol{y}$ 进行均衡处理恢复原始信号，其中，经过接收矩阵 $\boldsymbol{W}$ 处理后的信号 $\boldsymbol{y}'$ 可表示为

$$\boldsymbol{y}' = \boldsymbol{WHFB}^{-1}\boldsymbol{v} + \boldsymbol{Wn} = \boldsymbol{s} + \boldsymbol{p} + \boldsymbol{Wn} \tag{2.47}$$

其中，$\boldsymbol{WHFB}^{-1} = \boldsymbol{I}_K$ 满足迫零准则。

此时，接收端利用求模运算消除了发射端求模影响向量 $\boldsymbol{p}$ 的影响，最终获得检测信号 $\hat{\boldsymbol{s}}$，即有

$$\hat{\boldsymbol{s}} = \mathrm{mod}(\boldsymbol{y}') = \boldsymbol{s} + \boldsymbol{Wn} \tag{2.48}$$

3) 向量扰动预编码算法

向量扰动(Vector Perturbation，VP)预编码算法通过改变发射信号的信息，以获得系统性能增益[40]。与 THP 算法相比，向量扰动预编码算法避免了在发射端进行求模运算，降低了由求模运算带来的性能影响。向量扰动预编码算法的具体做法为在原始发射信号 $\boldsymbol{s}$ 之后增加一个扰动向量 $\tilde{\boldsymbol{p}}$。无论是线性预编码算法还是非线性预编码算法，一般均以迫零准则作为基础。图 2.14 所示为向量扰动预编码算法框图，此时，预编码矩阵为

$$F = H^{\dagger} = H^{\mathrm{H}}\ (HH)^{-1} \tag{2.49}$$

信号 x 为

$$x = \sqrt{\frac{P}{\beta}} H^{\dagger}(s + \tilde{p}) \tag{2.50}$$

式中，$\tilde{p}$ 为扰动向量；$\beta = \| H^{\dagger}(s + \tilde{p}) \|_{\mathrm{F}}^{2}$，为向量扰动预编码功率控制因子，而迫零预编码功率控制因子为 $\beta = \| H^{\dagger}(s) \|_{\mathrm{F}}^{2}$，向量扰动预编码算法通过增加扰动向量的方式能够有效地降低功率控制因子。

原始发射信号 s 通过添加扰动向量 $\tilde{p}$ 来提高系统性能增益。若想在接收端恢复出原始发射信号 s，则只需在接收端利用求模运算消除扰动向量的影响即可，通常向量扰动预编码算法利用 THP 算法中的求模运算来去除扰动向量的影响。

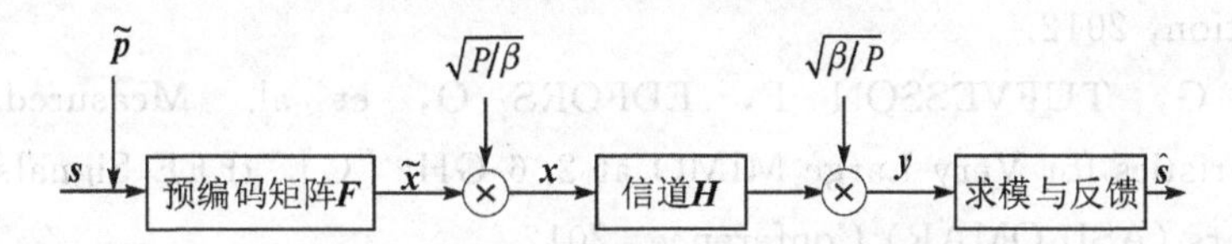

图 2.14　向量扰动预编码算法框图

与 THP 算法相比，向量扰动预编码算法弥补了发射端求模运算带来的性能损失。然而，扰动向量 $\tilde{p}$ 的求解极其复杂，这导致了向量扰动预编码算法的计算复杂度远远高于 THP 算法。在 THP 算法中，发射端求模运算所带来的求模影响向量相当于在调制信号后增加了扰动向量。因此，THP 算法通常也可看作是向量扰动预编码算法的一种简化版本，其中，THP 算法中发射端的求模运算是求解扰动向量的一种较为粗略的算法。

2.6 本章小结

本章主要分四大部分对毫米波大规模 MIMO 和预编码进行了介绍。首先介绍了大规模 MIMO 系统特征，主要包括大规模 MIMO 系统的定义、产生、优势等；其次介绍了无线信道的特征，主要包括信道的传播、阵列的结构、用户的信道建模等；再次阐述了天线阵列，主要包括波束赋形、大规模无线阵列等；最后给出了预编码理论，主要包括系统原理、基本原则、基本分类、经典算法模型等。本章有关大规模 MIMO 系统与预编码基础理论的介绍为毫米波混合预编码系统的深入研究提供了理论和技术支持。

参考文献

[1]　张钰，赵雄文. 毫米波大规模 MIMO 系统中的预编码技术[J]. 中兴通讯技术，2018，024(003)：26－31.

[2]　MARZETTA T L，HIEVING A C，THRO B，et al. Noncooperative cellular wireless with unlimited numbers of base station antennas [J]. IEEE Transactions Wireless Communications，2010，9(11)：3590－3600.

[3]　RUSEK F，PERSSON D，LAU B K，et al. Scaling up MIMO：Opportunities and

challenges with very large arrays [J]. IEEE Signal Processing Magazine, 2013, 30(1): 40 - 60.

[4] LARSSON E G, EDFORS O, TUFVESSON F, et al. Massive MIMO for next generation wireless systems [J]. IEEE Communications Magazine, 2014, 52(2): 186 - 195.

[5] NGO H Q, LARSSON E G, et al. Aspects of favorable propagation in massive MIMO [C]. IEEE Signal Processing Conference (EUSIPCO), 2014.

[6] GAO X, TUFVESSON F, EDFORS O, et al. Channel behavior for very-large MIMO systems-Initial characterization [J]. 2012 COST IC1004. Bristol, 2012.

[7] PAYAMI S, TUFVESSON F. Channel Measurements and Analysis for Very Large Array Systems at 2. 6 GHz [C]. IEEE European Conference on Antennas & Propagation, 2012.

[8] XIANG G, TUFVESSON F, EDFORS O, et al. Measured Propagation Characteristics for Very-Large MIMO at 2. 6 GHz [C]. IEEE Signals Systems and Computers (ASILOMAR) Conference, 2012.

[9] ZHANG C, LI Z, YAN F, et al. A Low-Complexity Massive MIMO Precoding Algorithm Based on Chebyshev Iteration[J]. IEEE Access, 2017, (5): 22545 - 22551.

[10] ZHANG C, LU Z, HUANG Y, et al. Statistical Beamforming for FDD Massive MIMO Downlink Systems [C]. IEEE CIC International Conference on. USA: IEEE, 2015: 1 - 6.

[11] MA J, ZHANG S, LI H, et al. Base Station Selection for Massive MIMO Networks with Two-Stage Precoding [J]. IEEE Wireless Communications Letters, 2017, 6(5): 598 - 60.

[12] 周燕琳. 频率选择信道下的MIMO检测和预编码技术研究[D]. 成都：电子科技大学，2006.

[13] TELATAR E. Capacity of Multi-Antenna Gaussian Channels [J]. European Transactions on Telecommunications, 1999, 10(6): 585 - 595.

[14] GAO X, EDFORS O, RUSEK F. Linear Precoding Performance in Measured Very-Large MIMO Channels [C]. Proceedings of the IEEE Conference on Vehicular Technology. USA: IEEE, 2011: 1 - 5.

[15] FENG C, JING Y, JIN S. Interference and Outage Probability Analysis for Massive MIMO Downlink with MF Precoding [J]. IEEE Signal Processing Letters, 2016, 23(2): 366 - 370.

[16] ATAPATTU S, HARMAWANSA P, TELLAMBURA C, et al. Exact Outage Analysis of Multiple-User Downlink with MIMO Matched-Filter Precoding [J]. IEEE Communications Letters, 2017, 21(12): 2754 - 2757.

[17] FENG C, JING Y. Modified MRT and Outage Probability Analysis for Massive MIMO Downlink Under Per-antenna Power Constraint [C]. Proceedings of the 17th

IEEE International Workshop on Signal Processing Advances in Wireless Communications (SPAWC). USA: IEEE, 2016: 3 - 6.

[18] ZHU J, BHARGAVA V, SCHOBER R. Secure Downlink Transmission in Massive MIMO System with Zero-Forcing Precoding [C]. Proceedings of the 20th Conference on European Wireless 2014. Spain: VDE, 2014: 14 - 16.

[19] LYU T K. Capacity of Multi-User MIMO Systems with MMSE and ZF Precoding [C]. 2016 IEEE Conference on Computer Communications Workshops (INFOCOM WKSHPS). USA: IEEE, 2016: 1083 - 1084.

[20] MUKUBWA E, SOKOYA O A, IICEY D S. Comparison and Analysis of Massive MIMO Linear Precoding Schemes in The Downlink [J]. 2017 IEEE Conference on AFRICON. USA: IEEE, 2017: 187 - 191.

[21] MULLER A, COUILLET R, BJORNSON E, et al. Interference-Aware RZF Precoding for Multicell Downlink Systems [J]. IEEE Transactions on Signal Processing, 2015, 63(15): 3959 - 3973.

[22] MULLE A R, KAMMOU A, BJORNSON E, et al. Linear precoding based on polynomial expansion: reducing complexity in massive MIMO (extended version) [J]. IEEE Journal Selected Topics Signal Process, 2014, 8(5): 861 - 875.

[23] SIFAOU H, KAMMOUN A, SANGUINETTI L, et al. Polynomial expansion of the precoder for power minimization in large-scale MIMO systems [C]. 2016 IEEE International Conference on Communications (ICC). USA: IEEE, 2016:1 - 6.

[24] MULLER A, ABLAK A, BJORNSON E. Efficient linear precoding for massive MIMO systems using truncated polynomial expansion [C]. Proceedings of the 8th Conference on Sensor Array and Multichannel Signal Processing Workshop (SAM). USA: IEEE, 2014:273 - 276.

[25] CHEN Y, BOUSSAKTA S, TSIMENIDIS C, et al. Low complexity hybrid precoding in finite dimensional channel for massive MIMO systems [C]. 2017 European Conference on Signal Processing Conference (EUSIPCO). USA: IEEE, 2017: 883 - 887.

[26] XIA P, HEATH R W, GONZALEZ P N. Robust analog precoding designs for millimeter wave MIMO transceivers [J]. IEEE Transactions on Communications, 2016, 64(11): 4622 - 4634.

[27] ZHANG S, GUO C, WANG T, et al. On-off analog beamforming for massive MIMO [J]. IEEE Transactions on Vehicular Technology, 2018(99): 1 - 1.

[28] ZHANG J, LI H, HUANG X, et al. User-directed analog beamforming for multiuser millimeter-wave hybrid array systems [C]. Proceedings of the 85th Conference on Vehicular Technology Conference (VTC Spring). USA: IEEE, 2017:1 - 5.

[29] MENDEZ R, RUSU C, GONZALEZ P N, et al. Hybrid MIMO architectures for

millimeter wave communications: phase shifters or switches [J]. IEEE Access, 2016(4):247 - 267.

[30] MOLISCH A F, RATNAM V, HAN S, et al. Hybrid beamforming for massive MIMO: a survey [J]. IEEE Communications Magazine, 2017, 55(9): 134 - 141.

[31] LIANG L, XU W, DONG X. Low-complexity hybrid precoding in massive multiuser MIMO systems [J]. IEEE Wireless Communications Letters, 2014,3(6): 653 - 656.

[32] TANIGUCHI R, NISHIMORI K, KATAOKA R, et al. Evaluation of massive MIMO considering real propagation characteristics in the 20 GHz band [J]. IEEE Transactions on Antennas and Propagation, 2017. 65(12): 6703 - 6711.

[33] FERZALI W, PROAKIS J. Adaptive SVD algorithm for covariance matrix eigen structure computation [C]. International Conference on Acoustics, Speech, and Signal Processing, 1990: 2615 - 2618.

[34] JIANG Y, HAGER W, LI J. The geometric mean decomposition [J]. Linear Algebra & Its Applications, 2005, 396(1): 373 - 384.

[35] JIANG Y, LI J. Uniform channel decomposition for MIMO communications [M]. IEEE Press, 2005.

[36] BOYD S, VANDENBERGHE L. Convex optimization [M]. Cambridge university press, 2004.

[37] GOLUB G H, VAN LOAN C F. Matrix computations [M]. JHU Press, 2012.

[38] COSTA M H M. Writing on dirty paper [J]. IEEE Transactions on Information Theory, 1983, 29(3): 439 - 441.

[39] WINDPASSINGER C, FISCHER R F H, VENCEL T, et al. Precoding in multiantenna and multiuser communications [J]. IEEE Transactions on Wireless Communications, 2004, 3(4): 1305 - 1316.

[40] HOCHWALD B M, PEEL C B, SWINDLEHURST A L. A vector-perturbation technique for near-capacity multiantenna multiuser communication-part II: perturbation [J]. IEEE Transactions on Communications, 2005, 53(3): 537 - 544.

第3章　毫米波大规模MIMO系统混合预编码基础理论

3.1　引　言

毫米波信道的预编码与低频的预编码不同，由于毫米波大规模MIMO系统中基站的天线数较多，考虑到硬件成本和能耗等因素，在每个天线上安装单独且完整的射频链难以实现。针对这一问题，相对比较好的解决方案就是模拟和数字相结合的混合预编码。混合预编码器包含了一个低维的数字预编码器和一个高维的模拟预编码器，它们之间通过少量的射频链路连接，减少了系统的硬件开销和能耗，同时又能够实现较好的系统性能。

为了增强读者对毫米波大规模MIMO系统混合预编码的了解，本章将详细阐述毫米波大规模MIMO混合预编码的信道模型及系统结构；介绍混合预编码与系统性能的数学关系；讨论基于FCPS结构和PCPS结构的系统模型以及基于上述结构的经典混合预编码算法(虚拟SVD混合预编码算法、OMP稀疏混合预编码算法)，并给出相关算法的仿真实验及性能分析。

3.2　混合预编码的基础

3.2.1　信道模型

作为发射端与接收端之间的“桥梁”，动态变化且不可预测的无线信道对通信系统性能起到了重要作用。由于无线电波在传播过程中容易发生反射、绕射和散射现象[1]，因此不同距离处的无线信号强度不同。

根据无线信道环境不同，传统信道模型主要有瑞利衰落信道和莱斯衰落信道。瑞利衰落是指接收信号服从瑞利分布且信号的幅值和相位不断变化时产生的衰落；莱斯衰落是指经过反射、折射、散射以及直射得到的接收信号的幅值服从莱斯分布时产生的衰落。由于毫米波波长远小于无线信号传播环境中大多数物体的几何尺寸，其自由空间路径损耗严重，且需要配置大规模天线阵列，天线阵元之间相关性较大，因此，毫米波大规模MIMO信道环境具有不同于传统衰落信道的特有性质[4]。为此，文献[5]提出了一种扩展Saleh-Valenuela信道模型[5]，如图3.1所示。假设该信道模型是一个由N_{cl}个散射簇组成的集合，每簇包含N_{ray}条子径，则离散时间窄带信道矩阵$\boldsymbol{H}$为[6]

$$\boldsymbol{H}=\sqrt{\frac{N_{\mathrm{t}}N_{\mathrm{r}}}{N_{\mathrm{cl}}N_{\mathrm{ray}}}}\sum_{i=1}^{N_{\mathrm{cl}}}\sum_{l=1}^{N_{\mathrm{ray}}}\alpha_{il}\,\Lambda_{\mathrm{r}}(\phi_{il}^{\mathrm{r}},\theta_{il}^{\mathrm{r}})\,\Lambda_{\mathrm{t}}(\phi_{il}^{\mathrm{t}},\theta_{il}^{\mathrm{t}})\,\boldsymbol{a}_{\mathrm{r}}(\phi_{il}^{\mathrm{r}},\theta_{il}^{\mathrm{r}})\,\boldsymbol{a}_{t}^{\mathrm{H}}(\phi_{il}^{\mathrm{t}},\theta_{il}^{\mathrm{t}})\tag{3.1}$$

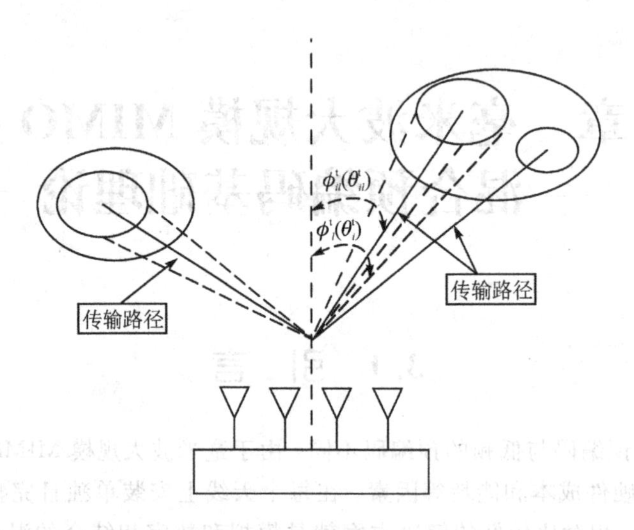

图 3.1 信道模型

式中，α_{il} 为第 i 簇中第 l 个路径信道复用增益，服从 $\mathcal{CN}(0,\sigma^2_{\alpha,i})$ 分布，$\sigma^2_{\alpha,i}$ 为第 i 簇的平均功率，满足 $\sum_{i=1}^{N_{\mathrm{cl}}}\sigma^2_{\alpha,i}=\gamma$，$\gamma=\sqrt{N_{\mathrm{t}}N_{\mathrm{r}}/N_{\mathrm{cl}}N_{\mathrm{ray}}}$，$E(\|\boldsymbol{H}\|^2_{\mathrm{F}})=N_{\mathrm{t}}N_{\mathrm{r}}$[7]；$\phi^{\mathrm{t}}_{il}(\theta^{\mathrm{t}}_{il})$ 和 $\phi^{\mathrm{r}}_{il}(\theta^{\mathrm{r}}_{il})$ 分别为第 i 簇中第 l 个路径的发射端和接收端俯仰角(方位角)，服从均匀随机分布，角度均值为 $\phi_i(\theta_i)$，角度扩展 $\sigma_\phi(\sigma_\theta)$ 服从拉普拉斯分布；$\Lambda_{\mathrm{t}}(\phi^{\mathrm{t}}_{il},\theta^{\mathrm{t}}_{il})$ 和 $\Lambda_{\mathrm{r}}(\phi^{\mathrm{r}}_{il},\theta^{\mathrm{r}}_{il})$ 分别为发射端和接收端天线阵元在相应方位角和俯仰角的元素增益；$\boldsymbol{a}_{\mathrm{t}}(\phi^{\mathrm{t}}_{il},\theta^{\mathrm{t}}_{il})$ 和 $\boldsymbol{a}_{\mathrm{r}}(\phi^{\mathrm{r}}_{il},\theta^{\mathrm{r}}_{il})$ 分别为发射端和接收端归一化的传输阵列响应向量；$(\cdot)^{\mathrm{H}}$ 表示矩阵的共轭转置。

不失一般性，假设在角度均值满足 $\phi_i\in[\phi_{\min},\phi_{\max}]$ 和 $\theta_i\in[\theta_{\min},\theta_{\max}]$ 的扇形区域内，发射端和接收端天线阵元的元素单元增益均没有损失，即 $\Lambda(\phi_i,\theta_i)$ 满足如下表达式：

$$\Lambda(\phi_i,\theta_i)=\begin{cases}1 & \forall\,\phi_i\in[\phi_{\min},\,\phi_{\max}],\theta_i\in[\theta_{\min},\theta_{\max}]\\ 0 & \text{其他}\end{cases}\tag{3.2}$$

由于毫米波信号在传播过程中自由空间路径损耗严重，难以保证通信的有效性和可靠性，因此相关通信协议标准指出：将定向天线技术与预编码技术相结合，通过调整天线阵元的幅值和相位，把信号能量集中到一个特定方向，可以有效减少各天线阵元间的相互干扰，提高点对点传输能力，改善链路质量[8]。相关研究表明：发射端和接收端归一化传输阵列响应向量 $\boldsymbol{a}(\phi,\theta)$ 独立于天线阵元，只与天线阵列排布方式有关。常用排布方式主要包括均匀线性阵列(Uniform Linear Array，ULA)和均匀平面阵列(Uniform Planar Array，UPA)，如图 3.2 所示。均匀线性阵列通常是指各天线阵元结构相同，并且以一致的取向和间距呈直线排列的阵列，具有结构简单、计算复杂度低等优点，但是其信号处理方向仅在平面上。该天线阵列中，M 个天线阵元均匀分布在 x 轴上，相邻天线阵元间距为 d，一般情况下 d 的取值为半波长。单个信号经过不同传播路径，以角度 θ 到达各个阵元的距离和时间不同，会产生不同的时延。与均匀线性阵列不同，均匀平面阵列中各天线阵元在 yz 平面上均匀排布，相对于参考阵元，信号以一定角度 (ϕ,θ) 到达各阵元的时延来自于 y 轴和 z 轴两个方向。均匀平面阵列体积较小，因此在一定区域内可以放置较多的天线阵元，且基于均匀平面阵列的天线阵列响应向量能够包含阵列的空间特征。本章大部分的仿真实验均采

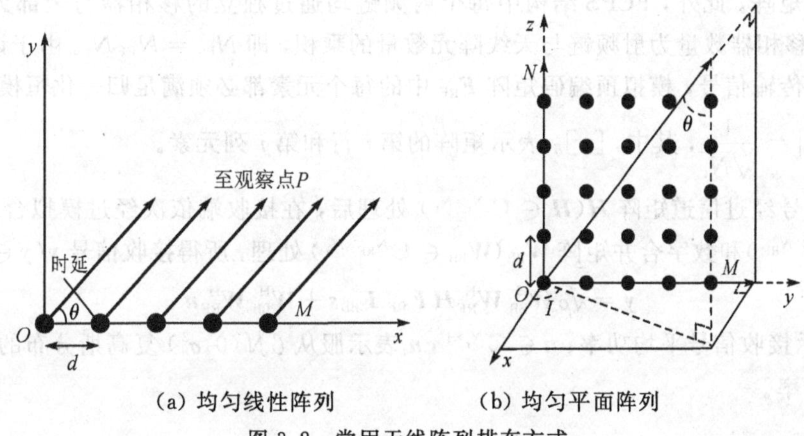

(a) 均匀线性阵列　　(b) 均匀平面阵列

图 3.2　常用天线阵列排布方式

用均匀平面阵列进行信号的收发。假设在 yz 平面上均匀排布着 $M\times N$ 个天线阵元，其中 M、N 分别是沿 y 轴方向和 z 轴方向的天线阵元数量，则基于均匀平面阵列的发射端和接收端归一化传输阵列响应向量 $\boldsymbol{a}(\phi,\theta)$ 为

$$\boldsymbol{a}(\phi,\theta)=\frac{1}{\sqrt{MN}}\left[1,\cdots,\mathrm{e}^{\mathrm{j}\frac{2\pi}{\lambda}d(m\sin\phi\sin\theta+n\cos\theta)},\cdots,\mathrm{e}^{\mathrm{j}\frac{2\pi}{\lambda}d((M-1)\sin\phi\sin\theta+(N-1)\cos\theta)}\right]^{\mathrm{T}} \tag{3.3}$$

式中，λ 表示信号波长；d 表示相邻天线阵元间距，通常 $d=\lambda/2$；$(\cdot)^{\mathrm{T}}$ 表示矩阵的转置。

3.2.2　系统结构

大规模 MIMO 技术是在传统 MIMO 技术上演进的。毫米波波长较短，在传输过程中存在严重的自由空间路径损耗，利用大规模天线阵列的分集增益可以补偿毫米波信号传输衰减与损耗，进一步提高系统频谱效率，保证系统的有效性和可靠性。针对毫米波大规模 MIMO 通信系统，如果利用传统全数字预编码技术为每个天线阵元均配备一个专用射频链，那么将增加系统的硬件开销和功耗。为了降低硬件开销和系统功耗，毫米波大规模 MIMO系统通常采用混合预编码结构，将信号预编码分为数字和模拟两部分，首先在基带对发射信号进行数字预编码，然后利用移相器网络对信号进行模拟预编码。本小节主要分析基于 FCPS(全连接)结构和 PCPS(部分连接)结构的毫米波大规模 MIMO 系统模型，并对基于上述结构的混合预编码算法进行简要介绍。

1. 全连接(共享型)结构

1) 系统模型

基于 FCPS 结构的毫米波大规模 MIMO 通信系统模型如图 3.3 所示。该系统在发射端配备 N_{t} 个天线阵元和 $N_{\mathrm{RF}}^{\mathrm{t}}$ 个射频链，并向配备有 N_{r} 个天线阵元和 $N_{\mathrm{RF}}^{\mathrm{r}}$ 个射频链的接收端发送 N_{s} 个数据流信号。为了便于分析，假设发射端和接收端使用相同数量的射频链，满足 $N_{\mathrm{RF}}^{\mathrm{t}}=N_{\mathrm{RF}}^{\mathrm{r}}=N_{\mathrm{RF}}$，$N_{\mathrm{s}}\leqslant N_{\mathrm{RF}}\leqslant\min\{N_{\mathrm{t}},N_{\mathrm{r}}\}$，以保证通信的正常进行。由图 3.3 可知，发射端天线阵列的发射信号 $\boldsymbol{x}=\boldsymbol{F}_{\mathrm{RF}}\boldsymbol{F}_{\mathrm{BB}}\boldsymbol{s}$，其中 $\boldsymbol{s}\in\mathbb{C}^{N_{\mathrm{s}}\times 1}$，$\boldsymbol{s}$ 表示传输数据流信号，满足 $E(\boldsymbol{s}\boldsymbol{s}^{\mathrm{H}})=\frac{1}{N_{\mathrm{s}}}\boldsymbol{I}_{N_{\mathrm{s}}}$；$\boldsymbol{F}_{\mathrm{BB}}(\boldsymbol{F}_{\mathrm{BB}}\in\mathbb{C}^{N_{\mathrm{RF}}\times N_{\mathrm{s}}})$ 和 $\boldsymbol{F}_{\mathrm{RF}}(\boldsymbol{F}_{\mathrm{RF}}\in\mathbb{C}^{N_{\mathrm{t}}\times N_{\mathrm{RF}}})$ 分别表示数字预编码矩阵和

模拟预编码矩阵。此外，FCPS 结构中每个射频链均通过独立的移相器与全部天线阵元相连接，所需移相器数量为射频链与天线阵元数量的乘积，即 $N_{PS} = N_{RF}N_t$。由于该结构利用移相器处理传输信号，模拟预编码矩阵 $\boldsymbol{F}_{RF}$ 中的每个元素都必须满足归一化恒模约束条件，即 $|[\boldsymbol{F}_{RF}]_{ij}| = \frac{1}{\sqrt{N_t}}$，其中，$[\cdot]_{ij}$ 表示矩阵的第 i 行和第 j 列元素。

发射信号经过信道矩阵 $\boldsymbol{H}(\boldsymbol{H} \in \mathbb{C}^{N_r \times N_t})$ 处理后，在接收端依次经过模拟合并矩阵 $\boldsymbol{W}_{RF}$ ($\boldsymbol{W}_{RF} \in \mathbb{C}^{N_r \times N_{RF}}$) 和数字合并矩阵 $\boldsymbol{W}_{BB}(\boldsymbol{W}_{BB} \in \mathbb{C}^{N_{RF} \times N_s})$ 处理，所得接收信号 $\boldsymbol{y}(\boldsymbol{y} \in \mathbb{C}^{N_s \times 1})$ 为

$$\boldsymbol{y} = \sqrt{\rho}\, \boldsymbol{W}_{BB}^H \boldsymbol{W}_{RF}^H \boldsymbol{H} \boldsymbol{F}_{RF} \boldsymbol{F}_{BB} \boldsymbol{s} + \boldsymbol{W}_{BB}^H \boldsymbol{W}_{RF}^H \boldsymbol{n} \tag{3.4}$$

式中，ρ 表示接收信号平均功率；$\boldsymbol{n} \in \mathbb{C}^{N_r \times 1}$，$\boldsymbol{n}$ 表示服从 $\mathcal{CN}(0, \sigma_n^2)$ 复高斯分布的噪声信号，σ_n^2 为噪声功率。

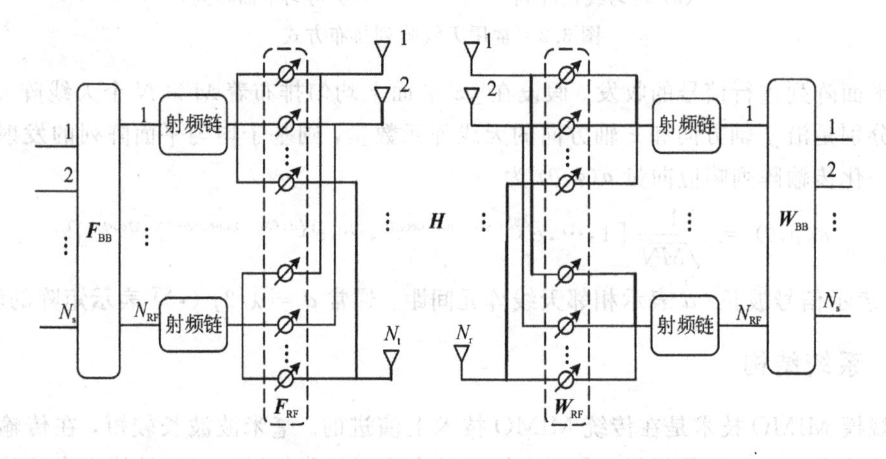

图 3.3 基于FCPS结构的毫米波大规模 MIMO 系统模型

根据文献[5]提出的扩展 Saleh-Valenuela 信道模型，毫米波信道矩阵为[5]

$$\boldsymbol{H} = \sqrt{\frac{N_t N_r}{N_{cl} N_{ray}}} \sum_{i=1}^{N_{cl}} \sum_{l=1}^{N_{ray}} \alpha_{il}\, \boldsymbol{a}_r(\phi_{il}^r, \theta_{il}^r)\, \boldsymbol{a}_t^H(\phi_{il}^t, \theta_{il}^t) \tag{3.5}$$

式中，N_{cl} 表示信道群簇数；N_{ray} 表示每簇中信号的传播路径数；α_{il} 表示第 i 簇中第 l 个路径的信道复用增益，服从 $\mathcal{CN}(0, \sigma_{\alpha,i}^2)$ 复高斯分布，$\sigma_{\alpha,i}^2$ 表示第 i 簇的平均功率；ϕ_{il}^t、θ_{il}^t、ϕ_{il}^r 和 θ_{il}^r 分别为第 i 簇中第 l 个路径的离开俯仰角、离开方位角、到达俯仰角和到达方位角；$\boldsymbol{a}_t(\varphi_{il}^t, \theta_{il}^t)$ 和 $\boldsymbol{a}_r(\phi^r d_{il}, \theta_{il}^r)$ 分别表示发射端和接收端归一化传输阵列响应向量。假设采用图 3.2(b)所示的 UPA 进行信号的收发，相邻天线阵元间距 $d = \lambda/2$，根据式(3.3)即可得到传输阵列响应向量 $\boldsymbol{a}(\phi, \theta)$。

假设已知发射端和接收端的理想 CSI，则基于 FCPS 结构的毫米波大规模 MIMO 系统频谱效率为[6]

$$R = \mathrm{lb}\left(\left| \boldsymbol{I}_{N_s} + \frac{\rho}{\sigma_n^2 N_s} (\boldsymbol{W}_{RF} \boldsymbol{W}_{BB})^{\dagger} \boldsymbol{H} \boldsymbol{F}_{RF} \boldsymbol{F}_{BB} \boldsymbol{F}_{BB}^H \boldsymbol{F}_{RF}^H \boldsymbol{H}^H \boldsymbol{W}_{RF} \boldsymbol{W}_{BB} \right| \right) \tag{3.6}$$

式中，发射端发射信号为高斯信号，$|\cdot|$ 表示矩阵的行列式。

由以上可以得出，直接最大化式(3.6)，需要联合优化四个参数矩阵 $\boldsymbol{F}_{RF}$、$\boldsymbol{F}_{BB}$、$\boldsymbol{W}_{RF}$、$\boldsymbol{W}_{BB}$，处理起来非常困难[9]。为此，文献[6]的研究将最大化式(3.6)的问题转化为最小化矩

阵残差的两个子问题进行优化[6]，即混合预编码问题与合并问题，其数学模型如下所示：

$$\begin{cases}\min\limits_{\boldsymbol{F}_{\mathrm{RF}},\boldsymbol{F}_{\mathrm{BB}}} \|\boldsymbol{F}_{\mathrm{opt}}-\boldsymbol{F}_{\mathrm{RF}}\boldsymbol{F}_{\mathrm{BB}}\|_{\mathrm{F}}^{2} \\ \text{s. t. } \boldsymbol{F}_{\mathrm{RF}}=\mathcal{F} \\ \|\boldsymbol{F}_{\mathrm{RF}}\boldsymbol{F}_{\mathrm{BB}}\|_{\mathrm{F}}^{2}=N_{\mathrm{s}}\end{cases} \tag{3.7}$$

$$\begin{cases}\min\limits_{\boldsymbol{W}_{\mathrm{RF}},\boldsymbol{W}_{\mathrm{BB}}} \|\boldsymbol{W}_{\mathrm{opt}}-\boldsymbol{W}_{\mathrm{RF}}\boldsymbol{W}_{\mathrm{BB}}\|_{\mathrm{F}}^{2} \\ \text{s. t. } \boldsymbol{W}_{\mathrm{RF}}=\mathcal{W}\end{cases} \tag{3.8}$$

其中，$\mathcal{F}$ 和 $\mathcal{W}$ 分别表示模拟预编码矩阵 $\boldsymbol{F}_{\mathrm{RF}}$ 和模拟合并矩阵 $\boldsymbol{W}_{\mathrm{RF}}$ 满足归一化恒模约束条件的可行集，对于如图 3.3 所示的 FCPS 阵列，可行集 $\mathcal{F}$ 和 $\mathcal{W}$ 分别为 $|[\boldsymbol{F}_{\mathrm{RF}}]_{ij}|=\dfrac{1}{\sqrt{N_{\mathrm{t}}}}$ 和 $|[\boldsymbol{W}_{\mathrm{RF}}]_{ij}|=1/\sqrt{N_{\mathrm{r}}}$；$\|\boldsymbol{F}_{\mathrm{RF}}\boldsymbol{F}_{\mathrm{BB}}\|_{\mathrm{F}}^{2}=N_{\mathrm{s}}$ 为发射功率约束条件。

根据 MIMO 系统信道容量理论[9]，全数字最优预编码矩阵 $\boldsymbol{F}_{\mathrm{opt}}$ 与全数字最优合并矩阵 $\boldsymbol{W}_{\mathrm{opt}}$ 分别为

$$\boldsymbol{F}_{\mathrm{opt}}=\boldsymbol{V}_{(:,1:N_{\mathrm{s}})},\ \boldsymbol{W}_{\mathrm{opt}}=\boldsymbol{U}_{(:,1:N_{\mathrm{s}})} \tag{3.9}$$

式中，$\boldsymbol{U}$ 和 $\boldsymbol{V}$ 分别表示对信道矩阵 $\boldsymbol{H}$ 进行 SVD 得到的左、右奇异矩阵。

由以上可以得出，式(3.7)和式(3.8)具有类似数学形式，区别仅在于发射端存在发射功率约束条件。因此，针对式(3.7)所示的混合预编码问题，以下将介绍一种典型的混合预编码矩阵求解算法，式(3.8)可以采用相同的方法求解。

2) OMP 稀疏混合预编码算法

针对式(3.7)所示的基于 FCPS 结构的混合预编码问题，国内外相关学者已经提出诸多有效的求解算法。其中，利用毫米波信道的稀疏特性，美国德克萨斯大学奥斯汀分校 Heath 教授提出了一种基于正交匹配追踪(Orthogonal Matching Pursuit，OMP)的稀疏混合预编码算法[6]，该算法将混合预编码问题转化为字典最优稀疏基的选取问题。下面对该算法进行简单介绍。

假设模拟预编码矩阵 $\boldsymbol{F}_{\mathrm{RF}}$ 的可行集 F 为归一化传输阵列响应向量的集合，从可行集 F 中选取 N_{RF} 个传输阵列响应向量作为模拟预编码矩阵。考虑到 $\boldsymbol{F}_{\mathrm{RF}}$ 满足归一化恒模约束条件，因此，基于 FCPS 结构的 OMP 稀疏混合预编码问题可以进一步表示为

$$\begin{cases}\min\limits_{\boldsymbol{F}_{\mathrm{RF}},\boldsymbol{F}_{\mathrm{BB}}} \|\boldsymbol{F}_{\mathrm{opt}}-\boldsymbol{F}_{\mathrm{RF}}\boldsymbol{F}_{\mathrm{BB}}\|_{\mathrm{F}}^{2} \\ \text{s. t. } \boldsymbol{F}_{\mathrm{RF}}\in\boldsymbol{A}_{\mathrm{t}} \\ \|\mathrm{diag}(\widetilde{\boldsymbol{F}}_{\mathrm{BB}}\widetilde{\boldsymbol{F}}_{\mathrm{BB}}^{\mathrm{H}})\|_{0}=N_{\mathrm{RF}} \\ \|\boldsymbol{F}_{\mathrm{RF}}\boldsymbol{F}_{\mathrm{BB}}\|_{\mathrm{F}}^{2}=N_{\mathrm{s}}\end{cases} \tag{3.10}$$

式中，$\boldsymbol{A}_{\mathrm{t}}\in\mathbb{C}^{N_{\mathrm{t}}\times N_{\mathrm{cl}}N_{\mathrm{ray}}}$，$\boldsymbol{A}_{\mathrm{t}}$ 表示包含全部阵列响应向量 $\boldsymbol{a}_{\mathrm{t}}(\phi_{il}^{\mathrm{t}},\theta_{il})$ 的矩阵；$\|\mathrm{diag}(\widetilde{\boldsymbol{F}}_{\mathrm{BB}}\widetilde{\boldsymbol{F}}_{\mathrm{BB}}^{\mathrm{H}})\|_{0}=N_{\mathrm{RF}}$ 用于限制矩阵 $\widetilde{\boldsymbol{F}}_{\mathrm{BB}}$($\widetilde{\boldsymbol{F}}_{\mathrm{BB}}\in\mathbb{C}^{N_{\mathrm{cl}}N_{\mathrm{ray}}\times N_{\mathrm{s}}}$) 最多只有 N_{RF} 个非零行；$\|\cdot\|_{0}$ 表示矩阵的 0-范数。

取矩阵 $\widetilde{\boldsymbol{F}}_{\mathrm{BB}}$ 的 N_{RF} 个非零行作为最优数字预编码矩阵 $\boldsymbol{F}_{\mathrm{BB}}^{\mathrm{opt}}$，则矩阵 $\boldsymbol{A}_{\mathrm{t}}$ 中相应的 N_{RF} 列即可作为最优模拟预编码矩阵 $\boldsymbol{F}_{\mathrm{RF}}^{\mathrm{opt}}$。由此可以得出，式(3.10)是一个稀疏重构问题，可以利用 OMP 算法进行处理，算法步骤如表 3.1 所示。

表 3.1 基于 FCPS 结构的 OMP 稀疏混合预编码算法步骤

输入参数：$\boldsymbol{F}_{\mathrm{opt}}$
初始化：残差矩阵 $\boldsymbol{F}_{\mathrm{res}}=\boldsymbol{F}_{\mathrm{opt}}$，$\boldsymbol{F}_{\mathrm{RF}}$ 为空矩阵，迭代次数 $t=1\sim N_{\mathrm{RF}}$
步骤 1：计算残差矩阵与发射端传输阵列响应向量矩阵的相关矩阵 $\boldsymbol{\Phi}=\boldsymbol{A}_{\mathrm{t}}^{\mathrm{H}}\boldsymbol{F}_{\mathrm{res}}$； 步骤 2：令 $k=\mathrm{argmax}(\mathrm{diag}(\boldsymbol{\Phi}\boldsymbol{\Phi}^{\mathrm{H}}))$； 步骤 3：将矢量 $\boldsymbol{a}_{\mathrm{t}}(\phi_k^{\mathrm{t}},\theta_k^{\mathrm{t}})$ 作为模拟预编码矩阵的一列，满足 $\boldsymbol{F}_{\mathrm{RF}}=[\boldsymbol{F}_{\mathrm{RF}}\mid \boldsymbol{A}_{\mathrm{t}(:,k)}]$； 步骤 4：利用最小二乘法优化数字预编码矩阵，$\boldsymbol{F}_{\mathrm{BB}}=(\boldsymbol{F}_{\mathrm{RF}}^{\mathrm{H}}\boldsymbol{F}_{\mathrm{BB}})^{-1}\boldsymbol{F}_{\mathrm{RF}}^{\mathrm{H}}\boldsymbol{F}_{\mathrm{opt}}$； 步骤 5：更新残差矩阵，$\boldsymbol{F}_{\mathrm{res}}=\dfrac{\boldsymbol{F}_{\mathrm{opt}}-\boldsymbol{F}_{\mathrm{RF}}\boldsymbol{F}_{\mathrm{BB}}}{\Vert\boldsymbol{F}_{\mathrm{opt}}-\boldsymbol{F}_{\mathrm{RF}}\boldsymbol{F}_{\mathrm{BB}}\Vert_{\mathrm{F}}^{2}}$； 步骤 6：当 $t\leqslant N_{\mathrm{RF}}$，跳转到步骤 1，否则循环结束； 步骤 7：对数字预编码矩阵施加发射功率约束条件，即 $\boldsymbol{F}_{\mathrm{BB}}=\dfrac{\sqrt{N_{\mathrm{s}}}\boldsymbol{F}_{\mathrm{BB}}}{\Vert\boldsymbol{F}_{\mathrm{RF}}\boldsymbol{F}_{\mathrm{BB}}\Vert_{\mathrm{F}}^{2}}$
输出参数：$\boldsymbol{F}_{\mathrm{RF}}$、$\boldsymbol{F}_{\mathrm{BB}}$

2. 部分连接(分离型)结构

1) 系统模型

基于 PCPS 结构的毫米波大规模 MIMO 系统模型如图 3.4 所示。从图 3.4 中可以看出，该系统信号处理过程与基于 FCPS 结构的毫米波大规模 MIMO 系统相似，因此，基于 PCPS 结构的混合预编码问题具有与式(3.7)类似的数学模型，区别仅在于模拟预编码矩阵 $\boldsymbol{F}_{\mathrm{RF}}$ 的可行集 $\mathcal{F}$ 不同。此外，从图 3.4 中可以看出，PCPS 结构中每个射频链仅与部分天线阵元相连接，移相器数量与天线阵元数量相等，即 $N_{\mathrm{PS}}=N_{\mathrm{t}}$，因此，基于该系统的模拟预编码矩阵 $\boldsymbol{F}_{\mathrm{RF}}$ 是一个块对角矩阵，仅有 N_{t} 个非零元素，其数学表达式为

$$\boldsymbol{F}_{\mathrm{RF}}=\begin{bmatrix}\boldsymbol{f}_{\mathrm{RF},1} & \boldsymbol{0} & \cdots & \boldsymbol{0}\\ \boldsymbol{0} & \boldsymbol{f}_{\mathrm{RF},2} & \cdots & \boldsymbol{0}\\ \vdots & \vdots & \ddots & \vdots\\ \boldsymbol{0} & \boldsymbol{0} & \cdots & \boldsymbol{f}_{\mathrm{RF},N_{\mathrm{RF}}}\end{bmatrix} \tag{3.11}$$

式中，$\boldsymbol{f}_{\mathrm{RF},i}\in\mathbb{C}^{(N_{\mathrm{t}}/N_{\mathrm{RF}})\times 1}$，需要满足归一化恒模约束条件，即模拟预编码矩阵 $\boldsymbol{F}_{\mathrm{RF}}$ 的可行集 $\mathcal{F}$ 为 $|\boldsymbol{f}_{\mathrm{RF},i}|=\sqrt{N_{\mathrm{RF}}/N_{\mathrm{t}}}$。

据此，结合式(3.7)以及式(3.11)可知，基于 PCPS 结构的毫米波大规模 MIMO 混合预编码数学模型可以表示为

$$\begin{cases}\min\limits_{\boldsymbol{F}_{\mathrm{RF}},\boldsymbol{F}_{\mathrm{BB}}}\Vert\boldsymbol{F}_{\mathrm{opt}}-\boldsymbol{F}_{\mathrm{RF}}\boldsymbol{F}_{\mathrm{BB}}\Vert_{\mathrm{F}}^{2}\\ \text{s. t.}\ \ |\boldsymbol{f}_{\mathrm{RF},i}(j)|=\sqrt{\dfrac{N_{\mathrm{RF}}}{N_{\mathrm{t}}}}\\ \Vert\boldsymbol{F}_{\mathrm{RF}}\boldsymbol{F}_{\mathrm{BB}}\Vert_{\mathrm{F}}^{2}=N_{\mathrm{s}}\end{cases} \tag{3.12}$$

以下将针对图 3.4 所示的基于 PCPS 结构的毫米波大规模 MIMO 系统模型，介绍一种常用的混合预编码算法。

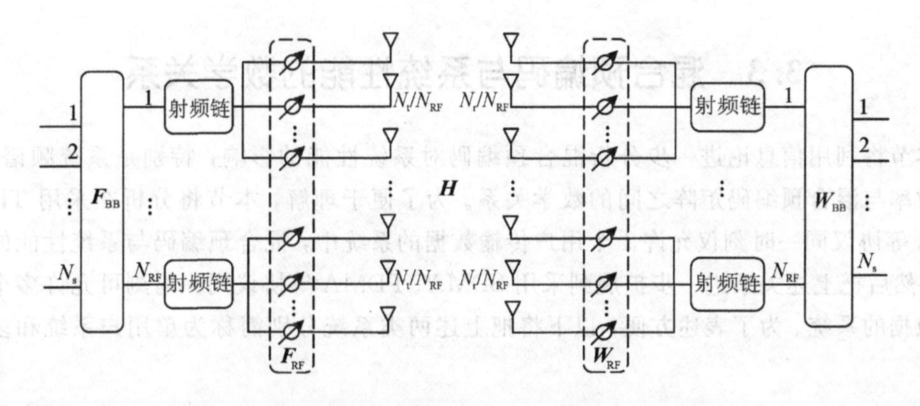

图 3.4　基于 PCPS 结构的毫米波大规模 MIMO 系统模型

2) SDR-AltMin 的混合预编码算法

针对基于 PCPS 结构的混合预编码问题，文献[10]提出一种基于半定松弛(Semidefinite Relaxation，SDR)的迭代最小化算法，简称为 SDR-AltMin 算法，该算法分别利用 SDR 方法和相位旋转方法优化数字预编码矩阵和具有块对角特性的模拟预编码矩阵[10]。以下将对基于 PCPS 结构的 SDR-AltMin 混合预编码算法进行简单介绍。

由于模拟预编码矩阵 $\boldsymbol{F}_{\mathrm{RF}}$ 的可行集 $\mathcal{F}$ 满足 $|f_{RF,i}(j)|=\sqrt{N_{\mathrm{RF}}/N_{\mathrm{t}}}$，因此，式(3.12)中的发射功率约束条件可以进一步简化为

$$\|\boldsymbol{F}_{\mathrm{RF}}\boldsymbol{F}_{\mathrm{BB}}\|_{\mathrm{F}}^{2}=\mathrm{tr}\{\boldsymbol{F}_{\mathrm{RF}}\boldsymbol{F}_{\mathrm{BB}}\boldsymbol{F}_{\mathrm{BB}}^{\mathrm{H}}\boldsymbol{F}_{\mathrm{RF}}^{\mathrm{H}}\}=\|\boldsymbol{F}_{\mathrm{BB}}\|_{\mathrm{F}}^{2}=N_{\mathrm{s}} \tag{3.13}$$

式中，$\mathrm{tr}\{\cdot\}$ 表示矩阵的迹，且任意矩阵 $\boldsymbol{A}$ 满足 $\|\boldsymbol{A}\|_{\mathrm{F}}^{2}=\mathrm{tr}\{\boldsymbol{A}^{\mathrm{T}}\boldsymbol{A}\}=\mathrm{tr}\{\boldsymbol{A}\boldsymbol{A}^{\mathrm{T}}\}$。

从式(3.13)可以看出，基于 PCPS 结构的发射端发射功率约束条件仅与数字预编码矩阵 $\boldsymbol{F}_{\mathrm{BB}}$ 有关，与模拟预编码矩阵 $\boldsymbol{F}_{\mathrm{RF}}$ 无关。因此，关于数字预编码矩阵 $\boldsymbol{F}_{\mathrm{BB}}$ 的优化问题可以转化为一个 SDR 问题，并可以利用标准凸优化方法进行求解[11]。在此基础之上，进一步将具有恒模约束的块对角特性的模拟预编码 $\boldsymbol{F}_{\mathrm{RF}}$ 的优化问题分解为一系列对向量 $\boldsymbol{f}_{\mathrm{RF},i}$ 的优化问题，然后利用相位旋转方法求解 $\boldsymbol{f}_{\mathrm{RF},i}$。基于 PCPS 结构的 SDR-AltMin 混合预编码算法步骤如表 3.2 所示。

表 3.2　基于 PCPS 结构的 SDR-AltMin 混合预编码算法步骤

输入参数：$\boldsymbol{F}_{\mathrm{opt}}$
初始化：随机产生 $\boldsymbol{F}_{\mathrm{RF}}^{(0)}$，残差 $\delta^{(0)}=\|\boldsymbol{F}_{\mathrm{opt}}-\boldsymbol{F}_{\mathrm{RF}}^{(0)}\boldsymbol{F}_{\mathrm{BB}}^{(0)}\|_{\mathrm{F}}^{2}$，迭代次数 $t=0$
步骤 1：进行迭代计算 $t=t+1$； 步骤 2：固定 $\boldsymbol{F}_{\mathrm{RF}}^{(t-1)}$，利用 SDR 求解 $\boldsymbol{F}_{\mathrm{BB}}^{(t)}$； 步骤 3：固定 $\boldsymbol{F}_{\mathrm{BB}}^{(t)}$，利用相位旋转方法优化 $\boldsymbol{F}_{\mathrm{RF}}^{(t)}$； 步骤 4：令 $\delta^{(t)}=\|\boldsymbol{F}_{\mathrm{opt}}-\boldsymbol{F}_{\mathrm{RF}}^{(t)}\boldsymbol{F}_{\mathrm{BB}}^{(t)}\|_{\mathrm{F}}^{2}$； 步骤 5：若 $\|\delta^{(t)}-\delta^{(t-1)}\|>\delta_{\mathrm{thres}}$（$\delta_{\mathrm{thres}}$ 表示停止迭代阈值），跳转到步骤 1，否则循环结束； 步骤 6：对数字预编码矩阵施加发射功率约束条件，即 $\boldsymbol{F}_{\mathrm{BB}}^{(t)}=\sqrt{N_{\mathrm{s}}}\boldsymbol{F}_{\mathrm{BB}}^{(t)}/\|\boldsymbol{F}_{\mathrm{BB}}^{(t)}\|_{\mathrm{F}}^{2}$；
输出参数：$\boldsymbol{F}_{\mathrm{RF}}$、$\boldsymbol{F}_{\mathrm{BB}}$

3.3 混合预编码与系统性能的数学关系

本节将利用信息论进一步分析混合预编码对系统性能的影响，特别是系统频谱效率、能量效率与混合预编码矩阵之间的数学关系。为了便于理解，本节将分析在采用 TDMA、CSMA 等协议同一时刻仅允许 1 个用户传输数据的系统中，混合预编码与系统性能的数学关系，然后把上述关系进一步扩展到采用 SDMA、PDMA 等协议同一时刻可允许多个用户传输数据的系统。为了表述方便，以下将把上述两类系统分别简称为单用户系统和多用户系统。

3.3.1 单用户系统

在单用户大规模 MIMO 通信系统中，当收发两端都采用混合预编码时，接收信号为

$$\boldsymbol{y}=\boldsymbol{W}_{\mathrm{BB}}^{\mathrm{H}}\boldsymbol{W}_{\mathrm{RF}}^{\mathrm{H}}\boldsymbol{H}\boldsymbol{F}_{\mathrm{RF}}\boldsymbol{F}_{\mathrm{BB}}\boldsymbol{s}+\boldsymbol{W}_{\mathrm{BB}}^{\mathrm{H}}\boldsymbol{W}_{\mathrm{RF}}^{\mathrm{H}}\boldsymbol{n} \tag{3.14}$$

式中，$\boldsymbol{y}$ 为接收信号；$\boldsymbol{W}_{\mathrm{BB}}$ 和 $\boldsymbol{W}_{\mathrm{RF}}$ 分别为接收端数字合并矩阵与模拟合并矩阵；$\boldsymbol{H}$ 为信道矩阵；$\boldsymbol{F}_{\mathrm{BB}}$ 和 $\boldsymbol{F}_{\mathrm{RF}}$ 分别为发射端数字预编码矩阵与模拟预编码矩阵；$\boldsymbol{s}$ 表示发射信号；$\boldsymbol{n}$ 为噪声信号。

为了便于处理，将式(3.14)在实数域重新表示为

$$\tilde{\boldsymbol{y}}=\tilde{\boldsymbol{H}}\tilde{\boldsymbol{s}}+\tilde{\boldsymbol{W}}^{\mathrm{T}}\tilde{\boldsymbol{n}}=\begin{bmatrix}\tilde{\boldsymbol{H}} & \tilde{\boldsymbol{W}}^{\mathrm{T}}\end{bmatrix}\begin{bmatrix}\tilde{\boldsymbol{s}}\\ \tilde{\boldsymbol{n}}\end{bmatrix} \tag{3.15}$$

式中

$$\tilde{\boldsymbol{H}}=\begin{bmatrix}\mathrm{Re}\{\overline{\boldsymbol{H}}\} & -\mathrm{Im}\{\overline{\boldsymbol{H}}\}\\ \mathrm{Im}\{\overline{\boldsymbol{H}}\} & \mathrm{Re}\{\overline{\boldsymbol{H}}\}\end{bmatrix},\ \overline{\boldsymbol{H}}=\boldsymbol{W}_{\mathrm{BB}}^{\mathrm{H}}\boldsymbol{W}_{\mathrm{RF}}^{\mathrm{H}}\boldsymbol{H}\boldsymbol{F}_{\mathrm{RF}}\boldsymbol{F}_{\mathrm{BB}}$$

$$\tilde{\boldsymbol{W}}=\begin{bmatrix}\mathrm{Re}\{\boldsymbol{W}\} & -\mathrm{Im}\{\boldsymbol{W}\}\\ \mathrm{Im}\{\boldsymbol{W}\} & \mathrm{Re}\{\boldsymbol{W}\}\end{bmatrix},\ \boldsymbol{W}=\boldsymbol{W}_{\mathrm{RF}}\boldsymbol{W}_{\mathrm{BB}}$$

$$\tilde{\boldsymbol{y}}=[\mathrm{Re}\{\boldsymbol{y}^{\mathrm{T}}\}\quad \mathrm{Im}\{\boldsymbol{y}^{\mathrm{T}}\}]^{\mathrm{T}},\quad \tilde{\boldsymbol{s}}=[\mathrm{Re}\{\boldsymbol{s}^{\mathrm{T}}\}\quad \mathrm{Im}\{\boldsymbol{s}^{\mathrm{T}}\}]^{\mathrm{T}},\quad \tilde{\boldsymbol{n}}=[\mathrm{Re}\{\boldsymbol{n}^{\mathrm{T}}\}\quad \mathrm{Im}\{\boldsymbol{n}^{\mathrm{T}}\}]^{\mathrm{T}}$$

假设发射信号 $\tilde{\boldsymbol{s}}$ 的所有元素都满足方差为 δ_s^2 的零均值复高斯分布 $(0,\delta_s^2)$ 且相互独立，噪声信号 $\tilde{\boldsymbol{n}}$ 的所有元素也满足方差为 δ_n^2 的零均值复高斯分布 $(0,\delta_n^2)$ 且相互独立，那么发射信号 $\tilde{\boldsymbol{s}}$ 和噪声信号 $\tilde{\boldsymbol{n}}$ 的概率密度函数 $p(\tilde{\boldsymbol{s}})$ 和 $p(\tilde{\boldsymbol{n}})$ 以及两者的联合概率密度函数 $p(\tilde{\boldsymbol{s}},\tilde{\boldsymbol{n}})$ 可以分别表示为

$$p(\tilde{\boldsymbol{s}})=\frac{1}{(2\pi\sigma_s^2)^n}\exp\left(-\frac{\tilde{\boldsymbol{s}}^{\mathrm{T}}\tilde{\boldsymbol{s}}}{2\sigma_s^2}\right) \tag{3.16}$$

$$p(\tilde{\boldsymbol{n}})=\frac{1}{(2\pi\sigma_n^2)^m}\exp\left(-\frac{\tilde{\boldsymbol{n}}^{\mathrm{T}}\tilde{\boldsymbol{n}}}{2\sigma_n^2}\right) \tag{3.17}$$

$$p(\tilde{\boldsymbol{s}},\tilde{\boldsymbol{n}})=\frac{1}{(2\pi)^{n+m}\sigma_s^{2n}\sigma_n^{2m}}\exp\left(-\frac{\tilde{\boldsymbol{s}}^{\mathrm{T}}\tilde{\boldsymbol{s}}}{2\sigma_s^2}-\frac{\tilde{\boldsymbol{n}}^{\mathrm{T}}\tilde{\boldsymbol{n}}}{2\sigma_n^2}\right) \tag{3.18}$$

式中，n 和 m 分别为 $\boldsymbol{s}$ 和 $\boldsymbol{n}$ 的维度。

根据多元统计分析的基本理论[12]，利用噪声信号 $\tilde{\boldsymbol{n}}$ 的概率密度函数 $p(\tilde{\boldsymbol{n}})$ 可计算得到向量 $\widetilde{\boldsymbol{W}}^{\mathrm{T}}\tilde{\boldsymbol{n}}$ 的概率密度函数为

$$p(\widetilde{\boldsymbol{W}}^{\mathrm{T}}\tilde{\boldsymbol{n}})=\frac{1}{(2\pi\sigma_n^2)^n\left[\det(\widetilde{\boldsymbol{W}}^{\mathrm{T}}\widetilde{\boldsymbol{W}})\right]^{\frac{1}{2}}}\exp\left(-\frac{\tilde{\boldsymbol{n}}^{\mathrm{T}}\widetilde{\boldsymbol{W}}(\widetilde{\boldsymbol{W}}^{\mathrm{T}}\widetilde{\boldsymbol{W}})^{-1}\widetilde{\boldsymbol{W}}^{\mathrm{T}}\tilde{\boldsymbol{n}}}{2\sigma_n^2}\right)\tag{3.19}$$

进一步，利用等式 $\begin{bmatrix}\tilde{\boldsymbol{s}}\\ \tilde{\boldsymbol{y}}\end{bmatrix}=\begin{bmatrix}\boldsymbol{I}_{2n} & \boldsymbol{0}\\ \widetilde{\boldsymbol{H}} & \widetilde{\boldsymbol{W}}^{\mathrm{T}}\end{bmatrix}\begin{bmatrix}\tilde{\boldsymbol{s}}\\ \tilde{\boldsymbol{n}}\end{bmatrix}$，可得发射信号 $\tilde{\boldsymbol{s}}$ 与接收信号 $\tilde{\boldsymbol{y}}$ 的联合概率密度函数 $p(\tilde{\boldsymbol{s}},\tilde{\boldsymbol{y}})$ 为

$$\begin{aligned}
p(\tilde{\boldsymbol{s}},\tilde{\boldsymbol{y}})&=\frac{1}{(2\pi)^{2n}\left(\det\left(\begin{bmatrix}\boldsymbol{I}_{2n} & \boldsymbol{0}\\ \widetilde{\boldsymbol{H}} & \widetilde{\boldsymbol{W}}^{\mathrm{T}}\end{bmatrix}\begin{bmatrix}\sigma_s^2\boldsymbol{I}_{2n} & \boldsymbol{0}\\ \boldsymbol{0} & \sigma_n^2\boldsymbol{I}_{2m}\end{bmatrix}\begin{bmatrix}\boldsymbol{I}_{2n} & \widetilde{\boldsymbol{H}}^{\mathrm{T}}\\ \widetilde{\boldsymbol{W}} & \boldsymbol{0}\end{bmatrix}\right)\right)^{\frac{1}{2}}}\times\\
&\quad\exp\left(-\frac{1}{2}\begin{bmatrix}\tilde{\boldsymbol{s}}\\ \tilde{\boldsymbol{y}}\end{bmatrix}^{\mathrm{T}}\left(\begin{bmatrix}\boldsymbol{I}_{2n} & \boldsymbol{0}\\ \widetilde{\boldsymbol{H}} & \widetilde{\boldsymbol{W}}^{\mathrm{T}}\end{bmatrix}\begin{bmatrix}\sigma_s^2\boldsymbol{I}_{2n} & \boldsymbol{0}\\ \boldsymbol{0} & \sigma_n^2\boldsymbol{I}_{2m}\end{bmatrix}\begin{bmatrix}\boldsymbol{I}_{2n} & \widetilde{\boldsymbol{H}}^{\mathrm{T}}\\ \widetilde{\boldsymbol{W}} & \boldsymbol{0}\end{bmatrix}\right)^{-1}\begin{bmatrix}\tilde{\boldsymbol{s}}\\ \tilde{\boldsymbol{y}}\end{bmatrix}\right)\\
&=\frac{1}{(2\pi)^{2n}\left(\det\begin{bmatrix}\sigma_s^2\boldsymbol{I}_{2n} & \sigma_s^2\widetilde{\boldsymbol{H}}^{\mathrm{T}}\\ \sigma_s^2\widetilde{\boldsymbol{H}} & \sigma_s^2\widetilde{\boldsymbol{H}}\widetilde{\boldsymbol{H}}^{\mathrm{T}}+\sigma_n^2\widetilde{\boldsymbol{W}}^{\mathrm{T}}\widetilde{\boldsymbol{W}}\end{bmatrix}\right)^{\frac{1}{2}}}\times\\
&\quad\exp\left(-\frac{1}{2}\begin{bmatrix}\tilde{\boldsymbol{s}}\\ \tilde{\boldsymbol{y}}\end{bmatrix}^{\mathrm{T}}\begin{bmatrix}\sigma_s^2\boldsymbol{I}_{2n} & \sigma_s^2\widetilde{\boldsymbol{H}}^{\mathrm{T}}\\ \sigma_s^2\widetilde{\boldsymbol{H}} & \sigma_s^2\widetilde{\boldsymbol{H}}\widetilde{\boldsymbol{H}}^{\mathrm{T}}+\sigma_n^2\widetilde{\boldsymbol{W}}^{\mathrm{T}}\widetilde{\boldsymbol{W}}\end{bmatrix}^{-1}\begin{bmatrix}\tilde{\boldsymbol{s}}\\ \tilde{\boldsymbol{y}}\end{bmatrix}\right)\\
&=\frac{1}{(2\pi)^{2n}\sigma_s^{2n}\sigma_n^{2n}\left(\det(\widetilde{\boldsymbol{W}}^{\mathrm{T}}\widetilde{\boldsymbol{W}})\right)^{\frac{1}{2}}}\times\\
&\quad\exp\left(-\frac{1}{2}\begin{bmatrix}\tilde{\boldsymbol{s}}\\ \tilde{\boldsymbol{y}}\end{bmatrix}^{\mathrm{T}}\begin{bmatrix}\sigma_s^{-2}\boldsymbol{I}_{2n}+\widetilde{H}^{\mathrm{T}}(\sigma_n^2\widetilde{\boldsymbol{W}}^{\mathrm{T}}\widetilde{\boldsymbol{W}})^{-1}\widetilde{H} & -\widetilde{H}^{\mathrm{T}}(\sigma_n^2\widetilde{\boldsymbol{W}}^{\mathrm{T}}\widetilde{\boldsymbol{W}})^{-1}\\ -(\sigma_n^2\widetilde{\boldsymbol{W}}^{\mathrm{T}}\widetilde{\boldsymbol{W}})^{-1}\widetilde{H} & (\sigma_n^2\widetilde{\boldsymbol{W}}^{\mathrm{T}}\widetilde{\boldsymbol{W}})^{-1}\end{bmatrix}\begin{bmatrix}\tilde{\boldsymbol{s}}\\ \tilde{\boldsymbol{y}}\end{bmatrix}\right)\\
&=\frac{1}{(2\pi)^{2n}\sigma_s^{2n}\sigma_n^{2n}\left(\det(\widetilde{\boldsymbol{W}}^{\mathrm{T}}\widetilde{\boldsymbol{W}})\right)^{\frac{1}{2}}}\times\\
&\quad\exp\left(-\frac{\tilde{\boldsymbol{s}}^{\mathrm{T}}\tilde{\boldsymbol{s}}}{2\sigma_s^2}-\frac{(\tilde{\boldsymbol{y}}-\widetilde{\boldsymbol{H}}\tilde{\boldsymbol{s}})^{\mathrm{T}}(\sigma_n^2\widetilde{\boldsymbol{W}}^{\mathrm{T}}\widetilde{\boldsymbol{W}})^{-1}(\tilde{\boldsymbol{y}}-\widetilde{\boldsymbol{H}}\tilde{\boldsymbol{s}})}{2}\right)\\
&=\frac{1}{(2\pi)^{2n}\sigma_s^{2n}\sigma_n^{2n}\left(\det(\widetilde{\boldsymbol{W}}^{\mathrm{T}}\widetilde{\boldsymbol{W}})\right)^{\frac{1}{2}}}\exp\left(-\frac{\tilde{\boldsymbol{s}}^{\mathrm{T}}\tilde{\boldsymbol{s}}}{2\sigma_s^2}-\frac{\tilde{\boldsymbol{n}}^{\mathrm{T}}\boldsymbol{W}(\widetilde{\boldsymbol{W}}^{\mathrm{T}}\widetilde{\boldsymbol{W}})^{-1}\widetilde{\boldsymbol{W}}^{\mathrm{T}}\tilde{\boldsymbol{n}}}{2\sigma_n^2}\right)\\
&=p(\tilde{\boldsymbol{s}})p(\widetilde{\boldsymbol{W}}\tilde{\boldsymbol{n}})
\end{aligned}\tag{3.20}$$

由式(3.22)可计算得到接收信号 $\tilde{y}$ 的条件概率密度函数 $p(\tilde{\boldsymbol{y}}\mid\tilde{\boldsymbol{s}})$ 为

$$p(\tilde{\boldsymbol{y}}\mid\tilde{\boldsymbol{s}})=\frac{p(\tilde{\boldsymbol{s}},\tilde{\boldsymbol{y}})}{p(\tilde{\boldsymbol{s}})}=\frac{p(\tilde{\boldsymbol{s}})p(\widetilde{\boldsymbol{W}}\tilde{\boldsymbol{n}})}{p(\tilde{\boldsymbol{s}})}=p(\widetilde{\boldsymbol{W}}\tilde{\boldsymbol{n}})\tag{3.21}$$

与上述过程类似，利用等式 $\tilde{\boldsymbol{y}}=\begin{bmatrix}\widetilde{\boldsymbol{H}} & \widetilde{\boldsymbol{W}}^{\mathrm{T}}\end{bmatrix}\begin{bmatrix}\tilde{\boldsymbol{s}}\\ \tilde{\boldsymbol{n}}\end{bmatrix}$ 可以给出接收信号 $\tilde{\boldsymbol{y}}$ 的概率密度函数

$p(\widetilde{\boldsymbol{y}})$ 为

$$p(\widetilde{\boldsymbol{y}})=\frac{1}{(2\pi)^n\left(\det\left(\begin{bmatrix}\widetilde{\boldsymbol{H}} & \widetilde{\boldsymbol{W}}^{\mathrm{T}}\end{bmatrix}\begin{bmatrix}\sigma_s^2\boldsymbol{I}_{2n} & \boldsymbol{0}\\ \boldsymbol{0} & \sigma_n^2\boldsymbol{I}_{2m}\end{bmatrix}\begin{bmatrix}\widetilde{\boldsymbol{H}}^{\mathrm{T}}\\ \widetilde{\boldsymbol{W}}\end{bmatrix}\right)\right)^{\frac{1}{2}}}\times$$
$$\exp\left(-\frac{1}{2}\widetilde{\boldsymbol{y}}^{\mathrm{T}}\left(\begin{bmatrix}\widetilde{\boldsymbol{H}} & \widetilde{\boldsymbol{W}}^{\mathrm{T}}\end{bmatrix}\begin{bmatrix}\sigma_s^2\boldsymbol{I}_{2n} & \boldsymbol{0}\\ \boldsymbol{0} & \sigma_n^2 I_{2m}\end{bmatrix}\begin{bmatrix}\widetilde{\boldsymbol{H}}^{\mathrm{T}}\\ \widetilde{\boldsymbol{W}}\end{bmatrix}\right)^{-1}\widetilde{\boldsymbol{y}}\right)$$
$$=\frac{1}{(2\pi)^n\ (\det(\sigma_s^2\widetilde{\boldsymbol{H}}\widetilde{\boldsymbol{H}}^{\mathrm{T}}+\sigma_n^2\widetilde{\boldsymbol{W}}^{\mathrm{T}}\widetilde{\boldsymbol{W}}))^{\frac{1}{2}}}\times \tag{3.22}$$
$$\exp\left(-\frac{1}{2}\widetilde{\boldsymbol{y}}^{\mathrm{T}}\ (\sigma_s^2\widetilde{\boldsymbol{H}}\widetilde{\boldsymbol{H}}^{\mathrm{T}}+\sigma_n^2\widetilde{\boldsymbol{W}}^{\mathrm{T}}\widetilde{\boldsymbol{W}})^{-1}\widetilde{\boldsymbol{y}}\right)$$

由式(3.19)、式(3.21)和式(3.22)可知，接收信号 $\widetilde{\boldsymbol{y}}$ 的概率密度函数 $p(\widetilde{\boldsymbol{y}})$ 和条件概率密度函数 $p(\widetilde{\boldsymbol{y}}\mid\widetilde{\boldsymbol{s}})$ 分别是协方差矩阵为 $(\sigma_s^2\widetilde{\boldsymbol{H}}\widetilde{\boldsymbol{H}}^{\mathrm{T}}+\sigma_n^2\widetilde{\boldsymbol{W}}^{\mathrm{T}}\widetilde{\boldsymbol{W}})$ 和 $\sigma_n^2\widetilde{\boldsymbol{W}}^{\mathrm{T}}\widetilde{\boldsymbol{W}}$ 的零均值 $2n$ 维复高斯分布函数。将矩阵 $(\sigma_s^2\widetilde{\boldsymbol{H}}\widetilde{\boldsymbol{H}}^{\mathrm{T}}+\sigma_n^2\widetilde{\boldsymbol{W}}^{\mathrm{T}}\widetilde{\boldsymbol{W}})$、$\sigma_n^2\widetilde{\boldsymbol{W}}^{\mathrm{T}}\widetilde{\boldsymbol{W}}$ 及对应逆矩阵 $(\sigma_s^2\widetilde{\boldsymbol{H}}\widetilde{\boldsymbol{H}}^{\mathrm{T}}+\sigma_n^2\widetilde{\boldsymbol{W}}^{\mathrm{T}}\widetilde{\boldsymbol{W}})^{-1}$、$(\sigma_n^2\widetilde{\boldsymbol{W}}^{\mathrm{T}}\widetilde{\boldsymbol{W}})^{-1}$ 的第 $\{i,j\}$ 个元素分别表示为 μ_{ij}、$\mu_{W,ij}$、λ_{ij}、$\lambda_{W,ij}$，根据香农信息论中连续信源相对熵的定义[13]，可以分别计算得到接收信号 $\widetilde{\boldsymbol{y}}$ 的相对熵 $h(\widetilde{\boldsymbol{y}})$ 和条件相对熵 $h(\widetilde{\boldsymbol{y}}\mid\widetilde{\boldsymbol{s}})$ 分别为

$$h(\widetilde{\boldsymbol{y}})=-\int_{-\infty}^{+\infty}p(\widetilde{\boldsymbol{y}})\mathrm{lb}[p(\widetilde{\boldsymbol{y}})]\mathrm{d}\widetilde{\boldsymbol{y}}$$
$$=-\int_{-\infty}^{+\infty}p(\widetilde{\boldsymbol{y}})\mathrm{lb}\left[\frac{1}{(2\pi)^n\ (\det(\sigma_s^2\widetilde{\boldsymbol{H}}\widetilde{\boldsymbol{H}}^{\mathrm{T}}+\sigma_n^2\widetilde{\boldsymbol{W}}^{\mathrm{T}}\widetilde{\boldsymbol{W}}))^{\frac{1}{2}}}\times\right.$$
$$\left.\exp\left(-\frac{1}{2}\widetilde{\boldsymbol{y}}^{\mathrm{T}}\ (\sigma_s^2\widetilde{\boldsymbol{H}}\widetilde{\boldsymbol{H}}^{\mathrm{T}}+\sigma_n^2\widetilde{\boldsymbol{W}}^{\mathrm{T}}\widetilde{\boldsymbol{W}})^{-1}\widetilde{\boldsymbol{y}}\right)\right]\mathrm{d}\widetilde{\boldsymbol{y}}$$
$$=\mathrm{lb}\left\{(2\pi)^n\left[\det(\sigma_s^2\widetilde{\boldsymbol{H}}\widetilde{\boldsymbol{H}}^{\mathrm{T}}+\sigma_n^2\widetilde{\boldsymbol{W}}^{\mathrm{T}}\widetilde{\boldsymbol{W}})\right]^{\frac{1}{2}}\right\}\int_{-\infty}^{+\infty}p(\widetilde{\boldsymbol{y}})\mathrm{d}\widetilde{\boldsymbol{y}}+$$
$$\frac{1}{2}\int_{-\infty}^{+\infty}\widetilde{\boldsymbol{y}}^{\mathrm{T}}\ (\sigma_s^2\widetilde{\boldsymbol{H}}\widetilde{\boldsymbol{H}}^{\mathrm{T}}+\sigma_n^2\widetilde{\boldsymbol{W}}^{\mathrm{T}}\widetilde{\boldsymbol{W}})^{-1}\widetilde{\boldsymbol{y}}p(\widetilde{\boldsymbol{y}})\mathrm{d}\widetilde{\boldsymbol{y}}\cdot\mathrm{lb\ e}$$
$$=\mathrm{lb}\left\{(2\pi)^n\left[\det(\sigma_s^2\widetilde{\boldsymbol{H}}\widetilde{\boldsymbol{H}}^{\mathrm{T}}+\sigma_n^2\widetilde{\boldsymbol{W}}^{\mathrm{T}}\widetilde{\boldsymbol{W}})\right]^{\frac{1}{2}}\right\}+$$
$$\frac{1}{2}\int_{-\infty}^{+\infty}\cdots\int_{-\infty}^{+\infty}\left(\sum_{i=1}^{2n}\sum_{j=1}^{2n}\lambda_{ij}\widetilde{y}_i\widetilde{y}_j\right)p(\widetilde{y}_1,\cdots,\widetilde{y}_{2n})\mathrm{d}\widetilde{y}_1\cdots\mathrm{d}\widetilde{y}_{2n}\cdot\mathrm{lb\ e}$$
$$=\mathrm{lb}\left\{(2\pi)^n\left[\det(\sigma_s^2\widetilde{\boldsymbol{H}}\widetilde{\boldsymbol{H}}^{\mathrm{T}}+\sigma_n^2\widetilde{\boldsymbol{W}}^{\mathrm{T}}\widetilde{\boldsymbol{W}})\right]^{\frac{1}{2}}\right\}+ \tag{3.23}$$
$$\frac{1}{2}\left[\sum_{i=1}^{2n}\sum_{j=1}^{2n}\lambda_{ij}\int_{-\infty}^{+\infty}\cdots\int_{-\infty}^{+\infty}\widetilde{y}_i\widetilde{y}_jp(\widetilde{y}_1,\cdots,\widetilde{y}_{2n})\mathrm{d}\widetilde{y}_1\cdots\mathrm{d}\widetilde{y}_{2n}\right]\cdot\mathrm{lb\ e}$$
$$=\mathrm{lb}\left\{(2\pi)^n\ [\det(\sigma_s^2\widetilde{\boldsymbol{H}}\widetilde{\boldsymbol{H}}^{\mathrm{T}}+\sigma_n^2\widetilde{\boldsymbol{W}}^{\mathrm{T}}\widetilde{\boldsymbol{W}})]^{\frac{1}{2}}\right\}+\frac{1}{2}\left(\sum_{i=1}^{2n}\sum_{j=1}^{2n}\lambda_{ij}\mu_{ij}\right)\cdot\mathrm{lb\ e}$$
$$=\mathrm{lb}\left\{(2\pi)^n\ [\det(\sigma_s^2\widetilde{\boldsymbol{H}}\widetilde{\boldsymbol{H}}^{\mathrm{T}}+\sigma_n^2\widetilde{\boldsymbol{W}}^{\mathrm{T}}\widetilde{\boldsymbol{W}})]^{\frac{1}{2}}\right\}+n\cdot\mathrm{lb\ e}$$

$$
\begin{aligned}
h(\tilde{\boldsymbol{y}} \mid \tilde{\boldsymbol{s}}) &= -\int_{-\infty}^{+\infty} p(\tilde{\boldsymbol{s}},\tilde{\boldsymbol{y}})\mathrm{lb}[p(\tilde{\boldsymbol{y}} \mid \tilde{\boldsymbol{s}})]\mathrm{d}\tilde{\boldsymbol{s}}\mathrm{d}\tilde{\boldsymbol{y}} \\
&= -\int_{-\infty}^{+\infty} p(\tilde{\boldsymbol{s}})\mathrm{d}\tilde{\boldsymbol{s}}\int_{-\infty}^{+\infty} p(\widetilde{\boldsymbol{W}}^{\mathrm{T}}\tilde{\boldsymbol{n}})\mathrm{lb}[p(\widetilde{\boldsymbol{W}}^{\mathrm{T}}\tilde{\boldsymbol{n}})]\mathrm{d}(\widetilde{\boldsymbol{W}}^{\mathrm{T}}\tilde{\boldsymbol{n}}) \\
&= -\int_{-\infty}^{+\infty} p(\widetilde{\boldsymbol{W}}^{\mathrm{T}}\tilde{\boldsymbol{n}})\mathrm{lb}\left\{\frac{1}{(2\pi\sigma_n^2)^n\left[\det(\widetilde{\boldsymbol{W}}^{\mathrm{T}}\widetilde{\boldsymbol{W}})\right]^{\frac{1}{2}}}\times\right. \\
&\qquad \left.\exp\left(-\frac{\tilde{\boldsymbol{n}}^{\mathrm{T}}\widetilde{\boldsymbol{W}}(\widetilde{\boldsymbol{W}}^{\mathrm{T}}\widetilde{\boldsymbol{W}})^{-1}\widetilde{\boldsymbol{W}}^{\mathrm{T}}\tilde{\boldsymbol{n}}}{2\sigma_n^2}\right)\right\}\mathrm{d}(\widetilde{\boldsymbol{W}}^{\mathrm{T}}\tilde{\boldsymbol{n}}) \\
&= \mathrm{lb}\left\{(2\pi\sigma_n^2)^n\left[\det(\widetilde{\boldsymbol{W}}^{\mathrm{T}}\widetilde{\boldsymbol{W}})\right]^{\frac{1}{2}}\right\}\int_{-\infty}^{+\infty} p(\widetilde{\boldsymbol{W}}^{\mathrm{T}}\tilde{\boldsymbol{n}})\mathrm{d}(\widetilde{\boldsymbol{W}}^{\mathrm{T}}\tilde{\boldsymbol{n}})+ \\
&\quad \int_{-\infty}^{+\infty}\left(\frac{\tilde{\boldsymbol{n}}^{\mathrm{T}}\widetilde{\boldsymbol{W}}(\widetilde{\boldsymbol{W}}^{\mathrm{T}}\widetilde{\boldsymbol{W}})^{-1}\widetilde{\boldsymbol{W}}^{\mathrm{T}}\tilde{\boldsymbol{n}}}{2\sigma_n^2}\right)p(\widetilde{\boldsymbol{W}}^{\mathrm{T}}\tilde{\boldsymbol{n}})\mathrm{d}(\widetilde{\boldsymbol{W}}^{\mathrm{T}}\tilde{\boldsymbol{n}})\cdot\mathrm{lb}\,\mathrm{e} \\
&= \mathrm{lb}\left\{(2\pi\sigma_n^2)^n\left[\det(\widetilde{\boldsymbol{W}}^{\mathrm{T}}\widetilde{\boldsymbol{W}})\right]^{\frac{1}{2}}\right\}+ \\
&\quad \frac{1}{2}\int_{-\infty}^{+\infty}[\tilde{\boldsymbol{n}}^{\mathrm{T}}\widetilde{\boldsymbol{W}}(\sigma_n^2\widetilde{\boldsymbol{W}}^{\mathrm{T}}\widetilde{\boldsymbol{W}})^{-1}\widetilde{\boldsymbol{W}}^{\mathrm{T}}\tilde{\boldsymbol{n}}]p(\widetilde{\boldsymbol{W}}^{\mathrm{T}}\tilde{\boldsymbol{n}})\mathrm{d}(\widetilde{\boldsymbol{W}}^{\mathrm{T}}\tilde{\boldsymbol{n}})\cdot\mathrm{lb}\,\mathrm{e} \\
&= \mathrm{lb}\left\{(2\pi\sigma_n^2)^n\left[\det(\widetilde{\boldsymbol{W}}^{\mathrm{T}}\widetilde{\boldsymbol{W}})\right]^{\frac{1}{2}}\right\}+ \\
&\quad \frac{1}{2}\int_{-\infty}^{+\infty}\cdots\int_{-\infty}^{+\infty}\left(\sum_{i=1}^{2n}\sum_{j=1}^{2n}\lambda_{\mathrm{W},ij}\tilde{n}_{\mathrm{W},i}\tilde{n}_{\mathrm{W},j}\right)p(\tilde{n}_{\mathrm{W},1},\cdots,\tilde{n}_{\mathrm{W},2n})\mathrm{d}\tilde{n}_{\mathrm{W},1}\cdots\mathrm{d}\tilde{n}_{\mathrm{W},2n}\cdot\mathrm{lb}\,\mathrm{e} \\
&= \mathrm{lb}\left\{(2\pi\sigma_n^2)^n\left[\det(\widetilde{\boldsymbol{W}}^{\mathrm{T}}\widetilde{\boldsymbol{W}})\right]^{\frac{1}{2}}\right\}+ \\
&\quad \frac{1}{2}\left(\sum_{i=1}^{2n}\sum_{j=1}^{2n}\lambda_{\mathrm{W},ij}\int_{-\infty}^{+\infty}\cdots\int_{-\infty}^{+\infty}\tilde{n}_{\mathrm{W},i}\tilde{n}_{\mathrm{W},j}p(\tilde{n}_{\mathrm{W},1},\cdots,\tilde{n}_{\mathrm{W},2n})\mathrm{d}\tilde{n}_{\mathrm{W},1}\cdots\mathrm{d}\tilde{n}_{\mathrm{W},2n}\right)\mathrm{lb}\,\mathrm{e} \\
&= \mathrm{lb}\left\{(2\pi\sigma_n^2)^n\left[\det(\widetilde{\boldsymbol{W}}^{\mathrm{T}}\widetilde{\boldsymbol{W}})\right]^{\frac{1}{2}}\right\}+\frac{1}{2}\left(\sum_{i=1}^{2n}\sum_{j=1}^{2n}\lambda_{\mathrm{W},ij}\mu_{\mathrm{W},ij}\right)\mathrm{lb}\,\mathrm{e} \\
&= \mathrm{lb}\left((2\pi\sigma_n^2)^n\left(\det(\widetilde{\boldsymbol{W}}^{\mathrm{T}}\widetilde{\boldsymbol{W}})\right)^{\frac{1}{2}}\right)+n\cdot\mathrm{lb}\,\mathrm{e}
\end{aligned} \tag{3.24}
$$

其中，$\tilde{y}_i$ 和 $\tilde{n}_{\mathrm{W},i}$ 分别表示 $\tilde{\boldsymbol{y}}$ 和 $\widetilde{\boldsymbol{W}}^{\mathrm{T}}\tilde{\boldsymbol{n}}$ 的第 i 个元素，e 为自然常数。

结合式(3.23)、(3.24)和香农信息中互信息的定义[13]，可计算得到发射信号 $\tilde{\boldsymbol{s}}$ 和接收信号 $\tilde{\boldsymbol{y}}$ 之间的互信息为

$$
\begin{aligned}
I(\tilde{\boldsymbol{s}},\tilde{\boldsymbol{y}}) &= h(\tilde{\boldsymbol{y}})-h(\tilde{\boldsymbol{y}} \mid \tilde{\boldsymbol{s}}) \\
&= \mathrm{lb}\left\{(2\pi)^n\left[\det(\sigma_s^2\widetilde{\boldsymbol{H}}\widetilde{\boldsymbol{H}}^{\mathrm{T}}+\sigma_n^2\widetilde{\boldsymbol{W}}^{\mathrm{T}}\widetilde{\boldsymbol{W}})\right]^{\frac{1}{2}}\right\}+n\cdot\mathrm{lb}\,\mathrm{e}- \\
&\quad \mathrm{lb}\left\{(2\pi\sigma_n^2)^n\left[\det(\widetilde{\boldsymbol{W}}^{\mathrm{T}}\widetilde{\boldsymbol{W}})\right]^{\frac{1}{2}}\right\}-n\cdot\mathrm{lb}\,\mathrm{e} \\
&= \frac{1}{2}\mathrm{lb}\frac{\det(\sigma_s^2\widetilde{\boldsymbol{H}}\widetilde{\boldsymbol{H}}^{\mathrm{T}}+\sigma_n^2\widetilde{\boldsymbol{W}}^{\mathrm{T}}\widetilde{\boldsymbol{W}})}{\det(\sigma_n^2\widetilde{\boldsymbol{W}}^{\mathrm{T}}\widetilde{\boldsymbol{W}})} \\
&= \frac{1}{2}\mathrm{lb}\det\left[\boldsymbol{I}_{2n}+\frac{\sigma_s^2}{\sigma_n^2}(\widetilde{\boldsymbol{W}}^{\mathrm{T}}\widetilde{\boldsymbol{W}})^{-1}\widetilde{\boldsymbol{H}}\widetilde{\boldsymbol{H}}^{\mathrm{T}}\right]
\end{aligned} \tag{3.25}
$$

值得注意的是，式(3.25)必须在实数域进行计算，不便使用。为了对其做进一步简化，给出如下引理。

引理 3.1[14] 对于任意复矩阵 $\boldsymbol{A}$ 和映射 $f: \boldsymbol{A} \to \widetilde{\boldsymbol{A}} = \begin{bmatrix} \mathrm{Re}\{\boldsymbol{A}\} & -\mathrm{Im}\{\boldsymbol{A}\} \\ \mathrm{Im}\{\boldsymbol{A}\} & \mathrm{Re}\{\boldsymbol{A}\} \end{bmatrix}$，下列等式一定成立。

(1) $\widetilde{\boldsymbol{C}} = \widetilde{\boldsymbol{A}}\widetilde{\boldsymbol{B}} \Leftrightarrow \boldsymbol{C} = \boldsymbol{AB}$。

(2) $\widetilde{\boldsymbol{C}} = \widetilde{\boldsymbol{A}} + \widetilde{\boldsymbol{B}} \Leftrightarrow \boldsymbol{C} = \boldsymbol{A} + \boldsymbol{B}$。

(3) $\widetilde{\boldsymbol{C}} = \widetilde{\boldsymbol{A}}^{-1} \Leftrightarrow \boldsymbol{C} = \boldsymbol{A}^{-1}$。

(4) $\det(\widetilde{\boldsymbol{A}}) = |\det(\boldsymbol{A})|^2$。

证明：见文献[14]。

引理 3.2　给出任意复矩阵 $\boldsymbol{A}$、映射 $f: \boldsymbol{A} \to \widetilde{\boldsymbol{A}} = \begin{bmatrix} \mathrm{Re}\{\boldsymbol{A}\} & -\mathrm{Im}\{\boldsymbol{A}\} \\ \mathrm{Im}\{\boldsymbol{A}\} & \mathrm{Re}\{\boldsymbol{A}\} \end{bmatrix}$，以及 实矩阵 $\widetilde{\boldsymbol{A}}$ 之间的数学关系，根据引理 3.1 可得

$$\begin{aligned}
&\begin{bmatrix} \mathrm{Re}\{(\boldsymbol{W}^{\mathrm{H}}\boldsymbol{W})^{-1}\overline{\boldsymbol{H}}\overline{\boldsymbol{H}}^{\mathrm{H}}\} & -\mathrm{Im}\{(\boldsymbol{W}^{\mathrm{H}}\boldsymbol{W})^{-1}\overline{\boldsymbol{H}}\overline{\boldsymbol{H}}^{\mathrm{H}}\} \\ \mathrm{Im}\{(\boldsymbol{W}^{\mathrm{H}}\boldsymbol{W})^{-1}\overline{\boldsymbol{H}}\overline{\boldsymbol{H}}^{\mathrm{H}}\} & \mathrm{Re}\{(\boldsymbol{W}^{\mathrm{H}}\boldsymbol{W})^{-1}\overline{\boldsymbol{H}}\overline{\boldsymbol{H}}^{\mathrm{H}}\} \end{bmatrix} \\
&= \begin{bmatrix} \mathrm{Re}\{(\boldsymbol{W}^{\mathrm{H}}\boldsymbol{W})^{-1}\} & -\mathrm{Im}\{(\boldsymbol{W}^{\mathrm{H}}\boldsymbol{W})^{-1}\} \\ \mathrm{Im}\{(\boldsymbol{W}^{\mathrm{H}}\boldsymbol{W})^{-1}\} & \mathrm{Re}\{(\boldsymbol{W}^{\mathrm{H}}\boldsymbol{W})^{-1}\} \end{bmatrix} \times \begin{bmatrix} \mathrm{Re}\{\overline{\boldsymbol{H}}\overline{\boldsymbol{H}}^{\mathrm{H}}\} & -\mathrm{Im}\{\overline{\boldsymbol{H}}\overline{\boldsymbol{H}}^{\mathrm{H}}\} \\ \mathrm{Im}\{\overline{\boldsymbol{H}}\overline{\boldsymbol{H}}^{\mathrm{H}}\} & \mathrm{Re}\{\overline{\boldsymbol{H}}\overline{\boldsymbol{H}}^{\mathrm{H}}\} \end{bmatrix} \\
&= \begin{bmatrix} \mathrm{Re}\{\boldsymbol{W}^{\mathrm{H}}\boldsymbol{W}\} & -\mathrm{Im}\{\boldsymbol{W}^{\mathrm{H}}\boldsymbol{W}\} \\ \mathrm{Im}\{\boldsymbol{W}^{\mathrm{H}}\boldsymbol{W}\} & \mathrm{Re}\{\boldsymbol{W}^{\mathrm{H}}\boldsymbol{W}\} \end{bmatrix}^{-1} \begin{bmatrix} \mathrm{Re}\{\overline{\boldsymbol{H}}\overline{\boldsymbol{H}}^{\mathrm{H}}\} & -\mathrm{Im}\{\overline{\boldsymbol{H}}\overline{\boldsymbol{H}}^{\mathrm{H}}\} \\ \mathrm{Im}\{\overline{\boldsymbol{H}}\overline{\boldsymbol{H}}^{\mathrm{H}}\} & \mathrm{Re}\{\overline{\boldsymbol{H}}\overline{\boldsymbol{H}}^{\mathrm{H}}\} \end{bmatrix} \\
&= (\widetilde{\boldsymbol{W}}^{\mathrm{T}}\widetilde{\boldsymbol{W}})^{-1}\widetilde{\boldsymbol{H}}\widetilde{\boldsymbol{H}}
\end{aligned} \tag{3.26}$$

将式(3.26)代入式(3.25)，可将发射信号 $\tilde{\boldsymbol{s}}$ 和接收信号 $\tilde{\boldsymbol{y}}$ 之间的互信息 $I(\tilde{\boldsymbol{s}},\tilde{\boldsymbol{y}})$ 等价为

$$\begin{aligned}
I(\tilde{\boldsymbol{s}}, \tilde{\boldsymbol{y}}) &= \frac{1}{2}\mathrm{lb}\det\begin{bmatrix} \boldsymbol{I}_n + \frac{\sigma_s^2}{\sigma_n^2}\mathrm{Re}\{(\boldsymbol{W}^{\mathrm{H}}\boldsymbol{W})^{-1}\overline{\boldsymbol{H}}\overline{\boldsymbol{H}}^{\mathrm{H}}\} & -\frac{\sigma_s^2}{\sigma_n^2}\mathrm{Im}\{(\boldsymbol{W}^{\mathrm{H}}\boldsymbol{W})^{-1}\overline{\boldsymbol{H}}\overline{\boldsymbol{H}}^{\mathrm{H}}\} \\ \frac{\sigma_s^2}{\sigma_n^2}\mathrm{Im}\{(\boldsymbol{W}^{\mathrm{H}}\boldsymbol{W})^{-1}\overline{\boldsymbol{H}}\overline{\boldsymbol{H}}^{\mathrm{H}}\} & \boldsymbol{I}_n + \frac{\sigma_s^2}{\sigma_n^2}\mathrm{Re}\{(\boldsymbol{W}^{\mathrm{H}}\boldsymbol{W})^{-1}\overline{\boldsymbol{H}}\overline{\boldsymbol{H}}^{\mathrm{H}}\} \end{bmatrix} \\
&= \mathrm{lb}\det\left(\boldsymbol{I}_n + \frac{\sigma_s^2}{\sigma_n^2}(\boldsymbol{W}^{\mathrm{H}}\boldsymbol{W})^{-1}\overline{\boldsymbol{H}}\overline{\boldsymbol{H}}^{\mathrm{H}}\right) \\
&= \mathrm{lb}\det\left(\boldsymbol{I}_n + \frac{\sigma_s^2}{\sigma_n^2}(\boldsymbol{W}_{\mathrm{RF}}\boldsymbol{W}_{\mathrm{BB}})^{\dagger}\boldsymbol{H}\boldsymbol{F}_{\mathrm{RF}}\boldsymbol{F}_{\mathrm{BB}}\boldsymbol{F}_{\mathrm{BB}}^{\mathrm{H}}\boldsymbol{F}_{\mathrm{RF}}^{\mathrm{H}}\boldsymbol{H}^{\mathrm{H}}\boldsymbol{W}_{\mathrm{RF}}\boldsymbol{W}_{\mathrm{BB}}\right)
\end{aligned} \tag{3.27}$$

根据互信息的定义[15]，式(3.27)表示系统每次发射信号 $\boldsymbol{s}$ 可传输的信息量。在此基础之上，假设一带通传输系统的通信带宽为 B，那么根据 Nyquist 第一准则，该系统在单位时间范围内最多可传输 B 次信号 $\boldsymbol{s}$。由此可知单用户毫米波大规模 MIMO 系统的频谱效率(单位时间、单位频宽内传输的平均信息量)与互信息相等，即

$$R = \mathrm{lb}\det\left(\boldsymbol{I}_n + \frac{\sigma_s^2}{\sigma_n^2}(\boldsymbol{W}_{\mathrm{RF}}\boldsymbol{W}_{\mathrm{BB}})^{\dagger}\boldsymbol{H}\boldsymbol{F}_{\mathrm{RF}}\boldsymbol{F}_{\mathrm{BB}}\boldsymbol{F}_{\mathrm{BB}}^{\mathrm{H}}\boldsymbol{F}_{\mathrm{RF}}^{\mathrm{H}}\boldsymbol{H}^{\mathrm{H}}\boldsymbol{W}_{\mathrm{RF}}\boldsymbol{W}_{\mathrm{BB}}\right) \tag{3.28}$$

由式(3.28)可以看出，当信噪比与信道环境确定时，单用户毫米波大规模 MIMO 系统的频谱效率仅取决于发射端模拟预编码矩阵 $\boldsymbol{F}_{\mathrm{RF}}$、数字预编码矩阵 $\boldsymbol{F}_{\mathrm{BB}}$ 以及接收端模拟合并矩阵 $\boldsymbol{W}_{\mathrm{RF}}$、数字合并矩阵 $\boldsymbol{W}_{\mathrm{BB}}$。

在频谱效率的基础之上，根据文献[16]的研究可将系统的能量效率表示为[16]

$$E=\frac{R}{P_{\mathrm{t}}/\eta+P} \tag{3.29}$$

式中，P_{t} 为发射信号功率；η 为功率放大器效率；P 为基带信号处理芯片、射频链以及射频网络等器件的总功耗。

由式(3.29)可知，系统能量效率与混合预编码结构高度相关，特别是不同类型的射频网络功耗差异很大，如果为了追求高频谱效率而片面采用高功耗射频网络结构，会导致能量效率过低，不利于实际应用。通常，在研究单用户混合预编码算法时，基本都是在式(3.28)和式(3.29)的基础上，以频谱效率和能量效率作为评价指标，对单用户系统中的混合预编码结构与算法进行深入研究。

3.3.2　多用户系统

3.3.1 节讨论了采用 TDMA、CSMA 等协议同一时刻仅允许 1 个用户传输数据的单用户系统，本节将对采用 SDMA、PDMA 等协议同一时刻允许多个用户传输数据的系统进行讨论。为了简化问题，假设每个用户仅接收 1 个数据流。与单用户系统相比，多用户系统中发送给不同用户的数据会相互干扰，为此可将用户的接收信号表示为期望信号、干扰信号和噪声三部分，即

$$\begin{aligned}\boldsymbol{y}_k &= \boldsymbol{w}_{\mathrm{BB},k}^{\mathrm{H}}\boldsymbol{W}_{\mathrm{RF},k}^{\mathrm{H}}\boldsymbol{H}_k\boldsymbol{F}_{\mathrm{RF}}\boldsymbol{F}_{\mathrm{BB}}\boldsymbol{s}+\boldsymbol{w}_{\mathrm{BB},k}^{\mathrm{H}}\boldsymbol{W}_{\mathrm{RF},k}^{\mathrm{H}}\boldsymbol{n}_k \\ &= \boldsymbol{w}_{\mathrm{BB},k}^{\mathrm{H}}\boldsymbol{W}_{\mathrm{RF},k}^{\mathrm{H}}\boldsymbol{H}_k\boldsymbol{F}_{\mathrm{RF}}\boldsymbol{f}_{\mathrm{BB},k}\boldsymbol{s}_k+\sum_{j=1,j\neq k}^{K}\boldsymbol{w}_{\mathrm{BB},k}^{\mathrm{H}}\boldsymbol{W}_{\mathrm{RF},k}^{\mathrm{H}}\boldsymbol{H}_k\boldsymbol{F}_{\mathrm{RF}}\boldsymbol{f}_{\mathrm{BB},j}\boldsymbol{s}_j+\boldsymbol{w}_{\mathrm{BB},k}^{\mathrm{H}}\boldsymbol{W}_{\mathrm{RF},k}^{\mathrm{H}}\boldsymbol{n}_k\end{aligned} \tag{3.30}$$

其中，$\boldsymbol{w}_{\mathrm{BB},k}$ 和 $\boldsymbol{W}_{\mathrm{RF},k}$ 分别为第 k 个用户的数字合并向量与模拟合并矩阵；$\boldsymbol{F}_{\mathrm{BB}}$ 和 $\boldsymbol{F}_{\mathrm{RF}}$ 分别为发射端的数字预编码矩阵与模拟预编码矩阵；$\boldsymbol{s}=\begin{bmatrix}\boldsymbol{s}_1 & \boldsymbol{s}_2 & \cdots & \boldsymbol{s}_{N_{\mathrm{s}}}\end{bmatrix}^{\mathrm{T}}$ 表示发射信号；$\boldsymbol{s}_k$ 表示第 k 个用户的期望信号；$\boldsymbol{n}_k$ 表示第 k 个用户的噪声信号；K 为用户数量；$\boldsymbol{w}_{\mathrm{BB},k}^{\mathrm{H}}\boldsymbol{W}_{\mathrm{RF},k}^{\mathrm{H}}\boldsymbol{H}_k\boldsymbol{F}_{\mathrm{RF}}\boldsymbol{f}_{\mathrm{BB},k}\boldsymbol{s}_k$ 表示期望信号，$\sum_{j=1,j\neq k}^{K}\boldsymbol{w}_{\mathrm{BB},k}^{\mathrm{H}}\boldsymbol{W}_{\mathrm{RF},k}^{\mathrm{H}}\boldsymbol{H}_k\boldsymbol{F}_{\mathrm{RF}}\boldsymbol{f}_{\mathrm{BB},j}\boldsymbol{s}_j$ 表示干扰信号，$\boldsymbol{w}_{\mathrm{BB},k}^{\mathrm{H}}\boldsymbol{W}_{\mathrm{RF},k}^{\mathrm{H}}\boldsymbol{n}_k$ 表示噪声。

为了进一步化简式(3.30)，可将其在实数域重新表示为

$$\widetilde{\boldsymbol{y}}_k=\widetilde{\boldsymbol{H}}_k^{\mathrm{T}}\widetilde{\boldsymbol{s}}+\widetilde{\boldsymbol{W}}_k^{\mathrm{T}}\widetilde{\boldsymbol{n}}_k=\begin{bmatrix}\widetilde{\boldsymbol{H}}_k^{\mathrm{T}} & \widetilde{\boldsymbol{W}}_k^{\mathrm{T}}\end{bmatrix}\begin{bmatrix}\widetilde{\boldsymbol{s}} \\ \widetilde{\boldsymbol{n}}_k\end{bmatrix} \tag{3.31}$$

式中

$$\widetilde{\boldsymbol{y}}_k=\begin{bmatrix}\mathrm{Re}\{\boldsymbol{y}_k\} & \mathrm{Im}\{\boldsymbol{y}_k\}\end{bmatrix}^{\mathrm{T}},\ \widetilde{\boldsymbol{s}}=\begin{bmatrix}\mathrm{Re}\{\boldsymbol{s}^{\mathrm{T}}\} & \mathrm{Im}\{\boldsymbol{s}^{\mathrm{T}}\}\end{bmatrix}^{\mathrm{T}}$$

$$\widetilde{\boldsymbol{n}}_k=\begin{bmatrix}\mathrm{Re}\{\boldsymbol{n}_k^{\mathrm{T}}\} & \mathrm{Im}\{\boldsymbol{n}_k^{\mathrm{T}}\}\end{bmatrix}^{\mathrm{T}}$$

$$\widetilde{\boldsymbol{W}}=\begin{bmatrix}\mathrm{Re}\{\boldsymbol{W}_{\mathrm{RF},k}\boldsymbol{w}_{\mathrm{BB},k}\} & -\mathrm{Im}\{\boldsymbol{W}_{\mathrm{RF},k}\boldsymbol{w}_{\mathrm{BB},k}\} \\ \mathrm{Im}\{\boldsymbol{W}_{\mathrm{RF},k}\boldsymbol{w}_{\mathrm{BB},k}\} & \mathrm{Re}\{\boldsymbol{W}_{\mathrm{RF},k}\boldsymbol{w}_{\mathrm{BB},k}\}\end{bmatrix}$$

$$\widetilde{\boldsymbol{H}}_k=\begin{bmatrix}\mathrm{Re}\{\boldsymbol{h}_k\} & -\mathrm{Im}\{\boldsymbol{h}_k\} \\ \mathrm{Im}\{\boldsymbol{h}_k\} & \mathrm{Re}\{\boldsymbol{h}_k\}\end{bmatrix}$$

$$\boldsymbol{h}_k^{\mathrm{H}}=\boldsymbol{w}_{\mathrm{BB},k}^{\mathrm{H}}\boldsymbol{W}_{\mathrm{RF},k}^{\mathrm{H}}\boldsymbol{H}_k\boldsymbol{F}_{\mathrm{RF}}\boldsymbol{F}_{\mathrm{BB}}$$

进一步地，令 $\tilde{\boldsymbol{s}}_k = [\mathrm{Re}\{\boldsymbol{s}_k\} \quad \mathrm{Im}\{\boldsymbol{s}_k\}]^{\mathrm{T}}$，并假设第 k 个用户的期望信号 $\tilde{\boldsymbol{s}}_k$ 和噪声信号 $\tilde{\boldsymbol{n}}_k$ 的所有元素分别满足复高斯分布 $\mathcal{CN}(0,\sigma_s^2)$ 和 $\mathcal{CN}(0,\sigma_n^2)$ 且相互独立，那么第 k 个用户的期望信号 $\tilde{\boldsymbol{s}}_k$ 和噪声信号 $\tilde{\boldsymbol{n}}_k$ 的概率密度函数 $p(\tilde{\boldsymbol{s}}_k)$ 和 $p(\tilde{\boldsymbol{n}}_k)$ 以及发射信号 $\tilde{\boldsymbol{s}}$ 和噪声信号 $\tilde{\boldsymbol{n}}_k$ 的联合概率密度函数 $p(\tilde{\boldsymbol{s}},\tilde{\boldsymbol{n}}_k)$ 分别为

$$p(\tilde{\boldsymbol{s}}_k)=\frac{1}{2\pi\sigma_s^2}\exp\left(-\frac{\tilde{\boldsymbol{s}}_k^{\mathrm{T}}\tilde{\boldsymbol{s}}_k}{2\sigma_s^2}\right)$$

$$p(\tilde{\boldsymbol{n}}_k)=\frac{1}{(2\pi\sigma_n^2)^{m_k}}\exp\left(-\frac{\tilde{\boldsymbol{n}}_k^{\mathrm{T}}\tilde{\boldsymbol{n}}_k}{2\sigma_n^2}\right)$$

$$\begin{aligned}p(\tilde{\boldsymbol{s}},\tilde{\boldsymbol{n}}_k)&=\frac{1}{(2\pi)^{K+m_k}\left(\det\begin{bmatrix}\sigma_s^2\boldsymbol{I}_{2K} & \boldsymbol{0}\\ \boldsymbol{0} & \sigma_n^2\boldsymbol{I}_{2m_r}\end{bmatrix}\right)^{\frac{1}{2}}}\times\\&\quad\exp\left(-\frac{1}{2}\begin{bmatrix}\tilde{\boldsymbol{s}}^{\mathrm{T}} & \tilde{\boldsymbol{n}}_k^{\mathrm{T}}\end{bmatrix}\begin{bmatrix}\sigma_s^2\boldsymbol{I}_{2K} & \boldsymbol{0}\\ \boldsymbol{0} & \sigma_n^2\boldsymbol{I}_{2m_r}\end{bmatrix}^{-1}\begin{bmatrix}\tilde{\boldsymbol{s}}\\ \tilde{\boldsymbol{n}}_k\end{bmatrix}\right)\\&=\frac{1}{(2\pi)^{K+m_k}\sigma_s^{2K}\sigma_n^{2m_k}}\exp\left(-\frac{\tilde{\boldsymbol{s}}^{\mathrm{T}}\tilde{\boldsymbol{s}}}{2\sigma_s^2}-\frac{\tilde{\boldsymbol{n}}_k^{\mathrm{T}}\tilde{\boldsymbol{n}}_k}{2\sigma_n^2}\right)\end{aligned}\tag{3.32}$$

式中，m_k 表示噪声信号 $\boldsymbol{n}_k$ 的维度。

根据式(3.31)和式(3.32)可得第 k 个用户接收信号 $\tilde{\boldsymbol{y}}_k$ 的概率密度函数 $p(\tilde{\boldsymbol{y}}_k)$ 为

$$\begin{aligned}p(\tilde{\boldsymbol{y}}_k)&=\frac{1}{2\pi\left(\det\left(\begin{bmatrix}\tilde{\boldsymbol{H}}_k^{\mathrm{T}} & \tilde{\boldsymbol{W}}_k^{\mathrm{T}}\end{bmatrix}\begin{bmatrix}\sigma_s^2\boldsymbol{I}_{2K} & \boldsymbol{0}\\ \boldsymbol{0} & \sigma_n^2\boldsymbol{I}_{2m_k}\end{bmatrix}\begin{bmatrix}\tilde{\boldsymbol{H}}_k\\ \tilde{\boldsymbol{W}}_k\end{bmatrix}\right)\right)^{\frac{1}{2}}}\times\\&\quad\exp\left(-\frac{1}{2}\tilde{\boldsymbol{y}}_k^{\mathrm{T}}\left(\begin{bmatrix}\tilde{\boldsymbol{H}}_k^{\mathrm{T}} & \tilde{\boldsymbol{W}}_k^{\mathrm{T}}\end{bmatrix}\begin{bmatrix}\sigma_s^2\boldsymbol{I}_{2K} & \boldsymbol{0}\\ \boldsymbol{0} & \sigma_n^2\boldsymbol{I}_{2m_k}\end{bmatrix}\begin{bmatrix}\tilde{\boldsymbol{H}}_k\\ \tilde{\boldsymbol{W}}_k\end{bmatrix}\right)^{-1}\tilde{\boldsymbol{y}}_k\right)\\&=\frac{1}{2\pi\left(\det(\sigma_s^2\tilde{\boldsymbol{H}}_k^{\mathrm{T}}\tilde{\boldsymbol{H}}_k+\sigma_n^2\tilde{\boldsymbol{W}}_k^{\mathrm{T}}\tilde{\boldsymbol{W}}_k)\right)^{\frac{1}{2}}}\exp\left(-\frac{1}{2}\tilde{\boldsymbol{y}}_k^{\mathrm{T}}\left(\sigma_s^2\tilde{\boldsymbol{H}}_k^{\mathrm{T}}\tilde{\boldsymbol{H}}_k+\sigma_n^2\tilde{\boldsymbol{W}}_k^{\mathrm{T}}\tilde{\boldsymbol{W}}\right)^{-1}\tilde{\boldsymbol{y}}_k\right)\end{aligned}\tag{3.33}$$

进一步，容易验证等式 $\begin{bmatrix}\tilde{\boldsymbol{s}}_k\\ \tilde{\boldsymbol{y}}_k\end{bmatrix}=\begin{bmatrix}\tilde{\boldsymbol{E}}_k & \boldsymbol{0}\\ \tilde{\boldsymbol{H}}_k^{\mathrm{T}} & \tilde{\boldsymbol{W}}_k^{\mathrm{T}}\end{bmatrix}\begin{bmatrix}\tilde{\boldsymbol{s}}\\ \tilde{\boldsymbol{n}}_k\end{bmatrix}$ 成立，其中 $\tilde{\boldsymbol{E}}_k=\begin{bmatrix}\boldsymbol{e}_k^{\mathrm{T}} & \boldsymbol{0}_{1\times K}\\ \boldsymbol{0}_{1\times K} & \boldsymbol{e}_k^{\mathrm{T}}\end{bmatrix}$，$\boldsymbol{e}_k=[\boldsymbol{0}_{1\times(k-1)} \quad 1 \quad \boldsymbol{0}_{1\times(K-k)}]^{\mathrm{T}}$。结合上述等式与式(3.32)可知，第 k 个用户期望信号 $\tilde{\boldsymbol{s}}_k$ 与实际接收信号 $\tilde{\boldsymbol{y}}_k$ 的联合概率密度函数 $p(\tilde{\boldsymbol{s}}_k,\tilde{\boldsymbol{y}}_k)$ 为

$$\begin{aligned}p(\tilde{\boldsymbol{s}}_k,\tilde{\boldsymbol{y}}_k)&=\frac{1}{(2\pi)^2\left(\det\left(\begin{bmatrix}\tilde{\boldsymbol{E}}_k & \\ \tilde{\boldsymbol{H}}_k^{\mathrm{T}} & \tilde{\boldsymbol{W}}_k^{\mathrm{T}}\end{bmatrix}\begin{bmatrix}\sigma_s^2\boldsymbol{I}_{2K} & \boldsymbol{0}\\ \boldsymbol{0} & \sigma_n^2\boldsymbol{I}_{2m_k}\end{bmatrix}\begin{bmatrix}\tilde{\boldsymbol{E}}_k^{\mathrm{T}} & \tilde{\boldsymbol{H}}_k\\ & \tilde{\boldsymbol{W}}_k\end{bmatrix}\right)\right)^{\frac{1}{2}}}\times\\&\quad\exp\left(-\frac{1}{2}\begin{bmatrix}\tilde{\boldsymbol{s}}_k\\ \tilde{\boldsymbol{y}}_k\end{bmatrix}^{\mathrm{T}}\left(\begin{bmatrix}\tilde{\boldsymbol{E}}_k & \boldsymbol{0}\\ \tilde{\boldsymbol{H}}_k^{\mathrm{T}} & \tilde{\boldsymbol{W}}_k^{\mathrm{T}}\end{bmatrix}\begin{bmatrix}\sigma_s^2\boldsymbol{I}_{2K} & \boldsymbol{0}\\ \boldsymbol{0} & \sigma_n^2\boldsymbol{I}_{2m_k}\end{bmatrix}\begin{bmatrix}\tilde{\boldsymbol{E}}_k^{\mathrm{T}} & \tilde{\boldsymbol{H}}_k\\ & \tilde{\boldsymbol{W}}_k\end{bmatrix}\right)^{-1}\begin{bmatrix}\tilde{\boldsymbol{s}}_k\\ \tilde{\boldsymbol{y}}_k\end{bmatrix}\right)\end{aligned}$$

$$
=\frac{1}{(2\pi)^2\left(\det\begin{bmatrix}\sigma_s^2\boldsymbol{I}_2 & \sigma_s^2\widetilde{\boldsymbol{E}}_k\widetilde{\boldsymbol{H}}_k\\ \sigma_s^2\widetilde{\boldsymbol{H}}_k^{\mathrm{T}}\widetilde{\boldsymbol{E}}_k^{\mathrm{T}} & \sigma_s^2\widetilde{\boldsymbol{H}}_k^{\mathrm{T}}\widetilde{\boldsymbol{H}}_k+\sigma_n^2\widetilde{\boldsymbol{W}}_k^{\mathrm{T}}\widetilde{\boldsymbol{W}}_k\end{bmatrix}\right)^{\frac{1}{2}}}\times
$$

$$
\exp\left(-\frac{1}{2}\begin{bmatrix}\widetilde{\boldsymbol{s}}_k\\ \widetilde{\boldsymbol{y}}_k\end{bmatrix}^{\mathrm{T}}\begin{bmatrix}\sigma_s^2\boldsymbol{I}_2 & \sigma_s^2\widetilde{\boldsymbol{E}}_k\widetilde{\boldsymbol{H}}_k\\ \sigma_s^2\widetilde{\boldsymbol{H}}_k^{\mathrm{T}}\widetilde{\boldsymbol{E}}_k^{\mathrm{T}} & \sigma_s^2\widetilde{\boldsymbol{H}}_k^{\mathrm{T}}\widetilde{\boldsymbol{H}}_k+\sigma_n^2\widetilde{\boldsymbol{W}}_k^{\mathrm{T}}\widetilde{\boldsymbol{W}}_k\end{bmatrix}^{-1}\begin{bmatrix}\widetilde{\boldsymbol{s}}_k\\ \widetilde{\boldsymbol{y}}_k\end{bmatrix}\right)
$$

$$
=\frac{1}{(2\pi)^2\sigma_s^2\ (\det\widetilde{\boldsymbol{Y}}_k)^{\frac{1}{2}}}\times
$$

$$
\exp\left(-\frac{1}{2}\begin{bmatrix}\widetilde{\boldsymbol{s}}_k\\ \widetilde{\boldsymbol{y}}_k\end{bmatrix}^{\mathrm{T}}\begin{bmatrix}\sigma_s^{-2}I_2+\widetilde{\boldsymbol{E}}_k\widetilde{\boldsymbol{H}}_k\widetilde{\boldsymbol{Y}}_k^{-1}\widetilde{\boldsymbol{H}}_k^{\mathrm{T}}\widetilde{\boldsymbol{E}}_k^{\mathrm{T}} & -\widetilde{\boldsymbol{E}}_k\widetilde{\boldsymbol{H}}_k\widetilde{\boldsymbol{Y}}_k^{-1}\\ -\widetilde{\boldsymbol{Y}}_k^{-1}\widetilde{\boldsymbol{H}}_k^{\mathrm{T}}\widetilde{\boldsymbol{E}}_k^{\mathrm{T}} & \widetilde{\boldsymbol{Y}}_k^{-1}\end{bmatrix}\begin{bmatrix}\widetilde{\boldsymbol{s}}_k\\ \widetilde{\boldsymbol{y}}_k\end{bmatrix}\right) \tag{3.34}
$$

式中，$\widetilde{\boldsymbol{Y}}_k=\sigma_s^2\widetilde{\boldsymbol{H}}_k^{\mathrm{T}}\widetilde{\boldsymbol{H}}_k+\sigma_n^2\widetilde{\boldsymbol{W}}_k^{\mathrm{T}}\widetilde{\boldsymbol{W}}_k-\sigma_s^2\widetilde{\boldsymbol{H}}_k^{\mathrm{T}}\widetilde{\boldsymbol{E}}_k^{\mathrm{T}}\widetilde{\boldsymbol{E}}_k\widetilde{\boldsymbol{H}}_k$。

考虑到矩阵 $\widetilde{\boldsymbol{E}}_k$ 的特殊结构，容易验证 $\widetilde{\boldsymbol{E}}_k\widetilde{\boldsymbol{H}}_k=\begin{bmatrix}\mathrm{Re}\{h_{kk}\} & -\mathrm{Im}\{h_{kk}\}\\ \mathrm{Im}\{h_{kk}\} & \mathrm{Re}\{h_{kk}\}\end{bmatrix}$，其中 h_{kk} 为向量 $\boldsymbol{h}_k$ 的第 k 个元素。由此可将矩阵 $\boldsymbol{Y}_k$ 的表达式进一步简化为

$$
\widetilde{\boldsymbol{Y}}_k=\sigma_s^2(\widetilde{\boldsymbol{H}}_k^{\mathrm{T}}\widetilde{\boldsymbol{H}}_k-\widetilde{\boldsymbol{H}}_k^{\mathrm{T}}\widetilde{\boldsymbol{E}}_k^{\mathrm{T}}\widetilde{\boldsymbol{E}}_k\widetilde{\boldsymbol{H}}_k)+\sigma_n^2\widetilde{\boldsymbol{W}}_k^{\mathrm{T}}\widetilde{\boldsymbol{W}}=\sigma_s^2\overline{\widetilde{\boldsymbol{H}}}_k^{\mathrm{T}}\overline{\widetilde{\boldsymbol{H}}}_k+\sigma_n^2\widetilde{\boldsymbol{W}}_k^{\mathrm{T}}\widetilde{\boldsymbol{W}}_k \tag{3.35}
$$

式中，$\overline{\widetilde{\boldsymbol{H}}}=\begin{bmatrix}\mathrm{Re}\{\bar{\boldsymbol{h}}_k\} & -\mathrm{Im}\{\bar{\boldsymbol{h}}_k\}\\ \mathrm{Im}\{\bar{\boldsymbol{h}}_k\} & \mathrm{Re}\{\bar{\boldsymbol{h}}_k\}\end{bmatrix}$，$\bar{\boldsymbol{h}}_k$ 表示 $\boldsymbol{h}_k$ 去掉第 k 个元素后的向量。

将式(3.35)代入式(3.34)，可将联合概率密度函数 $p(\widetilde{\boldsymbol{s}}_k,\widetilde{\boldsymbol{y}}_k)$ 进一步化简为

$$
p(\widetilde{\boldsymbol{s}}_k,\widetilde{\boldsymbol{y}}_k)=\frac{1}{(2\pi)^2\sigma_s^2\ (\det(\sigma_s^2\overline{\widetilde{\boldsymbol{H}}}_k^{\mathrm{T}}\overline{\widetilde{\boldsymbol{H}}}_k+\sigma_n^2\widetilde{\boldsymbol{W}}_k^{\mathrm{T}}\widetilde{\boldsymbol{W}}_k))^{\frac{1}{2}}}\exp\left(-\frac{1}{2}\begin{bmatrix}\widetilde{\boldsymbol{s}}_k\\ \widetilde{\boldsymbol{y}}_k\end{bmatrix}^{\mathrm{T}}\times\right.
$$

$$
\left.\begin{bmatrix}\sigma_s^{-2}\boldsymbol{I}_2+\widetilde{\boldsymbol{H}}_{kk}\ (\sigma_s^2\overline{\widetilde{\boldsymbol{H}}}_k^{\mathrm{T}}\overline{\widetilde{\boldsymbol{H}}}_k+\sigma_n^2\widetilde{\boldsymbol{W}}_k^{\mathrm{T}}\widetilde{\boldsymbol{W}}_k)^{-1}\widetilde{\boldsymbol{H}}_{kk}^{\mathrm{T}} & -\widetilde{\boldsymbol{H}}_{kk}\ (\sigma_s^2\overline{\widetilde{\boldsymbol{H}}}_k^{\mathrm{T}}\overline{\widetilde{\boldsymbol{H}}}_k+\sigma_n^2\widetilde{\boldsymbol{W}}_k^{\mathrm{T}}\widetilde{\boldsymbol{W}}_k)^{-1}\\ -(\sigma_s^2\overline{\widetilde{\boldsymbol{H}}}_k^{\mathrm{T}}\overline{\widetilde{\boldsymbol{H}}}_k+\sigma_n^2\widetilde{\boldsymbol{W}}_k^{\mathrm{T}}\widetilde{\boldsymbol{W}}_k)^{-1}\widetilde{\boldsymbol{H}}_{kk}^{\mathrm{T}} & (\sigma_s^2\overline{\widetilde{\boldsymbol{H}}}_k^{\mathrm{T}}\overline{\widetilde{\boldsymbol{H}}}_k+\sigma_n^2\widetilde{\boldsymbol{W}}_k^{\mathrm{T}}\widetilde{\boldsymbol{W}}_k)^{-1}\end{bmatrix}\begin{bmatrix}\widetilde{\boldsymbol{s}}_k\\ \widetilde{\boldsymbol{y}}_k\end{bmatrix}\right)
$$

$$
=\frac{1}{(2\pi)^2\sigma_s^2\ (\det(\sigma_s^2\overline{\widetilde{\boldsymbol{H}}}_k^{\mathrm{T}}\overline{\widetilde{\boldsymbol{H}}}_k+\sigma_n^2\widetilde{\boldsymbol{W}}_k^{\mathrm{T}}\widetilde{\boldsymbol{W}}_k))^{\frac{1}{2}}}\times
$$

$$
\exp\left(-\frac{\widetilde{\boldsymbol{s}}_k^{\mathrm{T}}\widetilde{\boldsymbol{s}}_k}{2\sigma_s^2}-\frac{(\widetilde{\boldsymbol{y}}_k-\widetilde{\boldsymbol{H}}_{kk}\widetilde{\boldsymbol{s}}_k)^{\mathrm{T}}\ (\sigma_s^2\overline{\widetilde{\boldsymbol{H}}}_k^{\mathrm{T}}\overline{\widetilde{\boldsymbol{H}}}_k+\sigma_n^2\widetilde{\boldsymbol{W}}_k^{\mathrm{T}}\widetilde{\boldsymbol{W}}_k)^{-1}(\widetilde{\boldsymbol{y}}_k-\widetilde{\boldsymbol{H}}_{kk}\widetilde{\boldsymbol{s}}_k)}{2}\right)
$$

$$
=\frac{1}{(2\pi)^2\sigma_s^2\ (\det(\sigma_s^2\overline{\widetilde{\boldsymbol{H}}}_k^{\mathrm{T}}\overline{\widetilde{\boldsymbol{H}}}_k+\sigma_n^2\widetilde{\boldsymbol{W}}_k^{\mathrm{T}}\widetilde{\boldsymbol{W}}_k))^{\frac{1}{2}}}\times
$$

$$
\exp\left(-\frac{\widetilde{\boldsymbol{s}}_k^{\mathrm{T}}\widetilde{\boldsymbol{s}}_k}{2\sigma_s^2}-\frac{(\overline{\widetilde{\boldsymbol{H}}}_k^{\mathrm{T}}\overline{\widetilde{\boldsymbol{s}}}_k+\widetilde{\boldsymbol{W}}_k^{\mathrm{T}}\widetilde{\boldsymbol{n}}_k)^{\mathrm{T}}\ (\sigma_s^2\overline{\widetilde{\boldsymbol{H}}}_k^{\mathrm{T}}\overline{\widetilde{\boldsymbol{H}}}_k+\sigma_n^2\widetilde{\boldsymbol{W}}_k^{\mathrm{T}}\widetilde{\boldsymbol{W}}_k)^{-1}\ (\overline{\widetilde{\boldsymbol{H}}}_k^{\mathrm{T}}\overline{\widetilde{\boldsymbol{s}}}_k+\widetilde{\boldsymbol{W}}_k^{\mathrm{T}}\widetilde{\boldsymbol{n}}_k)}{2}\right)
$$

$$
=p(\widetilde{\boldsymbol{s}}_k)\frac{1}{2\pi\ (\det(\sigma_s^2\overline{\widetilde{\boldsymbol{H}}}_k^{\mathrm{T}}\overline{\widetilde{\boldsymbol{H}}}_k+\sigma_n^2\widetilde{\boldsymbol{W}}_k^{\mathrm{T}}\widetilde{\boldsymbol{W}}_k))^{\frac{1}{2}}}\times
$$

$$\exp\left(-\frac{(\overline{\widetilde{\boldsymbol{H}}}_k^{\mathrm{T}}\overline{\widetilde{\boldsymbol{s}}}_k+\widetilde{\boldsymbol{W}}_k^{\mathrm{T}}\widetilde{\boldsymbol{n}}_k)^{\mathrm{T}}\ (\sigma_s^2\overline{\widetilde{\boldsymbol{H}}}_k^{\mathrm{T}}\overline{\widetilde{\boldsymbol{H}}}_k+\sigma_n^2\widetilde{\boldsymbol{W}}_k^{\mathrm{T}}\widetilde{\boldsymbol{W}}_k)^{-1}(\overline{\widetilde{\boldsymbol{H}}}_k^{\mathrm{T}}\overline{\widetilde{\boldsymbol{s}}}_k+\widetilde{\boldsymbol{W}}_k^{\mathrm{T}}\widetilde{\boldsymbol{n}}_k)}{2}\right) \tag{3.36}$$

式中，$\overline{\widetilde{\boldsymbol{s}}}_k=[\mathrm{Re}\{\overline{\boldsymbol{s}}_k^{\mathrm{T}}\}\quad \mathrm{Im}\{\overline{\boldsymbol{s}}_k^{\mathrm{T}}\}]^{\mathrm{T}}$，$\overline{\boldsymbol{s}}_k$ 表示 $\boldsymbol{s}$ 去除第 k 个元素后的向量，$\widetilde{\boldsymbol{H}}_{kk}=\widetilde{\boldsymbol{E}}_k\widetilde{\boldsymbol{H}}_k$。

根据式(3.36)中第 k 个用户期望信号 $\widetilde{\boldsymbol{s}}_k$ 与实际接收信号 $\widetilde{\boldsymbol{y}}_k$ 的联合概率密度函数 $p(\widetilde{\boldsymbol{s}}_k,\widetilde{\boldsymbol{y}}_k)$ 可进一步计算得到条件概率密度函数 $p(\widetilde{\boldsymbol{y}}_k\mid\widetilde{\boldsymbol{s}}_k)$ 为

$$\begin{aligned}p(\widetilde{\boldsymbol{y}}_k\mid\widetilde{\boldsymbol{s}}_k)&=\frac{p(\widetilde{\boldsymbol{s}}_k,\widetilde{\boldsymbol{y}}_k)}{p(\widetilde{\boldsymbol{s}}_k)}\\&=\frac{1}{2\pi\,(\det(\sigma_s^2\overline{\widetilde{\boldsymbol{H}}}_k^{\mathrm{T}}\overline{\widetilde{\boldsymbol{H}}}_k+\sigma_n^2\widetilde{\boldsymbol{W}}_k^{\mathrm{T}}\widetilde{\boldsymbol{W}}_k))^{\frac{1}{2}}}\times\\&\quad\exp\left(-\frac{(\overline{\widetilde{\boldsymbol{H}}}_k^{\mathrm{T}}\overline{\widetilde{\boldsymbol{s}}}_k+\widetilde{\boldsymbol{W}}_k^{\mathrm{T}}\widetilde{\boldsymbol{n}}_k)^{\mathrm{T}}(\sigma_s^2\overline{\widetilde{\boldsymbol{H}}}_k^{\mathrm{T}}\overline{\widetilde{\boldsymbol{H}}}_k+\sigma_n^2\widetilde{\boldsymbol{W}}_k^{\mathrm{T}}\widetilde{\boldsymbol{W}}_k)^{-1}(\overline{\widetilde{\boldsymbol{H}}}_k^{\mathrm{T}}\overline{\widetilde{\boldsymbol{s}}}_k+\widetilde{\boldsymbol{W}}_k^{\mathrm{T}}\widetilde{\boldsymbol{n}}_k)}{2}\right)\end{aligned} \tag{3.37}$$

由式(3.33)和式(3.37)可知，向量 $\widetilde{\boldsymbol{y}}_k$ 的概率密度函数 $p(\widetilde{\boldsymbol{y}}_k)$ 和条件概率密度函数 $p(\widetilde{\boldsymbol{y}}_k\mid\widetilde{\boldsymbol{s}}_k)$ 分别是协方差矩阵为 $(\sigma_s^2\widetilde{\boldsymbol{H}}_k^{\mathrm{T}}\widetilde{\boldsymbol{H}}_k+\sigma_n^2\widetilde{\boldsymbol{W}}_k^{\mathrm{T}}\widetilde{\boldsymbol{W}}_k)$ 和 $(\sigma_s^2\overline{\widetilde{\boldsymbol{H}}}_k^{\mathrm{T}}\overline{\widetilde{\boldsymbol{H}}}_k+\sigma_n^2\widetilde{\boldsymbol{W}}_k^{\mathrm{T}}\widetilde{\boldsymbol{W}}_k)$ 的零均值2维复高斯分布函数。与式(3.23)及式(3.24)类似，由概率密度函数 $p(\widetilde{\boldsymbol{y}}_k)$ 和 $p(\widetilde{\boldsymbol{y}}_k\mid\widetilde{\boldsymbol{s}}_k)$ 可推导得出相对熵 $h(\widetilde{\boldsymbol{y}}_k)$ 和条件相对熵 $h(\widetilde{\boldsymbol{y}}_k\mid\widetilde{\boldsymbol{s}}_k)$ 分别为

$$h(\widetilde{\boldsymbol{y}}_k)=\mathrm{lb}\left\{2\pi\left[\det(\sigma_s^2\widetilde{\boldsymbol{H}}_k^{\mathrm{T}}\widetilde{\boldsymbol{H}}_k+\sigma_n^2\widetilde{\boldsymbol{W}}_k^{\mathrm{T}}\widetilde{\boldsymbol{W}}_k)\right]^{\frac{1}{2}}\right\}+\mathrm{lb\ e} \tag{3.38}$$

$$h(\widetilde{\boldsymbol{y}}_k\mid\widetilde{\boldsymbol{s}}_k)=\mathrm{lb}\left\{2\pi\left[\det(\sigma_s^2\overline{\widetilde{\boldsymbol{H}}}_k^{\mathrm{T}}\overline{\widetilde{\boldsymbol{H}}}_k+\sigma_n^2\widetilde{\boldsymbol{W}}_k^{\mathrm{T}}\widetilde{\boldsymbol{W}}_k)\right]^{\frac{1}{2}}\right\}+\mathrm{lb\ e} \tag{3.39}$$

根据式(3.38)和式(3.39)即可计算得到第 k 个用户期望信号 $\widetilde{\boldsymbol{s}}_k$ 与实际接收信号 $\widetilde{\boldsymbol{y}}_k$ 的互信息 $I(\widetilde{\boldsymbol{s}}_k,\widetilde{\boldsymbol{y}}_k)$ 为

$$\begin{aligned}I(\widetilde{\boldsymbol{s}}_k,\widetilde{\boldsymbol{y}}_k)&=h(\widetilde{\boldsymbol{y}}_k)-h(\widetilde{\boldsymbol{y}}_k\mid\widetilde{\boldsymbol{s}}_k)\\&=\frac{1}{2}\mathrm{lb}\,\frac{\det(\sigma_s^2\widetilde{\boldsymbol{H}}_k^{\mathrm{T}}\widetilde{\boldsymbol{H}}_k+\sigma_n^2\widetilde{\boldsymbol{W}}_k^{\mathrm{T}}\widetilde{\boldsymbol{W}}_k)}{\det(\sigma_s^2\overline{\widetilde{\boldsymbol{H}}}_k^{\mathrm{T}}\overline{\widetilde{\boldsymbol{H}}}_k+\sigma_n^2\widetilde{\boldsymbol{W}}_k^{\mathrm{T}}\widetilde{\boldsymbol{W}}_k)}\\&=\mathrm{lb}\,\frac{\sigma_s^2\boldsymbol{h}_k^{\mathrm{H}}\boldsymbol{h}_k+\sigma_n^2\boldsymbol{w}_k^{\mathrm{H}}\boldsymbol{w}_k}{\sigma_s^2\overline{\boldsymbol{H}}_k^{\mathrm{H}}\overline{\boldsymbol{H}}_k+\sigma_n^2\boldsymbol{w}_k^{\mathrm{H}}\boldsymbol{w}_k}\\&=\mathrm{lb}\left(1+\frac{\sigma_s^2h_{kk}^{\mathrm{H}}h_{kk}}{\sigma_s^2\overline{\boldsymbol{H}}_k^{\mathrm{H}}\overline{\boldsymbol{H}}_k+\sigma_n^2\boldsymbol{w}_k^{\mathrm{H}}\boldsymbol{w}_k}\right)\\&=\mathrm{lb}\left[1+\frac{\sigma_s^2\left|\boldsymbol{w}_{\mathrm{BB},k}^{\mathrm{H}}\boldsymbol{W}_{\mathrm{RF},k}^{\mathrm{H}}\boldsymbol{H}_k\boldsymbol{F}_{\mathrm{RF}}\boldsymbol{f}_{\mathrm{BB},k}\right|^2}{\sigma_s^2\sum\limits_{j=1,j\neq k}^{K}\left|\boldsymbol{w}_{\mathrm{BB},k}^{\mathrm{H}}\boldsymbol{W}_{\mathrm{RF},k}^{\mathrm{H}}\boldsymbol{H}_k\boldsymbol{F}_{\mathrm{RF}}\boldsymbol{f}_{\mathrm{BB},j}\right|^2+\sigma_n^2\boldsymbol{w}_{\mathrm{BB},k}^{\mathrm{H}}\boldsymbol{W}_{\mathrm{RF},k}^{\mathrm{H}}\boldsymbol{W}_{\mathrm{RF},k}\boldsymbol{w}_{\mathrm{BB},k}}\right]\end{aligned} \tag{3.40}$$

根据互信息的定义[15]，式(3.40)表示系统每次发射信号 $\boldsymbol{s}$ 时，传输给第 k 个用户的信息量。与单用户系统类似，假设一带通传输系统的带宽为 B，那么由 Nyquist 第一准则可知在单位时间范围内，该系统最多可发送 B 次信号 $\boldsymbol{s}$，由此可将多用户毫米波大规模 MIMO 系统的频谱效率(单位时间、单位频宽内传输的平均信息量)表示为

$$
\begin{aligned}
R &= \sum_{k=1}^{K} I(\widetilde{\boldsymbol{s}}_k, \widetilde{\boldsymbol{y}}_k) \\
&= \sum_{k=1}^{K} \text{lb}\left(1+\frac{\sigma_s^2 \left|\boldsymbol{w}_{\text{BB},k}^{\text{H}} \boldsymbol{W}_{\text{RF},k}^{\text{H}} \boldsymbol{H}_k \boldsymbol{F}_{\text{RF}} \boldsymbol{f}_{BB,k}\right|^2}{\sigma_s^2 \sum\limits_{j=1, j\neq k}^{K} \left|\boldsymbol{w}_{\text{BB},k}^{\text{H}} \boldsymbol{W}_{\text{RF},k}^{\text{H}} \boldsymbol{H}_k \boldsymbol{F}_{\text{RF}} \boldsymbol{f}_{\text{BB},j}\right|^2 + \sigma_n^2 \boldsymbol{w}_{\text{BB},k}^{\text{H}} \boldsymbol{W}_{\text{RF},k}^{\text{H}} \boldsymbol{W}_{\text{RF},k} \boldsymbol{w}_{\text{BB},k}}\right)
\end{aligned} \tag{3.41}
$$

值得注意的是，式(3.41)的lb(•)函数内第2项中，分子为信号$\boldsymbol{s}_k$经过信道传输后到达第k个用户时的功率，分母为除$\boldsymbol{s}_k$以外其他信号到达第k个用户时的功率与噪声功率之和，两者比值可以看作是第k个用户接收信号的信干噪比。也就是说，在多用户系统中，系统的频谱效率直接取决于所有用户的信干噪比，而该信干噪比又与混合预编码矩阵、混合合并矩阵有关。

在给出频谱效率表达式之后，与单用户系统类似，多用户系统的能量效率同样可以由式(3.29)计算得到。通常，在研究多用户混合预编码算法时，基本都是在式(3.41)和式(3.29)的基础之上，以频谱效率和能量效率作为评价指标，深入研究多用户系统的混合预编码结构与算法。

3.4 经典混合预编码算法

3.4.1 SVD 混合预编码算法

针对某一特定方向的射频模拟波束，当发射天线数目不断增加时，获得的阵列增益也随之增大，指向性波束的宽度变得更窄。当多个RF波束共存时，具有高指向性的混合预编码算法能够很好地减小干扰，增强信号的抗衰落性能。该算法将同时使用多个射频波束来充分利用信道资源，同时将收发两端的基带预编码应用于多个不同方向的射频波束，从而使信道更好地进行匹配。为了使读者更加详细地了解SVD混合预编码算法，以下将给出SVD混合预编码算法的具体过程。

首先，定义收发两端的模拟预编码的码本，基站和用户都使用多个射频波束，这些波束将通过扫描从预先定好的模拟预编码的码本中挑选得到。通过波束训练过程可以得到收发两端的最优模拟合并矩阵$\boldsymbol{W}_{\text{RF}}^{\text{opt}}$和最优模拟预编码矩阵$\boldsymbol{F}_{\text{RF}}^{\text{opt}}$。

然后，分别将收发两端得到的最优模拟合并矩阵$\boldsymbol{W}_{\text{RF}}^{\text{opt}}$和最优模拟预编码矩阵$\boldsymbol{F}_{\text{RF}}^{\text{opt}}$与信道矩阵$\boldsymbol{H}$相乘，在信道两端构成虚拟等效信道$\boldsymbol{H}_{\text{eff}}$，即

$$
\boldsymbol{H}_{\text{eff}} = (\boldsymbol{W}_{\text{RF}}^{\text{opt}})^{\text{H}} \boldsymbol{H} \boldsymbol{F}_{\text{RF}}^{\text{opt}} \tag{3.42}
$$

式中，等效信道$\boldsymbol{H}_{\text{eff}}$维度大小为$N_{\text{RF}}^{\text{r}} \times N_{\text{RF}}^{\text{t}}$，$N_{\text{RF}}^{\text{r}}$表示接收端射频链数，$N_{\text{RF}}^{\text{t}}$表示发射端射频链数。此时，高维的混合预编码问题转化成了低维的单用户全数字预编码问题。

最后，对等效信道$\boldsymbol{H}_{\text{eff}}$进行SVD分解，得到最优数字合并矩阵$\boldsymbol{W}_{\text{BB}}^{\text{opt}}$和最优数字预编码矩阵$\boldsymbol{F}_{\text{BB}}^{\text{opt}}$。

3.4.2 OMP 稀疏混合预编码算法

本节将介绍一种基于 OMP 的稀疏混合预编码算法(OMP 稀疏混合预编码算法)。根据文献[6]的描述[6]，发射端混合预编码问题可表示为

$$\begin{cases}\arg\min\limits_{\boldsymbol{F}_{\mathrm{RF}},\boldsymbol{F}_{\mathrm{BB}}} \| \boldsymbol{F}_{\mathrm{opt}} - \boldsymbol{F}_{\mathrm{RF}}\boldsymbol{F}_{\mathrm{BB}} \|_{\mathrm{F}} \\ \mathrm{s.t.}\ \ | \boldsymbol{F}_{\mathrm{RF}(m,n)} | = 1\ \ \forall m,n \\ \| \boldsymbol{F}_{\mathrm{RF}}\boldsymbol{F}_{\mathrm{BB}} \|_{\mathrm{F}}^{2} = N_{\mathrm{s}}\end{cases} \tag{3.43}$$

式中，$\boldsymbol{F}_{\mathrm{BB}}$ 与 $\boldsymbol{F}_{\mathrm{RF}}$ 分别为数字预编码矩阵与模拟预编码矩阵，$\boldsymbol{F}_{\mathrm{opt}}$ 为全数字最优预编码矩阵，$| \boldsymbol{F}_{\mathrm{RF}(m,n)} | = 1$ 为模拟预编码的恒模约束条件，$\| \boldsymbol{F}_{\mathrm{RF}}\boldsymbol{F}_{\mathrm{BB}} \|_{\mathrm{F}}^{2} = N_{\mathrm{s}}$ 为发射功率控制条件。

由于模拟预编码矩阵的恒模约束为非凸约束，式(3.43)混合预编码问题仍难以解决。而 OMP 稀疏混合预编码算法，将具有恒模特性的天线阵列响应向量集合作为模拟预编码矩阵行向量的可行集合，通过匹配的方式，从模拟预编码矩阵行向量的可行集合中挑选出最好的 $N_{\mathrm{RF}}^{\mathrm{t}}$ 个列向量构成模拟预编码矩阵。此时，式(3.43)可进一步表示为

$$\begin{cases}\arg\min\limits_{\boldsymbol{F}_{\mathrm{RF}},\boldsymbol{F}_{\mathrm{BB}}} \| \boldsymbol{F}_{\mathrm{opt}} - \boldsymbol{F}_{\mathrm{RF}}\boldsymbol{F}_{\mathrm{BB}} \|_{\mathrm{F}} \\ \mathrm{s.t.}\ \ \boldsymbol{F}_{\mathrm{RF}}^{(i)} = \boldsymbol{a}_{\mathrm{t}}(\phi_{i,l}^{\mathrm{t}},\theta_{i,l}^{\mathrm{t}})\ \ \forall i,l \\ \| \boldsymbol{F}_{\mathrm{RF}}\boldsymbol{F}_{\mathrm{BB}} \|_{\mathrm{F}}^{2} = N_{\mathrm{s}}\end{cases} \tag{3.44}$$

式中，$\boldsymbol{F}_{\mathrm{RF}}^{(i)}$ 为模拟预编码矩阵 $\boldsymbol{F}_{\mathrm{RF}}$ 第 i 个列向量，$\boldsymbol{a}_{\mathrm{t}}(\phi_{i,l}^{\mathrm{t}},\theta_{i,l}^{\mathrm{t}})$ 为天线阵列响应向量。

此时将模拟预编码矩阵的最好的 $N_{\mathrm{RF}}^{\mathrm{t}}$ 个列向量的约束条件直接嵌入到目标函数中，则式(3.44)可进一步表示为

$$\begin{cases}\arg\min\limits_{\widetilde{\boldsymbol{F}}_{BB}} \| \boldsymbol{F}_{\mathrm{opt}} - \boldsymbol{A}_{\mathrm{t}}\widetilde{\boldsymbol{F}}_{\mathrm{BB}} \|_{\mathrm{F}} \\ \mathrm{s.t.}\ \ \| \mathrm{diag}(\widetilde{\boldsymbol{F}}_{\mathrm{BB}}\widetilde{\boldsymbol{F}}_{\mathrm{BB}}^{\mathrm{H}}) \|_{\mathrm{F}} = N_{\mathrm{RF}}^{\mathrm{t}} \\ \| \boldsymbol{A}_{\mathrm{t}}\widetilde{\boldsymbol{F}}_{\mathrm{BB}} \|_{\mathrm{F}}^{2} = N_{\mathrm{s}}\end{cases} \tag{3.45}$$

式中，$\boldsymbol{A}_{\mathrm{t}}$ 与 $\widetilde{\boldsymbol{F}}_{\mathrm{BB}}$ 均为辅助变量，$\boldsymbol{A}_{\mathrm{t}}$ 定义为天线阵列响应向量集合，$\| \mathrm{diag}(\widetilde{\boldsymbol{F}}_{\mathrm{BB}}\widetilde{\boldsymbol{F}}_{\mathrm{BB}}^{\mathrm{H}}) \|_{\mathrm{F}} = N_{\mathrm{rf}}$ 为稀疏约束条件，即 $\widetilde{F}_{\mathrm{BB}}$ 至多有 $N_{\mathrm{RF}}^{\mathrm{t}}$ 个非零行，$\| \boldsymbol{A}_{\mathrm{t}}\widetilde{\boldsymbol{F}}_{\mathrm{BB}} \|_{\mathrm{F}}^{2} = N_{\mathrm{s}}$ 为发射功率约束条件。

式(3.45)中的问题可以进一步理解为:若想要在天线阵列响应向量集合 $\boldsymbol{A}_{\mathrm{t}}$ 中，挑选最好的 $\boldsymbol{N}_{\mathrm{rf}}$ 个列向量构成模拟预编码矩阵，则矩阵 $\widetilde{\boldsymbol{F}}_{\mathrm{BB}}$ 需满足有 $N_{\mathrm{RF}}^{\mathrm{t}}$ 个非零行，才能使天线阵列响应向量集合 $\boldsymbol{A}_{\mathrm{t}}$ 中有 $N_{\mathrm{RF}}^{\mathrm{t}}$ 个列向量被有效挑选出来，此时最优模拟预编码矩阵由天线阵列响应向量集合 $\boldsymbol{A}_{\mathrm{t}}$ 中 $N_{\mathrm{RF}}^{\mathrm{t}}$ 个列向量构成。

尽管式(3.45)中的混合预编码问题与稀疏信号恢复问题的表达式有所区别，但仍可将式(3.45)中的混合预编码问题视为稀疏信号的恢复问题，可利用 OMP 稀疏混合预编码算法对式(3.45)中的混合预编码问题进行求解，以下将介绍 OMP 稀疏混合预编码算法的具体过程。

首先，令模拟预编码矩阵 $\boldsymbol{F}_{\mathrm{RF}}$ 为空矩阵，全数字最优预编码矩阵 $\boldsymbol{F}_{\mathrm{opt}}$ 作为残差矩阵 $\boldsymbol{F}_{\mathrm{res}}$

的初始值；令 $\hat{f}_{RF}$ 表示原子矩阵，文献[6]中以阵列响应矩阵 $\boldsymbol{A}_t$ 来代表 $\hat{f}_{RF}$ [6]。将原子矩阵 $\boldsymbol{A}_t$ 的共轭转置与残差矩阵相乘构建一个新的矩阵，即 $\boldsymbol{\Phi}=\boldsymbol{A}_t^H\boldsymbol{F}_{res}$，该矩阵有利于从中选出最好的模拟预编码矩阵 $\boldsymbol{F}_{RF}$。

其次，因为最优预编码在残差矩阵上有最大的投影，所以要找出最优预编码就得找出 $\boldsymbol{\Phi}\boldsymbol{\Phi}^H$ 的对角线元素最大值所对应的脚标 k，记为

$$k=\arg\max(\text{diag}(\boldsymbol{\Phi}\boldsymbol{\Phi}^H)) \tag{3.46}$$

利用式(3.46)把原子矩阵 $\boldsymbol{A}_t$ 的第 k 列挑选出来，放入模拟预编码矩阵 $\boldsymbol{F}_{RF}$ 中，这时新的模拟预编码矩阵可以写为 $\boldsymbol{F}_{RF}=[\boldsymbol{F}_{RF}\mid\boldsymbol{A}_t^k]$，此时的模拟预编码矩阵是最优的。

再次，将得到的最优模拟预编码矩阵代入式(3.41)找到最优的数字预编码矩阵 $\boldsymbol{F}_{BB}$。要使得到的数字预编码矩阵最优，也就意味着混合预编码矩阵 $\boldsymbol{F}_{RF}\boldsymbol{F}_{BB}$ 与全数字最优预编码矩阵 $\boldsymbol{F}_{opt}$ 之间的差距要最小，运用最小二乘法来求解 $\boldsymbol{F}_{BB}$，则有

$$\arg\min_{\boldsymbol{F}_{BB}}\|\boldsymbol{F}_{opt}-\boldsymbol{F}_{RF}\boldsymbol{F}_{BB}\|_F \tag{3.47}$$

当 $\|\boldsymbol{F}_{opt}-\boldsymbol{F}_{RF}\boldsymbol{F}_{BB}\|_F$ 的值最小时，得到的数字预编码矩阵 $\boldsymbol{F}_{BB}$ 最优。令 $\boldsymbol{F}_{opt}-\boldsymbol{F}_{RF}\boldsymbol{F}_{BB}=0$，得到 $\boldsymbol{F}_{BB}=(\boldsymbol{F}_{RF}^H\boldsymbol{F}_{RF})^{-1}\boldsymbol{F}_{RF}^H\boldsymbol{F}_{opt}$。求得 $\boldsymbol{F}_{BB}$ 之后，更新残差矩阵 $\boldsymbol{F}_{res}$，则有

$$\boldsymbol{F}_{res}=\frac{\boldsymbol{F}_{opt}-\boldsymbol{G}\boldsymbol{F}_{BB}^{(t)}}{\|\boldsymbol{F}_{opt}-\boldsymbol{G}\boldsymbol{F}_{BB}^{(t)}\|_F} \tag{3.48}$$

最后，令迭代次数等于发射端的射频链数 N_{RF}^t，每次循环将原子矩阵 $\boldsymbol{A}_t$ 的共轭转置矩阵与新的残差矩阵 $\boldsymbol{F}_{res}$ 相乘的方式来构建出新的矩阵 $\boldsymbol{\Phi}=\boldsymbol{A}_t^H\boldsymbol{F}_{res}$，重复以上步骤，直到循环次数等于射频链数为止，这时，得到数字预编码矩阵 $\boldsymbol{F}_{BB}$ 和模拟预编码矩 $\boldsymbol{F}_{RF}$。根据约束条件 $\|\boldsymbol{F}_{RF}\boldsymbol{F}_{BB}\|_F^2=N_s$，可得功率约束后的数字预编码矩阵 $\boldsymbol{F}_{BB}=\dfrac{\sqrt{N_s}\boldsymbol{F}_{BB}}{\|\boldsymbol{F}_{RF}\boldsymbol{F}_{BB}\|_F}$。

3.5　仿真实验与性能分析

3.5.1　SVD 混合预编码算法

为了进一步分析 SVD 混合预编码算法，用 MATLAB 对混合预编码算法进行性能仿真分析。设发射端采用均匀平面阵列，每个阵元之间的间距为 $\lambda/2$，λ 为传输信号的波长。信道参数设置：路径数 $N_{ray}=10$；方位离开角 AOD 和方位到达角 AOA 服从拉普拉斯分布；簇角度在 $[0,2\pi]$ 上服从均匀分布，且角度拓展为 $10°$；发射端配备天线数目 $N_t=64$；接收端用户数 $K=9$；数据流数等于射频链数，即 $N_s=N_{RF}$ [17]。

1. 完美信道

完美信道是指信道频率响应值为常数的信道，通常当信道的通频带比信号频率宽限多且信道经过精细均衡时，信道就具有完美信道的特性。

图 3.5 所示为 $N_s=N_{RF}=K$ 时，在输入不同信噪比的情况下，不同混合预编码算法在完美信道状态信息条件下所获得的频谱效率。从图 3.5 中可看出，基于 SVD 的混合预编码相较于文献[18]的 PZF 预编码能够获得更高的频谱效率[18]，更接近全数字预编码算法，且

随着信噪比的增加，两种混合预编码算法的差距更加明显[17]。基于 SVD 的混合预编码中的 SVD-MMSE 算法获得的频谱效率较高，SVD-ZF 算法获得的频谱效率较低。

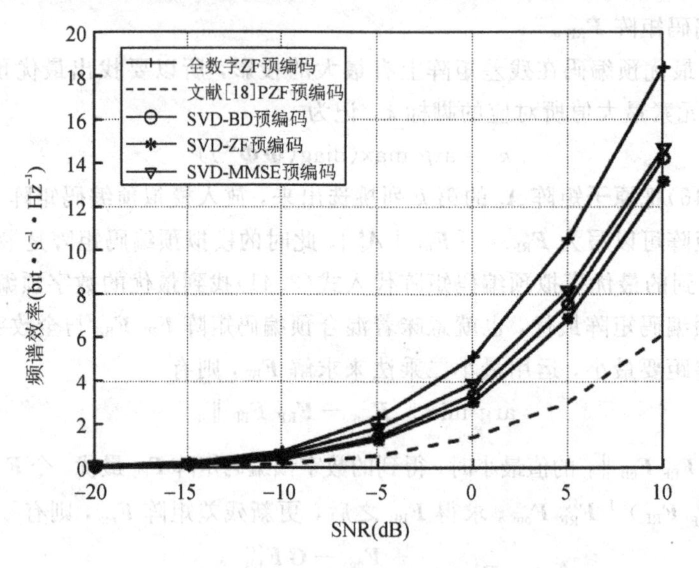

图 3.5　$N_s = N_{RF} = K$ 时完美信道下的频谱效率

图 3.6 所示仿真了当 $N_s = N_{RF} = 2K$ 时，在输入不同信噪比的情况下，不同混合预编码算法在完美信道状态信息条件下所获得的频谱效率。由于文献[18]的混合预编码设计要求射频链路的数目必须等于用户数目[18]，故在图 3.6 中未与其进行仿真比较。由图 3.6 可看出，基于 SVD 的混合预编码算法在多用户多流通信场景中，依然能够获得较高的频谱效率[17]。

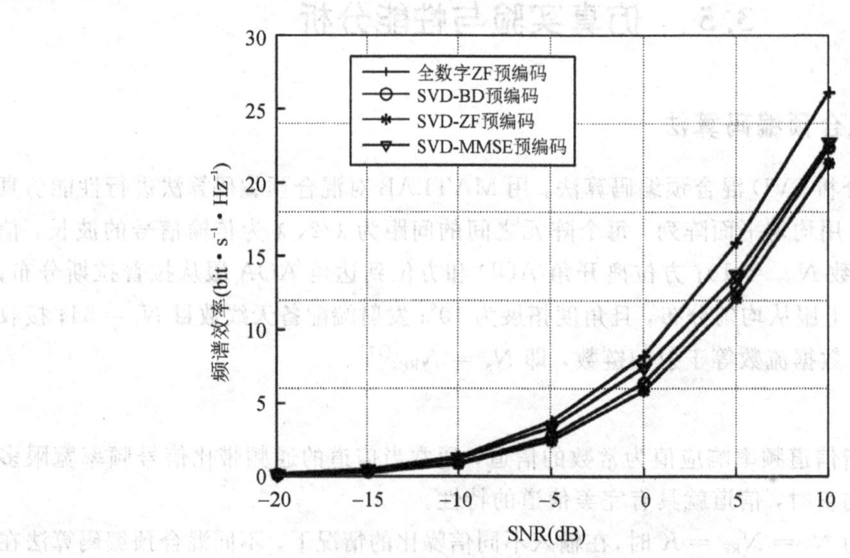

图 3.6　$N_s = N_{RF} = 2K$ 时完美信道状态信息条件下的频谱效率

2. 非完美信道

非完美信道指当信号通过特性不完善的信道时，一方面遭受噪声干扰，另一方面将引起码间干扰，最终使得系统错误概率增加的信道。在实际应用中，由于基站与用户之间缺少协作，以及一些不确定因素，如不精确的信道估计、有限反馈等，完美的信道状态信息很难获得[17]。因此，在非完美信道状态信息条件下，对基于 SVD 的混合预编码算法性能仿真分析。对于信道状态信息的估计，采用最小均方误差信道估计方法[19]，其表达式为

$$\widehat{\boldsymbol{H}} = \xi \boldsymbol{H}^{\mathrm{T}} + \sqrt{1-\xi^2}\boldsymbol{E} \tag{3.49}$$

式中，$\widehat{\boldsymbol{H}}$ 为信道估计；$0 \leqslant \xi \leqslant 1$ 表示信道的可靠性；$\boldsymbol{E}$ 为服从 $\mathcal{CN}(0,1)$ 的独立同分布矩阵。

图 3.7 给出了当 $N_{\mathrm{s}} = N_{\mathrm{RF}} = K$ 时，在非完美信道状态信息条件下，随着 SNR 的变化，不同预编码算法获得的频谱效率变化情况。由图 3.7 可看出，基于 SVD 的混合预编码相较于勒亮、徐伟等的混合预编码算法[18]，在非完美信道状态信息条件下，能够获得更高的频谱效率。另外，对比图 3.5、图 3.7 可知，相较于在完美信道状态信息条件下，在非完美信道状态信息条件下几种预编码算法所获得频谱效率都有所下降，SVD-MMSE 算法所获得频谱效率下降最多，对系统的性能鲁棒性较差[17]。

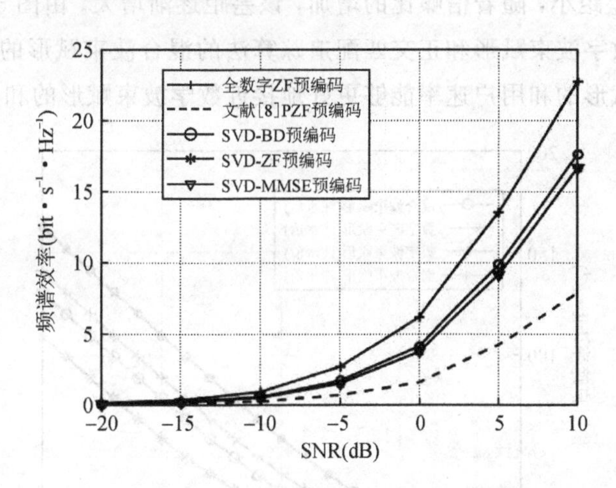

图 3.7　$N_{\mathrm{s}} = N_{\mathrm{RF}} = K$ 时非完美信道状态信息条件下的频谱效率

3.5.2 OMP 稀疏混合预编码算法

仿真中散射路径数 $L_K = 16$，发射端天线间距 $d = \lambda/2$，天线数 $N = 128$，用户数 $K = 4$，用户 K 天线数 $M_K = 32$，复用符号 $S_K = 8$，发射端射频链数 $N_{\mathrm{RF}}^{\mathrm{t}} = KN_{\mathrm{RF},k}^{\mathrm{r}}$，总发射功率 $P_{\max} = KS_K$，单位为 mW，平均信噪比为 $P_{\mathrm{av}}/\sigma^2 = K/\sigma^2$ [20]。

基于正交匹配追踪算法的混合波束赋形与数字波束赋形[21-22]的性能对比结果如图 3.8 所示。在多用户大规模 MIMO 系统中，假设发射端信道状态信息已知，可利用块对角算法有效地降低多用户干扰。设仿真参数不变，对数字波束赋形和混合波束赋形系统中的发射

端分别进行平均及注水功率分配[23]，探究和用户速率随信噪比(SNR)的变化，如图 3.9 所示，使用迭代算法实现注水功率分配，以提高和用户速率。

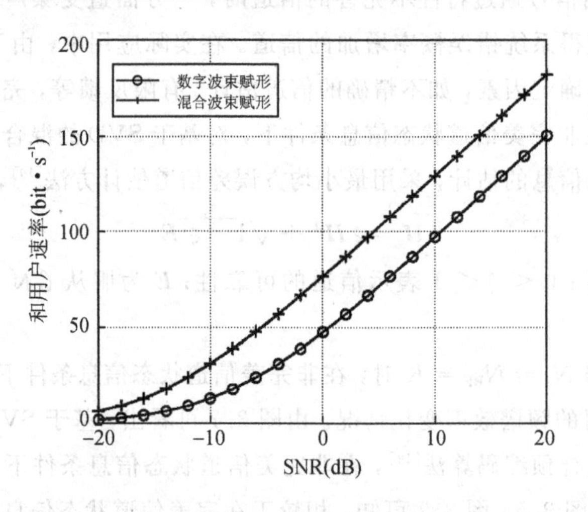

图 3.8　混合与数字波束赋形的性能对比

由图 3.8 可以看出，正交匹配追踪算法的混合波束赋形的性能在低信噪比阶段与理想数字波束赋形之间差距小，随着信噪比的增加，该差距逐渐增大。由图 3.9 可以看出，通过功率注水分配后，数字波束赋形和正交匹配追踪算法的混合波束赋形的和用户速率都得到了提高，混合波束赋形的和用户速率能够更好地接近数学波束赋形的和用户速率[20]。

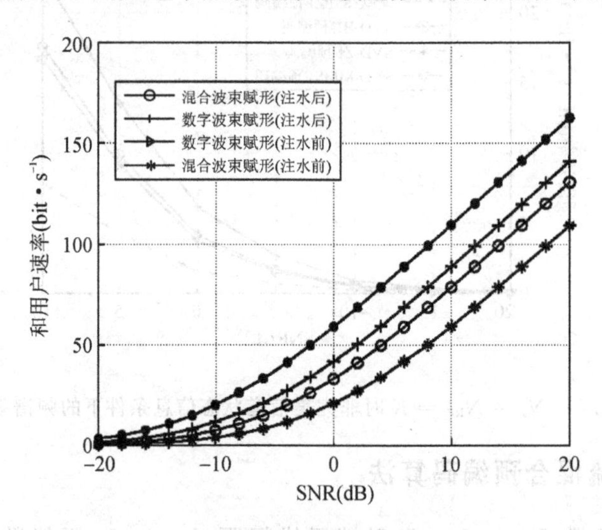

图 3.9　数字波束赋形与混合波束赋形的比较

由于射频链数、模数转换器个数、移相器精度等对正交匹配追踪算法的混合波束赋形系统性能影响大。因此，针对 RF 链路中模数转换器个数对正交匹配追踪算法的混合波束赋形性能的影响也进行了仿真，并将混合波束赋形性能与理想情况下的数字波束赋形性能进行对比，仿真结果如图 3.10 所示[20]。针对移相器精度对混合波束赋形性能的影响进行了仿真，并将混合波束赋形性能与理想情况下的数字波束赋形性能进行对比，仿真结果如

图 3.11 所示。可以看到在大规模 MIMO 系统中，在一定的条件下，通过选择合适的模数转换器个数和移相器精度可以实现低开销的可靠通信。

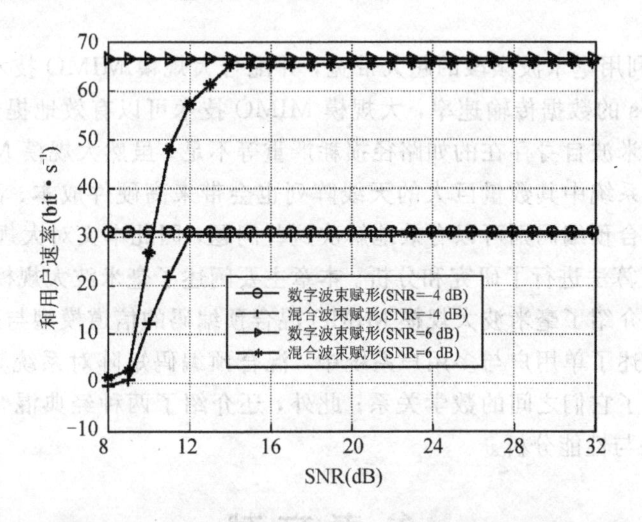

图 3.10　模数转换器数对混合波束赋形性能的影响

从图 3.10 中可以看出，当信噪比为－4 dB 和 6 dB 时，随着 RF 链路中模数转换器数量的增加，混合波束赋形的性能迅速提升，并在模数转换器的数量为 16 时趋于稳定，与理想数字波束赋形的性能几乎一致[20]。

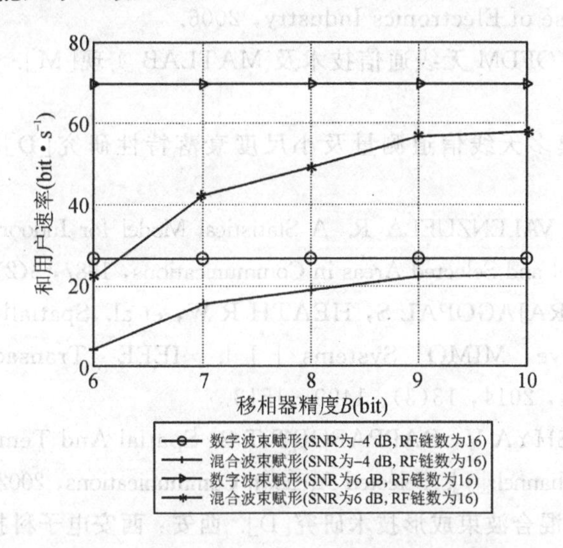

图 3.11　移相器精度对混合波束赋形性能的影响

综合图 3.10 中得出的结论，从图 3.11 中可以看出，当信噪比为－4 dB 时，随着移相器精度增高，混合波束赋形与理想情况下的数字波束赋形之间的性能差距不断减小，并在模数转换器数量为 12 时趋于稳定，且混合波束赋形可以较好地接近理想情况下的数字波束赋形[20]。在信噪比为－4 dB 和 6 dB 时，混合波束赋形和理想情况下数字波束赋形的性能变化具有相同的趋势，但在性能差距趋于稳定后，信噪比为 6 dB 时的性能差距大于信噪比为－4 dB 时的性能差距。

3.6 本章小结

5G通信系统利用毫米波频段的超大带宽，并配合大规模MIMO技术带来的高阵列增益，可以实现Gb/s的数据传输速率，大规模MIMO技术可以有效地提升系统容量，提高频谱效率，弥补毫米波自身存在的如路径损耗严重等不足。虽然大规模MIMO技术有众多优势，但在毫米波系统中其数量巨大的天线阵列也会带来高硬件成本、高计算复杂度、高能耗等问题，而混合预编码则可以有效地解决这些问题，因此本文对大规模MIMO系统的混合预编码理论及算法进行了研究和分析。本章主要阐述了毫米波大规模MIMO系统混合预编码基础理论，介绍了毫米波大规模MIMO混合预编码的信道模型与系统结构；基于香农信息论，重点阐述了单用户与多用户系统中，混合预编码矩阵对系统频谱效率与能量效率的影响，并给出了它们之间的数学关系；此外，还介绍了两种经典混合预编码算法及相应算法的仿真实验与性能分析。

参考文献

[1] 谢益溪. 无线电波传播:原理与应用[M]. 北京：人民邮电出版社，2008.

[2] SKLAR B. Digital Communications：Fundamentals and Applications[M]. Beijing：Publishing House of Electronics Industry，2006.

[3] 赵勇洙. MIMO-OFDM无线通信技术及MATLAB实现[M]. 北京：电子工业出版社，2013.

[4] 李文娟. 大规模多天线信道测量及小尺度衰落特性研究[D]. 北京：北京交通大学，2016.

[5] SALEH A AM，VALENZUELA R. A Statistical Model for Indoor Multipath Propagation[J]. IEEE Journal and Selected Areas in Communications，1987，5(2)：128－137.

[6] AYACH O E，RAJAGOPAL S，HEATH R W，et al. Spatially Sparse Precoding in Millimeter Wave MIMO Systems[J]. IEEE Transactions on Wireless Communications，2014，13(3)：1499－1513.

[7] HAO X，KUKSHYA V，RAPPAPORT T S. Spatial And Temporal Characteristics of 60 GHz Indoor Channels[J]. Selected Areas in Communications，2002，20(3)：620－630.

[8] 蔡青松. 毫米波混合波束成形技术研究[D]. 西安：西安电子科技大学，2015.

[9] TELATAR E. Capacity of Multi-Antenna Gaussian Channels. European Transactions on Telecommunications[J]，1999，10(6)：585－595.

[10] YU X，SHEN J C，ZHANG J，et al. Alternating Minimization Algorithms for Hybrid Precoding in Millimeter Wave MIMO Systems[J]. IEEE Journal of Selected Topics in Signal Processing，2016，10(3)：485－500.

[11] BOYD S，VANDENBERGHE L. Convex Optimization[J]. European Journal of Operational Research，2006，170(1)：326－327.

[12] 李亚杰. 多元统计分析[M]. 北京：北京邮电大学出版社，2018.

[13] 傅祖芸. 信息论-基础理论与应用[M]. 北京：电子工业出版社，2011.

[14] TELATAR E. Capacity of Multi-Antenna Gaussian Channels [J]. European Transactions on Telecommunications, 1999, 10(6)：585 - 595.

[15] 李忠源，刘爱民，史其存. 解析信息论与编码[M]. 北京：国防工业出版社，2015.

[16] TSINOS C G, MALEKI S, CHATZINOTAS S, et al. On the Energy Efficiency of Hybrid Analog Digital Transceivers for Single and Multi-Carrier Large Antenna Array Systems[J]. IEEE Journal on Selected Areas in Communications, 2017, 35(9)：1980 - 1995.

[17] 何晓华，赵峰. 基于 SVD 的多用户大规模 MIMO 混合预编码算法[J]. 桂林：桂林电子科技大学学报，2020(2)：108 - 112.

[18] LIANG L, XU W, DONG X. Low-Complexity Hybrid Precoding in Massive Multiuser MIMO Systems [J]. IEEE Wireless Communications Letters, 2014, 3(6)：653 - 656.

[19] RUSEK F, PERSSON D, LAU B K, et al. Scaling up MIMO: Opportunities and Challenges with Very Large Arrays[J]. IEEE Signal Processing Magazine, 2012, 30(1)：40 - 60.

[20] 程振桥，韦再雪，杨鸿文. 大规模 MIMO 系统中基于 OMP 的混合波束赋形方法[J]. 北京：北京邮电大学学报，2018, 041(005)：153 - 158.

[21] SPENCER Q H, SWINDLEHURST A L, HAARDT M. Zero-Forcing Methods for Downlink Spatial Multiplexing in Multiuser MIMO Channels [J]. IEEE Transactions on Signal Processing, 2004, 52(2)：461 - 471.

[22] STANKOVIC V, HAARDT M. Generalized Design of Multi-User MIMO Precoding Matrices[J]. IEEE Trans Wireless Communications, 2008, 7(3)：953 - 961.

[23] PALOMAR D P, LAGUNAS M A, CIOFFI J M. Optimum Linear Joint Transmit-Receive Processing for MIMO Channels with QoS Constraints [J]. IEEE Transactions on Signal Processing, 2004, 52(5)：1179 - 1197.

第4章　单用户混合预编码算法

4.1　引　言

第3章介绍了混合预编码理论基础，重点阐述了混合预编码基本结构以及混合预编码与系统性能之间的数学关系。本章将在上述工作基础之上，针对同一时刻只能服务于1个用户的系统(例如采用时分多址、载波监听多路访问、轮询访问等接入控制协议的系统，以下简称单用户系统)进行研究。目前，单用户混合预编码矩阵优化问题中恒模约束的处理方法通常有基于码本和基于非码本两类。其中，基于码本的混合预编码算法通过在满足恒模约束的预定义码本中选取最优码字来构建模拟预编码矩阵。由于码字的数量有限，难以有效适配所有的信道环境，因此可能会在某些信道条件下造成较大的求解误差，进而导致性能损失。基于非码本的混合预编码算法通过梯度法或者忽略恒模约束等方法求解模拟预编码矩阵，但梯度法的计算复杂度较高，而忽略恒模约束会改变原问题的可行集，从而可能造成求解误差，导致性能损失。除此之外，目前的单用户混合预编码系统仍存在频谱效率低、成本高等问题。

针对上述问题，本章提出基于Givens旋转的混合预编码算法、基于交替迭代的混合预编码算法(简称P-OMP-IR算法)和基于最小二乘法的混合预编码向量对逐对迭代修正算法(简称W-LS-IR算法)。其中，基于Givens旋转的混合预编码算法利用Givens旋转的保范性将恒模约束下模拟预编码矩阵的优化问题转换为无约束的Givens旋转角度优化问题，并通过KKT条件得到闭式解，从而在较低计算复杂度情况下，给出与全数字最优预编码矩阵残差较小的混合预编码矩阵。P-OMP-IR算法以交替更新的方式求解模拟预编码矩阵与数字预编码矩阵。W-LS-IR算法将混合预编码矩阵分解成多个向量对乘积和的形式，每个向量对都是由模拟预编码矩阵的一列和对应的数字预编码矩阵的一行组成的，在迭代修正混合预编码矩阵过程中采取一次更新一个向量对的策略。为了加深读者对单用户混合预编码的了解，本章不但给出相应算法的系统模型、算法原理、计算复杂度分析，而且还对相应算法进行仿真实验，给出算法性能分析。

4.2　Givens-LS单用户混合预编码算法

4.2.1　系统模型

图4.1所示为采用TDMA、CSMA等协议的单用户毫米波大规模MIMO系统混合预编码系统模型，其中，发射端含有N_t个天线阵元与N_{RF}个射频链，接收端含有N_r个天线

阵元与 N_{RF} 个射频链，发射端与接收端之间并行传输 N_s 个数据流，且满足条件 $N_s \leqslant N_{RF} \leqslant \min\{N_t, N_r\}$。

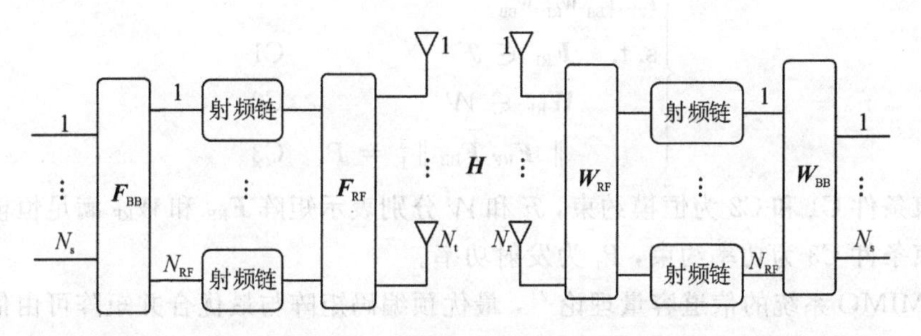

图 4.1 单用户毫米波大规模 MIMO 系统混合预编码系统模型

在上述系统模型中，接收信号 $\boldsymbol{y}$ 为

$$\boldsymbol{y} = \boldsymbol{W}_{BB}^{H} \boldsymbol{W}_{RF}^{H} \boldsymbol{H} \boldsymbol{F}_{RF} \boldsymbol{F}_{BB} \boldsymbol{s} + \boldsymbol{W}_{BB}^{H} \boldsymbol{W}_{RF}^{H} \boldsymbol{n} \tag{4.1}$$

其中，$\boldsymbol{W}_{BB} \in \mathbb{C}^{N_{RF} \times N_s}$、$\boldsymbol{W}_{RF} \in \mathbb{C}^{N_r \times N_{RF}}$，分别为接收端数字合并矩阵与模拟合并矩阵；$\boldsymbol{F}_{BB} \in \mathbb{C}^{N_{RF} \times N_s}$、$\boldsymbol{F}_{RF} \in \mathbb{C}^{N_t \times N_{RF}}$，分别为发射端数字预编码矩阵与模拟预编码矩阵；$\boldsymbol{s} \in \mathbb{C}^{N_s \times 1}$，为发送信号且满足 $E(\boldsymbol{s}\boldsymbol{s}^{H}) = \boldsymbol{I}$；$\boldsymbol{n} \in \mathbb{C}^{N_r \times 1}$，表示协方差矩阵为 $\sigma_n^2 \boldsymbol{I}$ 的复高斯噪声信号。

模拟预编码矩阵 $\boldsymbol{F}_{RF}$ 和模拟合并矩阵 $\boldsymbol{W}_{RF}$ 通常由移相网络实现，其常用结构可分为全连接和部分连接两种。在全连接结构中，每条射频链都通过移相器与每个天线阵元相连接，共需要 $N_t N_{RF}$ 个移相器。由于移相器无法调节信号振幅，因此模拟预编码与模拟合并矩阵需满足恒模约束条件，即 $|\boldsymbol{F}_{RF,ij}| = 1(\forall i,j)$，$|\boldsymbol{W}_{RF,mn}| = 1(\forall m,n)$。在部分连接结构中，每条射频链仅通过移相器与部分天线阵元相连接，共需要 N_t 个移相器，因此采用部分连接结构的模拟预编码矩阵中仅有 N_t 个非零元素，并且呈块对角结构，可以表示为 $\boldsymbol{F}_{RF} = \mathrm{diag}\{\boldsymbol{f}_{RF,1}^{blk}, \cdots, \boldsymbol{f}_{RF,N_{RF}}^{blk}\}$，$\boldsymbol{W}_{RF} = \mathrm{diag}\{\boldsymbol{w}_{RF,1}^{blk}, \cdots, \boldsymbol{w}_{RF,N_{RF}}^{blk}\}$，其中，$\boldsymbol{f}_{RF,i}^{blk} \in \mathbb{C}^{N_t/N_{RF} \times 1}$、$\boldsymbol{w}_{RF,m}^{blk} \in \mathbb{C}^{N_r/N_{RF} \times 1}$，满足恒模约束条件，即 $|\boldsymbol{f}_{RF,i}^{blk}(j)| = 1(\forall i,j)$，$|\boldsymbol{w}_{RF,m}^{blk}(n)| = 1(\forall m,n)$。

发射端与接收端之间的信道由扩展 Saleh-Valenzuela 信道模型[1]描述，假设信道共包含 N_{cl} 个路径簇，每簇由 N_{ray} 条子径构成，信道矩阵为

$$\boldsymbol{H} = \sqrt{\frac{1}{N_{cl} N_{ray}}} \sum_{i=1}^{N_{cl}} \sum_{l=1}^{N_{ray}} \alpha_{il} \boldsymbol{a}_r(\phi_{il}^{r}, \theta_{il}^{r}) \boldsymbol{a}_t^{H}(\phi_{il}^{t}, \theta_{il}^{t}) \tag{4.2}$$

其中，α_{il}、ϕ_{il}^{r}、θ_{il}^{r}、ϕ_{il}^{t} 和 θ_{il}^{t} 分别表示第 i 簇中第 l 条子径的信道复用增益、到达俯仰角、到达方位角、离开俯仰角和离开方位角；$\boldsymbol{a}_r(\phi_{il}^{r}, \theta_{il}^{r})$ 和 $\boldsymbol{a}_t(\phi_{il}^{t}, \theta_{il}^{t})$ 为对应的接收端与发射归一化传输阵列响应向量。对于一个位于 yz 平面内的 $M \times N$ 均匀平面阵列，假设其阵元间距为半波长，那么传输阵列响应向量 $\boldsymbol{a}(\phi, \theta)$ 可以表示为

$$\begin{aligned}\boldsymbol{a}(\phi, \theta) = [1, \quad \cdots \quad, &\exp(\mathrm{j}\pi(m\sin\phi\sin\theta + n\cos\theta)), \\ \cdots, \quad &\exp(\mathrm{j}\pi((M-1)\sin\phi\sin\theta + (N-1)\cos\theta))]^{T}\end{aligned}$$

其中，$m = 1, 2, \cdots, M-1$；$n = 1, 2, \cdots, N-1$。

假设收发两端都拥有理想 CSI 且发射信号为高斯信号，那么系统的频谱效率为

$$R = \mathrm{lb}\det\left(\boldsymbol{I} + \frac{1}{\sigma_n^2} (\boldsymbol{W}_{RF} \boldsymbol{W}_{BB})^{\dagger} \boldsymbol{H} \boldsymbol{F}_{RF} \boldsymbol{F}_{BB} \boldsymbol{F}_{BB}^{H} \boldsymbol{F}_{RF}^{H} \boldsymbol{H}^{H} \boldsymbol{W}_{RF} \boldsymbol{W}_{BB}\right) \tag{4.3}$$

由式(4.3)可将关于混合预编码及合并矩阵的优化问题表示为

$$\begin{cases} \max\limits_{\boldsymbol{F}_{\mathrm{RF}},\boldsymbol{F}_{\mathrm{BB}},\boldsymbol{W}_{\mathrm{RF}},\boldsymbol{W}_{\mathrm{BB}}} \quad R \\ \mathrm{s.\,t.} \quad \boldsymbol{F}_{\mathrm{RF}} \in \mathcal{F} \qquad \mathrm{C1} \\ \qquad \boldsymbol{W}_{\mathrm{RF}} \in \mathcal{W} \qquad \mathrm{C2} \\ \qquad \| \boldsymbol{F}_{\mathrm{RF}} \boldsymbol{F}_{\mathrm{BB}} \|_{\mathrm{F}}^{2} = P_{\mathrm{t}} \quad \mathrm{C3} \end{cases} \tag{4.4}$$

其中，约束条件 C1 和 C2 为恒模约束，$\mathcal{F}$ 和 $\mathcal{W}$ 分别表示矩阵 $\boldsymbol{F}_{\mathrm{RF}}$ 和 $\boldsymbol{W}_{\mathrm{RF}}$ 满足恒模约束的可行集，约束条件 C3 为功率约束，P_{t} 为发射功率。

根据 MIMO 系统的信道容量理论[2]，最优预编码矩阵与最优合并矩阵可由信道矩阵的奇异值分解给出，即

$$\begin{cases} \boldsymbol{F}_{\mathrm{opt}} = \boldsymbol{V}_{(:,1:N_{\mathrm{s}})} \boldsymbol{P} \\ \boldsymbol{W}_{\mathrm{opt}} = \boldsymbol{U}_{(:,1:N_{\mathrm{s}})} \end{cases} \tag{4.5}$$

其中，$\boldsymbol{U}$ 和 $\boldsymbol{V}$ 分别为信道矩阵 $\boldsymbol{H}$ 奇异值分解的左、右奇异矩阵，$\boldsymbol{H} = \boldsymbol{U\Sigma V}^{\mathrm{H}}$；$\boldsymbol{P} = \mathrm{diag}\{p_1, \cdots, p_{N_{\mathrm{s}}}\}$ 为注水功率分配矩阵，$p_i = \sqrt{\max\{\mu - \sigma_n^2/\lambda_i, 0\}}$，$\lambda_i$ 是矩阵 $\boldsymbol{HH}^{\mathrm{H}}$ 的第 i 个大特征值，μ 是满足等式 $\sum_{i=1}^{N_{\mathrm{s}}} p_i^2 = P_{\mathrm{t}}$ 的常数。

文献[3]利用式(4.5)给出了最优预编码与最优合并矩阵，其中，混合预编码问题可以转化为如下两个子问题[3]：

$$\begin{cases} \min\limits_{\boldsymbol{W}_{\mathrm{RF}},\boldsymbol{W}_{\mathrm{BB}}} \quad \| \boldsymbol{W}_{\mathrm{opt}} - \boldsymbol{W}_{\mathrm{RF}} \boldsymbol{W}_{\mathrm{BB}} \|_{\mathrm{F}}^{2} \\ \qquad \mathrm{s.\,t.} \quad \boldsymbol{W}_{\mathrm{RF}} \in \mathcal{W} \quad \mathrm{C2} \end{cases} \tag{4.6}$$

$$\begin{cases} \min\limits_{\boldsymbol{F}_{\mathrm{RF}},\boldsymbol{F}_{\mathrm{BB}}} \quad \| \boldsymbol{F}_{\mathrm{opt}} - \boldsymbol{F}_{\mathrm{RF}} \boldsymbol{F}_{\mathrm{BB}} \|_{\mathrm{F}}^{2} \\ \mathrm{s.\,t.} \quad \boldsymbol{F}_{\mathrm{RF}} \in \mathcal{F} \qquad \mathrm{C1} \\ \qquad \| \boldsymbol{F}_{\mathrm{RF}} \boldsymbol{F}_{\mathrm{BB}} \|_{\mathrm{F}}^{2} = P_{\mathrm{t}} \quad \mathrm{C3} \end{cases} \tag{4.7}$$

式(4.6)和式(4.7)将预编码矩阵 $\boldsymbol{F}_{\mathrm{RF}}$ 、$\boldsymbol{F}_{\mathrm{BB}}$ 以及合并矩阵 $\boldsymbol{W}_{\mathrm{RF}}$ 、$\boldsymbol{W}_{\mathrm{BB}}$ 的优化分解为两个独立子问题，从而有效降低了原问题的求解难度。由于式(4.6)和式(4.7)具有类似的形式，因此在本书的描述中一般仅讨论式(4.7)的求解算法，式(4.6)可以通过相同的方法解决。针对式(4.7)，文献[4]和文献[5]的研究已经证明，当采用全连接结构并且射频链数满足条件 $N_{\mathrm{RF}} \geqslant 2N_{\mathrm{s}}$ 或 $N_{\mathrm{RF}} \geqslant N_{\mathrm{cl}} N_{\mathrm{ray}}$ 时，其全局最优解可以解析给出，并且目标函数值为 0，也就是说，在该条件下，混合预编码与全数字预编码完全等价[4-5]。然而满足上述条件需要大量射频链，能耗较高，难以实际应用。因此，在本书中，将考虑在一般条件 $N_{\mathrm{RF}} \geqslant N_{\mathrm{s}}$ 下，全连接结构与部分连接结构中，式(4.7)的求解算法。

4.2.2 算法原理

在本节中，式(4.7)将首先被分解为一系列关于预编码矩阵列(行)向量的优化问题；然后通过 Givens 旋转和最小二乘法分别求解模拟预编码矩阵列向量和数字预编码矩阵行向量；最后通过交替迭代优化预编码矩阵的全部列(行)向量，得到式(4.7)的解。

1. 问题描述

首先，问题式(4.7)可转化为如下形式：

$$\begin{cases} \min\limits_{\boldsymbol{f}_{\mathrm{RF},k},\boldsymbol{f}_{\mathrm{BB},k}} \quad \| \boldsymbol{F}_{\mathrm{opt}} - \sum\limits_{k=1}^{N_{\mathrm{RF}}} \boldsymbol{f}_{\mathrm{RF},k}\boldsymbol{f}_{\mathrm{BB},k}^{\mathrm{H}} \|_{\mathrm{F}}^{2} \\ \text{s.t.} \quad \boldsymbol{f}_{\mathrm{RF},k} \in \mathcal{F}_k \qquad \text{C1} \\ \qquad \| \sum\limits_{k=1}^{N_{\mathrm{RF}}} \boldsymbol{f}_{\mathrm{RF},k}\boldsymbol{f}_{\mathrm{BB},k}^{\mathrm{H}} \|_{\mathrm{F}}^{2} = P_{\mathrm{t}} \quad \text{C3} \end{cases} \tag{4.8}$$

其中，$\boldsymbol{f}_{\mathrm{RF},k} \in \mathbb{C}^{N_{\mathrm{t}}\times 1}$、$\boldsymbol{f}_{\mathrm{BB},k}^{\mathrm{H}} \in \mathbb{C}^{1\times N_{\mathrm{s}}}$，分别表示模拟预编码矩阵 $\boldsymbol{F}_{\mathrm{RF}}$ 的第 k 列和数字预编码矩阵 $\boldsymbol{F}_{\mathrm{BB}}$ 的第 k 行；约束条件 C1 为恒模约束，$\mathcal{F}_k$ 表示向量 $\boldsymbol{f}_{\mathrm{RF},k}$ 满足恒模约束的可行集，对于全连接移相网络，所有列的可行集相同，表示为 $\mathcal{F}_1 = \cdots = \mathcal{F}_{N_{\mathrm{RF}}} = \{a \,\|\, a(i) \,| = 1 \ \forall i\}$，对于部分连接移相网络，由于对角块的位置不同，因此每列的可行集并不相同，表示为 $F_k = \left\{ a \left| \ | a(i) | = \begin{cases} 1 & \dfrac{(k-1)N_{\mathrm{t}}}{N_{\mathrm{RF}}} < i \leqslant \dfrac{kN_{\mathrm{t}}}{N_{\mathrm{RF}}} \quad (\forall i,k) \\ 0 & 其他 \end{cases} \right. \right\}$；约束条件 C3 为发射功率约束。

显然，在式(4.8)中，同时求解模拟预编码矩阵 $\boldsymbol{F}_{\mathrm{RF}}$ 的全部列与数字预编码矩阵 $\boldsymbol{F}_{\mathrm{BB}}$ 的全部行难以实现。为此，下文中将采用块坐标下降算法迭代求解式(4.8)。具体而言，在每次迭代过程中，只考虑模拟预编码矩阵 $\boldsymbol{F}_{\mathrm{RF}}$ 的 1 列和数字预编码矩阵相应的 1 行，其余行和列假设固定不变。由此可将式(4.8)近似表示为

$$\begin{cases} \boldsymbol{f}_{\mathrm{RF},k}^{\mathrm{opt}} = \arg\min\limits_{\boldsymbol{f}_{\mathrm{RF},k}} \| \boldsymbol{X} - \boldsymbol{f}_{\mathrm{RF},k}\boldsymbol{f}_{\mathrm{BB},k}^{\mathrm{H}} \|_{\mathrm{F}}^{2} \\ \text{s.t.} \quad \boldsymbol{f}_{\mathrm{RF},k} \in \mathcal{F}_k \quad \text{C1} \end{cases} \tag{4.9}$$

$$\boldsymbol{f}_{\mathrm{BB},k}^{\mathrm{opt}} = \arg\min\limits_{\boldsymbol{f}_{\mathrm{BB},k}} \| \boldsymbol{X} - \boldsymbol{f}_{\mathrm{RF},k}^{\mathrm{opt}}\boldsymbol{f}_{\mathrm{BB},k}^{\mathrm{H}} \|_{\mathrm{F}}^{2} \tag{4.10}$$

其中，$\boldsymbol{X} = \boldsymbol{F}_{\mathrm{opt}} - \sum\limits_{i=1,i\neq k}^{N_{\mathrm{RF}}} \boldsymbol{f}_{\mathrm{RF},i}\boldsymbol{f}_{\mathrm{BB},i}^{\mathrm{H}}$。发射功率约束 C3 在式(4.9)和式(4.10)中被暂时忽略，当混合预编码矩阵优化完成后，在数字预编码矩阵前乘以功率因子 $\dfrac{\sqrt{P_{\mathrm{t}}}}{\| \boldsymbol{F}_{\mathrm{RF}}\boldsymbol{F}_{\mathrm{BB}} \|_{\mathrm{F}}}$ 即可满足该约束条件。

值得注意的是，在部分连接结构中由于模拟预编码矩阵的第 k 列仅有第 $\dfrac{(k-1)N_{\mathrm{t}}}{N_{\mathrm{RF}}}+1$ 至第 $\dfrac{kN_{\mathrm{t}}}{N_{\mathrm{RF}}}$ 个元素非零，因此矩阵 $\boldsymbol{f}_{\mathrm{RF},k}\boldsymbol{f}_{\mathrm{BB},k}^{\mathrm{H}}$ 中只有第 $\dfrac{(k-1)N_{\mathrm{t}}}{N_{\mathrm{RF}}}+1$ 至第 $\dfrac{kN_{\mathrm{t}}}{N_{\mathrm{RF}}}$ 行含有非零元素。相应地，容易验证矩阵 $\sum\limits_{i=1,i\neq k}^{N_{\mathrm{RF}}} \boldsymbol{f}_{\mathrm{RF},i}\boldsymbol{f}_{\mathrm{BB},i}^{\mathrm{H}}$ 恰好只有第 $\dfrac{(k-1)N_{\mathrm{t}}}{N_{\mathrm{RF}}+1}$ 至第 $\dfrac{kN_{\mathrm{t}}}{N_{\mathrm{RF}}}$ 行是零元素，因此，在部分连接结构中可将问题式(4.9)和式(4.10)进一步简化为

$$\begin{cases} \boldsymbol{f}_{\mathrm{RF},k}^{\mathrm{blk,opt}} = \arg\min\limits_{\boldsymbol{f}_{\mathrm{RF},k}^{\mathrm{b}}} \| \boldsymbol{F}_{\mathrm{opt},k} - \boldsymbol{f}_{\mathrm{RF},k}^{\mathrm{blk}}\boldsymbol{f}_{\mathrm{BB},k}^{\mathrm{H}} \|_{\mathrm{F}}^{2} \\ \text{s.t.} \quad | \boldsymbol{f}_{\mathrm{RF},k}^{\mathrm{blk}}(i) | = 1 \quad \forall i \quad \text{C1} \end{cases} \tag{4.11}$$

$$\boldsymbol{f}_{\mathrm{BB},k}^{\mathrm{opt}} = \arg\min_{\boldsymbol{f}_{\mathrm{BB},k}} \| \boldsymbol{F}_{\mathrm{opt},k} - \boldsymbol{f}_{\mathrm{RF},k}^{\mathrm{blk,opt}} \boldsymbol{f}_{\mathrm{BB},k}^{\mathrm{H}} \|_{\mathrm{F}}^{2} \tag{4.12}$$

其中，$\boldsymbol{f}_{\mathrm{RF},k}^{\mathrm{blk}} \in \mathbb{C}^{N_{\mathrm{t}}/N_{\mathrm{RF}}\times 1}$，表示模拟预编码矩阵 $\boldsymbol{F}_{\mathrm{RF}}$ 第 k 列中第 $\frac{(k-1)N_{\mathrm{t}}}{N_{\mathrm{RF}}}+1$ 至第 $\frac{kN_{\mathrm{t}}}{N_{\mathrm{RF}}}$ 个元素组成的向量；$\boldsymbol{F}_{\mathrm{opt},k} \in \mathbb{C}^{N_{\mathrm{t}}/N_{\mathrm{RF}}\times N_{\mathrm{s}}}$，表示由矩阵 $\boldsymbol{F}_{\mathrm{opt}}$ 第 $\frac{(k-1)N_{\mathrm{t}}}{N_{\mathrm{RF}}}+1$ 行至第 $\frac{kN_{\mathrm{t}}}{N_{\mathrm{RF}}}$ 行组成的矩阵。

显然，式(4.11)、式(4.12)与式(4.9)、式(4.10)的数学形式完全相同，因此以下将主要讨论式(4.9)和式(4.10)的求解方法，式(4.11)和式(4.12)可通过同样的步骤求解。

2. 模拟预编码矩阵优化

首先讨论关于模拟预编码矩阵的第 k 个列向量 $\boldsymbol{f}_{\mathrm{RF},k}$ 的优化问题。式(4.9)的目标函数在实数域上可展开为

$$\begin{aligned}
&\| \boldsymbol{X} - \boldsymbol{f}_{\mathrm{RF},k}\boldsymbol{f}_{\mathrm{BB},k}^{\mathrm{H}} \|_{\mathrm{F}}^{2} \\
&= \| \mathrm{Re}\{\boldsymbol{X}\} + \mathrm{jIm}\{\boldsymbol{X}\} - (\mathrm{Re}\{\boldsymbol{f}_{\mathrm{RF},k}\} + \mathrm{jIm}\{\boldsymbol{f}_{\mathrm{RF},k}\})(\mathrm{Re}\{\boldsymbol{f}_{\mathrm{BB},k}^{\mathrm{T}}\} - \mathrm{jIm}\{\boldsymbol{f}_{\mathrm{BB},k}^{\mathrm{T}}\}) \|_{\mathrm{F}}^{2} \\
&= \| \mathrm{Re}\{\boldsymbol{X}\} - (\mathrm{Re}\{\boldsymbol{f}_{\mathrm{RF},k}\}\mathrm{Re}\{\boldsymbol{f}_{\mathrm{BB},k}^{\mathrm{T}}\} + \mathrm{Im}\{\boldsymbol{f}_{\mathrm{RF},k}\}\mathrm{Im}\{\boldsymbol{f}_{\mathrm{BB},k}^{\mathrm{T}}\}) + \\
&\quad \mathrm{j}(\mathrm{Im}\{\boldsymbol{X}\} - (\mathrm{Im}\{\boldsymbol{f}_{\mathrm{RF},k}\}\mathrm{Re}\{\boldsymbol{f}_{\mathrm{BB},k}^{\mathrm{T}}\} - \mathrm{Re}\{\boldsymbol{f}_{\mathrm{RF},k}\}\mathrm{Im}\{\boldsymbol{f}_{\mathrm{BB},k}^{\mathrm{T}}\})) \|_{\mathrm{F}}^{2} \\
&= \left\| \begin{bmatrix} \mathrm{Re}\{\boldsymbol{X}\} \\ \mathrm{Im}\{\boldsymbol{X}\} \end{bmatrix} - \begin{bmatrix} \mathrm{Re}\{\boldsymbol{f}_{\mathrm{RF},k}\}\mathrm{Re}\{\boldsymbol{f}_{\mathrm{BB},k}^{\mathrm{T}}\} + \mathrm{Im}\{\boldsymbol{f}_{\mathrm{RF},k}\}\mathrm{Im}\{\boldsymbol{f}_{\mathrm{BB},k}^{\mathrm{T}}\} \\ \mathrm{Im}\{\boldsymbol{f}_{\mathrm{RF},k}\}\mathrm{Re}\{\boldsymbol{f}_{\mathrm{BB},k}^{\mathrm{T}}\} - \mathrm{Re}\{\boldsymbol{f}_{\mathrm{RF},k}\}\mathrm{Im}\{\boldsymbol{f}_{\mathrm{BB},k}^{\mathrm{T}}\} \end{bmatrix} \right\|_{\mathrm{F}}^{2}
\end{aligned} \tag{4.13}$$

利用式(4.13)，式(4.9)可以重新表示为

$$\begin{cases} \min\limits_{\substack{\mathrm{Re}\{\boldsymbol{f}_{\mathrm{RF},k}\},\\ \mathrm{Im}\{\boldsymbol{f}_{\mathrm{RF},k}\}}} \left\| \begin{bmatrix} \mathrm{Re}\{\boldsymbol{X}\} \\ \mathrm{Im}\{\boldsymbol{X}\} \end{bmatrix} - \begin{bmatrix} \mathrm{Re}\{\boldsymbol{f}_{\mathrm{RF},k}\}\mathrm{Re}\{\boldsymbol{f}_{\mathrm{BB},k}^{\mathrm{T}}\} + \mathrm{Im}\{\boldsymbol{f}_{\mathrm{RF},k}\}\mathrm{Im}\{\boldsymbol{f}_{\mathrm{BB},k}^{\mathrm{T}}\} \\ \mathrm{Im}\{\boldsymbol{f}_{\mathrm{RF},k}\}\mathrm{Re}\{\boldsymbol{f}_{\mathrm{BB},k}^{\mathrm{T}}\} - \mathrm{Re}\{\boldsymbol{f}_{\mathrm{RF},k}\}\mathrm{Im}\{\boldsymbol{f}_{\mathrm{BB},k}^{\mathrm{T}}\} \end{bmatrix} \right\|_{\mathrm{F}}^{2} \\ \text{s. t. } \mathrm{Re}\,\{\boldsymbol{f}_{\mathrm{RF},k}(i)\}^{2} + \mathrm{Im}\,\{\boldsymbol{f}_{\mathrm{RF},k}(i)\}^{2} = 1 \quad \forall i \end{cases} \tag{4.14}$$

式(4.14)的约束条件为二次非凸约束，直接求解较为困难。为此，利用 Givens 旋转的保范性[6]，可将式(4.14)最优解的每个元素都表示为

$$\begin{bmatrix} \mathrm{Re}\{\boldsymbol{f}_{\mathrm{RF},k}^{\mathrm{opt}}(i)\} \\ \mathrm{Im}\{\boldsymbol{f}_{\mathrm{RF},k}^{\mathrm{opt}}(i)\} \end{bmatrix} = \begin{bmatrix} \cos\boldsymbol{\theta}_{\mathrm{opt}}(i) & \sin\boldsymbol{\theta}_{\mathrm{opt}}(i) \\ -\sin\boldsymbol{\theta}_{\mathrm{opt}}(i) & \cos\boldsymbol{\theta}_{\mathrm{opt}}(i) \end{bmatrix} \begin{bmatrix} \mathrm{Re}\{\boldsymbol{f}_{\mathrm{RF},k}(i)\} \\ \mathrm{Im}\{\boldsymbol{f}_{\mathrm{RF},k}(i)\} \end{bmatrix} \tag{4.15}$$

其中，$\begin{bmatrix} \cos\boldsymbol{\theta}_{\mathrm{opt}}(i) & \sin\boldsymbol{\theta}_{\mathrm{opt}}(i) \\ -\sin\boldsymbol{\theta}_{\mathrm{opt}}(i) & \cos\boldsymbol{\theta}_{\mathrm{opt}}(i) \end{bmatrix}$ 为 Givens 旋转矩阵；$\boldsymbol{\theta}_{\mathrm{opt}} \in \mathbb{R}^{N_{\mathrm{t}}\times 1}$，为所有元素对应Givens 旋转矩阵角度组成的向量。

利用式(4.15)，可将式(4.14)的最优解 $\begin{bmatrix} \mathrm{Re}\{\boldsymbol{f}_{\mathrm{RF},k}^{\mathrm{opt}}\} \\ \mathrm{Im}\{\boldsymbol{f}_{\mathrm{RF},k}^{\mathrm{opt}}\} \end{bmatrix}$ 表示为 Givens 旋转矩阵与向量 $\begin{bmatrix} \mathrm{Re}\{\boldsymbol{f}_{\mathrm{RF},k}\} \\ \mathrm{Im}\{\boldsymbol{f}_{\mathrm{RF},k}\} \end{bmatrix}$ 相乘的形式，即

$$\begin{bmatrix} \mathrm{Re}\{\boldsymbol{f}_{\mathrm{RF},k}^{\mathrm{opt}}\} \\ \mathrm{Im}\{\boldsymbol{f}_{\mathrm{RF},k}^{\mathrm{opt}}\} \end{bmatrix} = \boldsymbol{G}_1\,\boldsymbol{G}_2 \cdots \boldsymbol{G}_{N_{\mathrm{t}}} \begin{bmatrix} \mathrm{Re}\{\boldsymbol{f}_{\mathrm{RF},k}\} \\ \mathrm{Im}\{\boldsymbol{f}_{\mathrm{RF},k}\} \end{bmatrix} \tag{4.16}$$

其中，$\boldsymbol{G}_i = \mathrm{diag}\{\boldsymbol{I}_{i-1}, \widetilde{\boldsymbol{G}}_i, \boldsymbol{I}_{N_{\mathrm{t}}-i}\}$，表示与向量 $\boldsymbol{f}_{\mathrm{RF},k}$ 第 i 个元素相对应的 Givens 旋转矩阵，矩

阵 $\widetilde{\boldsymbol{G}}_i=\begin{bmatrix}\cos\boldsymbol{\theta}_{\text{opt}}(i) & \cdots & \sin\boldsymbol{\theta}_{\text{opt}}(i)\\ \vdots & \boldsymbol{I}_{N_t-1} & \vdots\\ -\sin\boldsymbol{\theta}_{\text{opt}}(i) & \cdots & \cos\boldsymbol{\theta}_{\text{opt}}(i)\end{bmatrix}$。

容易验证下列等式成立：

$$\boldsymbol{G}_1\boldsymbol{G}_2\cdots\boldsymbol{G}_{N_t}=\begin{bmatrix}\text{diag}\{\cos\boldsymbol{\theta}_{\text{opt}}\} & \text{diag}\{\sin\boldsymbol{\theta}_{\text{opt}}\}\\ -\text{diag}\{\sin\boldsymbol{\theta}_{\text{opt}}\} & \text{diag}\{\cos\boldsymbol{\theta}_{\text{opt}}\}\end{bmatrix}$$

因此，式(4.16)可以等价表示为

$$\begin{bmatrix}\text{Re}\{\boldsymbol{f}_{\text{RF},k}^{\text{opt}}\}\\ \text{Im}\{\boldsymbol{f}_{\text{RF},k}^{\text{opt}}\}\end{bmatrix}=\begin{bmatrix}\text{diag}\{\cos\boldsymbol{\theta}_{\text{opt}}\} & \text{diag}\{\sin\boldsymbol{\theta}_{\text{opt}}\}\\ -\text{diag}\{\sin\boldsymbol{\theta}_{\text{opt}}\} & \text{diag}\{\cos\boldsymbol{\theta}_{\text{opt}}\}\end{bmatrix}\begin{bmatrix}\text{Re}\{\boldsymbol{f}_{\text{RF},k}\}\\ \text{Im}\{\boldsymbol{f}_{\text{RF},k}\}\end{bmatrix}\tag{4.17}$$

根据式(4.17)，对于任意给定的向量 $\boldsymbol{f}_{\text{RF},k}$，求解式(4.9)的最优解 $\boldsymbol{f}_{\text{RF},k}^{\text{opt}}$ 等价于寻找最优向量 $\boldsymbol{\theta}_{\text{opt}}$。因此，式(4.9)可等价表示为

$$\boldsymbol{\theta}_{\text{opt}}=\arg\min_{\boldsymbol{\theta}}J(\boldsymbol{\theta})\tag{4.18}$$

其中

$$J(\boldsymbol{\theta})=\left\|\begin{bmatrix}\text{Re}\{\boldsymbol{X}\}\\ \text{Im}\{\boldsymbol{X}\}\end{bmatrix}-\begin{bmatrix}\text{diag}\{\cos\boldsymbol{\theta}\} & \text{diag}\{\sin\boldsymbol{\theta}\}\\ -\text{diag}\{\sin\boldsymbol{\theta}\} & \text{diag}\{\cos\boldsymbol{\theta}\}\end{bmatrix}\begin{bmatrix}\text{Re}\{\boldsymbol{f}_{\text{RF},k}\} & -\text{Im}\{\boldsymbol{f}_{\text{RF},k}\}\\ \text{Im}\{\boldsymbol{f}_{\text{RF},k}\} & \text{Re}\{\boldsymbol{f}_{\text{RF},k}\}\end{bmatrix}\begin{bmatrix}\text{Re}\{\boldsymbol{f}_{\text{BB},k}^{\text{T}}\}\\ -\text{Im}\{\boldsymbol{f}_{\text{BB},k}^{\text{T}}\}\end{bmatrix}\right\|_{\text{F}}^2,$$

$\boldsymbol{f}_{\text{RF},k}$ 是满足条件 $|\boldsymbol{f}_{\text{RF},k}(i)|=1\ (\forall i)$ 的任意向量。

利用任意实矩阵的性质 $\|\boldsymbol{A}\|_{\text{F}}^2=\text{tr}\{\boldsymbol{A}^{\text{T}}\boldsymbol{A}\}$，式(4.18)的目标函数可被转化为

$$\begin{aligned}J(\boldsymbol{\theta})=&\left\|\begin{bmatrix}\text{Re}\{\boldsymbol{X}\}\\ \text{Im}\{\boldsymbol{X}\}\end{bmatrix}-\begin{bmatrix}\text{diag}\{\cos\boldsymbol{\theta}\} & \text{diag}\{\sin\boldsymbol{\theta}\}\\ -\text{diag}\{\sin\boldsymbol{\theta}\} & \text{diag}\{\cos\boldsymbol{\theta}\}\end{bmatrix}\begin{bmatrix}\text{Re}\{\boldsymbol{f}_{\text{RF},k}\} & -\text{Im}\{\boldsymbol{f}_{\text{RF},k}\}\\ \text{Im}\{\boldsymbol{f}_{\text{RF},k}\} & \text{Re}\{\boldsymbol{f}_{\text{RF},k}\}\end{bmatrix}\begin{bmatrix}\text{Re}\{\boldsymbol{f}_{\text{BB},k}^{\text{T}}\}\\ -\text{Im}\{\boldsymbol{f}_{\text{BB},k}^{\text{T}}\}\end{bmatrix}\right\|_{\text{F}}^2\\
=&\|\text{Re}\{\boldsymbol{X}\}-\text{diag}\{\cos\boldsymbol{\theta}\}\text{Re}\{\boldsymbol{f}_{\text{RF},k}\}\text{Re}\{\boldsymbol{f}_{\text{BB},k}^{\text{T}}\}-\text{diag}\{\sin\boldsymbol{\theta}\}\text{Im}\{\boldsymbol{f}_{\text{RF},k}\}\text{Re}\{\boldsymbol{f}_{\text{BB},k}^{\text{T}}\}-\\
&\text{diag}\{\cos\boldsymbol{\theta}\}\text{Im}\{\boldsymbol{f}_{\text{RF},k}\}\text{Im}\{\boldsymbol{f}_{\text{BB},k}^{\text{T}}\}+\text{diag}\{\sin\boldsymbol{\theta}\}\text{Re}\{\boldsymbol{f}_{\text{RF},k}\}\text{Im}\{\boldsymbol{f}_{\text{BB},k}^{\text{T}}\}\|_{\text{F}}^2+\\
&\|\text{Im}\{\boldsymbol{X}\}+\text{diag}\{\sin\boldsymbol{\theta}\}\text{Re}\{\boldsymbol{f}_{\text{RF},k}\}\text{Re}\{\boldsymbol{f}_{\text{BB},k}^{\text{T}}\}-\text{diag}\{\cos\boldsymbol{\theta}\}\text{Im}\{\boldsymbol{f}_{\text{RF},k}\}\text{Re}\{\boldsymbol{f}_{\text{BB},k}^{\text{T}}\}+\\
&\text{diag}\{\sin\boldsymbol{\theta}\}\text{Im}\{\boldsymbol{f}_{\text{RF},k}\}\text{Im}\{\boldsymbol{f}_{\text{BB},k}^{\text{T}}\}+\text{diag}\{\cos\boldsymbol{\theta}\}\text{Re}\{\boldsymbol{f}_{\text{RF},k}\}\text{Im}\{\boldsymbol{f}_{\text{BB},k}^{\text{T}}\}\|_{\text{F}}^2\\
=&\text{tr}\{(\text{Re}\{\boldsymbol{X}^{\text{T}}\}-\text{Re}\{\boldsymbol{f}_{\text{BB},k}\}\text{Re}\{\boldsymbol{f}_{\text{RF},k}^{\text{T}}\}\text{diag}\{\cos\boldsymbol{\theta}\}-\text{Re}\{\boldsymbol{f}_{\text{BB},k}\}\text{Im}\{\boldsymbol{f}_{\text{RF},k}^{\text{T}}\}\text{diag}\{\sin\boldsymbol{\theta}\}-\\
&\text{Im}\{\boldsymbol{f}_{\text{BB},k}\}\text{Im}\{\boldsymbol{f}_{\text{RF},k}^{\text{T}}\}\text{diag}\{\cos\boldsymbol{\theta}\}+\text{Im}\{\boldsymbol{f}_{\text{BB},k}\}\text{Re}\{\boldsymbol{f}_{\text{RF},k}^{\text{T}}\}\text{diag}\{\sin\boldsymbol{\theta}\})(\text{Re}\{\boldsymbol{X}\}-\\
&\text{diag}\{\cos\boldsymbol{\theta}\}\text{Re}\{\boldsymbol{f}_{\text{RF},k}\}\text{Re}\{\boldsymbol{f}_{\text{BB},k}^{\text{T}}\}-\text{diag}\{\sin\boldsymbol{\theta}\}\text{Im}\{\boldsymbol{f}_{\text{RF},k}\}\text{Re}\{\boldsymbol{f}_{\text{BB},k}^{\text{T}}\}-\\
&\text{diag}\{\cos\boldsymbol{\theta}\}\text{Im}\{\boldsymbol{f}_{\text{RF},k}\}\text{Im}\{\boldsymbol{f}_{\text{BB},k}^{\text{T}}\}+\text{diag}\{\sin\boldsymbol{\theta}\}\text{Re}\{\boldsymbol{f}_{\text{RF},k}\}\text{Im}\{\boldsymbol{f}_{\text{BB},k}^{\text{T}}\})\}+\\
&\text{tr}\{(\text{Im}\{\boldsymbol{X}^{\text{T}}\}+\text{Re}\{\boldsymbol{f}_{\text{BB},k}\}\text{Re}\{\boldsymbol{f}_{\text{RF},k}^{\text{T}}\}\text{diag}\{\sin\boldsymbol{\theta}\}-\text{Re}\{\boldsymbol{f}_{\text{BB},k}\}\text{Im}\{\boldsymbol{f}_{\text{RF},k}^{\text{T}}\}\text{diag}\{\cos\boldsymbol{\theta}\}+\\
&\text{Im}\{\boldsymbol{f}_{\text{BB},k}\}\text{Im}\{\boldsymbol{f}_{\text{RF},k}^{\text{T}}\}\text{diag}\{\sin\boldsymbol{\theta}\}+\text{Im}\{\boldsymbol{f}_{\text{BB},k}\}\text{Re}\{\boldsymbol{f}_{\text{RF},k}^{\text{T}}\}\text{diag}\{\cos\boldsymbol{\theta}\})(\text{Im}\{\boldsymbol{X}\}+\\
&\text{diag}\{\sin\boldsymbol{\theta}\}\text{Re}\{\boldsymbol{f}_{\text{RF},k}\}\text{Re}\{\boldsymbol{f}_{\text{BB},k}^{\text{T}}\}-\text{diag}\{\cos\boldsymbol{\theta}\}\text{Im}\{\boldsymbol{f}_{\text{RF},k}\}\text{Re}\{\boldsymbol{f}_{\text{BB},k}^{\text{T}}\}+\\
&\text{diag}\{\sin\boldsymbol{\theta}\}\text{Im}\{\boldsymbol{f}_{\text{RF},k}\}\text{Im}\{\boldsymbol{f}_{\text{BB},k}^{\text{T}}\}+\text{diag}\{\cos\boldsymbol{\theta}\}\text{Re}\{\boldsymbol{f}_{\text{RF},k}\}\text{Im}\{\boldsymbol{f}_{\text{BB},k}^{\text{T}}\})\}\\
=&\|\text{Re}\{\boldsymbol{X}\}\|_{\text{F}}^2+\|\text{Im}\{\boldsymbol{X}\}\|_{\text{F}}^2+\|\text{Re}\{\boldsymbol{f}_{\text{RF},k}\}\text{Re}\{\boldsymbol{f}_{\text{BB},k}^{\text{T}}\}+\text{Im}\{\boldsymbol{f}_{\text{RF},k}\}\text{Im}\{\boldsymbol{f}_{\text{BB},k}^{\text{T}}\}\|_{\text{F}}^2+\\
&\|\text{Im}\{\boldsymbol{f}_{\text{RF},k}\}\times\text{Re}\{\boldsymbol{f}_{\text{BB},k}^{\text{T}}\}-\text{Re}\{\boldsymbol{f}_{\text{RF},k}\}\text{Im}\{\boldsymbol{f}_{\text{BB},k}^{\text{T}}\}\|_{\text{F}}^2+2\text{tr}\{(\text{Re}\{\boldsymbol{f}_{\text{BB},k}\}\text{Re}\{\boldsymbol{f}_{\text{RF},k}^{\text{T}}\}+\\
&\text{Im}\{\boldsymbol{f}_{\text{BB},k}\}\text{Im}\{\boldsymbol{f}_{\text{RF},k}^{\text{T}}\})\times(\text{diag}\{\sin\boldsymbol{\theta}\}\text{Im}\{\boldsymbol{X}\}-\text{diag}\{\cos\boldsymbol{\theta}\}\text{Re}\{\boldsymbol{X}\})\}-2\text{tr}\{(\text{Re}\{\boldsymbol{f}_{\text{BB},k}\}\\
&\text{Im}\{\boldsymbol{f}_{\text{RF},k}^{\text{T}}\}-\text{Im}\{\boldsymbol{f}_{\text{BB},k}\}\times\text{Re}\{\boldsymbol{f}_{\text{RF},k}^{\text{T}}\})(\text{diag}\{\cos\boldsymbol{\theta}\}\text{Im}\{\boldsymbol{X}\}+\text{diag}\{\sin\boldsymbol{\theta}\}\text{Re}\{\boldsymbol{X}\})\}\end{aligned}$$

由 KKT 条件可知，式(4.18)的稳定点 $\boldsymbol{\theta}_{\text{sta}}$ 应当满足

$$\left.\frac{\partial J(\boldsymbol{\theta})}{\partial \boldsymbol{\theta}}\right|_{\boldsymbol{\theta}=\boldsymbol{\theta}_{\text{sta}}} = \mathbf{0} \tag{4.19}$$

为了有效计算函数 $J(\boldsymbol{\theta})$ 关于 $\boldsymbol{\theta}$ 的导数，首先给出如下定理。

定理 4.1　对于任意矩阵 $\boldsymbol{A}$、$\boldsymbol{B} \in \mathbb{C}^{m\times n}$ 和任意向量 $\boldsymbol{\theta} \in \mathbb{C}^{n\times 1}$，下列等式成立，即

$$\frac{\partial}{\partial \boldsymbol{\theta}}\text{tr}\{\boldsymbol{A}\,\text{diag}\{\sin\boldsymbol{\theta}\}\,\boldsymbol{B}^{\text{T}}\} = \text{diag}\{\boldsymbol{B}^{\text{T}}\boldsymbol{A}\}\cos\boldsymbol{\theta} \tag{4.20}$$

$$\frac{\partial}{\partial \boldsymbol{\theta}}\text{tr}\{\boldsymbol{A}\,\text{diag}\{\cos\boldsymbol{\theta}\}\,\boldsymbol{B}^{\text{T}}\} = -\,\text{diag}\{\boldsymbol{B}^{\text{T}}\boldsymbol{A}\}\sin\boldsymbol{\theta} \tag{4.21}$$

首先证明式(4.20)。

证明:将矩阵 $\boldsymbol{A}$ 和 $\boldsymbol{B}$ 分别按列分块表示为 $\boldsymbol{A} = [\boldsymbol{a}_1 \quad \cdots \quad \boldsymbol{a}_n]$、$\boldsymbol{B} = [\boldsymbol{b}_1 \quad \cdots \quad \boldsymbol{b}_n]$，并令向量 $\boldsymbol{\theta} = [\theta_1 \quad \cdots \quad \theta_n]^{\text{T}}$，则式(4.20)可以等价表示为

$$\begin{aligned}
\frac{\partial}{\partial \boldsymbol{\theta}}\text{tr}\{\boldsymbol{A}\text{diag}\{\sin\boldsymbol{\theta}\}\,\boldsymbol{B}^{\text{T}}\} &= \frac{\partial}{\partial \boldsymbol{\theta}}\text{tr}\Big\{\sum_{i=1}^{n} \boldsymbol{a}_i\,\boldsymbol{b}_i^{\text{T}}\sin\theta_i\Big\} \\
&= \frac{\partial}{\partial \boldsymbol{\theta}}\sum_{i=1}^{n}\text{tr}\{\boldsymbol{a}_i\,\boldsymbol{b}_i^{\text{T}}\}\sin\theta_i \\
&= \frac{\partial}{\partial \boldsymbol{\theta}}\sum_{i=1}^{n}\boldsymbol{b}_i^{\text{T}}\,\boldsymbol{a}_i\sin\theta_i \\
&= [\boldsymbol{b}_1^{\text{T}}\boldsymbol{a}_1\cos\theta_1 \quad \cdots \quad \boldsymbol{b}_n^{\text{T}}\boldsymbol{a}_n\cos\theta_n]^{\text{T}} \\
&= \begin{bmatrix} \boldsymbol{b}_1^{\text{T}}\,\boldsymbol{a}_1 & & \\ & \ddots & \\ & & \boldsymbol{b}_n^{\text{T}}\,\boldsymbol{a}_n \end{bmatrix}\begin{bmatrix}\cos\theta_1 \\ \vdots \\ \cos\theta_n\end{bmatrix} \\
&= \text{diag}\{\boldsymbol{B}^{\text{T}}\boldsymbol{A}\}\cos\boldsymbol{\theta}
\end{aligned}$$

同理，式(4.21)可证明如下：

$$\begin{aligned}
\frac{\partial}{\partial \boldsymbol{\theta}}\text{tr}\{\boldsymbol{A}\text{diag}\{\cos\boldsymbol{\theta}\}\,\boldsymbol{B}^{\text{T}}\} &= \frac{\partial}{\partial \boldsymbol{\theta}}\text{tr}\Big\{\sum_{i=1}^{n} \boldsymbol{a}_i\,\boldsymbol{b}_i^{\text{T}}\cos\theta_i\Big\} \\
&= \frac{\partial}{\partial \boldsymbol{\theta}}\sum_{i=1}^{n}\text{tr}\{\boldsymbol{a}_i\,\boldsymbol{b}_i^{\text{T}}\}\cos\theta_i \\
&= \frac{\partial}{\partial \boldsymbol{\theta}}\sum_{i=1}^{n}\boldsymbol{b}_i^{\text{T}}\,\boldsymbol{a}_i\cos\theta_i \\
&= [\boldsymbol{b}_1^{\text{T}}\boldsymbol{a}_1\sin\theta_1 \quad \cdots \quad \boldsymbol{b}_n^{\text{T}}\boldsymbol{a}_n\sin\theta_n]^{\text{T}} \\
&= -\begin{bmatrix} \boldsymbol{b}_1^{\text{T}}\,\boldsymbol{a}_1 & & \\ & \ddots & \\ & & \boldsymbol{b}_n^{\text{T}}\,\boldsymbol{a}_n \end{bmatrix}\begin{bmatrix}\sin\theta_1 \\ \vdots \\ \sin\theta_n\end{bmatrix} \\
&= -\,\text{diag}\{\boldsymbol{B}^{\text{T}}\boldsymbol{A}\}\sin\boldsymbol{\theta}
\end{aligned}$$

定理 4.1 证毕。

定理 4.1 给出了函数 $J(\boldsymbol{\theta})$ 中与 $\boldsymbol{\theta}$ 有关项的一阶偏导数，将该结论代入式(4.19)可得

$$\begin{aligned}&\mathrm{diag}\{\mathrm{Re}\{\boldsymbol{X}\}(\mathrm{Re}\{\boldsymbol{f}_{\mathrm{BB},k}\}\mathrm{Re}\{\boldsymbol{f}_{\mathrm{RF},k}^{\mathrm{T}}\}+\mathrm{Im}\{\boldsymbol{f}_{\mathrm{BB},k}\}\mathrm{Im}\{\boldsymbol{f}_{\mathrm{RF},k}^{\mathrm{T}}\})+\\&\mathrm{Im}\{\boldsymbol{X}\}(\mathrm{Re}\{\boldsymbol{f}_{\mathrm{BB},k}\}\mathrm{Im}\{\boldsymbol{f}_{\mathrm{RF},k}^{\mathrm{T}}\}-\mathrm{Im}\{\boldsymbol{f}_{\mathrm{BB},k}\}\mathrm{Re}\{\boldsymbol{f}_{\mathrm{RF},k}^{\mathrm{T}}\})\}\sin\boldsymbol{\theta}_{\mathrm{sta}}\\&=\mathrm{diag}\{\mathrm{Re}\{\boldsymbol{X}\}(\mathrm{Re}\{\boldsymbol{f}_{\mathrm{BB},k}\}\mathrm{Im}\{\boldsymbol{f}_{\mathrm{RF},k}^{\mathrm{T}}\}-\mathrm{Im}\{\boldsymbol{f}_{\mathrm{BB},k}\}\mathrm{Re}\{\boldsymbol{f}_{\mathrm{RF},k}^{\mathrm{T}}\})-\\&\mathrm{Im}\{\boldsymbol{X}\}(\mathrm{Re}\{\boldsymbol{f}_{\mathrm{BB},k}\}\mathrm{Re}\{\boldsymbol{f}_{\mathrm{RF},k}^{\mathrm{T}}\}+\mathrm{Im}\{\boldsymbol{f}_{\mathrm{BB},k}\}\mathrm{Im}\{\boldsymbol{f}_{\mathrm{RF},k}^{\mathrm{T}}\})\}\cos\boldsymbol{\theta}_{\mathrm{sta}}\end{aligned}\tag{4.22}$$

式(4.22)等号左右两侧均为向量，也即向量中的每个元素应当分别相等。由此可将式(4.22)重新表示为

$$\begin{aligned}&(\mathrm{Re}\{\boldsymbol{X}_{i,:}\}(\mathrm{Re}\{\boldsymbol{f}_{\mathrm{BB},k}\}\mathrm{Re}\{\boldsymbol{f}_{\mathrm{RF},k}(i)\}+\mathrm{Im}\{\boldsymbol{f}_{\mathrm{BB},k}\}\mathrm{Im}\{\boldsymbol{f}_{\mathrm{RF},k}(i)\})+\\&\mathrm{Im}\{\boldsymbol{X}_{i,:}\}(\mathrm{Re}\{\boldsymbol{f}_{\mathrm{BB},k}\}\mathrm{Im}\{\boldsymbol{f}_{\mathrm{RF},k}(i)\}-\mathrm{Im}\{\boldsymbol{f}_{\mathrm{BB},k}\}\mathrm{Re}\{\boldsymbol{f}_{\mathrm{RF},k}(i)\}))\sin\boldsymbol{\theta}_{\mathrm{sta}}(i)\\&=(\mathrm{Re}\{\boldsymbol{X}_{i,:}\}(\mathrm{Re}\{\boldsymbol{f}_{\mathrm{BB},k}\}\mathrm{Im}\{\boldsymbol{f}_{\mathrm{RF},k}^{\mathrm{T}}(i)\}-\mathrm{Im}\{\boldsymbol{f}_{\mathrm{BB},k}\}\mathrm{Re}\{\boldsymbol{f}_{\mathrm{RF},k}^{\mathrm{T}}(i)\})-\\&\mathrm{Im}\{\boldsymbol{X}\}(\mathrm{Re}\{\boldsymbol{f}_{\mathrm{BB},k}\}\mathrm{Re}\{\boldsymbol{f}_{\mathrm{RF},k}^{\mathrm{T}}(i)\}+\mathrm{Im}\{\boldsymbol{f}_{\mathrm{BB},k}\}\mathrm{Im}\{\boldsymbol{f}_{\mathrm{RF},k}^{\mathrm{T}}(i)\}))\cos\boldsymbol{\theta}_{\mathrm{sta}}(i)\end{aligned}\tag{4.23}$$

由式(4.23)可知，在式(4.18)中，其稳定解 $\boldsymbol{\theta}_{\mathrm{sta}}$ 的第 i 个元素应当满足

$$\begin{cases}\cos\boldsymbol{\theta}_{\mathrm{sta}}(i)=\dfrac{1}{\beta_i}(\mathrm{Re}\{\boldsymbol{f}_{\mathrm{RF},k}(i)\}(\mathrm{Re}\{\boldsymbol{X}_{i,:}\}\mathrm{Re}\{\boldsymbol{f}_{\mathrm{BB},k}\}-\mathrm{Im}\{\boldsymbol{X}_{i,:}\}\mathrm{Im}\{\boldsymbol{f}_{\mathrm{BB},k}\})+\\\qquad\mathrm{Im}\{\boldsymbol{f}_{\mathrm{RF},k}(i)\}(\mathrm{Re}\{\boldsymbol{X}_{i,:}\}\mathrm{Im}\{\boldsymbol{f}_{\mathrm{BB},k}\}+\mathrm{Im}\{\boldsymbol{X}_{i,:}\}\mathrm{Re}\{\boldsymbol{f}_{\mathrm{BB},k}\}))\\\sin\boldsymbol{\theta}_{\mathrm{sta}}(i)=\dfrac{1}{\beta_i}(\mathrm{Im}\{\boldsymbol{f}_{\mathrm{RF},k}(i)\}(\mathrm{Re}\{\boldsymbol{X}_{i,:}\}\mathrm{Re}\{\boldsymbol{f}_{\mathrm{BB},k}\}-\mathrm{Im}\{\boldsymbol{X}_{i,:}\}\mathrm{Im}\{\boldsymbol{f}_{\mathrm{BB},k}\})-\\\qquad\mathrm{Re}\{\boldsymbol{f}_{\mathrm{RF},k}(i)\}(\mathrm{Re}\{\boldsymbol{X}_{i,:}\}\mathrm{Im}\{\boldsymbol{f}_{\mathrm{BB},k}\}+\mathrm{Im}\{\boldsymbol{X}_{i,:}\}\mathrm{Re}\{\boldsymbol{f}_{\mathrm{BB},k}\}))\end{cases}\tag{4.24}$$

其中，

$$\begin{aligned}\beta_i&=((\mathrm{Re}\{\boldsymbol{f}_{\mathrm{RF},k}(i)\}(\mathrm{Re}\{\boldsymbol{X}_{i,:}\}\mathrm{Re}\{\boldsymbol{f}_{\mathrm{BB},k}\}-\mathrm{Im}\{\boldsymbol{X}_{i,:}\}\mathrm{Im}\{\boldsymbol{f}_{\mathrm{BB},k}\})+\mathrm{Im}\{\boldsymbol{f}_{\mathrm{RF},k}(i)\}\times\\&\quad(\mathrm{Re}\{\boldsymbol{X}_{i,:}\}\mathrm{Im}\{\boldsymbol{f}_{\mathrm{BB},k}\}+\mathrm{Im}\{\boldsymbol{X}_{i,:}\}\mathrm{Re}\{\boldsymbol{f}_{\mathrm{BB},k}\}))^2+\\&\quad(\mathrm{Im}\{\boldsymbol{f}_{\mathrm{RF},k}(i)\}(\mathrm{Re}\{\boldsymbol{X}_{i,:}\}\mathrm{Re}\{\boldsymbol{f}_{\mathrm{BB},k}\}-\mathrm{Im}\{\boldsymbol{X}_{i,:}\}\mathrm{Im}\{\boldsymbol{f}_{\mathrm{BB},k}\})-\mathrm{Re}\{\boldsymbol{f}_{\mathrm{RF},k}(i)\}\times\\&\quad(\mathrm{Re}\{\boldsymbol{X}_{i,:}\}\mathrm{Im}\{\boldsymbol{f}_{\mathrm{BB},k}\}+\mathrm{Im}\{\boldsymbol{X}_{i,:}\}\mathrm{Re}\{\boldsymbol{f}_{\mathrm{BB},k}\}))^2)^{\frac{1}{2}}\\&=\pm((\mathrm{Re}\{\boldsymbol{X}_{i,:}\}\mathrm{Re}\{\boldsymbol{f}_{\mathrm{BB},k}\}-\mathrm{Im}\{\boldsymbol{X}_{i,:}\}\mathrm{Im}\{\boldsymbol{f}_{\mathrm{BB},k}\})^2+\\&\quad(\mathrm{Re}\{\boldsymbol{X}_{i,:}\}\mathrm{Im}\{\boldsymbol{f}_{\mathrm{BB},k}\}+\mathrm{Im}\{\boldsymbol{X}_{i,:}\}\mathrm{Re}\{\boldsymbol{f}_{\mathrm{BB},k}\})^2)^{\frac{1}{2}}\\&=\pm\left|(\mathrm{Re}\{\boldsymbol{X}_{i,:}\}+\mathrm{j}\mathrm{Im}\{\boldsymbol{X}_{i,:}\})(\mathrm{Re}\{\boldsymbol{f}_{\mathrm{BB},k}\}+\mathrm{j}\mathrm{Im}\{\boldsymbol{f}_{\mathrm{BB},k}\})\right|\\&=\pm\left|\boldsymbol{X}_{i,:}\boldsymbol{f}_{\mathrm{BB},k}\right|\end{aligned}\tag{4.25}$$

将式(4.24)和式(4.25)代入式(4.15)可得稳定点 $\boldsymbol{\theta}_{\mathrm{sta}}$ 对应向量 $\boldsymbol{f}_{\mathrm{RF},k}^{\mathrm{sta}}$ 的各元素为

$$\begin{aligned}\mathrm{Re}\{\boldsymbol{f}_{\mathrm{RF},k}^{\mathrm{sta}}(i)\}&=\frac{1}{\beta_i}(\mathrm{Re}\{\boldsymbol{f}_{\mathrm{RF},k}(i)\}(\mathrm{Re}\{\boldsymbol{X}_{i,:}\}\mathrm{Re}\{\boldsymbol{f}_{\mathrm{BB},k}\}-\mathrm{Im}\{\boldsymbol{X}_{i,:}\}\mathrm{Im}\{\boldsymbol{f}_{\mathrm{BB},k}\})+\\&\quad\mathrm{Im}\{\boldsymbol{f}_{\mathrm{RF},k}(i)\}(\mathrm{Re}\{\boldsymbol{X}_{i,:}\}\mathrm{Im}\{\boldsymbol{f}_{\mathrm{BB},k}\}+\mathrm{Im}\{\boldsymbol{X}_{i,:}\}\mathrm{Re}\{\boldsymbol{f}_{\mathrm{BB},k}\}))\mathrm{Re}\{\boldsymbol{f}_{\mathrm{RF},k}(i)\}+\\&\quad\frac{1}{\beta_i}(\mathrm{Im}\{\boldsymbol{f}_{\mathrm{RF},k}(i)\}(\mathrm{Re}\{\boldsymbol{X}_{i,:}\}\mathrm{Re}\{\boldsymbol{f}_{\mathrm{BB},k}\}-\mathrm{Im}\{\boldsymbol{X}_{i,:}\}\mathrm{Im}\{\boldsymbol{f}_{\mathrm{BB},k}\})-\\&\quad\mathrm{Re}\{\boldsymbol{f}_{\mathrm{RF},k}(i)\}(\mathrm{Re}\{\boldsymbol{X}_{i,:}\}\mathrm{Im}\{\boldsymbol{f}_{\mathrm{BB},k}\}+\mathrm{Im}\{\boldsymbol{X}_{i,:}\}\mathrm{Re}\{\boldsymbol{f}_{\mathrm{BB},k}\}))\mathrm{Im}\{\boldsymbol{f}_{\mathrm{RF},k}(i)\}\\&=\frac{1}{\beta_i}(\mathrm{Re}\{\boldsymbol{X}_{i,:}\}\mathrm{Re}\{\boldsymbol{f}_{\mathrm{BB},k}\}-\mathrm{Im}\{\boldsymbol{X}_{i,:}\}\mathrm{Im}\{\boldsymbol{f}_{\mathrm{BB},k}\})\end{aligned}\tag{4.26}$$

$$\begin{aligned}\mathrm{Im}\{\boldsymbol{f}_{\mathrm{RF},k}^{\mathrm{sta}}(i)\} &= \frac{1}{\beta_i}(\mathrm{Im}\{\boldsymbol{f}_{\mathrm{RF},k}(i)\}(\mathrm{Re}\{\boldsymbol{X}_{i,:}\}\mathrm{Re}\{\boldsymbol{f}_{\mathrm{BB},k}\}-\mathrm{Im}\{\boldsymbol{X}_{i,:}\}\mathrm{Im}\{\boldsymbol{f}_{\mathrm{BB},k}\})-\\&\quad \mathrm{Re}\{\boldsymbol{f}_{\mathrm{RF},k}(i)\}(\mathrm{Re}\{\boldsymbol{X}_{i,:}\}\mathrm{Im}\{\boldsymbol{f}_{\mathrm{BB},k}\}+\mathrm{Im}\{\boldsymbol{X}_{i,:}\}\mathrm{Re}\{\boldsymbol{f}_{\mathrm{BB},k}\}))\mathrm{Re}\{\boldsymbol{f}_{\mathrm{RF},k}(i)\}+\\&\quad \frac{1}{\beta_i}(\mathrm{Re}\{\boldsymbol{f}_{\mathrm{RF},k}(i)\}(\mathrm{Re}\{\boldsymbol{X}_{i,:}\}\mathrm{Re}\{\boldsymbol{f}_{\mathrm{BB},k}\}-\mathrm{Im}\{\boldsymbol{X}_{i,:}\}\mathrm{Im}\{\boldsymbol{f}_{\mathrm{BB},k}\})+\\&\quad \mathrm{Im}\{\boldsymbol{f}_{\mathrm{RF},k}(i)\}(\mathrm{Re}\{\boldsymbol{X}_{i,:}\}\mathrm{Im}\{\boldsymbol{f}_{\mathrm{BB},k}\}+\mathrm{Im}\{\boldsymbol{X}_{i,:}\}\mathrm{Re}\{\boldsymbol{f}_{\mathrm{BB},k}\}))\mathrm{Im}\{\boldsymbol{f}_{\mathrm{RF},k}(i)\}\\&= \frac{1}{\beta_i}(\mathrm{Re}\{\boldsymbol{X}_{i,:}\}\mathrm{Im}\{\boldsymbol{f}_{\mathrm{BB},k}\}+\mathrm{Im}\{\boldsymbol{X}_{i,:}\}\mathrm{Re}\{\boldsymbol{f}_{\mathrm{BB},k}\})\end{aligned} \tag{4.27}$$

显然，式(4.26)和式(4.27)可等价写为

$$\begin{bmatrix}\mathrm{Re}\{\boldsymbol{f}_{\mathrm{RF},k}^{\mathrm{sta}}(i)\}\\ \mathrm{Im}\{\boldsymbol{f}_{\mathrm{RF},k}^{\mathrm{sta}}(i)\}\end{bmatrix}=\frac{1}{\beta_i}\begin{bmatrix}\mathrm{Re}\{\boldsymbol{X}_{i,:}\} & -\mathrm{Im}\{\boldsymbol{X}_{i,:}\}\\ \mathrm{Im}\{\boldsymbol{X}_{i,:}\} & \mathrm{Re}\{\boldsymbol{X}_{i,:}\}\end{bmatrix}\begin{bmatrix}\mathrm{Re}\{\boldsymbol{f}_{\mathrm{BB},k}\}\\ \mathrm{Im}\{\boldsymbol{f}_{\mathrm{BB},k}\}\end{bmatrix} \tag{4.28}$$

进一步地，式(4.28)可改写为

$$\begin{bmatrix}\mathrm{Re}\{\boldsymbol{f}_{\mathrm{RF},k}^{\mathrm{sta}}\}\\ \mathrm{Im}\{\boldsymbol{f}_{\mathrm{RF},k}^{\mathrm{sta}}\}\end{bmatrix}=\begin{bmatrix}\boldsymbol{\beta} & \\ & \boldsymbol{\beta}\end{bmatrix}^{-1}\begin{bmatrix}\mathrm{Re}\{\boldsymbol{X}\} & -\mathrm{Im}\{\boldsymbol{X}\}\\ \mathrm{Im}\{\boldsymbol{X}\} & \mathrm{Re}\{\boldsymbol{X}\}\end{bmatrix}\begin{bmatrix}\mathrm{Re}\{\boldsymbol{f}_{\mathrm{BB},k}\}\\ \mathrm{Im}\{\boldsymbol{f}_{\mathrm{BB},k}\}\end{bmatrix} \tag{4.29}$$

其中，$\boldsymbol{\beta}=\mathrm{diag}\{\beta_1,\cdots,\beta_N\}$。

利用式(4.29)，复向量 $\boldsymbol{f}_{\mathrm{RF},k}^{\mathrm{sta}}$ 可以表示为

$$\begin{aligned}\boldsymbol{f}_{\mathrm{RF},k}^{\mathrm{sta}} &= \boldsymbol{\beta}^{-1}((\mathrm{Re}\{\boldsymbol{X}\}\mathrm{Re}\{\boldsymbol{f}_{\mathrm{BB},k}\}-\mathrm{Im}\{\boldsymbol{X}\}\mathrm{Im}\{\boldsymbol{f}_{\mathrm{BB},k}\})+\\&\quad \mathrm{j}(\mathrm{Im}\{\boldsymbol{X}\}\mathrm{Re}\{\boldsymbol{f}_{\mathrm{BB},k}\}+\mathrm{Re}\{\boldsymbol{X}\}\mathrm{Im}\{\boldsymbol{f}_{\mathrm{BB},k}\}))\\&= \boldsymbol{\beta}^{-1}(\mathrm{Re}\{\boldsymbol{X}\}+\mathrm{j}\mathrm{Im}\{\boldsymbol{X}\})(\mathrm{Re}\{\boldsymbol{f}_{\mathrm{BB},k}\}+\mathrm{j}\mathrm{Im}\{\boldsymbol{f}_{\mathrm{BB},k}\})\\&= \boldsymbol{D}\begin{bmatrix}\frac{1}{\beta_1}\boldsymbol{X}_{1,:}\boldsymbol{f}_{\mathrm{BB},k} & \cdots & \frac{1}{\beta_{N_t}}\boldsymbol{X}_{N_t,:}\boldsymbol{f}_{\mathrm{BB},k}\end{bmatrix}^{\mathrm{T}}\\&= \boldsymbol{D}\begin{bmatrix}\frac{\boldsymbol{X}_{1,:}\boldsymbol{f}_{\mathrm{BB},k}}{|\boldsymbol{X}_{1,:}\boldsymbol{f}_{\mathrm{BB},k}|} & \cdots & \frac{\boldsymbol{X}_{N_t,:}\boldsymbol{f}_{\mathrm{BB},k}}{|\boldsymbol{X}_{N_t,:}\boldsymbol{f}_{\mathrm{BB},k}|}\end{bmatrix}^{\mathrm{T}}=\boldsymbol{D}\exp(\mathrm{j}\angle(\boldsymbol{X}\boldsymbol{f}_{\mathrm{BB},k}))\end{aligned} \tag{4.30}$$

其中，$\boldsymbol{D}$ 表示对角矩阵且其对角元素为 1 或者−1。

显然，矩阵 $\boldsymbol{D}$ 的取值共有 2^{N_t} 种情况，不便使用。为此，下列定理将证明当对角矩阵 $\boldsymbol{D}$ 为单位矩阵时，式(4.30)给出的列向量 $\boldsymbol{f}_{\mathrm{RF},k}^{\mathrm{sta}}$ 是式(4.9)的最优解。

定理 4.2　对于任意矩阵 $\boldsymbol{X}\in\mathbb{C}^{N_t\times N_s}$ 和任意向量 $\boldsymbol{f}_{\mathrm{BB},k}\in\mathbb{C}^{N_s\times 1}$，令 $\boldsymbol{b}=\boldsymbol{X}\boldsymbol{f}_{\mathrm{BB},k}$，如果 $\boldsymbol{b}(i)\neq 0(\forall i)$，那么向量 $\boldsymbol{f}_{\mathrm{RF},k}^{\mathrm{opt}}=\exp(\mathrm{j}\angle\boldsymbol{b})$ 为式(4.9)的最优解。

证明：为了证明定理 4.2，首先给出如下引理。

引理 4.1　假设矩阵 $\boldsymbol{X}\in\mathbb{C}^{M\times N}$，其第 (i,k) 个元素为 $\boldsymbol{X}_{ik}=|\boldsymbol{x}_{ik}|\exp(\mathrm{j}\phi_{ik})$，那么对于优化问题：

$$\begin{cases}\min\limits_{\boldsymbol{U}}\|\boldsymbol{U}-\boldsymbol{X}\|_{\mathrm{F}}^{2}\\ \text{s. t. } |\boldsymbol{U}_{ik}|=1\quad\forall i,k\end{cases}$$

其最优解 $\boldsymbol{U}_{\mathrm{opt}}$ 的第 (i,k) 个元素一定满足

$$\boldsymbol{U}_{\mathrm{opt},ik}=\exp(\mathrm{j}\phi_{ik})$$

证明：见文献[21]。

引理 4.1 给出了任意矩阵在恒模集合中的最佳逼近，通过引理 4.1 可知，向量 $\boldsymbol{f}_{\mathrm{RF},k}^{\mathrm{opt}}=\exp(\mathrm{j}\angle(\boldsymbol{X}\boldsymbol{f}_{\mathrm{BB},k}))$ 一定是下列优化问题的最优解：

$$\begin{cases}\min\limits_{f_{\mathrm{RF},k}} \left\| \dfrac{1}{p}\boldsymbol{X} f_{\mathrm{BB},k} - f_{\mathrm{RF},k} \right\| \\ \text{s. t.}\ |f_{\mathrm{RF},k}(i)| = 1 \quad \forall i\end{cases}$$

其中，p 是任意正实数。

令 $p = \| f_{\mathrm{BB},k} \|^2$，根据上述结论容易验证，对于任意满足条件 $|f_{\mathrm{RF},k}(i)| = 1\ (\forall i)$ 的向量 $f_{\mathrm{RF},k}$，下列不等式一定成立：

$$\left\| \frac{\boldsymbol{X} f_{\mathrm{BB},k}}{\| f_{\mathrm{BB},k} \|^2} - f_{\mathrm{RF},k}^{\mathrm{opt}} \right\|^2 \leqslant \left\| \frac{\boldsymbol{X} f_{\mathrm{BB},k}}{\| f_{\mathrm{BB},k} \|^2} - f_{\mathrm{RF},k} \right\|^2$$

显然，上述不等式等价于下列形式：

$$\begin{aligned}
&\left\| \frac{X f_{\mathrm{BB},k}}{\| f_{\mathrm{BB},k} \|^2} - f_{\mathrm{RF},k}^{\mathrm{opt}} \right\|^2 - \left\| \frac{X f_{\mathrm{BB},k}}{\| f_{\mathrm{BB},k} \|^2} - f_{\mathrm{RF},k} \right\|^2 \\
&= \left(\left\| \frac{\boldsymbol{X} f_{\mathrm{BB},k}}{\| f_{\mathrm{BB},k} \|^2} \right\|^2 - \frac{f_{\mathrm{RF},k}^{\mathrm{opt\,H}} \boldsymbol{X} f_{\mathrm{BB},k}}{\| f_{\mathrm{BB},k} \|^2} - \frac{f_{\mathrm{BB},k}^{\mathrm{H}} \boldsymbol{X}^{\mathrm{H}} f_{\mathrm{RF},k}^{\mathrm{opt}}}{\| f_{\mathrm{BB},k} \|^2} + \| f_{\mathrm{RF},k}^{\mathrm{opt}} \|^2 \right) - \\
&\quad \left(\left\| \frac{\boldsymbol{X} f_{\mathrm{BB},k}}{\| f_{\mathrm{BB},k} \|^2} \right\|^2 - \frac{f_{\mathrm{RF},k}^{\mathrm{H}} \boldsymbol{X} f_{\mathrm{BB},k}}{\| f_{\mathrm{BB},k} \|^2} - \frac{f_{\mathrm{BB},k}^{\mathrm{H}} \boldsymbol{X}^{\mathrm{H}} f_{\mathrm{RF},k}}{\| f_{\mathrm{BB},k} \|^2} + \| f_{\mathrm{RF},k} \|^2 \right) \\
&= -\frac{f_{\mathrm{RF},k}^{\mathrm{H}} \boldsymbol{X} f_{\mathrm{BB},k}}{\| f_{\mathrm{BB},k} \|^2} - \frac{f_{\mathrm{BB},k}^{\mathrm{H}} \boldsymbol{X}^{\mathrm{H}} f_{\mathrm{RF},k}}{\| f_{\mathrm{BB},k} \|^2} + \| f_{\mathrm{RF},k} \|^2 + \\
&\quad \frac{f_{\mathrm{RF},k}^{\mathrm{optH}} \boldsymbol{X} f_{\mathrm{BB},k}}{\| f_{\mathrm{BB},k} \|^2} + \frac{f_{\mathrm{BB},k}^{\mathrm{H}} \boldsymbol{X}^{\mathrm{H}} f_{\mathrm{RF},k}^{\mathrm{opt}}}{\| f_{\mathrm{BB},k} \|^2} - \| f_{\mathrm{RF},k}^{\mathrm{opt}} \|^2 \\
&= \frac{1}{\| f_{\mathrm{BB},k} \|^2} \left(-f_{\mathrm{RF},k}^{\mathrm{H}} \boldsymbol{X} f_{\mathrm{BB},k} - f_{\mathrm{BB},k}^{\mathrm{H}} \boldsymbol{X}^{\mathrm{H}} f_{\mathrm{RF},k} + \right. \\
&\quad \left. f_{\mathrm{RF},k}^{\mathrm{H}} f_{\mathrm{RF},k} + f_{\mathrm{RF},k}^{\mathrm{opt\,H}} \boldsymbol{X} f_{\mathrm{BB},k} + f_{\mathrm{BB},k}^{\mathrm{H}} \boldsymbol{X}^{\mathrm{H}} f_{\mathrm{RF},k}^{\mathrm{opt}} - f_{\mathrm{RF},k}^{\mathrm{opt\,H}} f_{\mathrm{RF},k}^{\mathrm{opt}} \right) \\
&= \frac{1}{\| f_{\mathrm{BB},k} \|^2} \left(\mathrm{tr}\{ \boldsymbol{X}^{\mathrm{H}} X - f_{\mathrm{BB},k} f_{\mathrm{RF},k}^{\mathrm{H}} X - \boldsymbol{X}^{\mathrm{H}} f_{\mathrm{RF},k} f_{\mathrm{BB},k}^{\mathrm{H}} + f_{\mathrm{BB},k} f_{\mathrm{RF},k}^{\mathrm{H}} f_{\mathrm{RF},k} f_{\mathrm{BB},k}^{\mathrm{H}} \} - \right. \\
&\quad \left. \mathrm{tr}\{ \boldsymbol{X}^{\mathrm{H}} \boldsymbol{X} - f_{\mathrm{BB},k} f_{\mathrm{RF},k}^{\mathrm{opt\,H}} \boldsymbol{X} - \boldsymbol{X}^{\mathrm{H}} f_{\mathrm{RF},k}^{\mathrm{opt}} f_{\mathrm{BB},k}^{\mathrm{H}} + f_{\mathrm{BB},k} f_{\mathrm{RF},k}^{\mathrm{opt\,H}} f_{\mathrm{RF},k}^{\mathrm{opt}} f_{\mathrm{BB},k}^{\mathrm{H}} \} \right) \\
&= \frac{1}{\| f_{\mathrm{BB},k} \|^2} \left(\| \boldsymbol{X} - f_{\mathrm{RF},k} f_{\mathrm{BB},k}^{\mathrm{H}} \|_{\mathrm{F}}^2 - \| \boldsymbol{X} - f_{\mathrm{RF},k}^{\mathrm{opt}} f_{\mathrm{BB},k}^{\mathrm{H}} \|_{\mathrm{F}}^2 \right) \leqslant 0
\end{aligned}$$

由此可知，向量 $f_{\mathrm{RF},k}^{\mathrm{opt}} = \exp(\mathrm{j}\angle(\boldsymbol{X} f_{\mathrm{BB},k}))$ 为式(4.9)的最优解。

定理 4.2 证毕。

定理 4.2 给出了式(4.9)的最优解，利用该定理即可得到模拟预编码矩阵 $\boldsymbol{F}_{\mathrm{RF}}$ 的第 k 个列向量 $f_{\mathrm{RF},k}^{\mathrm{opt}}$。

3. 数字预编码矩阵优化

第 3 章给出了模拟预编码矩阵 $\boldsymbol{F}_{\mathrm{RF}}$ 第 k 列的最优解，在此基础之上，本节将讨论关于数字预编码矩阵 $\boldsymbol{F}_{\mathrm{BB}}$ 第 k 行优化问题，即式(4.10)的求解算法。式(4.10)是无约束最小二乘问题，其最优解可直接由最小二乘法得到，具体表示为

$$f_{\mathrm{BB},k}^{\mathrm{opt}} = ((f_{\mathrm{RF},k}^{\mathrm{opt\,H}} f_{\mathrm{RF},k}^{\mathrm{opt}})^{-1} f_{\mathrm{RF},k}^{\mathrm{opt\,H}} \boldsymbol{X})^{\mathrm{H}} = \frac{1}{N_{\mathrm{t}}} \boldsymbol{X}^{\mathrm{H}} f_{\mathrm{RF},k}^{\mathrm{opt}} \tag{4.31}$$

利用式(4.30)和式(4.31)交替迭代优化模拟预编码矩阵与数字预编码矩阵的所有行与

列直至收敛，然后将数字预编码矩阵乘以功率因子 $\frac{\sqrt{P_t}}{\| \boldsymbol{F}_{RF}\boldsymbol{F}_{BB} \|_F}$，即可给出全连接结构中式(4.7)的最优解。

对于部分连接结构，通过对比式(4.9)、式(4.10)和式(4.12)的形式可知，仅需将式(4.30)、式(4.31)中的矩阵 $\boldsymbol{X}$ 和向量 $\boldsymbol{f}_{RF,k}$ 替换为式(4.11)中的矩阵 $\boldsymbol{F}_{opt,k}$ 和向量 $\boldsymbol{f}_{RF,k}^{blk}$，然后利用同样的交替迭代过程即可给出部分连接结构的混合预编码矩阵。基于上述讨论，表4.1和表4.2分别总结出全连接与部分连接结构中基于Givens旋转的混合预编码算法步骤。

值得注意的是，在表4.1和表4.2的迭代步骤中，由于每次得到的模拟预编码向量和数字预编码向量分别是式(4.9)(或式(4.11))和式(4.10)(或式(4.12))的全局最优解，因此一定有下列不等式成立：

$$\| \boldsymbol{X} - \boldsymbol{f}_{RF}^{(n)} \boldsymbol{f}_{BB}^{(n)H} \|_F^2 \leqslant \| \boldsymbol{X} - \boldsymbol{f}_{RF}^{(n+1)} \boldsymbol{f}_{BB}^{(n+1)H} \|_F^2 \tag{4.32}$$

由式(4.32)可知，基于Givens旋转的混合预编码算法在迭代过程中产生的残差序列 $\delta^{(n)}$ 在混合预编码矩阵的迭代修正过程中一定为单调递减序列并且其下界为0，即 $\delta^{(0)} \geqslant \delta^{(1)} \geqslant \cdots \geqslant \delta^{(n)} \geqslant 0$。根据单调有界数列收敛定理[7]，残差序列 $\delta^{(n)}$ 一定收敛。

4.2.3 计算复杂度分析

本节将对基于Givens旋转的单用户混合预编码算法(本节用所提算法代指)在全连接结构和部分连接结构中的计算复杂度进行分析，并与其他相关算法进行比较。

表4.1 全连接结构中基于Givens旋转的单用户混合预编码算法步骤

输入参数：$\boldsymbol{F}_{opt}$
初始化：$\boldsymbol{F}_{RF}^{(0)} = [\exp(j\angle \boldsymbol{F}_{opt})\exp(j\angle \boldsymbol{A})]$。其中，$\boldsymbol{A} \in \mathbb{C}^{N\times(N_{RF}-N_s)}$，为随机矩阵；$\boldsymbol{F}_{BB}^{(0)} = \boldsymbol{F}_{RF}^{(0)H} \boldsymbol{F}_{opt}$； $n = 0$；$\delta^{(0)} = \| \boldsymbol{F}_{res} \|_F^2 = \| \boldsymbol{F}_{opt} - \boldsymbol{F}_{RF}^{(0)} \boldsymbol{F}_{BB}^{(0)} \|_F^2$
步骤1：进行迭代计算，$k = 1,2,\cdots,N_{RF}$，求解 $\boldsymbol{X} = \boldsymbol{F}_{res} + \boldsymbol{f}_{RF,k}^{(n)} \boldsymbol{f}_{BB,k}^{(n)H}$，$\boldsymbol{f}_{RF,k}^{(n+1)} = \exp(j\angle(\boldsymbol{X}\boldsymbol{f}_{BB,k}^{(n)}))$， $\boldsymbol{f}_{BB,k}^{(n+1)} = \frac{1}{N_t}\boldsymbol{X}^H \boldsymbol{f}_{RF,k}^{(n+1)}$，$\boldsymbol{F}_{res} = \boldsymbol{X} - \boldsymbol{f}_{RF,k}^{(n+1)} \boldsymbol{f}_{BB,k}^{(n+1)H}$； 步骤2：进行迭代计算，$n = n+1$，求解 $\delta^{(n)} = \| \boldsymbol{F}_{res} \|_F^2$； 步骤3：判断 $\| \delta^{(n)} - \delta^{(n-1)} \| < \delta_{thres}$ 是否成立，成立继续进行计算； 步骤4：求解 $\boldsymbol{F}_{BB}^{(n)} = \frac{\sqrt{P_t}}{\| \boldsymbol{F}_{RF}^{(n)} \boldsymbol{F}_{BB}^{(n)} \|_F \boldsymbol{F}_{BB}^{(n)}}$
输出参数：$\boldsymbol{F}_{RF}^{(n)}$、$\boldsymbol{F}_{BB}^{(n)}$

在全连接结构中，根据表4.1给出的算法步骤可知，所提算法的计算复杂度主要包括如下3个部分：

(1) 初始数字预编码矩阵 $\boldsymbol{F}_{BB}^{(0)}$ 和初始残差 $\delta^{(0)}$ 的计算过程。

初始数字预编码矩阵 $\boldsymbol{F}_{BB}^{(0)}$ 和初始残差 $\delta^{(0)}$ 在初始化步骤中给出，该计算过程的计算复杂度为 $O(N_t N_{RF} N_s)$。

(2) 模拟预编码矩阵 $\boldsymbol{F}_{RF}$ 和数字预编码矩阵 $\boldsymbol{F}_{BB}$ 的计算过程。

模拟预编码矩阵 $\boldsymbol{F}_{\mathrm{RF}}$ 和数字预编码矩阵 $\boldsymbol{F}_{\mathrm{BB}}$ 由步骤 1～步骤 4 给出，其主要计算过程为步骤 1 以及步骤 3。其中，步骤 1 的计算复杂度为 $O(nN_{\mathrm{t}}N_{\mathrm{RF}}N_{\mathrm{s}})$，步骤 3 中 δ_{thres} 表示停止迭代阈值，步骤 3 的计算复杂度为 $O(nN_{\mathrm{t}}N_{\mathrm{s}})$。因此，该过程的计算复杂度为 $O(nN_{\mathrm{t}}N_{\mathrm{RF}}N_{\mathrm{s}})$。

(3) 功率因子 $\dfrac{\sqrt{P_{\mathrm{t}}}}{\|\boldsymbol{F}_{\mathrm{RF}}\boldsymbol{F}_{\mathrm{BB}}\|_{\mathrm{F}}}$ 的计算过程。

功率因子 $\dfrac{\sqrt{P_{\mathrm{t}}}}{\|\boldsymbol{F}_{\mathrm{RF}}\boldsymbol{F}_{\mathrm{BB}}\|_{\mathrm{F}}}$ 由步骤 4 给出，计算复杂度为 $O(N_{\mathrm{t}}N_{\mathrm{RF}}N_{\mathrm{s}})$。

综上所述，全连接结构中所提混合预编码算法的计算复杂度为 $O(nN_{\mathrm{t}}N_{\mathrm{RF}}N_{\mathrm{s}})$。

表 4.2　部分连接结构中基于 Givens 旋转的单用户混合预编码算法步骤

输入参数：$\boldsymbol{F}_{\mathrm{opt}}$
初始化：$\boldsymbol{f}_{\mathrm{RF},k}^{\mathrm{blk}\,(0)}=\begin{cases}\exp(\mathrm{j}\angle\boldsymbol{F}_{\mathrm{opt},N_{\mathrm{t}}/N_{\mathrm{RF}}(k-1)+1:N_{\mathrm{t}}/N_{\mathrm{RF}}k,k}) & k\leqslant N_{\mathrm{s}}\\ \exp(\mathrm{j}\angle\boldsymbol{a}) & k>N_{\mathrm{s}}\end{cases}$。其中，$\boldsymbol{a}\in\mathbb{C}^{N_{\mathrm{t}}/N_{\mathrm{RF}}\times 1}$，为随机向量； $\boldsymbol{F}_{\mathrm{BB}}^{(0)}=\boldsymbol{F}_{\mathrm{RF}}^{(0)\mathrm{H}}\boldsymbol{F}_{\mathrm{opt}}$；$\delta^{(0)}=\|\boldsymbol{F}_{\mathrm{opt}}-\boldsymbol{F}_{\mathrm{RF}}^{(0)}\boldsymbol{F}_{\mathrm{BB}}^{(0)}\|_{\mathrm{F}}^{2}$；$n=0$
步骤 1：进行迭代计算，$k=1,2,\cdots,N_{\mathrm{RF}}$，求解 $\boldsymbol{F}_{\mathrm{opt}}=\boldsymbol{F}_{\mathrm{opt},(k-1)N_{\mathrm{t}}/N_{\mathrm{RF}}+1:kN_{\mathrm{t}}/N_{\mathrm{RF}}}$，$\boldsymbol{f}_{\mathrm{RF},k}^{(n+1)}=\exp(\mathrm{j}\angle(\boldsymbol{F}_{\mathrm{opt},k})\boldsymbol{f}_{\mathrm{BB},k}^{(n)})$，$\boldsymbol{f}_{\mathrm{BB},k}^{(n+1)}=\dfrac{N_{\mathrm{RF}}}{N_{\mathrm{t}}\boldsymbol{F}_{\mathrm{opt},k}^{\mathrm{H}}\boldsymbol{f}_{\mathrm{RF},k}^{(n+1)}}$； 步骤 2：进行迭代计算，$n=n+1$，求解 $\delta^{(n)}=\|\boldsymbol{F}_{\mathrm{opt}}-\boldsymbol{F}_{\mathrm{RF}}^{(n)}\boldsymbol{F}_{\mathrm{BB}}^{(n)}\|_{\mathrm{F}}^{2}$； 步骤 3：判断 $\lvert\delta^{(n)}-\delta^{(n-1)}\rvert<\delta_{\mathrm{thres}}$ 是否成立，成立继续进行计算； 步骤 4：求解 $\boldsymbol{F}_{\mathrm{BB}}^{(n)}=\dfrac{\sqrt{P_{\mathrm{t}}}}{\|\boldsymbol{F}_{\mathrm{RF}}^{(n)}\boldsymbol{F}_{\mathrm{BB}}^{(n)}\|_{\mathrm{F}}}\boldsymbol{F}_{\mathrm{BB}}^{(n)}$
输出参数：$\boldsymbol{F}_{\mathrm{RF}}^{(n)}$、$\boldsymbol{F}_{\mathrm{BB}}^{(n)}$

在部分连接结构中，所提算法的详细步骤如表 4.2 所示，其算法流程与表 4.1 中面向全连接结构的所提算法非常相似，两者的主要区别在于表 4.2 中的模拟预编码矩阵 $\boldsymbol{F}_{\mathrm{RF}}$ 具有块对角结构，且向量 $\boldsymbol{f}_{\mathrm{RF},k}^{\mathrm{blk}}$ 的维度为 $N_{\mathrm{t}}/N_{\mathrm{RF}}\times 1$，而表 4.1 中的模拟预编码矩阵 $\boldsymbol{F}_{\mathrm{RF}}$ 不含有零元素块，且向量 $\boldsymbol{f}_{\mathrm{RF},k}$ 的维度为 $N_{\mathrm{t}}\times 1$。由于上述特性，表 4.2 中初始数字预编码矩阵 $\boldsymbol{F}_{\mathrm{BB}}^{(0)}$、初始残差 $\delta^{(0)}$ 以及功率因子 $\dfrac{\sqrt{P_{\mathrm{t}}}}{\|\boldsymbol{F}_{\mathrm{RF}}\boldsymbol{F}_{\mathrm{BB}}\|_{\mathrm{F}}}$ 的计算复杂度均为 $O(N_{\mathrm{t}}N_{\mathrm{s}})$，模拟预编码矩阵 $\boldsymbol{F}_{\mathrm{RF}}$ 和数字预编码矩阵 $\boldsymbol{F}_{\mathrm{BB}}$ 迭代修正过程的计算复杂度则为 $O(nN_{\mathrm{t}}N_{\mathrm{s}})$，因此，部分连接结构中所提基于 Givens 旋转混合预编码算法的计算复杂度为 $O(nN_{\mathrm{t}}N_{\mathrm{s}})$。

表 4.3 和表 4.4 分别对比了全连接和部分连接结构中，基于 Givens 旋转的混合预编码算法与其他相关算法的计算复杂度。其中，L 表示信道路径数，n_1、n_2 和 n_3 分别表示 PE 交替最小化混合预编码算法(简称 PE-Altmin 算法)[8]、基于半定规划混合预编码算法[8]和基于等增益发射混合预编码算法[9]的迭代次数。由表 4.3 可知，在全连接结构中，所提算法与 PE 交替最小化混合预编码算法[8]、稀疏混合预编码算法[3]具有相近的计算复杂度；在部分连接结构中，所提算法的计算复杂度显著低于基于半定规划的混合预编码算法[8]。另外，

由于大规模 MIMO 系统中天线阵元数远大于射频链数，一般而言有 $N_s \leqslant \frac{N_t}{N_{RF}}$，因此所提算法的计算复杂度同样低于基于等增益发射的混合预编码算法的[9]。

表 4.3 全连接结构中所提算法与其他相关算法的计算复杂度

算 法	计算复杂度
所提算法	$O(nN_tN_{RF}N_s)$
稀疏混合预编码算法[3]	$O(LN_tN_{RF}N_s)$
PE 交替最小化混合预编码算法[8]	$O(n_1N_tN_{RF}N_s)$

表 4.4 部分连接结构中所提算法与其他相关算法的计算复杂度

算 法	计算复杂度
所提算法	$O(nN_tN_s)$
基于半定规划的混合预编码算法[8]	$O((n_2N_{RF}N_s+1)^{4.5})$
基于等增益发射的混合预编码算法[9]	$O\left(\frac{n_3N_t^2}{N_{RF}}\right)$

4.2.4 仿真实验及性能分析

本小节将通过仿真实验对所提算法的性能进行评估，并将所提算法与其他相关算法进行比较。在仿真实验中，假设发射端和接收端都采用均匀平面阵列，阵元间距为半波长。发射端与接收端之间的信道由 5 个路径簇组成，每簇包含 10 条路径[10-11]。每簇路径的平均方位角和平均俯仰角在 $[0,2\pi]$ 和 $[0,\pi]$ 区间上均匀分布，每簇中所有路径的方位角和俯仰角服从尺度扩展为 10° 的拉普拉斯分布，每条路径的复用增益服从标准复高斯分布。在关于误码率的仿真实验中，发射信号的调制方式为 64 进制正交振幅调制(64-ary quadrature amplitude modulation，64QAM)。所有仿真结果均为 1000 次随机实验平均值。

实验 1: 混合预编码矩阵与全数字最优预编码矩阵残差和迭代次数的关系。

本实验给出了在不同迭代次数条件下，所提算法得出的混合预编码矩阵与全数字最优预编码矩阵的残差 $\delta = \| \boldsymbol{F}_{opt} - \boldsymbol{F}_{RF}\boldsymbol{F}_{BB} \|_F^2$，对比算法有基于半定规划混合预编码算法[8](部分连接结构)和 PE 交替最小化混合预编码算法[8](全连接结构)。仿真参数设置:发射天线阵元数 $N_t = 128$[12-14]，数据流数 $N_s = 4$。仿真结果如图 4.2 所示。

由图 4.2 的仿真结果可知:(1) 经少数几次迭代后，混合预编码矩阵与全数字最优预编码矩阵之间的残差趋于稳定，说明所提算法收敛速度快，计算开销小。(2) 全连接结构中混合预编码矩阵与全数字最优预编码矩阵的残差明显小于部分连接结构，且射频链数变化对全连接结构的影响较大。其原因在于全连接结构中移相器的数量为部分连接结构的 N_{RF} 倍，较多的移相器数量可带来更多自由度以逼近全数字最优预编码。另外，全连接结构中每增加 1 条射频链会导致移相器增加 N_t 个，而部分连接结构中移相器数量与射频链无关，因此射频链数变化对于全连接结构的影响大于部分连接结构的。

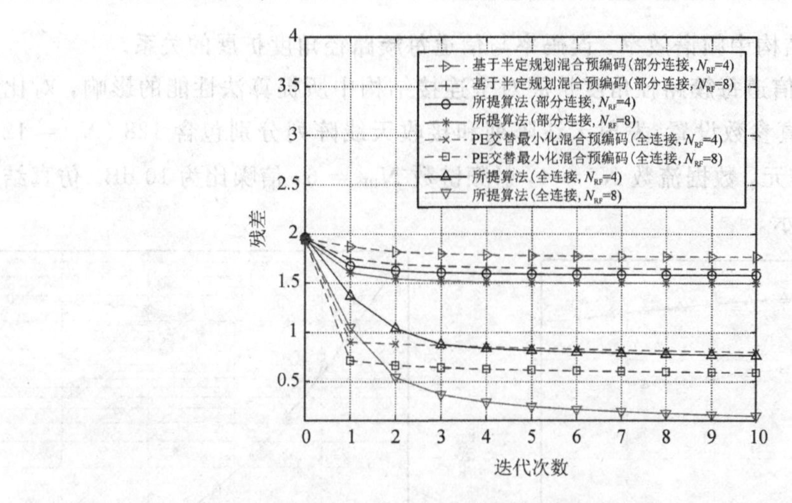

图 4.2　混合预编码矩阵与全数字最优预编码矩阵的残差 δ 与迭代次数 n 的关系

实验 2: 全连接结构中频谱效率、误码率与射频链数的关系。

本实验主要研究射频链数对全连接结构中所提算法性能的影响，对比算法有 PE 交替最小化混合预编码算法[8] 和稀疏混合预编码算法[3]。仿真参数设置：发射天线阵列和接收天线阵列分别包含 128 ($N_t = 128$) 和 16 ($N_r = 16$) 个阵元，数据流数 $N_s = 4$，信噪比为 10 dB。仿真结果如图 4.3 和图 4.4 所示。

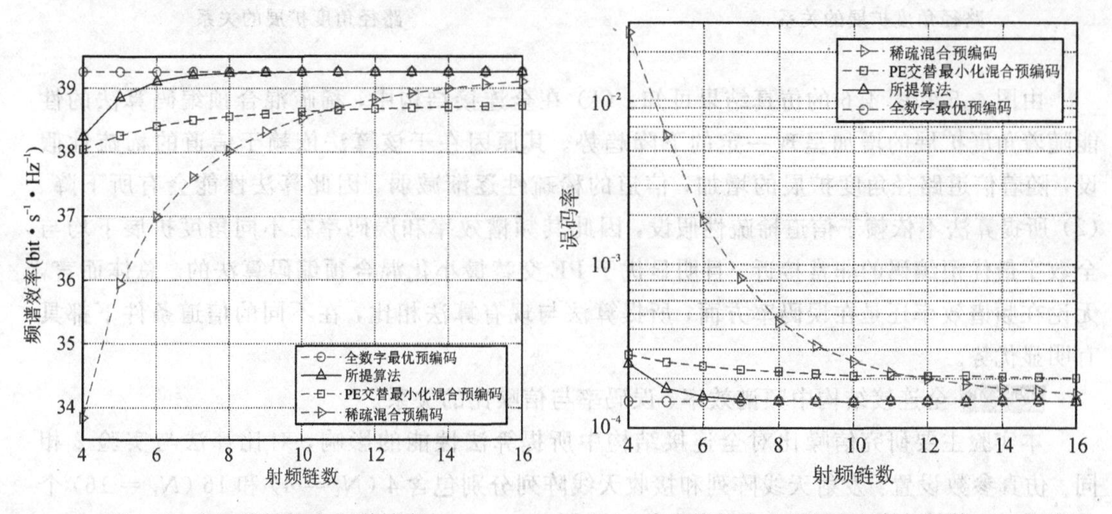

图 4.3　全连接结构中频谱效率与射频链数 N_{RF} 的关系

图 4.4　全连接结构中误码率与射频链数 N_{RF} 的关系

由图 4.3 和图 4.4 的仿真结果可知：在仿真实验所考虑的射频链数范围内，所提算法的频谱效率和误码率都明显优于稀疏混合预编码算法和 PE 交替最小化混合预编码算法的，特别是当射频链数 $N_{RF} \geqslant 8$ 时，所提算法的频谱效率和误码率与全数字最优预编码的几乎完全重合。文献[4]的研究指出，在 $N_{RF} \geqslant 2N_s$ 条件下，混合预编码可以给出与全数字最优预编码完全相同的性能，然而由图 4.3 和图 4.4 来看，只有所提算法可以近似实现该特性，其他混合预编码算法在 $N_{RF} \geqslant 2N_s$ 条件下，其性能与全数字最优预编码的依然存在明显差距[4]。

实验 3: 全连接结构中频谱效率、误码率与信道每簇路径角度扩展的关系。

本实验主要研究信道每簇路径角度扩展对全连接结构中所提算法性能的影响，对比算法与实验 2 相同。仿真参数设置：发射天线阵列和接收天线阵列分别包含 128 ($N_t = 128$) 和 16 ($N_r = 16$) 个阵元，数据流数 $N_s = 4$，射频链数 $N_{RF} = 6$，信噪比为 10 dB。仿真结果如图 4.5 和图 4.6 所示。

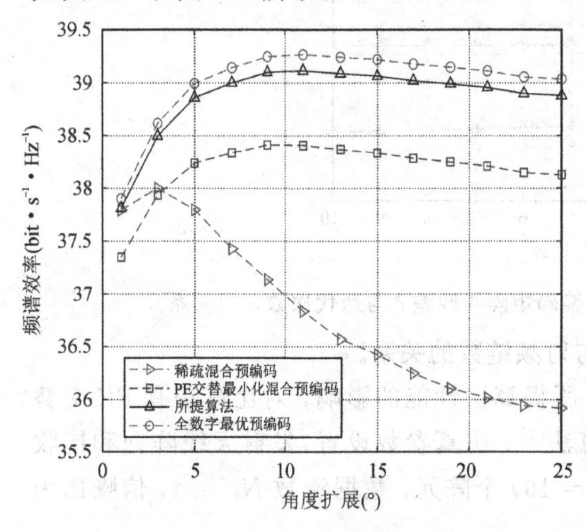

图 4.5 全连接结构中频谱效率与信道每簇路径角度扩展的关系

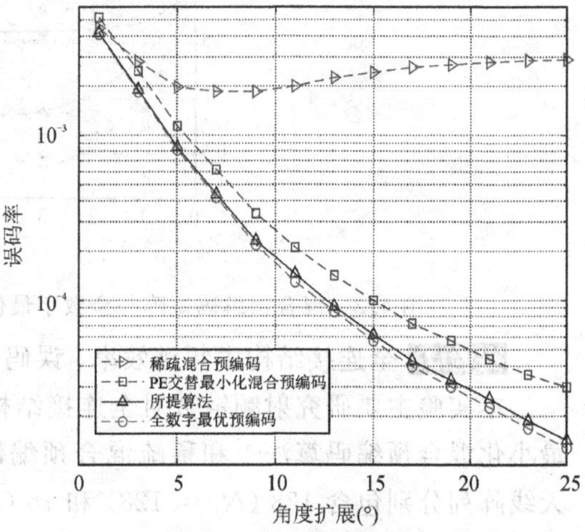

图 4.6 全连接结构中误码率与信道每簇路径角度扩展的关系

由图 4.5 和图 4.6 的仿真结果可知：(1) 在全连接结构中，稀疏混合预编码算法的性能随着角度扩展的增加呈现一定的下降趋势。其原因在于该算法依赖于信道的稀疏性假设，随着信道路径角度扩展的增加，信道的稀疏性逐渐减弱，因此算法性能会有所下降。(2) 所提算法不依赖于信道稀疏性假设，因此其频谱效率和误码率在不同角度扩展下均与全数字最优预编码的非常接近，且明显优于 PE 交替最小化混合预编码算法的。总体而言，无论在频谱效率还是在误码率方面，所提算法与现有算法相比，在不同的信道条件下都具有明显优势。

实验 4: 全连接结构中频谱效率、误码率与信噪比的关系。

本实验主要研究信噪比对全连接结构中所提算法性能的影响，对比算法与实验 2 相同。仿真参数设置：发射天线阵列和接收天线阵列分别包含 4 ($N_t = 4$) 和 16 ($N_r = 16$) 个阵元，数据流数 $N_s = 4$，射频链数 $N_{RF} = 6$。仿真结果如图 4.7 和图 4.8 所示。

由图 4.7 和图 4.8 的仿真结果可知：随着信噪比的增加，不同混合预编码算法的频谱效率和误码率都呈现出稳定增加的趋势，并且在仿真实验所考虑的整个信噪比范围内，所提算法的性能始终优于其他算法。具体而言，无论从频谱效率还是误码率方面来看，所提算法相对于 PE 交替最小化混合预编码算法的信噪比增益约大 0.5 dB。相对于稀疏混合预编码算法，从频谱效率来看，所提算法可提供约大 2 dB 的信噪比增益。如果将误码率作为评价标准，那么所提算法相对于稀疏混合预编码的性能优势会随着信噪比的增加而逐渐增加。

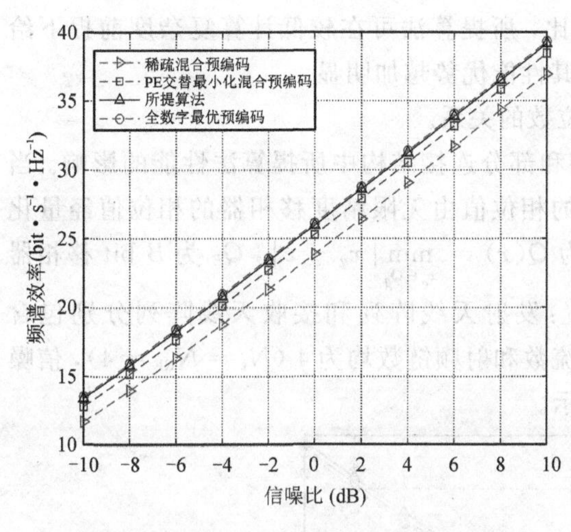

图 4.7　全连接结构中频谱效率与信噪比的关系

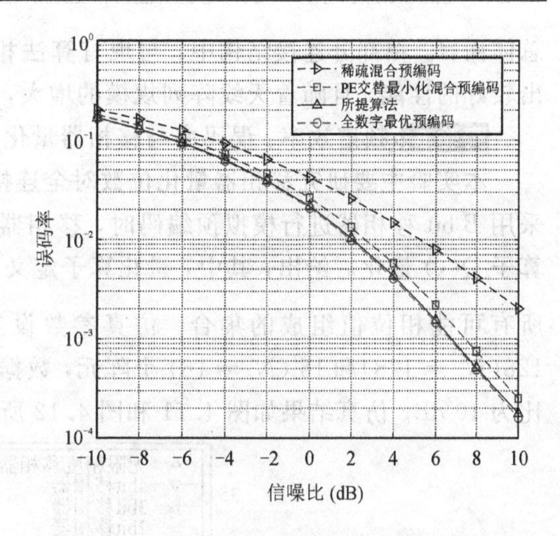

图 4.8　全连接结构中误码率与信噪比的关系

实验 5: 部分连接结构中频谱效率、误码率与信噪比的关系。

本实验主要研究信噪比对部分连接结构中所提算法性能的影响，对比算法为基于等增益发射的混合预编码算法[9]和基于半定规划的混合预编码算法[8]。仿真参数设置：接收天线阵列包含 16 ($N_r = 16$) 个阵元，数据流数和射频链数均为 4 ($N_s = N_{RF} = 4$)。仿真结果如图 4.9 和图 4.10 所示。

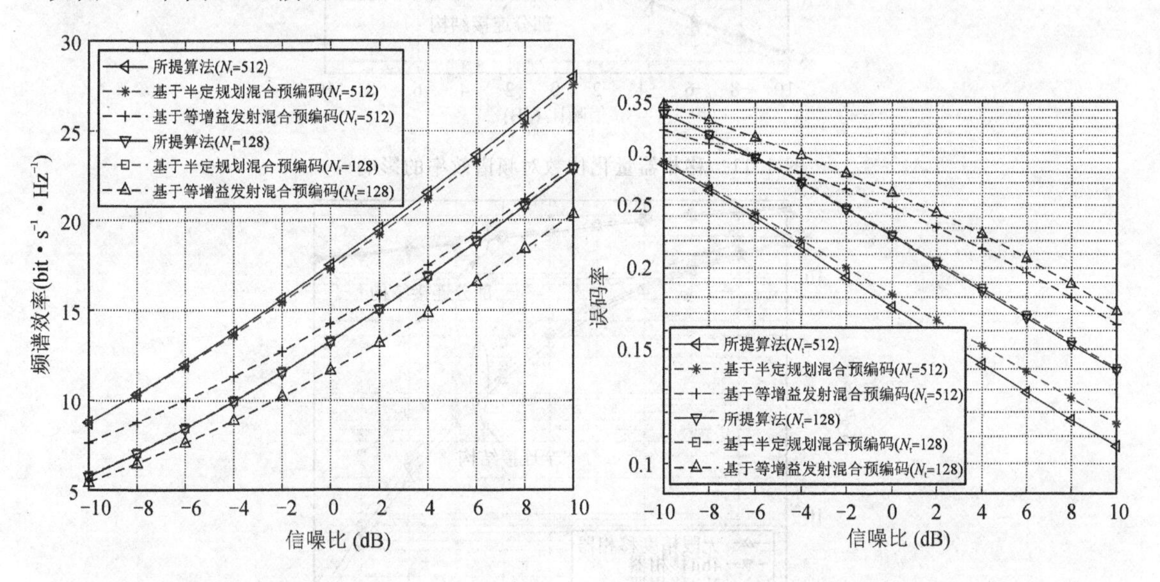

图 4.9　部分连接结构中频谱效率与信噪比的关系　　图 4.10　部分连接结构中误码率与信噪比的关系

由图 4.9 和图 4.10 的仿真结果可知：(1) 在部分连接结构中，所提算法与基于半定规划混合预编码算法具有相似的性能，特别是当发射天线阵元数较少时，两者的性能曲线几乎重合。结合表 4.4 给出的计算复杂度可知，与基于半定规划混合预编码算法相比，所提算法可在相近频谱效率前提下显著降低计算复杂度。(2) 与基于等增益发射混合预编码算法相比，所提算法的性能具有明显优势，且随着发射天线阵元数的增加，此优势越加明显。

总体而言，在部分连接结构中，与现有算法相比，所提算法可在较低计算复杂度前提下给出较好的性能，且随着天线阵列规模的增大，其性能优势越加明显。

实验 6: 频谱效率、误码率与移相器量化位数的关系。

本实验主要研究移相器量化位数对全连接和部分连接结构中所提算法性能的影响。当采用 B bit 移相器进行模拟预编码时，移相器的相位值由无限精度移相器的相位值经量化算子 $Q(\cdot)$ 量化后给出，其中，量化算子定义为 $Q(x)=\min\limits_{x_q\in Q_\beta}|x_q-x|$，$Q_B$ 为 B bit 移相器所有可能相位值组成的集合。仿真参数设置：发射天线阵列和接收天线阵列分别包含 128($N_t=128$)和 16 ($N_r=16$) 个阵元，数据流数和射频链数均为 4 ($N_s=N_{RF}=4$)，信噪比为 10 dB。仿真结果如图 4.11 和图 4.12 所示。

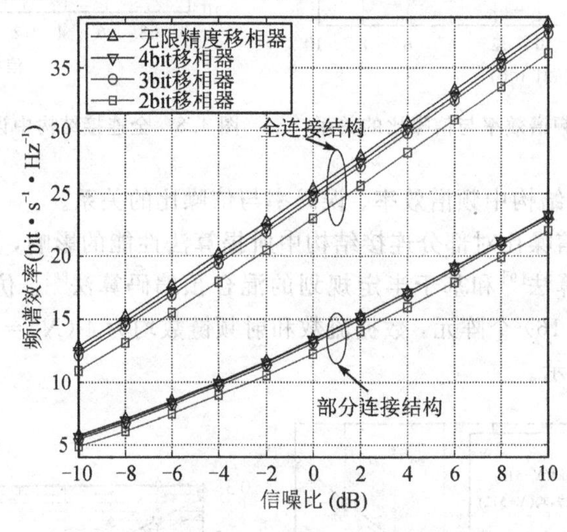

图 4.11 移相器量化位数对频谱效率的影响

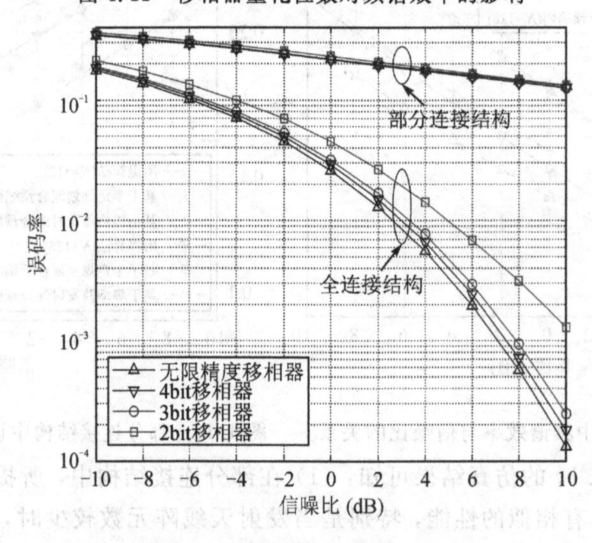

图 4.12 移相器量化位数对误码率的影响

由图 4.11 和图 4.12 的仿真结果可知：① 对于 2 bit 移相器而言，由于其仅有 4 个可能取值，相对于无限精度移相器的量化误差较大，因此系统频谱效率与误码率出现明显衰减。

② 对于 3 bit 及更高量化位数移相器而言，在仿真实验所考虑的信噪比范围内，量化误差造成的性能影响较小。③ 移相器量化误差对基于全连接结构混合预编码算法的影响明显大于基于部分连接结构混合预编码算法的影响。原因在于全连接结构中移相器的数量远多于部分连接结构，基于全连接结构的混合预编码算法对移相器量化位数的变化更加敏感。总而言之，虽然所提算法是在无限精度移相器假设下给出的，但其同样适用于有限量化位数移相器，且当量化位数大于 3 时，由量化误差造成的性能影响较小。

4.3　P-OMP-IR 单用户混合预编码算法

为提高单用户的窄带毫米波大规模 MIMO 系统的频谱效率，已提出很多优化算法。其中，基于 OMP 的稀疏混合预编码算法由于依赖于阵列响应矩阵的先验信息，且受限于阵列响应矩阵列向量集合，因此频谱效率受到一定影响。针对此问题，本节将给出一种交替迭代的混合预编码算法，简称 P-OMP-IR 算法。该算法以交替更新的方式求解模拟预编码矩阵与数字预编码矩阵。首先，把数字预编码矩阵作为已知量对模拟预编码矩阵进行逐列的更新(在模拟预编码矩阵更新阶段，该小节给出一种扩展幂法来代替传统的奇异值分解算法，这降低了算法的计算复杂度)；然后，把求得的模拟预编码矩阵作为已知量，并利用基于 OMP 的稀疏混合预编码算法对数字预编码矩阵进行求解；最后，将更新后的数字矩阵作为已知量再一步更新模拟预编码矩阵。如此不断交替更新数字预编码矩阵和模拟预编码矩阵，直到满足停止条件，最终获得混合预编码矩阵。

4.3.1　系统模型

1. 模型简介

图 4.13 所示为全连接结构的单用户毫米波大规模 MIMO 系统模型，该系统具有 N_t 个发射天线和 N_r 个接收天线。N_s 表示数据流数，N_{RF} 表示射频链数，为了保证通信正常进行，N_{RF} 满足约束条件，即 $N_s \leqslant N_{RF} \leqslant \min(N_t, N_r)$。为了便于分析，在收发两端使用了相等数量的 RF 链。$\boldsymbol{F}_{RF}$ 表示具有 $N_t \times N_{RF}$ 大小的模拟预编码矩阵，$\boldsymbol{F}_{BB}$ 表示具有 $N_{RF} \times N_s$ 大小的数字预编码矩阵，则经过发射端的混合预编码矩阵处理后再由发射天线阵列发出的信号可以写成如下形式：

$$\boldsymbol{x} = \boldsymbol{F}_{RF}\boldsymbol{F}_{BB}\boldsymbol{s} \tag{4.33}$$

其中，$\boldsymbol{s}$ 表示传输的数据流信号，为 $N_s \times 1$ 维的列向量，且满足 $E[\boldsymbol{s}\boldsymbol{s}^H] = (1/N_s)\boldsymbol{I}_{N_s}$ 的约束条件。发射端总功率满足 $\|\boldsymbol{F}_{RF}\boldsymbol{F}_{BB}\|_F^2 = N_s$ 的约束条件。

数据流信号 $\boldsymbol{s}$ 经过发射系统处理后由发射端发出，并通过信道传输到接收端，再经过接收端解码后得到接收信号：

$$\boldsymbol{y} = \sqrt{\rho}\boldsymbol{W}_{BB}^H\boldsymbol{W}_{RF}^H\boldsymbol{H}\boldsymbol{F}_{RF}\boldsymbol{F}_{BB}\boldsymbol{s} + \boldsymbol{W}_{BB}^H\boldsymbol{W}_{RF}^H\boldsymbol{n} \tag{4.34}$$

其中，ρ 表示平均接收信号功率；$\boldsymbol{W}_{RF}$ 表示接收端的模拟合并矩阵，维度为 $N_r \times N_{RF}$；$\boldsymbol{W}_{BB}$ 表示接收端的数字合并矩阵，维度为 $N_{RF} \times N_s$；$\boldsymbol{n}$ 表示噪声信号，服从 $\mathcal{CN}(0, \sigma_n^2)$ 的复高斯分

布；$\boldsymbol{H}$ 表示 $N_{\mathrm{r}}\times N_{\mathrm{t}}$ 的信道矩阵。

传统的 MIMO 信道模型具有自由空间路径损耗较高、天线阵列密集的特点，不适用于毫米波信道模型，因此，毫米波传播路径的信道是窄带聚类信道模型，如 Saleh-Valenzuela 模型[15]。毫米波信道矩阵可以写成

$$\boldsymbol{H}=\sqrt{\frac{N_{\mathrm{t}}N_{\mathrm{r}}}{N_{\mathrm{cl}}N_{\mathrm{ray}}}}\sum_{i=1}^{N_{\mathrm{cl}}}\sum_{l=1}^{N_{\mathrm{ray}}}\alpha_{il}\,\boldsymbol{a}_{\mathrm{r}}(\phi_{il}^{\mathrm{r}},\theta_{il}^{\mathrm{r}})\boldsymbol{a}_{\mathrm{t}}^{\mathrm{H}}(\phi_{il}^{\mathrm{t}}、\theta_{il}^{\mathrm{t}}) \tag{4.35}$$

其中，N_{cl} 表示信道中信号传播所形成簇的个数；N_{ray} 表示每簇中信号的传播路径个数；α_{il} 表示在第 i 簇中第 l 个路径所获得的信道增益，满足 $\mathcal{CN}(0,\sigma_{\alpha,i}^{2})$ 的复高斯分布，且 $\sum_{i=1}^{N_{\mathrm{cl}}}\sigma_{\alpha,i}^{2}=\hat{\gamma}$，$\hat{\gamma}$ 是满足 $E(\|\boldsymbol{H}\|_{\mathrm{F}}^{2})=N_{\mathrm{t}}N_{\mathrm{r}}$ 约束的归一化因子。$\boldsymbol{a}_{\mathrm{t}}(\phi_{il}^{\mathrm{t}},\theta_{il}^{\mathrm{t}})$ 表示发射端的传输阵列响应向量；$\boldsymbol{a}_{\mathrm{r}}(\phi_{il}^{\mathrm{r}},\theta_{il}^{\mathrm{r}})$ 表示接收端的接收阵列响应向量；θ_{il}^{r}、ϕ_{il}^{r} 表示信号在接收端接收的方位角和俯仰角；θ_{il}^{t}、ϕ_{il}^{t} 表示信号在发射端发射的方位角和俯仰角。

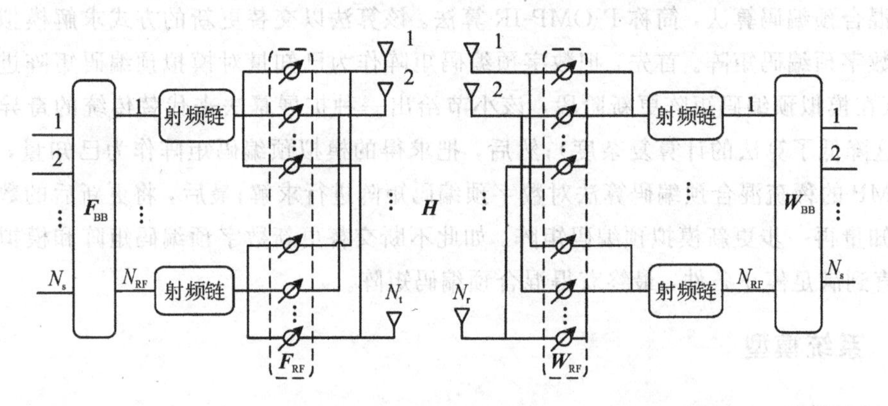

图 4.13　单用户毫米波大规模 MIMO 系统模型

将式(4.35)进一步化简后写成矩阵乘积的形式，则可以表示为

$$\boldsymbol{H}=\sqrt{\frac{N_{\mathrm{t}}N_{\mathrm{r}}}{N_{\mathrm{cl}}N_{\mathrm{ray}}}}\,\boldsymbol{A}_{\mathrm{r}}\boldsymbol{\Lambda}\boldsymbol{A}_{\mathrm{t}}^{\mathrm{H}} \tag{4.36}$$

其中，$\boldsymbol{A}_{\mathrm{r}}=[\boldsymbol{a}_{\mathrm{r}}(\phi_{11}^{\mathrm{r}},\theta_{11}^{\mathrm{r}}),\cdots,\boldsymbol{a}_{\mathrm{r}}(\phi_{il}^{\mathrm{r}},\theta_{il}^{\mathrm{r}})]$、$\boldsymbol{A}_{\mathrm{t}}=[\boldsymbol{a}_{\mathrm{t}}(\phi_{11}^{\mathrm{t}},\theta_{11}^{\mathrm{t}}),\cdots,\boldsymbol{a}_{\mathrm{t}}(\phi_{il}^{\mathrm{t}},\theta_{il}^{\mathrm{t}})]$，分别表示接收端和发射端的阵列响应矩阵；$\boldsymbol{\Lambda}=\mathrm{diag}\{\alpha_{11},\alpha_{12},\cdots,\alpha_{il}\}$ 表示包含了各个路径信道增益的对角矩阵。

该小节以均匀平面阵列为例，对于第 i 簇中第 l 个路径下的阵列响应向量可以表示为

$$\boldsymbol{a}(\phi_{il},\theta_{il})=\frac{1}{\sqrt{MN}}[1,\cdots,\mathrm{e}^{\mathrm{j}\frac{2\pi}{\lambda}d(p\cos\phi_{il}\sin\theta_{il}+q\sin\phi_{il}\sin\theta_{il})},\cdots,\mathrm{e}^{\mathrm{j}\frac{2\pi}{\lambda}d((M-1)\cos\phi_{il}\sin\theta_{il}+(N-1)\sin\phi_{il}\sin\theta_{il})}]^{\mathrm{T}} \tag{4.37}$$

其中，d 表示天线阵列中阵元之间的距离；λ 表示传输信号的波长。设天线阵列的大小为 $M\times N$，则 $0\leqslant p\leqslant M$、$0\leqslant q\leqslant N$，p、q 表示天线阵列中各个阵元的二维下标。

当原始的信号经发射端预编码处理后，再通过毫米波信道传输，最终经过接收端解码处理后所得到的传输信号的频谱效率[16]为

$$R=\mathrm{lb}(|\boldsymbol{I}_{N_{\mathrm{s}}}+\frac{\rho}{N_{\mathrm{s}}}\boldsymbol{R}_{n}^{-1}\boldsymbol{W}_{\mathrm{BB}}^{\mathrm{H}}\boldsymbol{W}_{\mathrm{RF}}^{\mathrm{H}}\boldsymbol{H}\boldsymbol{F}_{\mathrm{RF}}\boldsymbol{F}_{\mathrm{BB}}\times\boldsymbol{F}_{\mathrm{BB}}^{\mathrm{H}}\boldsymbol{F}_{\mathrm{RF}}^{\mathrm{H}}\boldsymbol{H}^{\mathrm{H}}\boldsymbol{W}_{\mathrm{RF}}\boldsymbol{W}_{\mathrm{BB}}|) \tag{4.38}$$

其中，$\boldsymbol{R}_n = \sigma_n^2 \boldsymbol{W}_{\text{BB}}^{\text{H}} \boldsymbol{W}_{\text{RF}}^{\text{H}} \boldsymbol{W}_{\text{RF}} \boldsymbol{W}_{\text{BB}}$ 表示噪声在经过接收机处理后的协方差矩阵。

2. 数学描述

该节将采用频谱效率对所提算法的性能进行评价。然而直接最大化频谱效率 R，需要对式(4.38)中的四个矩阵变量（$\boldsymbol{F}_{\text{RF}}$、$\boldsymbol{F}_{\text{BB}}$、$\boldsymbol{W}_{\text{RF}}$ 和$\boldsymbol{W}_{\text{BB}}$）进行联合优化。在实际求解过程中，找到类似的联合优化问题的全局最优解是很困难的。文献[8]提出将联合优化问题分为两个子问题，即预编码问题和合并问题，它们有相似的数学表达式[8]。以下将重点介绍预编码问题。该算法也适用于合并问题。预编码优化问题可以表示为

$$\begin{cases} \min\limits_{\boldsymbol{F}_{\text{RF}},\, \boldsymbol{F}_{\text{BB}}} \| \boldsymbol{F}_{\text{opt}} - \boldsymbol{F}_{\text{RF}} \boldsymbol{F}_{\text{BB}} \|_{\text{F}} \\ \text{s. t.} \quad | \boldsymbol{F}_{\text{RF}(m,n)} | = 1 \\ \qquad \| \boldsymbol{F}_{\text{RF}} \boldsymbol{F}_{\text{BB}} \|_{\text{F}}^2 = N_{\text{s}} \end{cases} \tag{4.39}$$

其中，$|\boldsymbol{F}_{\text{RF}(m,n)}|$ 表示模拟预编码矩阵 $\boldsymbol{F}_{\text{RF}}$ 中下标为 (m,n) 的元素的绝对值，相当于对矩阵 $\boldsymbol{F}_{\text{RF}}$ 中的每个元素进行取角度处理。$\boldsymbol{F}_{\text{opt}}$ 表示在无约束条件下得到的全数字预编码矩阵，考虑传统的 MIMO 通信系统中的 SVD 方法，在没有恒模约束的条件下，$\boldsymbol{F}_{\text{opt}}$ 可以由信道矩阵的 SVD 获得，即 $\boldsymbol{H} = \boldsymbol{U\Sigma V}^{\text{H}}$，则 $\boldsymbol{F}_{\text{opt}} = \boldsymbol{V}_{(:,1:N_{\text{s}})}$。$\| \boldsymbol{F}_{\text{RF}} \boldsymbol{F}_{\text{BB}} \|_{\text{F}}^2 = N_{\text{s}}$ 表示发射信号的功率约束。

在满足约束条件的情况下，设计求解算法，使得 $\boldsymbol{F}_{\text{RF}} \boldsymbol{F}_{\text{BB}}$ 的乘积与 $\boldsymbol{F}_{\text{opt}}$ 越接近越好。当然，由于在射频端有恒模约束的存在，因此不论怎样的方法只能不断地去接近最优解却永远无法达到最优解。本节将以基于 OMP 的稀疏混合预编码算法为基础，通过不断地迭代更新去分步优化 $\boldsymbol{F}_{\text{BB}}$ 和 $\boldsymbol{F}_{\text{RF}}$ 的值，以使系统的频谱效率最大。

4.3.2 算法原理

借鉴压缩感知理论中的字典学习思想，本节中所设计的 P-OMP-IR 算法将采用交替更新的策略。首先，把数字预编码矩阵作为已知量来更新模拟预编码矩阵；然后，把求得的模拟预编码矩阵作为输入，并采用基于 OMP 的稀疏混合预编码算法来更新数字预编码矩阵；最后，把更新后的数字预编码矩阵再次作为下一次模拟预编码矩阵的已知量，通过交替更新，不断重复上述过程，直到满足停止条件。在模拟预编码矩阵的更新阶段，把模拟预编码矩阵的每列作为一个原子，然后考虑每个原子对数据拟合的贡献，通过逐列更新来求解模拟预编码矩阵，以避免整体更新所带来的列与列之间的相互影响，从而提高传输信号的频谱效率。在更新列的过程中，给出一种扩展幂法来求解残差矩阵的最大奇异值及对应的左奇异向量和右奇异向量，这降低了算法的计算复杂度。

1. 模拟预编码矩阵求解

假设以基于 OMP 的稀疏混合预编码算法所计算的模拟预编码矩阵 $\boldsymbol{F}_{\text{RF}}$ 和数字预编码矩阵 $\boldsymbol{F}_{\text{BB}}$ 作为所提算法的初始值，在已获得初始混合预编码矩阵 $\boldsymbol{F}_{\text{RF}} \boldsymbol{F}_{\text{BB}}$ 的情况下，则模拟预编码矩阵 $\boldsymbol{F}_{\text{RF}}$ 的更新问题可以由下式表示：

$$\begin{cases} \min\limits_{\boldsymbol{F}_{\mathrm{RF}}} \| \boldsymbol{F}_{\mathrm{opt}} - \boldsymbol{F}_{\mathrm{RF}} \boldsymbol{F}_{\mathrm{BB}} \|_{\mathrm{F}} \\ \text{s. t.} \ \ |\boldsymbol{F}_{\mathrm{RF}(m,n)}| = 1 \end{cases} \tag{4.40}$$

其中，$\boldsymbol{F}_{\mathrm{RF}}$ 的维度为 $N_{\mathrm{t}} \times N_{\mathrm{RF}}$，所以 m、n 分别满足 $1 \leqslant m \leqslant N_{\mathrm{t}}$ 和 $1 \leqslant n \leqslant N_{\mathrm{RF}}$。

若以基于 OMP 的稀疏混合预编码算法计算得到的初始模拟预编码矩阵 $\boldsymbol{F}_{\mathrm{RF}}$ 和初始数字预编码矩阵 $\boldsymbol{F}_{\mathrm{BB}}$ 作为式(4.40)的解，则由矩阵 $\boldsymbol{F}_{\mathrm{RF}}$ 和矩阵 $\boldsymbol{F}_{\mathrm{BB}}$ 的乘积与最优预编码矩阵 $\boldsymbol{F}_{\mathrm{opt}}$ 所产生的误差 β 可以表示为

$$\beta = \| \boldsymbol{F}_{\mathrm{opt}} - \boldsymbol{F}_{\mathrm{RF}} \boldsymbol{F}_{\mathrm{BB}} \|_{\mathrm{F}} \tag{4.41}$$

将式(4.41)中 $\boldsymbol{F}_{\mathrm{RF}} \boldsymbol{F}_{\mathrm{BB}}$ 的乘积写成 $\boldsymbol{F}_{\mathrm{RF}}$ 的列向量与 $\boldsymbol{F}_{\mathrm{BB}}$ 的行向量逐对乘积再求和的形式，则可得

$$\begin{aligned} \boldsymbol{F}_{\mathrm{RF}} \boldsymbol{F}_{\mathrm{BB}} &= [\boldsymbol{f}_{\mathrm{RF},1}, \boldsymbol{f}_{\mathrm{RF},2}, \cdots, \boldsymbol{f}_{\mathrm{RF},N_{\mathrm{RF}}}] \times \begin{bmatrix} \boldsymbol{f}_{\mathrm{BB},1}^{\mathrm{H}} \\ \boldsymbol{f}_{\mathrm{BB},2}^{\mathrm{H}} \\ \vdots \\ \boldsymbol{f}_{\mathrm{BB},N_{\mathrm{RF}}}^{\mathrm{H}} \end{bmatrix} \\ &= \sum_{i=1}^{N_{\mathrm{RF}}} \boldsymbol{f}_{\mathrm{RF},i} \boldsymbol{f}_{\mathrm{BB},i}^{\mathrm{H}} \end{aligned} \tag{4.42}$$

其中，$\boldsymbol{f}_{\mathrm{RF},i}$ 表示矩阵 $\boldsymbol{F}_{\mathrm{RF}}$ 的第 i 列，其维度为 $N_{\mathrm{t}} \times 1$；$\boldsymbol{f}_{\mathrm{BB},i}^{\mathrm{H}}$ 表示矩阵 $\boldsymbol{F}_{\mathrm{BB}}$ 的第 i 行，其维度为 $1 \times N_{\mathrm{s}}$。式(4.41)可以表示为

$$\beta = \| \boldsymbol{F}_{\mathrm{opt}} - \sum_{i=1}^{N_{\mathrm{RF}}} \boldsymbol{f}_{\mathrm{RF},i} \boldsymbol{f}_{\mathrm{BB},i}^{\mathrm{H}} \|_{\mathrm{F}} \tag{4.43}$$

综上分析，式(4.40)中模拟预编码矩阵 $\boldsymbol{F}_{\mathrm{RF}}$ 的求解问题转化为如何优化 $\boldsymbol{f}_{\mathrm{RF},i}$ 使得误差 β 尽可能小的问题。本节提出逐列更新 $\boldsymbol{f}_{\mathrm{RF},i}$ 的方法，在不考虑 $\boldsymbol{F}_{\mathrm{RF}}$ 的恒模约束的条件下，减小误差 β 的优化目标函数：

$$\underset{\boldsymbol{f}_{\mathrm{RF},j}, \boldsymbol{f}_{\mathrm{BB},j}^{\mathrm{H}}}{\arg\min} \| \boldsymbol{F}_{\mathrm{opt}} - \sum_{i \neq j}^{N_{\mathrm{RF}}} \boldsymbol{f}_{\mathrm{RF},i} \boldsymbol{f}_{\mathrm{BB},i}^{\mathrm{H}} - \boldsymbol{f}_{\mathrm{RF},j} \boldsymbol{f}_{\mathrm{BB},j}^{\mathrm{H}} \|_{\mathrm{F}} \tag{4.44}$$

其中，$j = 1, 2, \cdots, N_{\mathrm{RF}}$；$\boldsymbol{f}_{\mathrm{RF},j}$ 表示矩阵 $\boldsymbol{F}_{\mathrm{RF}}$ 中需要被更新的列；$\boldsymbol{f}_{\mathrm{BB},j}^{\mathrm{H}}$ 表示矩阵 $\boldsymbol{F}_{\mathrm{BB}}$ 中与 $\boldsymbol{f}_{\mathrm{RF},j}$ 相对应的行。在 $\boldsymbol{F}_{\mathrm{RF}} \boldsymbol{F}_{\mathrm{BB}}$ 中除去要优化求解的 $\boldsymbol{f}_{\mathrm{RF},j} \boldsymbol{f}_{\mathrm{BB},j}^{\mathrm{H}}$ 外，余下项的矢量乘积和与最优预编码矩阵 $\boldsymbol{F}_{\mathrm{opt}}$ 的差值可以写为

$$\boldsymbol{E}_j = \boldsymbol{F}_{\mathrm{opt}} - \sum_{i \neq j}^{N_{\mathrm{RF}}} \boldsymbol{f}_{\mathrm{RF},i} \boldsymbol{f}_{\mathrm{BB},i}^{\mathrm{H}} \quad j = 1, 2, \cdots, N_{\mathrm{RF}} \tag{4.45}$$

将式(4.45)代入式(4.44)中，则目标函数可以化简为

$$\{\boldsymbol{f}_{\mathrm{RF},j}, \boldsymbol{f}_{\mathrm{BB},j}^{\mathrm{H}}\} = \underset{\boldsymbol{f}_{\mathrm{RF},j}, \boldsymbol{f}_{\mathrm{BB},j}^{\mathrm{H}}}{\arg\min} \| \boldsymbol{E}_j - \boldsymbol{f}_{\mathrm{RF},j} \boldsymbol{f}_{\mathrm{BB},j}^{\mathrm{H}} \|_{\mathrm{F}} \tag{4.46}$$

由于未考虑恒模约束条件，因此根据 Eckart-Young-Mirsky 定理，式(4.46)的最优解可以写成

$$\underset{\boldsymbol{f}_{\mathrm{RF},j}, \boldsymbol{f}_{\mathrm{BB},j}^{\mathrm{H}}}{\arg\min} \| \boldsymbol{E}_j - \boldsymbol{f}_{\mathrm{RF},j} \boldsymbol{f}_{\mathrm{BB},j}^{\mathrm{H}} \|_{\mathrm{F}} = \| \boldsymbol{E}_j - \sigma_1 \boldsymbol{u}_1 \boldsymbol{v}_1^{\mathrm{H}} \|_{\mathrm{F}} \tag{4.47}$$

其中，σ_1 表示 $\boldsymbol{E}_j$ 的最大奇异值；$\boldsymbol{u}_1$ 和 $\boldsymbol{v}_1$ 分别表示 $\boldsymbol{E}_j$ 的最大左奇异向量和右奇异向量。不断重复计算式(4.45)和式(4.47)，直到所有的 $\boldsymbol{F}_{\mathrm{RF}}$ 列被更新。

考虑到模拟预编码矩阵的恒模约束条件，假设由式(4.47)求得的没有恒模约束的模拟预编码矩阵用 $\hat{\boldsymbol{F}}_{\mathrm{RF}}$ 表示，则有约束的 $\boldsymbol{F}_{\mathrm{RF}}$ 可以由下式求得，即

$$\boldsymbol{F}_{\mathrm{RF}} = \underset{\boldsymbol{F}_{\mathrm{RF}},\ |\boldsymbol{F}_{\mathrm{RF}m,n}|=1}{\arg\min} \| \boldsymbol{F}_{\mathrm{RF}} - \hat{\boldsymbol{F}}_{\mathrm{RF}} \|_{\mathrm{F}} \tag{4.48}$$

由文献[17]的研究可知，式(4.48)的最优解为

$$\boldsymbol{F}_{\mathrm{RF}(m,n)} = \frac{\hat{\boldsymbol{F}}_{\mathrm{RF}(m,n)}}{|\hat{\boldsymbol{F}}_{\mathrm{RF}(m,n)}|} \tag{4.49}$$

其中，将 $\hat{\boldsymbol{F}}_{\mathrm{RF}}$ 的每一个元素单位化后便可得到最优解 $\boldsymbol{F}_{\mathrm{RF}}$。

在传统的方法中，SVD 方法通常用来获取式(4.47)中矩阵 $\boldsymbol{E}_j$ 的奇异值与左右奇异向量。残差矩阵 $\boldsymbol{E}_j$ 的 SVD 可以写成 $\boldsymbol{E}_j = \boldsymbol{U\Sigma V}^{\mathrm{H}}$，然后由 $\boldsymbol{u}_1$（$\boldsymbol{u}_1$ 是 $\boldsymbol{U}$ 第一列）代替 $\boldsymbol{f}_{\mathrm{RF},j}$，由 $\sigma_1 \boldsymbol{v}_1^{\mathrm{H}}$（$\boldsymbol{v}_1$ 是 $\boldsymbol{V}$ 第一列，σ_1 是奇异值矩阵 $\boldsymbol{\Sigma}$ 的第一个元素）代替 $\boldsymbol{f}_{\mathrm{BB},j}^{\mathrm{H}}$。SVD 方法可将所有的奇异值与奇异向量都求解出来，其计算复杂度很高。然而，式(4.47)只需要用到最大奇异值和相应的奇异向量对，因此如何避免高计算复杂度的 SVD 方法而直接通过简单的迭代的方法来获得所需要的 $\boldsymbol{u}_1$ 和 $\sigma_1 \boldsymbol{v}_1^{\mathrm{H}}$，将在下文中讲解。

2. 数字预编码矩阵求解

假设已求得模拟预编码矩阵 $\boldsymbol{F}_{\mathrm{RF}}$ 的初始值，则数字预编码矩阵 $\boldsymbol{F}_{\mathrm{BB}}$ 的求解问题可以由下式表示：

$$\begin{cases} \min\limits_{\boldsymbol{F}_{\mathrm{BB}}} \| \boldsymbol{F}_{\mathrm{opt}} - \boldsymbol{F}_{\mathrm{RF}} \boldsymbol{F}_{\mathrm{BB}} \|_{\mathrm{F}} \\ \text{s.t.} \quad \| \boldsymbol{F}_{\mathrm{RF}} \boldsymbol{F}_{\mathrm{BB}} \|_{\mathrm{F}}^2 = N_{\mathrm{s}} \end{cases} \tag{4.50}$$

根据压缩感知理论，这里的模拟预编码矩阵 $\boldsymbol{F}_{\mathrm{RF}}$ 相当于压缩感知里的感知矩阵，$\boldsymbol{F}_{\mathrm{opt}}$ 相当于已知的采样矩阵，在完全获得信道信息 $\boldsymbol{H}$ 的情况下，$\boldsymbol{F}_{\mathrm{opt}}$ 可以由 $\boldsymbol{H}$ 的奇异值分解得到，而 $\boldsymbol{F}_{\mathrm{BB}}$ 相当于需要求解的重构信号。

根据文献[19]的研究，$\boldsymbol{F}_{\mathrm{BB}}$ 的求解过程如表4.5所示[19]。首先要从矩阵 $\boldsymbol{F}_{\mathrm{RF}}$ 中找到一列与残差矩阵 $\boldsymbol{F}_{\mathrm{res}}$ 乘积的值最大列的下标 k，如步骤3～4所示，步骤4中矩阵 $\boldsymbol{\Phi\Phi}^{\mathrm{H}}$ 乘积的对角元素中的最大值所对应列的下标便是 k 的值；其次，将 $\boldsymbol{F}_{\mathrm{RF}}$ 的第 k 列赋予矩阵 $\boldsymbol{G}$；再次利用最小二乘法求得数字矩阵 $\boldsymbol{F}_{\mathrm{BB}}^{(t)}$，如步骤6所示；接着，将已求得的 $\boldsymbol{G}\boldsymbol{F}_{\mathrm{BB}}^{(t)}$ 的乘积从 $\boldsymbol{F}_{\mathrm{res}}$ 中剔除，更新残差 $\boldsymbol{F}_{\mathrm{res}}$；最后，重复循环步骤3～7，直到 $\boldsymbol{F}_{\mathrm{BB}}$ 的所有行被更新完，最终求得数字预编码矩阵 $\boldsymbol{F}_{\mathrm{BB}}$ 的解。在求解 $\boldsymbol{F}_{\mathrm{BB}}$ 的过程中，矩阵 $\boldsymbol{F}_{\mathrm{RF}}$ 列的顺序有可能被打乱后赋予了矩阵 $\boldsymbol{G}$，因此应将矩阵 $\boldsymbol{G}$ 的值赋予 $\boldsymbol{F}_{\mathrm{RF}}$。

把更新完成后的数字预编码矩阵 $\boldsymbol{F}_{\mathrm{BB}}$，重新作为输入去更新模拟预编码矩阵 $\boldsymbol{F}_{\mathrm{RF}}$，通过上述不断循环修正使 $\boldsymbol{F}_{\mathrm{RF}} \boldsymbol{F}_{\mathrm{BB}}$ 的乘积值去不断接近最优解 $\boldsymbol{F}_{\mathrm{opt}}$ 的值。以上算法中利用相邻两次迭代的残差的差值大小来决定是否停止迭代，残差被定义为最佳预编码矩阵与混合预编码矩阵乘积之间差值的F-范数[19]。因此，残差计算公式如下：

$$\delta = \| \boldsymbol{F}_{\mathrm{opt}} - \boldsymbol{F}_{\mathrm{RF}} \boldsymbol{F}_{\mathrm{BB}} \|_{\mathrm{F}} \tag{4.51}$$

当两个相邻残差之间的差值小于给定的停止迭代阈值 ϵ 时，所提算法停止迭代，输出混合预编码矩阵。

表 4.5 F_{BB} 求解步骤

步骤 1：输入矩阵 $\boldsymbol{F}_{RF}$，$\boldsymbol{F}_{opt}$；
步骤 2：初始化残差矩阵 $\boldsymbol{F}_{res}=\boldsymbol{F}_{opt}$，设 $\boldsymbol{G}$ 为空矩阵，迭代次数 $t=1,2,\cdots,N_{RF}$；
步骤 3：计算 $\boldsymbol{\Phi}=\boldsymbol{F}_{RF}^{H}\boldsymbol{F}_{res}$；
步骤 4：令 $k=\arg\max(\mathrm{diag}(\boldsymbol{\Phi}\boldsymbol{\Phi}^{H}))$；
步骤 5：令 $\boldsymbol{G}=[\boldsymbol{G}\mid\boldsymbol{F}_{RF(:,k)}]$；
步骤 6：求得 $\boldsymbol{F}_{BB}^{(t)}=(\boldsymbol{G}^{H}\boldsymbol{G})^{-1}\boldsymbol{G}^{H}\boldsymbol{F}_{opt}$；
步骤 7：更新残差 $\boldsymbol{F}_{res}=\dfrac{\boldsymbol{F}_{opt}-\boldsymbol{G}\boldsymbol{F}_{BB}^{(t)}}{\Vert\boldsymbol{F}_{opt}-\boldsymbol{G}\boldsymbol{F}_{BB}^{(t)}\Vert_F}$；
步骤 8：如果 $t<N_{RF}$，则跳转到步骤 3，否则循环结束；
步骤 9：最终获得矩阵 $\boldsymbol{F}_{BB}=\sqrt{N_s}\dfrac{\boldsymbol{F}_{BB}^{(t)}}{\Vert\boldsymbol{F}_{RF}\boldsymbol{F}_{BB}^{(t)}\Vert_F}$，$\boldsymbol{F}_{RF}=\boldsymbol{G}$

3. 扩展幂法

为了避免传统 SVD 方法的高计算复杂度给所提算法带来的额外计算时间开销，在传统幂法的基础上提出一种扩展幂法。该方法直接通过交替迭代的方式来求解残差矩阵的最大奇异值及其对应的左奇异向量和右奇异向量。对于一个复数矩阵，本小节给出如下定理。

定理 4.3 对于非零矩阵 $\boldsymbol{E}\in\mathbb{C}^{m\times n}$，$\mathrm{rank}(\boldsymbol{E})=r\ (0<r\leqslant\min(m,n))$，如果该矩阵有 m 个相互独立的左奇异向量 $\boldsymbol{u}_1,\boldsymbol{u}_2,\cdots,\boldsymbol{u}_m$（$\Vert\boldsymbol{u}_i\Vert_2=1,1\leqslant i\leqslant m$）和 n 个相互独立的右奇异向量 $\boldsymbol{v}_1,\boldsymbol{v}_2,\cdots,\boldsymbol{v}_n$（$\Vert\boldsymbol{v}_i\Vert_2=1,1\leqslant i\leqslant n$），且与左右奇异向量相对应的奇异值满足关系 $\sigma_1>\sigma_2\geqslant\cdots\geqslant\sigma_r>0$。设 $\boldsymbol{a}_0=\sum_{i=1}^{n}\alpha_i\boldsymbol{v}_i\ (\alpha_1\neq0)$。令向量 $\boldsymbol{a}_0$ 作为初始向量，按照矩阵 $\boldsymbol{E}$ 组成向量迭代序列：

$$\begin{cases}\boldsymbol{b}_{k-1}=\dfrac{\boldsymbol{E}\boldsymbol{a}_{k-1}}{\Vert\boldsymbol{E}\boldsymbol{a}_{k-1}\Vert_2} & k=1,2,\cdots\\[2ex]\boldsymbol{a}_k=\dfrac{\boldsymbol{E}^{H}\boldsymbol{b}_{k-1}}{\Vert\boldsymbol{E}^{H}\boldsymbol{b}_{k-1}\Vert_2} & k=1,2,\cdots\end{cases}\tag{4.52}$$

那么，以下三个结论都是正确的。

结论 1：$\lim\limits_{k\to\infty}\boldsymbol{a}_k=\dfrac{\alpha_1}{|\alpha_1|}\boldsymbol{v}_1$；

结论 2：$\lim\limits_{k\to\infty}\boldsymbol{b}_k=\dfrac{\alpha_1}{|\alpha_1|}\boldsymbol{u}_1$；

结论 3：$\lim\limits_{k\to\infty}\Vert\boldsymbol{E}\boldsymbol{a}_k\Vert_2=\sigma_1$。

证明：设非零矩阵 $\boldsymbol{E}(\boldsymbol{E}\in\mathbb{C}^{m\times n})$ 的 SVD 为 $\boldsymbol{E}=\boldsymbol{U}\boldsymbol{\Sigma}\boldsymbol{V}^{H}$，$\mathrm{rank}(\boldsymbol{E})=r\ (0<r\leqslant\min(m,n))$，将左奇异矩阵 $\boldsymbol{U}$、右奇异矩阵 $\boldsymbol{V}$ 和奇异值矩阵 $\boldsymbol{\Sigma}$ 写成

$$\boldsymbol{U}=[\boldsymbol{u}_1,\boldsymbol{u}_2,\cdots,\boldsymbol{u}_m],\ \boldsymbol{V}=[\boldsymbol{v}_1,\boldsymbol{v}_2,\cdots,\boldsymbol{v}_n],\ \boldsymbol{\Sigma}=\begin{bmatrix}\boldsymbol{\Sigma}_1 & \boldsymbol{0}\\ \boldsymbol{0} & \boldsymbol{0}\end{bmatrix}\tag{4.53}$$

其中，$\boldsymbol{\Sigma}_1=\begin{bmatrix}\sigma_1 & & & \\ & \sigma_2 & & \\ & & \ddots & \\ & & & \sigma_r\end{bmatrix}$，且 $\sigma_1>\sigma_2\geqslant\cdots\geqslant\sigma_r>0$。设 $G_1,G_2,\cdots,G_r$ 为矩阵 $\boldsymbol{E}$ 的 r

个非零奇异值。

设随机向量 $\boldsymbol{a}_0 \in \mathbb{C}^n$，对 $\boldsymbol{a}_0$ 进行分解易知 $\boldsymbol{a}_0 = \sum_{i=1}^{n} \alpha_i \boldsymbol{v}_i$（由于 $\boldsymbol{a}_0$ 是随机选取的，因此 $\alpha_1 \neq 0$ 的概率几乎为 1)，集合 $\{\alpha_i\}$ 为常数集。向量序列 $\boldsymbol{a}_k$ 和 $\boldsymbol{b}_k$ 可以写成如下形式：

$$
\begin{aligned}
\boldsymbol{a}_k &= \frac{\boldsymbol{E}^{\mathrm{H}} \boldsymbol{b}_{k-1}}{\| \boldsymbol{E}^{\mathrm{H}} \boldsymbol{b}_{k-1} \|_2} = \frac{\boldsymbol{E}^{\mathrm{H}} \boldsymbol{E} \boldsymbol{a}_{k-1}}{\| \boldsymbol{E} \boldsymbol{a}_{k-1} \|_2 \cdot \left\| \dfrac{\boldsymbol{E}^{\mathrm{H}} \boldsymbol{E} \boldsymbol{a}_{k-1}}{\| \boldsymbol{E} \boldsymbol{a}_{k-1} \|_2} \right\|_2} \\
&= \frac{\boldsymbol{E}^{\mathrm{H}} \boldsymbol{E} \boldsymbol{a}_{k-1}}{\| \boldsymbol{E}^{\mathrm{H}} \boldsymbol{E} \boldsymbol{a}_{k-1} \|_2} = \frac{(\boldsymbol{E}^{\mathrm{H}} \boldsymbol{E})^k \boldsymbol{a}_0}{\| (\boldsymbol{E}^{\mathrm{H}} \boldsymbol{E})^k \boldsymbol{a}_0 \|_2} \\
&= \frac{(\boldsymbol{V} \boldsymbol{\Sigma}^2 \boldsymbol{V}^{\mathrm{H}})^k \boldsymbol{a}_0}{\| (\boldsymbol{V} \boldsymbol{\Sigma}^2 \boldsymbol{V}^{\mathrm{H}})^k \boldsymbol{a}_0 \|_2} \\
&= \frac{\left(\sum_{i=1}^{r} \boldsymbol{v}_i \sigma_i^2 \boldsymbol{v}_i^{\mathrm{H}}\right)^k \boldsymbol{a}_0}{\left\| \left(\sum_{i=1}^{r} \boldsymbol{v}_i \sigma_i^2 \boldsymbol{v}_i^{\mathrm{H}}\right)^k \boldsymbol{a}_0 \right\|_2} = \frac{\left(\sum_{i=1}^{r} \boldsymbol{v}_i \sigma_i^{2k} \boldsymbol{v}_i^{\mathrm{H}}\right) \cdot \left(\sum_{i=1}^{n} \alpha_i \boldsymbol{v}_i\right)}{\left\| \left(\sum_{i=1}^{r} \boldsymbol{v}_i \sigma_i^{2k} \boldsymbol{v}_i^{\mathrm{H}}\right) \cdot \left(\sum_{i=1}^{n} \alpha_i \boldsymbol{v}_i\right) \right\|_2} \\
&= \frac{\sum_{i=1}^{r} \alpha_i \sigma_i^{2k} \boldsymbol{v}_i}{\left\| \sum_{i=1}^{r} \alpha_i \sigma_i^{2k} \boldsymbol{v}_i \right\|_2} = \frac{\alpha_1 \sigma_1^{2k} \left(\boldsymbol{v}_1 + \sum_{i=2}^{r} \dfrac{\alpha_i}{\alpha_1} \left(\dfrac{\sigma_i}{\sigma_1}\right)^{2k} \boldsymbol{v}_i\right)}{\left\| \alpha_1 \sigma_1^{2k} \left(\boldsymbol{v}_1 + \sum_{i=2}^{r} \dfrac{\alpha_i}{\alpha_1} \left(\dfrac{\sigma_i}{\sigma_1}\right)^{2k} \boldsymbol{v}_i\right) \right\|_2}
\end{aligned} \tag{4.54}
$$

$$
\begin{aligned}
\boldsymbol{b}_k &= \frac{\boldsymbol{E} \boldsymbol{a}_k}{\| \boldsymbol{E} \boldsymbol{a}_k \|_2} = \frac{\boldsymbol{E} \boldsymbol{E}^{\mathrm{H}} \boldsymbol{b}_{k-1}}{\| \boldsymbol{E}^{\mathrm{H}} \boldsymbol{b}_{k-1} \|_2 \cdot \left\| \dfrac{\boldsymbol{E} \boldsymbol{E}^{\mathrm{H}} \boldsymbol{b}_{k-1}}{\| \boldsymbol{E}^{\mathrm{H}} \boldsymbol{b}_{k-1} \|_2} \right\|_2} \\
&= \frac{\boldsymbol{E} \boldsymbol{E}^{\mathrm{H}} \boldsymbol{b}_{k-1}}{\| \boldsymbol{E} \boldsymbol{E}^{\mathrm{H}} \boldsymbol{b}_{k-1} \|_2} = \frac{(\boldsymbol{E} \boldsymbol{E}^{\mathrm{H}})^k \boldsymbol{b}_0}{\| (\boldsymbol{E} \boldsymbol{E}^{\mathrm{H}})^k \boldsymbol{b}_0 \|_2} \\
&= \frac{(\boldsymbol{U} \boldsymbol{\Sigma}^2 \boldsymbol{U}^{\mathrm{H}})^k \boldsymbol{b}_0}{\| (\boldsymbol{U} \boldsymbol{\Sigma}^2 \boldsymbol{U}^{\mathrm{H}})^k \boldsymbol{b}_0 \|_2} \\
&= \frac{\left(\sum_{i=1}^{r} \boldsymbol{u}_i \sigma_i^2 \boldsymbol{u}_i^{\mathrm{H}}\right)^k \boldsymbol{E} \boldsymbol{a}_0}{\left\| \left(\sum_{i=1}^{r} \boldsymbol{u}_i \sigma_i^2 \boldsymbol{u}_i^{\mathrm{H}}\right)^k \boldsymbol{E} \boldsymbol{a}_0 \right\|_2} = \frac{\left(\sum_{i=1}^{r} \boldsymbol{u}_i \sigma_i^{2k} \boldsymbol{u}_i^{\mathrm{H}}\right) \cdot \left(\sum_{i=1}^{r} \alpha_i \sigma_i \boldsymbol{u}_i\right)}{\left\| \left(\sum_{i=1}^{r} \boldsymbol{u}_i \sigma_i^{2k} \boldsymbol{u}_i^{\mathrm{H}}\right) \cdot \left(\sum_{i=1}^{r} \alpha_i \sigma_i \boldsymbol{u}_i\right) \right\|_2} \\
&= \frac{\sum_{i=1}^{r} \alpha_i \sigma_i^{2k+1} \boldsymbol{u}_i}{\left\| \sum_{i=1}^{r} \alpha_i \sigma_i^{2k+1} \boldsymbol{u}_i \right\|_2} = \frac{\alpha_1 \sigma_1^{2k+1} \left(\boldsymbol{u}_1 + \sum_{i=2}^{r} \dfrac{\alpha_i}{\alpha_1} \left(\dfrac{\sigma_i}{\sigma_1}\right)^{2k+1} \boldsymbol{u}_i\right)}{\left\| \alpha_1 \sigma_1^{2k+1} \left(\boldsymbol{u}_1 + \sum_{i=2}^{r} \dfrac{\alpha_i}{\alpha_1} \left(\dfrac{\sigma_i}{\sigma_1}\right)^{2k+1} \boldsymbol{u}_i\right) \right\|_2}
\end{aligned} \tag{4.55}
$$

根据上述分析，由于 $\sigma_1 > \sigma_2 \geqslant \cdots \geqslant \sigma_r > 0$，因此当 $k \to \infty$时，可得

$$
\lim_{k \to \infty} \left(\frac{\sigma_i}{\sigma_1}\right)^k = 0 \tag{4.56}
$$

将式(4.56)代入式(4.54)和式(4.55)可得

$$
\lim_{k \to \infty} \boldsymbol{a}_k = \lim_{k \to \infty} \frac{\alpha_1 \sigma_1^{2k} \boldsymbol{v}_1}{\| \alpha_1 \sigma_1^{2k} \boldsymbol{v}_1 \|_2} = \frac{\alpha_1}{|\alpha_1|} \boldsymbol{v}_1 \tag{4.57}
$$

$$
\lim_{k \to \infty} \boldsymbol{b}_k = \lim_{k \to \infty} \frac{\alpha_1 \sigma_1^{2k+1} \boldsymbol{u}_1}{\| \alpha_1 \sigma_1^{2k+1} \boldsymbol{u}_1 \|_2} = \frac{\alpha_1}{|\alpha_1|} \boldsymbol{u}_1 \tag{4.58}
$$

由式(4.57)的结论，易得

$$\lim_{k\to\infty}\|\boldsymbol{E}\boldsymbol{a}_k\|_2=\left\|\boldsymbol{E}\frac{\alpha_1}{|\alpha_1|}\boldsymbol{v}_1\right\|_2=\|\boldsymbol{U\Sigma V}^{\mathrm{H}}\boldsymbol{v}_1\|_2$$
$$=\|(\sum_{i=1}^{r}\boldsymbol{u}_i\sigma_i\boldsymbol{v}_i^{\mathrm{H}})\boldsymbol{v}_1\|_2=\|\sigma_1\boldsymbol{u}_1\|_2=\sigma_1^2 \tag{4.59}$$

由以上证明可得扩展幂法能够通过迭代的方式直接求得矩阵的最大奇异值和与之对应的左、右奇异向量。在实际的迭代处理过程中，该算法在一般情况下具有比较快的收敛速度，迭代次数 k 不需要太大便可得到较好的计算结果。但在实际情况下如何设置 k 值才能保障既不进行多余的迭代又能得到较好的结果，也是比较难确定的问题。为了避免由于 k 值的设置不准确所带来的问题，本算法中利用相邻两次迭代结果的误差大小作为是否终止迭代的条件，误差计算公式表示为 $\|\boldsymbol{a}_k-\boldsymbol{a}_{k-1}\|_2$，当误差值小于所设定的门限值 η 时，停止迭代，并输出计算结果。为了更直观地描述该扩展幂法的处理过程，表 4.6 给出利用扩展幂法迭代求解矩阵的最大奇异值及对应左、右奇异向量的步骤。

表4.6 扩展幂法

算法步骤
步骤 1：输入 $\boldsymbol{E}$, $\boldsymbol{a}_0$, η, 初始化迭代次数 $k=0$；
步骤 2：迭代计算 $k=k+1$；
步骤 3：计算 $\boldsymbol{b}_{k-1}=\dfrac{\boldsymbol{E}\boldsymbol{a}_{k-1}}{\|\boldsymbol{E}\boldsymbol{a}_{k-1}\|_2}$；
步骤 4：计算 $\boldsymbol{a}_k=\dfrac{\boldsymbol{E}^{\mathrm{H}}\boldsymbol{b}_{k-1}}{\|\boldsymbol{E}^{\mathrm{H}}\boldsymbol{b}_{k-1}\|_2}$；
步骤 5：如果 $\|\boldsymbol{a}_k-\boldsymbol{a}_{k-1}\|_2>\eta$，则跳转到步骤 2，否则循环结束；
步骤 6：计算最大的奇异值 $\sigma_1=\|\boldsymbol{E}\boldsymbol{a}_k\|_2$；
步骤 7：输出 $\boldsymbol{u}_1=\boldsymbol{b}_k$, $\boldsymbol{v}_1=\boldsymbol{a}_k$, σ_1

综上所述，P-OMP-IR 算法的步骤可总结如下：

步骤 1：数据输入。

初始化模拟预编码矩阵 $\boldsymbol{F}_{\mathrm{RF}}$ 和数字预编码矩阵 $\boldsymbol{F}_{\mathrm{BB}}$，利用信道矩阵 $\boldsymbol{H}$ 的 SVD 分解得到最优预编码矩阵 $\boldsymbol{F}_{\mathrm{opt}}$，设 $\boldsymbol{H}=\boldsymbol{U\Sigma V}^{\mathrm{H}}$，则 $\boldsymbol{F}_{\mathrm{opt}}=\boldsymbol{V}_{(:,1:N_s)}$。设置扩展幂法的门限值 η 以及 P-OMP-IR算法的阈值 ε。

步骤 2：模拟预编码矩阵更新。

根据逐列修正矩阵 $\boldsymbol{F}_{\mathrm{RF}}$ 的思想，利用表 4.6 中给出的扩展幂法的迭代步骤求解式(4.48)中残差矩阵的最大奇异值和对应的左、右奇异向量，在迭代过程中利用设置好的门限值 η 来确定是否终止迭代。最后，考虑到恒模约束，利用式(4.50)求得更新后的模拟预编码矩阵 $\boldsymbol{F}_{\mathrm{RF}}$。

步骤 3：数字预编码矩阵更新。

将步骤 2 求得的 $\boldsymbol{F}_{\mathrm{RF}}$ 作为输入，通过基于 OMP 的稀疏混合预编码算法求得数字预编码矩阵 $\boldsymbol{F}_{\mathrm{BB}}$，详细求解步骤已在表 4.5 中给出。

步骤4：循环判决。

每次更新完数字预编码矩阵后，根据式(4.51)求得残差值。设第 t 次和第 $t-1$ 次的残差值分别为 δ^t 和 δ^{t-1}，如果 $\delta^{t-1}-\delta^t>\varepsilon$，则跳转到步骤2，否则循环结束。

步骤5：结果输出。

输出更新修正后的模拟预编码矩阵 $\boldsymbol{F}_{\mathrm{RF}}$ 和数字预编码矩阵 $\boldsymbol{F}_{\mathrm{BB}}$，算法结束。

4.3.3 计算复杂度分析

在本小节中，将对P-OMP-IR算法的计算复杂度进行分析，并与文献[18]研究的基于OMP的稀疏混合预编码算法[18]以及文献[19]提出的SR-OMP算法的计算复杂度进行对比。P-OMP-IR算法的计算过程与其他两种算法相比，最主要的不同就是在计算模拟预编码矩阵 $\boldsymbol{F}_{\mathrm{RF}}$ 上所采取的策略。不论是P-OMP-IR算法还是SR-OMP算法，这两种方法都采用了迭代修正混合预编码矩阵的策略。因此，在分析算法的计算复杂度时，为了便于比较，假设SR-OMP算法和P-OMP-IR算法的迭代次数分别为 k_1 和 k_2。如表4.6所示，假设使用一次扩展幂法所需要的平均的迭代次数为 k_3。通过对P-OMP-IR算法的分析可得该算法的计算复杂度由以下四个部分构成：

(1) 求解最佳匹配列过程。

求解最佳匹配列过程的计算复杂度来源于 $\boldsymbol{F}_{\mathrm{RF}}^{\mathrm{H}}\boldsymbol{F}_{\mathrm{res}}$ 的矩阵乘积的计算过程。$\boldsymbol{F}_{\mathrm{res}}$ 表示维度为 $N_{\mathrm{t}}\times N_{\mathrm{s}}$ 的残差矩阵，$\boldsymbol{F}_{\mathrm{RF}}$ 表示维度为 $N_{\mathrm{t}}\times N_{\mathrm{RF}}$ 的模拟预编码矩阵。由于 $\boldsymbol{F}_{\mathrm{RF}}^{\mathrm{H}}\boldsymbol{F}_{\mathrm{res}}$ 的乘积项需要执行 k_2N_{RF} 次，因此这一部分的计算复杂度为 $O(k_2N_{\mathrm{RF}}^2N_{\mathrm{t}}N_{\mathrm{s}})$。

(2) 求解数字预编码矩阵过程。

求解数字预编码矩阵过程的计算复杂度来源于表4.5中式 $\boldsymbol{F}_{\mathrm{BB}}^{(t)}=(\boldsymbol{G}^{\mathrm{H}}\boldsymbol{G})^{-1}\boldsymbol{G}^{\mathrm{H}}\boldsymbol{F}_{\mathrm{opt}}$ 的计算过程。其中，$\boldsymbol{G}$ 为 $N_{\mathrm{t}}\times N_{\mathrm{RF}}$ 的矩阵，$\boldsymbol{F}_{\mathrm{BB}}^{(t)}$ 为 $N_{\mathrm{RF}}\times N_{\mathrm{s}}$ 的数字预编码矩阵，$\boldsymbol{F}_{\mathrm{opt}}$ 为 $N_{\mathrm{t}}\times N_{\mathrm{s}}$ 的最优预编码矩阵。求解上式 $\boldsymbol{F}_{\mathrm{BB}}^{(t)}$ 的过程在整个算法执行中需要执行 k_2N_{RF} 次，则这部分的计算复杂度为 $O(k_2N_{\mathrm{t}}N_{\mathrm{RF}}^3)$。

(3) 求解残差矩阵过程。

求解残差矩阵过程的计算复杂度来源于对残差矩阵 $\boldsymbol{F}_{\mathrm{res}}$ 的计算，如表4.5的步骤7所示，这一步的计算复杂度主要体现在 $\boldsymbol{G}\boldsymbol{F}_{\mathrm{BB}}^{(t)}$ 的乘积上。由于步骤7在整个算法计算过程中需要执行 k_2N_{RF} 次，因此这部分所带来的计算复杂度为 $O(k_2N_{\mathrm{t}}N_{\mathrm{RF}}^2N_{\mathrm{s}})$。

(4) 扩展幂法计算过程。

扩展幂法计算过程的计算复杂度来源于对式 $\boldsymbol{a}_k=\boldsymbol{E}^{\mathrm{H}}\boldsymbol{b}_{k-1}/\|\boldsymbol{E}^{\mathrm{H}}\boldsymbol{b}_{k-1}\|_2$ 的计算过程，$\boldsymbol{E}$ 为 $N_{\mathrm{t}}\times N_{\mathrm{s}}$ 的残差矩阵，$\boldsymbol{b}_{k-1}$ 为 $N_{\mathrm{t}}\times 1$ 的列向量，则执行一次扩展幂法的计算复杂度为 $O(k_3N_{\mathrm{t}}N_{\mathrm{s}})$。由于扩展幂法需要被执行 k_2N_{RF} 次，因此这部分的计算复杂度为 $O(k_2k_3N_{\mathrm{t}}N_{\mathrm{RF}}N_{\mathrm{s}})$。

基于上述分析，在表4.7中总结了各个算法的计算复杂度。由于基于OMP的稀疏混合预编码算法没有迭代修正的过程，因此该算法的计算复杂度低于所提的P-OMP-IR算法和SR-OMP算法。然而，其他两种算法因加入了更新修正的策略，所以它们的频谱效率要高于基于OMP的稀疏混合预编码算法的频谱效率。本节所提的算法与SR-OMP算法的不同主要表现在更新模拟预编码矩阵的 $\boldsymbol{F}_{\mathrm{RF}}$ 的过程，SR-OMP算法利用最小二乘法来计算矩阵

$\boldsymbol{F}_{\mathrm{RF}}$ 的值，其计算复杂度为 $O(k_1 N_{\mathrm{t}} N_{\mathrm{RF}} N_{\mathrm{s}})$；而 P-OMP-IR 算法利用扩展幂法来更新矩阵 $\boldsymbol{F}_{\mathrm{RF}}$ 的值，其计算复杂度为 $O(k_2 k_3 N_{\mathrm{t}} N_{\mathrm{RF}} N_{\mathrm{s}})$。从表 4.7 中很容易观察到 P-OMP-IR 算法与 SR-OMP 算法具有相似的计算复杂度，但是从后面的仿真结果可以看出，本节所提 P-OMP-IR算法与 SR-OMP 算法相比，能够获得更高的频谱效率。

表 4.7 计算复杂度分析

算法名称	操作步骤	复杂度
基于 OMP 的稀疏混合预编码算法	$\boldsymbol{A}_{\mathrm{t}}^{\mathrm{H}} \boldsymbol{F}_{\mathrm{res}}$	$O(LN_{\mathrm{t}} N_{\mathrm{RF}} N_{\mathrm{s}})$
	$\boldsymbol{F}_{\mathrm{BB}} = (\boldsymbol{F}_{\mathrm{RF}}^{\mathrm{H}} \boldsymbol{F}_{\mathrm{RF}})^{-1} \boldsymbol{F}_{\mathrm{RF}}^{\mathrm{H}} \boldsymbol{F}_{\mathrm{opt}}$	$O(N_{\mathrm{t}} N_{\mathrm{RF}}^3)$
	$\boldsymbol{F}_{\mathrm{res}} = \dfrac{\boldsymbol{F}_{\mathrm{opt}} - \boldsymbol{F}_{\mathrm{RF}} \boldsymbol{F}_{\mathrm{BB}}}{\Vert \boldsymbol{F}_{\mathrm{opt}} - \boldsymbol{F}_{\mathrm{RF}} \boldsymbol{F}_{\mathrm{BB}} \Vert_{\mathrm{F}}}$	$O(N_{\mathrm{t}} N_{\mathrm{RF}}^2 N_{\mathrm{s}})$
	$\boldsymbol{F}_{\mathrm{BB}} = \sqrt{N_{\mathrm{s}}} \dfrac{\boldsymbol{F}_{\mathrm{BB}}}{\Vert \boldsymbol{F}_{\mathrm{RF}} \boldsymbol{F}_{\mathrm{BB}} \Vert_{\mathrm{F}}}$	$O(N_{\mathrm{t}} N_{\mathrm{RF}} N_{\mathrm{s}})$
SR-OMP 算法	$\boldsymbol{F}_{\mathrm{RF}}^{\mathrm{H}} \boldsymbol{F}_{\mathrm{res}}$	$O(k_1 N_{\mathrm{t}} N_{\mathrm{RF}}^2 N_{\mathrm{s}})$
	$\boldsymbol{F}_{\mathrm{BB}} = (\boldsymbol{F}_{\mathrm{RF}}^{\mathrm{H}} \boldsymbol{F}_{\mathrm{RF}})^{-1} \boldsymbol{F}_{\mathrm{RF}}^{\mathrm{H}} \boldsymbol{F}_{\mathrm{opt}}$	$O(k_1 N_{\mathrm{t}} N_{\mathrm{RF}}^3)$
	$\boldsymbol{F}_{\mathrm{res}} = \dfrac{\boldsymbol{F}_{\mathrm{opt}} - \boldsymbol{F}_{\mathrm{RF}} \boldsymbol{F}_{\mathrm{BB}}}{\Vert \boldsymbol{F}_{\mathrm{opt}} - \boldsymbol{F}_{\mathrm{RF}} \boldsymbol{F}_{\mathrm{BB}} \Vert_{\mathrm{F}}}$	$O(k_1 N_{\mathrm{t}} N_{\mathrm{RF}}^2 N_{\mathrm{s}})$
	$\boldsymbol{F}_{\mathrm{BB}} = \sqrt{N_{\mathrm{s}}} \dfrac{\boldsymbol{F}_{\mathrm{BB}}}{\Vert \boldsymbol{F}_{\mathrm{RF}} \boldsymbol{F}_{\mathrm{BB}} \Vert_{\mathrm{F}}}$	$O(k_1 N_{\mathrm{t}} N_{\mathrm{RF}} N_{\mathrm{s}})$
	$\delta = \Vert \boldsymbol{F}_{\mathrm{opt}} - (\boldsymbol{F}_{\mathrm{RF}} \boldsymbol{F}_{\mathrm{BB}}) \Vert_{\mathrm{F}}$	$O(k_1 N_{\mathrm{t}} N_{\mathrm{RF}} N_{\mathrm{s}})$
	$\boldsymbol{F}_{\mathrm{RF}} = \boldsymbol{F}_{\mathrm{opt}} (\boldsymbol{F}_{\mathrm{BB}}^{\mathrm{H}} \boldsymbol{F}_{\mathrm{BB}})^{-1} \boldsymbol{F}_{\mathrm{BB}}^{\mathrm{H}}$	$O(k_1 N_{\mathrm{t}} N_{\mathrm{RF}} N_{\mathrm{s}})$
	$\boldsymbol{F}_{\mathrm{RF}(m,n)} = \dfrac{\hat{\boldsymbol{F}}_{\mathrm{RF}(m,n)}}{\vert \hat{\boldsymbol{F}}_{\mathrm{RF}(m,n)} \vert}$	$O(k_1 N_{\mathrm{t}} N_{\mathrm{RF}})$
P-OMP-IR 算法	$\boldsymbol{F}_{\mathrm{RF}}^{\mathrm{H}} \boldsymbol{F}_{\mathrm{res}}$	$O(k_2 N_{\mathrm{t}} N_{\mathrm{RF}}^2 N_{\mathrm{s}})$
	$\boldsymbol{F}_{\mathrm{BB}}^{(t)} = (\boldsymbol{G}^{\mathrm{H}} \boldsymbol{G})^{-1} \boldsymbol{G}^{\mathrm{H}} \boldsymbol{F}_{\mathrm{opt}}$	$O(k_2 N_{\mathrm{t}} N_{\mathrm{RF}}^3)$
	$\boldsymbol{F}_{\mathrm{res}} = \dfrac{\boldsymbol{F}_{\mathrm{opt}} - \boldsymbol{G} \boldsymbol{F}_{\mathrm{BB}}^{(t)}}{\Vert \boldsymbol{F}_{\mathrm{opt}} - \boldsymbol{G} \boldsymbol{F}_{\mathrm{BB}}^{(t)} \Vert_{\mathrm{F}}}$	$O(k_2 N_{\mathrm{t}} N_{\mathrm{RF}}^2 N_{\mathrm{s}})$
	$\boldsymbol{F}_{\mathrm{BB}} = \sqrt{N_{\mathrm{s}}} \dfrac{\boldsymbol{F}_{\mathrm{BB}}^{(t)}}{\Vert \boldsymbol{F}_{\mathrm{RF}} \boldsymbol{F}_{\mathrm{BB}}^{(t)} \Vert_{\mathrm{F}}}$	$O(k_2 N_{\mathrm{t}} N_{\mathrm{RF}} N_{\mathrm{s}})$
	$\delta = \Vert \boldsymbol{F}_{\mathrm{opt}} - \boldsymbol{F}_{\mathrm{RF}} \boldsymbol{F}_{\mathrm{BB}} \Vert_{\mathrm{F}}$	$O(k_2 N_{\mathrm{t}} N_{\mathrm{RF}} N_{\mathrm{s}})$
	$\boldsymbol{E}_j = \boldsymbol{F}_{\mathrm{opt}} - \sum_{i \neq j}^{N_{\mathrm{RF}}} \boldsymbol{f}_{\mathrm{RF},i} \boldsymbol{f}_{\mathrm{BB},i}^{\mathrm{H}}$	$O(k_2 N_{\mathrm{t}} N_{\mathrm{s}})$
	$\boldsymbol{a}_k = \dfrac{\boldsymbol{E}^{\mathrm{H}} \boldsymbol{b}_{k-1}}{\Vert \boldsymbol{E}^{\mathrm{H}} \boldsymbol{b}_{k-1} \Vert_2}$	$O(k_2 k_3 N_{\mathrm{t}} N_{\mathrm{RF}} N_{\mathrm{s}})$
	$\boldsymbol{F}_{\mathrm{RF}(m,n)} = \dfrac{\hat{\boldsymbol{F}}_{\mathrm{RF}(m,n)}}{\vert \hat{\boldsymbol{F}}_{\mathrm{RF}(m,n)} \vert}$	$O(k_2 N_{\mathrm{t}} N_{\mathrm{RF}})$

4.3.4 仿真实验及性能分析

本节将通过仿真实验来评价所提的 P-OMP-IR 算法的性能。针对单用户的毫米波 MIMO通信系统，在仿真实验中假设接收端和发射端的天线阵列都为均匀平面阵。发射端的平面阵设置为 12×12 天线阵列，接收端的平面阵所包含的天线数一般要比发射端少的多，所以，接收端的平面阵设置为 6×6 的天线阵列。

毫米波传输信道的路径数设置为 50(L=50)，根据毫米波按簇传输的特性，假设这 50 条路径被平均分成 5 簇(第几簇用 c_i 表示，i=1，2，…，5)，每簇包含 10 个路径。信号离开发射端时，每簇俯仰角和方位角的平均值分别为 $\phi_{c_i}^{t}=\frac{1}{10}\sum_{l\in c_i}\phi_l^{t}$ 和 $\theta_{c_i}^{t}=\frac{1}{10}\sum_{l\in c_i}\theta_l^{t}$，且 $0<\phi_{c_i}^{t}<2\pi, 0<\theta_{c_i}^{t}<\pi$，满足均匀分布，即 $\phi_{c_i}^{t}\sim U(0,2\pi),\theta_{c_i}^{t}\sim U(0,\pi)$。每簇中的 10 条路径都满足拉普拉斯分布，即 $\phi_{l,l\in c_i}^{t}\sim L(u_{\phi,c_i}^{t},b_{\phi,c_i}^{t}),\theta_{l,l\in c_i}^{t}\sim L(u_{\theta,c_i}^{t},b_{\theta,c_i}^{t})$，且位置参数 $u_{\phi,c_i}^{t}=\phi_{c_i}^{t},u_{\theta,c_i}^{t}=\theta_{c_i}^{t}$，尺度参数 b_{ϕ,c_i}^{t} 和 b_{θ,c_i}^{t} 都设置为 10°。接收端与发射端具有相同的角度分布特性。每簇的平均功率为 $\sigma_{\alpha,i}^{2}=1$。天线阵元之间的距离为半波长，门限值 $\eta=10^{-4}$，阈值 $\varepsilon=0.01$。仿真结果中曲线上的每一点都是经过 1000 次蒙特卡罗仿真得到的平均值。

实验 1: 在不同的信噪比环境下，P-OMP-IR 算法、SR-OMP 算法和基于 OMP 的稀疏混合预编码算法的频谱效率。

仿真参数设置：发射端的数据流数 $N_s=4$；发射端与接收端的射频链数 $N_{RF}=8$；信噪比的变化范围为−25～5 dB。

图 4.14 给出了不同信噪比环境下，P-OMP-IR 算法的频谱效率的变化曲线，并与 SR-OMP算法的曲线、基于 OMP 的稀疏混合预编码算法的曲线进行了比较。由图 4.14 中的仿真曲线可以看出：(1) 当信噪比较低时，图中所有算法的频谱效率都相对较差，且各个算法之间的性能差距也不明显。(2) 随着通信环境变好，信噪比增加，图 4.14 中所有算法

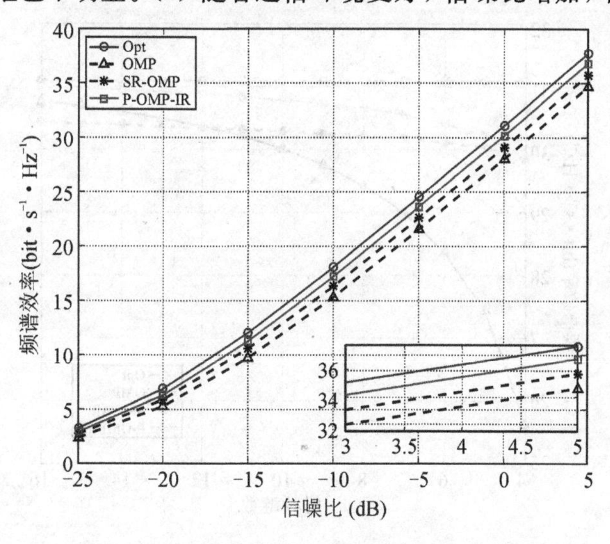

图 4.14 不同信噪比环境下频谱效率变化

的频谱效率呈指数增加，且 P-OMP-IR 算法与 SR-OMP 算法、基于 OMP 的稀疏混合预编码算法相比，可以获得更高的频谱效率。图中频谱效率最高的曲线为全数字最优预编码得到的结果，由于全数字最优预编码通信系统没有恒模约束的限制，因此其他混合预编码的算法只能无限接近它的性能，而无法超越其性能。(3) ROMP-IR 算法的频谱效率曲线与全数字最优预编码的曲线已经非常接近，这进一步验证了，在不同的信噪比环境下，P-OMP-IR算法具有良好的性能表现。

实验 2: 在不同的射频链数下，P-OMP-IR 算法、SR-OMP 算法和基于 OMP 的稀疏混合预编码算法的频谱效率。

仿真参数设置：发射端的数据流数 $N_s=4$；所有终端的射频链数相同，且其变化范围 $N_{RF}=4\sim16$；信噪比为 0 dB。

图 4.15 给出了在不同的射频链数下，所提 P-OMP-IR 算法的频谱效率变化曲线图。其中，横坐标表示射频链数 N_{RF} 的不同取值，纵坐标表示频谱效率。由图 4.15 可以看出：(1) 随着 N_{RF} 的增加，P-OMP-IR 算法、SR-OMP 算法和基于 OMP 的稀疏混合预编码算法的频谱效率都在不断提高。由于全数字最优预编码的系统框架不受射频链的限制，因此全数字最优预编码的曲线不随 N_{RF} 的变化而变化，近似为一条直线。(2) 当 N_{RF} 的值与 N_s 相等时，所提 P-OMP-IR 算法的频谱效率与 SR-OMP 算法的频谱效率近似相等，即在射频链数与数据流数相等时，这两种算法的性能近似，且都要远远高于基于 OMP 的稀疏混合预编码算法的性能。(3) 当 N_{RF} 取值大于数据流数 N_s 的值时，P-OMP-IR 算法的频谱效率不断提高，并且要优于其他两种算法的频谱效率。(4) 随着 N_{RF} 值的进一步增大，P-OMP-IR 算法的频谱效率接近全数字最优预编码的频谱效率。(5) 当 $N_{RF}\gg N_s$ 时，SR-OMP算法的频谱效率反而低于未优化的基于 OMP 的稀疏混合预编码算法的频谱效率。造成这种现象的原因可能是 SR-OMP 算法在更新模拟预编码矩阵时采用了伪逆的方法，当 $N_{RF}\gg N_s$ 时，伪逆的求解精度降低，导致模拟预编码矩阵修正后的值反而不如修正前的值误差小。

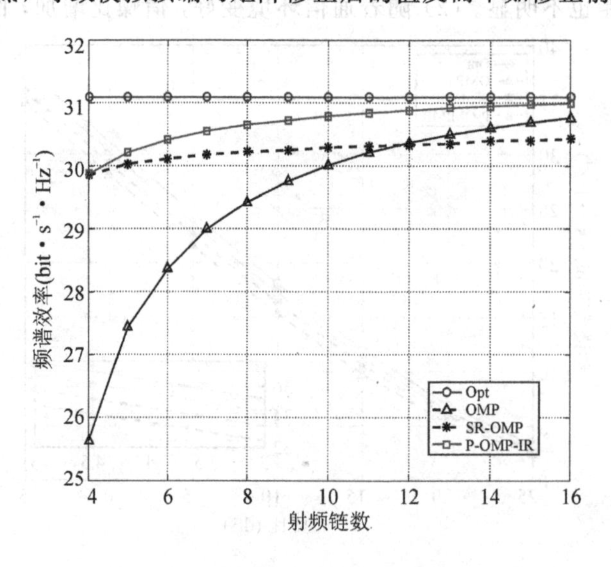

图 4.15 不同射频链数下频谱效率变化

实验 3： 在不同的数据流数下，P-OMP-IR 算法、SR-OMP 算法和基于 OMP 的稀疏混合预编码算法的频谱效率。

仿真参数设置：发射端的数据流数的变化范围 $N_s=4\sim8$；所有终端的射频链数相同，且 $N_{RF}=8$；信噪比固定为 0 dB。

图 4.16 给出了在发射端与接收端传输不同数据流数的条件下，所提算法的频谱效率变化曲线。其中，横坐标表示发射的数据流数 N_s 的不同取值，纵坐标表示频谱效率。为了保证所有的数据流都能发射出去，数据流数必须满足 $N_s \leqslant N_{RF}$ 的条件，所以纵坐标 N_s 的最大取值不能超过本仿真实验中所设置的 N_{RF}。从图 4.16 中可以看出：(1) 在数据流数 N_s 取不同值的情况下，本节所提的 P-OMP-IR 算法的频谱效率优于 SR-OMP 算法和基于 OMP 的稀疏混合预编码算法的频谱效率。(2) 当数据流数 N_s 不断增加时，P-OMP-IR 算法、SR-OMP 算法和基于 OMP 的稀疏混合预编码三种算法的频谱效率都在不断提高，但与全数字最优预编码的频谱效率之间的差距也呈现扩大的趋势。(3) 随着数据流数 N_s 的值不断地接近 N_{RF}，图中的所有曲线的增速逐渐趋缓，说明当数据流数与射频链数的值差距较大时，频谱效率的值随数据流数增大提升较快，当数据流数与射频链数差距较小时，频谱效率的值随数据流数增大提升变慢。图 4.16 的仿真结果也从侧面说明了当射频链数大于数据流数时，混合预编码算法的频谱效率能够接近全数字最优预编码的频谱效率。

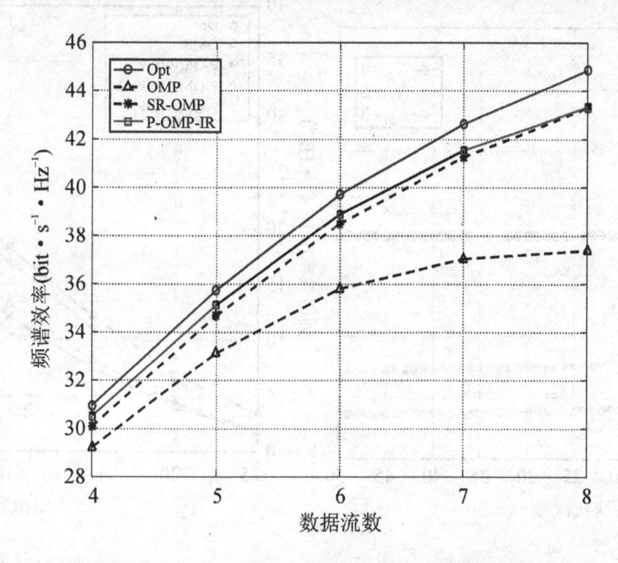

图 4.16 不同数据流数下频谱效率变化

实验 4： P-OMP-IR 算法的计算结果与全数字最优预编码之间的残差随着迭代次数的变化情况。

仿真参数设置：发射端的数据流数 $N_s=4$；所有终端的射频链数相同，且其值分别设置为 4、6 和 8 三种情况；信噪比固定为 0 dB。

图 4.17 给出了所提 P-OMP-IR 算法在不同的迭代次数情况下，其混合预编码的计算结果与全数字最优预编码之间残差的变化曲线图。这里的残差由式(4.51)计算求得，所以图中的横坐标表示迭代次数，纵坐标表示残差。从图 4.17 中可以看出：(1) 随着迭代次数

增加，本节所提 P-OMP-IR 算法的计算结果与最优解之间的残差值也不断减小，并最终趋于稳定，说明了此方法具有一定的收敛稳定性。(2) 当数据流数固定，射频链数 N_{RF} 分别取 4、6、8 时，计算残差值随着射频链数的增大而减小，说明当射频链数 N_{RF} 比数据流数 N_s 多时，所提算法 P-OMP-IR 能够得到更好的性能。

实验 5: 在不同的扩展幂法的迭代次数下，P-OMP-IR 算法的频谱效率随信噪比变化情况。

仿真参数：发射端的数据流数 $N_s=4$；所有终端的射频链数相同，且 $N_{\mathrm{RF}}=4$；扩展幂法的迭代次数 $k_3=1$，3，5；信噪比取值范围设为 $-25\sim5$ dB。

图 4.18 给出了在不同的扩展幂法的迭代次数下，所提 P-OMP-IR 算法的频谱效率随信噪比变化曲线。从图 4.18 中可以看出：(1) 当 $k_3=1$ 时，P-OMP-IR 算法的频谱效率低于基于 OMP 的稀疏混合预编码算法的频谱效率，其原因是扩展幂法的迭代次数过少，导致用该方法求解的奇异值与奇异向量的误差过大。(2) 当 $k_3=3$ 和 $k_3=5$ 时，所提的 P-OMP-IR算法的频谱效率要明显优于基于 OMP 的稀疏混合预编码算法的频谱效率，说明在较少的迭代次数下扩展幂法也可得到较好的收敛结果。因此，在对算法的性能影响较小的前提下，可以通过减少扩展幂法的迭代次数来降低所提的 P-OMP-IR 算法的计算复杂度。

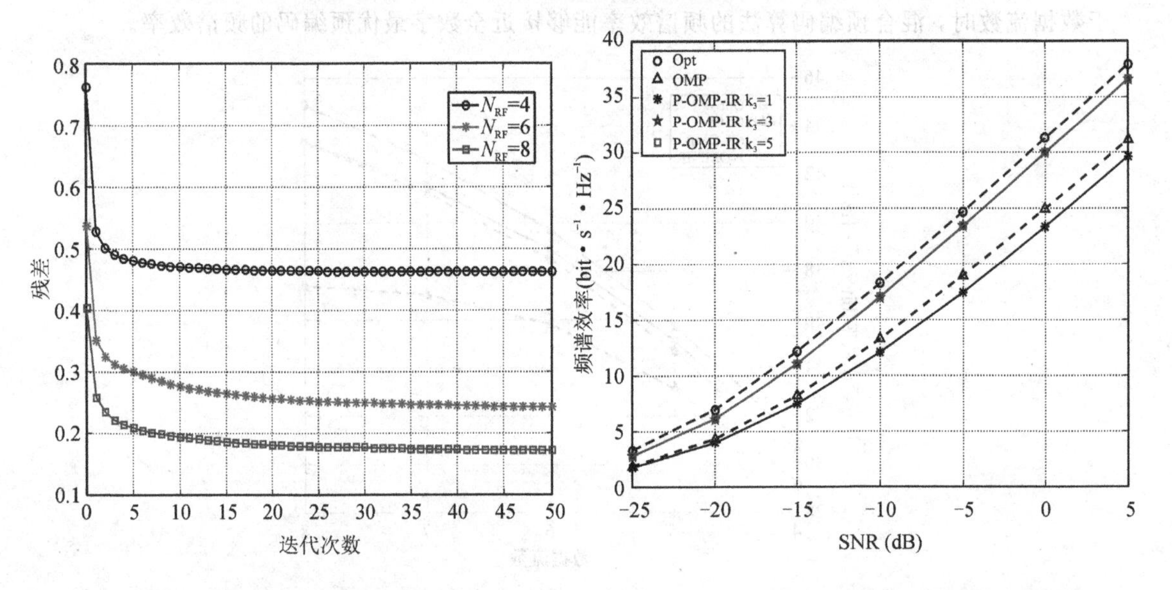

图 4.17　不同迭代次数下算法的残差

图 4.18　不同的扩展幂法的迭代次数下算法的频谱效率随信噪比变化

4.4　W-LS-IR 单用户混合预编码算法

4.3 节针对窄带信道模型给出了 P-OMP-IR 算法，该算法能够有效地提高单用户窄带毫米波大规模 MIMO 系统的频谱效率。由于在宽带通信系统中要同时对多个子载波进行处理，如果将适合于窄带通信系统的 P-OMP-IR 算法运用到宽带系统中，则其计算复杂度将会成倍增加，这将大大增加系统的处理时间。为此，本节针对宽带信道模型下的毫米波

OFDM-MIMO 通信系统提出了一种基于最小二乘法的混合预编码向量对逐对迭代修正算法，简称 W-LS-IR 算法。该算法把混合预编码矩阵分解成多个向量对乘积和的形式，每个向量对都是由模拟预编码矩阵的一列和对应的数字预编码矩阵的一行组成的，在迭代修正混合预编码矩阵过程中采取一次更新一个向量对的策略。具体而言，首先，在计算模拟预编码矩阵时，先求出残差矩阵的最大左奇异向量，再将该奇异向量进行恒模约束处理，处理后的结果作为新的模拟预编码矩阵对应的列；然后，将更新完的模拟预编码矩阵的列作为已知量，并采用最小二乘法来更新相对应的数字预编码矩阵的行，至此完成一个向量对的更新；最后，通过循环上述步骤直到所有的向量对更新完，这便完成了混合预编码矩阵的一次修正，通过上述的反复迭代修正，直到满足终止迭代条件，最终获得修正后的混合预编码矩阵。本节首先给出 W-LS-IR 算法的系统模型；然后详细阐述算法原理；紧接着，对算法的计算复杂度进行详细阐述；最后进行仿真实验，并对仿真结果进行详细分析。

4.4.1　系统模型

本小节将首先给出单用户宽带毫米波 OFDM-MIMO 混合预编码系统模型；然后，结合毫米波特点，阐述宽带毫米波 OFDM-MIMO 系统的信道特点，进而引出毫米波宽带信道的数学表示，在此基础上进一步阐述基于宽带毫米波 OFDM-MIMO 系统的信号传输原理；最终引出所需解决问题的数学表示形式。

1. 模型简介

图 4.19 所示为单用户宽带毫米波 OFDM-MIMO 系统混合预编码系统模型，该系统在发射端和接收端分别具有 N_t 个发射天线和 N_r 个接收天线。N_{RF} 表示射频链数，为了便于分析，在收发两端上使用了相等数量的 RF 链。假设宽带 OFDM-MIMO 系统的子载波个数为 K。在下行通信过程中 $\boldsymbol{s}(k)\in\mathbb{C}^{N_s\times 1}$，表示第 k 个子载波需要传输的信号向量，N_s 表示数据流数。为了保证通信的正常进行，N_s 满足约束条件 $N_s\leqslant N_{RF}\leqslant\min(N_t,N_r)$。$\boldsymbol{F}_{RF}$ 表示维度为 $N_t\times N_{RF}$ 的模拟预编码矩阵，所有的子载波都共用一个模拟预编码矩阵。$\boldsymbol{F}_{BB}(k)$，$(k\in K)$ 表示用来调节第 k 个子载波的数字预编码矩阵，其维度为 $N_{RF}\times N_s$。

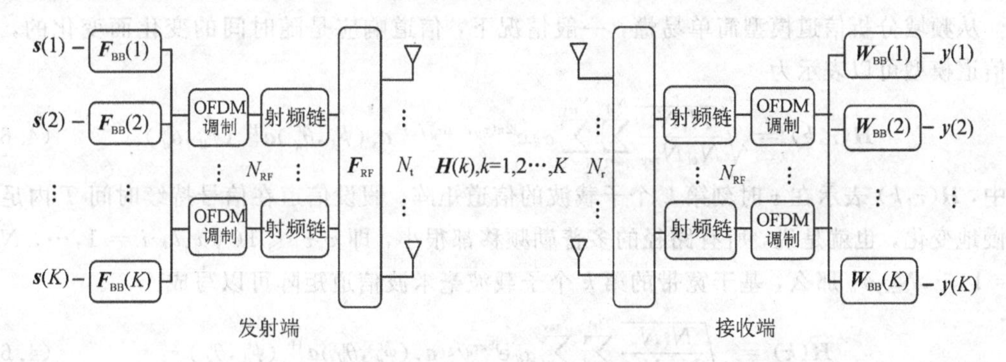

图 4.19　单用户宽带毫米波 OFDM-MIMO 系统混合预编码系统模型

信号 $\boldsymbol{s}(k)$ 经预编码处理后，由发射端发出，并通过信道 $\boldsymbol{H}(k)$ 传输到接收端，再经过接收端合并处理后得到的信号 $\boldsymbol{y}(k)$：

$$\boldsymbol{y}(k)=\sqrt{\rho}\,\boldsymbol{W}_{\mathrm{BB}}^{\mathrm{H}}(k)\,\boldsymbol{W}_{\mathrm{RF}}^{\mathrm{H}}\boldsymbol{H}(k)\,\boldsymbol{F}_{\mathrm{RF}}\,\boldsymbol{F}_{\mathrm{BB}}(k)\boldsymbol{s}(k)+\boldsymbol{W}_{\mathrm{BB}}^{\mathrm{H}}(k)\,\boldsymbol{W}_{\mathrm{RF}}^{\mathrm{H}}\boldsymbol{n}(k) \tag{4.60}$$

其中，$\boldsymbol{s}(k)$ 代表第 k 个子载波需要传输的信号，为 $N_{\mathrm{s}}\times 1$ 维的列向量，且满足 $\boldsymbol{E}(\boldsymbol{s}(k)\boldsymbol{s}(k)^{\mathrm{H}})=(1/KN_{\mathrm{s}})\boldsymbol{I}_{N_{\mathrm{s}}}$ 的约束条件；ρ 表示平均接收信号功率；$\boldsymbol{W}_{\mathrm{RF}}$ 表示接收端的模拟合并矩阵，其维度为 $N_{\mathrm{r}}\times N_{\mathrm{RF}}$；$\boldsymbol{W}_{\mathrm{BB}}(k)$ 表示第 k 个子载波在接收端的数字合并矩阵，其维度为 $N_{\mathrm{RF}}\times N_{\mathrm{s}}$；$\boldsymbol{n}(k)$ 表示第 k 个子载波的噪声信号，服从 $\mathcal{CN}(0,\sigma_n^2)$ 的复高斯分布；$\boldsymbol{H}(k)$ 表示第 k 个子载波的信道矩阵，其维度为 $N_{\mathrm{r}}\times N_{\mathrm{t}}$。第 k 个子载波的发射的总功率满足 $\|\boldsymbol{F}_{\mathrm{RF}}\boldsymbol{F}_{\mathrm{BB}}(k)\|_{\mathrm{F}}^2=N_{\mathrm{s}}$ 的约束条件。

以均匀平面阵列为例，对于第 k 子载波的第 i 簇中第 l 个路径下的阵列响应向量可以表示为

$$\boldsymbol{a}(\phi_{il},\theta_{il})=\frac{1}{\sqrt{MN}}\left[1,\cdots,\mathrm{e}^{\mathrm{j}\frac{2\pi}{\lambda}d(p\cos\phi_{il}\sin\theta_{il}+q\sin\phi_{il}\sin\theta_{il})},\cdots,\mathrm{e}^{\mathrm{j}\frac{2\pi}{\lambda}d((M-1)\cos\phi_{il}\sin\theta_{il}+(N-1)\sin\phi_{il}\sin\theta_{il})}\right]^{\mathrm{T}} \tag{4.61}$$

其中，d 表示天线阵列中阵元之间的距离；λ 表示传输信号的波长；θ、ϕ 表示信号在接收端(或发射端)的方位角和俯仰角，假设天线阵列的维度为 $M\times N$，则 $0<p\leqslant M$，$0<q\leqslant N$，p、q 表示天线阵列中各个阵元的下标。

在已知阵列响应向量的情况下，在 t 时刻，毫米波 MIMO 信道可以描述为多径信道模型的表示形式：

$$\boldsymbol{y}(t)=\sqrt{\frac{N_{\mathrm{t}}N_{\mathrm{r}}}{N_{\mathrm{cl}}N_{\mathrm{ray}}}}\sum_{i=1}^{N_{\mathrm{cl}}}\sum_{l=1}^{N_{\mathrm{ray}}}\alpha_{il}\,\mathrm{e}^{\mathrm{j}2\pi v_{il}t}\,\boldsymbol{a}_{\mathrm{r}}(\phi_{il}^{\mathrm{r}},\theta_{il}^{\mathrm{r}})\boldsymbol{a}_{\mathrm{t}}^{\mathrm{H}}(\phi_{il}^{\mathrm{t}},\theta_{il}^{\mathrm{t}})\boldsymbol{x}(\tau-\Delta\tau_{il})+\boldsymbol{n}(t) \tag{4.62}$$

其中，$\boldsymbol{y}(t)$ 表示发射端信号经过信道传输到接收端时的接收信号；N_{cl} 表示信道中信号传播所形成的簇的个数；N_{ray} 表示每簇中信号的传播路径个数；α_{il} 表示在第 i 簇中第 l 个路径所获得的信道增益，满足 $\mathcal{CN}(0,\sigma_{\alpha,i}^2)$ 的复高斯分布；$\boldsymbol{a}_{\mathrm{t}}(\phi_{il}^{\mathrm{t}},\theta_{il}^{\mathrm{t}})$ 表示发射端的传输阵列响应向量；$\boldsymbol{a}_{\mathrm{r}}(\phi_{il}^{\mathrm{r}},\theta_{il}^{\mathrm{r}})$ 表示接收端的接收阵列响应向量；ϕ_{il}^{r}、θ_{il}^{r} 表示信号在接收端接收的俯仰角和方位角；ϕ_{il}^{t}、θ_{il}^{t} 表示信号在发射端发射的俯仰角和方位角；$\Delta\tau_{il}$ 表示从各路径到达接收端的时间延迟；v_{il} 表示多普勒频移，它是由发射端与接收端设备的相对移动所造成的频率变化现象。

从频域分析信道模型简单易懂，一般情况下，信道响应是随时间的变化而变化的，所以信道模型可以表示为

$$\boldsymbol{H}(\tau,k)=\sqrt{\frac{N_{\mathrm{t}}N_{\mathrm{r}}}{N_{\mathrm{cl}}N_{\mathrm{ray}}}}\sum_{i=1}^{N_{\mathrm{cl}}}\sum_{l=1}^{N_{\mathrm{ray}}}\alpha_{il}\,\mathrm{e}^{\mathrm{j}2\pi(v_{il}\tau-\Delta\tau_{il}f_k)}\,\boldsymbol{a}_{\mathrm{r}}(\phi_{il}^{\mathrm{r}},\theta_{il}^{\mathrm{r}})\boldsymbol{a}_{\mathrm{t}}^{\mathrm{H}}(\phi_{il}^{\mathrm{t}},\theta_{il}^{\mathrm{t}}) \tag{4.63}$$

其中，$\boldsymbol{H}(\tau,k)$ 表示在 τ 时刻第 k 个子载波的信道矩阵。假设信道在信号持续时间 T 内足够缓慢地变化，也就是说，所有路径的多普勒频移都很小，即 $v_{il}\tau\ll 1(\forall i、l,\ i=1,\cdots,N_{\mathrm{cl}},\ l=1,\cdots,N_{\mathrm{ray}})$。那么，基于宽带的第 k 个子载波毫米波信道矩阵可以写成

$$\boldsymbol{H}(k)=\sqrt{\frac{N_{\mathrm{t}}N_{\mathrm{r}}}{N_{\mathrm{cl}}N_{\mathrm{ray}}}}\sum_{i=1}^{N_{\mathrm{cl}}}\sum_{l=1}^{N_{\mathrm{ray}}}\alpha_{il}\,\mathrm{e}^{\mathrm{j}2\pi\tau_{il}f_k}\,\boldsymbol{a}_{\mathrm{r}}(\phi_{il}^{\mathrm{r}},\theta_{il}^{\mathrm{r}})\boldsymbol{a}_{\mathrm{t}}^{\mathrm{H}}(\phi_{il}^{\mathrm{t}},\theta_{il}^{\mathrm{t}}) \tag{4.64}$$

将式(4.64)进一步化简后写成矩阵乘积的形式，则为

$$\boldsymbol{H}(k)=\sqrt{\frac{N_{\mathrm{t}}N_{\mathrm{r}}}{N_{\mathrm{cl}}N_{\mathrm{ray}}}}\,\boldsymbol{A}_{\mathrm{r}}(k)\boldsymbol{\Lambda}(k)\,\boldsymbol{A}_{\mathrm{t}}^{\mathrm{H}}(k) \tag{4.65}$$

其中，$\boldsymbol{A}_{\mathrm{r}}(k)=[\boldsymbol{a}_{\mathrm{r}}(\phi_{11}^{\mathrm{r}},\theta_{11}^{\mathrm{r}}),\cdots,\boldsymbol{a}_{\mathrm{r}}(\phi_{il}^{\mathrm{r}},\theta_{il}^{\mathrm{r}})]$ 和 $\boldsymbol{A}_{\mathrm{t}}(k)=[\boldsymbol{a}_{\mathrm{t}}(\phi_{11}^{\mathrm{t}},\theta_{11}^{\mathrm{t}}),\cdots,\boldsymbol{a}_{t}(\phi_{il}^{\mathrm{t}},\theta_{il}^{\mathrm{t}})]$ 分别表示子载波 k 在接收端和发射端的阵列响应矩阵，$\boldsymbol{\Lambda}(k)=\mathrm{diag}\{\alpha_{11}\mathrm{e}^{\mathrm{j}2\pi\tau_{11}f_k},\cdots,\alpha_{il}\mathrm{e}^{\mathrm{j}2\pi\tau_{il}f_k}\}$ 表示包含了所有路径信道增益和时延的对角矩阵。

对于宽带毫米波 OFDM-MIMO 通信系统，通常采用所有子载波频谱效率之和的平均值来评价整个通信系统的性能，所以宽带毫米波 OFDM-MIMO 通信系统的平均频谱效率为

$$
\begin{aligned}
R=\frac{1}{K}\sum_{k=1}^{K}\mathrm{lb}\Big(\Big|&\boldsymbol{I}_{N_s}+\frac{\rho}{N_s}\boldsymbol{R}_n^{-1}(k)\boldsymbol{W}_{\mathrm{BB}}^{\mathrm{H}}(k)\boldsymbol{W}_{\mathrm{RF}}^{\mathrm{H}}\boldsymbol{H}(k)\boldsymbol{F}_{\mathrm{RF}}\boldsymbol{F}_{\mathrm{BB}}(k)\times\\
&\boldsymbol{F}_{\mathrm{BB}}^{\mathrm{H}}(k)\boldsymbol{F}_{\mathrm{RF}}^{\mathrm{H}}\boldsymbol{H}^{\mathrm{H}}(k)\boldsymbol{W}_{\mathrm{RF}}\boldsymbol{W}_{\mathrm{BB}}(k)\Big|\Big)
\end{aligned}
\tag{4.66}
$$

其中，$\boldsymbol{R}_n(k)=\sigma_n^2\boldsymbol{W}_{\mathrm{BB}}^{\mathrm{H}}(k)\boldsymbol{W}_{\mathrm{RF}}^{\mathrm{H}}\boldsymbol{W}_{\mathrm{RF}}\boldsymbol{W}_{\mathrm{BB}}(k)$，表示第 k 个子载波的噪声在经过接收机处理后的协方差矩阵。并且 $\boldsymbol{F}_{\mathrm{RF}}$ 和 $\boldsymbol{W}_{\mathrm{RF}}$ 中的所有元素都必须满足恒模约束条件，即 $|\boldsymbol{F}_{\mathrm{RF}(m,n)}|=|\boldsymbol{W}_{\mathrm{RF}(m,n)}|=1$。

2. 数学描述

频谱效率是评价混合预编码算法性能的重要指标之一，为此下文将采用频谱效率对所提算法的性能进行验证。考虑到发射端和接收端的每个子载波都有各自的数字预编码矩阵，且在发射端所有的数字预编码矩阵都要共用同一个模拟预编码矩阵，接收端也面临同样的问题。如果直接最大化频谱效率 R，需要对式(4.66)中多个矩阵变量进行联合优化。在实际求解过程中，找到类似的约束联合优化问题的全局最优解比较困难。因此这个联合优化问题可以分为两个子问题，即预编码问题和合并问题，它们有相似的数学表达式。在本小节中，将重点介绍预编码问题。所以，对于宽带毫米波 OFDM-MIMO 系统，发射端的预编码优化问题可以表示为

$$
\begin{cases}
\min\limits_{\boldsymbol{F}_{\mathrm{RF}},\boldsymbol{F}_{\mathrm{BB}}(k)}\sum\limits_{k=1}^{K}\|\boldsymbol{F}_{\mathrm{opt}}(k)-\boldsymbol{F}_{\mathrm{RF}}\boldsymbol{F}_{\mathrm{BB}}(k)\|_{\mathrm{F}}\\
\mathrm{s.t.}\ \ |\boldsymbol{F}_{\mathrm{RF}(m,n)}|=1\\
\sum\limits_{k=1}^{K}\|\boldsymbol{F}_{\mathrm{RF}}\boldsymbol{F}_{\mathrm{BB}}(k)\|_{\mathrm{F}}^2=KN_s
\end{cases}
\tag{4.67}
$$

其中，$\boldsymbol{F}_{\mathrm{opt}}(k)$ 表示在无约束条件下得到的第 k 个子载波的全数字最优预编码矩阵，考虑传统的 MIMO 通信系统中的 SVD 方法，在没有恒模约束的条件下，$\boldsymbol{F}_{\mathrm{opt}}(k)$ 可以由信道矩阵的 SVD 获得，即 $\boldsymbol{H}(k)=\boldsymbol{U\Sigma}\,\boldsymbol{V}^{\mathrm{H}}$，则 $\boldsymbol{F}_{\mathrm{opt}}(k)=\boldsymbol{V}_{(:,1:N_s)}$。

由于式(4.67)包含多个子载波的求解问题，且多个子载波共用一个模拟预编码矩阵，直接对式(4.67)进行优化求解比较困难，因此，可以将上式的优化问题转化为求解最小二乘意义上的矩阵连接问题[20]，转化后的预编码优化问题如下所示：

$$
\begin{cases}
\min\limits_{\boldsymbol{F}_{\mathrm{RF}},\widetilde{\boldsymbol{F}}_{\mathrm{BB}}}\|\widetilde{\boldsymbol{F}}_{\mathrm{opt}}-\boldsymbol{F}_{\mathrm{RF}}\widetilde{\boldsymbol{F}}_{\mathrm{BB}}\|_{\mathrm{F}}\\
\mathrm{s.t.}\ \ |\boldsymbol{F}_{\mathrm{RF}(m,n)}|=1\\
\|\boldsymbol{F}_{\mathrm{RF}}\widetilde{\boldsymbol{F}}_{\mathrm{BB}}\|_{\mathrm{F}}^2=KN_s
\end{cases}
\tag{4.68}
$$

其中，$\widetilde{\boldsymbol{F}}_{\text{opt}}=[\boldsymbol{F}_{\text{opt}}(1),\boldsymbol{F}_{\text{opt}}(2),\cdots,\boldsymbol{F}_{\text{opt}}(K)]$，表示 K 个子载波的最优预编码矩阵按照一定顺序连接后的矩阵；$\widetilde{\boldsymbol{F}}_{\text{BB}}=[\boldsymbol{F}_{\text{BB}}(1),\boldsymbol{F}_{\text{BB}}(2),\cdots,\boldsymbol{F}_{\text{BB}}(K)]$，表示 K 个子载波的数字预编码矩阵按照一定顺序连接后的矩阵。

在满足约束条件的情况下，设计求解算法，使得 $\boldsymbol{F}_{\text{RF}}\widetilde{\boldsymbol{F}}_{\text{BB}}$ 的乘积与 $\widetilde{\boldsymbol{F}}_{\text{opt}}$ 越接近越好。当然，由于在发射端有恒模约束的存在，不论采用怎样的方法只能不断去接近最优解却永远无法达到最优解。本节通过矩阵分解理论，将给出一种新颖的通过迭代修正的混合预编码矩阵求解方法，以使宽带毫米波 OFDM-MIMO 通信系统的频谱效率最大。

4.4.2　算法原理

本节中所提的 W-LS-IR 算法，将采取逐对迭代修正的策略，并利用最小二乘法来优化混合预编码矩阵的解。首先，把混合预编码矩阵分解成向量对乘积的形式，每个向量对由模拟预编码矩阵的一列和数字预编码矩阵对应的一行组成；然后，对于每个向量对，先求出残差矩阵奇异值分解后的最大左奇异向量，再将左奇异向量进行恒模约束处理，处理后的值作为更新后的模拟预编码矩阵的列，在此基础上，采用最小二乘法来计算相对应数字预编码矩阵的行，从而完成一个向量对的更新；最后通过对混合预编码矩阵的每个向量对进行更新，直到所有的向量对被更新一遍，得到一次修正后的混合预编码矩阵，经过多次迭代修正，直到满足停止迭代条件，最终得到混合预编码矩阵的解。

1. 模拟预编码向量求解

假设随机设置一个初始的模拟预编码矩阵 $\boldsymbol{F}_{\text{RF}}$，则初始的数字预编码矩阵 $\widetilde{\boldsymbol{F}}_{\text{BB}}$ 可由最小二乘法求得。若以初始的矩阵 $\boldsymbol{F}_{\text{RF}}$ 和 $\widetilde{\boldsymbol{F}}_{\text{BB}}$ 作为式(4.68)的解，则由 $\boldsymbol{F}_{\text{RF}}\widetilde{\boldsymbol{F}}_{\text{BB}}$ 的乘积与 $\widetilde{\boldsymbol{F}}_{\text{opt}}$ 所产生的误差 β 可以表示为

$$\beta=\|\widetilde{\boldsymbol{F}}_{\text{opt}}-\boldsymbol{F}_{\text{RF}}\widetilde{\boldsymbol{F}}_{\text{BB}}\|_{\text{F}} \tag{4.69}$$

将式(4.69)中 $\boldsymbol{F}_{\text{RF}}\widetilde{\boldsymbol{F}}_{\text{BB}}$ 所构成的混合预编码矩阵写成混合预编码向量对乘积形式，即将模拟预编码矩阵的列和对应的数字预编码矩阵的行看成是一对向量的乘积：

$$\boldsymbol{F}_{\text{RF}}\widetilde{\boldsymbol{F}}_{\text{BB}}=[\boldsymbol{f}_{\text{RF},1},\boldsymbol{f}_{\text{RF},2},\cdots,\boldsymbol{f}_{\text{RF},N_{\text{RF}}}]\times\begin{bmatrix}\widetilde{\boldsymbol{f}}_{\text{BB},1}^{\text{H}}\\ \widetilde{\boldsymbol{f}}_{\text{BB},2}^{H}\\ \vdots\\ \widetilde{\boldsymbol{f}}_{\text{BB},N_{\text{RF}}}^{\text{H}}\end{bmatrix}=\sum_{i=1}^{N_{\text{RF}}}\boldsymbol{f}_{\text{RF},i}\widetilde{\boldsymbol{f}}_{\text{BB},i}^{\text{H}} \tag{4.70}$$

其中，$\boldsymbol{f}_{\text{RF},i}$ 表示矩阵 $\boldsymbol{F}_{\text{RF}}$ 的第 i 列，其维度为 $N_{\text{t}}\times 1$；$\widetilde{\boldsymbol{f}}_{\text{BB},i}^{\text{H}}$ 表示矩阵 $\widetilde{\boldsymbol{F}}_{\text{BB}}$ 的第 i 行，其维度为 $1\times KN_{\text{s}}$。式(4.69)可以表示为

$$\beta=\|\widetilde{\boldsymbol{F}}_{\text{opt}}-\sum_{i=1}^{N_{\text{RF}}}\boldsymbol{f}_{\text{RF},i}\widetilde{\boldsymbol{f}}_{\text{BB},i}^{\text{H}}\|_{\text{F}} \tag{4.71}$$

综上可知，式(4.68)中模拟预编码矩阵 $\boldsymbol{F}_{\text{RF}}$ 的求解问题转化为，优化 $\boldsymbol{f}_{\text{RF},i}$ 使得误差 β 尽可能小的问题。本节提出逐列更新 $\boldsymbol{f}_{\text{RF},i}$ 的方法，在不考虑 $\boldsymbol{F}_{\text{RF}}$ 的恒模约束的条件下，减小误差 β。误差 β 的优化目标函数

$$\arg\min_{f_{\mathrm{RF},j}} \| \widetilde{\boldsymbol{F}}_{\mathrm{opt}} - \sum_{i \neq j}^{N_{\mathrm{RF}}} \boldsymbol{f}_{\mathrm{RF},i} \widetilde{\boldsymbol{f}}_{\mathrm{BB},i}^{\mathrm{H}} - \boldsymbol{f}_{\mathrm{RF},j} \widetilde{\boldsymbol{f}}_{\mathrm{BB},j}^{\mathrm{H}} \|_{\mathrm{F}} \tag{4.72}$$

其中，$j = 1, 2, \cdots, N_{\mathrm{RF}}$；$\boldsymbol{f}_{\mathrm{RF},j}$ 表示矩阵 $\boldsymbol{F}_{\mathrm{RF}}$ 中需要被更新的列；$\boldsymbol{f}_{\mathrm{BB},j}^{\mathrm{H}}$ 表示矩阵 $\widetilde{\boldsymbol{F}}_{\mathrm{BB}}$ 中与 $\boldsymbol{f}_{\mathrm{RF},j}$ 相对应的行。在 $\boldsymbol{F}_{\mathrm{RF}} \widetilde{\boldsymbol{F}}_{\mathrm{BB}}$ 中除去要优化求解的 $\boldsymbol{f}_{\mathrm{RF},j} \widetilde{\boldsymbol{f}}_{\mathrm{BB},j}^{\mathrm{H}}$ 外，余下项的矢量乘积和与最优矩阵 $\widetilde{\boldsymbol{F}}_{\mathrm{opt}}$ 之间的残差矩阵 $\widetilde{\boldsymbol{E}}_j$ 可以写为

$$\widetilde{\boldsymbol{E}}_j = \widetilde{\boldsymbol{F}}_{\mathrm{opt}} - \sum_{i \neq j}^{N_{\mathrm{RF}}} \boldsymbol{f}_{\mathrm{RF},i} \widetilde{\boldsymbol{f}}_{\mathrm{BB},i}^{\mathrm{H}} \quad j = 1, 2, \cdots, N_{\mathrm{RF}} \tag{4.73}$$

将式(4.73)代入式(4.72)中，则目标函数可以化简为

$$\arg\min_{f_{\mathrm{RF},j}} \| \widetilde{\boldsymbol{E}}_j - \boldsymbol{f}_{\mathrm{RF},j} \boldsymbol{f}_{\mathrm{BB},j}^{\mathrm{H}} \|_{\mathrm{F}} \tag{4.74}$$

在不考虑恒模约束的条件下，若用 $\widetilde{\boldsymbol{g}}_{\mathrm{RF},j}$ 表示式(4.74)的最优解，则可由残差矩阵 $\boldsymbol{E}_j$ 的最大左奇异向量 $\boldsymbol{u}_1$ 来表示 $\widetilde{\boldsymbol{g}}_{\mathrm{RF},j}$ 的解，即 $\widetilde{\boldsymbol{g}}_{\mathrm{RF},j} = \boldsymbol{u}_1$。

考虑到模拟预编码矩阵的恒模约束条件，$\boldsymbol{g}_{\mathrm{RF},j}$ 表示有约束的模拟预编码矩阵某列的解，则有

$$\boldsymbol{g}_{\mathrm{RF},j} = \mathrm{e}^{\mathrm{j}\angle \widetilde{\boldsymbol{g}}_{\mathrm{RF},j}} \tag{4.75}$$

其中，$\mathrm{e}^{\mathrm{j}\angle \widetilde{\boldsymbol{g}}_{\mathrm{RF},j}}$ 表示对向量 $\widetilde{\boldsymbol{g}}_{\mathrm{RF},j}$ 的每个元素都进行取角度操作。

2. 数字预编码向量求解

在已获得模拟预编码矩阵的第 j 列 $\boldsymbol{g}_{\mathrm{RF},j}$ 的情况下，与之对应的数字预编码矩阵 $\widetilde{\boldsymbol{F}}_{\mathrm{BB}}$ 的第 j 行求解问题可以由下式表示：

$$\arg\min_{\widetilde{f}_{\mathrm{BB},j}^{\mathrm{H}}} \| \widetilde{\boldsymbol{F}}_{\mathrm{opt}} - \sum_{i \neq j}^{N_{\mathrm{RF}}} \boldsymbol{f}_{\mathrm{RF},i} \widetilde{\boldsymbol{f}}_{\mathrm{BB},i}^{\mathrm{H}} - \boldsymbol{g}_{\mathrm{RF},j} \widetilde{\boldsymbol{f}}_{\mathrm{BB},j}^{\mathrm{H}} \|_{\mathrm{F}} \tag{4.76}$$

式(4.76)的全局最优解可由最小二乘法求解，令 $\widetilde{\boldsymbol{g}}_{\mathrm{BB},j}^{\mathrm{H}}$ 表示更新修正的 $\widetilde{\boldsymbol{F}}_{\mathrm{BB}}$ 的第 j 行，则修正后的行向量的计算过程如下所示：

$$\widetilde{\boldsymbol{g}}_{\mathrm{BB},j}^{\mathrm{H}} = \boldsymbol{g}_{\mathrm{RF},j}^{\dagger} (\widetilde{\boldsymbol{F}}_{\mathrm{opt}} - \sum_{i \neq j}^{N_{\mathrm{RF}}} \boldsymbol{f}_{\mathrm{RF},i} \widetilde{\boldsymbol{f}}_{\mathrm{BB},i}^{\mathrm{H}}) = \boldsymbol{g}_{\mathrm{RF},j}^{\dagger} \widetilde{\boldsymbol{E}}_j = (\boldsymbol{g}_{\mathrm{RF},j}^{\mathrm{H}} \boldsymbol{g}_{\mathrm{RF},j})^{-1} \boldsymbol{g}_{\mathrm{RF},j}^{\mathrm{H}} \widetilde{\boldsymbol{E}}_j \tag{4.77}$$

由于 $\widetilde{\boldsymbol{g}}_{\mathrm{BB},j}^{\mathrm{H}}$ 是式(4.74)的全局最优解，因此下列不等式一定是成立的，即

$$\| \widetilde{\boldsymbol{F}}_{\mathrm{opt}} - \sum_{i \neq j}^{N_{\mathrm{RF}}} \boldsymbol{f}_{\mathrm{RF},i} \widetilde{\boldsymbol{f}}_{\mathrm{BB},i}^{\mathrm{H}} - \boldsymbol{g}_{\mathrm{RF},j} \widetilde{\boldsymbol{g}}_{\mathrm{BB},j}^{\mathrm{H}} \|_{\mathrm{F}} \leqslant \| \widetilde{\boldsymbol{F}}_{\mathrm{opt}} - \sum_{i \neq j}^{N_{\mathrm{RF}}} \boldsymbol{f}_{\mathrm{RF},i} \widetilde{\boldsymbol{f}}_{\mathrm{BB},i}^{\mathrm{H}} - \boldsymbol{g}_{\mathrm{RF},j} \widetilde{\boldsymbol{f}}_{\mathrm{BB},j}^{\mathrm{H}} \|_{\mathrm{F}} \tag{4.78}$$

不断重复上述的模拟预编码向量和数字预编码向量的更新步骤，直到把 $\boldsymbol{F}_{\mathrm{RF}}$ 的所有列和 $\widetilde{\boldsymbol{F}}_{\mathrm{BB}}$ 的所有行都更新完一遍，则完成了一次混合预编码矩阵的更新。通过上述不断循环修正可使 $\boldsymbol{F}_{\mathrm{RF}} \widetilde{\boldsymbol{F}}_{\mathrm{BB}}$ 的乘积值不断接近最优解 $\widetilde{\boldsymbol{F}}_{\mathrm{opt}}$ 的值。本算法中利用相邻两次迭代的误差大小来决定是否停止迭代，一次更新后的 $\boldsymbol{F}_{\mathrm{RF}} \widetilde{\boldsymbol{F}}_{\mathrm{BB}}$ 与 $\widetilde{\boldsymbol{F}}_{\mathrm{opt}}$ 的残差的计算公式可以写成

$$\mu = \| \widetilde{\boldsymbol{F}}_{\mathrm{opt}} - \boldsymbol{F}_{\mathrm{RF}} \widetilde{\boldsymbol{F}}_{\mathrm{BB}} \|_{\mathrm{F}} \tag{4.79}$$

当两个相邻残差之间的误差小于给定的停止迭代的阈值 ε 时，所提出的算法停止迭代，

并输出混合预编码矩阵。

将得到的 K 个子载波的数字预编码矩阵的连接矩阵 $\tilde{\boldsymbol{F}}_{\mathrm{BB}}$ 按照原来的连接顺序逐一分解开，便可得到各子载波下数字预编码矩阵 $\boldsymbol{F}_{\mathrm{BB}}(k)$（$k=1,2,\cdots,K$）的解。

综上所述，W-LS-IR 算法的步骤可总结如下：

步骤 1：数据输入。

随机产生一个初始的模拟预编码矩阵 $\boldsymbol{F}_{\mathrm{RF}}$，并利用各个子载波信道矩阵 $\boldsymbol{H}(k)$ 的 SVD 分解得到各个全数字最优预编码矩阵 $\boldsymbol{F}_{\mathrm{opt}}(k)$，设 $\boldsymbol{H}(k)=\boldsymbol{U\Sigma V}^{\mathrm{H}}$，则 $\boldsymbol{F}_{\mathrm{opt}}(k)=\boldsymbol{V}_{(:,1:N_s)}$。然后利用最小二乘法求得各个子载波的数字预编码矩阵，即 $\boldsymbol{F}_{\mathrm{BB}}(k)=\boldsymbol{F}_{\mathrm{RF}}^{\dagger}\boldsymbol{F}_{\mathrm{opt}}(k)$（$k=1,2,\cdots,K$）。设置所提算法的阈值 ε 大小。

步骤 2：模拟预编码向量更新。

根据逐对修正的策略，求解矩阵 $\boldsymbol{F}_{\mathrm{RF}}$ 的一列；利用 4.3.2 节中扩展幂法来求解式(4.74)中残差矩阵的最大左奇异向量；考虑恒模约束条件，利用式(4.75)求得更新后的模拟预编码矩阵 $\boldsymbol{F}_{\mathrm{RF}}$ 的列向量 $\boldsymbol{g}_{\mathrm{RF},j}$。

步骤 3：数字预编码向量更新。

将步骤 2 中已求得的模拟预编码矩阵的列 $\boldsymbol{g}_{\mathrm{RF},j}$ 作为输入数据，通过最小二乘法来求得对应的数字预编码矩阵 $\tilde{\boldsymbol{F}}_{\mathrm{BB}}$ 的行向量 $\tilde{\boldsymbol{g}}_{\mathrm{BB},j}^{\mathrm{H}}$，进而完成一对混合预编码向量 $\boldsymbol{g}_{\mathrm{RF},j}$、$\tilde{\boldsymbol{g}}_{\mathrm{BB},j}^{\mathrm{H}}$ 的更新。

步骤 4：计数更新。

每更新完一对混合预编码向量 $\boldsymbol{g}_{\mathrm{RF},j}$、$\tilde{\boldsymbol{g}}_{\mathrm{BB},j}^{\mathrm{H}}$，便计数一次，直到把 $\boldsymbol{F}_{\mathrm{RF}}$ 的所有列和 $\tilde{\boldsymbol{F}}_{\mathrm{BB}}$ 的所有行都更新完一遍，则完成了一次混合预编码矩阵的更新，执行下一步，否则跳转到步骤 2，继续循环。

步骤 5：循环判决。

根据式(4.79)求得第 n 次和第 $n-1$ 次的残差分别为 μ^{n} 和 μ^{n-1}，如果 $\mu^{n-1}-\mu^{n}>\varepsilon$，则跳转到步骤 2，否则循环结束。

步骤 6：结果输出。

输出更新修正后的模拟预编码矩阵 $\boldsymbol{F}_{\mathrm{RF}}$ 和数字预编码矩阵 $\tilde{\boldsymbol{F}}_{\mathrm{BB}}$，将 $\tilde{\boldsymbol{F}}_{\mathrm{BB}}$ 按照原来的连接顺序逐一分解开，便可得到各子载波下的数字预编码矩阵 $\boldsymbol{F}_{\mathrm{BB}}(k)$（$k=1,2,\cdots,K$）。

4.4.3 计算复杂度分析

在本节中，将对 W-LS-IR 算法的计算复杂度进行分析，并将它与 P-OMP-IR 算法、基于 OMP 的稀疏混合预编码算法以及 PE-AltMin 算法的计算复杂度进行对比。W-LS-IR 算法、P-OMP-IR 算法和 PE-AltMin 算法都采取了迭代修正的策略。因此，在讨论计算复杂度时，设 W-LS-IR 算法、P-OMP-IR 算法和 PE-AltMin 算法的迭代次数分别为 k_1、k_2 和 k_5。在模拟预编码矩阵的修正阶段，W-LS-IR 算法和 P-OMP-IR 算法均使用了扩展幂法，设 W-LS-IR 算法和 P-OMP-IR 算法使用一次扩展幂法的迭代次数分别为 k_3 和 k_4，宽带通信系统的子载波个数为 K。通过对 W-LS-IR 算法分析，可得该算法的计算复杂度主要有以下四个部分构成：

(1) 求解残差矩阵过程。

求解残差矩阵过程的计算复杂度主要来源于式 $\sum_{i\neq j}^{N_{\mathrm{RF}}} \boldsymbol{f}_{\mathrm{RF},i}\,\tilde{\boldsymbol{f}}_{\mathrm{BB},i}^{\mathrm{H}}$ 的乘法计算过程。$\boldsymbol{f}_{\mathrm{RF},i}$ 表示维度为 $N_{\mathrm{t}}\times 1$ 的模拟预编码矩阵的列向量；$\tilde{\boldsymbol{f}}_{\mathrm{BB},i}^{\mathrm{H}}$ 表示维度为 $1\times KN_{\mathrm{s}}$ 的数字预编码矩阵的行向量。由于 $\boldsymbol{f}_{\mathrm{RF},i}\tilde{\boldsymbol{f}}_{\mathrm{BB},i}^{\mathrm{H}}$ 的乘积项需要执行 $k_1 N_{\mathrm{RF}}$ 次，因此这一部分的计算复杂度为 $O(k_1 KN_{\mathrm{t}}N_{\mathrm{RF}}N_{\mathrm{s}})$。

(2) 求解模拟预编码向量过程。

求解模拟预编码向量过程的计算复杂度主要来源于残差矩阵的最大左奇异向量计算过程。采用 4.3.2 节提出的扩展幂法来求解残差矩阵的最大左奇异向量，则扩展幂法的主要计算复杂度来源于式 $\boldsymbol{a}_k=\dfrac{\widetilde{\boldsymbol{E}}_j^{\mathrm{H}}\boldsymbol{b}_{k-1}}{\|\widetilde{\boldsymbol{E}}_j^{\mathrm{H}}\boldsymbol{b}_{k-1}\|_2}$ 的计算，$\widetilde{\boldsymbol{E}}_j^{\mathrm{H}}$ 表示维度为 $KN_{\mathrm{s}}\times N_{\mathrm{t}}$ 的残差矩阵的共轭转置矩阵，$\boldsymbol{b}_{k-1}$ 表示 $N_{\mathrm{t}}\times 1$ 维的列向量。运行一次扩展幂法的计算复杂度为 $O(k_3 KN_{\mathrm{t}}N_{\mathrm{s}})$。由于扩展幂法需要被执行 $k_1 N_{\mathrm{RF}}$ 次，因此可得这部分的计算复杂度为 $O(k_1 k_3 KN_{\mathrm{t}}N_{\mathrm{RF}}N_{\mathrm{s}})$。

(3) 求解数字预编码向量过程。

求解数字预编码向量过程的计算复杂度主要来源于式 $(\boldsymbol{g}_{\mathrm{RF},j}^{\mathrm{H}}\boldsymbol{g}_{\mathrm{RF},j})^{-1}\boldsymbol{g}_{\mathrm{RF},j}^{\mathrm{H}}\widetilde{\boldsymbol{E}}_j$ 的计算过程，$\boldsymbol{g}_{\mathrm{RF},j}$ 表示维度为 $N_{\mathrm{t}}\times 1$ 的列向量，$\widetilde{\boldsymbol{E}}_j$ 表示维度为 $N_{\mathrm{t}}\times KN_{\mathrm{s}}$ 的残差矩阵，则上式的计算复杂度为 $O(KN_{\mathrm{t}}N_{\mathrm{s}})$，由于该计算过程需要被执行 $k_1 N_{\mathrm{RF}}$ 次，因此这部分所带来的计算复杂度为 $O(k_1 KN_{\mathrm{t}}N_{\mathrm{RF}}N_{\mathrm{s}})$

(4) 求解残差值过程。

求解残差值过程的计算复杂度主要来源于式 $\mu=\|\widetilde{\boldsymbol{F}}_{\mathrm{opt}}-\boldsymbol{F}_{\mathrm{RF}}\widetilde{\boldsymbol{F}}_{\mathrm{BB}}\|_{\mathrm{F}}$ 的计算过程。F_{RF} 表示维度为 $N_{\mathrm{t}}\times N_{\mathrm{RF}}$ 的模拟预编码矩阵，$\widetilde{\boldsymbol{F}}_{\mathrm{BB}}$ 表示维度为 $N_{\mathrm{RF}}\times KN_{\mathrm{s}}$ 的数字预编码矩阵，则上式的计算复杂度为 $O(KN_{\mathrm{t}}N_{\mathrm{RF}}N_{\mathrm{s}})$。由于差值计算在整个算法过程中要被执行 k_1 次，则可得这部分的计算复杂度为 $O(k_1 KN_{\mathrm{t}}N_{\mathrm{RF}}N_{\mathrm{s}})$。

基于上述分析，表 4.8 中总结了在宽带毫米波 OFDM-MIMO 系统下 W-LS-IR 算法、P-OMP-IR 算法、基于 OMP 的稀疏混合预编码算法以及 PE-AltMin 算法的计算复杂度。通过表 4.8 可以看出，由于基于 OMP 的稀疏混合预编码算法没有迭代修正的过程，所以该算法的计算复杂度较低。W-LS-IR 算法与 P-OMP-IR 算法的计算复杂度主要差别在于数字预编码矩阵的求解过程。在 W-LS-IR 算法中，采用最小二乘法来求解数字预编码矩阵，在整个算法执行过程中，数字预编码求解的计算复杂度为 $O(k_1 KN_{\mathrm{t}}N_{\mathrm{RF}}N_{\mathrm{s}})$。而在P-OMP-IR 算法中则采用基于 OMP 的稀疏混合预编码算法进行数字预编码矩阵的求解，其计算复杂度为 $O(k_2 KN_{\mathrm{t}}N_{\mathrm{RF}}^2 N_{\mathrm{s}})$。从表 4.8 中很容易观察到 W-LS-IR 算法与 P-OMP-IR 算法相比，W-LS-IR 算法的操作步骤简单，且计算复杂度明显低于 P-OMP-IR 算法。而 W-LS-IR 算法与 PE-AltMin 算法相比，两者的计算过程简单，且具有近似的计算复杂度，但 PE-AltMin 算法在求解数字预编码矩阵阶段需要构造特殊的酉矩阵来降低整个算法的计算开销，这将对 PE-AltMin 算法的频谱效率带来一定损失。在宽带通信系统中由于要同时处理多个子载波，为了保证通信的实时性，算法应具有较低的计算开销，因此与 P-OMP-IR 算法相比，

W-LS-IR 算法更加适合于宽带毫米波 OFDM-MIMO 系统。

表 4.8　计算复杂度分析

算法名称	操作步骤	计算复杂度
W-LS-IR 算法	$\widetilde{\boldsymbol{E}}_j=\widetilde{\boldsymbol{F}}_{\text{opt}}-\sum_{i\neq j}^{N_{\text{RF}}}\boldsymbol{f}_{\text{RF},i}\widetilde{\boldsymbol{f}}_{\text{BB},i}^{\text{H}}$	$O(k_1KN_{\text{t}}N_{\text{RF}}N_{\text{s}})$
	$\boldsymbol{a}_k=\frac{\widetilde{\boldsymbol{E}}_j^{\text{H}}\boldsymbol{b}_{k-1}}{\Vert\widetilde{\boldsymbol{E}}_j^{\text{H}}\boldsymbol{b}_{k-1}\Vert_2}$	$O(k_1k_3KN_{\text{t}}N_{\text{RF}}N_{\text{s}})$
	$(\boldsymbol{g}_{\text{RF},j}^{\text{H}}\boldsymbol{g}_{\text{RF},j})^{-1}\boldsymbol{g}_{\text{RF},j}^{\text{H}}\widetilde{\boldsymbol{E}}_j$	$O(k_1KN_{\text{t}}N_{\text{RF}}N_{\text{s}})$
	$\mu=\Vert\widetilde{\boldsymbol{F}}_{opt}-\boldsymbol{F}_{\text{RF}}\widetilde{\boldsymbol{F}}_{\text{BB}}\Vert_{\text{F}}$	$O(k_1KN_{\text{t}}N_{\text{RF}}N_{\text{s}})$
P-OMP-IR 算法	$\boldsymbol{F}_{\text{RF}}^{\text{H}}\widetilde{\boldsymbol{F}}_{\text{res}}$	$O(k_2KN_{\text{t}}N_{\text{RF}}^2N_{\text{s}})$
	$\widetilde{\boldsymbol{F}}_{\text{BB}}^{(t)}=(\boldsymbol{G}^{\text{H}}\boldsymbol{G})^{-1}\boldsymbol{G}^{\text{H}}\widetilde{\boldsymbol{F}}_{\text{opt}}$	$O(k_2KN_{\text{t}}N_{\text{RF}}^2N_{\text{s}})$
	$\widetilde{\boldsymbol{F}}_{\text{res}}=\frac{\widetilde{\boldsymbol{F}}_{\text{opt}}-\boldsymbol{G}\widetilde{\boldsymbol{F}}_{\text{BB}}^{(t)}}{\Vert\widetilde{\boldsymbol{F}}_{\text{opt}}-\boldsymbol{G}\widetilde{\boldsymbol{F}}_{\text{BB}}^{(t)}\Vert_{\text{F}}}$	$O(k_2KN_{\text{t}}N_{\text{RF}}^2N_{\text{s}})$
	$\boldsymbol{F}_{\text{BB}}=\sqrt{KN_{\text{s}}}\frac{\boldsymbol{F}_{\text{BB}}}{\Vert\boldsymbol{F}_{\text{RF}}\boldsymbol{F}_{\text{BB}}\Vert}$	$O(k_2KN_{\text{t}}N_{\text{RF}}N_{\text{s}})$
	$\mu=\Vert\widetilde{\boldsymbol{F}}_{\text{opt}}-\boldsymbol{F}_{\text{RF}}\widetilde{\boldsymbol{F}}_{\text{BB}}\Vert_{\text{F}}$	$O(k_2KN_{\text{t}}N_{\text{RF}}N_{\text{s}})$
	$\widetilde{\boldsymbol{E}}_j=\widetilde{\boldsymbol{F}}_{\text{opt}}-\sum_{i\neq j}^{N_{\text{RF}}}\boldsymbol{f}_{\text{RF},i}\widetilde{\boldsymbol{f}}_{\text{BB},i}^{\text{H}}$	$O(k_2KN_{\text{t}}N_{\text{RF}}N_{\text{s}})$
	$\boldsymbol{a}_k=\frac{\widetilde{\boldsymbol{E}}_j^{\text{H}}\boldsymbol{b}_{k-1}}{\Vert\widetilde{\boldsymbol{E}}_j^{\text{H}}\boldsymbol{b}_{k-1}\Vert_2}$	$O(k_2k_4KN_{\text{t}}N_{\text{RF}}N_{\text{s}})$
	$\boldsymbol{F}_{\text{RF}(m,n)}=\frac{\hat{\boldsymbol{F}}_{\text{RF}(m,n)}}{\vert\hat{\boldsymbol{F}}_{\text{RF}(m,n)}\vert}$	$O(k_2N_{\text{t}}N_{\text{RF}})$
基于 OMP 稀疏混合预编码算法	$\boldsymbol{A}_{\text{t}}^{\text{H}}\widetilde{\boldsymbol{F}}_{\text{res}}$	$O(KLN_{\text{t}}N_{\text{RF}}N_{\text{s}})$
	$\widetilde{\boldsymbol{F}}_{\text{BB}}=(\boldsymbol{F}_{\text{RF}}{}^{\text{H}}\boldsymbol{F}_{\text{RF}})^{-1}\boldsymbol{F}_{\text{RF}}^{\text{H}}\widetilde{\boldsymbol{F}}_{\text{opt}}$	$O(KN_{\text{t}}N_{\text{RF}}^2N_{\text{s}})$
	$\widetilde{\boldsymbol{F}}_{\text{res}}=\frac{\widetilde{\boldsymbol{F}}_{\text{opt}}-\boldsymbol{F}_{\text{RF}}\widetilde{\boldsymbol{F}}_{\text{BB}}}{\Vert\widetilde{\boldsymbol{F}}_{\text{opt}}-\boldsymbol{F}_{\text{RF}}\widetilde{\boldsymbol{F}}_{\text{BB}}\Vert_{\text{F}}}$	$O(KN_{\text{t}}N_{\text{RF}}^2N_{\text{s}})$
	$\widetilde{\boldsymbol{F}}_{\text{BB}}=\sqrt{KN_{\text{s}}}\frac{\widetilde{\boldsymbol{F}}_{\text{BB}}}{\Vert\boldsymbol{F}_{\text{RF}}\widetilde{\boldsymbol{F}}_{\text{BB}}\Vert_{\text{F}}}$	$O(KN_{\text{t}}N_{\text{RF}}N_{\text{s}})$
PE-AltMin 算法	$\widetilde{\boldsymbol{F}}_{\text{opt}}^{\text{H}}\boldsymbol{F}_{\text{RF}}$	$O(k_5KN_{\text{t}}N_{\text{RF}}N_{\text{s}})$
	$\widetilde{\boldsymbol{F}}_{\text{DD}}=V_1U^{\text{H}}$	$O(k_5KN_{\text{RF}}^2N_{\text{s}})$
	$\arg(\widetilde{\boldsymbol{F}}_{\text{opt}}\widetilde{\boldsymbol{F}}_{\text{DD}}^{\text{H}})$	$O(k_5KN_{\text{t}}N_{\text{RF}}N_{\text{s}})$
	$\widetilde{\boldsymbol{F}}_{\text{BB}}=\sqrt{KN_{\text{s}}}\frac{\widetilde{\boldsymbol{F}}_{\text{DD}}}{\Vert\boldsymbol{F}_{\text{RF}}\widetilde{\boldsymbol{F}}_{\text{DD}}\Vert_{\text{F}}}$	$O(k_5KN_{\text{t}}N_{\text{RF}}N_{\text{s}})$
	$\mu=\Vert\widetilde{\boldsymbol{F}}_{\text{opt}}-\boldsymbol{F}_{\text{RF}}\widetilde{\boldsymbol{F}}_{\text{BB}}\Vert_{\text{F}}$	$O(k_5KN_{\text{t}}N_{\text{RF}}N_{\text{s}})$

4.4.4　仿真实验及性能分析

本节将通过仿真实验来评价所提的 W-LS-IR 算法的性能。针对单用户的宽带毫米波 OFDM-MIMO 系统，在仿真实验中假设接收端和发射端的天线阵列都为均匀平面阵列，宽带子载波个数 $K=128$。发射端的平面阵列设置成 12×12 天线阵列，接收端的平面阵所包含的天线数一般要比发射端少的多，所以，接收端的平面阵设置成 6×6 的天线阵列。

对于每个子载波，毫米波传输信道的路径数均设置为 $L=N_{\rm cl}N_{\rm ray}$，根据毫米波按簇传输的特性，则假设这 L 条路径被平均分成 $N_{\rm cl}$ 簇，第几簇用 $c_i(i=1,2,\cdots,N_{\rm cl})$ 表示，每簇包含 $N_{\rm ray}$ 个路径。信号离开发射端时，每簇方位角和俯仰角的平均值分别为 $\phi_{c_i}^{\rm t}=\dfrac{1}{10}\sum\limits_{l\in c_i}\phi_l^{\rm t}$ 和 $\theta_{c_i}^{\rm t}=\dfrac{1}{10}\sum\limits_{l\in c_i}\theta_l^{\rm t}$，且 $0<\phi_{c_i}^{\rm t}<2\pi$，$0<\theta_{c_i}^{\rm t}<\pi$，满足均匀分布，即 $\phi_{c_i}^{\rm t}\sim U(0,2\pi)$，$\theta_{c_i}^{\rm t}\sim U(0,\pi)$。每簇中的 $N_{\rm ray}$ 条路径都满足拉普拉斯分布，即 $\phi_{l,l\in c_i}^{\rm t}\sim L(u_{\phi,c_i}^{\rm t},b_{\phi,c_i}^{\rm t})$，$\theta_{l,l\in c_i}^{\rm t}\sim L(u_{\theta,c_i}^{\rm t},b_{\theta,c_i}^{\rm t})$，且位置参数 $u_{\phi,c_i}^{\rm t}=\phi_{c_i}^{\rm t}$，$u_{\theta,c_i}^{\rm t}=\theta_{c_i}^{\rm t}$，$b_{\phi,c_i}^{\rm t}$ 和 $b_{\theta,c_i}^{\rm t}$ 为尺度扩展。接收端与发射端具有相同的角度分布特性。每簇的平均功率为 $\sigma_{\alpha,i}^2=1$。天线阵元之间的距离为半波长，阈值 $\epsilon=0.1$。仿真结果中曲线上的每一点都是经过 1000 次蒙特卡罗仿真得到的平均值。

实验 1： 在不同信噪比下，W-LS-IR 算法的频谱效率。

仿真参数设置：发射端每个子载波的数据流数 $N_s=4$；每个子载波的传输信道路径数均设置为 50($L=50$)，其中，$N_{\rm cl}=5$，$N_{\rm ray}=10$；发射端与接收端的射频链数均设置为 5 ($N_{\rm RF}=5$)；信噪比的变化范围为 −25～5 dB；尺度扩展 $b_{\phi,c_i}^{\rm t}=b_{\theta,c_i}^{\rm t}=10°$。

图 4.20 给出了不同信噪比环境下，所提 W-LS-IR 算法的频谱效率变化曲线，并与 PE-AltMin算法和基于 OMP 的稀疏混合预编码算法的曲线进行了比较。从图 4.20 中的仿真曲线可以看出：(1) 当信噪比较低的情况下，图中所有算法的频谱效率都相对较低，且各个算法之间的性能差距也不明显。(2) 随着噪声干扰的减小，信噪比的增加，图 4.20 中所

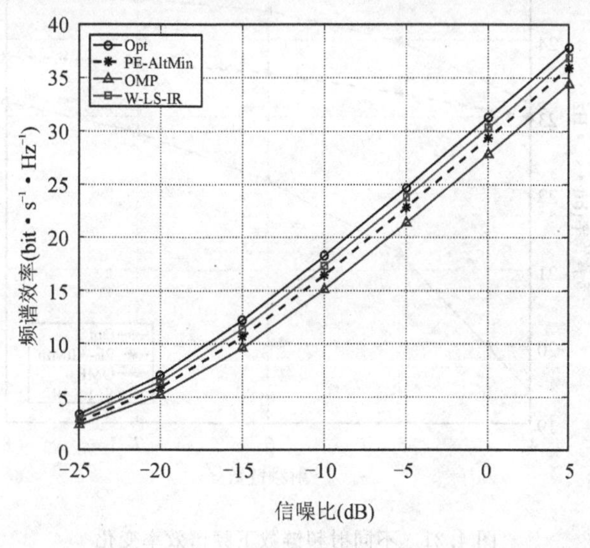

图 4.20　不同信噪比环境下频谱效率变化

有算法的频谱效率明显增加，且本节所提的 W-LS-IR 算法与 PE-AltMin 算法和基于 OMP 的稀疏混合预编码算法相比，可以获得更高的频谱效率。(3) 图中频谱效率最高的曲线为全数字最优预编码得到的结果，由于全数字预编码通信系统没有恒模约束的限制，所以其他混合预编的方法只能无限接近它的性能。然而，从图中可以看出，本节所提的混合预编码算法的频谱效率曲线已经非常接近全数字最优预编码的频谱效率曲线，这进一步验证了，在不同的信噪比环境下，W-LS-IR 算法具有良好的性能表现。

实验 2: 在不同的射频链数下，W-LS-IR 算法、PE-AltMin 算法和基于 OMP 的稀疏混合预编码算法的频谱效率。

仿真参数设置：发射端每个子载波的数据流数 $N_s=4$；每个子载波的传输信道路径数均设置为 50($L=50$)，其中，$N_{cl}=5$，$N_{ray}=10$；所有终端的射频链数相同，且 $N_{RF}=4\sim16$；信噪比 SNR=−5 dB；尺度扩展 $b^t_{\phi,c_i}=b^t_{\theta,c_i}=10°$。

图 4.21 给出了在不同的射频链数的条件下，所提 W-LS-IR 算法的频谱效率变化曲线。其中，横坐标表示射频链数 N_{RF} 的不同取值，纵坐标表示频谱效率。从图 4.21 中可以看出：(1) 随着射频链数 N_{RF} 的增加，W-LS-IR、PE-AltMin 和基于 OMP 的稀疏混合预编码三种算法的频谱效率都在不断提高。由于在全数字最优预编码的系统框架中，每个天线都必须配置一个射频链，其射频链数是固定的，所以最优预编码的曲线不随 N_{RF} 的变化而变化，而是近似为一条直线。(2) 当 N_{RF} 的值与 N_s 相等时，所提 W-LS-IR 算法的频谱效率与 PE-AltMin 算法的频谱效率近似相等，即在射频链数与数据流数相等时，这两种方法的性能近似，且都要远远高于基于 OMP 的稀疏混合预编码算法的性能。(3) 当 N_{RF} 取值大于 N_s 的值时，所提算法的频谱效率不断提高，并且要优于其他两种算法。随着 N_{RF} 值的进一步增大，W-LS-IR 算法的性能快速提升并且很快便接近全数字最优预编码的性能，而 PE-AltMin算法的频谱效率曲线的变化幅度相对较小，性能提升较慢。

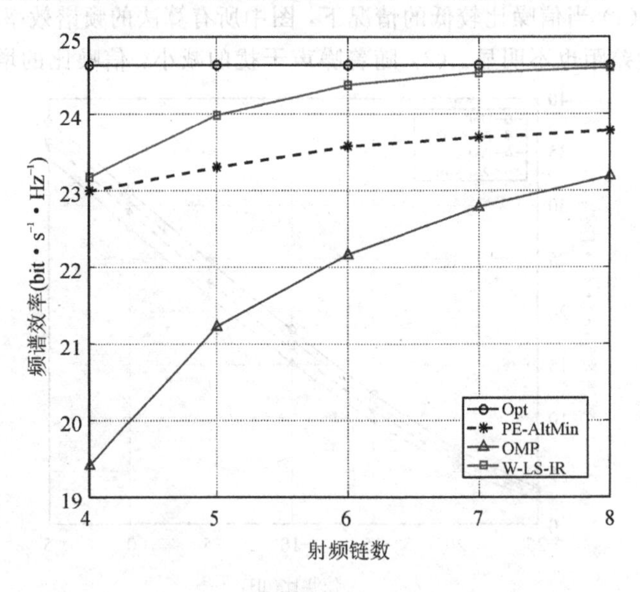

图 4.21 不同射频链数下频谱效率变化

实验 3: 在不同的数据流数下，W-LS-IR 算法的频谱效率。

仿真参数设置：发射端每个子载波的数据流数 $N_s=4\sim8$；所有终端的射频链数相同，且 $N_{RF}=8$；每个子载波的传输信道路径数 $L=50$，其中，$N_{cl}=5$，$N_{ray}=10$；信噪比 SNR＝－5 dB；尺度扩展 $b^{t}_{\phi,c_i}=b^{t}_{\theta,c_i}=10°$。

图 4.22 给出了在发射端与接收端传输不同数量数据流的条件下，本节所提 W-LS-IR 算法的性能表现。其中横坐标表示发射的数据流数 N_s 的不同取值，纵坐标表示频谱效率。为了保证所有的数据流都能发射出去，每个子载波的数据流数必须满足 $N_s\leqslant N_{RF}$ 的条件，所以横坐标 N_s 的最大取值不能超过本仿真实验中所设置的 N_{RF} 值的大小。从图 4.22 中可以看出：(1) 在 N_s 取不同值的情况下，本节所提 W-LS-IR 算法的频谱效率都要优于 PE-AltMin算法和基于 OMP 的稀疏混合预编码算法的频谱效率。(2) 当 N_s 不断增加时，W-LS-IR、PE-AltMin 和基于 OMP 的稀疏混合预编码三种算法的频谱效率都在不断提高，但与全数字最优预编码的频谱效率之间的差距也呈现扩大的趋势。(3) 随着数据流数 N_s 的值不断接近射频链数 N_{RF}，图中的所有曲线的增速逐渐趋缓，说明当数据流数与射频链数的值差距较大时，频谱效率的值随数据流数增大提升较快，当数据流数与射频链数差距较小时，频谱效率的值随数据流数增大提升变慢。图 4.22 的仿真结果也从侧面说明了当射频链数与数据流数差距越大，混合预编码算法的频谱效率越能够接近全数字最优预编码的频谱效率。

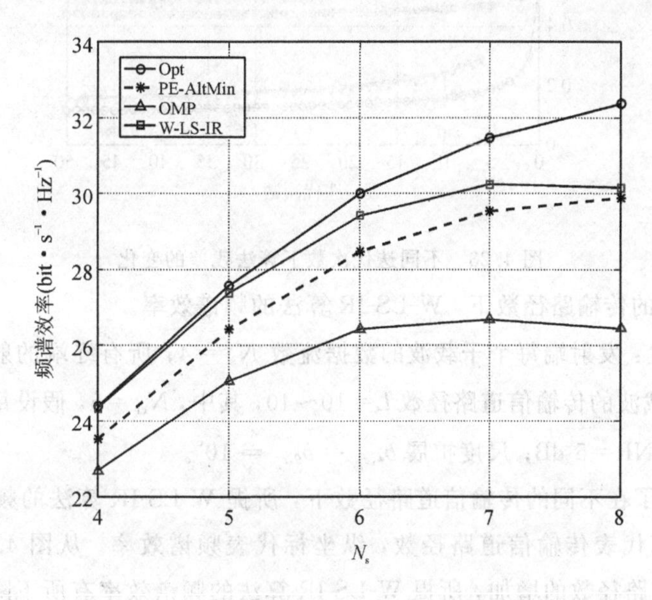

图 4.22　不同数据流数下频谱效率变化

实验 4: W-LS-IR 算法的计算结果与最优预编码矩阵之间的残差随着迭代次数的变化情况。

仿真参数设置：发射端每个子载波的数据流数 $N_s=4$；所有终端的射频链数相同，且有 $N_{RF}=4$，6 两种情况；每个子载波的传输信道路径数 $L=50$，其中，$N_{cl}=5$，$N_{ray}=10$；尺度扩展 $b^{t}_{\phi,c_i}=b^{t}_{\theta,c_i}=10°$。

图 4.23 给出了所提 W-LS-IR 算法在不同的迭代次数情况下，其混合预编码的计算结果与最优解之间的残差的变化曲线图。这里的残差计算，按照式(4.79)所给计算公式来求解，所以图中的横坐标表示迭代次数，纵坐标表示残差大小。从图 4.23 中可以看出：(1) 随着迭代次数的增加，所提 W-LS-IR 算法的计算结果与最优解之间的残差值不断地减小，并最终趋于稳定，说明了此算法具有一定的收敛稳定性。(2) 当数据流数固定，在同样的初始值下，射频链数 N_{RF} 分别取 4 和 6 时，计算残差值随着射频链数的增大而减小，说明当射频链数 N_{RF} 比数据流数 N_s 多的情况下，所提算法 W-LS-IR 能够得到更好的性能。(3) 与随机给的初始混合预编码矩阵相比，由基于 OMP 的稀疏混合预编码算法得到的混合预编码矩阵结果作为初始值的算法收敛速度更快且最终的残差值更小，说明初始值的设计会影响所提算法的收敛速度以及精确度。

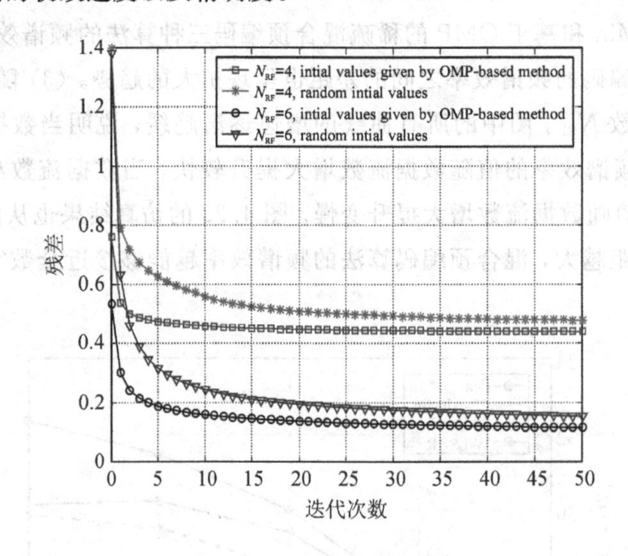

图 4.23　不同迭代次数下算法残差的变化

实验 5： 不同的传输路径数下，W-LS-IR 算法的频谱效率。

仿真参数设置：发射端每个子载波的数据流数 $N_s=4$；所有终端的射频链数相同，且 $N_{RF}=5$；每个子载波的传输信道路径数 $L=10\sim40$，其中，$N_{cl}=5$，假设每簇均有相同的路径个数；信噪比 SNR=5 dB；尺度扩展 $b^{t}_{\phi,c_i}=b^{t}_{\theta,c_i}=10°$。

图 4.24 给出了在不同的传输信道路径数下，所提 W-LS-IR 算法的频谱效率变化曲线图。其中，横坐标代表传输信道路径数，纵坐标代表频谱效率。从图 4.24 中可以看出：(1) 随着传输信道路径数的增加，所提 W-LS-IR 算法的频谱效率有所下降。但是不论传输信道路径数是多还是少，所提算法的频谱效率都要优于基于 OMP 的稀疏混合预编码算法和PE-AltMin算法的频谱效率。(2) 在传输信道路径数较少的情况下，所提 W-LS-IR 算法的频谱效率较好，且接近全数字最优预编码的频谱效率，在传输信道路径数较多的情况下，所提算法的频谱效率有所下降，但依然要好于其他两种算法的，这证明所提算法具有一定的稳定性。

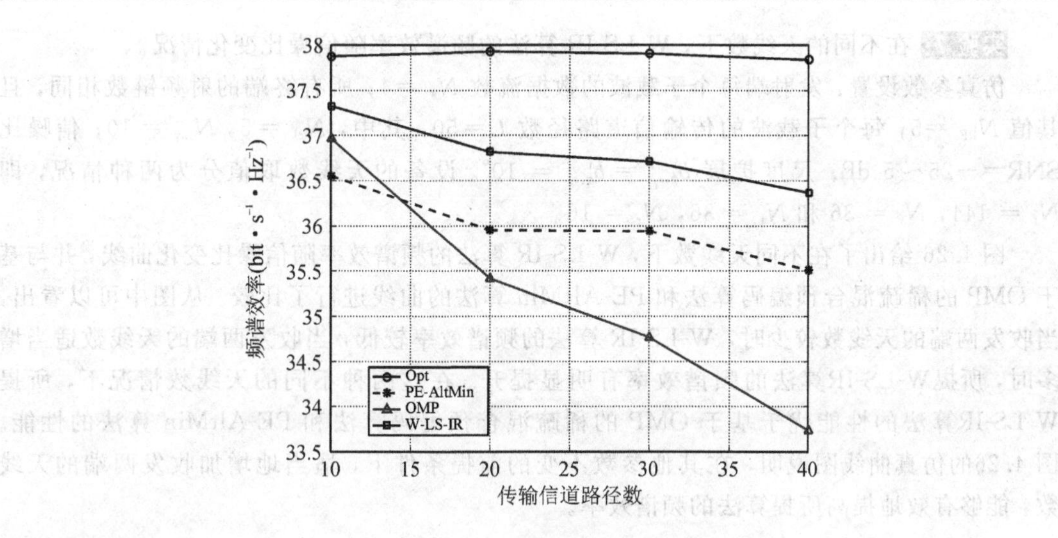

图 4.24　不同的传输路径数下频谱效率变化

实验 6: 在不同的尺度扩展下，W-LS-IR 算法的频谱效率。

仿真参数设置：发射端每个子载波的数据流数 $N_s=4$；所有终端的射频链数相同，且其值 $N_{RF}=5$；每个子载波的传输信道路径数 $L=50$，其中，$N_{cl}=5$，$N_{ray}=10$；信噪比 SNR=5 dB；尺度扩展 $b^t_{\phi,c_i}=b^t_{\theta,c_i}$，且其取值范围为 5°～25°。

图 4.25 给出了在每簇路径中取不同的尺度扩展下，所提的 W-LS-IR 算法的频谱效率的变化曲线图。从图中可以看出：(1) 当尺度扩展取值较小时，W-LS-IR 算法的频谱效率较高，随着尺度扩展的增加，所提 W-LS-IR 算法的频谱效率逐渐降低，但仍要优于基于 OMP 的稀疏混合预编码算法和 PE-AltMin 算法的性能。(2) 在传输信道路径数不变的前提条件下，尺度扩展越小，即拉普拉斯分布越集中在位置参数附近，每簇传输信道里的路径分布越紧密，W-LS-IR 算法、基于 OMP 的稀疏混合预编码算法和 PE-AltMin 算法的性能越好，且所提算法的频谱效率要优于基于 OMP 的稀疏混合预编码算法和 PE-AltMin 算法的频谱效率。

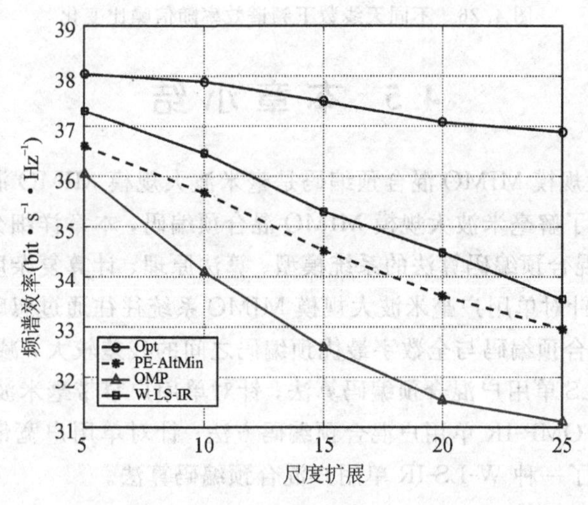

图 4.25　不同的尺度扩展下频谱效率变化

实验7: 在不同的天线数下，W-LS-IR算法的频谱效率随信噪比变化情况。

仿真参数设置：发射端每个子载波的数据流数 $N_s=4$；所有终端的射频链数相同，且其值 $N_{RF}=5$；每个子载波的传输信道路径数 $L=50$，其中，$N_{cl}=5$，$N_{ray}=10$；信噪比 SNR=−25～5 dB；尺度扩展 $b^{i}_{\phi,c_i}=b^{i}_{\theta,c_i}=10°$。设备的天线数取值分为两种情况，即 $N_t=144$，$N_r=36$ 和 $N_t=36$，$N_r=16$。

图 4.26 给出了在不同天线数下，W-LS-IR算法的频谱效率随信噪比变化曲线，并与基于 OMP 的稀疏混合预编码算法和 PE-AltMin 算法的曲线进行了比较。从图中可以看出，当收发两端的天线数较少时，W-LS-IR算法的频谱效率较低，当收发两端的天线数适当增多时，所提W-LS-IR算法的频谱效率有明显提升。在这两种不同的天线数情况下，所提W-LS-IR算法的性能优于基于 OMP 的稀疏混合预编码算法和 PE-AltMin 算法的性能。图 4.26的仿真曲线图说明，在其他参数不变的前提条件下，适当地增加收发两端的天线数，能够有效地提高所提算法的频谱效率。

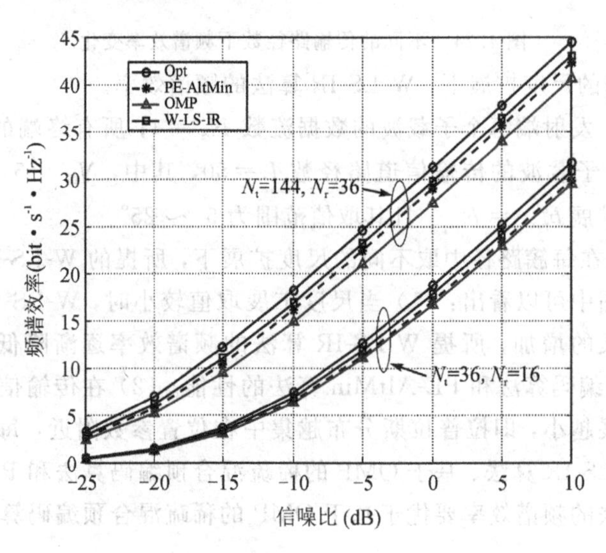

图 4.26 不同天线数下频谱效率随信噪比变化

4.5 本章小结

单用户毫米波大规模 MIMO 混合预编码是毫米波大规模 MIMO 混合预编码的研究基础。为了使读者更加了解毫米波大规模 MIMO 混合预编码，本章详细介绍了有关单用户毫米波大规模 MIMO 混合预编码算法的系统模型、算法原理、计算复杂度分析以及仿真实验及性能分析。其中，针对单用户毫米波大规模 MIMO 系统往往通过忽略恒模约束求解模拟预编码矩阵，导致混合预编码与全数字最优预编码之间的残差较大，减弱系统性能的问题，提出了基于 Givens-LS 单用户混合预编码算法；针对单用户窄带毫米波大规模 MIMO 通信系统，提出了一种 P-OMP-IR 单用户混合预编码方法；针对单用户宽带毫米波 OFDM-MIMO 通信系统，给出了一种 W-LS-IR 单用户混合预编码算法。

参考文献

[1] SALEH A A M, VALENZUELA R. A statistical model for indoor multipath propagation[J]. IEEE Journal on Selected Areas in Communications, 1987, 5(2): 128 - 137.

[2] TELATAR E. Capacity of multi-antenna gaussian channels [J]. European Transactions on Telecommunica-tions, 1999, 10(6): 585 - 595.

[3] AYACH O E, RAJAGOPAL S, ABU-SURRA S, et al. Spatially sparse precoding in millimeter wave MIMO systems [J]. IEEE Transactions on Wireless Communications, 2014, 13(3): 1499 - 1513.

[4] SOHRABI F. Hybrid beamforming and one-bit precoding for large-scale antenna arrays[D]. Toronto: University of Toronto, 2018.

[5] 金爵宁. 有限字符输入下的 MIMO 预编码研究[D]. 上海：上海交通大学，2018.

[6] GOLUB G H, LOAN C F V. Matrix computations (4th edition)[D]. The Johns Hopkins University Press, 2013.

[7] BIBBY J. Axiomatisations of the average and a further generalisation of monotonic sequences[J]. Glasgow Mathematical Journal, 1974, 15(1): 63 - 65.

[8] YU X, SHEN J C, ZHANG J, LETAIEF K B. Alternating minimization algorithms for hybrid precoding in millimeter wave MIMO systems[J]. IEEE Journal of Selected Topics in Signal Processing, 2016, 10(3): 485 - 500.

[9] WANG G, ASCHEID G. Hybrid beamforming under equal gain constraint for maximizing sum rate at 60 GHz[C]. IEEE Vehicular Technology Conference, 2015: 1 - 5.

[10] MULLA M, ULUSOY A H, RIZANER A, AMCA H. Barzilai-Borwein gradient algorithm based alternating minimization for single user millimeter wave systems [J]. IEEE Wireless Communications Letters, 2020, 9(4): 508 - 512.

[11] HUANG W, SI Q, JIN M. Alternating optimization based low complexity hybrid precoding in millimeter wave MIMO systems[J]. IEEE Communications Letters, 2020, 24(3): 635 - 638.

[12] XU K, SHEN Z, WANG Y, XIA X. Location-aided MIMO channel tracking and hybrid beamforming for high-speed railway communications: an angle-domain approach[J]. IEEE System Journal, 2020, 14(1): 93 - 104.

[13] 曹海燕，杨晓慧，胡文娟，等. 毫米波大规模 MIMO 中基于部分连接的混合预编码方案[J]. 电信科学，2020，36(2)：35 - 42.

[14] SONG X, KÜHNE T, CAITR G. Fully-partially-connected hybrid beamforming architectures for mmWave MU-MIMO [J]. IEEE Transactions on Wireless Communications, 2020, 19(3): 1754 - 1769.

[15] RUDU C, MRNFRX-RIAL R, GONZALEZ-PRELCIC N, et al. Low complexity hybrid precoding strategies for millimeter wave communication systems[J]. IEEE Transactions on Wireless Communications, 2016, 15(12): 8380 - 8393.

[16] ALKHATEEB A, AYACH O E, LEUS G, et al. Hybrid precoding for millimeter wave cellular systems with partial channel knowledge[C]. Information Theory and Applications Workshop, 2013: 1 - 5.

[17] ALKHATEEB A, HEATH R W. Frequency selective hybrid precoding for limited feedback millimeter wave systems[J]. IEEE Transactions on Communications, 2015, 64(5): 1801 - 1818.

[18] AYACH O E, RAJAGOPAL S, ABU-SURRA S, et al. Spatially Sparse precoding in millimeter wave MIMO systems[J]. IEEE Transactions on Wireless Communications, 2014, 13(3): 1499 - 1513.

[19] MIRZA J, ALI B, NAQVI S S, et al. Hybrid precoding via successive refinement for millimeter wave MIMO communication systems[J]. IEEE Communications Letters, 2017.

[20] ZHANG J, WIESEL A, HAARDT M. Low rank approximation based hybrid precoding schemes for multi-carrier single-user massive MIMO systems[C]. IEEE International Conference on Acoustics, Speech and Signal Processing, 2016: 3281 - 3285.

[21] IOUSHUA S S, ELDAR Y C. A family of hybrid analog-digital beamforming methods for massive MIMO systems[J]. IEEE Transactions on Signal Processing, 2019, 67(12): 3243 - 3257.

第 5 章　多用户混合预编码算法

5.1　引　言

第 4 章阐述了适用于 TDMA、CSMA 等协议的单用户系统的混合预编码算法，例如基于 Givens 旋转的混合预编码算法、P-OMP-IR 算法、W-LS-IR 算法等。由于这些算法没有考虑用户间干扰的问题，仅适用于同一时刻只能服务于一个用户的系统。因此，本章针对同一时刻允许多个用户进行数据传输的系统(例如采用 SDMA、PDMA 等接入协议的系统，以下简称多用户系统)，给出基于行正交分解的非线性混合 TH 预编码算法、基于逐列修正的非线性混合 THP 算法(简称为 THP-CR 算法)、基于基带等效信道矩阵行向量顺序的非线性混合 THP 算法(简称为 THP-OR 算法)等。本章所给算法分别利用新定义的行正交分解给出最优模拟预编码矩阵需满足的充分条件，并通过逼近该充分条件求解恒模约束下的模拟预编码矩阵；利用基于逐列修正的混合 THP 给出满足最小化非线性全数字最优预编码矩阵与混合预编码矩阵残差准则的模拟预编码矩阵，并通过非线性混合预编码矩阵不断逼近非线性全数字最优预编码矩阵，减少非线性全数字最优预编码矩阵与混合预编码矩阵的残差；利用基于基带等效信道矩阵行向量顺序的混合 THP 给出最优混合预编码矩阵，并通过排序 QR 分解方法与 MMSE 准则优化基带等效信道矩阵行向量的顺序，从而在较低计算开销前提下有效改善系统性能。

本章首先阐述多用户非线性混合预编码问题的系统模型，其次详细阐述算法原理并分析计算复杂度，再次进行仿真实验，验证并分析所给算法的频谱效率和误码率，最后对本章内容进行总结。

5.2　TH-ROD 多用户混合预编码算法

5.2.1　系统模型

图 5.1 所示为采用 SDMA、PDMA 等协议的多用户系统的非线性混合 TH 预编码系统模型。其中，发射端配备有 N_t 个天线阵元和 N_{RF} 条射频链，同时服务于 K 个用户，每个用户配备 N_r 个天线阵元和 1 条射频链。发射端发射给所有用户的数据流用 $K\times 1$ 的向量 $\boldsymbol{s}=[s_1,\cdots,s_K]^{\mathrm{T}}$ 来表示，并假设不同用户间的数据流相互正交($E(\boldsymbol{ss}^{\mathrm{H}})=\boldsymbol{I}$)，且都来自于如下式所示的 M 进制正交振幅调制(Mary QAM，MQAM)星座点集：

$$\mathcal{A}=\{s_R+\mathrm{j}s_I \mid s_R,s_I\in\pm\tau,\pm 3\tau,\cdots,\pm(\sqrt{M}-1)\tau\} \tag{5.1}$$

其中，$\tau=\sqrt{3/(2M-2)}$。

数据流信号 $\boldsymbol{s}$ 首先进入由严格下三角反馈矩阵 $\boldsymbol{B}$ 和求模算子 MOD(x) 组成的非线性单元，其中，求模算子 $\mathrm{MOD_M}(x)$ 的定义如下：

$$\mathrm{MOD_M}(x)=x-2\sqrt{M}\tau\left[\left\lfloor\frac{\mathrm{Re}\{x\}}{2\tau}+\frac{1}{2}\right\rfloor+\mathrm{j}\left\lfloor\frac{\mathrm{Im}\{x\}}{2\tau}+\frac{1}{2}\right\rfloor\right]$$

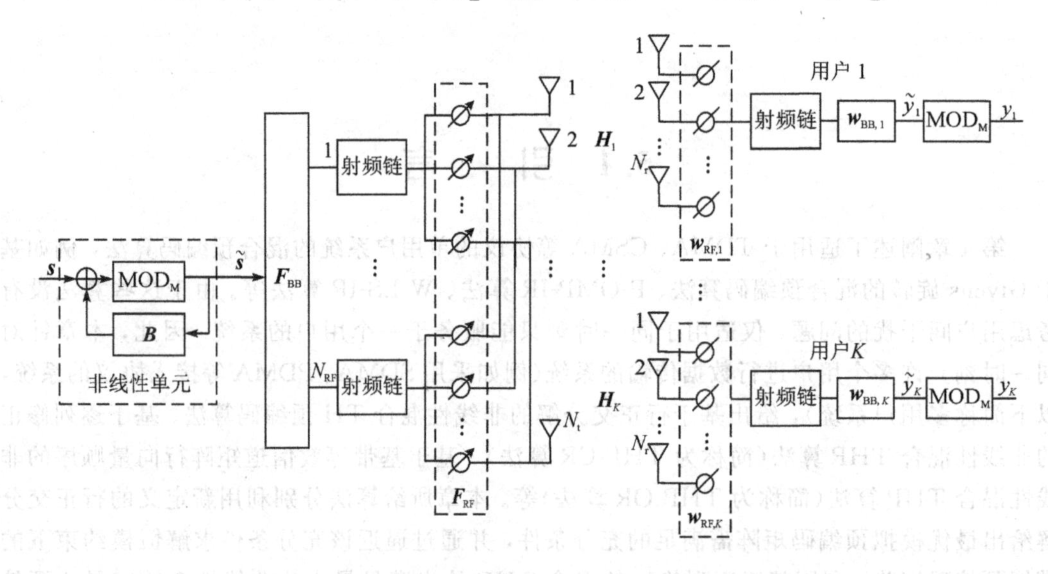

图 5.1　多用户系统的非线性混合 TH 预编码系统模型

经过非线性单元后的向量 $\tilde{\boldsymbol{s}}$ 可以表示为

$$\tilde{s}_i=\mathrm{MOD_M}\left(s_i-\sum_{k=1}^{i-1}\boldsymbol{B}_{ik}\tilde{s}_k\right)\quad\forall i$$

其中，$\tilde{s}_i$ 为向量 $\tilde{\boldsymbol{s}}$ 的第 i 个元素。

显然，输出数据 $\tilde{s}_i$ 不再属于式(5.1)所示的星座点集。文献[1]提出向量 $\tilde{\boldsymbol{s}}$ 与向量 $\boldsymbol{s}$ 的协方差矩阵满足 $E(\tilde{\boldsymbol{s}}\tilde{\boldsymbol{s}}^{\mathrm{H}})=\alpha^{-1}E(\boldsymbol{s}\boldsymbol{s}^{\mathrm{H}})$ 关系，$\alpha=1-1/M$，为功率因子[1]。

经过非线性单元后，向量 $\tilde{\boldsymbol{s}}$ 由数字预编码矩阵和模拟预编码矩阵进一步处理并经天线发射给用户，第 k 个用户接收到的信号可以表示为

$$\tilde{y}_k=\boldsymbol{w}_{\mathrm{BB},k}\boldsymbol{w}_{\mathrm{RF},k}^{\mathrm{H}}\boldsymbol{H}_k\boldsymbol{F}_{\mathrm{RF}}\boldsymbol{F}_{\mathrm{BB}}\tilde{\boldsymbol{s}}+\boldsymbol{w}_{\mathrm{BB},k}\boldsymbol{w}_{\mathrm{RF},k}^{\mathrm{H}}\boldsymbol{n}_k \tag{5.2}$$

其中，$\boldsymbol{F}_{\mathrm{BB}}\in\mathbb{C}^{N_{\mathrm{RF}}\times N_{\mathrm{s}}}$、$\boldsymbol{F}_{\mathrm{RF}}\in\mathbb{C}^{N_{\mathrm{t}}\times N_{\mathrm{RF}}}$，分别表示数字预编码矩阵和模拟预编码矩阵；$\boldsymbol{H}_k$ 为发射端与第 k 个用户之间的信道矩阵；$\boldsymbol{w}_{\mathrm{RF},k}\in\mathbb{C}^{N_{\mathrm{r}}\times 1}$，表示第 k 个用户的模拟合并向量；$\boldsymbol{w}_{\mathrm{BB},k}\in\mathbb{C}^{1\times N_{\mathrm{s}}}$ 是第 k 个用户的数字域缩放因子；$\boldsymbol{n}_k\in\mathbb{C}^{N_{\mathrm{r}}\times 1}$ 表示满足复高斯分布 $\mathcal{CN}(0,\sigma_n^2\boldsymbol{I})$ 的噪声向量；σ_n^2 为噪声功率。模拟预编码矩阵 $\boldsymbol{F}_{\mathrm{RF}}$ 满足恒模约束条件，在全连接结构中可表示为 $|\boldsymbol{F}_{\mathrm{RF},ik}|=1\ (\forall i,k)$，在部分连接结构中则为

$$\boldsymbol{F}_{\mathrm{RF},ik}=\begin{cases}1 & (k-1)\dfrac{N_{\mathrm{t}}}{N_{\mathrm{RF}}}<i\leqslant\dfrac{kN_{\mathrm{t}}}{N_{\mathrm{RF}}}\quad(\forall i,k)\\ 0 & 其他\end{cases}$$

模拟合并向量 $\boldsymbol{w}_{\mathrm{RF},k}$ 应当满足恒模约束 $|\boldsymbol{w}_{\mathrm{RF},k}|=1(\forall i,k)$ 条件，发射功率约束表示为 $\|\boldsymbol{F}_{\mathrm{RF}}\boldsymbol{F}_{\mathrm{BB}}\|_{\mathrm{F}}^2=\alpha P_{\mathrm{t}}$，$P_{\mathrm{t}}$ 为发射功率。

信道矩阵 $\boldsymbol{H}_k$（$k=1,2,\cdots,K$）采用与第 4 章相同的扩展 Saleh-Valenzuela 信道模型[2]

描述，表示为

$$\boldsymbol{H}_k = \sqrt{\frac{1}{N_{\mathrm{cl}} N_{\mathrm{ray}}}} \sum_{i=1}^{N_{\mathrm{cl}}} \sum_{l=1}^{N_{\mathrm{ray}}} \alpha_{kil} \boldsymbol{a}_{\mathrm{r}}(\phi_{kil}^{\mathrm{r}}, \theta_{kil}^{\mathrm{r}}) \boldsymbol{a}_{\mathrm{t}}^{\mathrm{H}}(\phi_{kil}^{\mathrm{t}}, \theta_{kil}^{\mathrm{t}})$$

其中，N_{cl} 和 N_{ray} 分别为路径簇数和每簇包含的子径数；α_{kil} 、ϕ_{kil}^{r} 、$\theta_{kil}^{\mathrm{r}}$ 、ϕ_{kil}^{t} 和 $\theta_{kil}^{\mathrm{t}}$ 分别表示第 k 个用户第 i 簇路径中第 l 条子径的复用增益、到达俯仰角、到达方位角、离开俯仰角和离开方位角；$\boldsymbol{a}_{\mathrm{r}}(\phi_{kil}^{\mathrm{r}}, \theta_{kil}^{\mathrm{r}})$ 和 $\boldsymbol{a}_{\mathrm{t}}^{\mathrm{H}}(\phi_{kil}^{\mathrm{t}}, \theta_{kil}^{\mathrm{t}})$ 分别为对应的接收阵列导向矢量和发射阵列导向矢量，对于一个位于 yz 平面内的 $M \times N$ 均匀平面阵列，假设其阵元间距为半波长，那么导向矢量可以表示为

$$\boldsymbol{a}(\phi, \theta) = [1, \cdots, \exp(\mathrm{j}\pi(m\sin\phi\sin\theta + n\cos\theta)), \\ \cdots, \exp(\mathrm{j}\pi((M-1)\sin\phi\sin\theta + (N-1)\cos\theta))]^{\mathrm{T}}$$

其中，$m = 1, 2, \cdots, M-1$；$n = 1, 2, \cdots, N-1$。

为了使用方便，式(5.2)可重新表示：

$$\tilde{\boldsymbol{y}} = \boldsymbol{W}_{\mathrm{BB}} \boldsymbol{W}_{\mathrm{RF}}^{\mathrm{H}} \boldsymbol{H} \boldsymbol{F}_{\mathrm{RF}} \boldsymbol{F}_{\mathrm{BB}} \tilde{\boldsymbol{s}} + \boldsymbol{W}_{\mathrm{BB}} \boldsymbol{W}_{\mathrm{RF}}^{\mathrm{H}} \boldsymbol{n}$$

其中，$\tilde{\boldsymbol{y}} = [\tilde{\boldsymbol{y}}_1 \quad \cdots \quad \tilde{\boldsymbol{y}}_K]^{\mathrm{T}}$，$\boldsymbol{H} = [\boldsymbol{H}_1^{\mathrm{H}} \cdots \boldsymbol{H}_K^{\mathrm{H}}]^{\mathrm{T}}$，$\boldsymbol{W}_{\mathrm{BB}} = \mathrm{diag}\{\boldsymbol{w}_{\mathrm{BB},1} \cdots, \boldsymbol{w}_{\mathrm{BB},K}\}$，$\boldsymbol{W}_{\mathrm{RF}} = \mathrm{diag}\{\boldsymbol{w}_{\mathrm{RF},1}, \cdots, \boldsymbol{w}_{\mathrm{RF},K}\}$。

5.2.2 算法原理

本节讨论多用户系统非线性混合 TH 预编码矩阵的优化。为了方便，将图 5.1 所示的系统模型重新简化表示为图 5.2 所示的系统模型，其中，数字预编码矩阵 $\boldsymbol{F}_{\mathrm{BB}}$ 被分解为两部分：$\boldsymbol{F}_{\mathrm{P}}(\boldsymbol{F}_{\mathrm{P}} \in \mathbb{C}^{N_{\mathrm{RF}} \times K})$ 和 $\boldsymbol{F}_{\mathrm{D}}(\boldsymbol{F}_{\mathrm{D}} \in \mathbb{C}^{K \times K})$，并有 $\boldsymbol{F}_{\mathrm{BB}} = \boldsymbol{F}_{\mathrm{P}} \boldsymbol{F}_{\mathrm{D}}$。

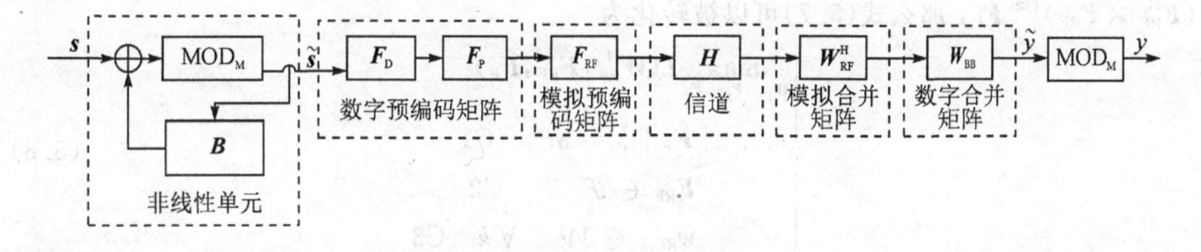

图 5.2　非线性混合 TH 预编码系统模型

1. 问题描述

首先，令 $\boldsymbol{H}_{\mathrm{e}} = \boldsymbol{W}_{\mathrm{RF}}^{\mathrm{H}} \boldsymbol{H} \boldsymbol{F}_{\mathrm{RF}} \boldsymbol{F}_{\mathrm{P}}$，$\boldsymbol{H}_{\mathrm{e}}$ 为等效信道矩阵，利用文献[1]提出的全数字 TH 预编码算法，可以得到反馈矩阵 $\boldsymbol{B}$ 、数字预编码矩阵 $\boldsymbol{F}_{\mathrm{D}}$ 和数字合并矩阵 $\boldsymbol{W}_{\mathrm{BB}}$ 的表达式[1]：

$$\boldsymbol{B} = \boldsymbol{G}_{\mathrm{e}}^{-1} \boldsymbol{L}_{\mathrm{e}} - \boldsymbol{I} \tag{5.3}$$

$$\boldsymbol{F}_{\mathrm{D}} = \boldsymbol{Q}_{\mathrm{e}}^{\mathrm{H}} \tag{5.4}$$

$$\boldsymbol{W}_{\mathrm{BB}} = \boldsymbol{G}_{\mathrm{e}}^{-1} \tag{5.5}$$

其中，$\boldsymbol{L}_{\mathrm{e}}$ 和 $\boldsymbol{Q}_{\mathrm{e}}$ 为等效信道矩阵 $\boldsymbol{H}_{\mathrm{e}}$ 的 LQ 分解，$\boldsymbol{L}_{\mathrm{e}}$ 为下三角矩阵，$\boldsymbol{Q}_{\mathrm{e}}$ 为酉矩阵（矩阵的 LQ 分解可视为 QR 分解的共轭转置，即 $\boldsymbol{H} = \boldsymbol{L}\boldsymbol{Q} \Leftrightarrow \boldsymbol{H}^{\mathrm{H}} = \boldsymbol{Q}^{\mathrm{H}} \boldsymbol{R}$）；$\boldsymbol{G}_{\mathrm{e}} = \mathrm{diag}\{l_{\mathrm{e},11}, \cdots, l_{\mathrm{e},KK}\}$ 是对角矩阵，$l_{\mathrm{e},kk}$ 是矩阵 $\boldsymbol{L}_{\mathrm{e}}$ 的第 k 个对角元素。

通过式(5.3)～(5.5)给出反馈矩阵 $\boldsymbol{B}$、数字预编码矩阵 $\boldsymbol{F}_{\mathrm{D}}$ 和数字合并矩阵 $\boldsymbol{W}_{\mathrm{BB}}$ 后，利用第 3 章给出的混合预编码矩阵和系统频谱效率之间的数学关系，可以得到图 5.2 所示系统的频谱效率 $R=\mathrm{lb}\det(\boldsymbol{I}+1/(N_{\mathrm{r}}\sigma_n^2)\boldsymbol{G}_{\mathrm{e}}^2)$ [1,3]。因此，关于 $\boldsymbol{F}_{\mathrm{P}}$、模拟预编码矩阵 $\boldsymbol{F}_{\mathrm{RF}}$ 和模拟合并矩阵 $\boldsymbol{W}_{\mathrm{RF}}$ 的优化问题可表示如下：

$$
\begin{cases}
\max\limits_{\boldsymbol{W}_{\mathrm{RF}},\boldsymbol{F}_{\mathrm{RF}},\boldsymbol{F}_{\mathrm{P}}} \ \mathrm{lb}\det\left(\boldsymbol{I}+\dfrac{1}{N_{\mathrm{r}}\sigma_n^2}\boldsymbol{G}_{\mathrm{e}}^2\right) \\
\text{s.t.}\ \ \|\boldsymbol{F}_{\mathrm{RF}}\boldsymbol{F}_{\mathrm{P}}\|_{\mathrm{F}}^2=\alpha P_{\mathrm{t}} \quad \mathrm{C1} \\
\qquad \boldsymbol{F}_{\mathrm{RF}}\in\mathcal{F} \quad \mathrm{C2} \\
\qquad \boldsymbol{w}_{\mathrm{RF},k}\in\mathcal{W} \quad \forall k \quad \mathrm{C3}
\end{cases}
\tag{5.6}
$$

其中，集合 $\mathcal{F}$ 和 $\mathcal{W}$ 分别表示模拟预编码矩阵 $\boldsymbol{F}_{\mathrm{RF}}$ 和模拟合并向量 $\boldsymbol{w}_{\mathrm{RF},k}$ 满足恒模约束的可行集。

显而易见，式(5.6)的目标函数隐含 $\boldsymbol{F}_{\mathrm{P}}$、$\boldsymbol{F}_{\mathrm{RF}}$ 和 $\boldsymbol{W}_{\mathrm{RF}}$，这导致该问题难以求解。为此，采用式(5.6)目标函数的下界 $\mathrm{lb}\det(1/\sigma_n^2\boldsymbol{G}_{\mathrm{e}}^2)$ 作为新的目标函数，然后利用等式 $\det(\boldsymbol{W}_{\mathrm{RF}}^{\mathrm{H}}\boldsymbol{H}\boldsymbol{F}_{\mathrm{RF}}\boldsymbol{F}_{\mathrm{P}}\boldsymbol{F}_{\mathrm{P}}^{\mathrm{H}}\boldsymbol{F}_{\mathrm{RF}}^{\mathrm{H}}\boldsymbol{H}^{\mathrm{H}}\boldsymbol{W}_{\mathrm{RF}})=\det(\boldsymbol{H}_{\mathrm{e}}\boldsymbol{H}_{\mathrm{e}}^{\mathrm{H}})=\det(\boldsymbol{L}_{\mathrm{e}}\boldsymbol{Q}_{\mathrm{e}}\boldsymbol{Q}_{\mathrm{e}}^{\mathrm{H}}\boldsymbol{L}_{\mathrm{e}}^{\mathrm{H}})=\det(\boldsymbol{L}_{\mathrm{e}}\boldsymbol{L}_{\mathrm{e}}^{\mathrm{H}})=\det(\boldsymbol{L}_{\mathrm{e}})^2=\det(\boldsymbol{G}_{\mathrm{e}})^2=\det(\boldsymbol{G}_{\mathrm{e}}^2)$ 并忽略常数项，可将式(5.6)近似转化为

$$
\begin{cases}
\max\limits_{\boldsymbol{W}_{\mathrm{RF}},\boldsymbol{F}_{\mathrm{RF}},\boldsymbol{F}_{\mathrm{P}}} \ \mathrm{lb}\det(\boldsymbol{W}_{\mathrm{RF}}^{\mathrm{H}}\boldsymbol{H}\boldsymbol{F}_{\mathrm{RF}}\boldsymbol{F}_{\mathrm{P}}\boldsymbol{F}_{\mathrm{P}}^{\mathrm{H}}\boldsymbol{F}_{\mathrm{RF}}^{\mathrm{H}}\boldsymbol{H}^{\mathrm{H}}\boldsymbol{W}_{\mathrm{RF}}) \\
\text{s.t.}\ \ \|\boldsymbol{F}_{\mathrm{RF}}\boldsymbol{F}_{\mathrm{P}}\|_{\mathrm{F}}^2=\alpha\boldsymbol{P}_{\mathrm{t}} \quad \mathrm{C1} \\
\qquad \boldsymbol{F}_{\mathrm{RF}}\in\mathcal{F} \quad \mathrm{C2} \\
\qquad \boldsymbol{w}_{\mathrm{RF},k}\in\mathcal{W} \quad \forall k\ \mathrm{C3}
\end{cases}
\tag{5.7}
$$

注意到式(5.7)的恒模约束条件 C2 和 C3 都是单矩阵变量约束，而发射功率约束条件 C1 涉及 $\boldsymbol{F}_{\mathrm{P}}$ 和 $\boldsymbol{F}_{\mathrm{RF}}$ 两个矩阵变量。为了进一步简化问题，如果令等效数字预编码矩阵 $\hat{\boldsymbol{F}}_{\mathrm{P}}=(\boldsymbol{F}_{\mathrm{RF}}^{\mathrm{H}}\times\boldsymbol{F}_{\mathrm{RF}})^{1/2}\boldsymbol{F}_{\mathrm{P}}$，那么式(5.7)可以被转化为

$$
\begin{cases}
\max\limits_{\boldsymbol{W}_{\mathrm{RF}},\boldsymbol{F}_{\mathrm{RF}},\hat{\boldsymbol{F}}_{\mathrm{P}}} \ J(\boldsymbol{W}_{\mathrm{RF}}^{\mathrm{H}},\boldsymbol{F}_{\mathrm{RF}},\hat{\boldsymbol{F}}_{\mathrm{P}}) \\
\text{s.t.}\ \ \|\hat{\boldsymbol{F}}_{\mathrm{P}}\|_{\mathrm{F}}^2=\alpha P_{\mathrm{t}} \quad \mathrm{C1} \\
\qquad \boldsymbol{F}_{\mathrm{RF}}\in\mathcal{F} \quad \mathrm{C2} \\
\qquad \boldsymbol{w}_{\mathrm{RF},k}\in\mathcal{W} \quad \forall k \quad \mathrm{C3}
\end{cases}
\tag{5.8}
$$

其中，$J(\boldsymbol{W}_{\mathrm{RF}},\boldsymbol{F}_{\mathrm{RF}},\boldsymbol{F}_{\mathrm{P}})=\mathrm{lb}\det(\boldsymbol{W}_{\mathrm{RF}}^{\mathrm{H}}\boldsymbol{H}\boldsymbol{F}_{\mathrm{RF}}(\boldsymbol{F}_{\mathrm{RF}}^{\mathrm{H}}\boldsymbol{F}_{\mathrm{RF}})^{(-\frac{1}{2})}\hat{\boldsymbol{F}}_{\mathrm{P}}\hat{\boldsymbol{F}}_{\mathrm{P}}^{\mathrm{H}}(\boldsymbol{F}_{\mathrm{RF}}^{\mathrm{H}}\boldsymbol{F}_{\mathrm{RF}})^{(-\frac{1}{2})\mathrm{H}}\boldsymbol{F}_{\mathrm{RF}}^{\mathrm{H}}\boldsymbol{H}^{\mathrm{H}}\boldsymbol{W}_{\mathrm{RF}})$。

式(5.8)是关于三个矩阵变量的联合优化问题，可以将其等价地表示为如下所示的三阶段优化问题：

$$
\mathrm{P3}\begin{cases}
\max\limits_{\boldsymbol{W}_{\mathrm{RF}}}\left(\mathrm{P2}\begin{cases}
\max\limits_{\boldsymbol{F}_{\mathrm{RF}}}\left(\mathrm{P1}\begin{cases}
\max\limits_{\hat{\boldsymbol{F}}_{\mathrm{P}}} J(\boldsymbol{W}_{\mathrm{RF}},\boldsymbol{F}_{\mathrm{RF}},\hat{\boldsymbol{F}}_{\mathrm{P}}) \\
\text{s.t.}\ \|\hat{\boldsymbol{F}}_{P}\|_{\mathrm{F}}^2=\alpha P_{\mathrm{t}} \quad \mathrm{C1}
\end{cases}\right) \\
\text{s.t.}\quad \boldsymbol{F}_{\mathrm{RF}}\in\mathcal{F} \quad \mathrm{C2}
\end{cases}\right) \\
\text{s.t.}\ \boldsymbol{w}_{\mathrm{RF},k}\in\mathcal{W} \quad \forall k \quad \mathrm{C3}
\end{cases}
\tag{5.9}
$$

式(5.9)包括子问题 P1、P2 和 P3。其中，P1 是固定矩阵 $\boldsymbol{W}_{\mathrm{RF}}$ 和 $\boldsymbol{F}_{\mathrm{RF}}$ 时，关于 $\hat{\boldsymbol{F}}_{\mathrm{P}}$ 的优化问题，不失一般性，假设其最优解为 $\hat{\boldsymbol{F}}_{\mathrm{P,opt}}=f_{\mathrm{opt}}(\boldsymbol{F}_{\mathrm{RF}},\boldsymbol{W}_{\mathrm{RF}})$，那么问题 P2 的目标函数可以表示为 $J(\boldsymbol{W}_{\mathrm{RF}},\boldsymbol{F}_{\mathrm{RF}},f_{\mathrm{opt}}(\boldsymbol{F}_{\mathrm{RF}},\boldsymbol{W}_{\mathrm{RF}}))$。类似地，如果将问题 P2 的最优解表示为 $\boldsymbol{F}_{\mathrm{RF,opt}}=$

$g_{\text{opt}}(\boldsymbol{W}_{\text{RF}})$，则问题 3 的目标函数可进一步表示为 $J(\boldsymbol{W}_{\text{RF}}, g_{\text{opt}}(\boldsymbol{W}_{\text{RF}}), f_{\text{opt}}(g_{\text{opt}}(\boldsymbol{W}_{\text{RF}}), \boldsymbol{W}_{\text{RF}}))$。由此可将式(5.8)的优化问题与式(5.9)中 3 个子问题 P1、P2 和 P3 之间的关系描述为如下定理。

定理 5.1：如果 $\hat{\boldsymbol{F}}_{\text{P,opt}} = f_{\text{opt}}(\boldsymbol{F}_{\text{RF}}, \boldsymbol{W}_{\text{RF}})$、$\boldsymbol{F}_{\text{RF,opt}} = g_{\text{opt}}(\boldsymbol{W}_{\text{RF}})$ 和 $\boldsymbol{W}_{\text{RF,opt}}$ 分别为式(5.9)中子问题 P1、P2 和 P3 的最优解，那么 $\{\boldsymbol{W}_{\text{RF,opt}}, g_{\text{opt}}(\boldsymbol{W}_{\text{RF,opt}}), f_{\text{opt}}(\boldsymbol{g}_{\text{opt}}(\boldsymbol{W}_{\text{RF,opt}}), \boldsymbol{W}_{\text{RF,opt}})\}$ 为式(5.8)的最优解。

证明：由于 $\hat{\boldsymbol{F}}_{\text{P,opt}} = f_{\text{opt}}(\boldsymbol{F}_{\text{RF}}, \boldsymbol{W}_{\text{RF}})$、$\boldsymbol{F}_{\text{RF,opt}} = g_{\text{opt}}(\boldsymbol{W}_{\text{RF}})$ 和 $\boldsymbol{W}_{\text{RF,opt}}$ 分别为式(5.9)中子问题 P1、P2 和 P3 的最优解，所以对于任意满足式(5.9)约束条件的矩阵 $\boldsymbol{F}_{\text{P}}$、$\boldsymbol{F}_{\text{RF}}$ 和 $\boldsymbol{W}_{\text{RF}}$，下列不等式一定成立：

$$J(\boldsymbol{W}_{\text{RF}}, \boldsymbol{F}_{\text{RF}}, f_{\text{opt}}(\boldsymbol{F}_{\text{RF}}, \boldsymbol{W}_{\text{RF}})) \geqslant J(\boldsymbol{W}_{\text{RF}}, \boldsymbol{F}_{\text{RF}}, \hat{\boldsymbol{F}}_{\text{P}}) \tag{5.10}$$

$$J(\boldsymbol{W}_{\text{RF}}, g_{\text{opt}}(\boldsymbol{W}_{\text{RF}}), f_{\text{opt}}(g_{\text{opt}}(\boldsymbol{W}_{\text{RF}}), \boldsymbol{W}_{\text{RF}})) \geqslant J(\boldsymbol{W}_{\text{RF}}, \boldsymbol{F}_{\text{RF}}, f_{\text{opt}}(\boldsymbol{F}_{\text{RF}}, \boldsymbol{W}_{\text{RF}})) \tag{5.11}$$

$$\begin{aligned} & J(\boldsymbol{W}_{\text{RF,opt}}, g_{\text{opt}}(\boldsymbol{W}_{\text{RF,opt}}), f_{\text{opt}}(g_{\text{opt}}(\boldsymbol{W}_{\text{RF,opt}}), \boldsymbol{W}_{\text{RF,opt}})) \geqslant \\ & \quad J(\boldsymbol{W}_{\text{RF}}, g_{\text{opt}}(\boldsymbol{W}_{\text{RF}}), f_{\text{opt}}(g_{\text{opt}}(\boldsymbol{W}_{\text{RF}}), \boldsymbol{W}_{\text{RF}})) \end{aligned} \tag{5.12}$$

联合式(5.10)～(5.12)，可以得到如下结论：

$J(\boldsymbol{W}_{\text{RF,opt}}, g_{\text{opt}}(\boldsymbol{W}_{\text{RF,opt}}), f_{\text{opt}}(g_{\text{opt}}(\boldsymbol{W}_{\text{RF,opt}}), \boldsymbol{W}_{\text{RF,opt}})) \geqslant J(\boldsymbol{W}_{\text{RF}}, \boldsymbol{F}_{\text{RF}}, \hat{\boldsymbol{F}}_{P})$

定理 5.1 证毕。

根据定理 5.1，式(5.8)的解可由式(5.9)中子问题 P1、P2 和 P3 的解给出。以下将分别讨论关于等效数字预编码矩阵 $\boldsymbol{F}_{\text{P}}$ 的子问题 P1、关于模拟预编码矩阵 $\boldsymbol{F}_{\text{RF}}$ 的子问题 P2 以及关于模拟合并矩阵 $\boldsymbol{W}_{\text{RF}}$ 的子问题 P3。

2. 数字预编码矩阵优化

为了求解问题 P1，首先给出如下定义与引理。

定义 5.1　对于任意矩阵 $\boldsymbol{A} \in \mathbb{C}^{m\times n}$（$m \leqslant n$），如果存在矩阵 $\boldsymbol{P} \in \mathbb{C}^{m\times m}$、$\boldsymbol{R} \in \mathbb{C}^{m\times n}$ 使得等式 $\boldsymbol{A} = \boldsymbol{PR}$ 和 $\boldsymbol{R}\boldsymbol{R}^{\text{H}} = \boldsymbol{I}$ 成立，则称 $\boldsymbol{A} = \boldsymbol{PR}$ 为矩阵 $\boldsymbol{A}$ 的行正交分解，并称 $\boldsymbol{R}$ 为 $\boldsymbol{A}$ 的行正交矩阵。

引理 5.1　对于行满秩矩阵 $\boldsymbol{A} \in \mathbb{C}^{m\times n}$（$m \leqslant n$），一定存在行正交分解 $\boldsymbol{A} = \boldsymbol{PR}$，并且 $\boldsymbol{P}$ 为可逆矩阵。

证明：考虑矩阵 $\boldsymbol{A}$ 的奇异值分解 $\boldsymbol{A} = \boldsymbol{U}[\boldsymbol{\Sigma}\ \boldsymbol{0}_{m\times(n-m)}][\boldsymbol{V}_1\ \boldsymbol{V}_2]^{\text{H}}$，其中，$\boldsymbol{U}$ 和 $\boldsymbol{\Sigma}$ 为 $m\times m$ 复方阵，$\boldsymbol{V}_1$ 和 $\boldsymbol{V}_2$ 分别为 $n\times m$ 和 $n\times(n-m)$ 复矩阵。令 $\boldsymbol{P} = \boldsymbol{U\Sigma}$、$\boldsymbol{R} = \boldsymbol{V}_1^{\text{H}}$，则有 $\boldsymbol{A} = \boldsymbol{PR}$ 和 $\boldsymbol{RR}^{\text{H}} = \boldsymbol{I}$。进一步地，由于 $\boldsymbol{A}$ 为行满秩矩阵，则 $\boldsymbol{\Sigma}$ 的对角元素均为非零值，因此 $\boldsymbol{P}$ 为可逆矩阵。

引理 5.1 证毕。

利用上述行正交分解和行正交矩阵的定义以及相关性质，下列定理给出了关于等效数字预编码矩阵 $\hat{\boldsymbol{F}}_{\text{P}}$ 优化问题 P1 的最优解。

定理 5.2　对于式(5.9)中的问题 P1，如果矩阵 $\boldsymbol{W}_{\text{RF}}^{\text{H}}\boldsymbol{HF}_{\text{RF}}(\boldsymbol{F}_{\text{RF}}^{\text{H}}\boldsymbol{F}_{\text{RF}})^{-1/2} \in \mathbb{C}^{K\times N_{\text{RF}}}$，是行满秩的，那么下列命题成立：

(1) 矩阵 $\hat{\boldsymbol{F}}_{\text{P,opt}} \in \mathbb{C}^{N_{\text{RF}}\times K}$，它是问题 P1 的最优解，当且仅当 $\sqrt{K/(\alpha P)}\hat{\boldsymbol{F}}_{\text{P,opt}}^{\text{H}}$ 为 $\boldsymbol{W}_{\text{RF}}^{\text{H}}\boldsymbol{HF}_{\text{RF}} \times (\boldsymbol{F}_{\text{RF}}^{\text{H}}\boldsymbol{F}_{\text{RF}})^{-1/2}$ 的行正交矩阵；

(2) 问题 P1 的最大值为 $K\,\text{lb}(\alpha P/K) + \text{lb}\det(\boldsymbol{W}_{\text{RF}}^{\text{H}}\boldsymbol{HF}_{\text{RF}}(\boldsymbol{F}_{\text{RF}}^{\text{H}}\boldsymbol{F}_{\text{RF}})^{-1}\boldsymbol{F}_{\text{RF}}^{\text{H}}\boldsymbol{H}^{\text{H}}\boldsymbol{W}_{\text{RF}})$。

证明：将式(5.9)中的问题 P1 重新表示为

$$\begin{cases}\max\limits_{\hat{F}_{p}} \operatorname{lb} \det(\boldsymbol{H}_{RF}\hat{\boldsymbol{F}}_{p}\hat{\boldsymbol{F}}_{P}^{H}\boldsymbol{H}_{RF}^{H}) \\ \text{s.t.} \ \|\hat{\boldsymbol{F}}_{P}\|_{F}^{2}=\alpha P_{t}\end{cases} \tag{5.13}$$

其中，$\boldsymbol{H}_{RF}=\boldsymbol{W}_{RF}^{H}\boldsymbol{H}\boldsymbol{F}_{RF}(\boldsymbol{F}_{RF}^{H}\boldsymbol{F}_{RF})^{-1/2}$。

利用行正交分解 $\boldsymbol{H}_{RF}=\boldsymbol{P}_{RF}\boldsymbol{R}_{RF}$，式(5.13)的目标函数可以被等价转化为

$$\begin{aligned}\det(\boldsymbol{H}_{RF}\hat{\boldsymbol{F}}_{P}\hat{\boldsymbol{F}}_{P}^{H}\boldsymbol{H}_{RF}^{H}) &= \det(\boldsymbol{P}_{RF}\boldsymbol{R}_{RF}\hat{\boldsymbol{F}}_{P}\hat{\boldsymbol{F}}_{P}^{H}\boldsymbol{R}_{RF}^{H}\boldsymbol{P}_{RF}^{H}) \\ &= \det(\boldsymbol{R}_{RF}\hat{\boldsymbol{F}}_{P}\hat{\boldsymbol{F}}_{P}^{H}\boldsymbol{R}_{RF}^{H})\det(\boldsymbol{P}_{RF}\boldsymbol{P}_{RF}^{H}) \\ &= \det(\boldsymbol{R}_{RF}\hat{\boldsymbol{F}}_{P}\hat{\boldsymbol{F}}_{P}^{H}\boldsymbol{R}_{RF}^{H})\det(\boldsymbol{H}_{RF}\boldsymbol{H}_{RF}^{H})\end{aligned} \tag{5.14}$$

由此可以将式(5.13)重新表示如下：

$$\begin{cases}\max\limits_{\hat{F}_{P}} \operatorname{lb} \det(\boldsymbol{R}_{RF}\hat{\boldsymbol{F}}_{P}\hat{\boldsymbol{F}}_{P}^{H}\boldsymbol{R}_{RF}^{H}) \\ \text{s.t.} \quad \|\hat{\boldsymbol{F}}_{P}\|_{F}^{2}=\alpha P_{t}\end{cases} \tag{5.15}$$

为了求解式(5.15)，首先考虑如下所示的迹最大化：

$$\begin{cases}\max\limits_{\hat{F}_{P}} \operatorname{tr}(\boldsymbol{R}_{RF}\hat{\boldsymbol{F}}_{P}\hat{\boldsymbol{F}}_{P}^{H}\boldsymbol{R}_{RF}^{H}) \\ \text{s.t.} \quad \|\hat{\boldsymbol{F}}_{P}\|_{F}^{2}=\alpha P_{t}\end{cases} \tag{5.16}$$

显然，式(5.16)可以写成如下形式

$$\begin{cases}\max\limits_{f_{P,1},\cdots,f_{P,k}} \sum\limits_{k=1}^{K}\hat{\boldsymbol{f}}_{P,k}^{H}\boldsymbol{R}_{RF}^{H}\boldsymbol{R}_{RF}\hat{\boldsymbol{f}}_{P,k} \\ \text{s.t.} \sum\limits_{k=1}^{K}\|\hat{\boldsymbol{f}}_{P,k}\|^{2}=\alpha P_{t}\end{cases} \tag{5.17}$$

其中，$\hat{\boldsymbol{f}}_{P,k}$ 为矩阵 $\hat{\boldsymbol{f}}_{P}$ 的第 k 列。

显然，向量 $\hat{\boldsymbol{f}}_{P,k}$ 的最优解应当为矩阵 $\boldsymbol{R}_{RF}^{H}\boldsymbol{R}_{RF}$ 最大特征值对应特征向量的线性组合。矩阵 $\boldsymbol{R}_{RF}$ 为半酉矩阵，因此 $\boldsymbol{R}_{RF}^{H}\boldsymbol{R}_{RF}$ 的特征值为0和1，并且特征值1对应的特征向量即为 $\boldsymbol{R}_{RF}^{H}$ 的列向量。所以式(5.17)的最优解可以表示为

$$\hat{\boldsymbol{f}}_{P,k}=\boldsymbol{R}_{RF}^{H} \tag{5.18}$$

利用式(5.18)，可以得到式(5.16)的最优解为

$$\hat{\boldsymbol{F}}_{P}=\boldsymbol{R}_{RF}^{H}\boldsymbol{T} \tag{5.19}$$

其中，$\boldsymbol{T}=[\boldsymbol{t}_{1}\ \boldsymbol{t}_{2}\cdots\boldsymbol{t}_{K}]$，$\boldsymbol{t}_{k}\in\mathbb{C}^{K\times 1}$，是满足条件 $\sum\limits_{k=1}^{K}\|\boldsymbol{t}_{k}\|^{2}=\alpha P_{t}$ 的任意向量。

将式(5.19)代入式(5.16)可得 $\operatorname{tr}\{\boldsymbol{R}_{RF}\hat{\boldsymbol{F}}_{P}\hat{\boldsymbol{F}}_{P}^{H}\boldsymbol{R}_{RF}^{H}\}=\operatorname{tr}\{\boldsymbol{T}\boldsymbol{T}^{H}\}=\sum\limits_{k=1}^{K}\|\boldsymbol{t}_{k}\|^{2}=\alpha P_{t}$，也就是说，矩阵 $\boldsymbol{R}_{RF}\hat{\boldsymbol{F}}_{P}\hat{\boldsymbol{F}}_{P}^{H}\boldsymbol{R}_{RF}^{H}$ 迹的最大值为 αP_{t}。以下将利用该迹的最大值推导式(5.15)中矩阵 $\boldsymbol{R}_{RF}\hat{\boldsymbol{F}}_{P}\hat{\boldsymbol{F}}_{P}^{H}\boldsymbol{R}_{RF}^{H}$ 行列式的最大值。首先，根据 *Hadamard's* 不等式[21]和算术-几何平均值不等式[22]可得

$$\det(\boldsymbol{R}_{RF}\hat{\boldsymbol{F}}_{P}\hat{\boldsymbol{F}}_{P}^{H}\boldsymbol{R}_{RF}^{H})\leqslant\det(\operatorname{diag}\{\boldsymbol{R}_{RF}\hat{\boldsymbol{F}}_{P}\hat{\boldsymbol{F}}_{P}^{H}\boldsymbol{R}_{RF}^{H}\}) \tag{5.20a}$$

$$\det(\operatorname{diag}\{\boldsymbol{R}_{RF}\hat{\boldsymbol{F}}_{P}\hat{\boldsymbol{F}}_{P}^{H}\boldsymbol{R}_{RF}^{H}\})\leqslant\left(\frac{1}{K}\max\operatorname{tr}\{\boldsymbol{R}_{RF}\hat{\boldsymbol{F}}_{P}\hat{\boldsymbol{F}}_{P}^{H}\boldsymbol{R}_{RF}^{H}\}\right)^{K}=\left(\frac{\alpha P_{t}}{K}\right)^{K} \tag{5.20b}$$

由式(5.20)可知，式(5.15)中矩阵 $\boldsymbol{R}_{\mathrm{RF}}\hat{\boldsymbol{F}}_{\mathrm{P}}\hat{\boldsymbol{F}}_{\mathrm{P}}^{\mathrm{H}}\boldsymbol{R}_{\mathrm{RF}}^{\mathrm{H}}$ 的行列式一定不大于 $(\alpha P_{\mathrm{t}}/K)^{K}$。进一步地，通过以下两个引理可以证明，当且仅当 $\sqrt{K/(\alpha P_{\mathrm{t}})}\,\hat{\boldsymbol{F}}_{\mathrm{P}}^{\mathrm{H}}$ 为 $\boldsymbol{H}_{\mathrm{RF}}$ 的行正交矩阵时，式(5.20a)和式(5.20b)取等号。

引理 5.2　当且仅当 $\boldsymbol{R}_{\mathrm{RF}}\hat{\boldsymbol{F}}_{\mathrm{P}}\hat{\boldsymbol{F}}_{\mathrm{P}}^{\mathrm{H}}\boldsymbol{R}_{\mathrm{RF}}^{\mathrm{H}}=(\alpha P_{\mathrm{t}}/K)\boldsymbol{I}$ 成立时，式(5.20)中(a)和(b)取等号。

证明：根据 Hadamard's 不等式[21]易知，当且仅当 $\boldsymbol{R}_{\mathrm{RF}}\hat{\boldsymbol{F}}_{\mathrm{P}}\hat{\boldsymbol{F}}_{\mathrm{P}}^{\mathrm{H}}\boldsymbol{R}^{\mathrm{H}}d_{\mathrm{RF}}$ 为对角矩阵时，式(5.20a)取等号，又根据算术-几何平均值不等式[22]可知，当且仅当 $\boldsymbol{R}_{\mathrm{RF}}\hat{\boldsymbol{F}}_{\mathrm{P}}\hat{\boldsymbol{F}}_{\mathrm{P}}^{\mathrm{H}}\boldsymbol{R}_{\mathrm{RF}}^{\mathrm{H}}$ 的对角元素相同时，式(5.20b)取等号。考虑到 $\mathrm{tr}\{\boldsymbol{R}_{\mathrm{RF}}\hat{\boldsymbol{F}}_{\mathrm{P}}\hat{\boldsymbol{F}}_{\mathrm{P}}^{\mathrm{H}}\boldsymbol{R}_{\mathrm{RF}}^{\mathrm{H}}\}=\alpha P_{\mathrm{t}}$，因此当且仅当 $\boldsymbol{R}_{\mathrm{RF}}\hat{\boldsymbol{f}}_{\mathrm{P}}\hat{\boldsymbol{f}}_{\mathrm{P}}^{\mathrm{H}}\boldsymbol{R}_{\mathrm{RF}}^{\mathrm{H}}=(\alpha P_{\mathrm{t}}/K)\boldsymbol{I}$ 时，式(5.20a)和式(5.20b)同时取等号。

引理 5.2 证毕。

引理 5.3　当且仅当 $\sqrt{K/\alpha P_{\mathrm{t}}}\,\hat{\boldsymbol{F}}_{\mathrm{P}}^{\mathrm{H}}$ 为 $\boldsymbol{H}_{\mathrm{RF}}$ 的行正交矩阵时，等式 $\boldsymbol{R}_{\mathrm{RF}}\hat{\boldsymbol{F}}_{\mathrm{P}}\hat{\boldsymbol{F}}_{\mathrm{P}}^{\mathrm{H}}\boldsymbol{R}_{\mathrm{RF}}^{\mathrm{H}}=(\alpha P_{\mathrm{t}}/K)\boldsymbol{I}$ 成立。

证明：首先证明充分性。$\sqrt{K/\alpha P_{\mathrm{t}}}\,\hat{\boldsymbol{F}}_{\mathrm{P}}^{\mathrm{H}}$ 和 $\boldsymbol{R}_{\mathrm{RF}}$ 均为 $\boldsymbol{H}_{\mathrm{RF}}$ 的行正交矩阵，因此有下列等式成立 $\boldsymbol{H}_{\mathrm{RF}}=\sqrt{K/(\alpha P_{\mathrm{t}})}\,\boldsymbol{P}_{\mathrm{P}}\hat{\boldsymbol{F}}_{\mathrm{P}}^{\mathrm{H}}=\boldsymbol{P}_{\mathrm{RF}}\boldsymbol{R}_{\mathrm{RF}}$，并且有 $K/(\alpha P_{\mathrm{t}})\hat{\boldsymbol{F}}_{\mathrm{P}}^{\mathrm{H}}\hat{\boldsymbol{F}}_{\mathrm{P}}=\boldsymbol{R}_{\mathrm{RF}}\boldsymbol{R}_{\mathrm{RF}}^{\mathrm{H}}=\boldsymbol{I}$，其中 $\boldsymbol{P}_{\mathrm{P}}$ 和 $\boldsymbol{R}_{\mathrm{RF}}$ 为可逆矩阵。那么，进一步地，可以得到

$$\begin{aligned}\boldsymbol{R}_{\mathrm{RF}}\hat{\boldsymbol{F}}_{\mathrm{P}}\hat{\boldsymbol{F}}_{\mathrm{P}}^{\mathrm{H}}\boldsymbol{R}_{\mathrm{RF}}^{\mathrm{H}}&=\frac{K}{\alpha P_{\mathrm{t}}}(\boldsymbol{P}_{\mathrm{RF}}^{-1}\boldsymbol{P}_{\mathrm{P}}\hat{\boldsymbol{F}}_{\mathrm{P}}^{\mathrm{H}})\hat{\boldsymbol{F}}_{\mathrm{P}}\hat{\boldsymbol{F}}_{\mathrm{P}}^{\mathrm{H}}(\hat{\boldsymbol{F}}_{\mathrm{P}}\boldsymbol{P}_{\mathrm{P}}^{\mathrm{H}}\boldsymbol{P}_{\mathrm{RF}}^{-\mathrm{H}})\\&=\boldsymbol{P}_{\mathrm{RF}}^{-1}\boldsymbol{P}_{\mathrm{P}}\hat{\boldsymbol{F}}_{\mathrm{P}}^{\mathrm{H}}\hat{\boldsymbol{F}}_{\mathrm{P}}\boldsymbol{P}_{\mathrm{P}}^{\mathrm{H}}\boldsymbol{P}_{\mathrm{RF}}^{-\mathrm{H}}=\frac{\alpha P_{\mathrm{t}}}{K}\boldsymbol{R}_{\mathrm{RF}}\boldsymbol{R}_{\mathrm{RF}}^{\mathrm{H}}=\frac{\alpha P_{\mathrm{t}}}{K}\boldsymbol{I}\end{aligned}$$

接下来证明必要性。如果等式 $\boldsymbol{R}_{\mathrm{RF}}\hat{\boldsymbol{F}}_{\mathrm{P}}\hat{\boldsymbol{F}}_{\mathrm{P}}^{\mathrm{H}}\boldsymbol{R}_{\mathrm{RF}}^{\mathrm{H}}=(\alpha P_{\mathrm{t}}/K)\boldsymbol{I}$ 成立，那么有 $\mathrm{tr}\{\boldsymbol{R}_{\mathrm{RF}}\hat{\boldsymbol{F}}_{\mathrm{P}}\hat{\boldsymbol{F}}_{\mathrm{P}}^{\mathrm{H}}\times\boldsymbol{R}_{\mathrm{RF}}^{\mathrm{H}}\}=\alpha P_{\mathrm{t}}$。$\hat{\boldsymbol{F}}_{\mathrm{P}}$ 应当为式(5.16)的解，即 $\hat{\boldsymbol{F}}_{\mathrm{P}}=\boldsymbol{R}_{\mathrm{RF}}^{\mathrm{H}}\boldsymbol{T}$。由此可得 $\boldsymbol{R}_{\mathrm{RF}}\hat{\boldsymbol{F}}_{\mathrm{P}}\hat{\boldsymbol{F}}_{\mathrm{P}}^{\mathrm{H}}\boldsymbol{R}_{\mathrm{RF}}^{\mathrm{H}}=\boldsymbol{R}_{\mathrm{RF}}\boldsymbol{R}_{\mathrm{RF}}^{\mathrm{H}}\boldsymbol{T}\boldsymbol{T}^{\mathrm{H}}\boldsymbol{R}_{\mathrm{RF}}\boldsymbol{R}_{\mathrm{RF}}^{\mathrm{H}}=\boldsymbol{T}\boldsymbol{T}^{\mathrm{H}}=(\alpha P_{\mathrm{t}}/K)\boldsymbol{I}$，也就是说 $\sqrt{K/(\alpha P)}\boldsymbol{T}$ 是酉矩阵。

进一步地，利用矩阵 $\boldsymbol{H}_{\mathrm{RF}}$ 的行正交分解 $\boldsymbol{H}_{\mathrm{RF}}=\boldsymbol{P}_{\mathrm{RF}}\boldsymbol{R}_{\mathrm{RF}}$ 可得

$$\begin{aligned}\boldsymbol{H}_{\mathrm{RF}}=\boldsymbol{P}_{\mathrm{RF}}\boldsymbol{R}_{\mathrm{RF}}&=\frac{K}{\alpha P_{\mathrm{t}}}\boldsymbol{P}_{\mathrm{RF}}\boldsymbol{T}\boldsymbol{T}^{\mathrm{H}}\boldsymbol{R}_{\mathrm{RF}}=\left(\sqrt{\frac{K}{\alpha P}}\boldsymbol{P}_{\mathrm{RF}}\boldsymbol{T}\right)\left(\sqrt{\frac{K}{\alpha P_{\mathrm{t}}}}\boldsymbol{T}^{\mathrm{H}}\boldsymbol{R}_{\mathrm{RF}}\right)\\&=\left(\sqrt{\frac{K}{\alpha P_{\mathrm{t}}}}\boldsymbol{P}_{\mathrm{RF}}\boldsymbol{T}\right)\left(\sqrt{\frac{K}{\alpha P}}\hat{\boldsymbol{F}}_{\mathrm{P}}^{\mathrm{H}}\right)\end{aligned}$$

又因为 $K/(\alpha P_{\mathrm{t}})\hat{\boldsymbol{F}}_{\mathrm{P}}^{\mathrm{H}}\hat{\boldsymbol{F}}_{\mathrm{P}}=K/(\alpha P_{\mathrm{t}})\boldsymbol{T}^{\mathrm{H}}\boldsymbol{R}_{\mathrm{RF}}\boldsymbol{R}_{\mathrm{RF}}^{\mathrm{H}}\boldsymbol{T}=K/(\alpha P_{\mathrm{t}})\boldsymbol{T}^{\mathrm{H}}\boldsymbol{T}=\boldsymbol{I}$，所以 $\sqrt{K/\alpha P_{\mathrm{t}}}\,\hat{\boldsymbol{F}}_{\mathrm{P}}^{\mathrm{H}}$ 是 $\boldsymbol{H}_{\mathrm{RF}}$ 的行正交矩阵。

引理 5.3 证毕。

结合引理 5.2 和引理 5.3 可知，当且仅当 $\sqrt{K/\alpha P_{\mathrm{t}}}\,\hat{\boldsymbol{F}}_{\mathrm{P}}^{\mathrm{H}}$ 是 $\boldsymbol{H}_{\mathrm{RF}}$ 的行正交矩阵时，$\hat{\boldsymbol{F}}_{\mathrm{P}}$ 为式(5.15)的最优解，此时，式(5.15)目标函数的最大值为 $(\alpha P_{\mathrm{t}}/K)^{K}$。将其代入式(5.14)可知，式(5.13)的最大值为 $K\,\mathrm{lb}(\alpha P_{\mathrm{t}}/K)+\mathrm{lb}\,\det(\boldsymbol{H}_{\mathrm{RF}}\boldsymbol{H}_{\mathrm{RF}}^{\mathrm{H}})$。

定理 5.2 证毕。

根据定理 5.2，对于任意给定的模拟预编码矩阵 $\boldsymbol{F}_{\mathrm{RF}}$ 和模拟合并矩阵 $\boldsymbol{W}_{\mathrm{RF}}$，矩阵 $\hat{\boldsymbol{F}}_{\mathrm{P,opt}}$ 可以通过矩阵 $\boldsymbol{W}_{\mathrm{RF}}^{\mathrm{H}}\boldsymbol{H}\boldsymbol{F}_{\mathrm{RF}}(\boldsymbol{F}_{\mathrm{RF}}^{\mathrm{H}}\boldsymbol{F}_{\mathrm{RF}})^{-1/2}$ 的行正交分解给出。数字预编码矩阵 $\boldsymbol{F}_{\mathrm{P}}$ 可以通过下式得到：

$$\boldsymbol{F}_{\mathrm{P}}=(\boldsymbol{F}_{\mathrm{RF}}^{\mathrm{H}}\boldsymbol{F}_{\mathrm{RF}})^{-\frac{1}{2}}\hat{\boldsymbol{F}}_{\mathrm{P,opt}}\tag{5.21}$$

其中，模拟预编码矩阵 $\boldsymbol{F}_{\mathrm{RF}}$ 的优化将在下文讨论。

3. 模拟预编码矩阵优化

以下讨论全连接及部分连接结构中模拟预编码矩阵 $\boldsymbol{F}_{\mathrm{RF}}$ 的优化方法。根据定理5.2，优化问题P 1的最大值为 $K\ \mathrm{lb}(\alpha P/K)+\mathrm{lb}\ \det(\boldsymbol{W}_{\mathrm{RF}}^{\mathrm{H}}\boldsymbol{H}\boldsymbol{F}_{\mathrm{RF}}(\boldsymbol{F}_{\mathrm{RF}}^{\mathrm{H}}\boldsymbol{F}_{\mathrm{RF}})^{-1}\boldsymbol{F}_{\mathrm{RF}}^{\mathrm{H}}\boldsymbol{H}^{\mathrm{H}}\boldsymbol{W}_{\mathrm{RF}})$，因此式(5.9)中的优化问题P2可以转换为

$$\mathrm{P2}:\begin{cases}\max\limits_{\boldsymbol{F}_{\mathrm{RF}}}\ \mathrm{lb}\ \det(\boldsymbol{W}_{\mathrm{RF}}^{\mathrm{H}}\boldsymbol{H}\boldsymbol{F}_{\mathrm{RF}}(\boldsymbol{F}_{\mathrm{RF}}^{\mathrm{H}}\boldsymbol{F}_{\mathrm{RF}})^{-1}\boldsymbol{F}_{\mathrm{RF}}^{\mathrm{H}}\boldsymbol{H}^{\mathrm{H}}\boldsymbol{W}_{\mathrm{RF}})\\ \text{s.t.}\ \ \boldsymbol{F}_{\mathrm{RF}}\in\mathcal{F}\quad \mathrm{C2}\end{cases}\tag{5.22}$$

与定理5.2类似，利用行正交分解，可以得到问题式(5.22)的最优解 $\boldsymbol{F}_{\mathrm{RF,opt}}$ 需满足的充分条件，具体如下列定理所述。

定理5.3　对于式(5.22)，假设矩阵 $\boldsymbol{W}_{\mathrm{RF}}^{\mathrm{H}}\boldsymbol{H}\in\mathbb{C}^{K\times N_{\mathrm{t}}}$，是行满秩的，并记其行正交分解为 $\boldsymbol{W}_{\mathrm{RF}}^{\mathrm{H}}\boldsymbol{H}=\boldsymbol{P}\boldsymbol{R}$。如果在式(5.22)的可行集中存在矩阵 $\boldsymbol{F}_{\mathrm{RF,opt}}$ 满足条件 $\boldsymbol{R}\boldsymbol{F}_{\mathrm{RF,opt}}(\boldsymbol{F}_{\mathrm{RF,opt}}^{\mathrm{H}}\times\boldsymbol{F}_{\mathrm{RF,opt}})^{-1}\boldsymbol{F}_{\mathrm{RF,opt}}^{\mathrm{H}}\boldsymbol{R}^{\mathrm{H}}=\boldsymbol{I}$，那么矩阵 $\boldsymbol{F}_{\mathrm{RF,opt}}$ 是式(5.22)的最优解，且式(5.22)的目标函数取最大值为 $\mathrm{lb}\ \det(\boldsymbol{W}_{\mathrm{RF}}^{\mathrm{H}}\boldsymbol{H}\boldsymbol{H}^{\mathrm{H}}\boldsymbol{W}_{\mathrm{RF}})$。

证明：令 $\boldsymbol{F}_{\mathrm{X}}=\boldsymbol{F}_{\mathrm{RF}}(\boldsymbol{F}_{\mathrm{RF}}^{\mathrm{H}}\boldsymbol{F}_{\mathrm{RF}})^{-1/2}$、$\boldsymbol{H}_{\mathrm{W}}=\boldsymbol{W}_{\mathrm{RF}}^{\mathrm{H}}\boldsymbol{H}$，并暂时忽略恒模约束，式(5.22)可以表示为

$$\begin{cases}\max\limits_{\boldsymbol{F}_{\mathrm{X}}}\ \mathrm{lb}\ \det(\boldsymbol{H}_{\mathrm{W}}\boldsymbol{F}_{\mathrm{X}}\boldsymbol{F}_{\mathrm{X}}^{\mathrm{H}}\boldsymbol{H}_{\mathrm{W}}^{\mathrm{H}})\\ \text{s.t.}\quad \boldsymbol{F}_{\mathrm{X}}^{\mathrm{H}}\boldsymbol{F}_{\mathrm{X}}=\boldsymbol{I}\end{cases}\tag{5.23}$$

与式(5.14)和式(5.20)类似，式(5.23)目标函数的上界可通过如下不等式给出：

$$\det(\boldsymbol{H}_{\mathrm{W}}\boldsymbol{F}_{\mathrm{X}}\boldsymbol{F}_{\mathrm{X}}^{\mathrm{H}}\boldsymbol{H}_{\mathrm{W}}^{\mathrm{H}})=\det(\boldsymbol{R}_{\mathrm{W}}\boldsymbol{F}_{\mathrm{X}}\boldsymbol{F}_{\mathrm{X}}^{\mathrm{H}}\boldsymbol{R}_{\mathrm{W}}^{\mathrm{H}})\det(\boldsymbol{H}_{\mathrm{W}}\boldsymbol{H}_{\mathrm{W}}^{\mathrm{H}})\leqslant$$

$$\left(\frac{1}{K}\max\ \mathrm{tr}\{\boldsymbol{R}_{\mathrm{W}}\boldsymbol{F}_{\mathrm{X}}\boldsymbol{F}_{\mathrm{X}}^{\mathrm{H}}\boldsymbol{R}_{\mathrm{W}}^{\mathrm{H}}\}\right)^{K}\det(\boldsymbol{H}_{\mathrm{W}}\boldsymbol{H}_{\mathrm{W}}^{\mathrm{H}})\tag{5.24}$$

其中，$\boldsymbol{R}_{\mathrm{W}}$ 是 $\boldsymbol{H}_{\mathrm{W}}$ 的行正交矩阵。

为了求解式(5.23)，首先考虑式(5.24)中的迹最大化：

$$\begin{cases}\max\limits_{\boldsymbol{F}_{\mathrm{X}}}\ \mathrm{tr}\{\boldsymbol{R}_{\mathrm{W}}\boldsymbol{F}_{\mathrm{X}}\boldsymbol{F}_{\mathrm{X}}^{\mathrm{H}}\boldsymbol{R}_{\mathrm{W}}^{\mathrm{H}}\}\\ \text{s.t.}\quad \boldsymbol{F}_{\mathrm{X}}\boldsymbol{F}_{\mathrm{X}}^{\mathrm{H}}=\boldsymbol{I}\end{cases}\tag{5.25}$$

不失一般性，令 $\boldsymbol{F}_{\mathrm{X}}=\boldsymbol{F}_{\mathrm{proj}}+\boldsymbol{F}_{\mathrm{null}}$，其中 $\boldsymbol{F}_{\mathrm{proj}}=\boldsymbol{R}_{\mathrm{W}}^{\mathrm{H}}\boldsymbol{R}_{\mathrm{W}}\boldsymbol{F}_{\mathrm{X}}$、$\boldsymbol{F}_{\mathrm{null}}=(\boldsymbol{I}-\boldsymbol{R}_{\mathrm{W}}^{\mathrm{H}}\boldsymbol{R}_{\mathrm{W}})\boldsymbol{F}_{\mathrm{X}}$，$\boldsymbol{F}_{\mathrm{proj}}$、$\boldsymbol{F}_{\mathrm{null}}$ 分别为 $\boldsymbol{F}_{\mathrm{X}}$ 在矩阵 $\boldsymbol{R}_{\mathrm{W}}^{\mathrm{H}}$ 列空间 $R(\boldsymbol{R}_{\mathrm{W}}^{\mathrm{H}})$ 和零空间 $N(\boldsymbol{R}_{\mathrm{W}}^{\mathrm{H}})$ 上的投影。由此将问题式(5.25)等价表示为

$$\begin{cases}\max\limits_{\boldsymbol{F}_{\mathrm{proj}},\boldsymbol{F}_{\mathrm{null}}}\ \mathrm{tr}\{\boldsymbol{R}_{\mathrm{W}}\boldsymbol{F}_{\mathrm{proj}}\boldsymbol{F}_{\mathrm{proj}}^{\mathrm{H}}\boldsymbol{R}_{\mathrm{W}}^{\mathrm{H}}\}\\ \text{s.t.}\quad \boldsymbol{F}_{\mathrm{proj}}^{\mathrm{H}}\boldsymbol{F}_{\mathrm{proj}}+\boldsymbol{F}_{\mathrm{null}}^{\mathrm{H}}\boldsymbol{F}_{\mathrm{null}}=\boldsymbol{I}\end{cases}\tag{5.26}$$

令 $\boldsymbol{F}_{\mathrm{proj}}=\boldsymbol{R}_{\mathrm{W}}^{\mathrm{H}}\boldsymbol{T}_{\mathrm{proj}}$，　$\boldsymbol{F}_{\mathrm{null}}=\boldsymbol{R}_{\mathrm{W,null}}^{\mathrm{H}}\boldsymbol{T}_{\mathrm{rull}}$，其中矩阵 $\boldsymbol{R}_{\mathrm{W,null}}^{\mathrm{H}}\in\mathbb{C}^{N_{\mathrm{t}}\times(N_{\mathrm{t}}-K)}$ 的列向量是零空间 $N(\boldsymbol{R}^{\mathrm{H}})N$ 的标准正交基，$\boldsymbol{T}_{\mathrm{proj}}$ 和 $\boldsymbol{T}_{\mathrm{null}}$ 分别为 $K\times N_{\mathrm{RF}}$ 和 $(N_{\mathrm{t}}-K)\times N_{\mathrm{RF}}$ 的矩阵，则式(5.26)可以被进一步表示为

$$\begin{cases}\max\limits_{\boldsymbol{T}_{\mathrm{proj}},\boldsymbol{T}_{\mathrm{null}}}\ \mathrm{tr}\{\boldsymbol{T}_{\mathrm{proj}}\boldsymbol{T}_{\mathrm{proj}}^{\mathrm{H}}\}\\ \text{s.t.}\quad \boldsymbol{T}_{\mathrm{proj}}^{\mathrm{H}}\boldsymbol{T}_{\mathrm{proj}}+\boldsymbol{T}_{\mathrm{null}}^{\mathrm{H}}\boldsymbol{T}_{\mathrm{null}}=\boldsymbol{I}\end{cases}\tag{5.27}$$

显然，矩阵 $\boldsymbol{T}_{\mathrm{proj}}\boldsymbol{T}_{\mathrm{proj}}^{\mathrm{H}}$ 为半正定 Hermitian 矩阵，因此存在一个酉矩阵 $\boldsymbol{S}\in\mathbb{C}^{N_{\mathrm{RF}}\times N_{\mathrm{RF}}}$ 使得等式 $\boldsymbol{S}^{\mathrm{H}}\boldsymbol{T}_{\mathrm{proj}}^{\mathrm{H}}\boldsymbol{T}_{\mathrm{proj}}\boldsymbol{S}=\boldsymbol{\Lambda}$ 成立，其中 $\boldsymbol{\Lambda}$ 是非负对角矩阵。将上述等式代入式(5.27)的约束条件中可得 $\boldsymbol{S}^{\mathrm{H}}\boldsymbol{T}_{\mathrm{null}}^{\mathrm{H}}\boldsymbol{T}_{\mathrm{null}}\boldsymbol{S}=\boldsymbol{I}-\boldsymbol{\Lambda}$，由于矩阵 $\boldsymbol{S}^{\mathrm{H}}\boldsymbol{T}_{\mathrm{null}}^{\mathrm{H}}\boldsymbol{T}_{\mathrm{null}}\boldsymbol{S}$ 为半正定 Hermitian 矩阵，所以矩阵 $\boldsymbol{I}-\boldsymbol{A}$的对角元素是非负的。考虑到矩阵秩 $\mathrm{rank}(\boldsymbol{\Lambda})=\mathrm{rank}(\boldsymbol{T}_{\mathrm{pro}}^{\mathrm{H}}\boldsymbol{T}_{\mathrm{proj}})=\mathrm{rank}(\boldsymbol{T}_{\mathrm{proj}})\leqslant K$，易知 $\max\ \mathrm{rank}\{\boldsymbol{\Lambda}\}=K$ 以及 $\max\ \mathrm{tr}\{\boldsymbol{\Lambda}\}=K$。由此可得

$$\begin{aligned}\max\ \mathrm{tr}\{\boldsymbol{R}_{\mathrm{W}}\boldsymbol{F}_{\mathrm{X}}\boldsymbol{F}_{\mathrm{X}}^{\mathrm{H}}\boldsymbol{R}_{\mathrm{W}}^{\mathrm{H}}\}&=\max\ \mathrm{tr}\{\boldsymbol{R}_{\mathrm{W}}\boldsymbol{F}_{\mathrm{proj}}\boldsymbol{F}_{\mathrm{proj}}^{\mathrm{H}}\boldsymbol{R}_{\mathrm{W}}^{\mathrm{H}}\}=\max\ \mathrm{tr}\{\boldsymbol{T}_{\mathrm{proj}}\boldsymbol{T}_{\mathrm{proj}}^{\mathrm{H}}\}\\&=\max\ \mathrm{tr}\{\boldsymbol{T}_{\mathrm{poj}}^{\mathrm{H}}\boldsymbol{T}_{\mathrm{proj}}\}=\max\ \mathrm{tr}\{\boldsymbol{\Lambda}\}=K\end{aligned}\tag{5.28}$$

将式(5.28)代入式(5.24)可得

$$\det(\boldsymbol{H}_{\mathrm{W}}\boldsymbol{F}_{\mathrm{X}}\boldsymbol{F}_{\mathrm{X}}^{\mathrm{H}}\boldsymbol{H}_{\mathrm{W}}^{\mathrm{H}})\leqslant\left(\frac{1}{K}\max\ \mathrm{tr}\{\boldsymbol{R}_{\mathrm{W}}\boldsymbol{F}_{\mathrm{X}}\boldsymbol{F}_{\mathrm{X}}^{\mathrm{H}}\boldsymbol{R}_{\mathrm{T}}^{\mathrm{H}}\}\right)^{K}\det(\boldsymbol{H}_{\mathrm{W}}\boldsymbol{H}_{\mathrm{T}}^{\mathrm{H}})=\det(\boldsymbol{H}_{\mathrm{W}}\boldsymbol{H}_{\mathrm{W}}^{\mathrm{H}})\tag{5.29}$$

通过与引理 5.2 类似的过程可以证明当且仅当 $\boldsymbol{R}_{\mathrm{W}}\boldsymbol{F}_{\mathrm{X}}\boldsymbol{F}_{\mathrm{X}}^{\mathrm{H}}\boldsymbol{R}_{\mathrm{W}}^{\mathrm{H}}=\boldsymbol{I}$ 时，式(5.29)取等号。因此，如果在式(5.22)的可行集内存在矩阵使得等式 $\boldsymbol{R}_{\mathrm{W}}\boldsymbol{F}_{\mathrm{X}}\boldsymbol{F}_{\mathrm{X}}^{\mathrm{H}}\boldsymbol{R}_{\mathrm{W}}^{\mathrm{H}}=\boldsymbol{I}$ 成立，那么该矩阵一定是式(5.22)的最优解，并且此时式(5.22)的目标函数最大值为 $\det(\boldsymbol{H}_{\mathrm{W}}\boldsymbol{H}_{\mathrm{W}}^{\mathrm{H}})$。

定理 5.3 证毕。

根据定理 5.3，容易验证，如果在式(5.22)的可行集中存在矩阵 $\boldsymbol{F}_{\mathrm{RF,opt}}$ 满足条件 $\boldsymbol{F}_{\mathrm{RF,opt}}=[\boldsymbol{R}^{\mathrm{H}}\quad\hat{\boldsymbol{R}}^{\mathrm{H}}]\boldsymbol{M}$（矩阵 $\hat{\boldsymbol{R}}^{\mathrm{H}}\in\mathbb{C}^{N_{\mathrm{t}}\times(N_{\mathrm{RF}}-K)}$，其列向量为零空间 $N(\boldsymbol{R}^{\mathrm{H}})$ 的标准正交基，可由 Gram-Schmidt 正交化过程[4]给出；$\boldsymbol{M}\in\mathbb{C}^{N_{\mathrm{RF}}\times N_{\mathrm{RF}}}$，为任意酉矩阵），那么等式 $\boldsymbol{R}\boldsymbol{F}_{\mathrm{RF,opt}}\times(\boldsymbol{F}_{\mathrm{RF,opt}}^{\mathrm{H}}\boldsymbol{F}_{\mathrm{RF,opt}})^{-1}\boldsymbol{F}_{\mathrm{RF,opt}}^{\mathrm{H}}\boldsymbol{R}^{\mathrm{H}}=I$ 必然成立，$\boldsymbol{F}_{\mathrm{RF,opt}}$ 即为式(5.22)的最优解。然而满足上述条件的矩阵 $\boldsymbol{F}_{\mathrm{RF,opt}}$ 难以求得。为此，以下将采用 F-范数最小化准则，在恒模约束下逼近矩阵 $[\boldsymbol{R}^{\mathrm{H}}\hat{\boldsymbol{R}}^{\mathrm{H}}]\boldsymbol{M}$，从而给出模拟预编码矩阵 $\boldsymbol{F}_{\mathrm{RF}}$ 的近似解。为了表示方便，令 $\overline{\boldsymbol{R}}^{\mathrm{H}}=[\boldsymbol{R}^{\mathrm{H}}\ \hat{\boldsymbol{R}}^{\mathrm{H}}]$，关于模拟预编码矩阵 $\boldsymbol{F}_{\mathrm{RF,opt}}$ 和酉矩阵 $\boldsymbol{M}$ 的联合优化问题表示如下：

$$\begin{cases}\min\limits_{\boldsymbol{F}_{\mathrm{RF}},\boldsymbol{M}}\ \|\boldsymbol{F}_{\mathrm{RF}}-\overline{\boldsymbol{R}}^{\mathrm{H}}\boldsymbol{M}\|_{\mathrm{F}}^{2}\\ \mathrm{s.t.}\ \boldsymbol{F}_{\mathrm{RF}}\in\mathcal{F}\quad \mathrm{C2}\\ \qquad\boldsymbol{M}\boldsymbol{M}^{\mathrm{H}}=\boldsymbol{I}\end{cases}\tag{5.30}$$

式(5.30)可以通过交替迭代法给出其近似解。首先，对于任意给定的模拟预编码矩阵 $\boldsymbol{F}_{\mathrm{RF}}$，关于酉矩阵 $\boldsymbol{M}$ 的优化问题可表示为

$$\begin{cases}\min\limits_{\boldsymbol{M}}\ \|\boldsymbol{F}_{\mathrm{RF}}-\overline{\boldsymbol{R}}^{\mathrm{H}}\boldsymbol{M}\|_{\mathrm{F}}^{2}\\ \mathrm{s.t.}\ \boldsymbol{M}\boldsymbol{M}^{\mathrm{H}}=\boldsymbol{I}\end{cases}\tag{5.31}$$

式(5.31)为正交 Procrustes 问题[5]，其最优解表示如下：

$$\boldsymbol{M}=\boldsymbol{U}\boldsymbol{V}^{\mathrm{H}}\tag{5.32}$$

其中，$\boldsymbol{U}$ 和 $\boldsymbol{V}$ 分别为矩阵 $\boldsymbol{F}_{\mathrm{RF}}^{\mathrm{H}}\overline{\boldsymbol{R}}^{\mathrm{H}}$ 的左、右奇异矩阵，即 $\boldsymbol{F}_{\mathrm{RF}}^{\mathrm{H}}\overline{\boldsymbol{R}}^{\mathrm{H}}=\boldsymbol{U}\boldsymbol{\Sigma}\boldsymbol{V}^{\mathrm{H}}$。得到酉矩阵 $\boldsymbol{M}$ 后，将其固定，那么关于模拟预编码矩阵 $\boldsymbol{F}_{\mathrm{RF}}$ 的优化问题可表示为

$$\begin{cases}\min\limits_{\boldsymbol{F}_{\mathrm{RF}}}\ \|\boldsymbol{F}_{\mathrm{RF}}-\overline{\boldsymbol{R}}^{\mathrm{H}}\boldsymbol{M}\|_{\mathrm{F}}^{2}\\ \mathrm{s.t.}\ \boldsymbol{F}_{\mathrm{RF}}\in\mathcal{F}\quad \mathrm{C2}\end{cases}\tag{5.33}$$

在全连接结构中，式(5.33)的可行集为 $F=\{\boldsymbol{F}_{\rm RF} \mid |\boldsymbol{F}_{{\rm RF},ik}|=1, \forall i,k\}$，其最优解可由下式给出[6]：

$$\boldsymbol{F}_{\rm RF}=\exp({\rm j}\angle(\overline{\boldsymbol{R}}^{\rm H}\boldsymbol{M})) \tag{5.34}$$

在部分连接结构中，模拟预编码矩阵 $\boldsymbol{F}_{\rm RF}={\rm diag}\{\boldsymbol{f}_{{\rm RF},1}^{\rm blk},\cdots,\boldsymbol{f}_{{\rm RF},N_{\rm RF}}^{\rm blk}\}$ 具有块对角结构，因此式(5.33)的可行集 $\mathcal{F}=\left\{\boldsymbol{F}_{\rm RF}\ \middle|\ |\boldsymbol{F}_{{\rm RF},ik}|=\begin{cases}1 & \dfrac{(k-1)N_{\rm t}}{N_{\rm RF}}<i\leqslant\dfrac{kN_{\rm t}}{N_{\rm RF}}\quad(\forall i,k)\\ 0 & \text{其他}\end{cases}\right\}$，其最优解可表示为

$$\boldsymbol{F}_{{\rm RF},ik}=\begin{cases}\exp({\rm j}\angle r_{ik}) & \dfrac{(k-1)N_{\rm t}}{N_{\rm RF}}<i\leqslant\dfrac{kN_{\rm t}}{N_{\rm RF}}\quad(\forall i,k)\\ 0 & \text{其他}\end{cases} \tag{5.35}$$

其中，r_{ik} 表示矩阵 $\overline{\boldsymbol{R}}^{\rm H}\boldsymbol{M}$ 的第 $\{i,k\}$ 个元素。

利用式(5.32)、式(5.34)以及式(5.35)反复交替迭代优化 $\boldsymbol{F}_{\rm RF}$ 和 $\boldsymbol{M}$ 直至收敛，即可得到模拟预编码矩阵 $\boldsymbol{F}_{\rm RF}$ 的近似解。为清楚起见，将上述求解式(5.30)的交替迭代法步骤总结在表5.1中。值得注意的是，对于全连接结构，上述交替迭代求解过程可被进一步简化。具体而言，将矩阵 $\overline{\boldsymbol{R}}^{\rm H}$ 的第 $\{i,k\}$ 个元素表示为 $|r_{ik}|\exp({\rm j}\theta_{ik})$，那么初始模拟预编码矩阵 $\boldsymbol{F}_{\rm RF}^{(0)}$ 的第 $\{i,k\}$ 个元素可表示为 $\exp({\rm j}\theta_{ik})$，据此可知矩阵 $\boldsymbol{F}_{\rm RF}^{(0)\,{\rm H}}\overline{\boldsymbol{R}}^{\rm H}$ 的第 k 个对角元素为 $\sum_{m=1}^{N_{\rm t}}|r_{mk}|$，第 $\{i,k\}$ 个非对角元素为 $\sum_{m=1}^{N_{\rm t}}|r_{mk}|\exp({\rm j}(\theta_{mk}-\theta_{mi}))$。显然，当 $N_{\rm t}$ 足够大时有 $\sum_{m=1}^{N_{\rm t}}|r_{mk}|\gg\sum_{m=1}^{N_{\rm t}}|r_{mk}|\exp({\rm j}(\theta_{mk}-\theta_{mi}))$，所以在采用全连接结构的毫米波大规模MIMO系统中，矩阵 $\boldsymbol{F}_{\rm RF}^{(0)\,{\rm H}}\overline{\boldsymbol{R}}^{\rm H}$ 近似为对角矩阵，其左、右奇异矩阵 $\boldsymbol{U}$ 和 $\boldsymbol{V}$ 近似为单位矩阵，根据式(5.32)可知，矩阵 $\boldsymbol{M}$ 同样可近似为单位矩阵，那么上述迭代过程近似收敛，即 $\boldsymbol{F}_{\rm RF}^{(n)}=\boldsymbol{F}_{\rm RF}^{(0)}=\exp({\rm j}\angle\overline{\boldsymbol{R}}^{\rm H})$，也就是说，对于全连接结构，无需进行迭代，直接采用初始值 $\boldsymbol{F}_{\rm RF}^{(0)}=\exp({\rm j}\angle\overline{\boldsymbol{R}}^{\rm H})$ 作为模拟预编码矩阵的解即可。

表5.1　求解模拟预编码矩阵的交替迭代法步骤

输入参数：$\overline{\boldsymbol{R}}$
初始化：$n=0$，全连接结构 $\boldsymbol{F}_{\rm RF}^{(0)}=\exp({\rm j}\angle(\overline{\boldsymbol{R}}^{\rm H}))$，部分连接结构 $\boldsymbol{F}_{{\rm RF},kk}^{(0)}=\begin{cases}\exp(-{\rm j}\angle\overline{\boldsymbol{R}}_{ki}) & \dfrac{(k-1)N_{\rm t}}{N_{\rm RF}}<i\leqslant\dfrac{kN_{\rm t}}{N_{\rm RF}},(\forall i,k)\\ 0 & \text{其他}\end{cases}$
步骤1：计算SVD分解 $\boldsymbol{F}_{\rm RF}^{(n)\,{\rm H}}\overline{\boldsymbol{R}}^{\rm H}=\boldsymbol{U\Sigma V}^{\rm H}$，$\boldsymbol{M}=\boldsymbol{UV}^{\rm H}$，$\boldsymbol{F}=\overline{\boldsymbol{R}}^{\rm H}\boldsymbol{M}$；
步骤2：通过全连接结构计算 $\boldsymbol{F}_{\rm RF}^{(n+1)}=\exp({\rm j}\angle F)$；
步骤3：通过部分连接结构计算 $\boldsymbol{F}_{{\rm RF},ik}^{(n+1)}=\begin{cases}\exp({\rm j}\angle\boldsymbol{F}_{ik}) & \dfrac{(k-1)N_{\rm t}}{N_{\rm RF}}<i\leqslant\dfrac{kN_{\rm t}}{N_{\rm RF}},(\forall i,k)\\ 0 & \text{其他}\end{cases}$；

续表

步骤 4：进行迭代计算 $n=n+1$；
步骤 5：判断 $F_{RF}^{(n)}-F_{RF}^{(n-1)}<\delta_{thres}$ 是否成立，若成立则继续进行计算
输出参数：$F_{RF}^{(n)}$

4. 模拟合并矩阵优化

在得到数字预编码矩阵 $\boldsymbol{F}_P$ 和模拟预编码矩阵 $\boldsymbol{F}_{RF}$ 后，下文将讨论模拟合并矩阵 $\boldsymbol{W}_{RF}$ 的求解方法。将得出的模拟预编码矩阵 $\boldsymbol{F}_{RF}$ 代入式(5.9)中，可以得到关于模拟合并矩阵 $\boldsymbol{W}_{RF}$ 的优化问题 P 3：

$$\begin{cases}\max\limits_{\boldsymbol{W}_{RF}} \text{lb}\det(\boldsymbol{W}_{RF}^H\boldsymbol{HZH}^H\boldsymbol{W}_{RF})\\ \text{s.t.}\ \ |\boldsymbol{w}_{RF,k}(m)|=1\quad\forall k,m\end{cases}\tag{5.36}$$

其中，对于部分连接结构，$\boldsymbol{Z}=(N_{RF}/N_t)\text{diag}\{\boldsymbol{f}_{RF,1}^{blk}\boldsymbol{f}_{RF,1}^{blk,H}\cdots\boldsymbol{f}_{RF,K}^{blk}\boldsymbol{f}_{RF,K}^{blk,H}\}$，$\boldsymbol{f}_{RF,k}^{blk}$ 为模拟预编码矩阵 $\boldsymbol{F}_{RF}$ 的第 k 个对角块；对于全连接结构，$\boldsymbol{Z}=\boldsymbol{F}_{RF}(\boldsymbol{F}_{RF}^H\boldsymbol{F}_{RF})^{-1}\boldsymbol{F}_{RF}^H$。

由于矩阵 $\boldsymbol{Z}$ 的复杂形式，式(5.36)难以直接求解。考虑到定理 5.3 已给出了式(5.36)目标函数的最大值 $\text{lb}\det(\boldsymbol{W}_{RF}^H\boldsymbol{HH}^H\boldsymbol{W}_{RF})$。为方便求解，可利用该最大值代替原目标函数，将式(5.36)近似转化为

$$\begin{cases}\max\limits_{\boldsymbol{W}_{RF}} \text{lb}\det(\boldsymbol{W}_{RF}^H\boldsymbol{HH}^H\boldsymbol{W}_{RF})\\ \text{s.t.}\ \ |\boldsymbol{w}_{RF,k}(m)|=1\quad\forall k,m\end{cases}\tag{5.37}$$

由于模拟合并矩阵 $\boldsymbol{W}_{RF}=\text{diag}\{\boldsymbol{w}_{RF,1},\cdots,\boldsymbol{w}_{RF,K}\}$ 具有块对角结构且需满足恒模约束，直接求解式(5.37)依然比较困难。为此，以下将采用逐对角块优化法求解式(5.37)。具体而言，对于矩阵 $\boldsymbol{W}_{RF}$ 的第 k 个对角块 $\boldsymbol{w}_{RF,k}$，当其他对角块都固定时，利用分块矩阵行列式的有关性质，可将式(5.37)的目标函数转化为

$$\begin{aligned}
&\text{lb}\det(\boldsymbol{W}_{RF}^H\boldsymbol{HH}^H\boldsymbol{W}_{RF})\\
&=\text{lb}\det\left(\boldsymbol{P}_k\begin{bmatrix}\overline{\boldsymbol{W}}_{RF,k}^H\overline{\boldsymbol{H}}_k\overline{\boldsymbol{H}}_k^H\overline{\boldsymbol{W}}_{RF,k} & \overline{\boldsymbol{W}}_{RF,k}^H\overline{\boldsymbol{H}}_k\boldsymbol{H}_k^H\boldsymbol{w}_{RF,k}\\ \boldsymbol{w}_{RF,k}^H\boldsymbol{H}_k\overline{\boldsymbol{H}}_k^H\overline{\boldsymbol{W}}_{RF,k} & \boldsymbol{w}_{RF,k}^H\boldsymbol{H}_k\boldsymbol{H}_k^H\boldsymbol{w}_{RF,k}\end{bmatrix}\boldsymbol{P}_k^T\right)\\
&=\text{lb}\left(\det(\boldsymbol{P}_k)\det\begin{bmatrix}\overline{\boldsymbol{W}}_{RF,k}^H\overline{\boldsymbol{H}}_k\overline{\boldsymbol{H}}_k^H\overline{\boldsymbol{W}}_{RF,k} & \overline{\boldsymbol{W}}_{RF,k}^H\boldsymbol{H}_k\boldsymbol{H}_k^H\boldsymbol{w}_{RF,k}\\ \boldsymbol{w}_{RF,k}^H\boldsymbol{H}_k\overline{\boldsymbol{H}}_k^H\overline{\boldsymbol{W}}_{RF,k} & \boldsymbol{w}_{RF,k}^H\boldsymbol{H}_k\boldsymbol{H}_k^H\boldsymbol{w}_{RF,k}\end{bmatrix}\det(\boldsymbol{P}_k^T)\right)\\
&=\text{lb}\det(\overline{\boldsymbol{W}}_{RF,k}^H\overline{\boldsymbol{H}}_k\overline{\boldsymbol{H}}_k^H\overline{\boldsymbol{W}}_{RF,k})+\\
&\quad\ \text{lb}(\boldsymbol{w}_{RF,k}^H\boldsymbol{H}_k\boldsymbol{H}_k^H\boldsymbol{w}_{RF,k}-\boldsymbol{w}_{RF,k}^H\boldsymbol{H}_k\overline{\boldsymbol{H}}_k^H\overline{\boldsymbol{W}}_{RF,k}(\overline{\boldsymbol{W}}_{RF,k}^H\overline{\boldsymbol{H}}_k\overline{\boldsymbol{H}}_k^H\overline{\boldsymbol{W}}_{RF,k})^{-1}\overline{\boldsymbol{W}}_{RF,k}^H\overline{\boldsymbol{H}}_k\boldsymbol{H}_k^H\boldsymbol{w}_{RF,k})\\
&=\text{lb}\det(\overline{\boldsymbol{W}}_{RF,k}^H\overline{\boldsymbol{H}}_k\overline{\boldsymbol{H}}_k^H\overline{\boldsymbol{W}}_{RF,k})+\\
&\quad\ \text{lb}(\boldsymbol{w}_{RF,k}^H\boldsymbol{H}_k(\boldsymbol{I}-\overline{\boldsymbol{H}}_k^H\overline{\boldsymbol{W}}_{RF,k}(\overline{\boldsymbol{W}}_{RF,k}^H\overline{\boldsymbol{H}}_k\overline{\boldsymbol{H}}_k^H\overline{\boldsymbol{W}}_{RF,k})^{-1}\overline{\boldsymbol{W}}_{RF,k}^H\overline{\boldsymbol{H}}_k)\boldsymbol{H}_k^H\boldsymbol{w}_{RF,k})
\end{aligned}\tag{5.38}$$

其中，$\boldsymbol{P}_k=\begin{bmatrix}\boldsymbol{I}_{(k-1)\times(k-1)} & \\ & \boldsymbol{T}_{k,(K-k+1)\times(K-k+1)}\end{bmatrix}$为置换矩阵；$\boldsymbol{T}_{k,(K-k+1)\times(K-k+1)}=\begin{bmatrix}0 & & & 1\\ 1 & \ddots & & \\ & \ddots & 0 & \\ & & 1 & 0\end{bmatrix}$；

$\overline{\boldsymbol{H}}_k=[\boldsymbol{H}_1^{\mathrm{H}} \ \cdots \ \boldsymbol{H}_{k-1}^{\mathrm{H}} \ \boldsymbol{H}_{k+1}^{\mathrm{H}} \ \cdots \ \boldsymbol{H}_K^{\mathrm{H}}]^{\mathrm{H}}$；$\overline{\boldsymbol{W}}_{\mathrm{RF},k}=\operatorname{diag}\{\boldsymbol{w}_{\mathrm{RF},1},\cdots,\boldsymbol{w}_{\mathrm{RF},k-1},\boldsymbol{w}_{\mathrm{RF},k+1},\cdots \boldsymbol{w}_{\mathrm{RF},K}\}$。

显而易见，式(5.38)最后1个等式的第1项与向量$\boldsymbol{w}_{\mathrm{RF},k}$无关，因此在逐对角块优化求解式(5.37)的过程中，关于$\boldsymbol{w}_{\mathrm{RF},k}$的优化问题可以简化为

$$\begin{cases}\max\limits_{\boldsymbol{w}_{\mathrm{RF},k}} \boldsymbol{w}_{\mathrm{RF},k}^{\mathrm{H}}\boldsymbol{H}_k(\boldsymbol{I}-\overline{\boldsymbol{H}}_k^{\mathrm{H}}\overline{\boldsymbol{W}}_{\mathrm{RF},k}(\overline{\boldsymbol{W}}_{\mathrm{RF},k}^{\mathrm{H}}\overline{\boldsymbol{H}}_k\overline{\boldsymbol{H}}_k^{\mathrm{H}}\overline{\boldsymbol{W}}_{\mathrm{RF},k})^{-1}\overline{\boldsymbol{W}}_{\mathrm{RF},k}^{\mathrm{H}}\overline{\boldsymbol{H}}_k)\boldsymbol{H}_k^{\mathrm{H}}\boldsymbol{w}_{\mathrm{RF},k}\\ \text{s.t.}\quad |\boldsymbol{w}_{\mathrm{RF},k}(m)|=1 \quad \forall k,m\end{cases} \tag{5.39}$$

式(5.39)是二次幺模规划[7]的标准形式，文献[8]已经指出该问题是NP难问题，无法获得最优解[8]。文献[9]和文献[10]针对此问题给出了广义幂法，从相关文献来看，该算法可在较低计算复杂度前提下获得性能较好的解[9-10]。为此，本节利用广义幂法求解式(5.39)，即通过如下迭代公式得到模拟合并向量$\boldsymbol{w}_{\mathrm{RF},k}$：

$$\boldsymbol{w}_{\mathrm{RF},k}^{(n+1)}=\exp(\mathrm{j}\angle(\boldsymbol{H}_k(\boldsymbol{I}-\overline{\boldsymbol{H}}_k^{\mathrm{H}}\overline{\boldsymbol{W}}_{\mathrm{RF},k}(\overline{\boldsymbol{W}}_{\mathrm{RF},k}^{\mathrm{H}}\overline{\boldsymbol{H}}_k\overline{\boldsymbol{H}}_k^{\mathrm{H}}\overline{\boldsymbol{W}}_{\mathrm{RF},k})^{-1}\overline{\boldsymbol{W}}_{\mathrm{RF},k}^{\mathrm{H}}\overline{\boldsymbol{H}}_k)\boldsymbol{H}_k^{\mathrm{H}}\boldsymbol{w}_{\mathrm{RF},k}^{(n)})) \tag{5.40}$$

其中，n为迭代次数。

然而式(5.40)需要求解逆矩阵$(\overline{\boldsymbol{W}}_{\mathrm{RF},k}^{\mathrm{H}}\overline{\boldsymbol{H}}_k\overline{\boldsymbol{H}}_k^{\mathrm{H}}\overline{\boldsymbol{W}}_{\mathrm{RF},k})^{-1}$，计算复杂度较高。文献[11]指出，在毫米波大规模MIMO系统中，当发射天线数量较大时，不同用户对应的信道矩阵之间具有渐进正交性，即$\lim_{N_t\to\infty}\boldsymbol{H}_k\overline{\boldsymbol{H}}_k^{\mathrm{H}}=\boldsymbol{0}$[11]。由此可将式(5.40)进一步化简为

$$\boldsymbol{w}_{\mathrm{RF},k}^{(n+1)}=\exp(\mathrm{j}\angle(\boldsymbol{H}_k\boldsymbol{H}_k^{\mathrm{H}}\boldsymbol{w}_{\mathrm{RF},k}^{(n)})) \tag{5.41}$$

由于式(5.41)不再涉及矩阵的求逆运算，且不同用户的模拟合并向量之间不存在耦合，可独立求解，因此相比于式(5.40)的求解可显著降低计算开销。

5. 行正交分解计算方法

根据定义5.1，行正交分解并不唯一，例如奇异值分解、LQ分解、极分解、几何均值分解(Geometric Mean Decomposition，GMD)[12]等都满足其定义。因此，有必要讨论行正交分解的具体计算方法。

值得注意的是，式(5.21)中的数字预编码矩阵$\boldsymbol{F}_{\mathrm{P}}$可由$\boldsymbol{W}_{\mathrm{RF}}^{\mathrm{H}}\boldsymbol{H}\boldsymbol{F}_{\mathrm{RF}}(\boldsymbol{F}_{\mathrm{RF}}^{\mathrm{H}}\boldsymbol{F}_{\mathrm{RF}})^{-1/2}$的行正交分解给出。如果将矩阵$\boldsymbol{W}_{\mathrm{RF}}^{\mathrm{H}}\boldsymbol{H}\boldsymbol{F}_{\mathrm{RF}}(\boldsymbol{F}_{\mathrm{RF}}^{\mathrm{H}}\boldsymbol{F}_{\mathrm{RF}})^{-1/2}$的LQ分解作为其行正交分解，也即$\boldsymbol{W}_{\mathrm{RF}}^{\mathrm{H}}\boldsymbol{H}\times\boldsymbol{F}_{\mathrm{RF}}(\boldsymbol{F}_{\mathrm{RF}}^{\mathrm{H}}\boldsymbol{F}_{\mathrm{RF}})^{-1/2}=\boldsymbol{P}\boldsymbol{R}$，其中，$\boldsymbol{P}$为下三角矩阵，那么根据定理5.2，数字预编码矩阵$\boldsymbol{F}_{\mathrm{P}}=\sqrt{\alpha P/K}(\boldsymbol{F}_{\mathrm{RF}}^{\mathrm{H}}\boldsymbol{F}_{\mathrm{RF}})^{-1/2}\boldsymbol{R}^{\mathrm{H}}$。进一步地，式(5.3)～式(5.5)中的有效信道$\boldsymbol{H}_{\mathrm{e}}$可由下式给出：

$$\begin{aligned}\boldsymbol{H}_{\mathrm{e}}&=\boldsymbol{W}_{\mathrm{RF}}^{\mathrm{H}}\boldsymbol{H}\boldsymbol{F}_{\mathrm{RF}}\boldsymbol{F}_{\mathrm{P}}=\sqrt{\frac{\alpha P}{K}}\boldsymbol{W}_{\mathrm{RF}}^{\mathrm{H}}\boldsymbol{H}\boldsymbol{F}_{\mathrm{RF}}(\boldsymbol{F}_{\mathrm{RF}}^{\mathrm{H}}\boldsymbol{F}_{\mathrm{RF}})^{-\frac{1}{2}}\boldsymbol{R}^{\mathrm{H}}\\&=\sqrt{\frac{\alpha P}{K}}\boldsymbol{P}\boldsymbol{R}\boldsymbol{R}^{\mathrm{H}}=\sqrt{\frac{\alpha P}{K}}\boldsymbol{P}\end{aligned} \tag{5.42}$$

由式(5.42)可知，此时有效信道矩阵 $\boldsymbol{H}_e$ 为下三角矩阵，式(5.3)～式(5.5)中矩阵 $\boldsymbol{H}_e$ 的 LQ 分解无需再进行计算，可以由式(5.42)直接给出，即 $\boldsymbol{L}_e=\sqrt{\alpha P/K}\boldsymbol{P}$，$\boldsymbol{Q}_e=\boldsymbol{I}$。因此，采用 LQ 分解计算式(5.21)中的行正交分解可有效简化算法步骤，降低计算复杂度。

根据上面的讨论，表 5.2 给出了非线性混合 TH 预编码算法的步骤。该算法步骤可以划分为 3 个主要部分，分别与式(5.9)中的 3 个子问题 P1、P2 和 P3 相对应。具体而言，首先利用广义幂法得到每个用户的模拟合并向量 $\boldsymbol{w}_{\mathrm{RF},k}$；然后利用矩阵 $\boldsymbol{W}_{\mathrm{RF}}^{\mathrm{H}}\boldsymbol{H}$ 的 LQ 分解给出模拟预编码矩阵 $\boldsymbol{F}_{\mathrm{RF}}$；最后通过矩阵 $\boldsymbol{W}_{\mathrm{RF}}^{\mathrm{H}}\boldsymbol{H}\boldsymbol{F}_{\mathrm{RF}}(\boldsymbol{F}_{\mathrm{RF}}^{\mathrm{H}}\boldsymbol{F}_{\mathrm{RF}})^{-1/2}$ 的 LQ 分解求得数字预编码矩阵 $\boldsymbol{F}_{\mathrm{P}}$、$\boldsymbol{F}_{\mathrm{D}}$、数字合并矩阵 $\boldsymbol{W}_{\mathrm{BB}}$ 和反馈矩阵 $\boldsymbol{B}$。

表 5.2　基于行正交分解的多用户系统的非线性混合 TH 预编码算法步骤

输入参数：$\boldsymbol{H}_1$，$\boldsymbol{H}_2$，…，$\boldsymbol{H}_K$
初始化：随机给定满足恒模约束的向量 $\boldsymbol{w}_{\mathrm{RF},1}^{(0)},\cdots,\boldsymbol{w}_{\mathrm{RF},K}^{(0)}$ 和矩阵 $\boldsymbol{F}_{\mathrm{RF}}^{(0)}$
步骤 1：进行迭代计算 $k=1,2,\cdots,K$，$n=0$，$n=n+1$，求解 $\boldsymbol{C}_k=\boldsymbol{H}_k\boldsymbol{H}_k^{\mathrm{H}}$、$\boldsymbol{w}_{\mathrm{RF},k}^{(n)}=\exp(\mathrm{j}\angle(\boldsymbol{C}_k\boldsymbol{w}_{\mathrm{RF},k}^{(n-1)}))$；
步骤 2：判断 $\Vert\boldsymbol{w}_{\mathrm{RF},k}^{(n)}-\boldsymbol{w}_{\mathrm{RF},k}^{(n-1)}\Vert<\delta_{\mathrm{thres}}$ 是否成立，若成立则继续进行以下计算； 步骤 3：求解得到 $\boldsymbol{W}_{\mathrm{RF}}=\mathrm{diag}\{\boldsymbol{w}_{\mathrm{RF},1}^{(n)},\cdots,\boldsymbol{w}_{\mathrm{RF},K}^{(n)}\}$； 步骤 4：$\boldsymbol{H}=[\boldsymbol{H}_1^{\mathrm{H}},\boldsymbol{H}_2^{\mathrm{H}},\cdots,\boldsymbol{H}_K^{\mathrm{H}}]^{\mathrm{H}}$，计算 LQ 分解 $\boldsymbol{W}_{\mathrm{RF}}^{\mathrm{H}}\boldsymbol{H}=\boldsymbol{L}_1\boldsymbol{Q}_1$；
步骤 5：进行迭代计算 $k=1,2,\cdots,N_{\mathrm{RF}}-K$，求解随机产生向量 $\boldsymbol{q}_k\in\mathbb{C}^{N_t\times1}$、$\boldsymbol{Q}_1=\left[\boldsymbol{Q}_1^{\mathrm{H}}\quad\dfrac{(\boldsymbol{I}-\boldsymbol{Q}_1^{\mathrm{H}}\boldsymbol{Q}_1)\boldsymbol{q}_k}{\Vert(\boldsymbol{I}-\boldsymbol{Q}_1^{\mathrm{H}}\boldsymbol{Q}_1)\boldsymbol{q}_k\Vert}\right]^{\mathrm{H}}$； 步骤 6：通过全连接结构求解 $\boldsymbol{F}_{\mathrm{RF}}=\exp(\mathrm{j}\angle\boldsymbol{Q}_1^{\mathrm{H}})$； 步骤 7：通过部分连接结构，令 $\overline{\boldsymbol{R}}=\boldsymbol{Q}_1$，利用表 5.1 中的迭代法求解 $\boldsymbol{F}_{\mathrm{RF}}$； 步骤 8：计算 LQ 分解 $\boldsymbol{W}_{\mathrm{RF}}^{\mathrm{H}}\boldsymbol{H}\boldsymbol{F}_{\mathrm{RF}}(\boldsymbol{F}_{\mathrm{RF}}^{\mathrm{H}}\boldsymbol{F}_{\mathrm{RF}})^{-1/2}=\boldsymbol{L}_2\boldsymbol{Q}_2$；
步骤 9：求解 $\boldsymbol{F}_{\mathrm{P}}=\sqrt{\dfrac{\alpha P}{K}}(\boldsymbol{F}_{\mathrm{RF}}^{\mathrm{H}}\boldsymbol{F}_{\mathrm{RF}})^{-1/2}\boldsymbol{Q}_2^{\mathrm{H}}$，$\boldsymbol{B}=\mathrm{diag}\{\boldsymbol{L}_2\}^{-1}\boldsymbol{L}_2-\boldsymbol{I}$，$\boldsymbol{F}_{\mathrm{D}}=\boldsymbol{I}$，$\boldsymbol{W}_{\mathrm{BB}}=\sqrt{\dfrac{K}{\alpha P}}\mathrm{diag}\{\boldsymbol{L}_2\}^{-1}$
输出参数：$\boldsymbol{B}$、$\boldsymbol{F}_{\mathrm{D}}$、$\boldsymbol{F}_{\mathrm{P}}$、$\boldsymbol{F}_{\mathrm{RF}}$、$\boldsymbol{W}_{\mathrm{RF}}$ 和 $\boldsymbol{W}_{\mathrm{BB}}$

6. 计算复杂度分析

本节对所给算法的计算复杂度进行分析，并将其与其他相关算法进行比较。由表 5.2 给出的算法步骤可知，所给算法的计算复杂度主要包括如下几部分：

(1) 模拟合并矩阵 $\boldsymbol{W}_{\mathrm{RF}}$ 的计算过程。

模拟合并矩阵 $\boldsymbol{W}_{\mathrm{RF}}$ 由步骤 1～步骤 3 给出。其主要计算过程为步骤 1 和步骤 3，计算复杂度分别为 $O(KN_r^2N_t)$ 和 $O(n_1KN_r^2)$，其中，K、N_r 和 N_t 分别为用户数、接收天线阵元数和发射天线阵元数，n_1 表示广义幂法的迭代次数。在仿真实验中得到，在一般情况下，n_1 的取值远小于 N_t（$n_1\ll N_t$），因此该过程的计算复杂度为 $O(KN_r^2N_t)$。

(2) 模拟预编码矩阵 $\boldsymbol{F}_{\mathrm{RF}}$ 的计算过程。

模拟预编码矩阵 $\boldsymbol{F}_{\mathrm{RF}}$ 由步骤 4～7 给出，步骤 4 给出矩阵 $\boldsymbol{W}_{\mathrm{RF}}^{\mathrm{H}}\boldsymbol{H}$ 的 LQ 分解，计算复杂度为 $O(\max\{KN_rN_t,K^2N_t\})$。步骤 5 给出矩阵 $\boldsymbol{Q}_1$ 的零空间，计算复杂度为

$O(N_t(N_{RF}+K)(N_{RF}-K))$。步骤 6 和步骤 7 给出模拟预编码矩阵 $\boldsymbol{F}_{RF}$，对于全连接结构，无需进行迭代，计算复杂度为 $O(N_{RF}N_t)$；对于部分连接结构则需进行迭代求解，由于该结构中模拟预编码矩阵 $\boldsymbol{F}_{RF}$ 的块对角结构，计算复杂度为 $O(\max\{n_2N_{RF}N_t, n_2N_{RF}^3\})$，其中，$n_2$ 为表 5.1 中算法的循环次数。总而言之，该过程的计算复杂度在全连接结构中为 $O(\max\{KN_rN_t, K^2N_t, N_t(N_{RF}+K)(N_{RF}-K)\})$，在部分连接结构中为 $O(\max\{KN_rN_t, K^2N_t, N_t(N_{RF}+K)(N_{RF}-K), n_2N_{RF}N_t, n_2N_{RF}^3\})$。

(3) 数字预编码矩阵 $\boldsymbol{F}_P$、反馈矩阵 $\boldsymbol{B}$ 和数字合并矩阵 $\boldsymbol{W}_{BB}$ 的计算过程。

数字预编码矩阵 $\boldsymbol{F}_P$、反馈矩阵 $\boldsymbol{B}$ 和数字合并矩阵 $\boldsymbol{W}_{BB}$ 由步骤 8 和步骤 9 给出。步骤 8 计算矩阵 $\boldsymbol{W}_{RF}^H\boldsymbol{H}\boldsymbol{F}_{RF}(\boldsymbol{F}_{RF}^H\boldsymbol{F}_{RF})^{-1/2}$ 的 LQ 分解，对于全连接结构，计算复杂度为 $O(N_{RF}^2N_t)$；对于部分连接结构，由于模拟预编码矩阵的块对角特性，计算复杂度可降低为 $O(\max\{KN_t, K^2N_{RF}\})$。步骤 9 给出数字预编码矩阵 $\boldsymbol{F}_P$，在全连接结构中，计算复杂度为 $O(KN_{RF}^2)$；在部分连接结构中，借助于模拟预编码矩阵的块对角特性，计算复杂度可降低为 $O(KN_{RF}^2)$。步骤 9 还给出反馈矩阵 $\boldsymbol{B}$，计算复杂度为 $O(K^2)$。因此，该过程在全连接和部分连接结构中的计算复杂度分别为 $O(N_{RF}^2N_t)$ 和 $O(\max\{KN_t, K^2N_{RF}\})$。

综上所述，在全连接和部分连接结构中，基于行正交分解的非线性混合 TH 预编码算法的计算复杂度分别为 $O(\max\{KN_r^2N_t, N_{RF}^2N_t\})$ 和 $O(\max\{KN_r^2N_t, K^2N_t, N_t(N_{RF}+K)(N_{RF}-K), n_2N_{RF}N_t, n_2N_{RF}^3\})$。

表 5.3 比较了全连接结构中基于行正交分解的非线性混合 TH 预编码算法与其他相关算法的计算复杂度。其中，混合 ZF 预编码算法[13]和混合 BD 预编码算法[14]为线性算法，混合 BD-GMD TH 预编码算法[15]为非线性算法。由于部分算法仅适用于射频链数与数据流数相同的情况（$N_{RF}=K$），因此表 5.3 中的计算复杂度对比均在该条件下进行。由表可知，当 $K<N_r^2$ 时，非线性混合 TH 预编码算法和文献[13]给出的混合 ZF 预编码算法的计算复杂度都为 $O(KN_r^2N_t)$，而文献[14]给出的混合 BD 预编码算法和文献[15]给出的混合 BD-GMD TH 预编码算法的计算复杂度分别为 $O(\max\{KN_r^2N_t, K^4\})$ 和 $O(\max\{KN_r^2N_t, K^2N_t^2\})$，两者都不低于非线性混合 TH 预编码算法的计算复杂度[13-15]。当 $K>N_r^2$ 时，非线性混合 TH 预编码算法和混合 ZF 预编码算法的计算复杂度都为 $O(K^2N_t)$，混合 BD 预编码算法的计算复杂度为 $O(\max\{KN_t, K^4\})$，这依然不低于非线性混合 TH 预编码算法的计算复杂度。混合 BD-GMD TH 预编码算法的计算复杂度为 $O(K^2N_t^2)$，这显著高于非线性混合 TH 预编码算法的计算复杂度。总体而言，非线性混合 TH 预编码算法的计算复杂度与线性混合预编码算法的计算复杂度相近，且明显低于现有非线性混合预编码算法的计算复杂度。

在部分连接结构中，现有非线性混合预编码算法无法有效适用，为此，表 5.4 所示的是在 $N_{RF}=K$ 情况下，对比了非线性混合 TH 预编码算法与两种面向部分连接结构线性混合预编码算法的计算复杂度，即文献[16]给出的适用于 $N_{RF}=K$ 情形的基于坐标上升线性混合预编码算法和文献[17]给出的基于串行干扰消除混合预编码算法，n_3 和 n_4 分别表示上述两种混合预编码算法的迭代次数[16-17]。从表 5.4 中可见，非线性混合 TH 预编码算法的计算复杂度显著低于上述线性混合预编码算法。

表 5.3　全连接结构中算法的计算复杂度

算　法	计算复杂度
非线性混合 TH 预编码算法	$O(\max\{KN_r^2N_t, K^2N_t\})$
混合 ZF 预编码算法[13]	$O(\max\{KN_r^2N_t, K^2N_t\})$
混合 BD 预编码算法[14]	$O(\max\{KN_r^2N_t, K^2N_t, K^4\})$
混合 BD-GMD TH 预编码算法[15]	$O(\max\{KN_r^2N_t, K^2N_t^2\})$

表 5.4　部分连接结构中算法的计算复杂度

算　法	计算复杂度
非线性混合 TH 预编码算法	$O(\max\{KN_r^2N_t, K^2N_t, n_2KN_t, n_2K^3\})$
基于坐标上升的混合预编码[16]	$O(n_3KN_t^3)$
基于串行干扰消除的混合预编码[17]	$O(\max\{n_4K^2N_t^2, n_4KN_r^3, n_4K^4N_r\})$

5.2.3　仿真实验及性能分析

本节通过仿真实验对基于行正交分解的非线性混合 TH 预编码算法(本节用所提算法代指)的性能进行评估。在仿真实验中，假设发射端与用户都采用均匀平面阵列，阵元间距为半波长。发射端与每个用户之间的信道由 5 个路径簇组成，每簇包含 10 条子径[18-19]。每簇子径的平均方位角和平均俯仰角在区间$[0,2\pi]$和$[0,\pi]$上呈均匀分布，簇内每条子径的方位角和俯仰角服从尺度扩展为 10°的拉普拉斯分布，每条子径的复用增益服从标准复高斯分布。在有关误码率的仿真实验中，假设发射信号的调制方式为 64QAM。所有仿真结果均为 1000 次随机实验的平均值。

实验 1: 模拟合并向量的迭代变化量和求解模拟合并向量时迭代次数的关系。

本实验给出了采用广义幂法求解模拟合并向量 $w_{RF,k}$ 时，每步平均迭代变化量 $\eta(n_1)=\frac{1}{K}\sum_{k=1}^{K}\|w_{RF,k}^{(n_1)}-w_{RF,k}^{(n_1-1)}\|^2$ 与迭代次数 n_1 的关系。仿真参数:发射天线阵列包含 128 ($N_t=128$) 个阵元；数据流数、射频链数和用户数均为 8($N_s=N_{RF}=K=8$)。仿真结果如图 5.3 所示。

由图 5.3 的仿真结果可知：(1) 所提算法经过大约 4 次迭代后，平均迭代变化量即可达到约 10^{-1} 数量级；经过 10 次左右迭代后，平均迭代变化量可降低到 10^{-2} 数量级。在 5.2.3分析所提算法的计算复杂度时，假定广义幂法的迭代次数 n_1 远小于发射天线阵元数 N_t，即 $n_1\ll N_t$。考虑到毫米波大规模 MIMO 系统的天线阵列阵元数 N_t 通常可达上百个，因此该假设具有合理性。(2) 随着用户天线阵元数 N_r 的增加，所提算法的平均迭代变化量低于某一阈值所需的迭代次数有所增加。例如当 $N_r=4$ 时，经 7 次迭代后，模拟合并向量 $w_{RF,k}$ 的平均迭代变化量为 2×10^{-2}，当 $N_r=16$ 时，要达到该数值需大约 9 次迭代，而当 $N_r=36$ 时，所需迭代次数上升为 10 次。造成该现象的原因在于随着 N_r 的增加，关于模拟合并向量 $w_{RF,k}$ 优化问题的规模变大，变量增多，因此求解过程也相对更加复杂，所需的迭代次数有所增加。

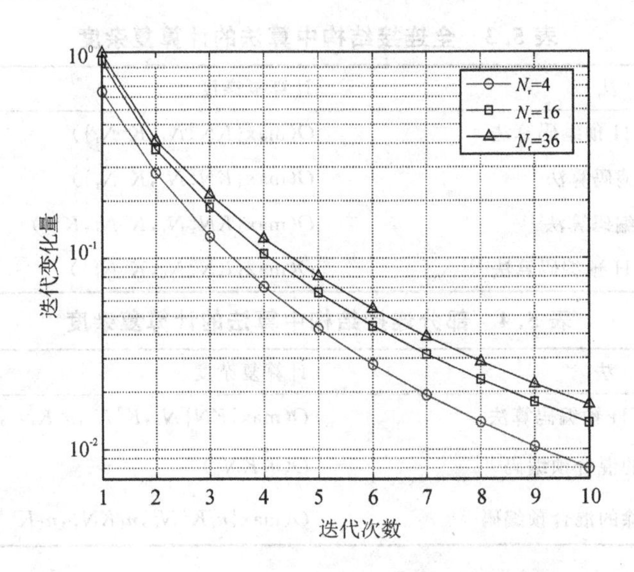

图 5.3 模拟合并向量 $\boldsymbol{w}_{\mathrm{RF},k}$ 的平均迭代变化量 η 与迭代次数 n_1 的关系

实验 2: 全连接结构中频谱效率、误码率和求解模拟预编码矩阵迭代次数的关系。

本实验给出了在全连接结构中利用表 5.1 中的交替迭代方法求解模拟预编码矩阵时，迭代次数 n_2 对频谱效率和误码率的影响。仿真参数：发射天线阵列包含 128($N_t = 128$) 个阵元；数据流数、发射端射频链数和用户数均为 8($N_s = N_{RF} = K = 8$)；每个用户配备 16 ($N_r = 16$) 个阵元。仿真结果如图 5.4 和图 5.5 所示。

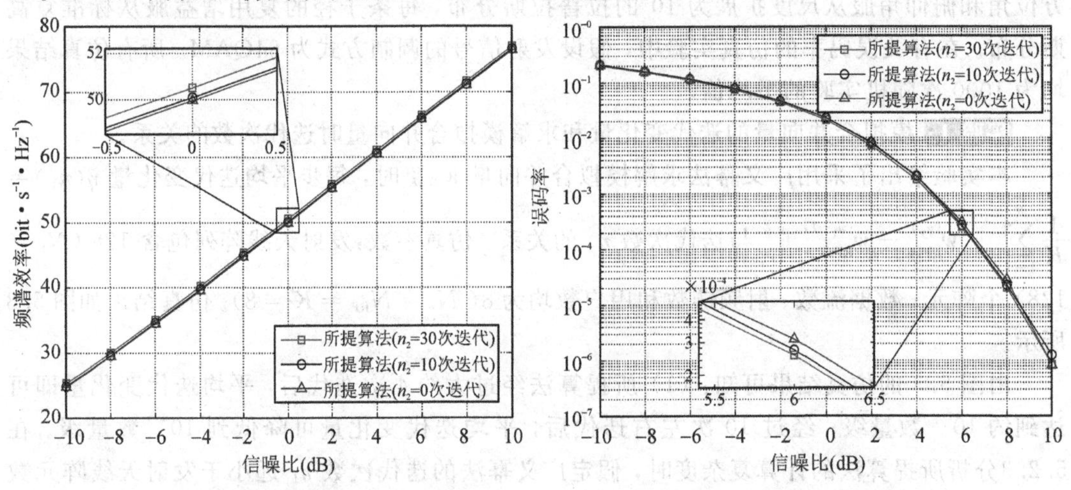

图 5.4 迭代次数对频谱效率的影响　　　图 5.5 迭代次数对误码率的影响

由图 5.4 和图 5.5 的仿真结果可知：非线性混合 TH 预编码算法的频谱效率和误码率受迭代次数 n_2 的影响非常小，当 n_2 增加时，算法性能几乎保持不变。在 5.2.2 节中，通过理论分析得出，对于全连接结构，采用表 5.1 所示的交替迭代算法，通过若干次交替迭代得到的模拟预编码矩阵 $\boldsymbol{F}_{\mathrm{RF}}^{(n)}$ 与初始模拟预编码矩阵 $\boldsymbol{F}_{\mathrm{RF}}^{(0)}$ 几乎相同，也就是说，在全连接结构中，无需进行迭代，直接采用初始值 $\boldsymbol{F}_{\mathrm{RF}}^{(0)} = \exp(\mathrm{j}\angle \overline{\boldsymbol{R}}^{\mathrm{H}})$ 作为模拟预编码矩阵的解即可。

从本仿真实验给出的结果来看，仿真结果与理论分析完全吻合，初始模拟预编码矩阵与多次迭代后的模拟预编码矩阵几乎具有相同的性能。

实验 3: 全连接结构中频谱效率、误码率和信噪比的关系。

本实验给出了在全连接结构中，所提算法的频谱效率、误码率和信噪比的关系。其中，对比算法为混合 ZF 预编码[13]、混合 BD 预编码[14]和混合 BD-GMD TH 预编码[15]。仿真参数：发射天线阵列包含 128（$N_t=128$）个阵元；数据流数、发射端射频链数和用户数均为 8（$N_s=N_{RF}=K=8$）；每个用户配备 16（$N_r=16$）个阵元。仿真结果如图 5.6 和图 5.7 所示。

由图 5.6 和图 5.7 的仿真结果可知：(1) 与其他算法相比，非线性混合 TH 预编码算法具有明显的优势，在仿真实验所考虑的整个信噪比变化范围内，它可以稳定地供给至少 1 dB的信噪比增益，相对于非线性混合 BD-GMD TH 预编码算法而言，所提算法的信噪比增益甚至可达约 2.5 dB。这表明所提算法可在不增加计算复杂度的前提下有效提升系统性能。(2) 混合 BD-GMD TH 预编码算法作为一种非线性预编码方法，其性能明显劣于线性混合 ZF 预编码算法和线性混合 BD 预编码算法，这与传统规律不符合。造成该现象的原因在于文献[15]研究的线性混合 BD-GMD TH 预编码算法是针对多射频链用户设计的，它通过正交匹配追踪方法从一个预定义的恒模码本中选取若干码字并通过线性组合来逼近全数字 TH 预编码矩阵[15]。然而在本节所讨论的系统中，每个用户仅包含 1 条射频链，这导致该算法仅能从码本中选取 1 个码字逼近全数字 TH 预编码，逼近精度较低，因此系统性能影响比较大。

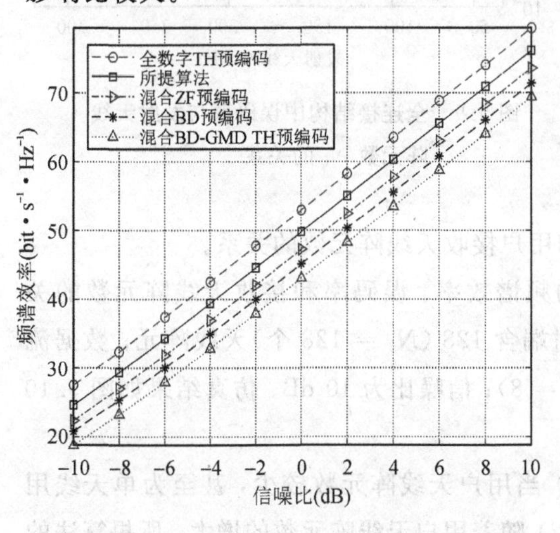

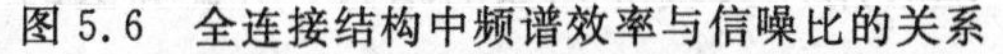

图 5.6　全连接结构中频谱效率与信噪比的关系

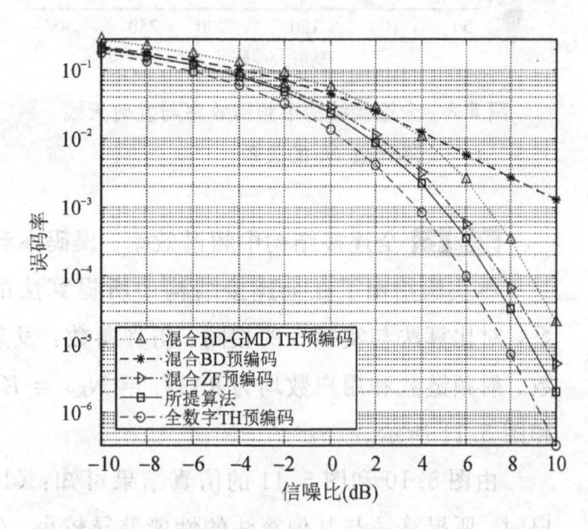

图 5.7　全连接结构中误码率与信噪比的关系

实验 4: 全连接结构中频谱效率、误码率和发射天线阵元数的关系。

本实验给出了在全连接结构中，所提算法的频谱效率、误码率和发射天线阵元数的关系。对比算法与实验 3 相同，仿真参数：数据流数、发射端射频链数和用户数均为 8（$N_s=N_{RF}=K=8$）；每个用户配备 16（$N_r=16$）个阵元；信噪比为 10 dB。仿真结果如图 5.8 和

图 5.9 所示。

由图 5.8 和图 5.9 的仿真结果可知：(1) 随着天线阵元数的增加，系统的分集增益也随之增大，因此，所有混合预编码算法的频谱效率和误码率都有所改善。(2) 与其他算法相比，所提算法在频谱效率方面的改善幅度可达 2～7 $\mathrm{bit \cdot s^{-1} \cdot Hz^{-1}}$，考虑到毫米波频段高达数吉赫兹的传输带宽，如此的频谱效率增幅可以显著提升系统的数据传输速率，改善系统性能。(3) 从误码率的角度而言，所提算法的性能增益同样非常明显，例如相比于混合 BD-GMD TH 预编码算法，在 $N_t = 128$ 条件下，所提算法的误码率比前者低 1 个数量级以上，相比于性能较好的线性混合 ZF 预编码算法，所提算法的误码率也仅相当于前者的 15%。

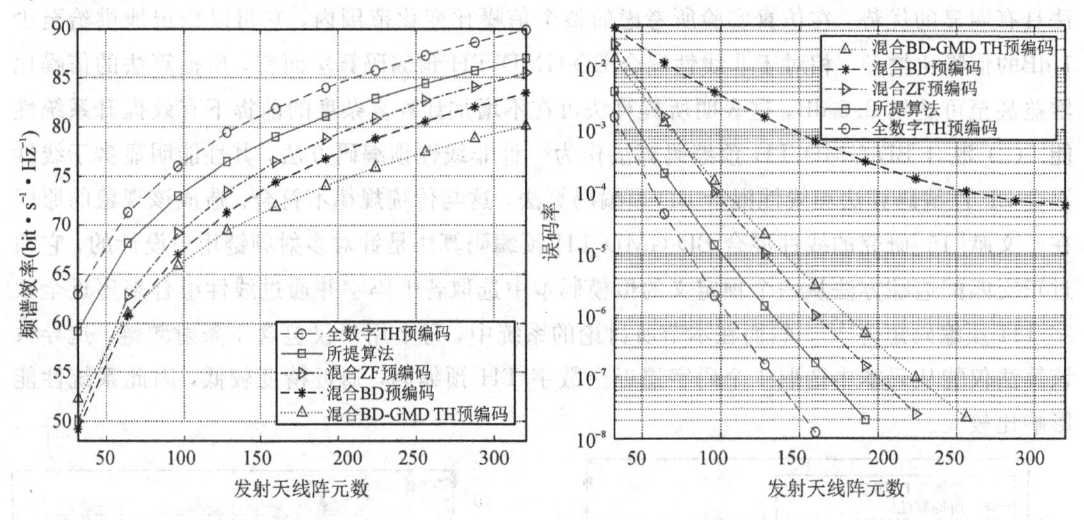

图 5.8　全连接结构中频谱效率与发射天线阵元数 N_t 的关系

图 5.9　全连接结构中误码率与发射天线阵元数 N_t 的关系

实验 5： 全连接结构中频谱效率、误码率和用户接收天线阵元数的关系。

本实验给出了在全连接结构中所提算法的频谱效率、误码率和接收天线阵元数的关系，对比算法与实验 3 的相同。仿真参数：发射端含 128 ($N_t = 128$ 个)天线阵元；数据流数、射频链数和用户数均为 8 ($N_s = N_{RF} = K = 8$)；信噪比为 10 dB。仿真结果如图 5.10 和图 5.11 所示。

由图 5.10 和图 5.11 的仿真结果可知：(1) 当用户天线阵元数较少，甚至为单天线用户时，所提算法与其他算法的性能差异较小。(2) 随着用户天线阵元数的增大，所提算法的优势逐渐明显，例如当 $N_r = 16$ 时，与混合 BD 预编码算法相比，所提算法的频谱效率比前者高出约 3.5 $\mathrm{bit \cdot s^{-1} \cdot Hz^{-1}}$，当 $N_r = 32$ 时，两者的差距达到了 5.5 $\mathrm{bit \cdot s^{-1} \cdot Hz^{-1}}$ 以上。在误码率方面，也呈现出类似的规律。考虑到在实际应用中，由于毫米波信号的高衰减特性，毫米波通信终端一般采用多接收天线配置[20]，因此，所提算法在实际毫米波通信系统中有望显著提升系统性能。

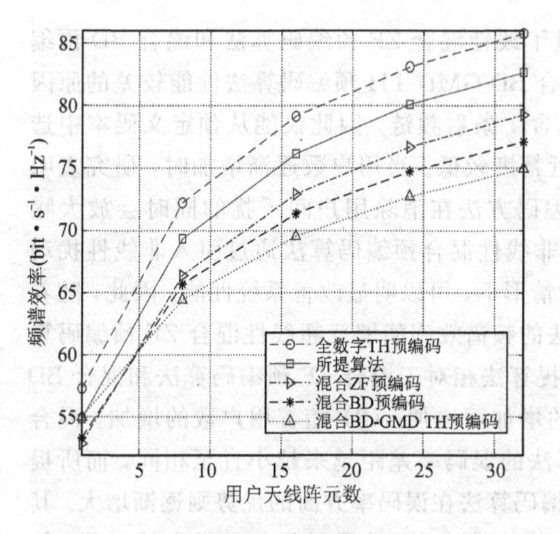

图 5.10　全连接结构中频谱效率与用户天线阵元数 N_r 的关系

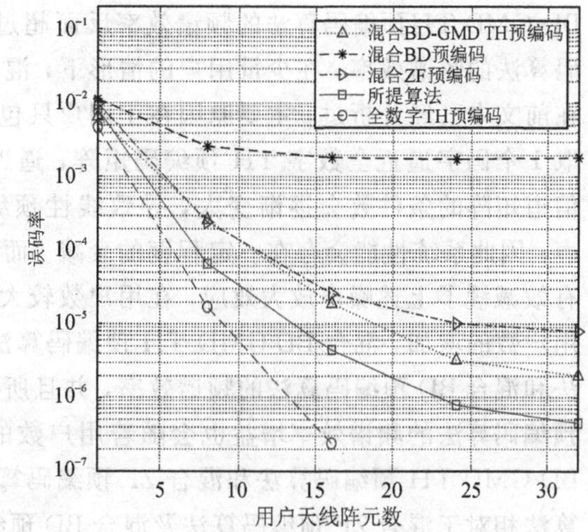

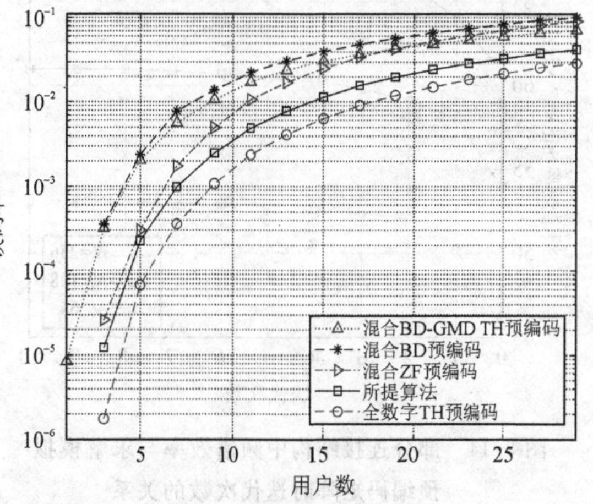

图 5.11　全连接结构中误码率与用户天线阵元数 N_r 的关系

实验 6： 全连接结构中频谱效率、误码率和用户数的关系。

本实验给出了在全连接结构中，所提算法的频谱效率、误码率和用户数的关系，对比算法与实验 3 的相同。仿真参数：发射端包含 128（$N_t = 128$）个天线阵元；射频链数、数据流数与用户数相同；每个用户配备 16（$N_r = 16$）个天线阵元；信噪比为 10 dB。仿真结果如图 5.12 和图 5.13 所示。

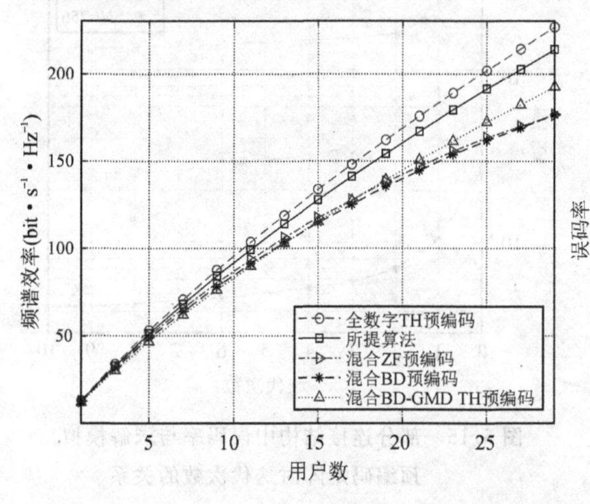

图 5.12　全连接结构中频谱效率与用户数 K 的关系

图 5.13　全连接结构中误码率与用户数 K 的关系

由图 5.12 和图 5.13 的仿真结果可知：(1) 在用户数较少时，不同算法之间的频谱效率差距较小，随着用户数的增加，所提算法的性能增益逐渐变大。特别地，对于混合 BD-GMD TH 预编码算法，当用户数较少时，其性能劣于线性混合 ZF 预编码算法和混合 BD 预编码算法，随着用户数的增加，它们之间的差距逐渐缩小，当 $K \geqslant 18$ 时，混合

BD-GMD TH预编码算法的频谱效率反而超过了线性混合 ZF 预编码算法和混合 BD 预编码算法的频谱效率。在少量用户的情形下，混合 BD-GMD TH 预编码算法性能较差的原因在前文中已经分析过，主要原因在于用户只包含 1 条射频链，因此仅能从预定义码本中选取 1 个码字逼近全数字 TH 预编码矩阵，逼近精度较低。当用户数逐渐增加时，研究表明信道矩阵的条件数会逐渐变大，导致线性预编码方法在消除用户间干扰的同时会放大噪声，因此系统性能会存在一定程度的衰减。而非线性混合预编码算法通过引入非线性扰动有效减缓了上述噪声放大效应，在用户数较大情形下，可以明显改善系统性能。因此，随着用户数的增加，混合 BD-GMD TH 预编码算法的频谱效率能够反超线性混合 ZF 预编码算法和混合 BD 预编码算法的频谱效率，并且所提算法相对于混合 ZF 预编码算法和混合 BD 预编码算法的频谱效率增益也会随着用户数的增加而增加。(2) 随着用户数的增加，混合 BD-GMD TH 预编码算法和混合 ZF 预编码算法的误码率差距越来越小直至相同，而所提算法相对于混合 ZF 预编码算法及混合 BD 预编码算法在误码率方面的优势则逐渐增大。其原因同样在于非线性扰动对噪声放大效应的抑制效果随着用户数的增加而越来越显著，使得非线性混合预编码算法在用户数较多时更具优势。

实验 7： 部分连接结构中频谱效率、误码率和求解模拟预编码矩阵迭代次数的关系。

本实验给出了在部分连接结构中，求解模拟预编码矩阵时的迭代次数对所提算法频谱效率和误码率的影响。仿真参数：每个用户配备 16($N_r=16$) 个天线阵元；数据流数、射频链数与用户数均为 8 ($N_s=N_{RF}=K=8$)。仿真结果如图 5.14 和图 5.15 所示。

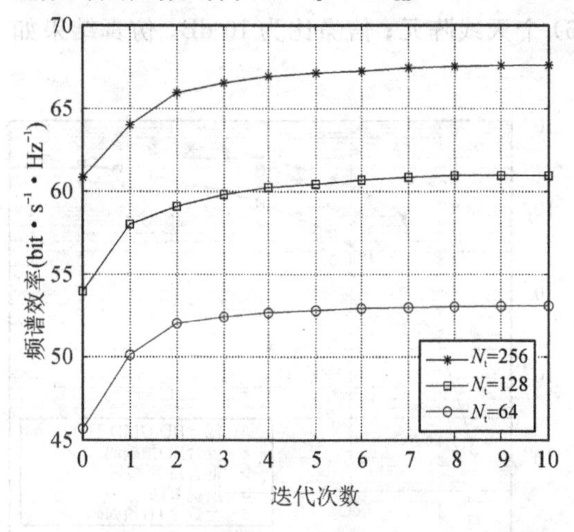

图 5.14 部分连接结构中频谱效率与求解模拟预编码矩阵时迭代次数的关系

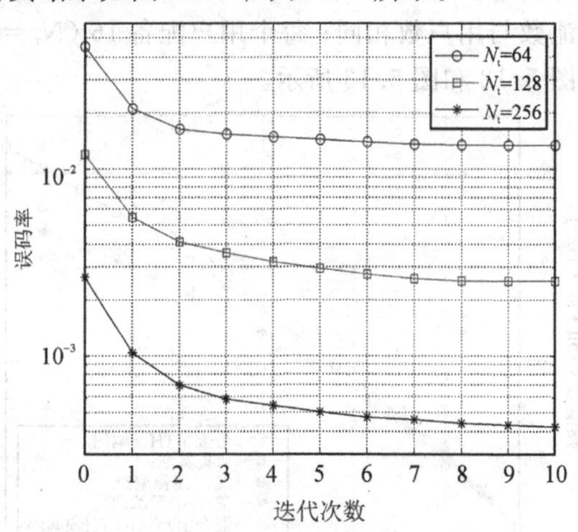

图 5.15 部分连接结构中误码率与求解模拟预编码矩阵时迭代次数的关系

由图 5.14 和图 5.15 的仿真结果可知：(1) 在部分连接结构中，基于行正交分解的非线性混合 TH 预编码算法求解模拟预编码矩阵的收敛速度与发射端天线阵列阵元数 N_t 有关，随着 N_t 的增加，所提算法给出模拟预编码矩阵所需的迭代次数逐渐增加。即便如此，当 N_t 取仿真实验所考虑的最大数值 256 时，所提算法也仅需少数几次迭代即可基本达到收敛。该现象说明表 5.4 给出的计算复杂度中，迭代次数 n_2 的取值较小，所给算法的计算复杂度较低。(2) 随着发射天线阵元数的增加，所提算法的频谱效率和误码率明显改善。其原因主要在于随着发射端天线阵元数的增加，系统的分集增益随之变大，从而可以有效提升系统性能。

实验 8: 部分连接结构中频谱效率、误码率和信噪比的关系。

本实验给出了在部分连接结构中，所提算法的频谱效率和误码率与信噪比的关系。仿真参数：数据流数、发射端射频链数与用户数均为 8($N_s = N_{RF} = K = 8$)；每个用户配备 16($N_r = 16$) 个天线阵元。对比算法为基于坐标上升的混合预编码[16]和基于串行干扰消除的混合预编码[17]。仿真结果如图 5.16 和图 5.17 所示。

由图 5.16 和图 5.17 的仿真结果可知：(1) 与基于串行干扰消除混合预编码算法和基于坐标上升混合预编码算法相比，所提算法可在较低计算复杂度前提下，有效提升系统频谱效率，降低误码率。(2) 当发射端天线阵元数增加时，所提算法与对比算法之间的性能差距呈现出逐渐缩小的趋势。造成这种现象的原因是，发射端天线阵元数的增加会使得用户间的信道矩阵趋向于正交，也就是说，用户间干扰随着发射端天线阵元数的增加逐渐减弱，这导致非线性混合预编码通过引入非线性扰动所带来的性能增益随着发射端天线阵元数的增加而逐渐降低，最终使得线性混合预编码算法与非线性混合预编码算法的性能差距减小。但即便如此，在 $N_t = 128$ 条件下，从频谱效率上来看，所提算法相对于对比算法依然可以高出约 1 dB 的性能增益，在误码率方面，所提算法同样具有明显优势。

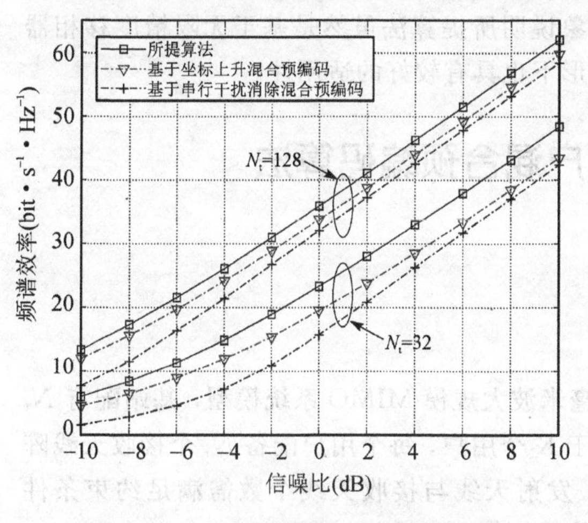

图 5.16　部分连接结构中频谱效率与信噪比的关系

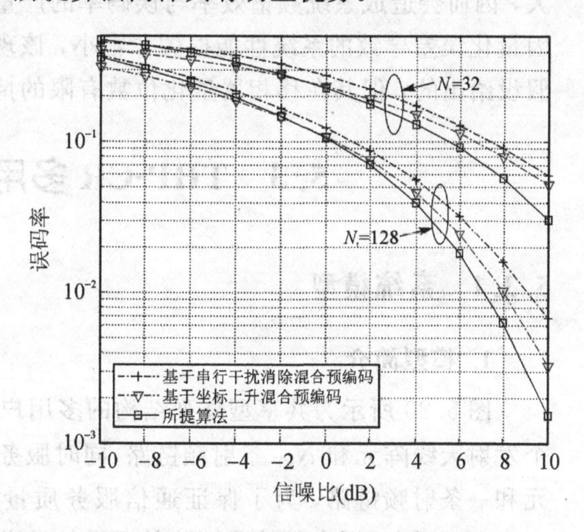

图 5.17　部分连接结构中误码率与信噪比的关系

实验 9: 频谱效率、误码率与移相器量化位数的关系

本实验主要研究移相器量化位数对全连接和部分连接结构中所提算法性能的影响，当采用 B bit 移相器进行模拟预编码时，移相器的相位值由无限精度移相器相位值经量化算子 $Q(x) = \min_{x_q \in B} | x_q - x |$ 量化后给出，其中 B 为 B bit 移相器所有可能相位值组成的集合。仿真参数：发射天线阵列包含 128($N_t = 128$) 个阵元，数据流数、射频链数和用户数均为 8 ($N_s = N_{RF} = K = 8$)；每个用户配备 16 ($N_r = 16$) 个阵元。仿真结果如图 5.18 和图 5.19 所示。

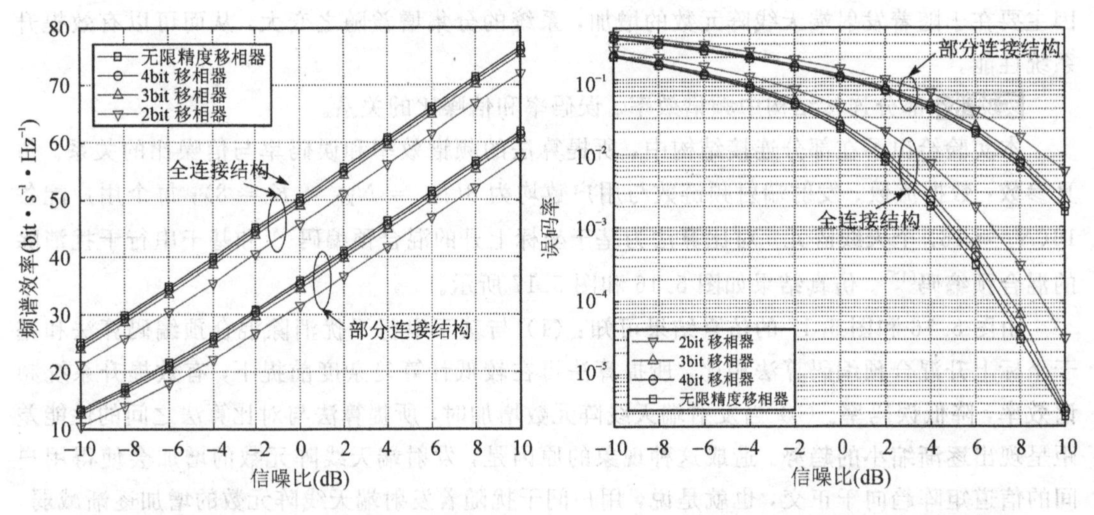

图 5.18　移相器量化位数对频谱效率的影响　　　图 5.19　移相器量化位数对误码率的影响

由图 5.18 和图 5.19 的仿真结果可知：(1) 无论是全连接结构还是部分连接结构，当移相器的量化位数为 2 时，仅能支持 4 个移相角度，相对于无限精度移相器的量化误差太大，因而会造成系统频谱效率与误码率的严重衰减。(2) 当移相器的量化位数大于 3 位时，因量化误差导致的系统性能损失非常小，该现象说明所提算法虽然是基于无限精度移相器假设给出的，但其在移相器量化位数有限的情形下也具有较好的适用性。

5.3　THP-CR 多用户混合预编码算法

5.3.1　系统模型

1. 模型简介

图 5.20 所示为共享型阵列结构的多用户毫米波大规模 MIMO 系统模型，基站配有 N_t 个发射天线阵元和 N_{RF} 条射频链路，同时服务于 K 个用户，每个用户配备 N_r 个接收天线阵元和一条射频链路，为了保证通信服务质量，发射天线与接收天线个数需满足约束条件 $N_t \geqslant N_r$，则经混合预编码矩阵处理后的发送信号 $\boldsymbol{x}$ 可以写成

$$\boldsymbol{x} = \boldsymbol{F}_{RF}\boldsymbol{F}_{BB}\boldsymbol{s} \tag{5.43}$$

其中，$\boldsymbol{s}$ 为原始的数据流信号，其维度为 $N_s \times 1$，且满足约束条件 $E(\boldsymbol{s}\boldsymbol{s}^H) = 1/N_s \boldsymbol{I}_{N_s}$；$\boldsymbol{F}_{RF}$ 为模拟预编码矩阵，其维度为 $N_t \times N_{RF}$；$\boldsymbol{F}_{BB}$ 为数字预编码矩阵，其维度为 $N_{RF} \times N_s$。混合预编码矩阵需满足发射功率约束条件 $\|\boldsymbol{F}_{RF}\boldsymbol{F}_{BB}\|_F^2 = N_s$。

原始数据流信号 $\boldsymbol{s}$ 经过混合预编码算法处理后经发射天线发出，通过信道传输到接收端，经合并处理后第 k 个用户的接收信号为

$$\boldsymbol{y}_k = \boldsymbol{w}_{BB,k}\boldsymbol{w}_{RF,k}^H\boldsymbol{H}_k\boldsymbol{F}_{RF}\boldsymbol{F}_{BB}\boldsymbol{s} + \boldsymbol{w}_{BB,k}\boldsymbol{w}_{RF,k}^H\boldsymbol{n}_k \tag{5.44}$$

其中，$\boldsymbol{w}_{BB,k}$ 为尺度因子；$\boldsymbol{w}_{RF,k}$ 为第 k 个用户的模拟合并向量，其维度为 $N_r \times 1$；$\boldsymbol{n}_k$ 为第 k 个用户的噪声信号，服从 $\mathcal{CN}(0,\sigma_n^2)$ 的复高斯分布，σ_n^2 为噪声信号功率；$\boldsymbol{H}_k$ 为发射端与第 k 个

用户之间的信道矩阵，其维度为 $N_r \times N_t$。

此时，所有用户的接收信号 $\boldsymbol{y}$ 为

$$\boldsymbol{y} = \boldsymbol{W}_{RF}^H \boldsymbol{W}_{BB}^H \boldsymbol{H} \boldsymbol{F}_{RF} \boldsymbol{F}_{BB} \boldsymbol{s} + \boldsymbol{W}_{RF}^H \boldsymbol{W}_{BB}^H \boldsymbol{n} \tag{5.45}$$

其中，$\boldsymbol{y} = [y_1, y_2, \cdots, y_K]^T$，为所有用户的接收信号；$\boldsymbol{W}_{RF} = \text{diag}\{\boldsymbol{w}_{RF,1}, \boldsymbol{w}_{RF,2}, \cdots, \boldsymbol{w}_{RF,K}\}$，为所有用户的模拟合并矩阵；$\boldsymbol{W}_{BB} = \text{diag}\{\boldsymbol{w}_{BB,1}, \boldsymbol{w}_{BB,2}, \cdots, \boldsymbol{w}_{BB,K}\}$，为所有用户的基带合并矩阵；$\boldsymbol{n} = [\boldsymbol{n}_1, \boldsymbol{n}_2, \cdots, \boldsymbol{n}_K]^T$，为接收端所有用户的噪声信号；$\boldsymbol{H} = [\boldsymbol{H}_1^H, \boldsymbol{H}_2^H, \cdots, \boldsymbol{H}_K^H]^H$，为整个系统的信道矩阵。

基站与第 k 个用户之间的信道矩阵建模为由视距(Line of Sight，LOS)分量与非视距(Not Line of Sight，NLOS)分量构成的莱斯衰落信道，此时基站与第 k 个用户之间的信道矩阵可写成

$$\boldsymbol{H}_k = \sqrt{\frac{v_k}{v_k + 1}} \boldsymbol{H}_{LOS,k} + \sqrt{\frac{1}{v_k + 1}} \boldsymbol{H}_{NLOS,k}$$

其中，v_k 表示莱斯因子；$\boldsymbol{H}_{LOS,k}$ 与 $\boldsymbol{H}_{NLOS,k}$ 分别表示信道矩阵的 LOS 分量与 NLOS 分量。

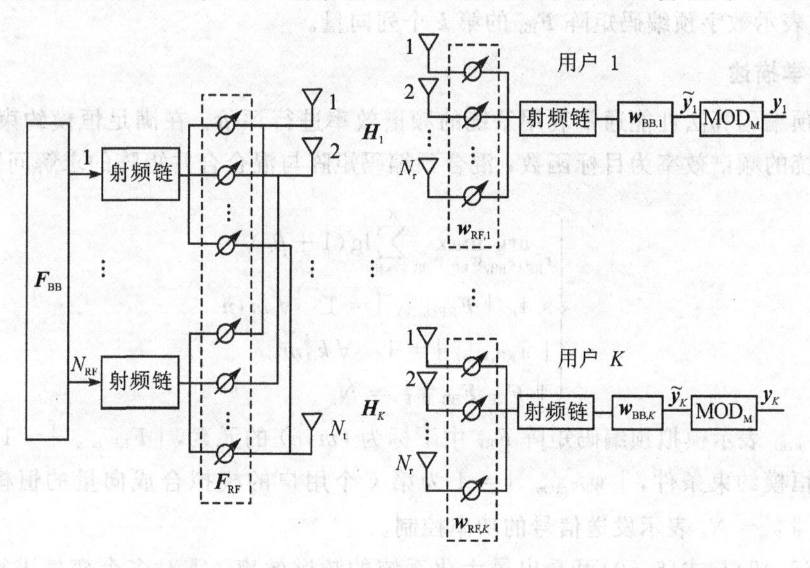

图 5.20　多用户毫米波大规模 MIMO 系统模型

假设信道矩阵的 NLOS 分量 $\boldsymbol{H}_{NLOS,k}$ 由 $N_{c,k}$ 簇构成，每簇含有 $N_{l,k}$ 条路径，则信道矩阵的 LOS 分量 $\boldsymbol{H}_{LOS,k}$ 与 NLOS 分量 $\boldsymbol{H}_{NLOS,k}$ 可分别表示为[23]

$$\begin{cases} \boldsymbol{H}_{LOS,k} = \alpha_k \boldsymbol{a}_r(\phi_k^r, \theta_k^r) \boldsymbol{a}_t^H(\phi_k^t, \theta_k^t) \\ \boldsymbol{H}_{NLOS,k} = \dfrac{1}{\sqrt{N_{c,k} N_{l,k}}} \displaystyle\sum_{i=1}^{N_{c,k}} \sum_{l=1}^{N_{l,k}} \alpha_{k,i,l} \boldsymbol{a}_r(\phi_{k,i,l}^r, \theta_{k,i,l}^r) \boldsymbol{a}_t^H(\phi_{k,i,l}^t, \theta_{k,i,l}^t) \end{cases} \tag{5.46}$$

其中，α_k 表示第 k 个用户 LOS 路径的信道复用增益；ϕ_k^r、θ_k^r、φ_k^t 和 θ_k^t 分别表示第 k 个用户 LOS 路径的到达俯仰角、到达方位角、离开俯仰角和离开方位角；$\boldsymbol{a}_t(\phi_k^t, \theta_k^t)$ 与 $\boldsymbol{a}_r(\phi_k^r, \theta_k^r)$ 表示第k个用户 LOS 路径发射端的传输阵列响应向量与接收端的接收阵列响应向量；$\alpha_{k,i,l}$ 表示第 k 个用户 NLOS 分量中第(i,l)路径的信道复用增益；$\phi_{k,i,l}^r$、$\theta_{k,i,l}^r$、$\phi_{k,i,l}^t$ 和 $\theta_{k,i,l}^t$ 分别表示第 k 个用户 NLOS 分量中第(i,l)路径的到达俯仰角、到达方位角、离开俯仰角和离开方

位角；$\boldsymbol{a}_{\mathrm{t}}(\phi_{k,i,l}^{\mathrm{t}},\theta_{k,i,l}^{\mathrm{t}})$ 与 $\boldsymbol{a}_{\mathrm{r}}(\phi_{k,i,l}^{\mathrm{r}},\theta_{k,i,l}^{\mathrm{r}})$ 表示第 k 个用户 NLOS 分量中第(i,l)路径发射端的传输阵列响应向量与接收端的接收阵列响应向量。

本节以 $M\times N$ 的均匀平面阵为例，阵列响应向量为[24]

$$\boldsymbol{a}(\phi,\theta)=[1,\cdots,\mathrm{e}^{\mathrm{j}\pi(m\sin\phi\sin\theta+n\cos\theta)},\cdots,\mathrm{e}^{\mathrm{j}\pi((M-1)\sin\phi\sin\theta+(N-1)\cos\theta)}]^{\mathrm{T}} \tag{5.47}$$

其中，天线阵列中阵元之间的距离等于半波长，假设天线阵列的维度为 $M\times N$，则 m 与 n 分别表示天线阵列中各阵元的二维下标，且满足 $0\leqslant m\leqslant M-1$ 与 $0\leqslant n\leqslant N-1$。

当发送信号 $\boldsymbol{x}$ 服从复高斯分布时，多用户毫米波大规模 MIMO 系统的频谱效率为

$$R=\sum_{k=1}^{K}\lg(1+\beta_k) \tag{5.48}$$

其中，β_k 表示第 k 个用户的信干噪比，则第 k 个用户的信干噪比 β_k 为

$$\beta_k=\frac{|\boldsymbol{w}_{\mathrm{RF},k}^{\mathrm{H}}\boldsymbol{H}_k\boldsymbol{F}_{\mathrm{RF}}\,\boldsymbol{f}_{\mathrm{BB},k}|^2}{\sum\limits_{j=1,j\neq k}^{K}|\boldsymbol{w}_{\mathrm{RF},j}^{\mathrm{H}}\boldsymbol{H}_j\boldsymbol{F}_{\mathrm{RF}}\,\boldsymbol{f}_{BB,j}|^2+N_r\sigma_n^2} \tag{5.49}$$

其中，$\boldsymbol{f}_{\mathrm{BB}}$ 表示数字预编码矩阵 $\boldsymbol{F}_{\mathrm{BB}}$ 的第 k 个列向量。

2. 数学描述

混合预编码算法性能通常利用系统的频谱效率进行评价。在满足恒模约束条件下，以最大化系统的频谱效率为目标函数，混合预编码矩阵与混合合并矩阵的求解问题可表示为

$$\begin{cases}\underset{\boldsymbol{F}_{\mathrm{RF}},\boldsymbol{F}_{\mathrm{BB}},\boldsymbol{W}_{\mathrm{RF}},\boldsymbol{W}_{\mathrm{BB}}}{\arg\max}\sum\limits_{k=1}^{K}\lg(1+\beta_k)\\ \text{s. t. }|\boldsymbol{F}_{\mathrm{RF}(m,n)}|=1\quad\forall m,n\\ |\boldsymbol{w}_{\mathrm{RF},k(m)}|=1\quad\forall k,m\\ \|\boldsymbol{F}_{\mathrm{RF}}\,\boldsymbol{F}_{\mathrm{BB}}\|_{\mathrm{F}}^2=N_{\mathrm{s}}\end{cases} \tag{5.50}$$

其中，$\boldsymbol{F}_{\mathrm{RF}(m,n)}$ 表示模拟预编码矩阵 $\boldsymbol{F}_{\mathrm{RF}}$ 中下标为 (m,n) 的元素，$|\boldsymbol{F}_{\mathrm{RF}(m,n)}|=1$ 为模拟预编码矩阵的恒模约束条件，$|\boldsymbol{w}_{\mathrm{RF},k(m)}|=1$ 为第 k 个用户的模拟合成向量的恒模约束条件，$\|\boldsymbol{F}_{\mathrm{RF}}\,\boldsymbol{F}_{\mathrm{BB}}\|_{\mathrm{F}}^2=N_{\mathrm{s}}$ 表示发送信号的功率控制。

由式(5.49)与式(5.50)可看出最大化系统的频谱效率，需对多个变量进行联合优化，由于存在恒模约束条件，以最大化系统的频谱效率为目标，直接求解式(5.50)极为复杂，文献[25]将上述联合优化问题转化为两个子问题，即发射端混合预编码和接收端混合合并问题，发射端混合预编码问题可表示为[25]

$$\begin{cases}\underset{\boldsymbol{F}_{\mathrm{BB}},\boldsymbol{F}_{\mathrm{RF}}}{\arg\min}\|\boldsymbol{F}_{\mathrm{opt}}-\boldsymbol{F}_{\mathrm{RF}}\,\boldsymbol{F}_{\mathrm{BB}}\|_{\mathrm{F}}\\ \text{s. t. }|\boldsymbol{F}_{\mathrm{RF}(m,n)}|=1\ \forall m,n\\ \|\boldsymbol{F}_{\mathrm{RF}}\,\boldsymbol{F}_{\mathrm{BB}}\|_{\mathrm{F}}^2=N_{\mathrm{s}}\end{cases} \tag{5.51}$$

其中，$\boldsymbol{F}_{\mathrm{opt}}$ 表示无约束条件的全数字预编码矩阵(也称全数字最优预编码矩阵)。

接收端混合合并问题可表示为

$$\begin{cases}\underset{\boldsymbol{w}_{\mathrm{RF},k},\boldsymbol{w}_{\mathrm{BB},k}}{\arg\min}\|\boldsymbol{w}_{\mathrm{opt},k}-\boldsymbol{w}_{\mathrm{RF},k}\boldsymbol{w}_{\mathrm{BB},k}\|_{\mathrm{F}}\\ \text{s. t. }|\boldsymbol{w}_{\mathrm{RF},k(m)}|=1\ \forall k,m\end{cases} \tag{5.52}$$

其中，$w_{\text{opt},k}$ 表示无约束条件的第 k 个用户的全数字合并向量（也称全数字最优合并向量）。

全数字最优预编码矩阵 F_{opt} 与第 k 个用户的全数字最优合成向量 $w_{\text{opt},k}$ 取决于基带用于消除不同用户间干扰的非线性的全数字最优预编码算法种类，关于全数字最优预编码矩阵 F_{opt} 与第 k 个用户的全数字最优合并向量 $w_{\text{opt},k}$ 的求解将在后续小节进行详细介绍。

由式(5.51)与式(5.52)可以看出，发射端混合预编码问题与接收端混合合并问题具有相同的数学模型，当发射端混合预编码问题解决完成后，可利用类似的方法解决接收端混合合并问题，因此本节侧重于发射端混合预编码问题求解。

式(5.51)中混合预编码矩阵的求解问题可视为非线性全数字最优预编码矩阵与混合预编码矩阵的逼近问题，当非线性的全数字最优预编码矩阵与混合预编码矩阵的残差较大时，非线性混合预编码算法性能存在严重的衰减，为此如何设计求解算法以减小非线性的全数字预编码矩阵与混合预编码矩阵的残差是本节研究的重点。

5.3.2 算法原理

THP-CR 算法首先利用信道矩阵的 BD-GMD 构建非线性的全数字最优预编码矩阵，利用基于 OMP 的稀疏混合预编码算法求解初始混合预编码矩阵；然后，以减少非线性全数字最优预编码矩阵与混合预编码矩阵的残差为目标，利用逐列修正的思想更新模拟预编码矩阵，并将修正后的模拟预编码矩阵作为已知量，交替更新混合预编码矩阵，直到满足停止条件；最后，利用逐列更新后的模拟预编码矩阵构造基带等效信道矩阵，并通过BD-GMD 给出数字预编码矩阵，并给出最终的混合预编码矩阵。

1. 模拟预编码矩阵求解

1) 非线性的全数字最优预编码矩阵构建

利用基于 OMP 的稀疏混合预编码算法可求解式(5.51)混合预编码问题，若要求解式(5.51)中的混合预编码问题，需已知非线性的全数字最优预编码矩阵，然而非线性的全数字最优预编码矩阵依赖于基带用于消除不同用户间干扰的非线性的全数字预编码算法种类。

THP-CR 算法是利用 THP 算法实现信号的预编码处理的，以便消除不同用户间的干扰。进一步考虑所有用户性能增益的均衡，数字预编码部分利用了基于BD-GMD的 THP 算法。为利用基于 OMP 的稀疏混合预编码算法求解式(5.51)中混合预编码问题，需构建基于 BD-GMD 分解的全数字预编码矩阵。此时，对信道矩阵执行 BD-GMD[26] 有

$$\boldsymbol{H} = \boldsymbol{P}\boldsymbol{L}\boldsymbol{Q}^{\mathrm{H}} \tag{5.53}$$

其中，$\boldsymbol{P} = \mathrm{blkdiag}\{\boldsymbol{P}_1, \boldsymbol{P}_2, \cdots, \boldsymbol{P}_K\}$；$\boldsymbol{Q}$ 为酉矩阵；$\boldsymbol{L}$ 为下三角矩阵且对角线元素均相同；$\mathrm{blkdiag}\{\cdot\}$ 表示为块对角矩阵。

此时，定义反馈矩阵为

$$\boldsymbol{B} = \boldsymbol{L}\boldsymbol{\Lambda}^{-1} \tag{5.54}$$

其中，$\boldsymbol{\Lambda} = \mathrm{diag}\{\mathrm{diag}\{\boldsymbol{L}\}\}$。

原始发射信号通过反馈矩阵与求模运算实现了用户间干扰的预消除处理。基于BD-GMD分解的非线性的全数字最优预编码矩阵表示为

$$\boldsymbol{F}_{\text{opt}} = \gamma\boldsymbol{Q}\boldsymbol{\Lambda}^{-1} \tag{5.55}$$

其中，γ 表示为功率约束因子。

由于用户间不能进行协作处理，因此第 k 个用户只需要自己接收端的信息。与式(5.55)中非线性全数字最优预编码矩阵对应，所有用户的全数字最优合并矩阵可表示为

$$\boldsymbol{W}_{\text{opt}} = \text{diag}\{\boldsymbol{w}_{\text{opt},1}, \boldsymbol{w}_{\text{opt},2}, \cdots, \boldsymbol{w}_{\text{opt},K}\} \tag{5.56}$$

其中，$\boldsymbol{w}_{\text{opt},k}$ 表示第 k 个用户的全数字最优合并向量且满足 $\boldsymbol{w}_{\text{opt},k} = \boldsymbol{P}_k/\gamma$。

此时，对基于 BD-GMD 的 THP 算法进行如下验证：

$$\boldsymbol{W}_{\text{opt}}^{\text{H}} \boldsymbol{H} \boldsymbol{F}_{\text{opt}} \boldsymbol{B}^{-1} = \boldsymbol{L} \boldsymbol{\Lambda}^{-1} \boldsymbol{B}^{-1} = \boldsymbol{I}_{N_s} \tag{5.57}$$

其中，式(5.57)满足 ZF 准则，即用户间干扰能够被有效消除。

2) 初始混合预编码矩阵求解

通过式(5.53)与式(5.55)可构建非线性的全数最优预编码矩阵，此时利用基于 OMP 的稀疏混合预编码算法可求解式(5.51)中混合预编码问题，则本节给出的 THP-CR 算法中的初始混合预编码矩阵是利用基于 OMP 的稀疏混合预编码算法求解的，其具体步骤总结如下(见表 5.5 所示)：

首先，利用式(5.53)与式(5.55)构建非线性的全数字最优预编码矩阵 $\boldsymbol{F}_{\text{opt}}$，并将其与阵列响应向量 $\boldsymbol{A}_{\text{t}}$ 作为基于 OMP 的稀疏混合预编码算法的初始值；

然后，执行步骤 1～5 并利用基于 OMP 的稀疏混合预编码算法求解初始混合预编码矩阵；

表 5.5 初始混合预编码矩阵求解步骤

输入参数：对信道矩阵执行 GMD 分解 $\boldsymbol{H} = \boldsymbol{P}\boldsymbol{L}\boldsymbol{Q}^{\text{H}}$； 构建非线性的全数字最优预编码矩阵 $\boldsymbol{F}_{\text{opt}} = \gamma \boldsymbol{Q} \boldsymbol{\Lambda}^{-1}$； 输入阵列响应矩阵 $\boldsymbol{A}_{\text{t}}$ 与非线性的全数字最优预编码矩阵 $\boldsymbol{F}_{\text{opt}}$
初始化：　残差矩阵 $\boldsymbol{F}_{\text{res}} = \boldsymbol{F}_{\text{opt}}$，设 $\boldsymbol{G}$ 为空矩阵，迭代次数 $t = 1, 2, \cdots, N_{\text{RF}}$
步骤 1：　计算 $\boldsymbol{\Phi} = \boldsymbol{A}_{\text{t}}^{\text{H}} \boldsymbol{F}_{\text{res}}$； 步骤 2：　令 $k = \arg\max(\text{diag}(\boldsymbol{\Phi}\boldsymbol{\Phi}^{\text{H}}))$； 步骤 3：　求得 $\boldsymbol{F}_{\text{BB}} = (\boldsymbol{F}_{\text{RF}}^{\text{H}} \boldsymbol{F}_{\text{RF}})^{-1} \boldsymbol{F}_{\text{RF}}^{\text{H}} \boldsymbol{F}_{\text{opt}}$； 步骤 4：　更新残差矩阵 $\boldsymbol{F}_{\text{res}} = \boldsymbol{F}_{\text{opt}} - \boldsymbol{G}\boldsymbol{F}_{\text{BB}}^{(t)} / \Vert \boldsymbol{F}_{\text{opt}} - \boldsymbol{G}\boldsymbol{F}_{\text{BB}}^{(t)} \Vert_{\text{F}}$； 步骤 5：　如果 $t < N_{\text{RF}}$，则跳转到步骤 1，否则循环结束 输出参数：模拟预编码矩阵 $\boldsymbol{F}_{\text{RF}}$ 与数字预编码矩阵 $\boldsymbol{F}_{\text{BB}}$

最后，输出初始模拟预编码矩阵 $\boldsymbol{F}_{\text{RF}}$ 与数字预编码矩阵 $\boldsymbol{F}_{\text{BB}}$。

3) 模拟预编码矩阵逐列修正

在构建非线性的全数字最优预编码矩阵基础上，利用基于 OMP 的稀疏混合预编码算法可近似求解式(5.51)的混合预编码问题。然而为减小非线性的全数字最优预编码矩阵与混合预编码矩阵的残差，进一步提高混合预编码性能，本节给出的 THP-CR 算法利用了文献[27]提出的模拟预编码矩阵逐列修正的思想，使非线性混合预编码矩阵不断地逼近非线性的全数字最优预编码矩阵[27]。

假设将基于 OMP 的稀疏混合预编码算法求解的初始混合预编码矩阵作为初始值，则混合预编码矩阵与非线性的全数字最优预编码矩阵所产生的残差 β 为

$$\beta = \| \boldsymbol{F}_{\text{opt}} - \boldsymbol{F}_{\text{RF}} \boldsymbol{F}_{\text{BB}} \|_{\text{F}} \tag{5.58}$$

其中，$\boldsymbol{F}_{\text{RF}}$ 与 $\boldsymbol{F}_{\text{BB}}$ 分别表示由基于 OMP 的稀疏混合预编码算法求解的模拟预编码矩阵与数字预编码矩阵。

在不考虑模拟预编码的恒模约束条件下，将模拟预编码矩阵和数字预编码矩阵的乘积写成列向量与行向量的乘积形式，则减小残差 β 的目标函数可写成

$$\underset{\boldsymbol{f}_{\text{RF},i}, \boldsymbol{f}_{\text{BB},i}^{\text{H}}}{\arg\min} \| \boldsymbol{F}_{\text{opt}} - \sum_{i \neq j}^{N_{\text{RF}}} \boldsymbol{f}_{\text{RF},i} \boldsymbol{f}_{\text{BB},i}^{\text{H}} - \boldsymbol{f}_{\text{RF},j} \boldsymbol{f}_{\text{BB},j}^{\text{H}} \|_{\text{F}} \tag{5.59}$$

其中，$\boldsymbol{f}_{\text{RF},i}$ 表示模拟预编码矩阵中需要被更新的列向量，$\boldsymbol{f}_{\text{BB},i}$ 表示数字预编码矩阵中与模拟预编码矩阵列向量对应的行向量。

根据 Eckart-Young-Mirsky 定理，式(5.59)可进一步表示为

$$\underset{\boldsymbol{f}_{\text{RF},i}, \boldsymbol{f}_{\text{BB},i}^{\text{H}}}{\arg\min} \| \boldsymbol{E}_j - \sigma_1 \boldsymbol{u}_1 \boldsymbol{v}_1^{\text{H}} \|_{\text{F}} \tag{5.60}$$

其中，$\boldsymbol{E}_j = \boldsymbol{F}_{\text{opt}} - \sum\limits_{i \neq j}^{N_{\text{RF}}} \boldsymbol{f}_{\text{RF},i} \boldsymbol{f}_{\text{BB},i}^{\text{H}}$，$j = 1, 2, \cdots, N_{\text{RF}}$；$\sigma_1$ 表示为 $\boldsymbol{E}_j$ 的最大奇异值；$\boldsymbol{u}_1$ 和 $\boldsymbol{v}_1$ 分别表示 $\boldsymbol{E}_j$ 的左奇异向量和右奇异向量。

通过不断重复式(5.59)与式(5.60)，直到模拟预编码矩阵所有的列向量都被更新完毕，若考虑到模拟预编码矩阵的恒模约束条件，则带有恒模约束的模拟预编码矩阵求解可表示为

$$\begin{cases} \underset{\boldsymbol{F}_{\text{RF}}}{\arg\min} \| \boldsymbol{F}_{\text{RF}} - \hat{\boldsymbol{F}}_{\text{RF}} \|_{\text{F}} \\ \text{s.t.} \quad | \boldsymbol{F}_{\text{RF}(m,n)} | = 1 \ \forall m, n \end{cases} \tag{5.61}$$

其中，$\hat{\boldsymbol{F}}_{\text{RF}}$ 表示为无恒模约束且经过逐列修正后的模拟预编码矩阵。

由文献[28]所研究的可知，式(5.61)的最优解为[28]

$$\boldsymbol{F}_{\text{RF}} = \frac{\hat{\boldsymbol{F}}_{\text{RF}(m,n)}}{| \hat{\boldsymbol{F}}_{\text{RF}(m,n)} |} \tag{5.62}$$

式(5.62)表示将经过逐列更新的模拟预编码矩阵 $\hat{\boldsymbol{F}}_{\text{RF}}$ 进行元素归一化处理。

将通过式(5.60)与式(5.62)求解的经过逐列修正且具备恒模约束的模拟预编码矩阵作为基于 OMP 的稀疏混合预编码算法的输入矩阵，并再次利用基于 OMP 的稀疏混合预编码算法更新数字预编码矩阵，通过上述算法不断循环修正使混合预编码矩阵不断接近非线性的全数字最优预编码矩阵，当两次相邻迭代的残差值之差小于给定的停止迭代阈值 ε 时，所给算法停止迭代。

本节给出的 THP-CR 算法的模拟预编码矩阵逐列修正的具体步骤如表 5.6 所示，现总结如下：

首先，输入初始模拟预编码矩阵 $\boldsymbol{F}_{\text{RF}}$、初始数字预编码矩阵 $\boldsymbol{F}_{\text{BB}}$ 及非线性的全数字最优预编码矩阵 $\boldsymbol{F}_{\text{opt}}$，同时设定交替迭代过程中的停止迭代阈值 ε；

然后，执行步骤 3～5 进行模拟预编码矩阵的逐列修正，并利用基于 OMP 的稀疏混合预编码算法更新数字预编码矩阵；

最后，执行步骤 6 进行判决循环。当两次相邻残差差值小于给定停止迭代阈值 ε 时，数字预编码矩阵与模拟预编码矩阵的交替更新停止，并输出数字预编码矩阵 $\boldsymbol{F}_{\text{BB}}$ 与逐列修正

后的模拟预编码矩阵 $\boldsymbol{F}_{\mathrm{RF}}$。

表 5.6　模拟预编码矩阵逐列修正步骤

算法步骤
输入参数：初始模拟预编码矩阵 $\boldsymbol{F}_{\mathrm{RF}}$、初始数字预编码矩阵 $\boldsymbol{F}_{\mathrm{BB}}$、非线性全数字最优预编码矩阵 $\boldsymbol{F}_{\mathrm{opt}}$、混合预编码矩阵交替迭代过程的阈值 ε
初始化：迭代次数 $t=0$，$\boldsymbol{F}^{t}_{\mathrm{RF}}=\boldsymbol{F}_{\mathrm{RF}}$，$\boldsymbol{F}^{t}_{\mathrm{BB}}=\boldsymbol{F}_{\mathrm{BB}}$
步骤 1：计算 $\delta_t=\Vert \boldsymbol{F}_{\mathrm{opt}}-\boldsymbol{F}^{t}_{\mathrm{RF}}\boldsymbol{F}^{t}_{\mathrm{BB}}\Vert_{\mathrm{F}}$； 步骤 2：令 $t=t+1$； 步骤 3：利用式(5.60)逐列更新，即 $\boldsymbol{F}^{(t)}_{\mathrm{RF}(:,i)}=\boldsymbol{u}_1$，$\boldsymbol{F}^{(t)}_{\mathrm{BB}(:,i)}=\sigma_1\boldsymbol{v}_1^{\mathrm{H}}$； 步骤 4：当 $i<N_{\mathrm{RF}}$ 时，则跳转到步骤 3，否则继续执行后续步骤； 步骤 5：对修正后的模拟预编码矩阵进行归一化处理，并将其作为输入矩阵，通过基于 OMP 的稀疏混合预编码算法求解 $\boldsymbol{F}^{t}_{\mathrm{BB}}$ 步骤 6：计算 $\delta_t=\Vert \boldsymbol{F}_{\mathrm{opt}}-\boldsymbol{F}^{t}_{\mathrm{RF}}\boldsymbol{F}^{t}_{\mathrm{BB}}\Vert_{\mathrm{F}}$； 步骤 7：当 $\delta^{t-1}-\delta^{t}\leqslant\varepsilon$，循环结束； 步骤 8：求解 $\boldsymbol{F}_{\mathrm{BB}}=\sqrt{N_{\mathrm{s}}}\,\boldsymbol{F}^{(t)}_{\mathrm{BB}}/\Vert \boldsymbol{F}_{\mathrm{RF}}\boldsymbol{F}^{(t)}_{\mathrm{BB}}\Vert_{\mathrm{F}}$
输出参数：模拟预编码矩阵 $\boldsymbol{F}_{\mathrm{RF}}$ 与数字预编码矩阵 $\boldsymbol{F}_{\mathrm{BB}}$

2. 数字预编码矩阵求解

在本节所采用的系统模型中，为简化接收端非线性混合合并问题，每个用户仅配有一条射频链路。因此，接收端模拟合并矩阵不进行逐列修正处理，接收端混合合并问题仅通过基于 OMP 的稀疏混合预编码算法求解。假设基于 OMP 的稀疏混合预编码算法求解的接收端模拟合并矩阵为 $\boldsymbol{W}_{\mathrm{RF}}$。

则所有用户的基带等效信道 $\boldsymbol{H}_{\mathrm{e}}$ 可表示为[29]

$$\boldsymbol{H}_{\mathrm{e}}=\boldsymbol{W}_{\mathrm{RF}}\boldsymbol{H}\boldsymbol{F}_{\mathrm{RF}} \tag{5.63}$$

其中，$\boldsymbol{F}_{\mathrm{RF}}$ 表示经过逐列修正后的模拟预编码矩阵。

为进一步消除用户间的干扰，本节采用文献[30]研究数字预编码矩阵的分解方式，有效消除基带用户间的干扰[30]。非线性混合预编码算法系统框图如图 5.21 所示，从图 5.21 可以看出，数字预编码矩阵被分为 $\boldsymbol{F}_{\mathrm{P}}$ 与 $\boldsymbol{F}_{\mathrm{D}}$ 两个独立的矩阵，即矩阵 $\boldsymbol{F}_{\mathrm{P}}$ 充当部分的有效信道矩阵，矩阵 $\boldsymbol{F}_{\mathrm{D}}$ 用于实现用户间干扰的预消除处理。

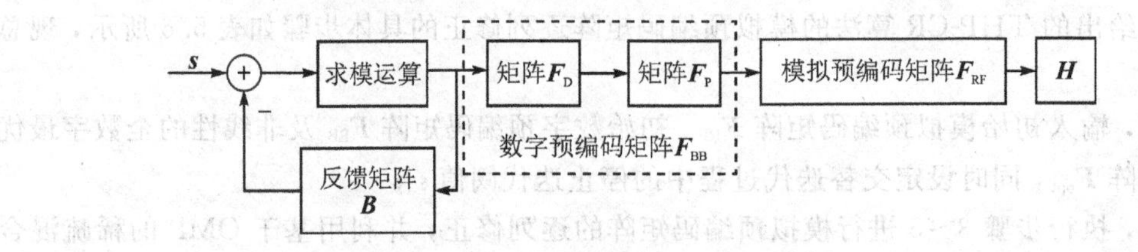

图 5.21　THP-CR 算法系统框图

此时，式(5.63)可进一步表示为

$$\boldsymbol{H}_{e}=\boldsymbol{W}_{RF}^{H}\boldsymbol{H}\boldsymbol{F}_{RF}\boldsymbol{F}_{P} \tag{5.64}$$

将逐列修正后的模拟预编码矩阵执行 QR 分解，有

$$\boldsymbol{F}_{RF}=\boldsymbol{Q}_{T}\boldsymbol{R}_{T} \tag{5.65}$$

其中，矩阵 $\boldsymbol{Q}_T$ 与矩阵 $\boldsymbol{R}_T$ 分别表示为酉矩阵与上三角矩阵，矩阵 $\boldsymbol{R}_T$ 满足 $\boldsymbol{F}_P=\boldsymbol{R}_T^{-1}$。

根据矩阵 $\boldsymbol{F}_D$ 与矩阵 $\boldsymbol{R}_T$ 的关系，式(5.64)可进一步表示为

$$\boldsymbol{H}_{e}=\boldsymbol{W}_{RF}^{H}\boldsymbol{H}\boldsymbol{Q}_{T} \tag{5.66}$$

在构建所有用户基带等效信道的基础上，消除不同用户间的干扰需基带通过数字预编码实现，若利用基于 BD-GMD 的 THP 算法消除用户间的干扰，对所有用户基带等效信道矩阵执行 BD-GMD，则有下式成立：

$$\boldsymbol{H}_{e}=\boldsymbol{P}_{e}\boldsymbol{L}_{e}\boldsymbol{Q}_{e}^{H} \tag{5.67}$$

其中，$\boldsymbol{P}_e=\text{blkdiag}\{\boldsymbol{P}_{e,1},\boldsymbol{P}_{e,2},\cdots,\boldsymbol{P}_{e,K}\}$；$\boldsymbol{Q}_e$ 为酉矩阵；$\boldsymbol{L}_e$ 为下三角矩阵。

则在基带用于消除不同用户间干扰的矩阵 $\boldsymbol{F}_D$ 为

$$\boldsymbol{F}_{D}=\gamma_{e}\boldsymbol{Q}_{e}\boldsymbol{\Lambda}_{e}^{-1} \tag{5.68}$$

其中，$\gamma_e=\sqrt{\beta P_T/\text{tr}\{\boldsymbol{\Lambda}_e^{-2}\}}$，为功率尺度因子，$\boldsymbol{\Lambda}_e=\text{diag}\{\text{diag}\{\boldsymbol{L}_e\}\}$。

此时，数字预编码矩阵表示为

$$\boldsymbol{F}_{BB}=\boldsymbol{F}_{P}\boldsymbol{F}_{D} \tag{5.69}$$

在模拟预编码矩阵与模拟合并矩阵基础上，构建所有用户的基带信道矩阵，并利用 BD-GMD 求出用于消除用户间干扰的矩阵 $\boldsymbol{F}_D$，最终得到数字预编码矩阵 $\boldsymbol{F}_{BB}$。数字预编码矩阵的求解步骤如表 5.7 所示，现总结如下：

首先，输入逐列修正后的模拟预编码矩阵 $\boldsymbol{F}_{RF}$ 与经过基于 OMP 的稀疏混合预编码算法求解的模拟合并矩阵 $\boldsymbol{W}_{RF}$；

然后，执行步骤 1，对逐列修正后的模拟预编码矩阵 $\boldsymbol{F}_{RF}$ 进行 QR 分解，并通过步骤 2～3构建所有用户的基带等效信道；

最后，执行步骤 4～6，对所有用户的基带等效信道执行 BD-GMD 分解，求解用于消除用户间的干扰的矩阵 $\boldsymbol{F}_D$，进而求解并输出数字预编码矩阵 $\boldsymbol{F}_{BB}$。

表 5.7　数字预编码矩阵求解步骤

输入参数：逐列修正后的模拟预编码矩阵 $\boldsymbol{F}_{RF}$、模拟合并矩阵 $\boldsymbol{W}_{RF}$
步骤 1：对逐列修正后的模拟预编码矩阵 $\boldsymbol{F}_{RF}$ 执行 QR 分解，即 $\boldsymbol{F}_{RF}=\boldsymbol{Q}_T\boldsymbol{R}_T$； 步骤 2：令 $\boldsymbol{F}_P=\boldsymbol{R}_T^{-1}$； 步骤 3：构建所有用户的基带等效信道 $\boldsymbol{H}_e=\boldsymbol{W}_{RF}^H\boldsymbol{H}\boldsymbol{Q}_T$； 步骤 4：对所有用户的基带等效信道执行 BD-GMD 分解，即 $\boldsymbol{H}_e=\boldsymbol{P}_e\boldsymbol{L}_e\boldsymbol{Q}_e^H$； 步骤 5：求解 $\boldsymbol{F}_D=\gamma_e\boldsymbol{Q}_e\Lambda_e^{-1}$； 步骤 6：令 $\boldsymbol{F}_{BB}=\boldsymbol{F}_P\boldsymbol{F}_D$
输出参数：数字预编码 $\boldsymbol{F}_{BB}$

综上所述，THP-CR 算法步骤如下所示：

步骤 1：数据输入。利用式(5.55)与式(5.56)对信道矩阵进行 BD-GMD 分解，构建非

线性的全数字最优预编码矩阵与全数字最优合并矩阵，设置相邻两次残差值之差的阈值 ε；

步骤 2：混合合并矩阵求解。根据全数字最优合并矩阵，利用基于 OMP 的稀疏混合预编码算法求解式(5.52)的混合合并问题，求解混合合并矩阵；

步骤 3：初始混合预编码矩阵求解。根据非线性的全数字最优预编码矩阵，利用基于 OMP 的稀疏混合预编码算法求解式(5.51)的混合预编码问题，求解初始混合预编码矩阵；

步骤 4：模拟预编码矩阵逐列修正。利用式(5.60)逐列修正模拟预编码矩阵；

步骤 5：数字预编码矩阵更新。将逐列修正后的具有恒模特性的模拟预编码矩阵作为输入矩阵，利用基于 OMP 的稀疏混合预编码算法更新数字预编码矩阵；

步骤 6：循环判决。利用式(5.58)计算更新后的非线性全数字最优数字预编码矩阵与混合预编码矩阵的残差值，若相邻两次残差差值小于规定的阈值 ε，则停止数字预编码矩阵与模拟预编码矩阵的交替迭代过程；

步骤 7：数字预编码矩阵求解。将完成逐列修正后的模拟预编码矩阵保留，并对其执行 QR 分解，构建所有用户的基带等效信道，利用式(5.69)求解数字预编码矩阵；

步骤 8：结果输出。输出逐列更新后的模拟预编码矩阵与数字预编码矩阵，算法结束。

5.3.3　仿真实验及性能分析

本节通过对多用户共享型结构的毫米波大规模 MIMO 系统进行仿真来评价 THP-CR 算法的性能。在仿真实验中假设接收端和发射端的天线阵列均采用均匀平面阵，基站与第 k 个用户之间的信道模型采用由 LOS 分量与 NLOS 分量组成的莱斯衰落信道模型，信道参数莱斯因子在 $[0,10]$ 随机分布。在信道矩阵的 LOS 分量 $\boldsymbol{H}_{\mathrm{LOS},k}$ 中，信号的到达方位角、俯仰角与离开方位角、俯仰角均在 $[0,2\pi)$ 随机分布。信道矩阵的 NLOS 分量 $\boldsymbol{H}_{\mathrm{NLOS},k}$ 由 5 簇(即 c_i 中 $i=1,2,\cdots,5$) 组成，每簇包含 10 个路径，每簇的到达方位角、俯仰角与离开方位角、俯仰角均在 $[0,2\pi)$ 随机分布，每条路径的到达方位角、俯仰角与离开方位角、俯仰角服从拉普拉斯分布。尺度扩展设置为 10°。仿真结果中曲线上的每一点都是经过 1000 次蒙特卡罗仿真得到的平均值。

实验 1： 在不同信噪比条件下，THP-CR 算法的频谱效率。

仿真参数：在发射端，发射天线阵元数 $N_{\mathrm{t}}=144$，射频链数 $N_{\mathrm{RF}}=12$，基站服务于 12 $(K=12)$ 个用户；在接收端，每个用户的接收天线阵元数 $N_{\mathrm{r}}=4$，射频链数为 1；信噪比的变化范围为 $-15\sim15$ dB；莱斯因子在 $[0,10]$ 区间随机分布。

图 5.22 给出了在不同信噪比条件下，THP-CR 算法的频谱效率的变化曲线，并与 BD-GMD-THP算法、全数字 THP 算法及多用户协作预编码算法的曲线进行了比较。

由图 5.22 中的仿真曲线可以明显看出：

(1) 随着信噪比的不断改善，所有算法的频谱效率曲线均处于上升趋势。

(2) 从整体看，频谱效率性能从高到低的算法依次为：多用户协作预编码算法、全数字 THP 算法、THP-CR 算法、BD-GMD-THP 算法，这是由于多用户协作预编码算法的频谱效率为理论上最优的频谱效率，其余算法的频谱效率曲线无法超越多用户协作预编码算法的频谱效率曲线。又由于模拟预编码存在恒模约束，THP-CR 算法与 BD-GMD-THP 算法的频谱效率只能接近全数字 THP 算法的频谱效率，而无法超越全数字 THP 算法的频谱效率。

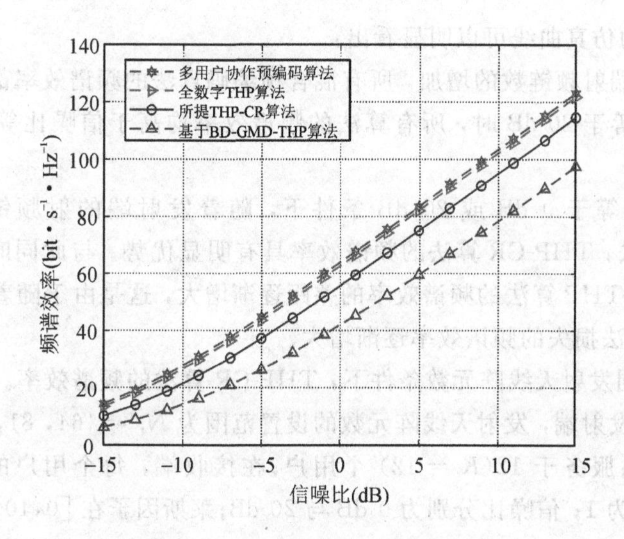

图 5.22　不同信噪比下频谱效率变化

(3) 在相同信噪比条件下，THP-CR 算法的频谱效率明显优于 BD-GMD-THP 算法的，且更接近于全数字 THP 算法的频谱效率。这是由于 THP-CR 算法利用了模拟预编码矩阵逐列修正的思想且混合预编码矩阵交替迭代的过程减小了非线性全数字预编码矩阵与混合预编码矩阵的残差。

实验 2: 在不同的射频链数条件下，THP-CR 算法的频谱效率。

仿真参数：在发射端，发射天线阵元数 $N_t=144$，发射端的射频链数范围为 10～70，基站服务于 K 个用户，同时假设发射端的射频链数等于用户数；在接收端，每个用户的接收天线阵元数 $N_r=4$，射频链数为 1；信噪比分别为 0 dB 与 20 dB；莱斯因子在［0,10］区间随机分布。

图 5.23 给出了在信噪比等于 0 dB 与 20 dB 条件下，随着发射端的射频链数的变化，THP-CR 算法的频谱效率的变化曲线，并与 BD-GMD-THP 算法、全数字 THP 算法及多用户协作预编码算法的曲线进行了比较。

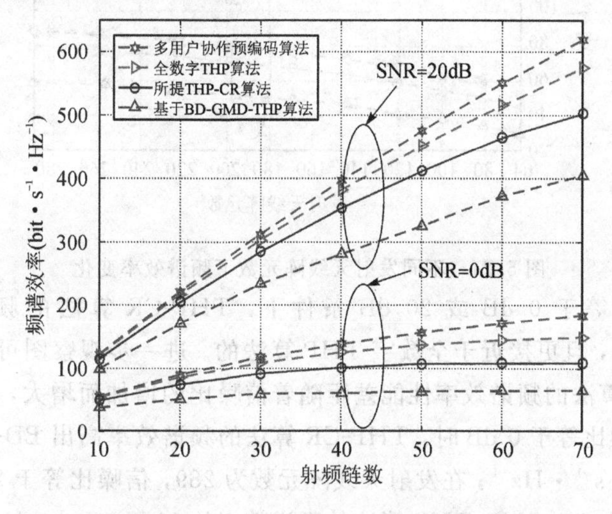

图 5.23　不同射频链数下频谱效率变化

由图 5.23 中的仿真曲线可以明显看出：

(1) 随着发射端射频链数的增加，所有混合预编码算法的频谱效率都不断提高。

(2) 当信噪比等于 20 dB 时，所有算法的频谱效率均高于信噪比等于 0 dB 时的频谱效率。

(3) 在信噪比等于 0 dB 或 20 dB 条件下，随着发射端的射频链数增加，相比于 BD-GMD-THP算法，THP-CR 算法的频谱效率具有明显优势。与此同时 THP-CR 算法的频谱效率与全数字 THP 算法的频谱效率的差距逐渐增大，这是由于随着射频链数的增加，THP-CR 预编码算法损失的频谱效率逐渐增大。

实验 3: 在不同发射天线阵元数条件下，THP-CR 算法的频谱效率。

仿真参数：在发射端，发射天线阵元数的设置范围为 $N_t = \{64, 81, \cdots, 289\}$，射频链数 $N_{RF} = 12$，基站服务于 12($K = 12$) 个用户；在接收端，每个用户的接收天线阵元数 $N_r = 4$，射频链数为 1；信噪比分别为 0 dB 与 20 dB；莱斯因子在 [0,10] 区间随机分布。

图 5.24 给出了在信噪比等于 0 dB 与 20 dB 条件下，随着发射天线阵元数的变化，THP-CR 算法的频谱效率的变化曲线，并与 BD-GMD-THP 算法、全数字 THP 算法及多用户协作预编码算法的曲线进行了比较，由图 5.24 的仿真曲线可以明显看出：

(1) 随着发射天线阵元数的不断增加，所有算法的频谱效率均快速增长，这是由于大规模的天线阵列能够提高分集增益。

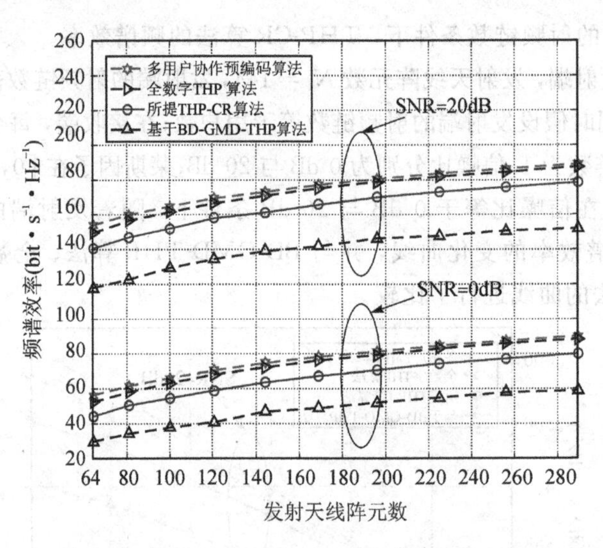

图 5.24　不同发射天线阵元数下频谱效率变化

(2) 在信噪比等于 0 dB 或 20 dB 条件下，THP-CR 算法的频谱效率明显高于 BD-GMD-THP算法，且更接近于全数字 THP 算法的。进一步观察图可知，THP-CR 算法与 BD-GMD-THP 算法的频谱效率性能差距随着信噪比的增加而增大，例如在发射天线阵元数等于 289，信噪比等于 0 dB 时，THP-CR 算法的频谱效率高出 BD-GMD-THP 算法的频谱效率约 26 bit · s^{-1} · Hz^{-1}；在发射天线阵元数为 289，信噪比等于 20 dB 时，THP-CR 算法的频谱效率高出 BD-GMD-THP 算法的频谱效率约 21 bit · s^{-1} · Hz^{-1}。

实验 4： 在不同接收天线阵元数条件下，THP-CR 算法的频谱效率。

仿真参数：在发射端，发射天线阵元数 $N_t = 4$，射频链数 $N_{RF} = 12$，基站服务于 12($K = 12$) 个用户；在接收端，每个用户的接收天线阵元数范围为 $N_r = \{4, 8, \cdots, 100\}$，射频链数为 1；信噪比分别为 0 dB 与 20 dB；莱斯因子在 [0,10] 区间随机分布。

图 5.25 给出了在信噪比等于 0 dB 与 20 dB 条件下，随着接收天线阵元数的变化，THP-CR 算法的频谱效率的变化曲线，并与 BD-GMD-THP 算法、全数字 THP 算法及多用户协作预编码算法的曲线进行了比较，由图 5.25 的仿真曲线可以明显看出：

(1) 随着接收天线阵元数的增加，所有混合预编码算法的频谱效率都随之不断增加。这是由于大规模的天线阵列能够提供较高的复用增益。

(2) 在信噪比等于 0 dB 或 20 dB 条件下，当接收天线阵元数大于 1 时，THP-CR 算法与 BD-GMD-THP 算法的频谱效率性能差距先迅速逐渐增大后趋于平稳。例如当信噪比等于 0 dB，接收天线阵元数为 4 时，THP-CR 算法的频谱效率比 BD-GMD-THP 算法的频谱效率高出约 18 bit · s^{-1} · Hz^{-1}；当接收天线阵元数为 100 时，THP-CR 算法的频谱效率比 BD-GMD-THP 算法的频谱效率高出约 30 bit · s^{-1} · Hz^{-1}。又如当信噪比等于 20 dB，接收天线阵元数为 4 时，THP-CR 算法的频谱效率比 BD-GMD-THP 算法的频谱效率高出约22 bit · s^{-1} · Hz^{-1}；当接收天线阵元数为 100 时，THP-CR 算法的频谱效率比 BD-GMD-THP算法的频谱效率高出约 32 bit · s^{-1} · Hz^{-1}。

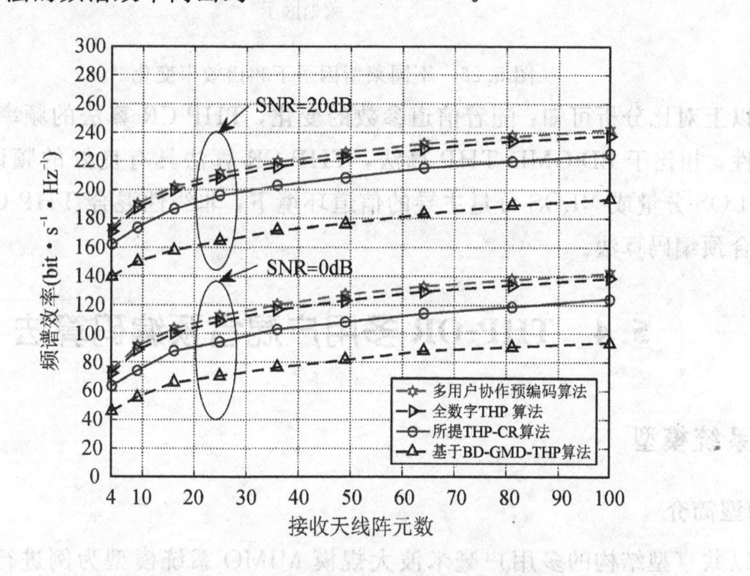

图 5.25　不同接收天线阵元数下频谱效率变化

实验 5： 在不同的莱斯因子条件下，THP-CR 算法的频谱效率。

仿真参数：在发射端，发射天线阵元数 $N_t = 144$，射频链数 $N_{RF} = 12$，基站服务于 12($K = 12$) 个用户；在接收端，每个用户的接收天线阵元数 $N_r = 4$，射频链数为 1；信噪比分别为 0 dB 与 20 dB；莱斯因子设置为 0,1，…，9。

图 5.26 给出了在信噪比等于 0 dB 与 20 dB 条件下，随着信道参数的变化，THP-CR 算法的频谱效率的变化曲线，并与 BD-GMD-THP 算法、全数字 THP 算法及多用户协作预

编码算法的曲线进行了比较，由图 5.26 的仿真曲线可以明显看出：

(1) 随着莱斯因子的增加，所有混合预编码算法的频谱效率都趋于稳定。

(2) THP-CR 算法与 BD-GMD-THP 算法的频谱效率之差随着信噪比的增加而增大。例如，当信噪比等于 0 dB 时，随着信道参数的变化，THP-CR 算法与 BD-GMD-THP 算法的频谱效率之差保持在约 17 bits · s^{-1} · Hz^{-1}；当信噪比等于 20 dB 时，随着信道参数的变化，THP-CR 算法与 BD-GMD-THP 算法的频谱效率之差保持在约 22 bits · s · Hz^{-1}。

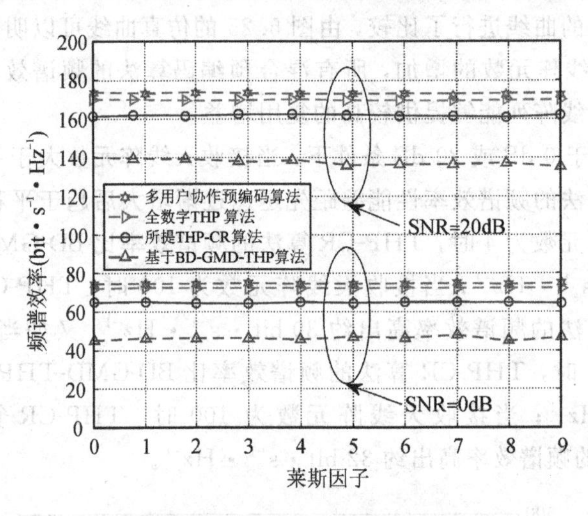

图 5.26 不同莱斯因子下频谱效率变化

通过以上对比分析可知：随着信道参数的变化，THP-CR 算法的频率效率具有更为良好的稳定性。相比于 BD-GMD-THP 算法，THP-CR 算法具有良好的频谱效率性能优势。无论在由 LOS 分量或 NLOS 分量主导的信道环境下，非线性混合 THP-CR 算法均为一种有效的混合预编码算法。

5.4 THP-OR 多用户混合预编码算法

5.4.1 系统模型

1. 模型简介

下面以共享型结构的多用户毫米波大规模 MIMO 系统模型为例进行介绍。基站配有 N_t 个发射天线阵元和 N_{RF} 个射频链路，它们同时服务于 K 个用户，每个用户配有 N_r 个接收天线阵元和 N_{RF}^r 个射频链路。为保证通信服务质量，发射天线与接收天线个数需满足约束条件 $N_t \geqslant N_r$。基站与第 k 个用户间的信道为由 LOS 分量与 NLOS 分量构成的莱斯衰落信道，其信道矩阵与 5.3 节基站与第 k 个用户间的信道矩阵一致，则基站与第 k 个用户间的信道矩阵可表示为

$$\boldsymbol{H}_k = \sqrt{\frac{v_k}{v_k+1}}\boldsymbol{H}_{\mathrm{LOS},k} + \sqrt{\frac{1}{v_k+1}}\boldsymbol{H}_{\mathrm{NLOS},k}$$

其中，$H_{\mathrm{LOS},k}$ 与 $H_{\mathrm{NLOS},k}$ 分别表示信道矩阵的 LOS 分量与 NLOS 分量。

本节接收端与发射端阵列结构均采用均匀平面阵，阵列响应向量可以表示为

$$\boldsymbol{a}(\phi,\theta)=[1,\cdots,\mathrm{e}^{\mathrm{j}\pi(m\sin\phi\sin\theta+n\cos\theta)},\cdots,\mathrm{e}^{\mathrm{j}\pi((M-1)\sin\phi\sin\theta+(N-1)\cos\theta)}]^{\mathrm{T}}$$

其中，天线阵列中阵元之间的距离等于半波长，假设天线阵列维度为 $M\times N$，则 m 与 n 分别表示为天线阵列中各阵元的二维下标，且满足 $0\leqslant m\leqslant M-1$，$0\leqslant n\leqslant N-1$。

2. 数学描述

为进一步提高混合预编码算法性能，本小节以最大化每个用户的基带等效信道增益为目标求解模拟预编码矩阵和模拟合并矩阵，在此基础上构建基站与第 k 个用户之间的基带等效信道。定义第 k 个用户的基带等效信道 $\boldsymbol{H}_{\mathrm{eq}}$ 为

$$\boldsymbol{H}_{\mathrm{eq},k}=\boldsymbol{w}_{\mathrm{RF},k}^{\mathrm{H}}\boldsymbol{H}_k\boldsymbol{F}_{\mathrm{RF}}\tag{5.70}$$

则所有用户的基带等效信道为

$$\boldsymbol{H}_{\mathrm{eq}}=\begin{bmatrix}\boldsymbol{H}_{\mathrm{eq},1}\\\boldsymbol{H}_{\mathrm{eq},2}\\\vdots\\\boldsymbol{H}_{\mathrm{eq},K}\end{bmatrix}=\begin{bmatrix}\boldsymbol{w}_{\mathrm{RF},1}^{\mathrm{H}} & 0 & \cdots & 0\\0 & \boldsymbol{w}_{\mathrm{RF},2}^{\mathrm{H}} & \cdots & 0\\\vdots & \vdots & \ddots & \vdots\\0 & 0 & \cdots & \boldsymbol{w}_{\mathrm{RF},K}^{\mathrm{H}}\end{bmatrix}\begin{bmatrix}\boldsymbol{H}_1\\\boldsymbol{H}_2\\\vdots\\\boldsymbol{H}_K\end{bmatrix}\boldsymbol{F}_{\mathrm{RF}}\tag{5.71}$$

其中，$\boldsymbol{H}=[\boldsymbol{H}_1^{\mathrm{H}},\boldsymbol{H}_2^{\mathrm{H}},\cdots,\boldsymbol{H}_K^{\mathrm{H}}]^{\mathrm{H}}$ 表示整个系统的信道矩阵。

此时，最大化每个用户的基带等效信道增益等价为最大化所有用户基带等效信道 $\boldsymbol{H}_{\mathrm{eq}}$ 的主对角线元素的模值。如何优化求解算法，使所有用户的基带等效信道 $\boldsymbol{H}_{\mathrm{eq}}$ 主对角线元素的模值越大越好，成为本节第一个研究重点。

由于非线性混合 THP 算法的用户干扰消除过程为连续串行干扰消除过程，其基本思想为每个用户的干扰可看作仅与之前处理的用户干扰相关，不受尚未处理的用户干扰影响。因此，基带等效信道矩阵行向量的顺序，影响了用户预编码的顺序，产生了不同的非线性混合预编码算法性能。为此，如何优化基带等效信道矩阵行向量的顺序，成为本节第二个研究重点。

5.4.2　算法原理

THP-OR 算法首先以最大化每个用户的基带等效信道增益为目标，利用等增益发射方法与预定义码本方法求解模拟预编码矩阵与模拟合并矩阵；然后利用 MMSE 准则，将优化基带等效信道矩阵行向量的顺序的问题转化为最小化下三角矩阵对角线元素平方和的问题，并利用排序 QR 分解方法求解上述问题；最后利用已优化的基带等效信道矩阵行向量的顺序，完成基带等效信道矩阵的 LQ 分解，给出数字预编码矩阵，从而得出最终混合预编码矩阵。

1. 模拟预编码矩阵求解

由于模拟预编码仅由移相器实现信号的预处理，因此模拟预编码矩阵具有恒模特性。为满足模拟预编码矩阵的恒模特性，THP-OR 算法采用文献[31]给出的等增益发射方法求解模拟预编码矩阵。假设接收端模拟合并矩阵已经设定，信道与所有用户之间的中间信道

变量 $\boldsymbol{H}_{\text{int}}$ 为[31]

$$\boldsymbol{H}_{\text{int}}=\begin{bmatrix}\boldsymbol{w}_{\text{RF},1}^{\text{H}}\boldsymbol{H}_1\\ \boldsymbol{w}_{\text{RF},2}^{\text{H}}\boldsymbol{H}_2\\ \vdots\\ \boldsymbol{w}_{\text{RF},K}^{\text{H}}\boldsymbol{H}_K\end{bmatrix}_{K\times N_{\text{t}}}\tag{5.72}$$

此时，所有用户的基带等效信道为

$$\boldsymbol{H}_{\text{eq}}=\boldsymbol{H}_{\text{int}}\boldsymbol{F}_{\text{RF}}\tag{5.73}$$

利用等增益发射方法，模拟预编码矩阵为

$$\boldsymbol{F}_{\text{RF}}^{(i,j)}=\frac{1}{\sqrt{N_{\text{t}}}}\text{e}^{\text{j}\psi_{(i,j)}}\tag{5.74}$$

其中，$\psi_{(i,j)}$ 表示中间信道变量 $\boldsymbol{H}_{\text{int}}$ 的共轭转置矩阵中的第 (i,j) 个元素的相位。

值得注意的是，在模拟预编码矩阵的求解过程中，式(5.74)是在接收端模拟合并矩阵已知的前提下获得的。若想求解模拟预编码矩阵，需已知接收端模拟合并矩阵，因此，以下将给出接收端模拟合并矩阵的求解过程。

本节以最大化每个用户的基带等效信道增益为目标求解模拟合并矩阵。由于模拟预编码矩阵经由等增益发射方法获得，而等增益传输方法限制了发射端射频链数，此时，模拟预编码矩阵 $\boldsymbol{F}_{\text{RF}}$ 的维度为 $N_{\text{t}}\times K$，所有用户的基带等效信道 $\boldsymbol{H}_{\text{eq}}$ 为方阵。可以看出：最大化每个用户的基带等效信道增益就是最大化所有用户的基带等效信道 $\boldsymbol{H}_{\text{eq}}$ 的主对角线上的元素的模值，即最大化每个用户的基带等效信道增益可进一步等价于最大化所有用户的基带等效信道 $\boldsymbol{H}_{\text{eq}}$ 的主对角线上的元素的平方和。

由式(5.74)中求解模拟预编码矩阵的方法，所有用户的基带等效信道 $\boldsymbol{H}_{\text{eq}}$ 的主对角线上的元素为

$$\|(\boldsymbol{w}_{\text{RF},k})^{\text{H}}\boldsymbol{H}_k\|_{\text{F}}\tag{5.75}$$

此时，最大化所有用户的基带等效信道 $\boldsymbol{H}_{\text{eq}}$ 的主对角线上的元素的平方和的目标函数为

$$\begin{cases}\underset{\boldsymbol{w}_{\text{RF},k}}{\arg\max}\|(\boldsymbol{w}_{\text{RF},k})^{\text{H}}\boldsymbol{H}_k\|_{\text{F}}^2\\ \text{s.t. }|w_{\text{RF},k(m)}|=1\qquad\forall k,m\end{cases}\tag{5.76}$$

显然，式(5.76)中问题为非凸问题。为避免求解非凸问题，将第 k 个用户的信道矩阵写成

$$\boldsymbol{H}_k=[\boldsymbol{h}_1,\boldsymbol{h}_2,\cdots,\boldsymbol{h}_q]\tag{5.77}$$

其中，$\boldsymbol{h}_q$ 表示为第 k 个用户信道矩阵的第 q 列列向量。

此时，式(5.76)可进一步表示为

$$\begin{cases}\underset{\boldsymbol{w}_{\text{RF},k}}{\arg\max}\left(\sum_{q=1}^{N_{\text{t}}}(|(\boldsymbol{w}_{\text{RF},k})^{\text{H}}\boldsymbol{h}_q|)\right)^2\\ \text{s.t. }|w_{\text{RF},k(m)}|=1\quad\forall k,m\end{cases}\tag{5.78}$$

利用毫米波的信道模型特性，第 k 个用户的信道矩阵的列向量可表示为所有天线到达角的阵列响应向量的线性组合。根据文献[32]给出的第 k 个用户的模拟合成向量具有天线阵列响应向量形式，可进一步表示为[32]

$$d(\omega)=\frac{1}{\sqrt{N_r}}\left[1,e^{j\omega},e^{j2\omega},\cdots,e^{j(N_r-1)\omega}\right]^T \tag{5.79}$$

其中，$\omega=(2\pi/\lambda)\cdot d\sin\theta$，$d=\lambda/2$ 为天线阵列中阵元间的距离，λ 表示传输信号的波长。

将 ω 在 $(0,2\pi]$ 范围内均匀量化 N_r 阶，可构成 N_r 维 DFT 矩阵。当采用 DFT 矩阵作为第 k 个用户的模拟合成向量预定义码本时。式(5.78)可转化为

$$\begin{cases}\arg\max\limits_{w_{RF,k}}\|(w_{RF,k})^H H_k\|_F^2\\ \text{s.t.}\ w_{RF,k}\in D\end{cases} \tag{5.80}$$

其中，$D=\{d(0),d(2\pi/N_r),\cdots,d(2\pi(N_r-1)/N_r)\}$，代表 N_r 维 DFT 矩阵。

将 N_r 维 DFT 矩阵作为预定义码本，在预定义码本 D 中，选择使 $\|(w_{RF,k})^H H_k\|_F$ 最大的第 k 个用户的模拟合成向量，即完成第 k 个用户的模拟合成向量的求解，继而求解出接收端模拟合并矩阵。综上可知，本节以最大化每个用户的基带等效信道增益目标，利用构建的 N_r 维 DFT 矩阵作为预定义码本求解模拟合并矩阵，并在此基础上，利用等增益发射方法求解模拟预编码矩阵。模拟预编码矩阵具体求解步骤如下(见表 5.8)所示：

表 5.8　模拟预编码矩阵的求解步骤

输入参数：构建的预定义码本 D
初始化：初始化模拟合并矩阵 W_{RF}，迭代次数 $t=1$
步骤 1：利用式(5.80)在预定义码本中挑选列向量构建第 k 个用户的模拟合并向量 $w_{RF,k}$；
步骤 2：如果 $t<K$，则跳转到步骤 1，否则继续执行后续步骤；
步骤 3：求得 $W_{RF}=\text{diag}\{w_{RF,1},w_{RF,2},\cdots,w_{RF,K}\}$；
步骤 4：令 $H_{int}=W_{RF}H$；
步骤 5：利用(5.74)求得 $F_{RF}=\left(\frac{1}{\sqrt{N_t}}\right)e^{j\psi}$
输出参数：模拟预编码矩阵 F_{RF} 与模拟合并矩阵 W_{RF}

首先，构建 N_r 维 DFT 矩阵并将其作为预定义码本，初始化模拟合并矩阵，同时设置迭代次数 $t=1$；

其次，执行步骤 1～步骤 3，利用式(5.80)从预定义码本选择向量构建第 k 个用户的模拟合并向量 $w_{RF,k}$，从而给出接收端模拟合并矩阵；

再次，执行步骤 4 和步骤 5，利用式(5.74)等增益发射方法求解模拟预编码矩阵；

最后，输出模拟预编码矩阵 F_{RF} 与模拟合并矩阵 W_{RF}。

2. 数字预编码矩阵求解

在模拟预编码矩阵的求解过程中，由于仅考虑了最大化每个用户的基带等效信道增益，而忽略了不同用户间的干扰。因此，本小节旨在消除不同用户之间的干扰。考虑系统整体性能增益，本节利用基于 LQ 分解的非线性 THP 来消除不同用户之间的干扰。为进一步消除不同用户间的干扰，本节仍采用文献[30]研究的数字预编码矩阵的分解方式[30]。图 5.27 所示为 THR-OR 算法系统框图。

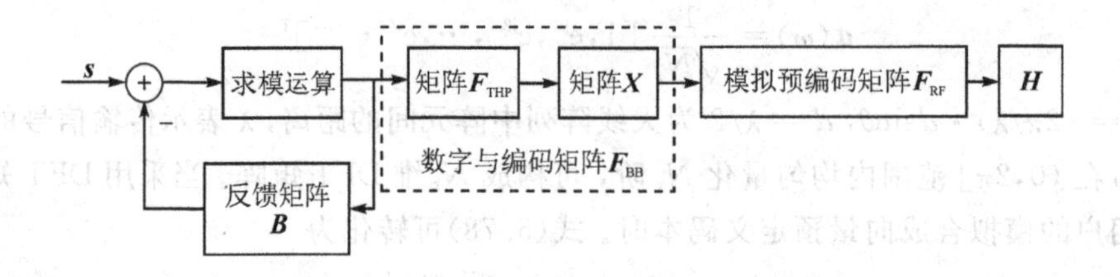

图 5.27　THP-OR 算法系统框图

数字预编码矩阵被分为 X 与 F_{THP} 两个独立的矩阵，分别用于消除基带不同用户间的干扰与扩展有效信道。此时，所用用户的基带等效信道 H_{eq} 可表示为

$$H_{\mathrm{eq}} = W_{\mathrm{RF}}^{\mathrm{H}} H_k F_{\mathrm{RF}} X \tag{5.81}$$

其中，矩阵 X 表示为基带等效信道的扩展矩阵。

在求解模拟预编码矩阵 F_{RF} 的基础上，对模拟预编码矩阵执行 QR 分解，有

$$F_{\mathrm{RF}} = Q_{\mathrm{T}} R_{\mathrm{T}} \tag{5.82}$$

其中，Q_{T} 表示酉矩阵；R_{T} 表示上三角矩阵，且满足 $X = R_{\mathrm{T}}{}^{-1}$。

此时，式(5.81)可进一步表示为

$$H_{\mathrm{eq}} = W_{\mathrm{RF}}^{\mathrm{H}} H_k Q_{\mathrm{T}} \tag{5.83}$$

由于 THP 算法的基本操作为连续地消除用户间的干扰，即利用串行干扰消除的思想对发射信号实现预处理。因此，基带等效信道矩阵行向量的顺序，影响了用户预编码的顺序，产生了不同的非线性混合预编码算法性能。为了进一步提高非线性混合预编码算法性能，THP-OR 算法优化了基带等效信道矩阵行向量的顺序，利用 MMSE 准则，基带等效信道矩阵行向量的顺序的优化问题可表示为

$$\arg\min_{M} \| y - s \|_{\mathrm{F}}^{2} \tag{5.84}$$

其中，s 表示原始发射信号；y 表示接收信号；$M = \{m_1, m_2, \cdots, m_K\}$ 表示基带等效信道矩阵行向量的顺序。

由于基带采用基于 LQ 分解的 THP 算法来消除用户间的干扰，此时对所有用户的基带有效信道进行 LQ 分解有

$$H_{\mathrm{eq}} = L_{\mathrm{eq}} Q_{\mathrm{eq}} \tag{5.85}$$

其中，L_{eq} 表示下三角矩阵；Q_{eq} 表示酉矩阵。

将式(5.85)的等式两边同时执行取逆运算，有

$$H_{\mathrm{eq}}^{-1} = \overline{Q}_{\mathrm{eq}} \overline{L}_{\mathrm{eq}} \tag{5.86}$$

其中，H_{eq}^{-1} 表示 H_{eq} 的逆矩阵；$\overline{Q}_{\mathrm{eq}} = Q_{\mathrm{eq}}^{\mathrm{H}}$，$\overline{Q}_{\mathrm{eq}}$ 表示酉矩阵；$\overline{L}_{\mathrm{eq}} = L_{\mathrm{eq}}^{-1}$，$\overline{L}_{\mathrm{eq}}$ 表示下三角矩阵。

易知，式(5.84)可转化为

$$\arg\min_{M} \sigma_n^2 \sum_{k=1}^{K} \overline{l}_{\mathrm{eq},kk}^{2} \tag{5.87}$$

其中，$\overline{l}_{\mathrm{eq},kk}$ 表示 $\overline{L}_{\mathrm{eq}}$ 的第 k 个对角线元素。

文献[33]提出的排序 QR 分解方法是求解式(5.87)的有效途径。为优化基带等效信道矩阵行向量的顺序，将矩阵 $\boldsymbol{H}_{\mathrm{eq}}^{-1}$ 与 $\overline{\boldsymbol{Q}}_{\mathrm{eq}}$ 按列展开，并表示为[33]

$$\boldsymbol{H}_{\mathrm{eq}}^{-1}=[\overline{\boldsymbol{h}}_{\mathrm{eq},1}\overline{\boldsymbol{h}}_{\mathrm{eq},2}\cdots\overline{\boldsymbol{h}}_{\mathrm{eq},K}] \tag{5.88}$$

$$\overline{\boldsymbol{Q}}_{\mathrm{eq}}=[\overline{\boldsymbol{q}}_{\mathrm{eq},1}\overline{\boldsymbol{q}}_{\mathrm{eq},2}\cdots\overline{\boldsymbol{q}}_{\mathrm{eq},K}] \tag{5.89}$$

其中，$\overline{\boldsymbol{h}}_{\mathrm{eq},k}$ 和 $\overline{\boldsymbol{q}}_{\mathrm{eq},k}$ 分别表示矩阵 $\boldsymbol{H}_{\mathrm{eq}}^{-1}$ 与 $\overline{\boldsymbol{Q}}_{\mathrm{eq}}$ 的第 k 个列向量。

此时，优化基带等效信道矩阵行向量的顺序具体步骤如下(见表 5.9)所示：

表 5.9　优化基带等效信道矩阵行向量的顺序

输入参数：$\overline{\boldsymbol{Q}}_{\mathrm{eq}}=\boldsymbol{H}_{\mathrm{eq}}^{-1}$，$\overline{\boldsymbol{L}}_{\mathrm{eq}}=0$，序列 $\boldsymbol{M}=\{1,2,\cdots,K\}$
初始化：$k=K,K-1,\cdots,1$，$l=k-1,k-2,\cdots,1$
步骤 1：令 $i=\arg\min\limits_{j=1,2,\cdots k}\Vert\overline{\boldsymbol{q}}_{\mathrm{eq},j}\Vert$；
步骤 2：分别交换向量 $\overline{\boldsymbol{q}}_{\mathrm{eq},i}$ 与 $\overline{\boldsymbol{q}}_{\mathrm{eq},k}$、序列 M_i 与 M_k；
步骤 3：令 $\overline{l}_{\mathrm{eq},kk}=\Vert\overline{\boldsymbol{q}}_{\mathrm{eq},k}\Vert$；
步骤 4：对 $\overline{\boldsymbol{q}}_{\mathrm{eq},k}$ 进行归一化处理，即 $\overline{\boldsymbol{q}}_{\mathrm{eq},k}=\overline{\boldsymbol{q}}_{\mathrm{eq},k}/\overline{l}_{\mathrm{eq},kk}$；
步骤 5：计算 $\overline{\boldsymbol{q}}_{\mathrm{eq},l}=\overline{\boldsymbol{q}}_{\mathrm{eq},l}-\overline{\boldsymbol{q}}_{\mathrm{eq},k}^{\mathrm{H}}\overline{\boldsymbol{q}}_{\mathrm{eq},l}\overline{\boldsymbol{q}}_{\mathrm{eq},k}$；
步骤 6：如果 $l>1$，则跳转到步骤 5，否则继续执行后续步骤；
步骤 7：如果 $k>1$，则跳转到步骤 1，否则循环结束
输出参数：矩阵 $\hat{\boldsymbol{Q}}_{\mathrm{eq}}$ 与矩阵 $\hat{\boldsymbol{L}}_{\mathrm{eq}}$

首先，输入矩阵 $\overline{\boldsymbol{Q}}_{\mathrm{eq}}$、矩阵 $\overline{\boldsymbol{L}}_{\mathrm{eq}}$ 及序列 $M=\{1,2,\cdots,K\}$；

然后，将矩阵 $\overline{\boldsymbol{Q}}_{\mathrm{eq}}=[\overline{\boldsymbol{q}}_{\mathrm{eq},1},\overline{\boldsymbol{q}}_{\mathrm{eq},2},\cdots,\overline{\boldsymbol{q}}_{\mathrm{eq},K}]$ 按列展开，执行步骤 1、2 找到使得 $\overline{l}_{\mathrm{eq},kk}$ 最小的向量 $\overline{\boldsymbol{q}}_{\mathrm{eq},i}$，并交换向量 $\overline{\boldsymbol{q}}_{\mathrm{eq},i}$ 与向量 $\overline{\boldsymbol{q}}_{\mathrm{eq},k}$。令已知 $\overline{l}_{\mathrm{eq},kk}=\Vert\overline{\boldsymbol{q}}_{\mathrm{eq},k}\Vert$，执行步骤 3、4 对 $\overline{\boldsymbol{q}}_{\mathrm{eq},k}$ 进行归一化处理，并执行步骤 5、6 使得 $\overline{\boldsymbol{q}}_{\mathrm{eq},k}$ 与前 $l=k-1$ 个向量 $\overline{\boldsymbol{q}}_{\mathrm{eq},l}$ 均正交；

最后，执行步骤 7，当 $\overline{\boldsymbol{Q}}_{\mathrm{eq}}$ 中所有列向量均完成排序后，并输出经排序后的矩阵 $\hat{\boldsymbol{Q}}_{\mathrm{eq}}$、矩阵 $\hat{\boldsymbol{L}}_{\mathrm{eq}}$。

此时式(5.86)可表示为

$$\widetilde{\boldsymbol{H}}_{\mathrm{eq}}^{-1}=\hat{\boldsymbol{Q}}_{\mathrm{eq}}\hat{\boldsymbol{L}}_{\mathrm{eq}} \tag{5.90}$$

其中，$\widetilde{\boldsymbol{H}}_{\mathrm{eq}}^{-1}$ 表示实现排序后的等效信道矩阵的逆矩阵。

在完成基带等效信道矩阵行向量顺序的优化基础上，完成基带等效信道矩阵的 LQ 分解，则用于消除用户间干扰的矩阵 $\boldsymbol{F}_{\mathrm{THP}}$ 可表示为

$$\boldsymbol{F}_{\mathrm{THP}}=\hat{\boldsymbol{Q}}_{\mathrm{eq}}^{\mathrm{H}} \tag{5.91}$$

此时，数字预编码矩阵 $\boldsymbol{F}_{\mathrm{BB}}$ 可表示为

$$\boldsymbol{F}_{\mathrm{BB}}=\boldsymbol{F}_{\mathrm{THP}}\boldsymbol{X} \tag{5.92}$$

数字预编码矩阵的求解步骤如下(见表 5.10)所示：

表 5.10　数字预编码矩阵的求解步骤

输入参数：模拟预编码矩阵 $\boldsymbol{F}_{\mathrm{RF}}$ 与模拟合并矩阵 $\boldsymbol{W}_{\mathrm{RF}}$
步骤 1：对逐列修正后的模拟预编码矩阵 $\boldsymbol{F}_{\mathrm{RF}}$ 执行 QR 分解，即 $\boldsymbol{F}_{\mathrm{RF}}=\boldsymbol{Q}_{\mathrm{T}}\boldsymbol{R}_{\mathrm{T}}$；
步骤 2：令 $\boldsymbol{F}_{\mathrm{P}}=\boldsymbol{R}_{\mathrm{T}}^{-1}$； 步骤 3：构建第 k 个用户的基带等效信道 $\boldsymbol{H}_{\mathrm{eq},k}=\boldsymbol{w}_{\mathrm{RF},k}^{\mathrm{H}}\boldsymbol{H}_k\boldsymbol{Q}_{\mathrm{T}}$； 步骤 4：对所有用户的基带等效信道执行 LQ 分解，即 $\boldsymbol{H}_{\mathrm{eq}}=\boldsymbol{L}_{\mathrm{eq}}\boldsymbol{Q}_{\mathrm{eq}}\boldsymbol{H}_{\mathrm{eq}}$； 步骤 5：优化基带等效信道矩阵行向量的顺序，得到矩阵 $\hat{\boldsymbol{Q}}_{\mathrm{eq}}$ 与 $\hat{\boldsymbol{L}}_{\mathrm{eq}}$； 步骤 6：求解 $\boldsymbol{F}_{\mathrm{THP}}=\hat{\boldsymbol{Q}}_{\mathrm{eq}}^{\mathrm{H}}$； 步骤 7：令 $\boldsymbol{F}_{\mathrm{BB}}=\boldsymbol{F}_{\mathrm{THP}}\boldsymbol{X}$
输出参数：数字预编码矩阵 $\boldsymbol{F}_{\mathrm{BB}}$

首先，输入利用等增益发射方法与预定义码本方法求解的模拟预编码矩阵 $\boldsymbol{F}_{\mathrm{RF}}$ 与模拟合并矩阵 $\boldsymbol{W}_{\mathrm{RF}}$；

其次，通过步骤 1～步骤 3，构建第 k 个用户的基带等效信道；

再次，通过步骤 4～步骤 5，对所有用户的基带等效信道执行 LQ 分解，并优化基带等效信道矩阵行向量的顺序，得到优化后的矩阵 $\hat{\boldsymbol{Q}}_{\mathrm{eq}}^{\mathrm{H}}$；

最后，通过步骤 6～步骤 7，输出数字预编码矩阵 $\boldsymbol{F}_{\mathrm{BB}}$。

综上所述，THP-OR 预编码算法步骤可总结如下：

步骤 1：数据输入。

初始化发射端混合预编码矩阵与接收端混合合并矩阵，构建模拟合成向量的预定义码本 $\boldsymbol{D}$。

步骤 2：模拟合并矩阵求解。

构建模拟合成向量的预定义码本 $\boldsymbol{D}$，利用式(5.80)求解所有用户的模拟合成向量，进而求解模合并矩阵。

步骤 3：模拟预编码矩阵求解。

在获得模拟合并矩阵的基础上，通过等增益发射方法，利用式(5.74)求解模拟预编码矩阵。

步骤 4：基带等效信道矩阵行向量的顺序优化。

利用 MMSE 准则，最终将基带等效信道矩阵行向量的顺序优化问题转化为式(5.87)中问题，并利用排序 QR 分解求解该问题。

步骤 5：数字预编码矩阵求解。

在数字预编码矩阵求解阶段，为进一步消除用户间的干扰，数字预编码矩阵被分解为两个独立的矩阵。此时，构建所有用户的基带等效信道，在优化基带等效信道矩阵行向量的顺序基础上，实现基带等效信道矩阵的 LQ 分解，并利用式(5.92)求解数字预编码矩阵。

步骤 6：结果输出。

输出模拟预编码矩阵与数字预编码矩阵，算法结束。

5.4.3 仿真实验及性能分析

本节通过对多用户共享型结构的毫米波大规模 MIMO 系统的仿真实验来评价非线性混合 THP-OR 算法的性能。在仿真实验中假设接收端和发射端的天线阵列均采用均匀平面阵列，基站与第 k 个用户之间的信道模型采用由 LOS 分量与 NLOS 分量组成的莱斯衰落信道模型，信道参数莱斯因子在[0,10]随机分布。在信道矩阵的 LOS 分量 $\boldsymbol{H}_{\mathrm{LOS},k}$ 中，信号的到达方位角、俯仰角与离开方位角、俯仰角均在[0,2π)区间上随机分布。信道矩阵的 NLOS 分量 $\boldsymbol{H}_{\mathrm{NLOS},k}$ 由 5 簇组成，每簇包含 10 个路径，每簇的到达方位角、俯仰角与离开俯仰角、俯仰角均在[0,2π)随机分布，每条路径的到达方位角、俯仰角与离开方位角、俯仰角服从拉普拉斯分布，尺度扩展设置为 10°。仿真结果中曲线上的每一点都是经过 1000 次蒙特卡罗仿真得到的平均值。

实验 1： 在不同信噪比条件下，THP-OR 算法的频谱效率。

仿真参数：在发射端，发射天线阵元数 $N_{\mathrm{t}}=144$，射频链数 $N_{\mathrm{rf}}=12$，基站服务于 12 ($K=12$) 个用户；在接收端，每个用户的接收天线阵元数 $N_{\mathrm{r}}=4$。射频链数 $N_{\mathrm{RF}}^{\mathrm{r}}=1$，为满足等增益方法求解模拟预编码矩阵，发射端的射频链数需满足 $N_{\mathrm{RF}}=KN_{\mathrm{RF}}^{\mathrm{r}}=K$；信噪比的变化范围设置为 −15～15 dB；莱斯因子在[0,10]区间随机分布。

图 5.28 给出了在不同信噪比条件下 THP-OR 算法的频谱效率的变化曲线，并与 BD-GMD-THP 算法、全数字 THP 算法及多用户协作预编码算法的曲线进行了比较。

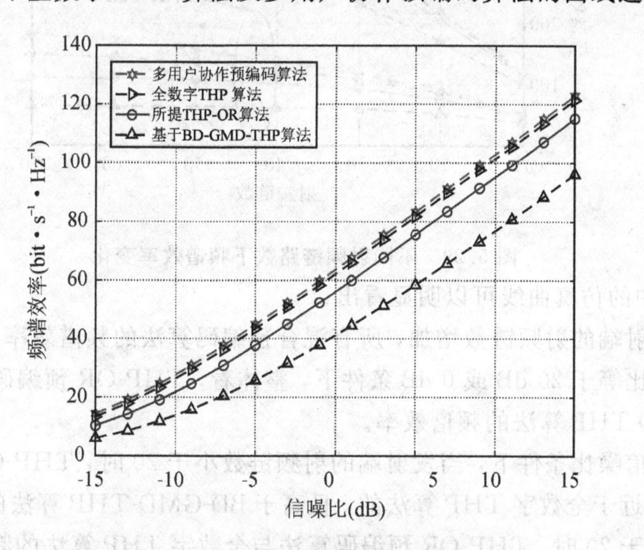

图 5.28　不同信噪比下频谱效率变化

由图 5.28 中的仿真曲线可以明显看出：

(1) 随着信噪比的增加，所有算法的频谱效率均快速增加。

(2) 从整体看，多用户协作预编码算法的频谱效率为其余三种混合预编码算法的频谱效率上界，这是由于接收端用户通常不能协作处理，因此多用户协作预编码算法的频谱效率被认为是理论上的最优频谱效率。进一步观察图可知，THP-OR 算法的频谱效率明显高于 BD-GMD-THP 算法的频谱效率，且更趋近全数字 THP 算法的频谱效率。相比于

BD-GMD-THP算法，THP-OR 算法的频谱效率具有优势，原因是该算法最大化了每个用户的等效信道增益，有效地提高了系统性能。而模拟预编码的恒模约束是 THP-OR 算法与全数字 THP 算法的频谱效率存在差距的主要原因。

实验 2: 在不同的发射端的射频链数条件下，THP-OR 算法的频谱效率。

仿真参数：在发射端，发射天线阵元数 $N_t = 144$，发射端的射频链数范围为 10～70，基站服务于 K 个用户；在接收端，每个用户的接收天线阵元数 $N_r = 4$，射频链数 $N_{RF}^r = 1$；为满足等增益方法求解模拟预编码矩阵，发射端的射频链数需满足 $N_{RF} = KN_{RF}^r = K$；信噪比分别为 0 dB 与 20 dB；莱斯因子在 [1,10] 区间随机分布。

图 5.29 给出了在信噪比等于 0 dB 与 20 dB 条件下，随着发射端的射频链数的变化，THP-OR 算法的频谱效率的变化曲线，并与 BD-GMD-THP 算法、全数字 THP 算法及多用户协作预编码算法的曲线进行了比较。

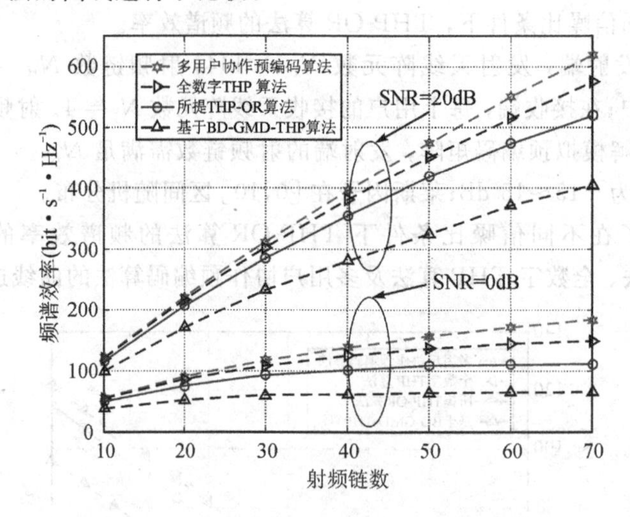

图 5.29　不同射频链路数下频谱效率变化

由图 5.29 中的仿真曲线可以明显看出：

(1) 随着发射端的射频链数增加，所有混合预编码算法的频谱效率都快速增加。

(2) 在信噪比等于 20 dB 或 0 dB 条件下，整体看，THP-OR 预编码算法的频谱效率明显优于 BD-GMD-THP 算法的频谱效率。

(3) 在相同信噪比条件下，当发射端的射频链数小于 20 时，THP-OR 预编码算法的频谱效率性能更接近于全数字 THP 算法的，且高于 BD-GMD-THP 算法的频谱效率。当发射端的射频链数大于 20 时，THP-OR 预编码算法与全数字 THP 算法的频谱效率的差距明显增大，这源于全数字 THP 算法没有恒模约束，而随着射频链数的增加，THP-OR 算法的性能衰减逐渐增大。

通过以上对比分析可知：在不同信噪比条件下，随着射频链数的改变，THP-OR 算法的频谱效率均优于 BD-GMD-THP 算法的频谱效率。由于发射端的射频链数等于用户数，因此图 5.29 中曲线也表明 THP-OR 算法在大规模用户数量的毫米通信系统中可以保持着良好的频谱效率。

实验 3: 在不同发射天线阵元数条件下，THP-OR 算法的频谱效率。

仿真参数：在发射端，发射天线阵元数 $N_t = \{64, 81, \cdots, 289\}$，基站服务于 12($K=12$) 个用户；在接收端，每个用户的接收天线阵元数 $N_r = 4$，射频链数 $N_{RF}^r = 1$；为满足等增益方法求解模拟预编码矩阵，发射端的射频链数满足 $N_{RF} = KN_{RF}^r = K$；信噪比分别为0 dB与20 dB；莱斯因子在［1,10］区间随机分布。

图 5.30 给出了在信噪比等于 0 dB 与 20 dB 条件下，随着发射天线阵元数的变化，THP-OR 算法的频谱效率的变化曲线，并与 BD-GMD-THP 算法、全数字 THP 算法及多用户协作预编码算法的曲线进行了比较。

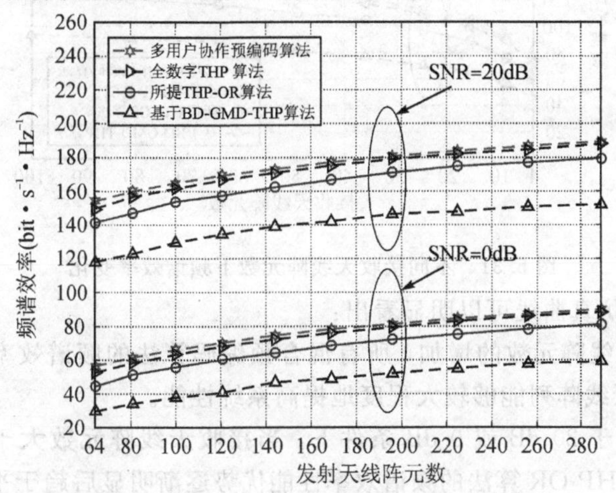

图 5.30　不同发射天线阵元数下频谱效率变化

由图 5.30 中仿真曲线可明显看出：

(1) 随着发射天线阵元数的增加，所有的混合预编码算法的频率效率也随之增加，这是由于随着发射天线阵元数的增加，带来更大的分集增益从而提高了系统性能。

(2) 在信噪比等于 20 dB 或 0 dB 条件下，从整体看，随着发射天线阵元数的改变，THP-OR 算法的频谱效率要高于 BD-GMD-THP 算法的频谱效率。进一步观察图可知，THP-OR 算法与 BD-GMD-THP 算法的频谱效率之差随着信噪比的增加而增大。例如当发射天线阵元数等于 289，信噪比等于 0 dB 时，THP-OR 算法的频谱效率高出 BD-GMD-THP 算法的频谱效率约 22 bit·s^{-1}·Hz^{-1}；当发射天线阵元数为 289，信噪比等于 20 dB 时，THP-OR 算法的频谱效率高出 BD-GMD-THP 算法的频谱效率约 27 bit·s^{-1}·Hz^{-1}。

通过以上对比分析可知：从整体看，随着发射天线阵元数的改变，THP-OR 算法的频谱效率保持相对稳定的性能优势，而 THP-OR 算法的频谱效率性能优势不局限于发射天线阵元数。

实验 4： 在不同接收天线阵元数条件下 THP-OR 算法的频谱效率。

仿真参数：在发射端，发射天线阵元数 $N_t = 4$，基站服务于 12 ($K = 12$) 个用户；在接收端，每个用户的接收天线阵元数 $N_r = \{4, 8, \cdots, 100\}$，射频链数 $N_{RF}^r = 1$；为满足等增益方法求解模拟预编码矩阵，发射端的射频链数需满足 $N_{RF} = KN_{RF}^r = K$；信噪比分别为 0 dB与 20 dB；莱斯因子在［1,10］区间随机分布。

图 5.31 给出了在信噪比等于 0 dB 与 20 dB 时，随着接收天线阵元数的变化，THP-OR 算法的频谱效率的变化曲线，并与 BD-GMD-THP 算法、全数字 THP 算法及多用户协作预编码算法的曲线进行了比较。

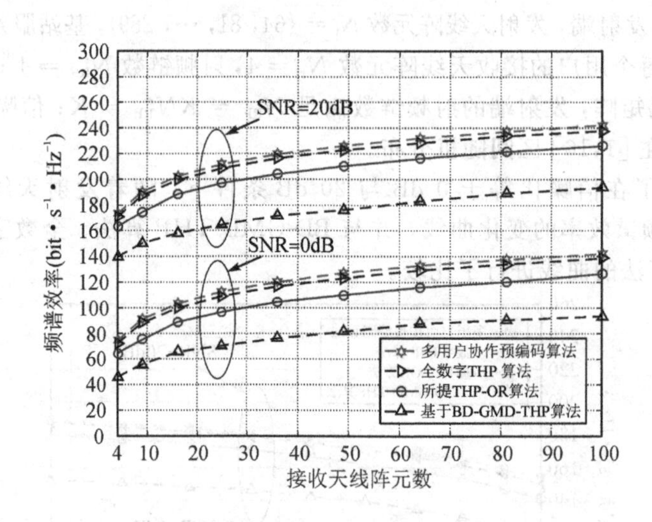

图 5.31 不同接收天线阵元数下频谱效率变化

由图 5.31 中的仿真曲线可以明显看出：

(1) 随着接收天线阵元数的增加，所有混合预编码算法的频谱效率也随之增加，这是由于大规模的接收天线阵列能够较大程度地提高系统性能。

(2) 在信噪比等于 20 dB 或 0 dB 条件下，当接收天线阵元数大于 4 时，相比于 BD-GMD-THP 算法，THP-OR 算法的频谱效率性能优势逐渐明显后趋于平稳，例如当信噪比等于 0 dB，接收天线阵元数为 4 时，THP-OR 算法的频谱效率比 BD-GMD-THP 算法的频谱效率高出约 19 bit · s^{-1} · Hz^{-1}；当接收天线阵元数为 100 时，THP-OR 算法的频谱效率比 BD-GMD-THP算法的频谱效率高出约 32 bit · s^{-1} · Hz^{-1} 。又如，当信噪比等于 20 dB，接收天线阵元数为 4 时，THP-OR 算法的频谱效率比 BD-GMD-THP 算法的频谱效率高出约 23bit · s^{-1} · Hz^{-1}；当接收天线阵元数为 100 时，THP-OR 算法的频谱效率比 BD-GMD-THP 算法的频谱效率高出约 33 bit · s^{-1} · Hz^{-1}。

通过以上对比分析可知：从整体来看，当接收天线阵元数较少时，BD-GMD-THP 算法的频谱效率与 THP-OR 算法的频谱效率较为接近；随着接收天线阵元数的增加，例如接收天线阵元数大于 9 时，THP-OR 算法的频谱效率性能优势逐渐明显。与此同时，在不同接收天线阵元数下，THP-OR 预编码算法保持着平稳的频谱效率性能优势。

实验 5: 在不同的莱斯因子条件下，THP-OR 算法的频谱效率。

仿真参数：在发射端，发射天线阵元数 $N_t = 144$，射频链数 $N_{RF} = 12$，基站服务于 12 ($K = 12$) 个用户；在接收端，每个用户的接收天线阵元数 $N_r = 4$，射频链数 $N_{RF}^r = 1$；为满足等增益方法求解模拟预编码矩阵，发射端的射频链数需满足 $N_{RF} = KN_{RF}^r = K$；信噪比分别为 0 dB与20 dB；莱斯因子设置范围为 {0,1, …, 9}。

图 5.32 给出了在信噪比等于 0 dB 与 20 dB 条件下，随着莱斯因子的变化，THP-OR 算法的频谱效率的变化曲线，并与 BD-GMD-THP 算法、全数字 THP 算法及多用户协作预编码算法的曲线进行了比较。

由图 5.32 中的仿真曲线可以明显看出：

(1) 随着莱斯因子的增加，所有混合预编码算法的频谱效率都趋于稳定。

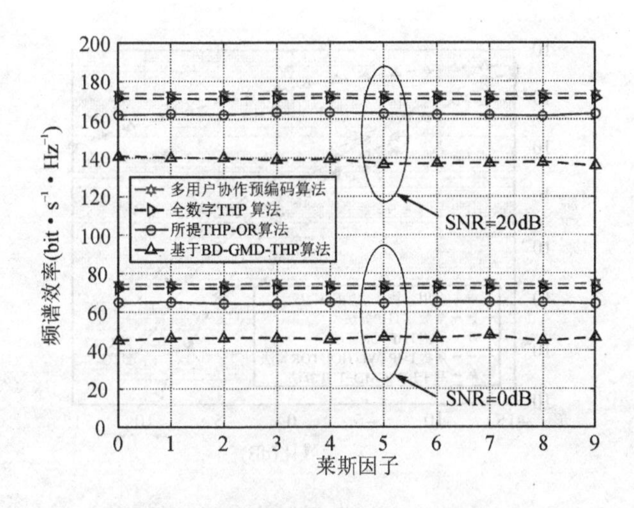

图 5.32　不同莱斯因子下频谱效率变化

(2) 从整体看，THP-OR 算法的频谱效率明显高于 BD-GMD-THP 算法的频谱效率，且更接近于全数字 TH 预编算法的频谱效率。如，在信噪比等于 0 dB 条件下，THP-OR 算法的频谱效率比 BD-GMD-THP 算法的频谱效率高出约 19 bit · s^{-1} · Hz^{-1}；在信噪比等于 20 dB 条件下，THP-OR 算法的频谱效率比 BD-GMD-THP 算法的频谱效率高出约24bit · s^{-1} · Hz^{-1}。

通过以上对比分析可知：THP-OR 算法的频谱效率不局限于由 LOS 分量为主导的信道环境，在 NLOS 分量主导的信道环境，THP-OR 算法仍能够保持良好的频谱效率性能。

实验 6： 在不同信噪比条件下，THP-OR 算法的误码率。

仿真参数：在发射端，发射天线阵元数 $N_t = 144$，基站服务于 12($K = 12$) 个用户；在接收端，每个用户的接收天线阵元数 $N_r = 4$，射频链数 $N_{RF}^r = 1$；为满足等增益方法求解模拟预编码矩阵，发射端的射频链数需满足 $N_{RF} = KN_{RF}^r = K$；信噪比的变化范围为 −15～15 dB；莱斯因子在 [1,10] 区间随机分布。

图 5.33 给出了在不同信噪比条件下，THP-OR 算法的误码率的变化曲线，并与未排序的 THP 算法、BD-GMD-THP 算法、全数字 THP 算法及多用户协作预编码算法的曲线进行了比较。

由图 5.33 中的仿真曲线可以明显看出：

(1) 从整体看，误码率性能由高到低的算法依次为：多用户协作预编码算法、全数字 THP 算法、THP-OR 算法、未排序的 THP 算法及 BD-GMD-THP 算法。由于多用户协作预编码算法的误码率为理论上的最优解，因此 THP-OR 算法与 BD-GMD-THP 算法的误码率曲线无法超越多用户协作预编码算法。与此同时，由于非线性混合预编码算法存在恒模约束，因而 THP-OR 算法与 BD-GMD-THP 算法的误码率只能不断地逼近全数字 THP 算法的误码率。

(2) 当信噪比较低时，例如信噪比等于 −15 dB 时，BD-GMD-THP 算法与未排序的 THP 算法及 THP-OR 算法具有相近的误码率性能。随着信噪比的增加，THP-OR 算法的误码率快速下降，相比于未排序的 THP 算法和 BD-GMD-THP 算法，THP-OR 算法的误码率性能优势愈加明显，例如在信噪比等于 5 dB 条件下，BD-GMD-THP 算法的误码率为

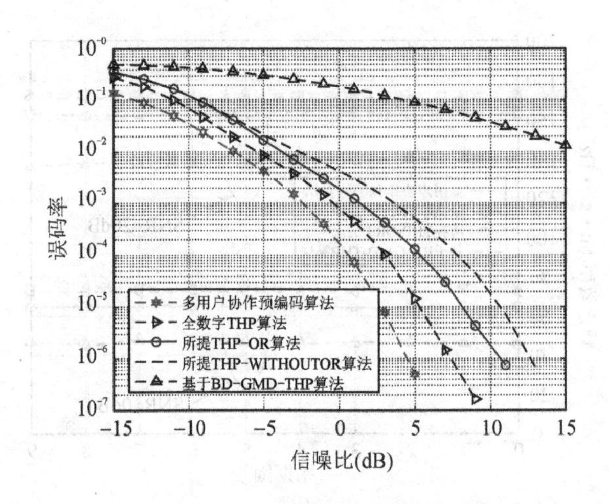

图 5.33　不同信噪比下误码率变化

10^{-1}，未排序的 THP 算法的误码率为 10^{-3}，而 THP-OR 算法的误码率仅为 10^{-4}。这种现象的原因是：THP-OR 算法利用 QR 分解方法与 MMSE 准则实现了等效基带信道的行向量顺序的优化，降低了系统的误码率。

通过以上对比分析可知：随着信噪比的改变，相比于 BD-GMD-THP 算法，THP-OR 算法具有良好稳定的误码率性能优势。结合图 5.33 进一步可知：THP-OR 算法不但能够有效地提高系统的频谱效率，而且还能降低系统的误码率。

实验 7： 在不同发射天线阵元数下，THP-OR 算法随信噪比变化的误码率。

仿真参数：在发射端，发射天线阵元数 $N_t=81$ 或 $N_t=144$，基站服务于 12($K=12$) 个用户；在接收端，每个用户的接收天线阵元数 $N_r=4$，射频链数 $N_{RF}^r=1$；为满足等增益方法求解模拟预编码矩阵，发射端的射频链数需满足 $N_{RF}=KN_{RF}^r=K$；信噪比的变化范围为 −15～15 dB；莱斯因子在 [1,10] 区间随机分布。

在实验 6 基础上，图 5.34 给出了在不同发射天线阵元数下，THP-OR 算法与 BD-GMD-THP算法随信噪比变化的误码率曲线。

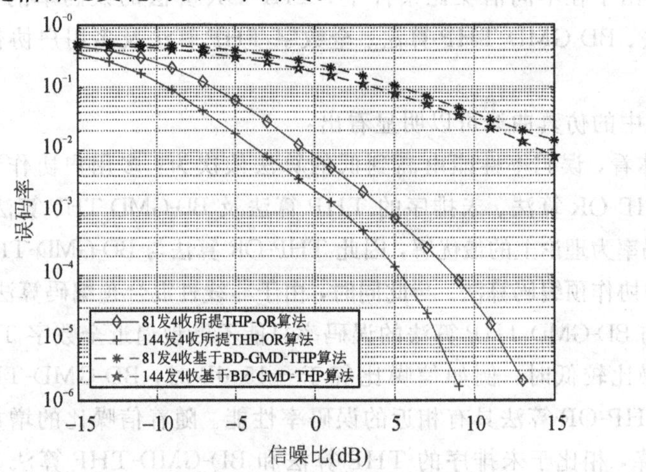

图 5.34　不同发射天线阵元数下误码率随信噪比变化

由图 5.34 中的仿真曲线可以明显看出：

(1) 在相同信噪比条件下，随着发射天线阵元数的增加，THP-OR 算法与 BD-GMD-THP 算法的误码率性能均逐渐提高，这是由于增加发射天线阵元数能够带来较高的分集增益。当接收天线阵元数相同时，随着发射天线阵元数的增加，系统在获得相同的复用增益的条件下，获得了更大的分集增益，从而提高了系统的误码率性能。

(2) 整体看，在相同信噪比条件下，随着发射天线阵元数的改变，THP-OR 算法的误码率性能均优于 BD-GMD-THP 算法的误码率性能。例如在信噪比等于 5 dB 条件下，当发射天线阵元数等于 81 时，BD-GMD-THP 算法的误码率约为 10^{-1}，而 THP-OR 算法的误码率仅约为 10^{-3}。

通过以上对比分析可知：在相同信噪比下，随着发射天线阵元数的增加，THP-OR 算法的误码率性能均高于 BD-GMD-THP 算法的误码率性能。

实验 8： 在不同用户数下，THP-OR 算法与 BD-GMD-THP 算法随信噪比变化的误码率。

仿真参数：在发射端，发射天线阵元数 $N_t = 144$，基站服务于 $K(K=10$ 或 $K=20)$ 个用户；在接收端，每个用户的接收天线阵元数 $N_r = 4$，射频链数 $N_{RF}^r = 1$；为满足等增益方法求解模拟预编码矩阵，发射端的射频链数需满足 $N_{RF} = KN_{RF}^r = K$；信噪比的变化范围为 −15～15 dB；莱斯因子在 [1,10] 区间随机分布。

图 5.35 给出了在不同用户数下，THP-OR 算法与 BD-GMD-THP 算法随信噪比变化的误码率曲线，由图 5.35 中的仿真曲线可以明显看出：

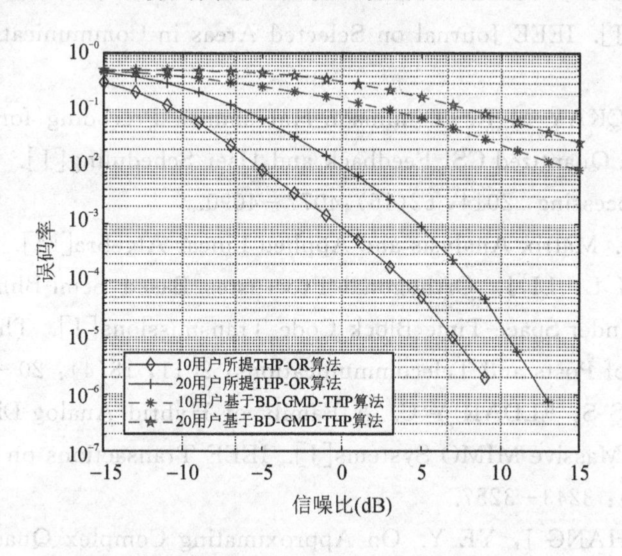

图 5.35　不同用户数下误码率随信噪比变化

(1) 在相同信噪比条件下，随着用户数的增加，THP-OR 算法与 BD-GMD-THP 算法的误码率性能逐渐变差，这是因为随着用户数的增加，不同用户间的干扰逐渐增大。

(2) 整体看，在相同信噪比条件下，随着用户数的改变，THP-OR 算法的误码率性能均优于 BD-GMD-THP 算法的误码率性能。例如在信噪比等于 5 dB 条件下，当用户数等于 20 时，BD-GMD-THP 算法的误码率约为 10^{-1}，而 THP-OR 算法的误码率仅约为 10^{-4}。

5.5 本章小结

毫米波大规模 MIMO 多用户混合预编码是现代 5G 技术的关键。为了使读者更加了解毫米波大规模 MIMO 多用户混合预编码的相关理论知识与技术研究，本章详细介绍了部分优化后的毫米波大规模 MIMO 多用户混合预编码算法的系统模型、算法原理和仿真实验及性能分析，首先，针对非线性混合预编码算法难以适用于部分连接结构，且在求解全连接结构模拟预编码矩阵时涉及大量迭代运算导致高计算复杂度的问题，介绍了 TH-ROD 多用户混合预编码算法；然后利用最小化非线性全数字最优预编码矩阵与混合预编码矩阵残差准则逐列修正模拟预编码矩阵，并在此基础上，详细介绍了 THP-CR 多用户混合预编码算法；最后利用等增益发射与预定义码本方法，介绍了有效消除用户间干扰的 THP-OR 多用户混合预编码算法。

参考文献

[1] WINDPASSINGER C, FISCHER R F H, VENCEL T, et al. Precoding in Multiantenna and Multiuser Communications[J]. IEEE Transactions on Wireless Communications, 2004, 3(4): 1305-1316.

[2] SALEH A A M, VALENZUELA R. A Statistical Model for Indoor Multipath Propagation[J]. IEEE Journal on Selected Areas in Communications, 1987, 5(2): 128-137.

[3] SUN L, MCKAY M R. Tomlinson-Harashima. Precoding for Multiuser MIMO Systems with Quantized CSI Feedback and User Scheduling[J]. IEEE Transactions on Signal Processing, 2014, 62(16): 4077-4090.

[4] MEYER C D. Matrix Analysis and Applied Linear Algebra[M]. SIAM, 2000.

[5] HU F, JIN L, LI J. Orthogonal Procrustes Based Semi-Blind MIMO Channel Estimation Under Space-Time Block Code Transmissions[J]. The Journal of China Universities of Posts and Telecommunications, 2011, 18(4): 20-24.

[6] IOUSHUA S S, ELDAR Y C. A Family of Hybrid Analog-Digital Beamforming Methods for Massive MIMO Systems[J]. IEEE Transactions on Signal Processing, 2019, 67(12): 3243-3257.

[7] SO M C, ZHANG J, YE Y. On Approximating Complex Quadratic Optimization Problems Via Semidefinite Programming Relaxations [J]. Mathematical Programming, 2007, 110(1): 93-110.

[8] ZHANG S, HUANG Y. Complex Quadratic Optimization and Semidefinite Programming. SIAM Journal on Optimization, 2006, 16(3): 871-890.

[9] SOLTANALIAN M, STOICA P. Designing Unimodular Codes Via Quadratic Optimization[J]. IEEE Transactions on Signal Processing, 2014, 62(5): 1221

-1234.

[10] BOUMAL N. Nonconvex Phase Synchronization [J]. SIAM Journal on Optimization, 2016, 26(4): 2355-2377.

[11] WU X, LIU D, YIN F. Hybrid Beamforming for Multi-User Massive MIMO Systems[J]. IEEE Transactions on Communications, 2018, 66(9): 3879-3891.

[12] JIANG Y, HAGER W W, LI J. The Geometric Mean Decomposition[J]. Linear Algebra and its Applications, 2005, 396:373-384.

[13] LI A, MASOUROS C. Hybrid Precoding and Combining Design for Millimeter-Wave Multi-User MIMO Based on SVD[C]. IEEE International Conference on Communications, 2017:1-6.

[14] NI W, DONG X. Hybrid Block Diagonalization for Massive Multiuser MIMO Systems[J]. IEEE Transactions on Communications, 2016, 64(1): 201-211.

[15] CHANG T Y, CHEN C E. A Hybrid Tomlinson-Harashima Transceiver Design for Multiuser mmWave MIMO Systems[J]. IEEE Wireless Communications Letters, 2018, 7(1): 118-121.

[16] ARDAH K, FODOR G, SILVA Y C B, et al. A Unifying Design of Hybrid Beamforming Architectures Employing Phase Shifters or Switches [J]. IEEE Transactions on Vehicular Technology, 2018, 67(11): 11243-11247.

[17] ZHANG Z, WU X, LIU D. Joint Precoding and Combining Design for Hybrid Beamforming Systems with Subconnected Structure[J]. IEEE Systems Journal, 2020, 14(1): 184-195.

[18] MULLA M, ULUSOY A H, RIZZNER A, et al. Barzilai-Borwein Gradient Algorithm Based Alternating Minimization for Single User Millimeter Wave Systems[J]. IEEE Wireless Communications Letters, 2020, 9(4): 508-512.

[19] HUANG W, SI Q, JIN M. Alternating Optimization Based Low Complexity Hybrid Precoding in Millimeter Wave MIMO Systems[J]. IEEE Communications Letters, 2020, 24(3): 635-638.

[20] RAGHAVAN V, CHI M-L, TASSOUDJI M A, et al. Antenna Placement and Performance Tradeoffs with Hand Blockage in Millimeter Wave Systems[J]. IEEE Transactions on Communications, 2019, 67(4):3082-3096.

[21] 王松桂，吴密霞，贾忠贞. 矩阵不等式[M]. 2版. 科学出版社，2006.

[22] 张鉴，石焕南. 加权算术——几何平均值不等式的控制证明[J]. 北京联合大学学报:自然科学版，2011，25(4): 46-47.

[23] ZHAO L, NG D W K, YUAN J. Multi-User Precoding and Channel Estimation for Hybrid Millim-Eter Wave Systems [J]. IEEE Journal on Selected Areas in Communications, 2017, 35(7): 1576-1590.

[24] BALANIS C. Antenna Theory[M]. Wiley-Interscience, 1997.

[25] Ayach O E, Rajagopal S, Abu-Surra S, et al. Spatially Sparse Precoding in

Millimeter Wave MIMO Systems [J]. IEEE Transactions on Wireless Communications, 2014, 13(3): 1499 - 1513.

[26] Lin S, Ho W W L, Liang Y C. Block Diagonal Geometric Mean Decomposition (Bd-Gmd) for MIMO Broadcast Channels [J]. IEEE Transactions on Wireless Communications, 2008, 7(7): 2778 - 2789.

[27] DU R Y, LIU F L, WANG X W, et al. P-OMP-IR Algorithm for Hybrid Precoding in Millimeter Wave MIMO Systems [J]. Progressin Electromagnetics Research M, 2018, 68: 163 - 171.

[28] ALKHATEEB A, HEATH J R W. Frequency Selective Hybrid Precoding for Limited Feedback Millimeter Wave Systems [J]. IEEE Transactions on Communications, 2016, 64(5): 1801 - 1818.

[29] SOHRABI F, WEI Y. Hybrid Analog and Digital Beamforming for mmWave OFDM Large-Scale Antenna Arrays [J]. IEEE Journal on Selected Areas in Communications, 2017, 35(7): 1432 - 1443.

[30] CHANG T Y, CHEN C E. A Hybrid Tomlinson-Harashima Transceiver Design for Multiuser mmWave MIMO Systems [J]. IEEE Wireless Communications Letters, 2018, 7(1): 118 - 121.

[31] LE L, WEI X, DONG X. Low-complexity Hybrid Precoding in Massive Multiuser MIMO Systems [J]. IEEE Wireless Communications Letters, 2014, 3 (6): 653 - 656.

[32] NI W, DONG X. Hybrid Block Diagonalization for Massive Multiuser MIMO Systems [J]. IEEE Transactions on Communications, 2016, 64(1): 201 - 211.

[33] WÜBBEN D, RINAS J, BÖHNKE R, et al. Efficient Algorithm for Detecting Layered Space-Time Codes [J]. International ITG Conference on Source and Channel Coding, 2002: 399 - 405.

第 6 章　新型高能效自适应混合预编码算法

6.1 引　言

第 4 和第 5 章分别阐述了基于 Givens 旋转等的单用户混合预编码算法和基于行正交分解等的多用户混合预编码算法。上述算法有效解决了单用户与多用户系统中因恒模约束难以处理而导致的系统性能损失或计算复杂度高等问题。由于上述算法仅适用于固定全连接结构与部分连接结构，对信道环境的自适应能力有限，系统的能量效率较低。因此，本章将给出高能效自适应混合预编码结构，包括自适应全连接混合预编码结构和自适应部分连接混合预编码结构。该结构在固定混合预编码结构基础上大幅减少移相器使用数量从而显著降低了系统功耗，另外，该结构还引入了开关，使得射频链、移相器以及天线阵元之间的连接可根据信道环境动态调整，从而有效地增强混合预编码对信道环境的自适应能力。新型高能效自适应混合预编码结构可根据信道环境自适应调整射频链、移相器和天线阵元之间的连接关系，从而降低了硬件开销和功耗，达到较高的频谱和能量效率，有效地保证了系统性能。

本章首先阐述了混合预编码的系统模型；然后详细地给出了自适应混合预编码的框架、结构并阐述了基于自适应结构的混合预编码算法原理；最后进行仿真实验，验证并分析所给算法的频谱效率和误码率。

6.2 系统模型

为了统一阐述单用户和多用户系统中的自适应混合预编码结构与算法，本节将第 4 章中的单用户混合预编码系统模型与第 5 章中的多用户非线性混合 TH 预编码系统模型统一表示为图 6.1 所示的混合预编码系统模型。

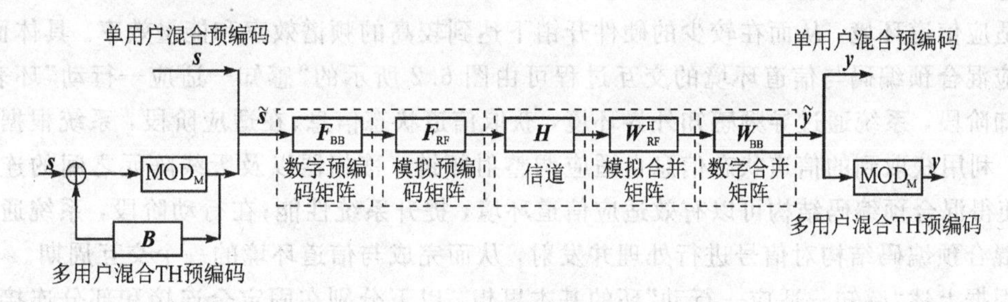

图 6.1　混合预编码系统模型

在多用户非线性混合 TH 预编码中，原始发射信号 $\boldsymbol{s}$ 需经过由求模算子 $\mathrm{MOD}_{\mathrm{M}}(\cdot)$ 与

反馈矩阵 $\boldsymbol{B}$ 组成的非线性单元进行扰动处理。假设原始发射信号 $\boldsymbol{s}$ 来自于 MQAM 星座点集 $\mathcal{A}=\{s_R+\mathrm{j}s_I \mid s_R, s_I \in \pm\tau, \pm 3\tau, \cdots, \pm(\sqrt{M}-1)\tau\}$，其中 $\tau=\sqrt{3/(2M-2)}$，那么经过非线性扰动处理后的信号 $\tilde{\boldsymbol{s}}$ 可表示为

$$\tilde{s}_i = \mathrm{MOD_M}\left(s_i - \sum_{k=1}^{i-1} \boldsymbol{B}_{ik}\tilde{s}_k\right) \quad \forall i \tag{6.1}$$

其中，s_i 和 $\tilde{s}_i$ 分别为信号 $\boldsymbol{s}$ 和 $\tilde{\boldsymbol{s}}$ 的第 i 个元素，求模算子 $\mathrm{MOD_M}(\cdot)$ 定义如下：

$$\mathrm{MOD_M}(x) = x - 2\sqrt{M}\tau\left(\left\lfloor\frac{\mathrm{Re}\{x\}}{2\tau}+\frac{1}{2}\right\rfloor + \mathrm{j}\left\lfloor\frac{\mathrm{Im}\{x\}}{2\tau}+\frac{1}{2}\right\rfloor\right) \tag{6.2}$$

在单用户混合预编码中，无需对发射信号 $\boldsymbol{s}$ 进行扰动处理，即 $\tilde{\boldsymbol{s}}$ 与 $\boldsymbol{s}$ 相等。

信号 $\tilde{\boldsymbol{s}}$ 依次经过数字预编码矩阵 $\boldsymbol{F}_{\mathrm{BB}}$、模拟预编码矩阵 $\boldsymbol{F}_{\mathrm{RF}}$ 处理，并由信道到达接收端，再经过接收端模拟合并矩阵 $\boldsymbol{W}_{\mathrm{RF}}$ 与数字合并矩阵 $\boldsymbol{W}_{\mathrm{BB}}$ 处理后，最终得到接收信号：

$$\tilde{\boldsymbol{y}} = \boldsymbol{W}_{\mathrm{BB}}^{\mathrm{H}}\boldsymbol{W}_{\mathrm{RF}}^{\mathrm{H}}\boldsymbol{H}\boldsymbol{F}_{\mathrm{RF}}\boldsymbol{F}_{\mathrm{BB}}\tilde{\boldsymbol{s}} + \boldsymbol{W}_{\mathrm{BB}}^{\mathrm{H}}\boldsymbol{W}_{\mathrm{BB}}^{\mathrm{H}}\boldsymbol{n}$$

其中，$\tilde{\boldsymbol{y}}$ 表示接收信号；$\boldsymbol{n}$ 表示协方差矩阵为 $\sigma_n^2\boldsymbol{I}$ 的零均值复高斯噪声信号。

在多用户非线性混合 TH 预编码中，经过合并处理之后的接收信号 $\tilde{\boldsymbol{y}}$ 还需再次经过求模算子处理以抵消发射端施加的非线性扰动，具体表示为

$$y_i = \mathrm{MOD_M}(\tilde{y}_i) \quad \forall i \tag{6.3}$$

其中，y_i 和 $\tilde{y}_i$ 分别为 $\boldsymbol{y}$ 和 $\tilde{\boldsymbol{y}}$ 的第 i 个元素。

在单用户混合预编码中，不需要对合并后的信号再进行处理，即 $\tilde{\boldsymbol{y}}=\boldsymbol{y}$。

6.3 自适应混合预编码结构

在固定全连接与部分连接混合预编码结构中，射频链与天线阵元之间的连接关系不能动态调整，因而无法有效适应信道环境，导致系统功耗大、能量效率低。为此，本小节首先给出称为“感知—适应—行动”环的自适应混合预编码框架，并基于该框架给出高能效的自适应全连接和自适应部分连接混合预编码结构。

6.3.1 “感知—适应—行动”环

总体来说，自适应混合预编码是一个自适应系统，它能够感知外界环境，获取信道环境信息，并通过自适应调整射频链、移相器以及天线阵元之间的连接关系，使得系统可以有效适应信道环境，从而在较少的硬件开销下达到较高的频谱效率和能量效率。具体而言，自适应混合预编码与信道环境的交互过程可由图 6.2 所示的“感知—适应—行动”环表示。在感知阶段，系统通过导频感知外界环境，获取信道状态信息；在适应阶段，系统根据特定准则，利用获取到的信道状态信息自适应调整射频链、移相器以及天线阵元之间的连接关系，使得混合预编码结构可以有效适应信道环境，提升系统性能；在行动阶段，系统通过自适应混合预编码结构对信号进行处理并发射，从而完成与信道环境的一个交互周期。

根据上述“感知—适应—行动”环的基本思想，以下分别在固定全连接和部分连接结构中引入开关实现射频链、移相器与天线阵元之间的连接关系的自适应调整，从而给出新型自适应全连接和自适应部分连接混合预编码结构。

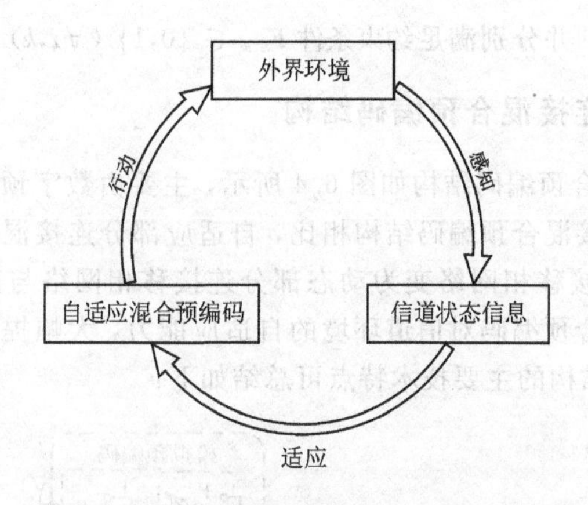

图 6.2 “感知—适应—行动”环

6.3.2 自适应全连接混合预编码结构

自适应全连接混合预编码结构如图 6.3 所示，主要包括数字预编码和模拟预编码两部分。与固定全连接混合预编码结构相比，此模拟预编码由固定移相网络调整为移相网络与开关网络的级联，从而在减少移相器数量的情况下，有效增强混合预编码对信道环境的自适应能力。具体而言，该结构的主要技术特点总结如下：

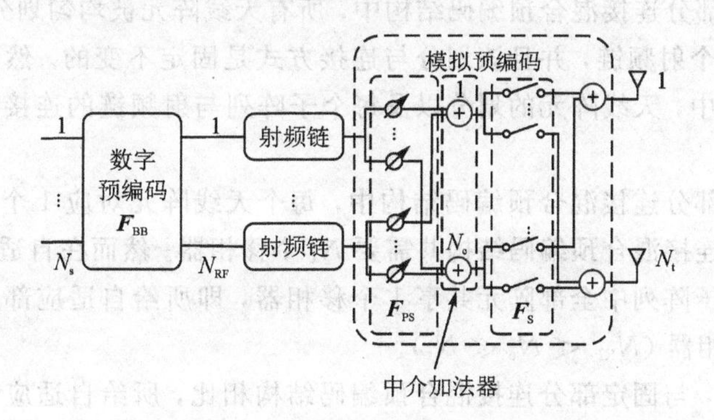

图 6.3 自适应全连接混合预编码结构

首先，在固定全连接混合预编码结构中，N_{RF} 条射频链通过维度为 $N_t \times N_{RF}$ 的全连接移相网络连接到 N_t 个天线阵元。然而在自适应全连接混合预编码结构中，N_{RF} 条射频链仅与 N_c 个中介加法器相连，由此可将全连接移相网络的维度从 $N_t \times N_{RF}$ 减少至 $N_c \times N_{RF}$（$N_{RF} < N_c \ll N_t$），有效降低了系统功耗。

其次，在自适应全连接混合预编码结构中，N_c 个中介加法器与 N_t 个天线阵元通过维度为 $N_t \times N_c$ 的全连接开关网络连接，通过该网络，每个天线阵元和每个中介加法器之间的连接都可根据信道环境自适应地闭合或者断开，从而得到与外部环境更加适合的连接方式。得益于对外界信道环境的高度自适应能力，所给结构可以在较低的功耗下达到与固定全连接混合预编码结构相当的系统性能，显著提升了系统的能量效率。

基于上述自适应全连接混合预编码结构，模拟预编码矩阵 $\boldsymbol{F}_{RF}$ 可被进一步表示为 $\boldsymbol{F}_{RF} = \boldsymbol{F}_S \boldsymbol{F}_{PS}$，其中，$\boldsymbol{F}_S$（$\boldsymbol{F}_S \in \mathbb{C}^{N_t \times N_c}$）和 $\boldsymbol{F}_{PS}$（$\boldsymbol{F}_{PS} \in \mathbb{C}^{N_c \times N_{RF}}$）分别表示模拟开关预编码矩阵

和模拟移相预编码矩阵，并分别满足约束条件 $\boldsymbol{F}_{\mathrm{S},ik} \in \{0,1\}$（$\forall i,k$）和 $|\boldsymbol{F}_{\mathrm{PS},mn}|=1$（$\forall m,n$）。

6.3.3 自适应部分连接混合预编码结构

自适应部分连接混合预编码结构如图 6.4 所示，主要由数字预编码和模拟预编码两部分构成。与固定部分连接混合预编码结构相比，自适应部分连接混合预编码结构将模拟预编码部分由固定部分连接移相网络变为动态部分连接移相网络与部分连接开关网络的级联，从而有效增强了混合预编码对信道环境的自适应能力，大幅提升了系统频谱效率与能量效率。具体而言，该结构的主要技术特点可总结如下：

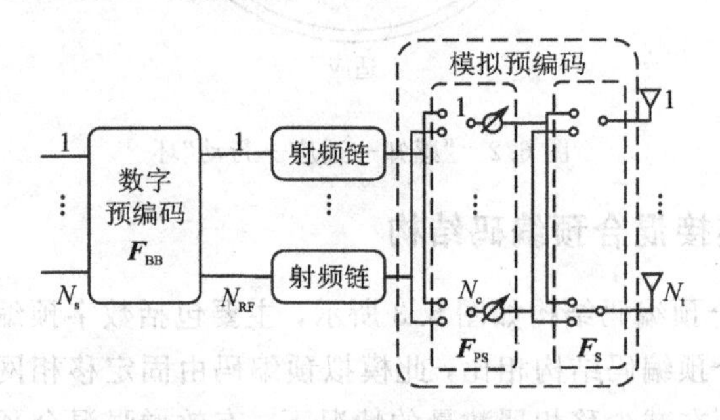

图 6.4 自适应部分连接混合预编码结构

首先，在固定部分连接混合预编码结构中，所有天线阵元被均匀划分为 N_{RF} 个子阵列，每个子阵列连接 1 个射频链，并且该划分与连接方式是固定不变的。然而在自适应部分连接混合预编码结构中，天线阵元的划分以及每个子阵列与射频链的连接方式都可根据信道环境自适应调整。

其次，在固定部分连接混合预编码结构中，每个天线阵元对应 1 个独立的移相器，也就是说，固定部分连接混合预编码结构共需要 N_{t} 个移相器。然而在自适应部分连接混合预编码结构中，每个子阵列中全部阵元共享 1 个移相器，即所给自适应部分连接混合预编码结构仅需 N_{c} 个移相器（$N_{\mathrm{RF}} < N_{\mathrm{c}} \ll N_{\mathrm{t}}$）。

通过上述改进，与固定部分连接混合预编码结构相比，所给自适应部分连接混合预编码结构包含的移相器数量大幅减少，并且射频链与天线阵元之间的连接方式更加灵活，对信道环境的适应能力更强，因此有望在不降低频谱效率的前提下有效降低系统功耗，提升能量效率。

基于上述自适应部分连接混合预编码结构，模拟预编码矩阵 $\boldsymbol{F}_{\mathrm{RF}}$ 可被进一步表示为 $\boldsymbol{F}_{\mathrm{RF}}=\boldsymbol{F}_{\mathrm{S}}\boldsymbol{F}_{\mathrm{PS}}$，其中，模拟开关预编码矩阵 $\boldsymbol{F}_{\mathrm{S}}$ 和模拟移相预编码矩阵 $\boldsymbol{F}_{\mathrm{PS}}$ 分别满足约束条件 $\boldsymbol{F}_{\mathrm{S},ik} \in \{0,1\}$（$\forall i,k$）、$\|\boldsymbol{F}_{\mathrm{S},i,:}\|_0=1$（$\forall i$）和 $|\boldsymbol{F}_{\mathrm{PS},mn}|=1$（$\forall m,n$）、$\|\boldsymbol{F}_{\mathrm{PS},m,:}\|_0=1$（$\forall m$），约束条件 $\|\boldsymbol{F}_{\mathrm{S},i,:}\|_0=1$（$\forall i$）表示每个天线仅属于 1 个子阵列，而约束条件 $\|\boldsymbol{F}_{\mathrm{PS},m,:}\|_0=1$（$\forall m$）表示每个子阵列仅连接 1 条射频链。

6.3.4 PCPS-S 结构

1. 系统模型

结合 PCPS 结构与开关网络两者的优点，本小节给出一种新的混合预编码结构，即

PCPS-S 结构，其系统模型如图 6.5 所示。

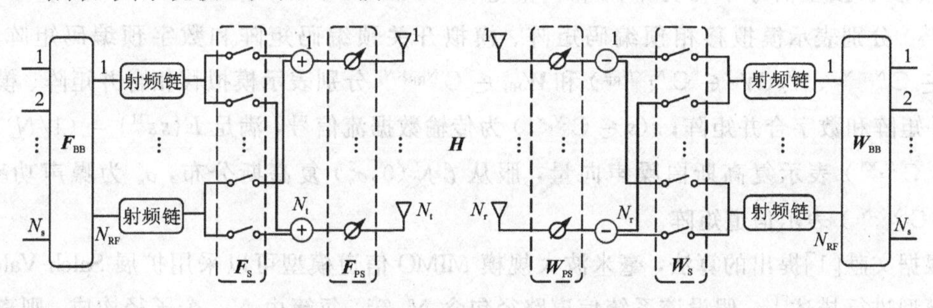

图 6.5　基于 PCPS-S 结构的毫米波大规模 MIMO 系统模型

假设该系统发射端包含 N_t 个天线阵元和 N_{RF}^t 个射频链，接收端包含 N_r 个天线阵元和 N_{RF}^r 个射频链，N_s 表示传输数据流数。为了便于分析，并且保证通信正常进行，假设所给 PCPS-S 结构在发射端和接收端使用相同数量的射频链，即 $N_{RF}^t = N_{RF}^r = N_{RF}$，且满足 $N_s \leqslant N_{RF} \leqslant \min\{N_t, N_r\}$。

由图 6.5 可以看出：在发射端，PCPS-S 结构由数字预编码器、模拟开关预编码器和模拟移相预编码器构成。在 PCPS-S 结构中，首先，初始信号经过数字预编码器处理得到相应的数字预编码矩阵 $\boldsymbol{F}_{BB}$；其次，系统根据特定准则和信道环境，经过模拟开关预编码器处理得到相应的模拟开关预编码矩阵 $\boldsymbol{F}_S$，从而实现射频链与移相器之间的动态连接，使得各阵元间能够共享射频链的数据信息，该方法不仅有效补偿了由现有 PCPS 结构特征而导致的阵列增益损失，而且提高了系统混合预编码频谱效率等性能；再次，模拟开关预编码矩阵 $\boldsymbol{F}_S$ 经过模拟移相预编码器生成模拟移相预编码矩阵 $\boldsymbol{F}_{PS}$；最后，系统通过 PCPS-S 结构实现信号的处理和发射。

由于开关只有闭合与断开两种状态，因此模拟开关预编码矩阵 $\boldsymbol{F}_S$ 需要满足 0－1 约束条件 $[\boldsymbol{F}_S]_{mn} \in \{0,1\}$，其中 $[\cdot]_{mn}$ 表示矩阵的第 m 行、第 n 列元素。除此之外，PCPS-S 结构仅需要与天线阵元数相等的移相器，即 $N_{PS} = N_t$，并且开关具有低成本、低功耗等优点，在一定程度上可以忽略将开关网络引入到现有 PCPS 结构所增加的硬件开销。因此，该结构具有较低的硬件开销与系统功耗。

由图 6.5 所示的 PCPS-S 结构可以明显看出，模拟移相预编码矩阵 $\boldsymbol{F}_{PS}$ 为 $N_t \times N_t$ 维的对角矩阵，即仅对角线元素 $f_{PS,i}$ 取非零值。由于模拟移相预编码矩阵 $\boldsymbol{F}_{PS}$ 利用移相器处理传输数据流信号，无法调节传输信号幅值，因此，模拟移相预编码矩阵 $\boldsymbol{F}_{PS}$ 中每个非零对角线元素都必须满足归一化恒模约束条件，即 $\boldsymbol{F}_{PS} = \mathrm{diag}\{f_{PS,1}, f_{PS,2}, \cdots, f_{PS,N_t}\}$，其中 $|f_{PS,i}| = 1$。接收端与发射端具有相似的系统结构，在此不再赘述。除此之外，基于 PCPS-S 结构的毫米波大规模 MIMO 系统在发射端还需要满足发射功率约束条件 $\|\boldsymbol{F}_{PS}\boldsymbol{F}_S\boldsymbol{F}_{BB}\|_F^2 = N_s$。

2. 性能分析

传输信号在经过发射端预编码、毫米波信道以及接收端合并处理后到达接收端。接收信号向量 $\boldsymbol{y}$（$\boldsymbol{y} \in \mathbb{C}^{N_s \times 1}$）的数学表达式如下：

$$\boldsymbol{y} = \sqrt{\rho}\,\boldsymbol{W}_{BB}^H \boldsymbol{W}_S^H \boldsymbol{W}_{PS}^H \boldsymbol{H} \boldsymbol{F}_{PS} \boldsymbol{F}_S \boldsymbol{F}_{BB} \boldsymbol{s} + \boldsymbol{W}_{BB}^H \boldsymbol{W}_S^H \boldsymbol{W}_{PS}^H \boldsymbol{n} \tag{6.4}$$

其中，ρ 表示接收信号平均功率；$\boldsymbol{F}_{\mathrm{PS}}$（$\boldsymbol{F}_{\mathrm{PS}} \in \mathbb{C}^{N_{\mathrm{t}} \times N_{\mathrm{t}}}$）、$\boldsymbol{F}_{\mathrm{S}}$（$\boldsymbol{F}_{\mathrm{S}} \in \mathbb{C}^{N_{\mathrm{t}} \times N_{\mathrm{RF}}}$）及 $\boldsymbol{F}_{\mathrm{BB}}$（$\boldsymbol{F}_{\mathrm{BB}} \in \mathbb{C}^{N_{\mathrm{RF}} \times N_{\mathrm{s}}}$）分别表示模拟移相预编码矩阵、模拟开关预编码矩阵和数字预编码矩阵；$\boldsymbol{W}_{\mathrm{PS}}$（$\boldsymbol{W}_{\mathrm{PS}} \in \mathbb{C}^{N_{\mathrm{r}} \times N_{\mathrm{r}}}$、$\boldsymbol{W}_{\mathrm{S}}$（$\boldsymbol{W}_{\mathrm{S}} \in \mathbb{C}^{N_{\mathrm{r}} \times N_{\mathrm{RF}}}$）和 $\boldsymbol{W}_{\mathrm{BB}} \in \mathbb{C}^{N_{\mathrm{RF}} \times N_{\mathrm{s}}}$ 分别表示模拟移相合并矩阵、模拟开关合并矩阵和数字合并矩阵；$\boldsymbol{s}$（$\boldsymbol{s} \in \mathbb{C}^{N_{\mathrm{s}} \times 1}$）为传输数据流信号，满足 $E\{\boldsymbol{s}\boldsymbol{s}^{\mathrm{H}}\} = (1/N_{\mathrm{s}})\boldsymbol{I}_{N_{\mathrm{s}}}$；$\boldsymbol{n}$（$\boldsymbol{n} \in \mathbb{C}^{N_{\mathrm{r}} \times 1}$）表示复高斯白噪声向量，服从 $\mathcal{CN}(0,\sigma_n^2)$ 复高斯分布，σ_n^2 为噪声功率；$\boldsymbol{H}$（$\boldsymbol{H} \in \mathbb{C}^{N_{\mathrm{r}} \times N_{\mathrm{t}}}$）表示信道矩阵。

根据文献[1]提出的算法，毫米波大规模 MIMO 信道模型可以采用扩展 Saleh-Valenuela 信道模型进行描述[1]。假设该系统信道路径包含 N_{cl} 簇，每簇由 N_{ray} 个子径构成，则离散时间窄带信道矩阵 $\boldsymbol{H}$ 为

$$\boldsymbol{H} = \sqrt{\frac{N_{\mathrm{t}} N_{\mathrm{r}}}{N_{\mathrm{cl}} N_{\mathrm{ray}}}} \sum_{i=1}^{N_{\mathrm{cl}}} \sum_{l=1}^{N_{\mathrm{ray}}} \alpha_{il}\, \boldsymbol{a}_{\mathrm{r}}(\phi_{il}^{\mathrm{r}}, \theta_{il}^{\mathrm{r}})\, \boldsymbol{a}_{\mathrm{t}}^{\mathrm{H}}(\phi_{il}^{\mathrm{t}}, \theta_{il}^{\mathrm{t}}) \tag{6.5}$$

其中，α_{il} 表示第 i 簇中第 l 个路径的信道复用增益；$\boldsymbol{a}_{\mathrm{t}}(\phi_{il}^{\mathrm{t}}, \theta_{il}^{\mathrm{t}})$ 和 $\boldsymbol{a}_{\mathrm{r}}(\phi_{il}^{\mathrm{r}}, \theta_{il}^{\mathrm{r}})$ 分别表示发射端和接收端的归一化传输阵列响应向量；ϕ_{il}^{t}、θ_{il}^{t}、ϕ_{il}^{r} 和 θ_{il}^{r} 分别为第 i 簇中第 l 个子径的离开俯仰角、离开方位角、到达俯仰角和到达方位角。

在发射端和接收端，天线阵列均采用 UPA，设 $M \times N$ 个天线阵元在 yz 平面上均匀排布，阵元间距 $d = \lambda/2$，则第 i 簇中第 l 个路径的归一化传输阵列响应向量为

$$\boldsymbol{a}(\phi,\theta) = \frac{1}{\sqrt{MN}}\left[1,\cdots,\mathrm{e}^{\mathrm{j}\pi(m\sin\phi\sin\theta + n\cos\theta)},\cdots,\mathrm{e}^{\mathrm{j}\pi((M-1)\sin\phi\sin\theta + (N-1)\cos\theta)}\right]^{\mathrm{T}} \tag{6.6}$$

其中，$m = 0,1\cdots,M-1$；$n = 0,1\cdots,N-1$。

设在发射端和接收端已知理想 CSI，且传输信号为高斯信号，则图 6.5 所示的基于 PCPS-S 结构的毫米波大规模 MIMO 系统频谱效率的数学表达式为

$$R = \mathrm{lb}\left(\left|\boldsymbol{I}_{N_{\mathrm{s}}} + \frac{\rho}{\sigma_n^2 N_{\mathrm{s}}}(\boldsymbol{W}_{\mathrm{PS}}\boldsymbol{W}_{\mathrm{S}}\boldsymbol{W}_{\mathrm{BB}})^{\mathrm{H}}\boldsymbol{H}\boldsymbol{F}_{\mathrm{PS}}\boldsymbol{F}_{\mathrm{S}}\boldsymbol{F}_{\mathrm{BB}}\boldsymbol{F}_{\mathrm{BB}}^{\mathrm{H}}\boldsymbol{F}_{\mathrm{S}}^{\mathrm{H}}\boldsymbol{F}_{\mathrm{PS}}^{\mathrm{H}}\boldsymbol{H}^{\mathrm{H}}\boldsymbol{W}_{\mathrm{PS}}\boldsymbol{W}_{\mathrm{S}}\boldsymbol{W}_{\mathrm{BB}}\right|\right) \tag{6.7}$$

此外，根据文献[3]提出的内容可知，毫米波大规模 MIMO 通信系统的能量效率可以由频谱效率和功率消耗（也称功耗）两部分进行表征，其数学表达式可以写成

$$\eta = \frac{R}{P} \tag{6.8}$$

其中，R 和 P 分别表示系统频谱效率和功率消耗。

FCPS 结构、PCPS 结构和 PCPS-S 结构的系统功耗分别为

$$P = \begin{cases} P_{\mathrm{t}} + P_{\mathrm{RF}} N_{\mathrm{RF}} + P_{\mathrm{PS}} N_{\mathrm{RF}} N_{\mathrm{t}} & \text{FCPS} \\ P_{\mathrm{t}} + P_{\mathrm{RF}} N_{\mathrm{RF}} + P_{\mathrm{PS}} N_{\mathrm{t}} & \text{PCPS} \\ P_{\mathrm{t}} + P_{\mathrm{RF}} N_{\mathrm{RF}} + P_{\mathrm{PS}} N_{\mathrm{t}} + P_{\mathrm{S}} N_{\mathrm{RF}} N_{\mathrm{t}} & \text{PCPS-S} \end{cases} \tag{6.9}$$

其中，P_{t} 表示发射端发射功率，P_{RF}、P_{PS} 和 P_{S} 分别表示射频链、移相器和开关功率消耗。

综合上述分析，表 6.1 分别给出了 FCPS 结构、PCPS 结构以及 PCPS-S 结构的基本硬件需求和性能。从表 6.1 中可以看出：

(1) 相比于FCPS结构，PCPS-S结构所需模拟移相器数量从$N_{RF}N_t$减少到N_t，这极大降低了系统硬件复杂度和功耗；

(2) 相比于PCPS结构，PCPS-S结构利用开关的低成本、低功耗等优点，将开关网络引入到PCPS结构，能够在较低硬件成本下，实现射频链与移相器之间的动态连接，使得各天线阵元之间能够共享射频链的数据信息，从而为提高系统混合预编码频谱效率等性能提供硬件基础。

表6.1　相关混合预编码结构性能分析

混合预编码结构	射频链数	移相器数	发射天线阵元数	开关数	频谱效率	功耗
FCPS	N_{RF}	$N_{RF}N_t$	N_t	0	高	高
PCPS	N_{RF}	N_t	N_t	0	低	低
PCPS-S	N_{RF}	N_t	N_t	$N_{RF}N_t$	高	较低

6.3.5 FCPS-S结构

1. 系统模型

本小节将开关网络引入到FCPS结构，给出了一种新的混合预编码结构，即FCPS-S结构，其系统模型如图6.6所示。假设基于FCPS-S结构的毫米波大规模MIMO系统在发射端包含N_t个天线阵元和N_{RF}^t个射频链，在接收端包含N_r个天线阵元和N_{RF}^r个射频链，N_s表示传输信号的数据流数。为了便于分析，所提FCPS-S结构在发射端和接收端使用相同数量的射频链，即$N_{RF}^t = N_{RF}^r = N_{RF}$，且$N_s \leqslant N_{RF} \leqslant \min\{N_t, N_r\}$。

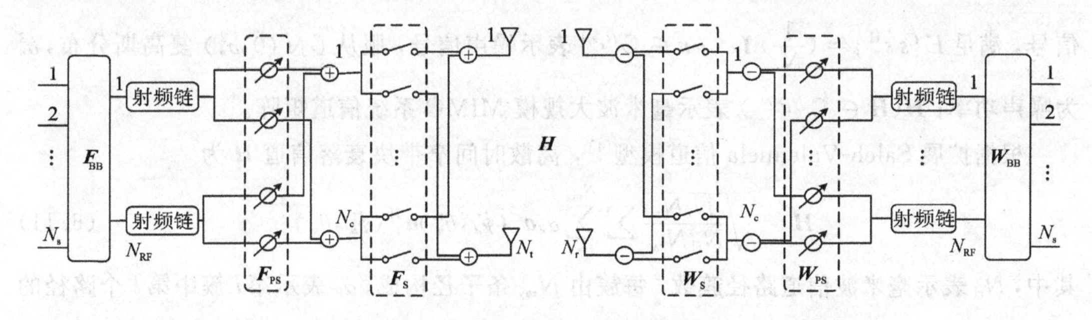

图6.6　基于FCPS-S结构的毫米波大规模MIMO系统模型

由图6.6可以看出：在发射端，FCPS-S结构由数字预编码器、模拟移相预编码器和模拟开关预编码器构成，其中N_c表示模拟移相预编码矩阵输出维度。在FCPS-S结构中，首先，初始信号经过数字预编码器处理生成数字预编码矩阵$\boldsymbol{F}_{BB}$；其次，数字预编码矩阵经过模拟移相预编码器处理产生模拟移相预编码矩阵$\boldsymbol{F}_{PS}$；再次，模拟移相预编码矩阵利用模拟开关预编码器生成模拟开关预编码矩阵$\boldsymbol{F}_S$，从而实现移相器与天线阵列之间的动态连接，有效地减少FCPS结构中的移相器数量，降低系统功耗，提高系统能量效率；最后，系统通过FCPS-S结构实现信号的处理和发射。根据发射端瞬时CSI，该结构可以自适应调整开关的闭合与断开状态，在一定程度上可以保证基于FCPS-S结构的毫米波大规模MIMO系统阵列增益。

由于开关只有闭合与断开两种状态，因此模拟开关预编码矩阵 $\boldsymbol{F}_{\mathrm{S}}$ 需要满足约束条件，$[\boldsymbol{F}_{\mathrm{S}}]_{mn} \in \{0,1\}$。除此之外，由于在移相器与天线阵列之间引入了开关网络，FCPS-S 结构所需移相器数量 $N_{\mathrm{PS}} = N_{\mathrm{c}} N_{\mathrm{RF}}$，因此，基于该结构的毫米波大规模 MIMO 系统硬件成本在一定程度上取决于模拟移相预编码矩阵输出维度 N_{c}。容易看出，为了保证较低的系统硬件复杂度和功耗，N_{c} 的取值必须远远小于天线阵元数量，即满足 $N_{\mathrm{s}} < N_{\mathrm{c}} \ll N_{\mathrm{t}}$。由于 FCPS-S 结构的模拟移相预编码矩阵 $\boldsymbol{F}_{\mathrm{PS}}$ 利用模拟移相器处理传输数据流信号，导致 $\boldsymbol{F}_{\mathrm{PS}}$ 无法调节信号幅值，因此，模拟移相预编码矩阵 $\boldsymbol{F}_{\mathrm{PS}}$ 的每个元素都必须满足归一化恒模约束条件，即 $|[\boldsymbol{F}_{\mathrm{PS}}]_{ij}| = \frac{1}{\sqrt{N_{\mathrm{c}}}}$。接收端硬件结构与发射端类似，因此不再赘述。除此之外，基于 FCPS-S 结构的毫米波大规模 MIMO 系统发射端必须满足发射功率约束条件 $\|\boldsymbol{F}_{\mathrm{S}} \boldsymbol{F}_{\mathrm{PS}} \boldsymbol{F}_{\mathrm{BB}}\|_{\mathrm{F}}^{2} = N_{\mathrm{s}}$。

2. 性能分析

传输信号在经过发射端预编码、信道以及接收端合并处理后到达接收端。接收信号 $\boldsymbol{y}(\boldsymbol{y} \in \mathbb{C}^{N_{\mathrm{s}} \times 1})$ 的数学表达式为

$$\boldsymbol{y} = \sqrt{\rho} \boldsymbol{W}_{\mathrm{BB}}^{\mathrm{H}} \boldsymbol{W}_{\mathrm{PS}}^{\mathrm{H}} \boldsymbol{W}_{\mathrm{S}}^{\mathrm{H}} \boldsymbol{H} \boldsymbol{F}_{\mathrm{S}} \boldsymbol{F}_{\mathrm{PS}} \boldsymbol{s} + \boldsymbol{W}_{\mathrm{BB}}^{\mathrm{H}} \boldsymbol{W}_{\mathrm{PS}}^{\mathrm{H}} \boldsymbol{W}_{\mathrm{S}}^{\mathrm{H}} \boldsymbol{n} \tag{6.10}$$

其中，ρ 表示接收信号平均功率；$\boldsymbol{F}_{\mathrm{S}}(\boldsymbol{F}_{\mathrm{S}} \in \mathbb{C}^{N_{\mathrm{t}} \times N_{\mathrm{c}}})$、$\boldsymbol{F}_{\mathrm{PS}}(\boldsymbol{F}_{\mathrm{PS}} \in \mathbb{C}^{N_{\mathrm{c}} \times N_{\mathrm{RF}}})$ 和 $\boldsymbol{F}_{\mathrm{BB}}(\boldsymbol{F}_{\mathrm{BB}} \in \mathbb{C}^{N_{\mathrm{RF}} \times N_{\mathrm{s}}})$ 分别表示模拟开关预编码矩阵、模拟移相预编码矩阵和数字预编码矩阵；$\boldsymbol{W}_{\mathrm{S}}(\boldsymbol{W}_{\mathrm{S}} \in \mathbb{C}^{N_{\mathrm{r}} \times N_{\mathrm{c}}}$、$\boldsymbol{W}_{\mathrm{PS}}(\boldsymbol{W}_{\mathrm{PS}} \in \mathbb{C}^{N_{\mathrm{c}} \times N_{\mathrm{RF}}})$ 和 $\boldsymbol{W}_{\mathrm{BB}}(\boldsymbol{W}_{\mathrm{BB}} \in \mathbb{C}^{N_{\mathrm{RF}} \times N_{\mathrm{s}}})$ 分别表示模拟开关合并矩阵、模拟移相合并矩阵和数字合并矩阵；N_{c} 表示模拟移相预编码矩阵输出维度；$\boldsymbol{s}(\boldsymbol{s} \in \mathbb{C}^{N_{\mathrm{s}} \times 1})$ 表示传输数据流信号，满足 $E\{\boldsymbol{s}\boldsymbol{s}^{\mathrm{H}}\} = (\frac{1}{N_{\mathrm{s}}}) \boldsymbol{I}_{N_{\mathrm{s}}}$；$\boldsymbol{n} \in \mathbb{C}^{N_{\mathrm{r}} \times 1}$ 表示噪声信号，服从 $\mathcal{CN}(0, \sigma_n^2)$ 复高斯分布，σ_n^2 为噪声功率；$\boldsymbol{H}(\boldsymbol{H} \in \mathbb{C}^{N_{\mathrm{r}} \times N_{\mathrm{t}}})$ 表示毫米波大规模 MIMO 系统信道矩阵。

根据扩展 Saleh-Valenuela 信道模型[1]，离散时间窄带块衰落信道 $\boldsymbol{H}$ 为

$$\boldsymbol{H} = \sqrt{\frac{N_{\mathrm{t}} N_{\mathrm{r}}}{N_{\mathrm{cl}} N_{\mathrm{ray}}}} \sum_{i=1}^{N_{\mathrm{cl}}} \sum_{l=1}^{N_{\mathrm{ray}}} \alpha_{il} \boldsymbol{a}_{\mathrm{r}}(\phi_{il}^{\mathrm{r}}, \theta_{il}^{\mathrm{r}}) \boldsymbol{a}_{\mathrm{t}}^{\mathrm{H}}(\phi_{il}^{\mathrm{t}}, \theta_{il}^{\mathrm{t}}) \tag{6.11}$$

其中，N_{cl} 表示毫米波信道路径簇数，每簇由 N_{ray} 条子径构成，α_{il} 表示第 i 簇中第 l 个路径的信道复用增益；$\boldsymbol{a}_{t}(\phi_{il}^{\mathrm{t}}, \theta_{il}^{\mathrm{t}})$ 和 $\boldsymbol{a}_{\mathrm{r}}(\phi_{il}^{\mathrm{r}}, \theta_{il}^{\mathrm{r}})$ 分别表示发射端和接收端归一化的传输阵列响应向量，ϕ_{il}^{t}、θ_{il}^{t}、ϕ_{il}^{r} 和 θ_{il}^{r} 分别为第 i 簇中第 l 个路径的离开俯仰角、离开方位角、到达俯仰角和到达方位角。

本小节采用 UPA 进行信号的收发，则发射端和接收端的归一化传输阵列响应向量可以表示为

$$\boldsymbol{a}(\phi, \theta) = \frac{1}{\sqrt{MN}} [1, \cdots, \mathrm{e}^{\mathrm{j}\pi(m\sin\phi\sin\theta + n\cos\theta)}, \cdots, \mathrm{e}^{\mathrm{j}\pi((M-1)\sin\phi\sin\theta + (N-1)\cos\theta)}]^{\mathrm{T}} \tag{6.12}$$

其中，相邻天线阵元间距 $d = \lambda/2$；$m(0 \leqslant m \leqslant M-1)$ 和 $n(0 \leqslant n \leqslant N-1)$ 分别表示 y 轴和 z 轴上配备的天线阵元数量。

在图 6.6 所示的基于 FCPS-S 结构的毫米波大规模 MIMO 系统中，假设已知发射端和

接收端的理想 CSI，并且传输数据流信号为高斯信号。传输数据流信号经发射端预编码处理，再经过毫米波信道传输，最终在接收端解码后得到接收信号。毫米波大规模 MIMO 系统频谱效率为

$$R = \mathrm{lb}\left(\left|\boldsymbol{I}_{N_s} + \frac{\rho}{\sigma_n^2 N_s}(\boldsymbol{W}_{\mathrm{S}}\boldsymbol{W}_{\mathrm{PS}}\boldsymbol{W}_{\mathrm{BB}})^{\dagger}\boldsymbol{H}\boldsymbol{F}_{\mathrm{S}}\boldsymbol{F}_{\mathrm{PS}}\boldsymbol{F}_{\mathrm{BB}}\boldsymbol{F}_{\mathrm{BB}}^{\mathrm{H}}\boldsymbol{F}_{\mathrm{PS}}^{\mathrm{H}}\boldsymbol{F}_{\mathrm{S}}^{\mathrm{H}}\boldsymbol{H}^{\mathrm{H}}\boldsymbol{W}_{\mathrm{S}}\boldsymbol{W}_{\mathrm{PS}}\boldsymbol{W}_{\mathrm{BB}}\right|\right) \tag{6.13}$$

此外，毫米波大规模 MIMO 系统能量效率可以由系统频谱效率和功率消耗两部分进行表征[3]，其数学表达式为

$$\eta = \frac{R}{P} \tag{6.14}$$

其中，R 和 P 分别表示系统频谱效率和功耗。

FCPS 结构、PCPS 结构和 FCPS-S 结构的系统功耗分别为

$$P = \begin{cases} P_{\mathrm{t}} + P_{\mathrm{RF}}N_{\mathrm{RF}} + P_{\mathrm{PS}}N_{\mathrm{RF}}N_{\mathrm{t}} & \text{FCPS} \\ P_{\mathrm{t}} + P_{\mathrm{RF}}N_{\mathrm{RF}} + P_{\mathrm{PS}}N_{\mathrm{t}} & \text{PCPS} \\ P_{\mathrm{t}} + P_{\mathrm{RF}}N_{\mathrm{RF}} + P_{\mathrm{PS}}N_{\mathrm{RF}}N_{\mathrm{c}} + P_{\mathrm{S}}N_{\mathrm{c}}N_{\mathrm{t}} & \text{FCPS-S} \end{cases} \tag{6.15}$$

其中，P_{t} 表示发射端发射功率；P_{RF}、P_{PS} 和 P_{S} 表示射频链、移相器和开关功耗。

综合上述分析，表 6.2 分别给出了 FCPS 结构、PCPS 结构以及 PCPS-S 结构的基本硬件需求和性能。从表 6.2 中可以看出，相比于 FCPS 结构和 PCPS 结构，本小节所提 FCPS-S 结构有如下优点：

(1) 相比于 FCPS 结构，FCPS-S 结构利用开关网络实现了移相器与天线阵元之间的动态连接，需要的移相器数量从 $N_{\mathrm{RF}}N_{\mathrm{t}}$ 变为 $N_{\mathrm{RF}}N_{\mathrm{c}}$，其中模拟移相预编码矩阵输出维度 $N_{\mathrm{c}} \ll N_{\mathrm{t}}$，在保证混合预编码频谱效率等性能的情况下，有效地减少了现有 FCPS 结构中的移相器数量、降低了系统功耗；

(2) 相比于 PCPS 结构，FCPS-S 结构需要的移相器数量从 N_{t} 变为 $N_{\mathrm{RF}}N_{\mathrm{c}}$，在 N_{c} 取值非常小的情况下，得益于开关低成本、低功耗等优点，该结构能够在更低硬件成本的情况下，有效地提高系统混合预编码频谱效率等性能。

表 6.2　相关混合预编码结构性能分析

混合预编码结构	射频链数	移相器数	发射天线阵元数	开关数	频谱效率	功耗
FCPS	N_{RF}	$N_{\mathrm{RF}}N_{\mathrm{t}}$	N_{t}	0	高	高
PCPS	N_{RF}	N_{t}	N_{t}	0	低	低
FCPS-S	N_{RF}	$N_{\mathrm{RF}}N_{\mathrm{c}}$	N_{t}	$N_{\mathrm{t}}N_{\mathrm{c}}$	高	低

6.4 基于自适应全连接结构的BB-GPM单用户混合预编码算法

6.3节给出了两种高能效自适应混合预编码结构，这两种结构具有功耗低、对信道环境的自适应能力强等优点。本小节在此基础之上，进一步讨论单用户系统中基于所给自适应全连接结构的混合预编码矩阵优化方法。显而易见，在上述结构中，联合优化模拟开关预编码矩阵 $\boldsymbol{F}_{\text{S}}$、模拟移相预编码矩阵 $\boldsymbol{F}_{\text{PS}}$ 和数字预编码矩阵 $\boldsymbol{F}_{\text{BB}}$ 比较困难。为此，以下将采用交替最小化方法，分别优化 $\boldsymbol{F}_{\text{S}}$、$\boldsymbol{F}_{\text{PS}}$ 和 $\boldsymbol{F}_{\text{BB}}$ 直至收敛。

6.4.1 问题描述

为了简化问题，假设所给自适应全连接结构仅应用于发射端，接收端依然采用固定全连接结构。此时系统频谱效率为

$$R = \text{lb}\det\left(\boldsymbol{I}_n + \frac{\sigma_s^2}{\sigma_n^2}(\boldsymbol{W}_{\text{RF}}\boldsymbol{W}_{\text{BB}})^{\dagger}\boldsymbol{H}\boldsymbol{F}_{\text{S}}\boldsymbol{F}_{\text{PS}}\boldsymbol{F}_{\text{BB}}\boldsymbol{F}_{\text{BB}}^{\text{H}}\boldsymbol{F}_{\text{PS}}^{\text{H}}\boldsymbol{F}_{\text{S}}^{\text{H}}\boldsymbol{H}^{\text{H}}\boldsymbol{W}_{\text{RF}}\boldsymbol{W}_{\text{BB}}\right) \tag{6.16}$$

显然，在矩阵变量 $\boldsymbol{F}_{\text{S}}$、$\boldsymbol{F}_{\text{PS}}$、$\boldsymbol{F}_{\text{BB}}$、$\boldsymbol{W}_{\text{RF}}$、$\boldsymbol{W}_{\text{BB}}$ 的可行集内联合最大化式(6.7)即可给出最优混合预编码与合并矩阵。然而该联合优化问题涉及到5个矩阵变量，难以直接求解。为此，文献[2]和文献[4]将上述频谱效率最大化问题近似转化为如下所示的混合预编码矩阵与合并矩阵的残差最小化问题[2,4]：

$$\begin{cases}\min\limits_{\boldsymbol{F}_{\text{S}},\boldsymbol{F}_{\text{PS}},\boldsymbol{F}_{\text{BB}}} \|\boldsymbol{F}_{\text{opt}} - \boldsymbol{F}_{\text{S}}\boldsymbol{F}_{\text{PS}}\boldsymbol{F}_{\text{BB}}\|_{\text{F}}^2 \\ \text{s.t.}\quad \boldsymbol{F}_{\text{S},ik} \in \{0,1\} \quad \forall i,k \quad \text{C1} \\ \qquad |\boldsymbol{F}_{\text{PS},mn}| = 1 \quad \forall m,n \quad \text{C2} \\ \qquad \|\boldsymbol{F}_{\text{S}}\boldsymbol{F}_{\text{PS}}\boldsymbol{F}_{\text{BB}}\|_{\text{F}}^2 = P_{\text{t}} \quad \text{C3}\end{cases} \tag{6.17}$$

$$\begin{cases}\min\limits_{\boldsymbol{W}_{\text{RF}},\boldsymbol{W}_{\text{BB}}} \|\boldsymbol{W}_{\text{opt}} - \boldsymbol{W}_{\text{RF}}\boldsymbol{W}_{\text{BB}}\|_{\text{F}}^2 \\ \text{s.t.}\quad |\boldsymbol{W}_{\text{RF},lq}| = 1 \quad \forall l,q \quad \text{C4}\end{cases} \tag{6.18}$$

其中，最优预编码矩阵 $\boldsymbol{F}_{\text{opt}}$ 与合并矩阵 $\boldsymbol{W}_{\text{opt}}$ 可分别由信道矩阵 $\boldsymbol{H}$ 的奇异值分解（$\boldsymbol{H} = \boldsymbol{U\Sigma V}^{\text{H}}$）给出，也即 $\boldsymbol{F}_{\text{opt}} = \boldsymbol{V}_{(:,1:N_s)}$，$\boldsymbol{W}_{\text{opt}} = \boldsymbol{U}_{(:,1:N_s)}$；$\boldsymbol{P}$ 为注水功率分配矩阵；P_{t} 表示发射功率。

式(6.18)为混合合并矩阵的优化问题，其求解方法已在第3章中进行过详细介绍，此处不再赘述，以下重点阐述如何利用交替最小化方法求解式(6.17)。在求解过程中，首先忽略功率约束条件C3，然后反复迭代优化模拟开关预编码矩阵 $\boldsymbol{F}_{\text{S}}$、模拟移相预编码矩阵 $\boldsymbol{F}_{\text{PS}}$ 和数字预编码矩阵 $\boldsymbol{F}_{\text{BB}}$ 直到收敛，最后在数字预编码矩阵 $\boldsymbol{F}_{\text{BB}}$ 上乘以功率因子 $\sqrt{P_{\text{t}}}/\|\boldsymbol{F}_{\text{S}}\boldsymbol{F}_{\text{PS}}\boldsymbol{F}_{\text{BB}}\|_{\text{F}}$，即可得到满足全部约束条件的解。

6.4.2 模拟开关预编码矩阵优化

当模拟移相预编码矩阵 $\boldsymbol{F}_{\text{PS}}$ 和数字预编码矩阵 $\boldsymbol{F}_{\text{BB}}$ 固定时，自适应全连接结构中关于

模拟开关预编码矩阵 $\boldsymbol{F}_{\mathrm{S}}$ 的优化问题可以表示为

$$\begin{cases}\min\limits_{\boldsymbol{F}_{\mathrm{S}}} \| \boldsymbol{F}_{\mathrm{opt}} - \boldsymbol{F}_{\mathrm{S}} \boldsymbol{F}_{\mathrm{PS}} \boldsymbol{F}_{\mathrm{BB}} \|_{\mathrm{F}}^{2} \\ \text{s.t.} \quad \boldsymbol{F}_{\mathrm{S},ik} \in \{0,1\} \quad \forall i,k \quad \mathrm{C1}\end{cases} \tag{6.19}$$

令 $\boldsymbol{F}_{\mathrm{D}} = \boldsymbol{F}_{\mathrm{PS}} \boldsymbol{F}_{\mathrm{BB}}$，可将式(6.19)表示为如下所示的 N_{t} 个独立子问题：

$$\begin{cases}\min\limits_{\boldsymbol{f}_{\mathrm{S},i}} \| \boldsymbol{f}_{\mathrm{opt},i} - \boldsymbol{F}_{\mathrm{D}}^{\mathrm{H}} \boldsymbol{f}_{\mathrm{S},i} \|^{2} \\ \text{s.t.} \quad \boldsymbol{f}_{\mathrm{S},i}(k) \in \{0,1\} \quad \forall i,k \quad \mathrm{C1}\end{cases} \tag{6.20}$$

其中，$\boldsymbol{f}_{\mathrm{S},i}^{\mathrm{H}}(\boldsymbol{f}_{\mathrm{S},i}^{\mathrm{H}} \in \mathbb{C}^{1\times N_{\mathrm{c}}})$ 和 $\boldsymbol{f}_{\mathrm{opt},i}^{\mathrm{H}}(\boldsymbol{f}_{\mathrm{opt},i}^{\mathrm{H}} \in \mathbb{C}^{1\times N_{\mathrm{s}}})$ 分别为矩阵 $\boldsymbol{F}_{\mathrm{S}}$ 和 $\boldsymbol{F}_{\mathrm{opt}}$ 的第 i 行；N_{s} 为数据流数。

显然，式(6.20)是 0－1 约束条件下的最小二乘问题，可通过分支定界法[5]求解，其算法步骤见表 6.3。由表可见，分支定界法首先通过步骤 7 不断将优化问题的可行集划分为子集，然后在步骤 3 中估计目标函数在每个子集中的下界，再通过步骤 5 中的判决条件判断是否将该子集剪除。重复上述过程直至可行集被剪除至空集，即可得到式(6.20)的最优解。在此过程中，如何在步骤 3 中快速估计得到目标函数的下界是影响算法计算复杂度的关键因素。

表 6.3　求解式(6.20)的分支定界法步骤

输入参数：$\boldsymbol{F}_{\mathrm{opt}}$，$\boldsymbol{F}_{D}$
初始化：$S=\{S_1\}$，其中 S_1 为式(6.20)的可行集，也即 $S_1=\{\boldsymbol{s} \mid \boldsymbol{s}\in\{0,1\}^{N_{\mathrm{c}}\times 1}\}$；随机初始化满足 0－1 约束的向量 $\boldsymbol{f}_{\mathrm{S},i}$；$l_{\min} = \| \boldsymbol{f}_{\mathrm{opt},i} - \boldsymbol{F}_{\mathrm{D}}^{\mathrm{H}} \boldsymbol{f}_{\mathrm{S},i} \|_{\mathrm{F}}^{2}$；$\boldsymbol{s}_{\min} = \boldsymbol{f}_{\mathrm{S},i}$；
步骤 1：迭代循环判断 $S=\varnothing$ 是否为真，求解 $\boldsymbol{f}_{\mathrm{S},i} = \boldsymbol{s}_{\min}$；
步骤 2：输出 $\boldsymbol{f}_{\mathrm{S},i}$
步骤 3：从 S 中任意选择一个集合 S_q，估计式(6.20)目标函数在集合 S_q 上的下界 l_{S_q}；
步骤 4：$S = S/S_q$；
步骤 5：判断 $l_{S_q} < l_{\min}$，从集合 S_q 中选择任意元 $\boldsymbol{s}_q$，计算 $l_q = \| \boldsymbol{f}_{\mathrm{opt},i} - \boldsymbol{F}_{\mathrm{D}}^{\mathrm{H}} \boldsymbol{s}_q \|_{\mathrm{F}}^{2}$；
步骤 6：判断 $l_q < l_{\min}$，求解 $l_{\min} = l_q$、$\boldsymbol{s}_{\min} = \boldsymbol{s}_q$；
步骤 7：判断 $\lvert S_q \rvert > 1$ 是否满足，随机选择一个满足条件 $\bigcup\limits_{i=1}^{\lvert S_q \rvert} \boldsymbol{s}_i(t) = \{0,1\}$ 的 t 值，其中 $\boldsymbol{s}_i$ 为集合 S_q 中的第 i 个向量。将集合 S_q 划分为 $S_{q,1}=\{\boldsymbol{s} \mid \boldsymbol{s}\in S_q, \boldsymbol{s}(t)=1\}$ 和 $S_{q,0}=\{\boldsymbol{s} \mid \boldsymbol{s}\in S_q, \boldsymbol{s}(t)=0\}$
输出参数：$S = S \cup \{S_{q,0}, S_{q,1}\}$

通常而言，可以首先将 0－1 约束条件 $\boldsymbol{f}_{\mathrm{S},i}(k) \in \{0,1\}$ 松弛为 $0 \leqslant \boldsymbol{f}_{\mathrm{S},i}(k) \leqslant 1$ 约束条件，然后通过凸规划算法得到目标函数在区间 $0 \leqslant \boldsymbol{f}_{\mathrm{S},i}(k) \leqslant 1$ 上的最小值，并将其作为估计的下界[5]。然而求解凸规划问题的计算复杂度较大，因为求解式(6.20)仅能得到模拟开关预编码矩阵 $\boldsymbol{F}_{\mathrm{S}}$ 的 1 行，为得到整个矩阵需反复求解式(6.20) N_{t} 次，所以必须大幅降低分支定界算法的计算复杂度，才能在合理时间范围内得到模拟开关预编码矩阵 $\boldsymbol{F}_{\mathrm{S}}$。为此，下列定理利用子空间投影给出式(6.20)目标函数的闭式下界。

定理 6.1：对于 $\min\limits_{x\in\{0,1\}^{n\times1}} \|\boldsymbol{y}-\boldsymbol{A}\boldsymbol{x}\|^2$（$\boldsymbol{y}\in\mathbb{C}^{m\times1}$，$\boldsymbol{A}\in\mathbb{C}^{m\times n}$）优化问题，其目标函数的下界满足如下不等式：

$$\inf_{x\in\{0,1\}^{n\times1}} \|\boldsymbol{y}-\boldsymbol{A}\boldsymbol{x}\|^2 \geqslant \sum_{k\in K}\max\left\{\left|\left(1-\sum_{p=1}^{n}(z_{kp})^+\right)^+\right|,\left|\left(1-\sum_{p=1}^{n}(z_{kp})^-\right)^-\right|\right\}^2 |y_k|^2$$

其中，y_k 表示向量 $\boldsymbol{y}$ 的第 k 个元素；$z_{kp}=\mathrm{Re}\{y_k a_{kp}^*\}/|y_k|^2$；$a_{kp}$ 为矩阵 $\boldsymbol{A}$ 的第 $\{k,p\}$ 个元素；$K=\{k\mid 1\leqslant k\leqslant m$ 且 $y_k\neq 0\}$。

证明：问题 $\min\limits_{x\in\{0,1\}^{n\times1}} \|\boldsymbol{y}-\boldsymbol{A}\boldsymbol{x}\|^2$ 的目标函数可以重新表示为

$$\begin{aligned}
\|\boldsymbol{y}-\boldsymbol{A}\boldsymbol{x}\|^2 &= \sum_{k=1}^{m}\left\|\begin{bmatrix}\mathrm{Re}\{y_k\}\\ \mathrm{Im}\{y_k\}\end{bmatrix}-\sum_{p=1}^{n}\left(\begin{bmatrix}\mathrm{Re}\{a_{kp}\}\\ \mathrm{Im}\{a_{kp}\}\end{bmatrix}x_p\right)\right\|^2 \\
&\overset{(a)}{=} \sum_{k=1}^{m}\left\|\begin{bmatrix}\mathrm{Re}\{y_k\}\\ \mathrm{Im}\{y_k\}\end{bmatrix}-\sum_{p=1}^{n}\left(\left(\boldsymbol{I}-\frac{1}{|y_k|^2}\begin{bmatrix}\mathrm{Re}\{y_k\}\\ \mathrm{Im}\{y_k\}\end{bmatrix}\begin{bmatrix}\mathrm{Re}\{y_k\} & \mathrm{Im}\{y_k\}\end{bmatrix}+\right.\right.\right. \\
&\qquad \left.\left.\left.\frac{1}{|y_k|^2}\begin{bmatrix}\mathrm{Re}\{y_k\}\\ \mathrm{Im}\{y_k\}\end{bmatrix}\begin{bmatrix}\mathrm{Re}\{y_k\} & \mathrm{Im}\{y_k\}\end{bmatrix}\right)\begin{bmatrix}\mathrm{Re}\{a_{kp}\}\\ \mathrm{Im}\{a_{kp}\}\end{bmatrix}x_p\right)\right\|^2 \\
&\geqslant \sum_{k\in K}\left\|\begin{bmatrix}\mathrm{Re}\{y_k\}\\ \mathrm{Im}\{y_k\}\end{bmatrix}-\sum_{p=1}^{n}\left(\left(\boldsymbol{I}-\frac{1}{|y_k|^2}\begin{bmatrix}\mathrm{Re}\{y_k\}\\ \mathrm{Im}\{y_k\}\end{bmatrix}\begin{bmatrix}\mathrm{Re}\{y_k\} & \mathrm{Im}\{y_k\}\end{bmatrix}+\right.\right.\right. \\
&\qquad \left.\left.\left.\frac{1}{|y_k|^2}\begin{bmatrix}\mathrm{Re}\{y_k\}\\ \mathrm{Im}\{y_k\}\end{bmatrix}\begin{bmatrix}\mathrm{Re}\{y_k\} & \mathrm{Im}\{y_k\}\end{bmatrix}\right)\begin{bmatrix}\mathrm{Re}\{a_{kp}\}\\ \mathrm{Im}\{a_{kp}\}\end{bmatrix}x_p\right)\right\|^2 \\
&\overset{(b)}{=} \sum_{k\in K}\left\|\left(1-\sum_{p=1}^{n}\left(\frac{\mathrm{Re}\{y_k\}\mathrm{Re}\{a_{kp}\}+\mathrm{Im}\{y_k\}\mathrm{Im}\{a_{kp}\}}{|y_k|^2}x_p\right)\right)\begin{bmatrix}\mathrm{Re}\{y_k\}\\ \mathrm{Im}\{y_k\}\end{bmatrix}-\right. \\
&\qquad \left.\left(\left(\boldsymbol{I}-\frac{1}{|y_k|^2}\begin{bmatrix}\mathrm{Re}\{y_k\}\\ \mathrm{Im}\{y_k\}\end{bmatrix}\begin{bmatrix}\mathrm{Re}\{y_k\} & \mathrm{Im}\{y_k\}\end{bmatrix}\right)\begin{bmatrix}\mathrm{Re}\{a_{kp}\}\\ \mathrm{Im}\{a_{kp}\}\end{bmatrix}x_p\right)\right\|^2 \\
&\overset{(c)}{=} \sum_{k\in K}\left\|\left(1-\sum_{p=1}^{n}\left(\frac{\mathrm{Re}\{y_k a_{kp}^*\}}{|y_k|^2}x_p\right)\right)\begin{bmatrix}\mathrm{Re}\{y_k\}\\ \mathrm{Im}\{y_k\}\end{bmatrix}\right\|^2+ \\
&\qquad \sum_{k\in K}\left\|\sum_{p=1}^{n}\left(\left(\boldsymbol{I}-\frac{1}{|y_k|^2}\begin{bmatrix}\mathrm{Re}\{y_k\}\\ \mathrm{Im}\{y_k\}\end{bmatrix}\begin{bmatrix}\mathrm{Re}\{y_k\} & \mathrm{Im}\{y_k\}\end{bmatrix}\right)\begin{bmatrix}\mathrm{Re}\{a_{kp}\}\\ \mathrm{Im}\{a_{kp}\}\end{bmatrix}x_p\right)\right\|^2 \\
&\geqslant \sum_{k\in K}\left\|\left(1-\sum_{p=1}^{n}\left(\frac{\mathrm{Re}\{y_k a_{kp}^*\}}{|y_k|^2}x_p\right)\right)\begin{bmatrix}\mathrm{Re}\{y_k\}\\ \mathrm{Im}\{y_k\}\end{bmatrix}\right\|^2=\sum_{k\in K}\left(\left(1-\sum_{p=1}^{n}(z_{kp}x_p)\right)^2|y_k|^2\right)
\end{aligned}\tag{6.21}$$

其中，y_k、a_{kp} 和 x_p 分别表示向量 $\boldsymbol{y}$ 的第 k 个元素、矩阵 $\boldsymbol{A}$ 的第 $\{k,p\}$ 个元素和向量 $\boldsymbol{x}$ 的第 p 个元素；$K=\{k\mid 1\leqslant k\leqslant m$ 且 $|y_k|\neq 0\}$；$z_{kp}=\mathrm{Re}\{y_k a_{kp}^*\}/|y_k|^2$。

值得注意的是，在式(6.21)等号(a)的右侧，矩阵 $\frac{1}{|y_k|^2}\begin{bmatrix}\mathrm{Re}\{y_k\}\\ \mathrm{Im}\{y_k\}\end{bmatrix}\begin{bmatrix}\mathrm{Re}\{y_k\} & \mathrm{Im}\{y_k\}\end{bmatrix}$ 是对应于向量 $\begin{bmatrix}\mathrm{Re}\{y_k\}\\ \mathrm{Im}\{y_k\}\end{bmatrix}$ 的投影矩阵，因此等号(b)右侧范数算符内的两项可分别视为向量

$\begin{bmatrix}\mathrm{Re}\{a_{kp}\}\\ \mathrm{Im}\{a_{kp}\}\end{bmatrix}$ 在子空间 $\boldsymbol{Y}=\left\{\boldsymbol{y}\,\middle|\,\boldsymbol{y}=a\begin{bmatrix}\mathrm{Re}\{y_k\}\\ \mathrm{Im}\{y_k\}\end{bmatrix},a\in\mathbb{R}\right\}$ 上的投影以及残差，也就是说两者是正交的，所以等号(c)一定成立。

对于式(6.21)最后一项中的 $1-\sum_{p=1}^{n}(z_{kp}x_p)$，由于 x_p 只能取 0 或者 1，因此当 $x_p=\begin{cases}1 & z_{kp}>0\\ 0 & z_{kp}\leqslant 0\end{cases}$ 时，$1-\sum_{p=1}^{n}(z_{kp}x_p)$ 取最小值 $1-\sum_{p=1}^{n}(z_{kp})^{+}$；反之，当 $x_p=\begin{cases}0 & z_{kp}>0\\ 1 & z_{kp}\leqslant 0\end{cases}$ 时，$1-\sum_{p=1}^{n}(z_{kp}x_p)$ 取最大值 $1-\sum_{p=1}^{n}(z_{kp})^{-}$，其中，$(x)^{+}=\max\{x,0\}$，$(x)^{-}=\min\{x,0\}$。由此可知一定有下列不等式成立：

$$1-\sum_{p=1}^{n}(z_{kp})^{+}\leqslant 1-\sum_{p=1}^{n}(z_{kp}x_p)\leqslant 1-\sum_{p=1}^{n}(z_{kp})^{-}$$

进一步地，对于绝对值 $\left|1-\sum_{p=1}^{n}(z_{kp}x_p)\right|$，如果 $1-\sum_{p=1}^{n}(z_{kp})^{+}$ 与 $1-\sum_{p=1}^{n}(z_{kp})^{-}$ 的符号相同，那么它一定大于 $\left|1-\sum_{p=1}^{n}(z_{kp})^{+}\right|$ 与 $\left|1-\sum_{p=1}^{n}(z_{kp})^{-}\right|$ 中较小者，如果 $1-\sum_{p=1}^{n}(z_{kp})^{+}$ 与 $1-\sum_{p=1}^{n}(z_{kp})^{-}$ 的符号不同，则 $\left|1-\sum_{p=1}^{n}(z_{kp}x_p)\right|$ 的下界为0。由此可得如下不等式：

$$\left|1-\sum_{p=1}^{n}(z_{kp}x_p)\right|\geqslant$$

$$\begin{cases}\min\left\{\left|1-\sum_{p=1}^{n}(z_{kp})^{+}\right|,\left|1-\sum_{p=1}^{n}(z_{kp})^{-}\right|\right\} & \left(1-\sum_{p=1}^{n}(z_{kp})^{-}\right)^{-}\neq 0\text{ 或 }\left(1-\sum_{p=1}^{n}(z_{kp})^{+}\right)^{+}\neq 0\\ 0 & \left(1-\sum_{p=1}^{n}(z_{kp})^{-}\right)^{-}=0\text{ 且 }\left(1-\sum_{p=1}^{n}(z_{kp})^{+}\right)^{+}=0\end{cases}$$

容易验证，上式可进一步改写为

$$\left|1-\sum_{p=1}^{n}(z_{kp}x_p)\right|\geqslant\min\left\{\left|\left(1-\sum_{p=1}^{n}(z_{kp})^{+}\right)^{+}\right|,\left|\left(1-\sum_{p=1}^{n}(z_{kp})^{-}\right)^{-}\right|\right\}\quad(6.22)$$

联立式(6.21)和式(6.22)可得

$$\|\boldsymbol{y}-\boldsymbol{A}\boldsymbol{x}\|^2\geqslant\sum_{k\in K}\min\left\{\left|\left(1-\sum_{p=1}^{n}(z_{kp})^{+}\right)^{+}\right|,\left|\left(1-\sum_{p=1}^{n}(z_{kp})^{-}\right)^{-}\right|\right\}^2|y_k|^2$$

定理 6.1 证毕。

定理 6.1 通过计算矩阵 $\boldsymbol{A}$ 中元素 a_{kp} 实部与虚部组成的向量 $[\mathrm{Re}\{a_{kp}\}\quad\mathrm{Im}\{a_{kp}\}]^{\mathrm{T}}$ 在向量 $[\mathrm{Re}\{y_k\}\quad\mathrm{Im}\{y_k\}]^{\mathrm{T}}$ 上的投影给出式(6.20)目标函数的下界，相比于传统凸松弛方法，计算复杂度大幅降低。结合表 6.3 可知，通过该定理估计得到步骤 3 中的下界 l_{S_q} 后，根据步骤 5 中的条件判断集合 S_q 是否可以被剪除。不断循环上述过程直到步骤 1 中的空集条件被满足，即全部可行集被剪除，便可得到式(6.20)的解。通过上述过程逐行求解模拟开关预编码矩阵 $\boldsymbol{F}_{\mathrm{S}}$ 的所有行向量，最终即可给出式(6.19)的解。

6.4.3 模拟移相预编码矩阵优化

在模拟开关预编码矩阵 $\boldsymbol{F}_{\mathrm{S}}$ 优化完成后，自适应全连接结构中关于模拟移相预编码矩阵 $\boldsymbol{F}_{\mathrm{PS}}$ 的优化问题可表示为

$$\begin{cases}\min\limits_{\boldsymbol{F}_{\mathrm{PS}}} \|\boldsymbol{F}_{\mathrm{opt}}-\boldsymbol{F}_{\mathrm{S}}\boldsymbol{F}_{\mathrm{PS}}\boldsymbol{F}_{\mathrm{BB}}\|_{\mathrm{F}}^{2} \\ \text{s. t.}\quad |\boldsymbol{F}_{\mathrm{PS},mn}|=1 \quad \forall m,n \quad \mathrm{C2}\end{cases} \tag{6.23}$$

利用矩阵 Kronecker 积的性质 $\mathrm{vec}(\boldsymbol{AXB})=(\boldsymbol{B}^{\mathrm{T}}\otimes\boldsymbol{A})\mathrm{vec}(\boldsymbol{X})$，式(6.23)可以被等价转化为

$$\begin{cases}\min\limits_{\boldsymbol{f}_{\mathrm{PS}}} \|\boldsymbol{f}_{\mathrm{opt}}-(\boldsymbol{F}_{\mathrm{BB}}^{\mathrm{T}}\otimes\boldsymbol{F}_{\mathrm{S}})\boldsymbol{f}_{\mathrm{PS}}\|^{2} \\ \text{s. t.}\quad |\boldsymbol{f}_{\mathrm{PS}}(m)|=1 \quad \forall m \quad \mathrm{C2}\end{cases} \tag{6.24}$$

其中，$\boldsymbol{f}_{\mathrm{PS}}=\mathrm{vec}(\boldsymbol{F}_{\mathrm{PS}})$，$\boldsymbol{f}_{\mathrm{opt}}=\mathrm{vec}(\boldsymbol{F}_{\mathrm{opt}})$。

进一步地，式(6.24)可被重新表示为如下标准二次型：

$$\begin{cases}\min\limits_{\boldsymbol{f}_{\mathrm{PS}}} \tilde{\boldsymbol{f}}_{\mathrm{PS}}^{\mathrm{H}}\boldsymbol{B}\tilde{\boldsymbol{f}}_{\mathrm{PS}} \\ \text{s. t.}\quad |\boldsymbol{f}_{\mathrm{PS}}(m)|=1 \quad \forall m \quad \mathrm{C2}\end{cases} \tag{6.25}$$

其中，$\tilde{\boldsymbol{f}}_{\mathrm{PS}}=[\boldsymbol{f}_{\mathrm{PS}}\quad 1]^{\mathrm{T}}$，矩阵 $\boldsymbol{B}$ 表示如下：

$$\boldsymbol{B}=\begin{bmatrix}(\boldsymbol{F}_{\mathrm{BB}}^{\mathrm{T}}\otimes\boldsymbol{F}_{\mathrm{S}})^{\mathrm{H}}(\boldsymbol{F}_{\mathrm{BB}}^{\mathrm{T}}\otimes\boldsymbol{F}_{\mathrm{S}}) & -(\boldsymbol{F}_{\mathrm{BB}}^{\mathrm{T}}\otimes\boldsymbol{F}_{\mathrm{S}})^{\mathrm{H}}\boldsymbol{f}_{\mathrm{opt}} \\ -\boldsymbol{f}_{\mathrm{opt}}^{\mathrm{H}}(\boldsymbol{F}_{\mathrm{BB}}^{\mathrm{T}}\otimes\boldsymbol{F}_{\mathrm{S}}) & \boldsymbol{0}\end{bmatrix} \tag{6.26}$$

显然，矩阵 $\boldsymbol{B}$ 的值取决于模拟开关预编码矩阵 $\boldsymbol{F}_{\mathrm{S}}$ 与数字预编码矩阵 $\boldsymbol{F}_{\mathrm{BB}}$，为了方便，下文将矩阵 $\boldsymbol{B}$ 命名为联合开关数字预编码矩阵。由文献[6]所提算法可知，如果联合开关数字预编码矩阵 $\boldsymbol{B}$ 为半负定矩阵，那么式(6.25)可通过广义幂法迭代求解[6]。然而上述半负定矩阵的假设不可能成立，因为对于非零矩阵 $\boldsymbol{B}$，一定存在非零向量 $\boldsymbol{f}$ 使得下述二次型为正值：

$$[\boldsymbol{f}^{\mathrm{H}}\quad 0]\boldsymbol{B}[\boldsymbol{f}^{\mathrm{H}}\quad 0]^{\mathrm{H}}=\boldsymbol{f}^{\mathrm{H}}(\boldsymbol{F}_{\mathrm{BB}}^{\mathrm{T}}\otimes\boldsymbol{F}_{\mathrm{S}})^{\mathrm{H}}(\boldsymbol{F}_{\mathrm{BB}}^{\mathrm{T}}\otimes\boldsymbol{F}_{\mathrm{S}})\boldsymbol{f}>0$$

为此，可通过对角加载方法，将式(6.25)等价转化为

$$\begin{cases}\max\limits_{\boldsymbol{f}_{\mathrm{PS}}} \tilde{\boldsymbol{f}}_{\mathrm{PS}}^{\mathrm{H}}(p\boldsymbol{I}-\boldsymbol{B})\tilde{\boldsymbol{f}}_{\mathrm{PS}} \\ \text{s. t.}\quad |\boldsymbol{f}_{\mathrm{PS}}(m)|=1 \quad \forall m \quad \mathrm{C2}\end{cases} \tag{6.27}$$

其中，p 为对角加载因子。

显然，在式(6.25)的目标函数中引入对角矩阵 $p\boldsymbol{I}$ 并不会改变原问题的最优解，并且如果 $p\geqslant\lambda_{\max}(\boldsymbol{B})$（$\lambda_{\max}(\boldsymbol{B})$ 表示矩阵 $\boldsymbol{B}$ 的最大特征值），那么矩阵 $p\boldsymbol{I}-\boldsymbol{B}$ 必然为半正定矩阵，式(6.27)即可通过广义幂法求解。然而直接求取矩阵最大特征值的计算复杂度较高，为此，下列定理给出了矩阵 $\boldsymbol{B}$ 最大特征值的上界，利用该定理即可快速得到满足条件 $p\geqslant\lambda_{\max}(\boldsymbol{B})$ 的因子 p。

定理 6.2：对于式(6.26)给定的联合开关数字预编码矩阵 $\boldsymbol{B}$，下列等式成立：

$$\lambda_{\max}(\boldsymbol{B})\leqslant\frac{\mathrm{tr}\{\boldsymbol{M}_{\mathrm{BB}}\}\mathrm{tr}\{\boldsymbol{M}_{\mathrm{S}}\}}{N_{\mathrm{c}}N_{\mathrm{RF}}+1}+\eta\left(\|\boldsymbol{M}_{\mathrm{BB}}\|_{\mathrm{F}}^{2}\|\boldsymbol{M}_{\mathrm{S}}\|_{\mathrm{F}}^{2}+2\|\boldsymbol{M}_{\mathrm{o}}\|_{\mathrm{F}}^{2}-\frac{\mathrm{tr}\{\boldsymbol{M}_{\mathrm{BB}}\}^{2}\mathrm{tr}\{\boldsymbol{M}_{\mathrm{S}}\}^{2}}{N_{\mathrm{c}}N_{\mathrm{RF}}+1}\right) \tag{6.28}$$

其中，$\eta = N_c N_{RF}/N_c N_{RF}+1$，$\boldsymbol{M}_{BB}=\boldsymbol{F}_{BB}\boldsymbol{F}_{BB}^H$，$\boldsymbol{M}_S=\boldsymbol{F}_S^H\boldsymbol{F}_S$，$\boldsymbol{M}_o=\boldsymbol{F}_S^H\boldsymbol{F}_{opt}\boldsymbol{F}_{BB}^H$。

证明：首先，再次给出联合开关数字预编码矩阵 $\boldsymbol{B}$ 的形式：

$$\boldsymbol{B}=\begin{bmatrix}(\boldsymbol{F}_{BB}^T\otimes\boldsymbol{F}_S)^H(\boldsymbol{F}_{BB}^T\otimes\boldsymbol{F}_S) & -(\boldsymbol{F}_{BB}^T\otimes\boldsymbol{F}_S)^H\boldsymbol{f}_{opt}\\ -\boldsymbol{f}_{opt}^H(\boldsymbol{F}_{BB}^T\otimes\boldsymbol{F}_S) & \boldsymbol{0}\end{bmatrix}$$

根据文献[22]中的定理 2.1，对于任意的 Hermitian 矩阵 $\boldsymbol{B}\in\mathbb{C}^{n\times n}$，一定有下列不等式成立：

$$\lambda_{\max}(\boldsymbol{B})\leqslant\frac{\mathrm{tr}\{\boldsymbol{B}\}}{n}+\left(\frac{n-1}{n}\left(\|\boldsymbol{B}\|_F^2-\frac{\mathrm{tr}\{\boldsymbol{B}\}^2}{n}\right)\right)^{\frac{1}{2}}\tag{6.29}$$

令 $\boldsymbol{M}_{BB}=\boldsymbol{F}_{BB}\boldsymbol{F}_{BB}^H$，$\boldsymbol{M}_S=\boldsymbol{F}_S^H\boldsymbol{F}_S$，$\boldsymbol{M}_o=\boldsymbol{F}_S^H\boldsymbol{F}_{opt}\boldsymbol{F}_{BB}^H$，可将联合开关数字预编码矩阵 $\boldsymbol{B}$ 的迹和 Frobenius 范数分别表示为

$$\begin{aligned}\mathrm{tr}\{\boldsymbol{B}\}&=\mathrm{tr}\{(\boldsymbol{F}_{BB}^T\otimes\boldsymbol{F}_S)^H(\boldsymbol{F}_{BB}^T\otimes\boldsymbol{F}_S)\}=\mathrm{tr}\{(\boldsymbol{F}_{BB}\boldsymbol{F}_{BB}^H)^T\otimes(\boldsymbol{F}_{BB}^H\boldsymbol{F}_S)\}\\&=\mathrm{tr}\{\boldsymbol{M}_{BB}\}\mathrm{tr}\{\boldsymbol{M}_S\}\end{aligned}\tag{6.30}$$

$$\begin{aligned}\|\boldsymbol{B}\|_F^2&=\mathrm{tr}\{(\boldsymbol{F}_{BB}^T\otimes\boldsymbol{F}_S)^H(\boldsymbol{F}_{BB}^T\otimes\boldsymbol{F}_S)(\boldsymbol{F}_{BB}^T\otimes\boldsymbol{F}_S)^H(\boldsymbol{F}_{BB}^T\otimes\boldsymbol{F}_S)\}+2\|(\boldsymbol{F}_{BB}^T\otimes\boldsymbol{F}_S)^H\boldsymbol{f}_{opt}\|^2\\&=\mathrm{tr}\{(\boldsymbol{F}_{BB}\boldsymbol{F}_{BB}^H\boldsymbol{F}_{BB}\boldsymbol{F}_{BB}^H)^T\otimes(\boldsymbol{F}_S^H\boldsymbol{F}_S\boldsymbol{F}_S^H\boldsymbol{F}_S)\}+2\|\boldsymbol{F}_S^H\boldsymbol{F}_{opt}\boldsymbol{F}_{BB}^H\|^2\\&=\mathrm{tr}\{\boldsymbol{F}_{BB}\boldsymbol{F}_{BB}^H\boldsymbol{F}_{BB}\boldsymbol{F}_{BB}^H\}\mathrm{tr}\{\boldsymbol{F}_S^H\boldsymbol{F}_S\boldsymbol{F}_S^H\boldsymbol{F}_S\}+2\|\boldsymbol{M}_o\|^2\\&=\|\boldsymbol{M}_{BB}\|_F^2\|\boldsymbol{M}_S\|_F^2+2\|\boldsymbol{M}_o\|^2\end{aligned}\tag{6.31}$$

将式(6.30)和式(6.31)代入式(6.29)即可得到不等式(6.28)。

定理 6.2 证毕。

利用定理 6.2 中的不等式即可快速给出对角加载因子 p，使得矩阵 $p\boldsymbol{I}-\boldsymbol{B}$ 为半正定矩阵。然后，利用广义幂法[6-7]，式(6.27)的 KKT 解可以通过下列迭代过程给出：

$$\tilde{\boldsymbol{f}}_{PS}^{(t+1)}=\exp\left(\mathrm{j}\left(\theta^{(t)}+\angle\left(\tilde{\boldsymbol{f}}_{PS}^{(t)}-\frac{1}{p}\boldsymbol{B}\tilde{\boldsymbol{f}}_{PS}^{(t)}\right)\right)\right)\tag{6.32}$$

其中，$\theta^{(t)}$ 是使得向量 $\tilde{\boldsymbol{f}}_{PS}^{(t+1)}$ 第 $(N_c N_{RF}+1)$ 个元素为 1 的标量，t 表示迭代次数。

将联合开关数字预编码矩阵 $\boldsymbol{B}$ 的表达式(6.26)代入式(6.32)，并利用性质 $(\boldsymbol{A}\otimes\boldsymbol{B})(\boldsymbol{C}\otimes\boldsymbol{D})=\boldsymbol{AC}\otimes\boldsymbol{BD}$ 和 $\mathrm{vec}(\boldsymbol{AXB})=(\boldsymbol{B}^T\otimes\boldsymbol{A})\mathrm{vec}(\boldsymbol{X})$，可以进一步得到如下迭代关系式：

$$\begin{aligned}\begin{bmatrix}\boldsymbol{f}_{PS}^{(t+1)}\\1\end{bmatrix}&=\exp(\mathrm{j}\theta^{(t)})\begin{bmatrix}\exp\left(\mathrm{j}\angle\left(\boldsymbol{f}_{PS}^{(t)}-\frac{1}{p}(\boldsymbol{F}_{BB}^T\otimes\boldsymbol{F}_S)^H(\boldsymbol{F}_{BB}^T\otimes\boldsymbol{F}_S)\boldsymbol{f}_{PS}^{(t)}+\frac{1}{p}(\boldsymbol{F}_{BB}^T\otimes\boldsymbol{F}_S)^H\boldsymbol{f}_{opt}\right)\right)\\\exp\left(\mathrm{j}\angle\left(1+\frac{1}{p}\boldsymbol{f}_{opt}^H(\boldsymbol{F}_{BB}^T\otimes\boldsymbol{F}_S)\boldsymbol{f}_{PS}^{(t)}\right)\right)\end{bmatrix}\\&=\exp(\mathrm{j}\theta^{(t)})\begin{bmatrix}\exp\left(\mathrm{j}\angle\left(\boldsymbol{f}_{PS}^{(t)}-\frac{1}{p}(\boldsymbol{F}_{BB}\boldsymbol{F}_{BB}^H)^T\otimes(\boldsymbol{F}_S^H\boldsymbol{F}_S)\boldsymbol{f}_{PS}^{(t)}+\frac{1}{p}(\boldsymbol{F}_{BB}^*\otimes\boldsymbol{F}_S^H)\boldsymbol{f}_{opt}\right)\right)\\\exp\left(\mathrm{j}\angle\left(1+\frac{1}{p}\boldsymbol{f}_{opt}^H(\boldsymbol{F}_{BB}^T\otimes\boldsymbol{F}_S)\boldsymbol{f}_{PS}^{(t)}\right)\right)\end{bmatrix}\\&=\exp(\mathrm{j}\theta^{(t)})\begin{bmatrix}\exp\left(\mathrm{j}\angle\mathrm{vec}\left(\boldsymbol{F}_{PS}^{(t)}-\frac{1}{p}\boldsymbol{F}_S^H\boldsymbol{F}_S\boldsymbol{F}_{PS}^{(t)}\boldsymbol{F}_{BB}\boldsymbol{F}_{BB}^H+\frac{1}{p}\boldsymbol{F}_S^H\boldsymbol{F}_{opt}\boldsymbol{F}_{BB}^H\right)\right)\\\exp\left(\mathrm{j}\angle\left(1+\frac{1}{p}\mathrm{tr}\{\boldsymbol{F}_{opt}^H\boldsymbol{F}_S\boldsymbol{F}_{PS}^{(t)}\boldsymbol{F}_{BB}\}\right)\right)\end{bmatrix}\end{aligned}\tag{6.33}$$

其中，$\boldsymbol{F}_{PS}^{(t)}$ 为满足条件 $\mathrm{vec}(\boldsymbol{F}_{PS}^{(t)})=\boldsymbol{f}_{PS}^{(t)}$ 的 $N_c\times N_{RF}$ 维矩阵。

注意到在式(6.33)中，等式两侧向量的最后1个元素都应当为1，也即

$$\exp(\mathrm{j}\theta^{(t)})\exp\left(\mathrm{j}\angle\left(1+\frac{1}{p}\mathrm{tr}\{\boldsymbol{F}_{\mathrm{opt}}^{\mathrm{H}}\boldsymbol{F}_{\mathrm{S}}\boldsymbol{F}_{\mathrm{PS}}^{(t)}\boldsymbol{F}_{\mathrm{BB}}\}\right)\right)=1$$

由此可知 $\theta^{(t)}$ 应当满足下列等式：

$$\theta^{(t)}=-\angle\left(1+\frac{1}{p}\mathrm{tr}\{\boldsymbol{F}_{\mathrm{opt}}^{\mathrm{H}}\boldsymbol{F}_{\mathrm{S}}\boldsymbol{F}_{\mathrm{PS}}^{(t)}\boldsymbol{F}_{\mathrm{BB}}\}\right)=-\angle\left(1+\frac{1}{p}\mathrm{tr}\{\boldsymbol{F}_{\mathrm{BB}}\boldsymbol{F}_{\mathrm{opt}}^{\mathrm{H}}\boldsymbol{F}_{\mathrm{S}}\boldsymbol{F}_{\mathrm{PS}}^{(t)}\}\right)\tag{6.34}$$

将式(6.34)代入式(6.33)并令 $\boldsymbol{M}_{\mathrm{BB}}=\boldsymbol{F}_{\mathrm{BB}}\boldsymbol{F}_{\mathrm{BB}}^{\mathrm{H}}$，$\boldsymbol{M}_{\mathrm{S}}=\boldsymbol{F}_{\mathrm{S}}^{\mathrm{H}}\boldsymbol{F}_{\mathrm{S}}$，$\boldsymbol{M}_{\mathrm{o}}=\boldsymbol{F}_{\mathrm{S}}^{\mathrm{H}}\boldsymbol{F}_{\mathrm{opt}}\boldsymbol{F}_{\mathrm{BB}}^{\mathrm{H}}$，可将式(6.33)进一步简化为

$$\boldsymbol{f}_{\mathrm{PS}}^{(t+1)}=\exp\left(\mathrm{j}\angle\mathrm{vec}\left(\boldsymbol{F}_{\mathrm{PS}}^{(t)}-\frac{1}{p}(\boldsymbol{M}_{\mathrm{S}}\boldsymbol{F}_{\mathrm{PS}}^{(t)}\boldsymbol{M}_{\mathrm{BB}}-\boldsymbol{M}_{\mathrm{o}})\right)\right)\exp\left(-\mathrm{j}\angle\left(1+\frac{1}{p}\mathrm{tr}\{\boldsymbol{M}_{\mathrm{o}}^{\mathrm{H}}\boldsymbol{F}_{\mathrm{PS}}^{(t)}\}\right)\right)\tag{6.35}$$

显然，式(6.35)可以等价写成

$$\boldsymbol{F}_{\mathrm{PS}}^{(t+1)}=\exp\left(\mathrm{j}\angle\left(\boldsymbol{F}_{\mathrm{PS}}^{(t)}-\frac{1}{p}(\boldsymbol{M}_{\mathrm{S}}\boldsymbol{F}_{\mathrm{PS}}^{(t)}\boldsymbol{M}_{\mathrm{BB}}-\boldsymbol{M}_{\mathrm{o}})\right)\right)\exp\left(-\mathrm{j}\angle\left(1+\frac{1}{p}\mathrm{tr}\{\boldsymbol{M}_{\mathrm{o}}^{\mathrm{H}}\boldsymbol{F}_{\mathrm{PS}}^{(t)}\}\right)\right)\tag{6.36}$$

其中，$\boldsymbol{F}_{\mathrm{PS}}^{(t+1)}$（$\boldsymbol{F}_{\mathrm{PS}}^{(t+1)}\in\mathbb{C}^{N_{\mathrm{c}}\times N_{\mathrm{RF}}}$）为满足条件 $\mathrm{vec}(\boldsymbol{F}_{\mathrm{PS}}^{(t+1)})=\boldsymbol{f}_{\mathrm{PS}}^{(t+1)}$ 的矩阵。

式(6.36)即为利用广义幂法求解式(6.23)的最终迭代形式，其中 p 的取值由定理6.2给出。利用该式，可由任意的初始模拟移相预编码矩阵 $\boldsymbol{F}_{\mathrm{PS}}^{(0)}$ 迭代计算得到式(6.23)的KKT解。为清楚起见，将求解式(6.23)的步骤总结于表6.4中。

表6.4 求解式(6.21)的幂迭代法步骤

输入参数：$\boldsymbol{F}_{\mathrm{opt}}$、$\boldsymbol{F}_{\mathrm{S}}$、$\boldsymbol{F}_{\mathrm{BB}}$、初始模拟移相预编码矩阵 $\boldsymbol{F}_{\mathrm{RF}}^{(0)}$
初始化：$\boldsymbol{M}_{\mathrm{BB}}=\boldsymbol{F}_{\mathrm{BB}}\boldsymbol{F}_{\mathrm{BB}}^{\mathrm{H}}$，$\boldsymbol{M}_{\mathrm{S}}=\boldsymbol{F}_{\mathrm{S}}^{\mathrm{H}}\boldsymbol{F}_{\mathrm{S}}$，$\boldsymbol{M}_{\mathrm{o}}=\boldsymbol{F}_{\mathrm{S}}^{\mathrm{H}}\boldsymbol{F}_{\mathrm{opt}}\boldsymbol{F}_{\mathrm{BB}}^{\mathrm{H}}$，$t=0$
步骤1：求解 $p=\frac{\mathrm{tr}\{\boldsymbol{M}_{\mathrm{BB}}\}\mathrm{tr}\{\boldsymbol{M}_{\mathrm{S}}\}}{N_{\mathrm{c}}N_{\mathrm{RF}}+1}+\left(\frac{N_{\mathrm{c}}N_{\mathrm{RF}}}{N_{\mathrm{c}}N_{\mathrm{RF}}+1}\left(\Vert\boldsymbol{M}_{\mathrm{BB}}\Vert_{\mathrm{F}}^{2}\Vert\boldsymbol{M}_{\mathrm{S}}\Vert_{\mathrm{F}}^{2}+2\Vert\boldsymbol{M}_{\mathrm{o}}\Vert_{\mathrm{F}}^{2}-\frac{\mathrm{tr}\{\boldsymbol{M}_{\mathrm{BB}}\}^{2}\mathrm{tr}\{\boldsymbol{M}_{\mathrm{S}}\}^{2}}{N_{\mathrm{c}}N_{\mathrm{RF}}+1}\right)\right)$； 步骤2：迭代计算 $t=t+1$，求解 $\boldsymbol{F}_{\mathrm{PS}}^{(t)}=\exp\left(\mathrm{j}\angle\left(\boldsymbol{F}_{\mathrm{PS}}^{(t-1)}-\frac{1}{p}(\boldsymbol{M}_{\mathrm{S}}\boldsymbol{F}_{\mathrm{PS}}^{(t-1)}\boldsymbol{M}_{\mathrm{BB}}-\boldsymbol{M}_{\mathrm{o}})\right)\right)\times$ $\exp\left(-\mathrm{j}\angle\left(1+\frac{1}{p}\mathrm{tr}\{\boldsymbol{M}_{\mathrm{o}}^{\mathrm{H}}\boldsymbol{F}_{\mathrm{PS}}^{(t-1)}\}\right)\right)$； 步骤3：判断 $\Vert\boldsymbol{F}_{\mathrm{PS}}^{(t)}-\boldsymbol{F}_{\mathrm{PS}}^{(t-1)}\Vert_{\mathrm{F}}^{2}<\delta_{\mathrm{thres}}$ 是否成立，若成立将进行计算
输出参数：$\boldsymbol{F}_{\mathrm{PS}}^{(t)}$

6.4.4 数字预编码矩阵优化

本小节讨论数字预编码矩阵的优化问题。当模拟开关预编码矩阵 $\boldsymbol{F}_{\mathrm{S}}$ 和模拟移相预编码矩阵 $\boldsymbol{F}_{\mathrm{PS}}$ 优化完成后，数字预编码矩阵 $\boldsymbol{F}_{\mathrm{BB}}$ 的优化问题表示为

$$\min_{\boldsymbol{F}_{\mathrm{BB}}}\Vert\boldsymbol{F}_{\mathrm{opt}}-\boldsymbol{F}_{\mathrm{S}}\boldsymbol{F}_{\mathrm{PS}}\boldsymbol{F}_{\mathrm{BB}}\Vert_{\mathrm{F}}^{2}\tag{6.37}$$

显然，上述优化问题的最优解可以通过最小二乘法得到，表示如下：

$$\boldsymbol{F}_{\mathrm{BB}}=(\boldsymbol{F}_{\mathrm{PS}}^{\mathrm{H}}\boldsymbol{F}_{\mathrm{S}}^{\mathrm{H}}\boldsymbol{F}_{\mathrm{S}}\boldsymbol{F}_{\mathrm{PS}})^{-1}\boldsymbol{F}_{\mathrm{PS}}^{\mathrm{H}}\boldsymbol{F}_{\mathrm{S}}^{\mathrm{H}}\boldsymbol{F}_{\mathrm{opt}}\tag{6.38}$$

基于上述讨论，式(6.17)的解可以通过反复迭代优化模拟开关预编码矩阵 $\boldsymbol{F}_{\mathrm{S}}$、模拟移相预编码矩阵 $\boldsymbol{F}_{\mathrm{PS}}$ 和数字预编码矩阵 $\boldsymbol{F}_{\mathrm{BB}}$ 给出，具体算法步骤总结于表 6.5 中。值得注意的是，在步骤 1 和步骤 2 求解数字预编码矩阵 $\boldsymbol{F}_{\mathrm{BB}}^{(n)}$ 和模拟开关预编码矩阵 $\boldsymbol{F}_{\mathrm{S}}^{(n)}$ 的过程中，所求的解分别为式(6.19)和式(6.38)的最优解，由此可知一定有下式成立：

$$\begin{aligned}\|\boldsymbol{F}_{\mathrm{opt}}-\boldsymbol{F}_{\mathrm{S}}^{(n)}\boldsymbol{F}_{\mathrm{PS}}^{(n-1)}\boldsymbol{F}_{\mathrm{BB}}^{(n)}\|_{\mathrm{F}}^{2}&\leqslant\|\boldsymbol{F}_{\mathrm{opt}}-\boldsymbol{F}_{\mathrm{S}}^{(n-1)}\boldsymbol{F}_{\mathrm{PS}}^{(n-1)}\boldsymbol{F}_{\mathrm{BB}}^{(n)}\|_{\mathrm{F}}^{2}\\&\leqslant\|\boldsymbol{F}_{\mathrm{opt}}-\boldsymbol{F}_{\mathrm{S}}^{(n-1)}\boldsymbol{F}_{\mathrm{PS}}^{(n-1)}\boldsymbol{F}_{\mathrm{BB}}^{(n-1)}\|_{\mathrm{F}}^{2}\end{aligned}\tag{6.39}$$

表 6.5　基于自适应全连接结构的单用户交替最小化混合预编码算法步骤

输入参数：$\boldsymbol{F}_{\mathrm{opt}}$
初始化：随机给定满足约束条件的初始预编码矩阵 $\boldsymbol{F}_{\mathrm{PS}}^{(0)}$ 和 $\boldsymbol{F}_{\mathrm{S}}^{(0)}$，$n=0$
步骤 1：迭代计算 $n=n+1$，求解 $\boldsymbol{F}_{\mathrm{BB}}^{(n)}=((\boldsymbol{F}_{\mathrm{PS}}^{(n-1)})^{\mathrm{H}}(\boldsymbol{F}_{\mathrm{S}}^{(n-1)})^{\mathrm{H}}\boldsymbol{F}_{\mathrm{S}}^{(n-1)}\boldsymbol{F}_{\mathrm{PS}}^{(n-1)})^{-1}(\boldsymbol{F}_{\mathrm{PS}}^{(n-1)})^{\mathrm{H}}(\boldsymbol{F}_{\mathrm{S}}^{(n-1)})^{\mathrm{H}}\boldsymbol{F}_{\mathrm{opt}}$； 步骤 2：由表 6.3 给出的分支定界法逐行求解 $\boldsymbol{F}_{\mathrm{S}}^{(n)}$； 步骤 3：将 $\boldsymbol{F}_{\mathrm{PS}}^{n-1}$ 作为初始值，通过表 6.4 给出的幂迭代法求解 $\boldsymbol{F}_{\mathrm{PS}}^{(n)}$、$\delta^{(n)}=\|\boldsymbol{F}_{\mathrm{opt}}-\boldsymbol{F}_{\mathrm{S}}^{(n)}\boldsymbol{F}_{\mathrm{PS}}^{(n)}\boldsymbol{F}_{\mathrm{BB}}^{(n)}\|_{\mathrm{F}}$； 步骤 4：判断 $\lvert\delta^{(n)}-\delta^{(n-1)}\rvert<\delta_{\mathrm{thres}}$ 是否成立，求解 $\boldsymbol{F}_{\mathrm{BB}}^{(n)}=(\sqrt{P_{\mathrm{t}}}/\|\boldsymbol{F}_{\mathrm{S}}^{(n)}\boldsymbol{F}_{\mathrm{PS}}^{(n)}\boldsymbol{F}_{\mathrm{BB}}^{(n)}\|_{\mathrm{F}})\boldsymbol{F}_{\mathrm{BB}}^{(n)}$
输出参数：$\boldsymbol{F}_{\mathrm{S}}^{(n)}$，$\boldsymbol{F}_{\mathrm{PS}}^{(n)}$，$\boldsymbol{F}_{\mathrm{BB}}^{(n)}$

在步骤 3 对模拟移相预编码矩阵 $\boldsymbol{F}_{\mathrm{PS}}^{(n)}$ 进行求解时，所给算法将第 $n-1$ 次迭代得到的模拟移相预编码矩阵 $\boldsymbol{F}_{\mathrm{PS}}^{(n-1)}$ 作为迭代初始值计算 $\boldsymbol{F}_{\mathrm{PS}}^{(n)}$。该迭代过程给出的解虽然只是式(6.21)的 KKT 解而不是其最优解，但根据文献[7]提出的引理 8，可以验证下列不等式一定成立[7]：

$$\|\boldsymbol{F}_{\mathrm{opt}}-\boldsymbol{F}_{\mathrm{S}}^{(n)}\boldsymbol{F}_{\mathrm{PS}}^{(n)}\boldsymbol{F}_{\mathrm{BB}}^{(n)}\|_{\mathrm{F}}^{2}\leqslant\|\boldsymbol{F}_{\mathrm{opt}}-\boldsymbol{F}_{\mathrm{S}}^{(n)}\boldsymbol{F}_{\mathrm{PS}}^{(n-1)}\boldsymbol{F}_{\mathrm{BB}}^{(n)}\|_{\mathrm{F}}^{2}\tag{6.40}$$

联合式(6.39)和式(6.40)可知，步骤 3 给出的残差序列 $\delta^{(n)}$ 一定为单调递减序列，且其下界为 0。根据单调有界数列收敛定理[8]，所给算法的残差序列 $\delta^{(n)}$ 一定收敛。

6.4.5　计算复杂度分析

本节讨论在自适应全连接结构中，所给算法的计算复杂度。由表 6.5 给出的算法步骤可知，所给算法的计算复杂度主要包括如下三个部分：

(1) 数字预编码矩阵 $\boldsymbol{F}_{\mathrm{BB}}^{(n)}$ 的求解过程。

数字预编码矩阵 $\boldsymbol{F}_{\mathrm{BB}}^{(n)}$ 由步骤 1 给出，其计算复杂度为 $O(n_1N_{\mathrm{t}}N_{\mathrm{c}}^2)$，其中 n_1 为表 6.5 中算法的迭代次数。

(2) 模拟开关预编码矩阵 $\boldsymbol{F}_{\mathrm{S}}^{(n)}$ 的求解过程。

模拟开关预编码矩阵 $\boldsymbol{F}_{\mathrm{S}}^{(n)}$ 由步骤 2 通过分支定界法给出，其计算复杂度主要取决于对式(6.20)目标函数下界进行估计的过程。具体而言，步骤 2 共需执行 n_1 次，每次执行步骤 2 需进行 n_2N_{t} 次下界估计，每次下界估计的计算复杂度为 $O(N_{\mathrm{s}}N_{\mathrm{c}})$，因此求解模拟开关预编码矩阵 $\boldsymbol{F}_{\mathrm{S}}^{(n)}$ 的计算复杂度为 $O(n_1n_2N_{\mathrm{s}}N_{\mathrm{c}}N_{\mathrm{t}})$，其中 n_2 为表 6.3 中算法的迭代次数。

(3) 模拟移相预编码矩阵 $\boldsymbol{F}_{\mathrm{PS}}^{(n)}$ 的求解过程

模拟移相预编码矩阵 $\boldsymbol{F}_{\mathrm{PS}}^{(n)}$ 由步骤 3 通过幂迭代法给出，每次迭代主要包括矩阵 $\boldsymbol{M}_{\mathrm{S}}$、$\boldsymbol{M}_{\mathrm{BB}}$、$\boldsymbol{M}_{\mathrm{o}}$ 的初始化和矩阵 $\boldsymbol{F}_{\mathrm{PS}}^{(n)}$ 的迭代求解两个阶段，求解模拟移相预编码矩阵 $\boldsymbol{F}_{\mathrm{PS}}^{(n)}$ 计算复杂度为 $O(\max\{n_1 n_3 N_{\mathrm{RF}} N_{\mathrm{c}}^2, n_1 N_{\mathrm{t}} N_{\mathrm{c}}^2\})$，其中 n_3 为表 6.4 中算法的迭代次数。

综上所述，所给基于自适应全连接结构交替最小化混合预编码方法的计算复杂度为 $O(\max\{n_1 n_2 N_{\mathrm{s}} N_{\mathrm{c}} N_{\mathrm{t}}, n_1 n_3 N_{\mathrm{RF}} N_{\mathrm{c}}^2, n_1 N_{\mathrm{t}} N_{\mathrm{c}}^2\})$。

6.4.6　仿真实验及性能分析

本小节的仿真实验均针对单用户系统而言。假设发射端和接收端都采用均匀平面阵列，阵元间距为半波长。发射端与接收端之间的信道假设由 5 个路径簇组成，每簇包含 10 条路径[16][17]。每簇路径的平均方位角和平均俯仰角在区间 $[0,2\pi]$ 和 $[0,\pi]$ 上均匀分布，簇内每条路径的方位角和俯仰角服从尺度扩展为 10°的拉普拉斯分布。每条路径的复用增益服从标准复高斯分布。在关于误码率的仿真实验中，假设发射信号的调制方式为 64QAM。所有仿真结果均为 1000 次随机实验的平均值。

实验 1: 求解自适应全连接结构的模拟开关预编码矩阵的时间。

本实验给出了采用分支定界法求解优化问题时，不同的下界估计方法对求解自适应全连接结构的模拟开关预编码矩阵运行时间的影响。算法的运行时间是在 MATLAB R2016a (处理器型号：Intel(R) Xeon(R) CPU E5－2680v4；处理器主频：2.40 GHz；处理器最大数：2；内存：128 GB)实验环境中给出的，进行对比的两种下界估计方法分别为基于子空间投影的下界估计法和基于传统凸松弛的下界估计法。仿真结果如图 6.7 所示。

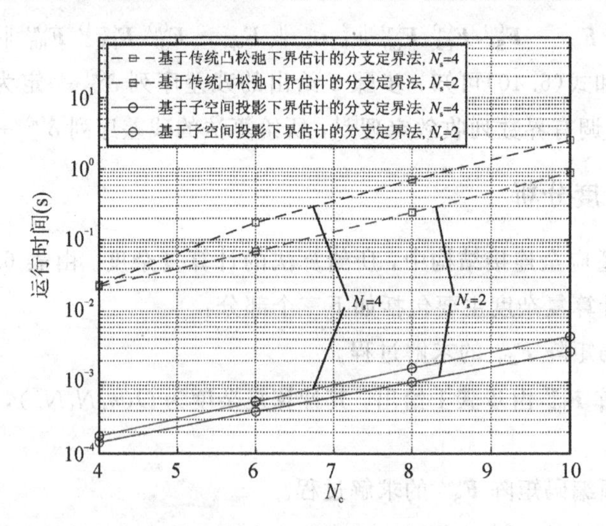

图 6.7　分支定界算法的运行时间

由图 6.7 的仿真结果可知：

(1) 在整个中介维度 N_{c} 的变化范围内，基于子空间投影进行下界估计的分支定界算法运行时间远小于基于传统凸松弛下界估计的分支定界算法，并且随着中介维度 N_{c} 的增加，所提方法在运行时间上的优势越来越明显。具体而言，当 $N_{\mathrm{c}}=4$ 时，两者的运行时间之比约为 1∶140，当 $N_c = 10$ 时，该比值下降到 1∶440 左右。

(2) 随着数据流数 N_s 的增加，基于子空间投影进行下界估计的分支定界算法运行时间增幅小于基于传统凸松弛下界估计的分支定界算法。例如，当 N_s 从 2 增加至 4 时，基于子空间投影进行下界估计的分支定界算法运行时间增加了约 50%，而基于传统凸松弛下界估计的分支定界算法运行时间增加了大约 150%～200%。总体而言，基于子空间投影的下界估计方法可以有效降低分支定界算法的计算代价，提高自适应全连接结构中模拟开关预编码矩阵的求解速度，并且随着数据流数 N_s 和中介维度 N_c 的增加，基于子空间投影下界估计方法的分支定界算法运行时间的增幅显著低于采用传统凸松弛下界估计的分支定界算法的。

实验 2: 混合预编码矩阵与全数字预编码矩阵残差和迭代次数的关系。

本实验给出了在不同迭代次数条件下，自适应全连接结构中，所提交替最小化算法给出的混合预编码矩阵与全数字预编码矩阵的残差 $\delta = \| \boldsymbol{F}_{\text{opt}} - \boldsymbol{F}_{\text{S}} \boldsymbol{F}_{\text{PS}} \boldsymbol{F}_{\text{BB}} \|_{\text{F}}$。

仿真参数：发射天线阵列包含 128（$N_t = 128$）个阵元，数据流数与射频链数均为 $N_{\text{RF}} = N_s = 4$。仿真结果如图 6.8 所示。

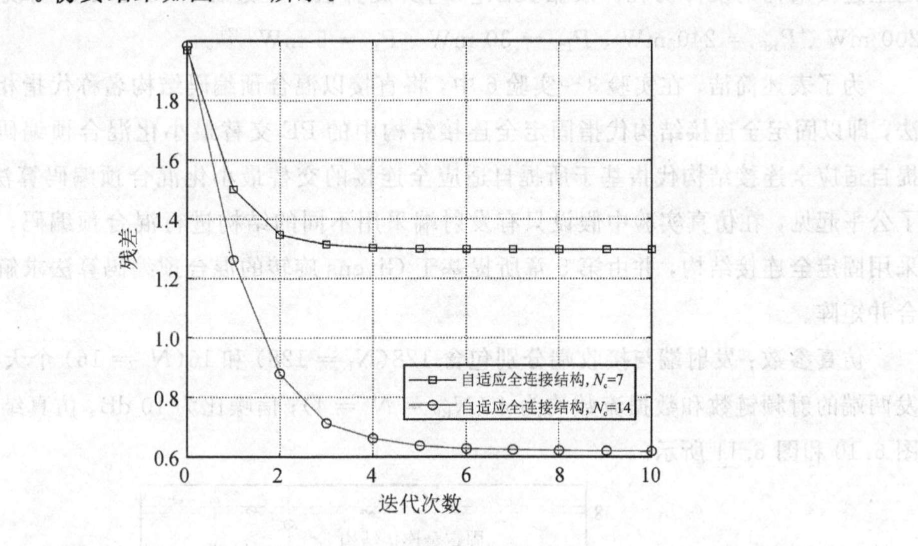

图 6.8　残差 δ 与迭代次数 n 的关系

由图 6.8 的仿真结果可知：

(1) 经少数几次迭代后，混合预编码矩阵与全数字预编码矩阵之间的残差趋于稳定，说明所提算法收敛速度较快。

(2) 自适应全连接结构中混合预编码矩阵与全数字预编码矩阵之间的残差较小，且中介维度 N_c 的变化对自适应全连接结构的影响较大。其原因在于自适应全连接结构中移相器与开关的数量相对较多，因此自适应全连接结构可以提供更多的自由度来逼近全数字预编码，从而更加有效地降低混合预编码矩阵与全数字预编码矩阵之间的残差。另外，当中介维度 N_c 增加 1 时，自适应全连接结构中移相器和开关的数量分别增加 N_{RF} 个和 N_t 个，中介维度 N_c 的变化对于自适应全连接结构的影响较大。

实验 3：频谱效率、能量效率、误码率和中介维度的关系。

本实验分别给出了所提算法的频谱效率、能量效率、误码率和中介维度 N_c 的关系，对比算法为固定全连接结构中的 PE 交替最小化混合预编码算法[4]。能量效率 $E=\dfrac{R}{P_t/\eta+P}$，R 为频谱效率，P_t 为发射功率，η 为功率放大器效率，P 为发射端硬件功耗。根据文献[19]、文献[20]和文献[21]所提算法，发射功率 P_t 和功率放大器效率 η 可分别为 3.16 W (35 dBm)和 39%[19-21]。对于所提自适应全连接以及仿真实验所考虑的其他对比混合预编码结构，硬件功耗 P 可通过下式计算：

$$P=\begin{cases}P_{BB}+P_{RF}N_{RF}+P_{PS}N_{RF}N_c+P_SN_cN_t\\P_{BB}+P_{RF}N_{RF}+P_{PS}N_{RF}N_t\end{cases}$$

其中，P_{BB} 、P_{RF} 、P_{PS} 和 P_S 分别为基带、射频链、移相器和开关的功耗，$P_{BB}+P_{RF}N_{RF}+P_{PS}N_{RF}N_c+P_SN_cN_t$ 表示自适应全连接结构的硬件功耗，$P_{BB}+P_{RF}N_{RF}+P_{PS}N_{RF}N_t$ 表示固定全连接结构的硬件功耗。根据文献[22]所提算法，上述器件功耗可分别设置为 $P_{BB}=200$ mW 、$P_{RF}=240$ mW 、$P_{PS}=30$ mW 、$P_S=5$ mW [22]。

为了表述简洁，在实验 3～实验 6 中，将直接以混合预编码结构名称代指相应的对比算法，即以固定全连接结构代指固定全连接结构中的 PE 交替最小化混合预编码算法，以所提自适应全连接结构代指基于所提自适应全连接的交替最小化混合预编码算法。另外，为了公平起见，在仿真实验中假设只有发射端采用不同的结构进行混合预编码，接收端统一采用固定全连接结构，并由第 5 章所提基于 Givens 旋转的混合预编码算法求解相应的混合合并矩阵。

仿真参数：发射端与接收端分别包含 128($N_t=128$) 和 16($N_r=16$) 个天线阵元；收、发两端的射频链数和数据流数均为 4 ($N_{RF}=N_s=4$)；信噪比为 10 dB。仿真结果如图 6.9、图 6.10 和图 6.11 所示。

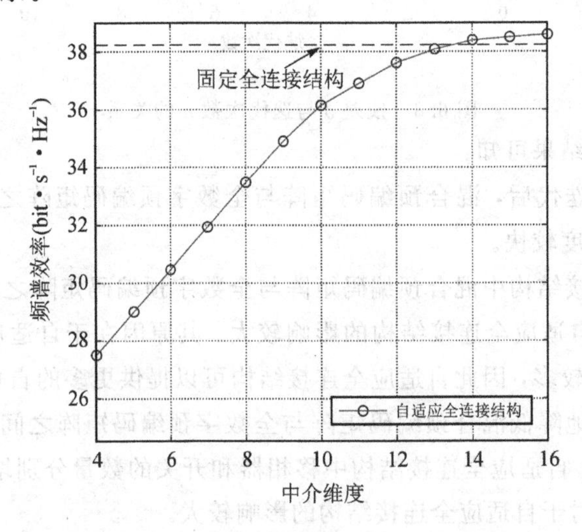

图 6.9　频谱效率与中介维度 N_c 的关系

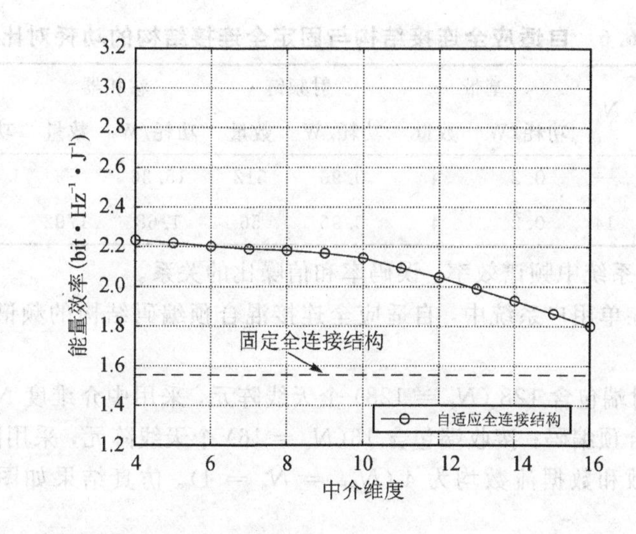

图 6.10　能量效率与中介维度 N_c 的关系

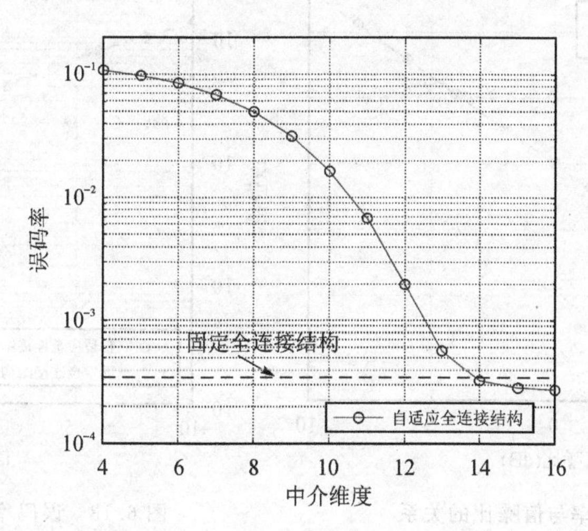

图 6.11　误码率与中介维度 N_c 的关系

由图 6.9 的仿真结果可知：相对于固定全连接结构，所提自适应全连接结构在 $N_c = 14$ 时，可以给出与之相同的频谱效率，此时，固定全连接结构与所提自适应全连接结构的功耗分别为 16.52 W 和 11.8 W。

由图 6.10 的仿真结果可知：在自适应全连接结构中，由于开关数量较多，其能量效率较低。但与固定全连接结构相比，所提自适应全连接结构依然可以显著提升系统能量效率。

由图 6.9 和图 6.11 的仿真结果可知：所提自适应全连接结构误码率的变化规律与频谱效率具有一致性。具体而言，相对于固定全连接结构，所提自适应全连接结构可在 $N_c = 14$ 时，达到与其相当的误码率。总体来说，当所提自适应全连接混合预编码结构给出与固定全连接混合预编码结构相同的误码率时，其功耗与表 6.6 给出的结果非常接近。该现象说明无论从频谱效率的角度还是误码率的角度来评价，所提自适应全连接结构都能够在有效保证系统性能的前提下，显著降低系统功耗。

表 6.6　自适应全连接结构与固定全连接结构的功耗对比

混合预编码结构	N_c	基带		射频链		移相器		开关	总功耗/W
		功耗/W	数量	功耗/W	数量	功耗/W	数量	功耗/W	
固定全连接结构	—	0.2	4	0.96	512	15.36	—	—	16.52
自适应全连接结构	14	0.2	4	0.96	56	1.68	1792	7.96	11.8

实验 4: 单用户系统中频谱效率、误码率和信噪比的关系。

本实验给出了在单用户系统中，自适应全连接混合预编码结构的频谱效率、误码率与信噪比的关系。

仿真参数：发射端包含 128 ($N_t = 128$) 个天线阵元，采用中介维度 $N_c = 14$ 的自适应全连接结构进行混合预编码；接收端包含 16($N_r = 16$) 个天线阵元，采用固定全连接结构；收发两端的射频链数和数据流数均为 4 ($N_{RF} = N_s = 4$)。仿真结果如图 6.12 和图 6.13 所示。

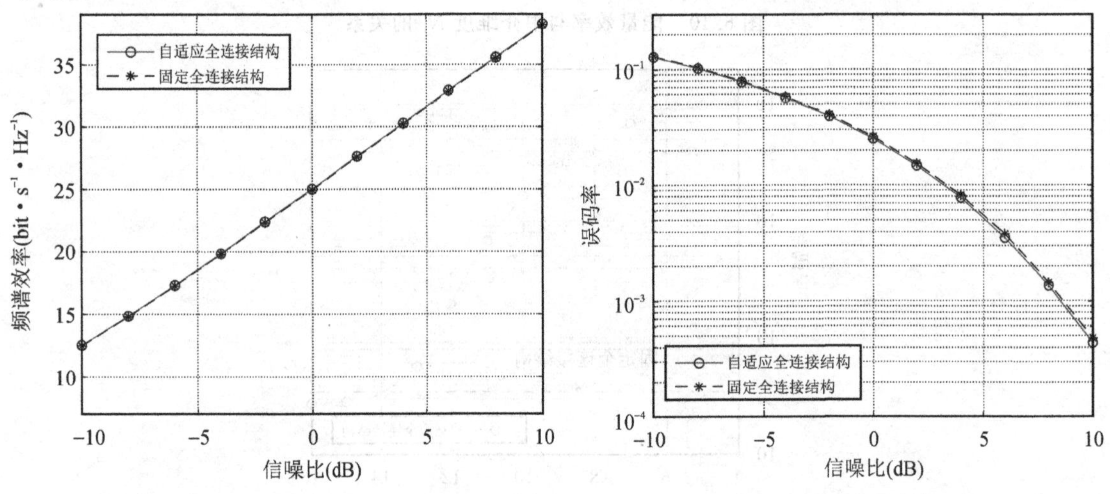

图 6.12　频谱效率与信噪比的关系

图 6.13　误码率与信噪比的关系

由图 6.12 和图 6.13 可见：在仿真实验所考虑的信噪比范围内，自适应全连接结构的性能曲线与固定全连接结构几乎完全一致，由表 6.6 可知，此时两者功耗之比约为 1∶1.4。由此可见，在不同的信噪比环境下，所提自适应全连接结构可在保证频谱效率的同时显著降低系统功耗。

实验 5: 频谱效率、误码率和发射天线阵元数的关系。

本实验给出了在单用户系统中，自适应全连接混合预编码结构的频谱效率、误码率与发射天线阵元数的关系。

仿真参数：发射端采用中介维度 $N_c = 14$ 的自适应全连接结构进行混合预编码；接收端包含 16 ($N_r = 16$) 个天线阵元，采用固定全连接混合预编码结构；收、发两端的射频链数和数据流数为 4($N_{RF} = N_s = 4$)；信噪比为 10 dB。仿真结果如图 6.14、图 6.15 所示。

由图 6.14 和图 6.15 可知：自适应全连接结构、固定全连接结构的频谱效率和误码率在整个天线阵元数变化范围内几乎相同。总体来说，考虑到该仿真实验中自适应全连接结构的中介维度仅为 14，因此无论对于大规模还是中等规模的发射天线阵列，所提自适应全连接混合预编码结构都仅需较低的功耗，即可给出与固定全连接混合预编码结构相同或者更优的性能。

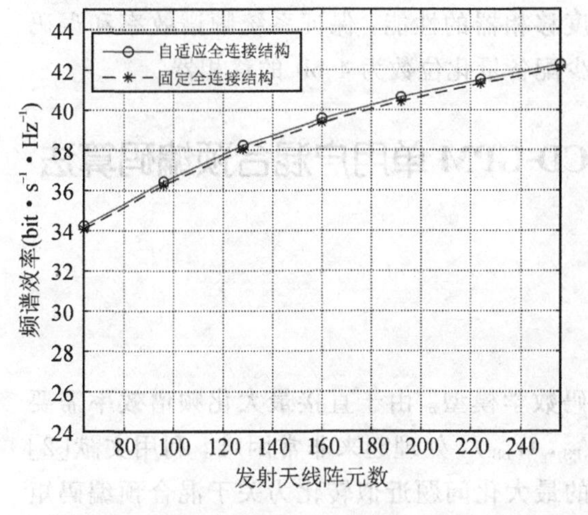

图 6.14　频谱效率与发射天线阵元数的关系

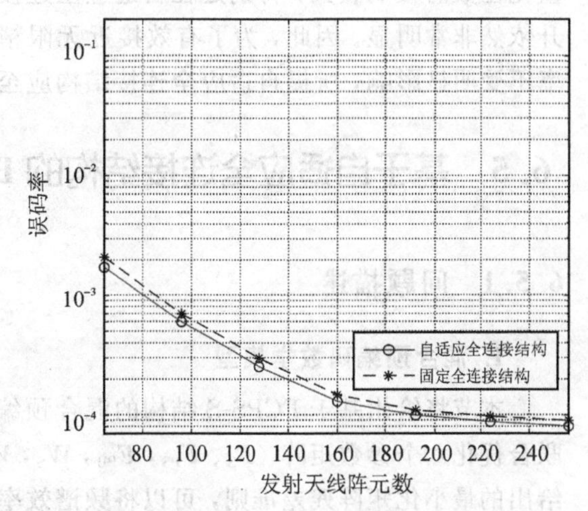

图 6.15　误码率与发射天线阵元数量的关系

实验 6: 频谱效率、误码率和移相器量化位数的关系

本实验对单用户系统中自适应全连接结构的频谱效率、误码率与移相器量化位数之间的关系进行研究。当采用 B bit 移相器进行模拟预编码时，移相器的相位值由无限精度移相器的相位值经量化算子 $Q(x)=\min\limits_{x_q\in Q_\beta}|x_q-x|$ 量化后给出，其中 Q_β 为 B bit 移相器所有可能相位组成的集合。

仿真参数：发射端包含 128 ($N_t=128$) 个天线阵元，采用中介维度 $N_c=14$ 的自适应全连接结构进行混合预编码，接收端包含 16 ($N_r=16$) 个天线阵元，采用固定全连接混合预编码结构，收、发两端的射频链数和数据流数均为 4 ($N_{RF}=N_s=4$)。仿真结果如图 6.16 和图 6.17 所示。

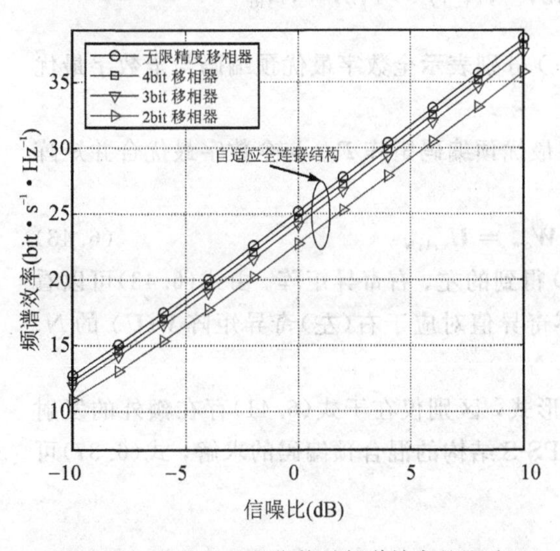

图 6.16　移相器量化位数对频谱效率的影响

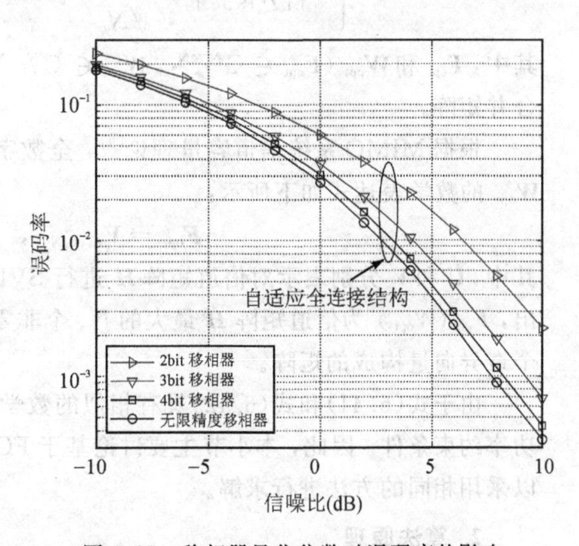

图 6.17　移相器量化位数对误码率的影响

由图 6.16 和图 6.17 的仿真结果可知：自适应全连接混合预编码结构的性能受移相器量化位数的影响较大，特别是在自适应全连接结构中，即便采用 3 bit 移相器，误码率的上升依然非常明显。因此，为了有效接近无限精度移相器的性能，保证系统频谱效率和误码率不受明显影响，所提自适应全连接结构应至少配备量化位数为 4 bit 的移相器。

6.5 基于自适应全连接结构的 BCD-GPM 单用户混合预编码算法

6.5.1 问题描述

1. 混合预编码数学模型

本节将给出基于 FCPS-S 结构的混合预编码数学模型。由于直接最大化频谱效率需要联合优化六个参数矩阵（$\boldsymbol{F}_{\mathrm{S}}$、$\boldsymbol{F}_{\mathrm{PS}}$，$\boldsymbol{F}_{\mathrm{BB}}$，$\boldsymbol{W}_{\mathrm{S}}$，$\boldsymbol{W}_{\mathrm{PS}}$，$\boldsymbol{W}_{\mathrm{BB}}$），处理起来非常困难。利用文献[2]给出的最小化矩阵残差准则，可以将频谱效率的最大化问题近似转化为关于混合预编码矩阵残差以及混合合并矩阵残差最小化子问题，其数学模型为[2]

$$\begin{cases}\min\limits_{\boldsymbol{F}_{\mathrm{S}},\boldsymbol{F}_{\mathrm{PS}},\boldsymbol{F}_{\mathrm{BB}}} \quad \|\boldsymbol{F}_{\mathrm{opt}}-\boldsymbol{F}_{\mathrm{S}}\boldsymbol{F}_{\mathrm{PS}}\boldsymbol{F}_{\mathrm{BB}}\|_{\mathrm{F}}^{2} \\ \text{s.t. } [\boldsymbol{F}_{\mathrm{S}}]_{mn}\in\{0,1\} \quad m=1,2,\cdots,N_{\mathrm{t}};\ n=1,2,\cdots,N_{\mathrm{c}} \\ |[\boldsymbol{F}_{\mathrm{PS}}]_{ij}|=\dfrac{1}{\sqrt{N_{\mathrm{c}}}} \quad i=1,2,\cdots,N_{\mathrm{c}};\ j=1,2,\cdots,N_{\mathrm{RF}} \\ \|\boldsymbol{F}_{\mathrm{S}}\boldsymbol{F}_{\mathrm{PS}}\boldsymbol{F}_{\mathrm{BB}}\|_{\mathrm{F}}^{2}=N_{\mathrm{s}}\end{cases} \tag{6.41}$$

$$\begin{cases}\min\limits_{\boldsymbol{W}_{\mathrm{PS}},\boldsymbol{W}_{\mathrm{S}},\boldsymbol{W}_{\mathrm{BB}}} \quad \|\boldsymbol{W}_{\mathrm{opt}}-\boldsymbol{W}_{\mathrm{S}}\boldsymbol{W}_{\mathrm{PS}}\boldsymbol{W}_{\mathrm{BB}}\|_{\mathrm{F}}^{2} \\ \text{s.t. } [\boldsymbol{W}_{\mathrm{S}}]_{mn}\in\{0,1\} \quad m=1,2,\cdots,N_{\mathrm{r}};\ n=1,2,\cdots,N_{\mathrm{c}} \\ |[\boldsymbol{W}_{\mathrm{PS}}]_{ij}|=\dfrac{1}{\sqrt{N_{\mathrm{c}}}} \quad i=1,2,\cdots,N_{\mathrm{c}};\ j=1,2,\cdots,N_{\mathrm{RF}}\end{cases} \tag{6.42}$$

其中，$\boldsymbol{F}_{\mathrm{opt}}$ 和 $\boldsymbol{W}_{\mathrm{opt}}$（$\boldsymbol{F}_{\mathrm{opt}}\in\mathbb{C}^{N_{\mathrm{t}}\times N_{\mathrm{s}}}$，$\boldsymbol{W}_{\mathrm{opt}}\in\mathbb{C}^{N_{\mathrm{r}}\times N_{\mathrm{s}}}$）分别表示全数字最优预编码与全数字最优合并矩阵。

根据 MIMO 系统信道容量理论[9]，全数字最优预编码矩阵 $\boldsymbol{F}_{\mathrm{opt}}$ 与全数字最优合并矩阵 $\boldsymbol{W}_{\mathrm{opt}}$ 的数学表达式如下所示：

$$\boldsymbol{F}_{\mathrm{opt}}=\boldsymbol{V}_{(:,1:N_{\mathrm{s}})},\quad \boldsymbol{W}_{\mathrm{opt}}=\boldsymbol{U}_{(:,1:N_{\mathrm{s}})} \tag{6.43}$$

其中，$\boldsymbol{U}$ 和 $\boldsymbol{V}$ 分别表示对信道矩阵 $\boldsymbol{H}$ 进行 SVD 得到的左、右奇异矩阵。由式(6.43)可以看出，$\boldsymbol{F}_{\mathrm{opt}}$（$\boldsymbol{W}_{\mathrm{opt}}$）为信道矩阵 $\boldsymbol{H}$ 最大的 N_{s} 个非零奇异值对应于右(左)奇异矩阵 $\boldsymbol{V}$($\boldsymbol{U}$) 的 N_{s} 个奇异向量构成的矩阵。

由于式(6.41)和式(6.42)具有相似的数学形式，区别仅在于式(6.41)存在额外的发射功率约束条件。因此，本小节主要讨论基于 FCPS-S 结构的混合预编码的求解，式(6.37)可以采用相同的方法进行求解。

2. 算法原理

针对式(6.41)的求解，本节提出一种基于两阶段迭代修正的混合预编码算法，即在模

拟开关预编码矩阵 $\boldsymbol{F}_{\mathrm{S}}$ 满足 0－1 约束条件、模拟移相预编码矩阵 $\boldsymbol{F}_{\mathrm{PS}}$ 满足恒模约束条件、发射端满足发射功率约束条件的情况下，假设 $\boldsymbol{A}=\boldsymbol{F}_{\mathrm{PS}}\boldsymbol{F}_{\mathrm{BB}}$ 为等效最优预编码矩阵，将基于 FCPS-S 结构的混合预编码问题，即式(6.41)分解为两个子问题，其数学表达式如下所示：

$$\begin{cases}\{\boldsymbol{F}_{\mathrm{S}}^{\mathrm{opt}},\boldsymbol{A}^{\mathrm{opt}}\}=\arg\min\limits_{\boldsymbol{F}_{\mathrm{BB}},\boldsymbol{A}}\|\boldsymbol{F}_{\mathrm{opt}}-\boldsymbol{F}_{\mathrm{S}}\boldsymbol{A}\|_{\mathrm{F}}^{2}\\ \text{s.t.}\ [\boldsymbol{F}_{\mathrm{S}}]_{mn}\in\{0,1\}\\ \qquad\|\boldsymbol{F}_{\mathrm{S}}\boldsymbol{A}\|_{\mathrm{F}}^{2}=N_{\mathrm{s}}\end{cases}\tag{6.44}$$

$$\begin{cases}\{\boldsymbol{F}_{\mathrm{S}}^{\mathrm{opt}},\boldsymbol{F}_{\mathrm{BB}}^{\mathrm{opt}}\}=\arg\min\limits_{\boldsymbol{F}_{\mathrm{PS}},\boldsymbol{F}_{\mathrm{BB}}}\|\boldsymbol{A}-\boldsymbol{F}_{\mathrm{PS}}\boldsymbol{F}_{\mathrm{BB}}\|_{\mathrm{F}}^{2}\\ \text{s.t.}\ \left|[\boldsymbol{F}_{\mathrm{PS}}]_{ij}\right|=\dfrac{1}{\sqrt{N_{\mathrm{c}}}}\\ \qquad\|\boldsymbol{F}_{\mathrm{S}}^{\mathrm{opt}}\boldsymbol{F}_{\mathrm{PS}}\boldsymbol{F}_{\mathrm{BB}}\|_{\mathrm{F}}^{2}=N_{\mathrm{s}}\end{cases}\tag{6.45}$$

值得注意的是，式(6.45)所示的数学模型可以等效为基于 FCPS 结构的混合预编码问题。针对该数学模型，现阶段各国学者已经进行了广泛研究。例如基于 OMP 的稀疏预编码算法[2]、PE-AltMin 算法[4]等。然而，由于所提 FCPS-S 结构利用移相器进行信号的传输，因此，模拟移相预编码矩阵 $\boldsymbol{F}_{\mathrm{PS}}$ 必须满足恒模约束条件，即无论采用怎样的方法，只能不断地逼近最优解，却无法得到最优解。

为了进一步提高基于 FCPS-S 结构的混合预编码性能，针对式(6.45)，本小节将采用逐行(列)更新的策略联合优化数字预编码矩阵 $\boldsymbol{F}_{\mathrm{BB}}$ 和模拟移相预编码矩阵 $\boldsymbol{F}_{\mathrm{PS}}$。利用上述思想，首先可以将式(6.45)的目标函数中乘积矩阵 $\boldsymbol{F}_{\mathrm{PS}}\boldsymbol{F}_{\mathrm{BB}}$ 等价转化为 $\boldsymbol{F}_{\mathrm{PS}}$ 的列向量与 $\boldsymbol{F}_{\mathrm{BB}}$ 中相应的行向量逐对乘积再求和的形式，其数学表达式为

$$\boldsymbol{F}_{\mathrm{PS}}\boldsymbol{F}_{\mathrm{BB}}=[\boldsymbol{f}_{\mathrm{PS},1},\boldsymbol{f}_{\mathrm{PS},2},\cdots,\boldsymbol{f}_{\mathrm{PS},N_{\mathrm{RF}}}]\times\begin{bmatrix}\boldsymbol{f}_{\mathrm{BB},1}^{\mathrm{H}}\\ \boldsymbol{f}_{\mathrm{BB},2}^{\mathrm{H}}\\ \vdots\\ \boldsymbol{f}_{\mathrm{BB},N_{\mathrm{RF}}}^{\mathrm{H}}\end{bmatrix}=\sum_{i=1}^{N_{\mathrm{RF}}}\boldsymbol{f}_{\mathrm{PS},i}\boldsymbol{f}_{\mathrm{BB},i}^{\mathrm{H}}\tag{6.46}$$

其中，$\boldsymbol{f}_{\mathrm{PS},i}$（$\boldsymbol{f}_{\mathrm{PS},i}\in\mathbb{C}^{N_{\mathrm{t}}\times1}$）表示模拟移相预编码矩阵 $\boldsymbol{F}_{\mathrm{PS}}$ 的第 i 列；$\boldsymbol{f}_{\mathrm{BB},i}^{\mathrm{H}}$（$\boldsymbol{f}_{\mathrm{BB},i}^{\mathrm{H}}\in\mathbb{C}^{1\times N_{\mathrm{s}}}$）表示数字预编码矩阵 $\boldsymbol{F}_{\mathrm{BB}}$ 的第 i 行。

为了便于分析，在求解混合预编码矩阵的过程中，可以暂时忽略发射功率约束条件，完成混合预编码矩阵优化后，为了满足发射功率约束条件，可以在数字预编码矩阵 $\boldsymbol{F}_{\mathrm{BB}}$ 前乘以一个功率因子 $\sqrt{N_{\mathrm{s}}}/\|\boldsymbol{F}_{\mathrm{S}}\boldsymbol{F}_{\mathrm{PS}}\boldsymbol{F}_{\mathrm{BB}}\|_{\mathrm{F}}^{2}$，对 $\boldsymbol{F}_{\mathrm{BB}}$ 进行归一化处理。因此，式(6.45)可以进一步转化为

$$\begin{cases}\min\limits_{\boldsymbol{f}_{\mathrm{RF},\cdot},\boldsymbol{f}_{\mathrm{BB},i}}\left\|\boldsymbol{A}-\sum\limits_{i=1}^{N_{\mathrm{RF}}}\boldsymbol{f}_{\mathrm{PS},i}\boldsymbol{f}_{\mathrm{BB},i}^{\mathrm{H}}\right\|_{\mathrm{F}}^{2}\\ \text{s.t.}\ |\boldsymbol{f}_{\mathrm{RF},i}(j)|=\dfrac{1}{\sqrt{N_{\mathrm{c}}}}\quad j=1,2,\cdots,N_{\mathrm{c}}\end{cases}\tag{6.47}$$

对于式(6.46)，在每次迭代的过程中，可以只考虑数字预编码矩阵 $\boldsymbol{F}_{\mathrm{BB}}$ 的一行和模拟移相预编码矩阵 $\boldsymbol{F}_{\mathrm{PS}}$ 中相应的一列进行优化，并假设其余行(列)固定不变。据此，式(6.47)的目标函数可以重新定义为

$$\| \mathbf{A} - \sum_{i \neq k}^{N_{RF}} \boldsymbol{f}_{PS,i} \boldsymbol{f}_{BB,i}^{H} - \boldsymbol{f}_{PS,k} \boldsymbol{f}_{BB,k}^{H} \|_F^2 \tag{6.48}$$

其中，$k=1,\cdots,N_{RF}$；$\boldsymbol{f}_{PS,k}$ 表示模拟移相预编码矩阵 $\boldsymbol{F}_{PS}$ 中需要被更新的列；$\boldsymbol{f}_{BB,k}^{H}$ 表示数字预编码矩阵 $\boldsymbol{F}_{BB}$ 中与 $\boldsymbol{f}_{PS,k}$ 相对应的行。

综合上述分析，关于数字预编码矩阵 $\boldsymbol{F}_{BB}$ 和模拟移相预编码矩阵 $\boldsymbol{F}_{PS}$ 的联合优化问题可以分解为两个子问题进行求解，即关于数字预编码矩阵 $\boldsymbol{F}_{BB}$ 的第 k 行 $\boldsymbol{f}_{BB,k}^{H}$ 以及模拟移相预编码矩阵 $\boldsymbol{F}_{PS}$ 的第 k 列 $\boldsymbol{f}_{PS,k}$ 的优化问题，其数学表达式为

$$\boldsymbol{f}_{BB,k}^{H\,opt} = \arg\min_{\boldsymbol{f}_{BB,k}} \| \boldsymbol{X}_k - \boldsymbol{f}_{PS,k} \boldsymbol{f}_{BB,k}^{H} \|_F^2 \tag{6.49}$$

$$\begin{cases} \boldsymbol{f}_{PS,k}^{opt} = \arg\min_{\boldsymbol{f}_{PS,k}} \| \boldsymbol{X}_k - \boldsymbol{f}_{PS,k} \boldsymbol{f}_{BB,k}^{H\,opt} \|_F^2 \\ \text{s.t.} \ | \boldsymbol{f}_{PS,k}(j) | = \dfrac{1}{\sqrt{N_c}} \end{cases} \tag{6.50}$$

其中，$\boldsymbol{X}_k = \boldsymbol{A} - \sum_{i \neq k}^{N_{RF}} \boldsymbol{f}_{PS,i} \boldsymbol{f}_{BB,i}^{H}$。

6.5.2 模拟开关预编码矩阵优化

假设已知等效最优预编码矩阵 $\boldsymbol{A}$，本小节将利用块坐标下降方法优化模拟开关预编码矩阵 $\boldsymbol{F}_S$。值得注意的是，由于图 6.6 所示的毫米波大规模 MIMO 系统利用多路复用方法进行信号传输，全数字最优预编码矩阵 $\boldsymbol{F}_{opt}$ 具有各列之间相互正交的特性，这能减少传输数据流信号之间的相互干扰。为了简化混合预编码矩阵设计，基于上述特性并根据文献[4]提出的算法，对等效最优预编码矩阵 $\boldsymbol{A}$ 施加一个类似的约束，即假设等效最优预编码矩阵 $\boldsymbol{A}$ 各列之间也相互正交，随机构造一个与 $\boldsymbol{A}$ 维度相同的半酉矩阵 $\boldsymbol{B}$，满足 $\boldsymbol{B}^H\boldsymbol{B} = \boldsymbol{I}_{N_s}$，$\boldsymbol{A} = \lambda\boldsymbol{B}$，其中 λ 表示尺度因子[4]。

据此，模拟开关预编码矩阵 $\boldsymbol{F}_S$ 和尺度因子 λ 的优化问题可以重新表示为

$$\begin{cases} \{\boldsymbol{F}_S^{opt}, \lambda^{opt}\} = \arg\min_{\boldsymbol{F}_S,\lambda} \| \boldsymbol{F}_{opt} - \lambda \boldsymbol{F}_S \boldsymbol{B} \|_F^2 \\ \text{s.t.} \ [\boldsymbol{F}_S]_{mn} \in \{0,1\} \end{cases} \tag{6.51}$$

式(6.51)的目标函数可以进一步展开为

$$\begin{aligned} \| \boldsymbol{F}_{opt} - \lambda \boldsymbol{F}_S \boldsymbol{B} \|_F^2 &= \text{tr}\{\boldsymbol{F}_{opt}\boldsymbol{F}_{opt}^H\} - \lambda \text{tr}\{\boldsymbol{F}_{opt}\boldsymbol{B}^H\boldsymbol{F}_S^H\} - \\ &\quad \lambda \text{tr}\{\boldsymbol{F}_S\boldsymbol{B}\boldsymbol{F}_{opt}^H\} + \lambda^2 \text{tr}\{\boldsymbol{F}_S\boldsymbol{B}\boldsymbol{B}^H\boldsymbol{F}_S^H\} \\ &= \| \boldsymbol{F}_{opt} \|_F^2 - 2\lambda \Re\{\text{tr}\{\boldsymbol{B}\boldsymbol{F}_{opt}^H\boldsymbol{F}_S\}\} + \lambda^2 \| \boldsymbol{F}_S\boldsymbol{B} \|_F^2 \end{aligned} \tag{6.52}$$

其中，$\Re\{\cdot\}$ 表示取矩阵各元素的实部组成新矩阵。

容易得到，$\| \boldsymbol{F}_S\boldsymbol{B} \|_F^2$ 的上界可以表示为

$$\| \boldsymbol{F}_S\boldsymbol{B} \|_F^2 = \text{tr}\{\boldsymbol{B}\boldsymbol{B}^H\boldsymbol{F}_S^H\boldsymbol{F}_S\} = \text{tr}\left\{\boldsymbol{K}\begin{bmatrix} \boldsymbol{I}_{N_s} & \\ & \boldsymbol{0} \end{bmatrix}\boldsymbol{K}^H\boldsymbol{F}_S^H\boldsymbol{F}_S\right\} < \text{tr}\{\boldsymbol{K}\boldsymbol{K}^H\boldsymbol{F}_S^H\boldsymbol{F}_S\} = \| \boldsymbol{F}_S \|_F^2 \tag{6.53}$$

其中，$\boldsymbol{B}\boldsymbol{B}^H = \boldsymbol{K}\begin{bmatrix} \boldsymbol{I}_{N_s} & \\ & \boldsymbol{0} \end{bmatrix}\boldsymbol{K}_S^H$，表示矩阵 $\boldsymbol{B}\boldsymbol{B}^H$ 进行的 SVD 的数学表达式。

将式(6.53)代入式(6.52)，则关于 $\boldsymbol{F}_{\mathrm{S}}$ 的优化问题的目标函数上界可以表示为

$$\|\boldsymbol{F}_{\mathrm{opt}}\|_{\mathrm{F}}^{2}-2\lambda\Re\{\operatorname{tr}\{\boldsymbol{B}\boldsymbol{F}_{\mathrm{opt}}^{\mathrm{H}}\boldsymbol{F}_{\mathrm{S}}\}\}+\lambda^{2}\|\boldsymbol{F}_{\mathrm{S}}\|_{\mathrm{F}}^{2} \tag{6.54}$$

在式(6.54)中添加常数项 $\|\Re\{\boldsymbol{F}_{\mathrm{opt}}\boldsymbol{B}^{H}\}\|_{\mathrm{F}}^{2}$，并去掉常数项 $\|\boldsymbol{F}_{\mathrm{opt}}\|_{\mathrm{F}}^{2}$，则式(6.51)可以进一步转化为

$$\begin{cases}\{\boldsymbol{F}_{\mathrm{S}}^{\mathrm{opt}},\lambda^{\mathrm{opt}}\}=\arg\min\limits_{\boldsymbol{F}_{\mathrm{S}},\lambda}\|\Re\{\boldsymbol{F}_{\mathrm{opt}}\boldsymbol{B}^{\mathrm{H}}\}-\lambda\boldsymbol{F}_{\mathrm{S}}\|_{\mathrm{F}}^{2}\\ \text{s. t.}\ \ [\boldsymbol{F}_{\mathrm{S}}]_{mn}\in\{0,1\}\end{cases} \tag{6.55}$$

由于开关仅有闭合和断开两种状态，模拟开关预编码矩阵 $\boldsymbol{F}_{\mathrm{S}}$ 的每个元素仅有 0 或者 1 两种可能取值，因此，式(6.55)可以简化如下：

$$\begin{cases}\min\limits_{s,\lambda}\quad\|\boldsymbol{f}-\lambda\boldsymbol{s}\|_{2}^{2}\\ \text{s. t.}\quad s_{i}\in\{0,1\}\quad\forall i\end{cases} \tag{6.56}$$

其中，$\boldsymbol{f}=\operatorname{vec}\{\Re\{\boldsymbol{F}_{\mathrm{opt}}\boldsymbol{B}^{\mathrm{H}}\}\}$；$\boldsymbol{s}=\operatorname{vec}\{\boldsymbol{F}_{\mathrm{S}}\}=[s_{1},s_{2},\cdots,s_{k}]^{\mathrm{T}}(k=N_{\mathrm{t}}N_{\mathrm{c}})$；$N_{\mathrm{c}}$ 表示模拟移相预编码矩阵输出维度。对向量 $\boldsymbol{f}$ 的每一个元素进行升序排列，即 $\tilde{\boldsymbol{f}}=[\tilde{f}_{1},\tilde{f}_{2},\cdots,\tilde{f}_{k}]^{\mathrm{T}}$，满足 $\tilde{f}_{1}\leqslant\tilde{f}_{2}\leqslant\cdots\leqslant\tilde{f}_{k}$，$\operatorname{vec}\{\cdot\}$ 表示向量化算子。

为了实现式(6.56)目标函数的最小化，当元素 $\tilde{f}_{i}$ 更接近于尺度因子 λ 时，取 $s_{i}=1$；当元素 $\tilde{f}_{i}$ 更接近于 0 时，取 $s_{i}=0$。据此，式(6.56)可以转化为一个关于尺度因子 λ 的二次函数 $f(\lambda)$，其数学模型为

$$\begin{aligned}f(\lambda)&=\|\boldsymbol{f}-\lambda\boldsymbol{s}\|_{2}^{2}\\&=\begin{cases}\sum\limits_{j=1}^{i}(\tilde{f}_{j}-\lambda)^{2}+\sum\limits_{j=i+1}^{k}\tilde{f}_{j}^{2}&\lambda<0,\dfrac{\lambda}{2}\in\mathcal{I}_{i}\\ \sum\limits_{j=1}^{i}\tilde{f}_{j}^{2}+\sum\limits_{j=i+1}^{k}(\tilde{f}_{j}-\lambda)^{2}&\lambda>0,\dfrac{\lambda}{2}\in\mathcal{I}_{i}\end{cases}\\&=\begin{cases}i\lambda^{2}-2\sum\limits_{j=1}^{i}\tilde{f}_{j}\lambda+\sum\limits_{j=1}^{k}\tilde{f}_{j}^{2}&\lambda<0,\lambda\in\mathcal{R}_{i}\\(k-i)\lambda^{2}-2\sum\limits_{j=i+1}^{k}\tilde{f}_{j}\lambda+\sum\limits_{j=1}^{k}\tilde{f}_{j}^{2}&\lambda>0,\lambda\in\mathcal{R}_{i}\end{cases}\end{aligned} \tag{6.57}$$

其中，$\mathcal{I}_{i}=[\tilde{f}_{i},\tilde{f}_{i+1}]$；$\mathcal{R}_{i}=[2\tilde{f}_{i},2\tilde{f}_{i+1}]$；$i=1,\cdots,k$。

由一元二次函数理论可知，二次函数 $f(\lambda)$ 的最小值点可能出现在对称轴点或者端点。因此，最优尺度因子 λ^{opt} 可以由下式给出：

$$\lambda^{\mathrm{opt}}=\arg\min_{\lambda}\{f(2\tilde{f}_{i}),f(2\bar{f}_{i})\} \tag{6.58}$$

其中，$\bar{f}_{i}$ 表示二次函数 $f(\lambda)$ 的对称轴点，满足

$$\bar{f}_{i}=\begin{cases}\sum\limits_{j=1}^{i}\dfrac{\tilde{f}_{j}}{i}&\bar{f}_{i}<0\quad\bar{f}_{i}\in\mathcal{R}_{i}\\ \sum\limits_{j=i+1}^{k}\dfrac{\tilde{f}_{j}}{k}-i&\bar{f}_{i}>0,\ \bar{f}_{i}\in\mathcal{R}_{i}\end{cases}$$

综合上述分析，关于模拟开关预编码矩阵 $\boldsymbol{F}_{\mathrm{S}}$ 优化结果的数学表达式可以表示为

$$
\boldsymbol{F}_{\mathrm{S}}^{\mathrm{opt}}=\begin{cases} I\left(\Re\{\boldsymbol{F}_{\mathrm{eff}}\boldsymbol{F}_{\mathrm{DD}}^{\mathrm{H}}\}>\dfrac{\lambda^{\mathrm{opt}}}{2}\mathbf{1}_{N_{\mathrm{t}}\times N_{\mathrm{RF}}}\right) & \lambda^{\mathrm{opt}}>0 \\ I\left(\Re\{\boldsymbol{F}_{\mathrm{eff}}\boldsymbol{F}_{\mathrm{DD}}^{\mathrm{H}}\}<\dfrac{\lambda^{\mathrm{opt}}}{2}\mathbf{1}_{N_{\mathrm{t}}\times N_{\mathrm{RF}}}\right) & \lambda^{\mathrm{opt}}<0 \end{cases} \tag{6.59}
$$

其中，$I(\cdot)$ 表示指示函数，它的含义是：当输入为“真”时，输出为 1；当输入为“假”时，输出为 0；$\mathbf{1}_{m\times n}$ 表示矩阵元素全为 1 的 $m\times n$ 维矩阵。

6.5.3 数字预编码矩阵优化

在完成模拟开关预编码矩阵 $\boldsymbol{F}_{\mathrm{S}}$ 的优化后，本小节进一步采用逐行(列)更新的策略，联合优化数字预编码矩阵 $\boldsymbol{F}_{\mathrm{BB}}$ 和模拟移相预编码矩阵 $\boldsymbol{F}_{\mathrm{PS}}$。根据上述思想，式(6.45)被进一步分解为式(6.49)和式(6.50)，并且在每次迭代修正过程中，假设其余行(列)已知，仅优化数字预编码矩阵 $\boldsymbol{F}_{\mathrm{BB}}$ 的一行和模拟移相预编码矩阵 $\boldsymbol{F}_{\mathrm{PS}}$ 中相应的一列。

因此，在获得已修正模拟开关预编码矩阵 $\boldsymbol{F}_{\mathrm{S}}$ 和尺度因子 λ 的基础之上，首先需要给出等效最优预编码矩阵 $\boldsymbol{A}$ 的最优解。不失一般性，采用式(6.54)作为替代目标函数，关于等效最优预编码矩阵 $\boldsymbol{A}$ 的优化问题可以进一步转化为关于半酉矩阵 $\boldsymbol{B}$ 的优化问题，其数学表达式如下所示：

$$
\begin{cases} \boldsymbol{B}^{\mathrm{opt}}=\arg\max\limits_{\boldsymbol{F}_{\mathrm{DD}}}\lambda\Re\{\operatorname{tr}\{\boldsymbol{B}\boldsymbol{B}_{\mathrm{opt}}^{\mathrm{H}}\boldsymbol{F}_{\mathrm{S}}\}\} \\ \text{s. t. } \boldsymbol{B}^{\mathrm{H}}\boldsymbol{B}=\boldsymbol{I}_{N_{\mathrm{s}}} \end{cases} \tag{6.60}
$$

值得注意的是，式(6.60)与式(6.55)具有相似的数学形式。由于在第 4 章中已经讨论了式(6.55)的求解过程，因此针对式(6.60)，可采用相同的方法可以得到矩阵 $\boldsymbol{A}$ 的最优解：

$$
\boldsymbol{A}^{\mathrm{opt}}=\lambda\boldsymbol{B}^{\mathrm{opt}}=\lambda\boldsymbol{V}_1\boldsymbol{U}^{\mathrm{H}} \tag{6.61}
$$

其中，$\boldsymbol{U}(\boldsymbol{U}\in\mathbb{C}^{N_{\mathrm{s}}\times N_{\mathrm{s}}})$ 表示对矩阵 $\lambda\boldsymbol{F}_{\mathrm{opt}}^{\mathrm{H}}\boldsymbol{F}_{\mathrm{S}}$ 进行 SVD 得到的左奇异矩阵，$\boldsymbol{V}_1(\boldsymbol{V}_1\in\mathbb{C}^{N_{\mathrm{RF}}\times N_{\mathrm{s}}})$ 表示矩阵 $\lambda\boldsymbol{F}_{\mathrm{opt}}^{\mathrm{H}}\boldsymbol{F}_{\mathrm{S}}$ 前 N_{s} 个非零奇异值对应的右奇异向量构成的矩阵。

据此，针对式(6.59)所示的优化问题，假设已知模拟移相预编码矩阵 $\boldsymbol{F}_{\mathrm{PS}}$ 的第 k 列，关于数字预编码矩阵 $\boldsymbol{F}_{\mathrm{BB}}$ 的第 k 行 $\boldsymbol{f}_{\mathrm{BB},k}^{\mathrm{H}}$ 的优化问题可以通过最小二乘方法进行求解，即

$$
\boldsymbol{f}_{\mathrm{BB},k}^{\mathrm{H\,opt}}=(\boldsymbol{f}_{\mathrm{PS},k}^{\mathrm{H}}\boldsymbol{f}_{\mathrm{PS},k})^{-1}\boldsymbol{f}_{\mathrm{PS},k}^{\mathrm{H}}\boldsymbol{X}_k=\boldsymbol{f}_{\mathrm{PS},k}^{\mathrm{H}}\boldsymbol{X}_k \tag{6.62}
$$

其中，$\boldsymbol{X}_k=\boldsymbol{A}-\sum\limits_{i\neq k}^{N_{\mathrm{RF}}}\boldsymbol{f}_{\mathrm{PS},i}\boldsymbol{f}_{\mathrm{BB},i}^{\mathrm{H}}$。

6.5.4 模拟移相预编码矩阵优化

假设已知等效最优预编码矩阵 $\boldsymbol{A}$ 和数字预编码矩阵 $\boldsymbol{F}_{\mathrm{BB}}$ 的第 k 行 $\boldsymbol{f}_{\mathrm{BB},k}^{\mathrm{H}}$，将式(6.62)中 $\boldsymbol{f}_{\mathrm{BB},k}^{\mathrm{H}}$ 的优化结果 $\boldsymbol{f}_{\mathrm{BB},k}^{\mathrm{H}}=\boldsymbol{f}_{\mathrm{PS},k}^{\mathrm{H}}\boldsymbol{X}_k$ 代入式(6.49)，则关于优化模拟移相预编码矩阵 $\boldsymbol{F}_{\mathrm{PS}}$ 的第 k 列 $\boldsymbol{f}_{\mathrm{PS},k}$ 的目标函数可以重新改写为

$$
\begin{aligned}
\|\boldsymbol{X}_k-\boldsymbol{f}_{\mathrm{PS},k}\boldsymbol{f}_{\mathrm{BB},k}^{\mathrm{H}}\|_{\mathrm{F}}^2 &= \|\boldsymbol{X}_k-\boldsymbol{f}_{\mathrm{PS},k}\boldsymbol{f}_{\mathrm{PS},k}^{\mathrm{H}}\boldsymbol{X}_k\|_{\mathrm{F}}^2 \\
&= \operatorname{tr}\{(\boldsymbol{X}_k-\boldsymbol{f}_{\mathrm{PS},k}\boldsymbol{f}_{\mathrm{PS},k}^{\mathrm{H}}\boldsymbol{X}_k)(\boldsymbol{X}_k-\boldsymbol{f}_{\mathrm{PS},k}\boldsymbol{f}_{\mathrm{PS},k}^{\mathrm{H}}\boldsymbol{X}_k)^{\mathrm{H}}\} \\
&= \operatorname{tr}\{\boldsymbol{X}_k\boldsymbol{X}_k^{\mathrm{H}}-\boldsymbol{f}_{\mathrm{PS},k}^{\mathrm{H}}\boldsymbol{X}_k\boldsymbol{X}_k^{\mathrm{H}}\boldsymbol{f}_{\mathrm{PS},k}\} \\
&= \|\boldsymbol{X}_k\|_{\mathrm{F}}^2-\boldsymbol{f}_{\mathrm{PS},k}^{\mathrm{H}}\boldsymbol{X}_k\boldsymbol{X}_k^{\mathrm{H}}\boldsymbol{f}_{\mathrm{PS},k}
\end{aligned} \tag{6.63}
$$

在式(6.63)中去掉一个常数项 $\|\boldsymbol{X}_k\|_{\mathrm{F}}^2$，则关于 $\boldsymbol{f}_{\mathrm{PS},k}$ 的优化问题可以进一步表示为

$$\begin{cases} \max\limits_{f_{\mathrm{PS},k}} \boldsymbol{f}_{\mathrm{PS},k}^{\mathrm{H}} \boldsymbol{X}_k \boldsymbol{X}_k^{\mathrm{H}} \boldsymbol{f}_{\mathrm{PS},k} \\ \text{s.t.} \quad |\boldsymbol{f}_{\mathrm{RF},k}(j)| = \dfrac{1}{\sqrt{N_{\mathrm{c}}}} \end{cases} \tag{6.64}$$

值得注意的是，式(6.64)是关于二次幺模规划(Unimodular Quadratic Program，UQP)的标准形式。文献[10]指出，该问题是一个 NP(Non-deter ministic Polynomail)难问题，即在多项式时间内无法获得最优解[10]。根据文献[10]所描述的，可以采用一种基于 UQP 的类幂迭代方法求解该类问题，能够在较低的计算复杂度的前提下，实现式(6.64)的局部优化，获得性能较好的解[10]。据此，关于模拟移相预编码矩阵 $\boldsymbol{F}_{\mathrm{PS}}$ 的第 k 列 $\boldsymbol{f}_{\mathrm{PS},k}$ 近似解的数学表达式为

$$\boldsymbol{f}_{\mathrm{PS},k}^{(n+1)} = \frac{1}{\sqrt{N_{\mathrm{c}}}} \mathrm{e}^{\mathrm{j}\angle(\boldsymbol{X}_k \boldsymbol{X}_k^{\mathrm{H}} \boldsymbol{f}_{\mathrm{PS},k}^{(n)})} \tag{6.65}$$

其中，n 表示迭代次数。

利用式(6.62)和式(6.65)的优化结果，逐行(列)迭代修正数字预编码矩阵 $\boldsymbol{F}_{\mathrm{BB}}$ 和模拟移相预编码矩阵 $\boldsymbol{F}_{\mathrm{PS}}$，得到最优 $\boldsymbol{F}_{\mathrm{BB}}$ 和 $\boldsymbol{F}_{\mathrm{PS}}$。最后，将修正的数字预编码矩阵 $\boldsymbol{F}_{\mathrm{BB}}$ 乘以功率因子 $\sqrt{N_{\mathrm{s}}}/\|\boldsymbol{F}_{\mathrm{S}}\boldsymbol{F}_{\mathrm{PS}}\boldsymbol{F}_{\mathrm{BB}}\|_{\mathrm{F}}^2$，以对数字预编码矩阵 $\boldsymbol{F}_{\mathrm{BB}}$ 进行归一化处理，并满足发射功率约束条件。

综合上述分析与讨论，基于 FCPS-S 结构的混合预编码算法求解步骤(见表 6.7)可以总结如下：

(1) 建立混合预编码数学模型。

利用开关网络和 FCPS 结构建立 FCPS-S 结构，并将基于 FCPS-S 结构的毫米波大规模 MIMO 系统混合预编码问题转化为混合预编码矩阵对全数字最优预编码矩阵的逼近问题，其数学模型如式(6.41)所示。

表 6.7 基于 FCPS-S 结构的混合预编码算法

输入参数：$\boldsymbol{F}_{\mathrm{opt}}$
初始化：$\boldsymbol{F}_{\mathrm{PS}}^{(0)}$；$\boldsymbol{A}^{(0)} = \lambda^{(0)}\boldsymbol{B}^{(0)}$；$\delta^{(0)} = \|\boldsymbol{F}_{\mathrm{opt}} - \boldsymbol{F}_{\mathrm{S}}^{(0)}\boldsymbol{F}_{\mathrm{PS}}^{(0)}\boldsymbol{F}_{\mathrm{BB}}^{(0)}\|_{\mathrm{F}}^2$；$t=0$
步骤 1：迭代计算 $t=t+1$，固定 $\boldsymbol{B}^{(t-1)}$，分别利用式(6.58)和式(6.59)求解 $\lambda^{(t)}$ 和 $\boldsymbol{F}_{\mathrm{S}}^{(t)}$； 步骤 2：对 $\lambda^{(t)}\boldsymbol{F}_{\mathrm{opt}}^{\mathrm{H}}\boldsymbol{F}_{\mathrm{S}}^{(t)}$ 进行 SVD，利用式 (6.61)得到 $\boldsymbol{A}^{(t)}$； 步骤 3：迭代计算 $k=1,2,\cdots,N_{\mathrm{RF}}$，令 $\boldsymbol{X}_k^{(t-1)} = \boldsymbol{A}^{(t)} - \sum_{i\neq k}^{N_{\mathrm{RF}}}\boldsymbol{f}_{\mathrm{PS},i}^{(t-1)}\boldsymbol{f}_{\mathrm{BB},i}^{\mathrm{H}\,(t-1)}$； 步骤 4：固定 $\boldsymbol{X}_k^{(t-1)}$ 和 $\boldsymbol{F}_{\mathrm{PS}}^{(t-1)}$，利用式(6.62)更新 $\boldsymbol{f}_{\mathrm{BB},k}^{\mathrm{H},(t)}$，得到 $\boldsymbol{f}_{\mathrm{BB},k}^{\mathrm{H},(t)} = \boldsymbol{f}_{\mathrm{PS},k}^{\mathrm{H},(t-1)}\boldsymbol{X}_k^{(t-1)}$； 步骤 5：固定 $\boldsymbol{f}_{\mathrm{BB},k}^{\mathrm{H},(t)}$，将式(6.62)代入式(6.50)，并利用式(6.65)更新 $\boldsymbol{f}_{PS,k}^{(t)}$； 步骤 6：重复步骤 3～5，直到 $\boldsymbol{F}_{\mathrm{BB}}^{(t)}$ 的所有行和 $\boldsymbol{F}_{\mathrm{PS}}^{(t)}$ 的所有列更新完成； 步骤 7：计算 $\delta^{(t)} = \|\boldsymbol{F}_{\mathrm{opt}} - \boldsymbol{F}_{\mathrm{S}}^{(t)}\boldsymbol{F}_{\mathrm{PS}}^{(t)}\boldsymbol{F}_{\mathrm{BB}}^{(t)}\|_{\mathrm{F}}^2$； 步骤 8：若 $|\delta^{(t)} - \delta^{(t-1)}| > \delta_{\mathrm{thres}}$，跳转到步骤 1；否则循环结束； 步骤 9：求解 $\boldsymbol{F}_{\mathrm{BB}}^{(t)} = \sqrt{N_{\mathrm{s}}}\boldsymbol{F}_{\mathrm{BB}}^{(t)}/\|\boldsymbol{F}_{\mathrm{S}}^{(t)}\boldsymbol{F}_{\mathrm{PS}}^{(t)}\boldsymbol{F}_{\mathrm{BB}}^{(t)}\|_{\mathrm{F}}^2$
输出参数：$\boldsymbol{F}_{\mathrm{S}}^{(t)}$、$\boldsymbol{F}_{\mathrm{PS}}^{(t)}$、$\boldsymbol{F}_{\mathrm{BB}}^{(t)}$

(2) 输入数据。

首先对信道矩阵 $\boldsymbol{H}$ 进行 SVD，得到 $\boldsymbol{H}=\boldsymbol{U\Sigma V}^{\mathrm{H}}$，取前 N_{s} 个非零奇异值对应的右奇异向量构成全数字最优预编码矩阵 $\boldsymbol{F}_{\mathrm{opt}}$，即 $\boldsymbol{F}_{\mathrm{opt}}=\boldsymbol{V}_{(:,1:N_{\mathrm{s}})}$；然后随机初始化模拟移相预编码矩阵 $\boldsymbol{F}_{\mathrm{PS}}^{(0)}$ 和数字预编码矩阵 $\boldsymbol{F}_{\mathrm{BB}}^{(0)}$，其中 $|[\boldsymbol{F}_{\mathrm{PS}}^{(0)}]_{ij}|=1/\sqrt{N_{\mathrm{c}}}$，并随机构造一个与等效最优预编码矩阵 $\boldsymbol{A}^{(0)}$ 维度相同的半酉矩阵 $\boldsymbol{B}^{(0)}$，令 $\boldsymbol{A}^{(0)}=\lambda^{(0)}\boldsymbol{B}^{(0)}$；最后，给出初始的混合预编码矩阵残差 $\delta^{(0)}=\|\boldsymbol{F}_{\mathrm{opt}}-\boldsymbol{F}_{\mathrm{S}}^{(0)}\boldsymbol{F}_{\mathrm{PS}}^{(0)}\boldsymbol{F}_{\mathrm{BB}}^{(0)}\|_{\mathrm{F}}^{2}$，并设置迭代次数 $t=t+1$；将基于 FCPS-S 结构的混合预编码数学模型分解为式(6.44)和式(6.45)，分别求解模拟开关预编码矩阵 $\boldsymbol{F}_{\mathrm{S}}^{(t)}$、数字预编码矩阵 $\boldsymbol{F}_{\mathrm{BB}}^{(t)}$ 和模拟移相预编码矩阵 $\boldsymbol{F}_{\mathrm{PS}}^{(t)}$。

(3) 优化模拟开关预编码矩阵。

在已知全数字最优预编码矩阵 $\boldsymbol{F}_{\mathrm{opt}}$ 的情况下，假设固定半酉矩阵 $\boldsymbol{B}^{(t-1)}$，则可以将关于模拟开关预编码矩阵 $\boldsymbol{F}_{\mathrm{S}}^{(t)}$ 的优化问题重新表示为关于两个参数 ($\lambda^{(t)}$、$\boldsymbol{F}_{\mathrm{S}}^{(t)}$) 的优化问题，然后分别利用式(6.58)以及式(6.59)求解尺度因子 $\lambda^{(t)}$ 和模拟开关预编码矩阵 $\boldsymbol{F}_{\mathrm{S}}^{(t)}$。

(4) 优化数字预编码矩阵。

首先，将修正的模拟开关预编码矩阵 $\boldsymbol{F}_{\mathrm{S}}^{(t)}$ 和尺度因子 $\lambda^{(t)}$ 作为已知量，利用式(6.61)求解等效最优预编码矩阵 $\boldsymbol{A}^{(t)}$；然后，在已知 $\boldsymbol{A}^{(t)}$ 的情况下，设置迭代次数 $k=1,2,\cdots,N_{\mathrm{RF}}$，残差矩阵为 $\boldsymbol{X}_{k}^{(t-1)}=\boldsymbol{A}^{(t)}-\sum\limits_{i\neq k}^{N_{\mathrm{RF}}}\boldsymbol{f}_{\mathrm{PS},i}^{(t-1)}\boldsymbol{f}_{\mathrm{BB},i}^{\mathrm{H},(t-1)}$；最后，根据逐行(列)更新的策略，假设已知模拟移相预编码矩阵 $\boldsymbol{F}_{\mathrm{PS}}^{(t-1)}$ 和残差矩阵 $\boldsymbol{X}_{k}^{(t-1)}$，将关于数字预编码矩阵 $\boldsymbol{F}_{\mathrm{BB}}^{(t)}$ 的优化问题转化为关于 $\boldsymbol{F}_{\mathrm{BB}}^{(t)}$ 的第 k 行 $\boldsymbol{f}_{\mathrm{BB},k}^{\mathrm{H},(t)}$ 的优化问题，并利用式(6.62)求解 $\boldsymbol{f}_{\mathrm{BB},k}^{\mathrm{H}(t)}$；

(5) 优化模拟移相预编码矩阵。

固定残差矩阵 $\boldsymbol{X}_{k}^{(t-1)}$ 以及数字预编码矩阵 $\boldsymbol{F}_{\mathrm{BB}}^{(t)}$ 的第 k 行 $\boldsymbol{f}_{\mathrm{BB},k}^{\mathrm{H},(t)}$，将关于模拟移相预编码矩阵 $\boldsymbol{F}_{\mathrm{PS}}^{(t)}$ 的优化问题转化为关于 $\boldsymbol{F}_{\mathrm{PS}}^{(t)}$ 第 k 列 $\boldsymbol{f}_{\mathrm{PS},k}^{(t)}$ 的优化问题。将 $\boldsymbol{f}_{\mathrm{BB},k}^{\mathrm{H}(t)}$ 代入式(6.50)，关于 $\boldsymbol{f}_{\mathrm{PS},k}^{(t)}$ 的优化问题转化为在二次幺模规划标准形式的情况下，利用式(6.65)求解 $\boldsymbol{f}_{\mathrm{PS},k}^{(t)}$。重复迭代直到数字预编码矩阵 $\boldsymbol{F}_{\mathrm{BB}}^{(t)}$ 的所有行和模拟移相预编码矩阵 $\boldsymbol{F}_{\mathrm{PS}}^{(t)}$ 的所有列更新完成。在完成混合预编码矩阵修正后，为对 $\boldsymbol{F}_{\mathrm{BB}}^{(t)}$ 进行归一化处理，需在数字预编码矩阵 $\boldsymbol{F}_{\mathrm{BB}}^{(t)}$ 前乘以一个功率因子 $\sqrt{N_{\mathrm{s}}}/\|\boldsymbol{F}_{\mathrm{S}}^{(t)}\boldsymbol{F}_{\mathrm{PS}}^{(t)}\boldsymbol{F}_{\mathrm{BB}}^{(t)}\|_{\mathrm{F}}^{2}$，以满足发射功率约束条件，即 $\boldsymbol{F}_{\mathrm{BB}}^{(t)}=\sqrt{N_{\mathrm{s}}}/\|\boldsymbol{F}_{\mathrm{S}}^{(t)}\boldsymbol{F}_{\mathrm{PS}}^{(t)}\boldsymbol{F}_{\mathrm{BB}}^{(t)}\|_{\mathrm{F}}^{2}$。

(6) 循环判决。

根据所提算法相邻两次迭代残差的差值大小决定是否停止迭代。当 $|\delta^{(t)}-\delta^{(t-1)}|>\delta_{\mathrm{thres}}$ 时，跳转到表 6.7 的步骤 3；否则循环结束。

(7) 输出结果。

利用步骤 1～9 得到已修正模拟开关预编码矩阵 $\boldsymbol{F}_{\mathrm{S}}^{(t)}$、数字预编码矩阵 $\boldsymbol{F}_{\mathrm{BB}}^{(t)}$ 和模拟移相预编码矩阵 $\boldsymbol{F}_{\mathrm{PS}}^{(t)}$，完成混合预编码。

6.5.5 计算复杂度分析

本节将对基于 FCPS-S 结构的混合预编码算法的计算复杂度进行详细分析，并且将该算法的计算复杂度与文献[2]提出的基于 FCPS 结构的 OMP 稀疏混合预编码算法以及文献

[4]提出的基于PCPS结构的SDR-AltMin混合预编码算法的计算复杂度进行比较和分析[2,4]。具体而言，基于FCPS-S结构的混合预编码算法的计算复杂度主要可以由以下几个部分构成：

(1) 优化模拟开关预编码矩阵。

优化模拟开关预编码矩阵 $\boldsymbol{F}_{\mathrm{S}}$ 和尺度因子 λ 的计算复杂度主要取决于式(6.56)中对向量 $\boldsymbol{f}=\mathrm{vec}\{\Re\{\boldsymbol{F}_{\mathrm{opt}}\boldsymbol{B}^{\mathrm{H}}\}\}$ 进行的升序排列计算，计算复杂度为 $O(KN_{\mathrm{t}}N_{\mathrm{c}}\log(N_{\mathrm{t}}N_{\mathrm{c}}))$。

(2) 优化数字预编码矩阵。

优化数字预编码矩阵 $\boldsymbol{F}_{\mathrm{BB}}$ 的计算复杂度主要是由式(6.62)中 $\boldsymbol{f}_{\mathrm{PS},k}^{\mathrm{H}}\boldsymbol{X}_k$ 的矩阵乘法运算决定，其中 $\boldsymbol{f}_{\mathrm{PS},k}^{\mathrm{H}}$ 表示维度为 $1\times N_{\mathrm{c}}$ 的行向量，矩阵 $\boldsymbol{X}_k$ 的维度为 $N_{\mathrm{c}}\times N_{\mathrm{s}}$，则上式的计算复杂度为 $\mathrm{O}(N_{\mathrm{c}}N_{\mathrm{s}})$。由于该计算过程需要执行 KN_{RF} 次，所以优化数字预编码矩阵 $\boldsymbol{F}_{BB}$ 的计算复杂度为 $O(KN_{\mathrm{RF}}N_{\mathrm{c}}N_{\mathrm{s}})$。

(3) 优化模拟移相预编码矩阵。

优化模拟移相预编码矩阵 $\boldsymbol{F}_{\mathrm{PS}}$ 的计算复杂度取决于式(6.65)的类幂迭代过程，其计算复杂度为 $O(\max\{KN_{\mathrm{c}}^2N_{\mathrm{s}},KN_{\mathrm{c}}^2n\})$，其中 n 表示类幂迭代的次数。

(4) 求解残差矩阵。

求解残差矩阵 $\boldsymbol{X}_k$ 的计算复杂度主要来源于式 $\sum_{i\neq k}^{N_{\mathrm{RF}}}\boldsymbol{f}_{\mathrm{PS},i}\boldsymbol{f}_{\mathrm{BB},i}^{\mathrm{H}}$ 的乘法计算过程，其中 $\boldsymbol{f}_{\mathrm{PS},i}$ 表示维度为 $N_{\mathrm{c}}\times 1$ 的列向量，$\boldsymbol{f}_{\mathrm{BB},i}^{\mathrm{H}}$ 表示维度为 $1\times N_{\mathrm{s}}$ 的行向量，该乘积项需要执行 KN_{RF} 次，其计算复杂度为 $O(KN_{\mathrm{RF}}N_{\mathrm{c}}N_{\mathrm{s}})$。

(5) 求解混合预编码矩阵残差。

求解混合预编码矩阵残差 δ 的计算复杂度主要是由循环判决中混合预编码矩阵乘积 $\boldsymbol{F}_{\mathrm{S}}\boldsymbol{F}_{\mathrm{PS}}\boldsymbol{F}_{\mathrm{BB}}$ 决定的，根据相关混合预编码矩阵的维度可知，该求解过程的计算复杂度为 $\mathrm{O}(KN_{\mathrm{t}}N_{\mathrm{c}}^2N_{\mathrm{RF}}^2N_{\mathrm{s}})$。

综合上述分析，基于FCPS-S结构的混合预编码算法的计算复杂度为 $O(KN_{\mathrm{t}}N_{\mathrm{c}}^2N_{\mathrm{RF}}^2N_{\mathrm{s}})$，其中 K 表示迭代次数；N_{t}、N_{RF} 和 N_{s} 分别为天线阵元数、射频链数以及数据流数；N_{c} 表示模拟移相预编码矩阵输出维度，满足 $N_{\mathrm{c}}=N_{\mathrm{t}}$。表6.8对比了基于FCPS-S结构的混合预编码算法、基于FCPS结构的OMP稀疏混合预编码算法以及基于PCPS结构的SDR-AltMin算法的计算复杂度，其中 L 表示信道路径数。

表6.8 相关混合预编码算法的计算复杂度

算 法	计算复杂度
基于FCPS-S结构的混合预编码算法	$O(KN_{\mathrm{t}}N_{\mathrm{c}}^2N_{\mathrm{RF}}^2N_{\mathrm{s}})$
基于FCPS结构的OMP稀疏混合预编码算法	$O(LN_{\mathrm{t}}N_{\mathrm{RF}}N_{\mathrm{s}})$
基于PCPS结构的SDR-AltMin混合预编码算法	$O(K(N_{\mathrm{RF}}N_{\mathrm{s}}+1)^{4.5})$

由表6.8可以看出，基于FCPS-S结构的混合预编码算法的计算复杂度，高于基于PCPS结构的OMP稀疏混合预编码算法的计算复杂度，并且低于基于PCPS结构的SDR-AltMin的混合预编码算法的计算复杂度。由于引入开关网络，基于FCPS-S结构的混合预编码算法与其他两种算法的主要不同在于需要对具有0-1约束条件的模拟开关预编码矩

阵 $\boldsymbol{F}_S$ 进行优化。当采用 OMP 方法优化维度为 $N_t \times N_c$ 的模拟开关预编码矩阵 $\boldsymbol{F}_S$ 时，由于字典维度过大将导致难以接受的计算复杂度；当采用 SDR 方法对模拟开关预编码矩阵 $\boldsymbol{F}_S$ 时的 0－1 约束条件进行处理时，在每次迭代的过程中，均需要解决 $(N_t N_c + 1)$ 维的 SDP 问题，其计算复杂度为 $O(K(N_t N_c + 1)^{4.5})$，这意味着极高的计算复杂度。

6.5.6　仿真实验及性能分析

为了进一步比较 FCPS 结构、PCPS 结构和 FCPS-S 结构的优缺点，本节将通过仿真实验(分别以频谱效率、误码率与能量效率作为评价指标)，对全数字最优预编码算法、基于 FCPS 结构的 OMP 稀疏混合预编码算法[2]、基于 PCPS 结构的 SDR-AltMin 混合预编码算法[4]以及基于 FCPS-S 结构的混合预编码算法进行分析，以验证将开关网络引入到 FCPS 结构的有效性。表 6.9 给出了具体仿真参数。

表 6.9　仿真参数

参　数	取　值
天线阵元数 $N_t \times N_r$	144×36
天线阵列排布方式	UPA
调制方式	256QAM
信道估计	理想信道估计
天线阵元间距 d	0.5λ
数据流数 N_s	4
射频链数 N_{RF}	4
信道路径簇数	5
每簇中路径数	10
每簇平均功率 $\sigma_{\alpha,i}^2$	1
每簇平均方位角 ϕ 和俯仰角 θ	$[0, 2\pi]$ 均匀分布
角度扩展	$10°$
仿真次数	1000

假设毫米波大规模 MIMO 系统在发射端和接收端分别采用基于 12×12 和 6×6 个天线阵元的 UPA 进行信号的收发，相邻天线阵元间距 $d = \lambda/2$。在本节的仿真实验中，假设 $N_{RF} = N_s$，并且发射端与接收端之间的传输信道模型采用服从离散时间窄带块衰落的扩展 Saleh-Valenuela 模型，将信道路径分为 5 簇，每簇包含 10 条子径，满足平均功率为 $\sigma_{\alpha,i}^2 = 1$ $(i = 1, \cdots, 5)$ 的标准复高斯分布，每簇路径的平均方位角和俯仰角在 $[0, 2\pi]$ 区间内满足均匀分布，且角度扩展满足尺度扩展为 $10°$ 的拉普拉斯分布。所有对比仿真实验结果都是由 64 位 MATLAB R2016a(处理器型号：Intel(R) Core(TM)；处理器主频：3.60 GHz；处理器最大数：2；内存：4GB)软件经过 1000 次蒙特卡罗仿真得到的平均值。

1. 频谱效率与误码率

本小节分别对基于不同结构的算法的频谱效率和误码率进行仿真分析，其中在有关误码率的仿真实验中，假设发射信号的调制方式为256QAM。

实验1： 频谱效率、误码率与模拟移相预编码矩阵输出维度的关系。

本次实验主要分析当 $N_{RF}=N_s=4$、SNR=10 dB时，在不同模拟移相预编码矩阵输出维度下，全数字最优预编码算法、基于PCPS结构的SDR-AltMin混合预编码算法、基于FCPS结构的OMP稀疏混合预编码算法以及基于FCPS-S结构的混合预编码算法(本节用所提算法代指)的频谱效率与误码率。图6.18和图6.19给出了模拟移相预编码矩阵输出维度 N_c 对所提算法的频谱效率和误码率的影响。

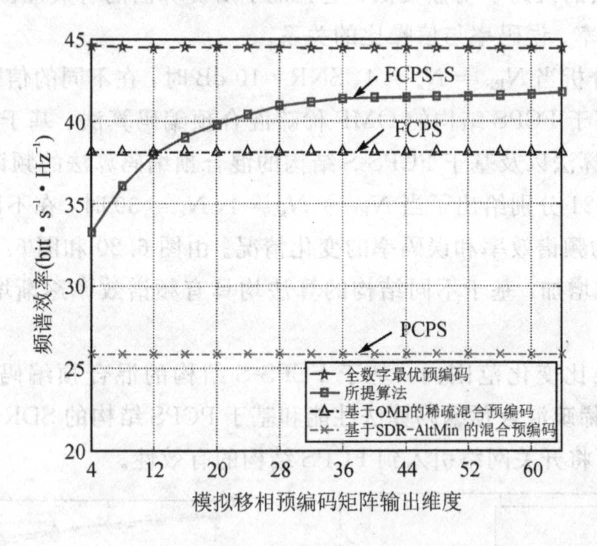

图6.18 频谱效率与模拟移相预编码矩阵输出维度 N_c 的关系

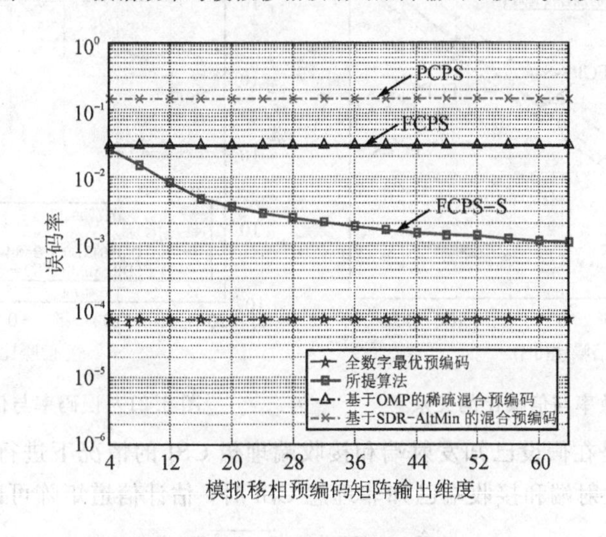

图6.19 误码率与模拟移相预编码矩阵输出维度 N_c 的关系

由图6.18和图6.19可以明显看出：

(1) 基于FCPS结构的OMP稀疏混合预编码算法、PCPS结构的SDR-AltMin混合预编码算法和全数字最优预编码算法性能不受模拟移相预编码矩阵输出维度 N_c 变化的影响，这是因为以上三种预编码算法中不包含变量 N_c。并且，基于全数字最优预编码算法性能最优。

(2) 相比于其他算法，基于 PCPS 结构的 SDR-AltMin 混合预编码算法频谱效率最差、误码率最高，其原因在于该结构牺牲了部分阵列增益，易造成混合预编码性能损失。

(3) 随着 N_c 增加，基于 FCPS-S 结构的混合预编码算法的频谱效率逐渐增加，值得注意的是，当 $N_c \geqslant 12$，该算法的频谱效率优于基于 FCPS 结构的 OMP 稀疏混合预编码算法的频谱效率，并且，当 $N_c \geqslant 30$ 时，该算法的频谱效率达到峰值并逐渐趋于稳定。

(4) 在整个 N_c 变化范围内，相比于 FCPS 结构和 PCPS 结构的算法，基于 FCPS-S 结构的混合预编码算法的误码率明显较低，这验证了所提算法的有效性。

实验 2： 频谱效率、误码率与信噪比的关系。

本次实验主要分析当 $N_{RF} = N_s = 4$、SNR=10 dB 时，在不同的信噪比环境下，全数字最优预编码算法、基于 FCPS 结构的 OMP 稀疏混合预编码算法、基于 PCPS 结构的 SDR-AltMin 混合预编码算法以及基于 FCPS-S 结构的混合预编码算法的频谱效率与误码率。

图 6.20 和图 6.21 分别给出了当 $N_{RF} = N_s = 4$，$N_c = 30$ 时，在不同信噪比环境下，基于不同结构的算法的频谱效率和误码率的变化情况。由图 6.20 和图 6.21 可以明显看出：

(1) 随着信噪比增加，基于不同结构的算法均具有频谱效率逐渐增加、误码率逐渐降低的变化趋势。

(2) 在整个信噪比变化范围内，基于 FCPS-S 结构的混合预编码算法性能优于基于 FCPS 结构的 OMP 稀疏混合预编码算法性能和基于 PCPS 结构的 SDR-AltMin 混合预编码算法性能，这验证了将开关网络引入到 FCPS 结构的有效性。

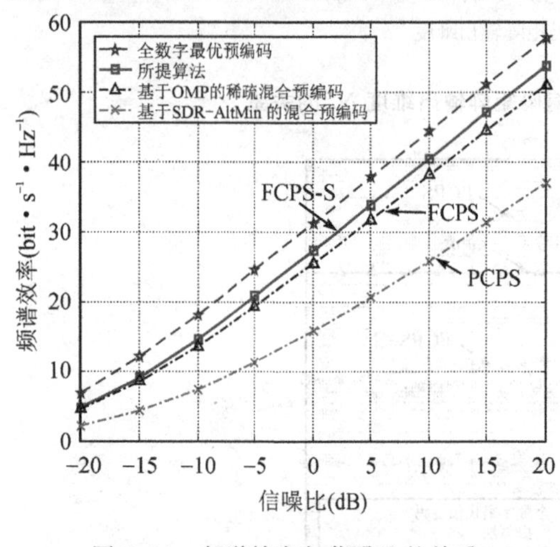

图 6.20 频谱效率与信噪比的关系

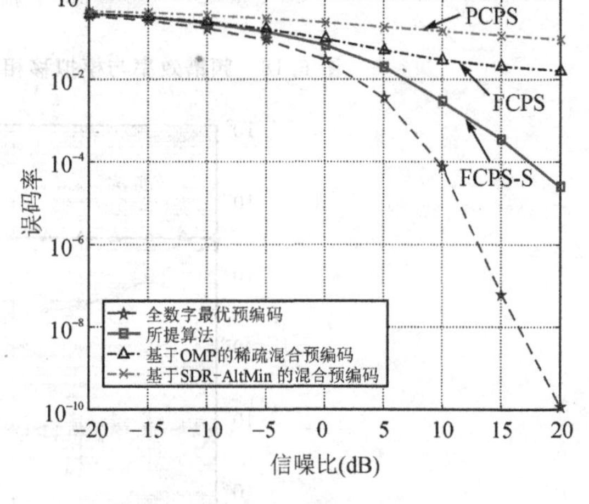

图 6.21 误码率与信噪比的关系

上述仿真实验是在假设已知发射端和接收端理想 CSI 的情况下进行的。由文献[11]的研究内容可知，当发射端和接收端已知非理想 CSI 时，估计信道矩阵可以表示为[11]

$$\hat{\boldsymbol{H}} = \xi \boldsymbol{H} + \sqrt{1-\xi^2}\boldsymbol{E} \tag{6.66}$$

其中，$\xi(0 \leqslant \xi \leqslant 1)$ 表示 CSI 精度，$\boldsymbol{E}$ 表示误差矩阵，服从 $\mathcal{CN}(0,1)$。

根据式(6.66)所示的非理想信道模型，图 6.22 和图 6.23 分别给出了基于不同结构的混合预编码算法的频谱效率、误码率与信噪比之间的关系。由图 6.22 和图 6.23 可以看出：

(1) 当发射端和接收端已知理想 CSI，即 $\xi=1$ 时，基于 FCPS-S 结构的混合预编码算法的频谱效率优于非理想 CSI 情况下的频谱效率，并且随着 ξ 值下降，所提算法的频谱效率有所下降。

(2) 当 $\xi=0.8$ 时，全数字最优预编码算法、基于 FCPS 结构的 OMP 稀疏混合预编码算法、基于 PCPS 结构的 SDR-AltMin 混合预编码算法以及基于 FCPS-S 结构的混合预编码算法的频谱效率的变化趋势与图 6.20 中的频谱效率具有相同的变化趋势，所提算法仍可获得较好的性能。

上述仿真结果验证了理想 CSI 环境下对毫米波大规模 MIMO 混合预编码结构与算法进行研究具有一定意义。

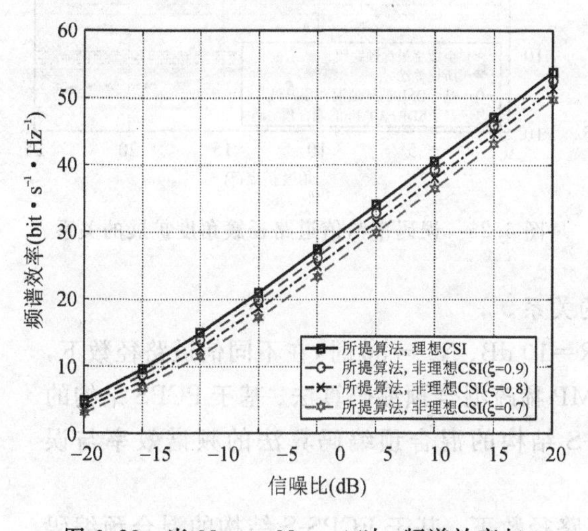

图 6.22　当 $N_{RF}=N_s=4$ 时，频谱效率与信噪比、ξ 的关系

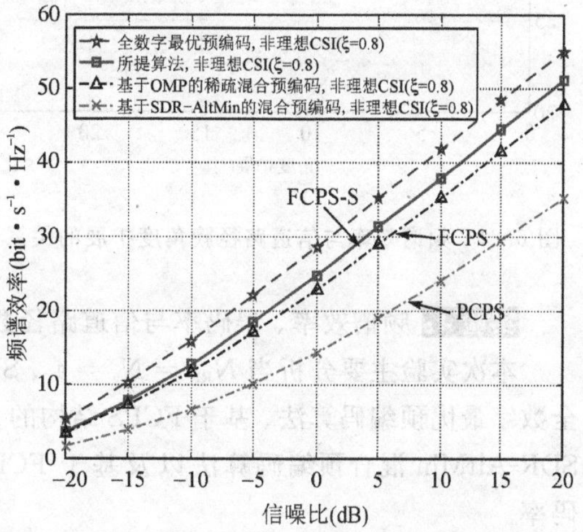

图 6.23　当 $N_{RF}=N_s=4$，$\xi=0.8$ 时，频谱效率与信噪比的关系

实验 3: 频谱效率、误码率与角度扩展的关系。

本次实验主要分析当 $N_{RF}=N_s=4$、SNR=10 dB、$N_c=30$ 时，在不同信道路径角度扩展下，全数字最优预编码算法、基于 FCPS 结构的 OMP 稀疏混合预编码算法、基于 PCPS 结构的 SDR-AltMin 混合预编码算法以及基于 FCPS-S 结构的混合预编码算法的频谱效率与误码率。

图 6.24 和图 6.25 分别给出了信道路径簇角度扩展对系统频谱效率和误码率的影响。由图 6.24 和图 6.25 可以看出：

(1) 随着信道路径簇角度扩展的增加，基于 FCPS 结构的 OMP 稀疏混合预编码算法呈现出频谱效率逐渐下降、误码率逐渐增加的趋势，其原因在于该算法依赖于毫米波大规模 MIMO 信道稀疏特性，角度扩展的增加破坏了信道的稀疏性假设，易造成系统性能的损失。

(2) 在整个角度扩展的变化范围内，相比于 FCPS 结构，基于 FCPS-S 结构的混合预编码算法与基于 PCPS 结构的 SDR-AltMin 混合预编码算法的性能相对稳定，表明以上两种混合预编码算法对信道变化具有更好的适应性，但是基于 PCPS 结构的 SDR-AltMin 混合预编码算法性能相对较差，这是因为 PCPS 结构为了降低系统硬件成本牺牲了部分阵列增益。

(3) 当角度扩展大于 5°（2°）时，基于 FCPS-S 结构的混合预编码算法的频谱效率（误码率）优于基于 FCPS 结构的 OMP 稀疏混合预编码算法。

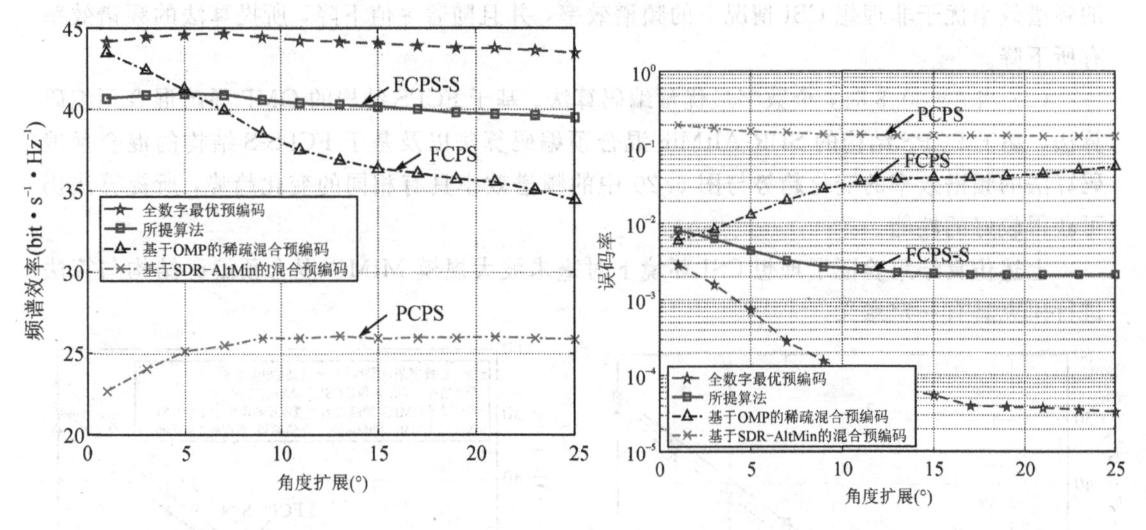

图 6.24　频谱效率与信道路径簇角度扩展的关系　　图 6.25　误码率与信道路径簇角度扩展的关系

实验 4: 频谱效率、误码率与信道路径数的关系。

本次实验主要分析当 $N_{RF}=N_s=4$、SNR=10 dB、$N_c=30$ 时，在不同信道路径数下，全数字最优预编码算法、基于 FCPS 结构的 OMP 稀疏混合预编码算法、基于 PCPS 结构的 SDR-AltMin 混合预编码算法以及基于 FCPS-S 结构的混合预编码算法的频谱效率与误码率。

图 6.26 和图 6.27 分别给出了在不同信道路径数下，基于 FCPS-S 结构的混合预编码算法的频谱效率和误码率变化曲线，由图 6.26 和图 6.27 可以明显看出：

(1) 基于 PCPS 结构的 SDR-AltMin 混合预编码算法性能损失较大，这是因为 PCPS 结构牺牲了部分阵列增益，但是该算法对信道变化具有一定的适应性，在整个信道路径数的变化范围内，其性能相对稳定。

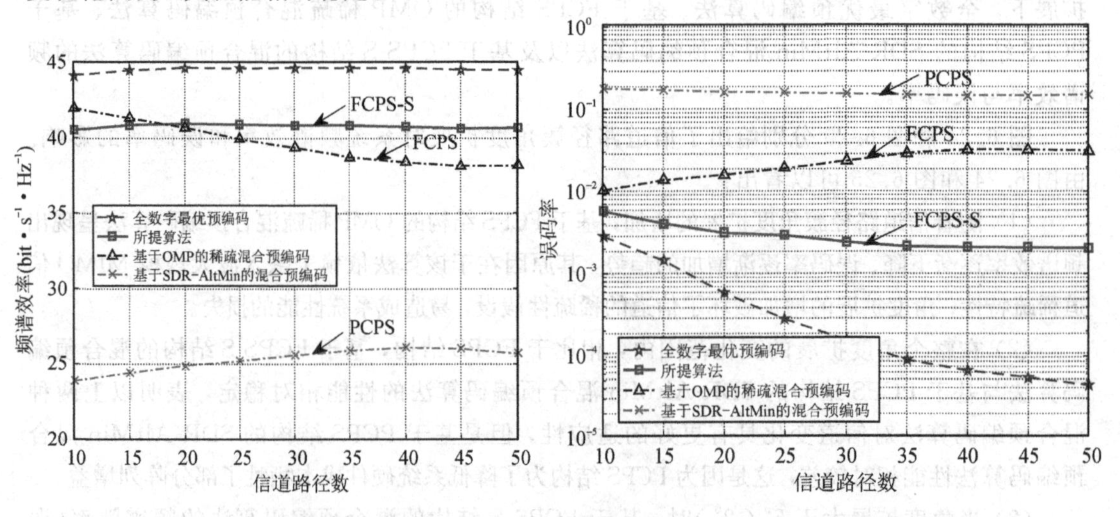

图 6.26　频谱效率与信道路径数的关系　　图 6.27　误码率与信道路径数的关系

(2) 当信道路径数 $L \geqslant 20$ 时，基于 FCPS-S 结构的混合预编码算法的频谱效率高于基于 FCPS 结构的 OMP 稀疏混合预编码算法的频谱效率，并且所提算法在整个信道路径变化范围内性能相对稳定。其原因在于 FCPS-S 结构有效结合了 FCPS 结构与开关网络两者的优点，利用开关网络可以实现移相器与天线阵元之间的动态连接，并且开关的连接状态可以根据信道变化自适应调节，使得所提算法对信道变化具有更好的适应性。此外，相比于 FCPS 结构和 PCPS 结构，基于 FCPS-S 结构的混合预编码算法具有更低的误码率。

实验 5： 频谱效率、误码率与射频链数之间的关系。

本次实验主要分析当 SNR=10 dB、$N_c = 30$ 时，在不同射频链数下，全数字最优预编码算法、基于 FCPS 结构的 OMP 稀疏混合预编码算法、基于 PCPS 结构的 SDR-AltMin 混合预编码算法以及基于 FCPS-S 结构的混合预编码算法的频谱效率与误码率。

图 6.28 和图 6.29 分别给出了不同射频链数对系统频谱效率和误码率的影响，并且假设 $N_s = N_{RF}$。

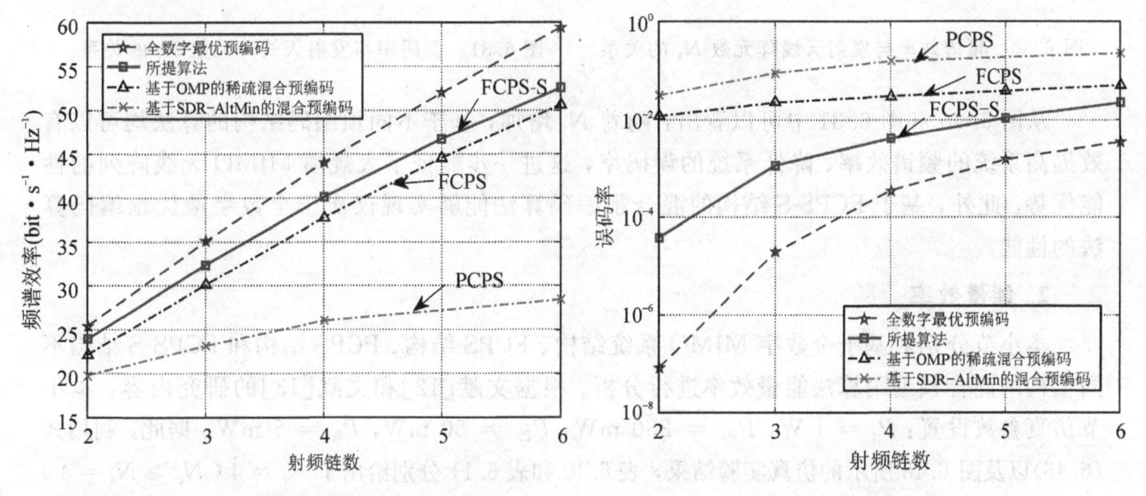

图 6.28　频谱效率与射频链数 N_{RF} 的关系　　图 6.29　误码率与射频链数 N_{RF} 的关系

由图 6.28 和图 6.29 可以明显看出：

(1) 随着 N_{RF} 和 N_s 的增加，图中 4 种算法均呈现出频谱效率逐渐增加、误码率逐渐降低的趋势，这表明增加射频链数 N_{RF}，可以改善预编码性能。

(2) 相比于 FCPS 结构和 PCPS 结构，在整个 N_{RF} 和 N_s 变化范围内，基于 FCPS-S 结构的混合预编码算法在频谱效率和误码率方面均具有明显优势，这进一步验证了将开关网络引入到 FCPS 结构的有效性。

实验 6： 频谱效率、误码率与发射天线阵元数之间的关系。

本次实验主要分析当 $N_{RF} = N_s = 4$、SNR=10 dB、$N_c = 30$ 时，在不同发射天线阵元数的配置下，全数字最优预编码算法、基于 FCPS 结构的 OMP 稀疏混合预编码算法、基于 PCPS 结构的 SDR-AltMin 混合预编码算法以及基于 FCPS-S 结构的混合预编码算法的频谱效率与误码率。图 6.30 和图 6.31 给出了不同算法的频谱效率、误码率与 N_t 之间的关系。

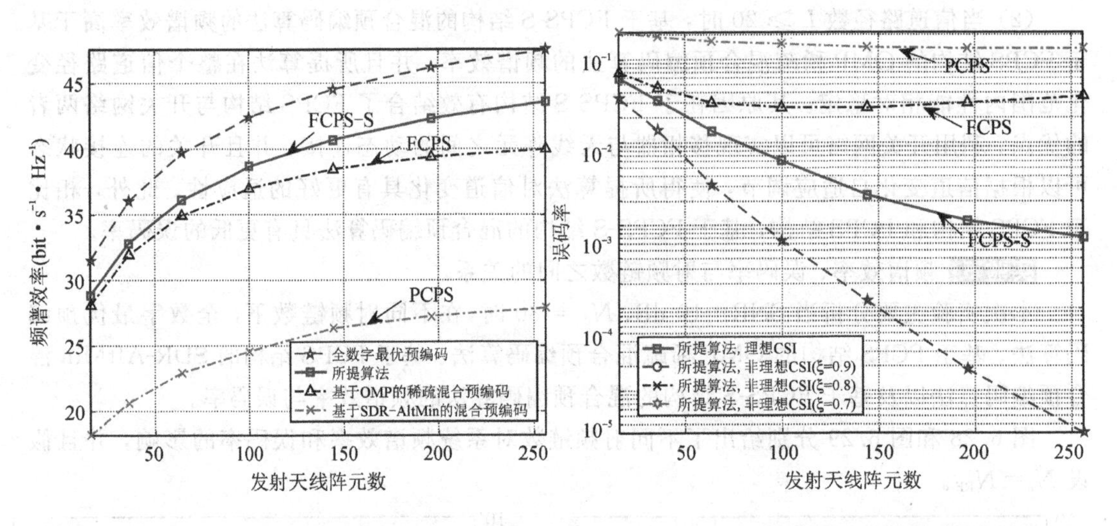

图 6.30　频谱效率与发射天线阵元数 N_t 的关系　　图 6.31　误码率与发射天线阵元数 N_t 的关系

从图 6.30 和图 6.31 中可以看出：随着 N_t 增加，基于不同预编码结构的算法均可以有效提高系统的频谱效率、降低系统的误码率，这进一步验证了大规模 MIMO 天线阵列的性能优势。此外，基于 FCPS-S 结构的混合预编码算法能够实现仅次于全数字最优预编码算法的性能。

2. 能量效率

本小节分别对基于全数字 MIMO 系统结构、FCPS 结构、PCPS 结构和 FCPS-S 结构不同结构的混合预编码算法能量效率进行分析。根据文献[12]和文献[13]的研究内容，本小节仿真参数设置：$P_t = 1$ W，$P_{RF} = 250$ mW，$P_{PS} = 50$ mW，$P_S = 5$ mW。据此，利用式(6.46)以及图 6.18 所示的仿真实验结果，表 6.10 和表 6.11 分别给出了 $N_c = 4$（$N_c \geqslant N_s = 4$）和 $N_c = 12$ 时，基于不同混合预编码结构的系统功耗[12-13]。

表 6.10　当 $N_c = 4$ 时，FCPS 结构、PCPS 结构以及 FCPS-S 结构的系统功耗

混合预编码结构	N_c	P_t/W	射频链		移相器		开关		总功耗/W
			数量	功耗/W	数量	功耗/W	数量	功耗/W	
FCPS	—	1	4	1	576	27.8	—	—	30.8
PCPS	—	1	4	1	144	7.2	—	—	9.2
FCPS-S	4	1	4	1	16	0.8	576	2.88	5.68

表 6.11　当 $N_c = 12$ 时，FCPS 结构、PCPS 结构和 FCPS-S 结构的系统功耗

混合预编码结构	N_c	P_t/W	射频链		移相器		开关		总功耗/W
			数量	功耗/W	数量	功耗/W	数量	功耗/W	
FCPS	—	1	4	1	576	27.8	—	—	30.8
PCPS	—	1	4	1	144	7.2	—	—	9.2
FCPS-S	12	1	4	1	48	2.4	1718	7.59	12.99

从表 6.10 中可以看出，当 $N_c = 4$ 时，基于 FCPS 结构、PCPS 结构和 FCPS-S 结构的系统功耗分别为 30.8 W、9.2 W 和 5.68 W。上述数据表明，相比于 FCPS-S 结构，基于 FCPS 结构的毫米波大规模系统虽然性能略高，但其系统功耗接近于 FCPS-S 结构的 6 倍；基于 PCPS 结构的 SDR-AltMin 混合预编码算法与基于 FCPS-S 结构的混合预编码算法相比，不但存在大约 5 $\text{bit}\cdot\text{s}^{-1}\cdot\text{Hz}^{-1}$ 的性能损失，而且其系统功耗相当于 FCPS-S 结构的 1.5 倍。

从表 6.11 可以看出，当 $N_c = 12$ 时，基于 FCPS 结构、PCPS 结构和 FCPS-S 结构的系统功耗分别为 30.8 W、9.2 W 和 12.99 W。上述数据表明，基于 FCPS-S 结构的混合预编码算法在达到与基于 FCPS 结构的 OMP 稀疏混合预编码算法相当频谱效率的情况下，其系统功耗可以降低约 59%；相比于 PCPS 结构，FCPS-S 结构虽然引入了开关网络，系统功耗略有提升，但是基于该结构的混合预编码算法可以提高约 56% 的频谱效率。

实验 7: 能量效率与模拟移相预编码矩阵输出维度之间的关系。

本次实验主要分析当 $N_{RF} = N_s = 4$、SNR=10 dB 时，在不同模拟移相预编码矩阵输出维度环境下，全数字最优预编码算法、基于 FCPS 结构的 OMP 稀疏混合预编码算法、基于 PCPS 结构的 SDR-AltMin 混合预编码算法以及基于 FCPS-S 结构的混合预编码算法的能量效率。

图 6.32 给出了模拟移相预编码矩阵输出维度 N_c 对所提算法的能量效率的影响。

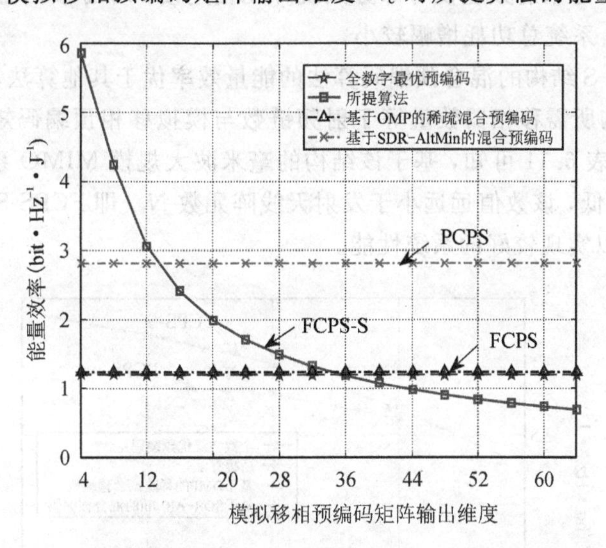

图 6.32　能量效率与模拟移相预编码矩阵输出维度 N_c 的关系

从图 6.32 中可以明显看出：

(1) 在模拟移相预编码矩阵输出维度 N_c 逐渐增加的过程中，基于 FCPS 结构、PCPS 结构和全数字 MIMO 系统结构算法的能量效率不变，这是因为上述结构的相关预编码矩阵维度与 N_c 无关；

(2) 随着 N_c 增加，基于 FCPS-S 结构的混合预编码算法的能量效率逐渐下降，其原因在于该结构中移相器数量 $N_{PS} = N_{RF}N_c$，当 N_c 取值较大时，移相器数量成倍增加，从而增加了系统硬件成本；

(3) 当 $N_c \leqslant 12$ 时，所提算法的能量效率高于其他算法，其原因在于 FCPS-S 结构有效结合了开关网络与FCPS结构两者的优点，在保证混合预编码频谱效率的同时，能够有效减少移相器的数量，降低系统功耗。结合表6.11可知，当$N_c=12$时，相比于FCPS结构，所提算法能够在实现相同频谱效率性能的同时，有效降低系统功耗，表明FCPS-S结构能够更加有效地实现频谱效率与能量效率的平衡，这验证了所提算法的有效性。

实验8： 能量效率与射频链数之间的关系。

本次实验主要分析当SNR=10 dB、$N_c=12$时，在不同射频链数下，全数字最优预编码算法、基于FCPS结构的OMP稀疏混合预编码算法、基于PCPS结构的SDR-AltMin混合预编码算法以及基于FCPS-S结构的混合预编码算法的能量效率。

图6.33给出了不同射频链数N_{RF}对所提算法能量效率的影响，假设$N_s=N_{RF}$。从图6.33中可以明显看出：

(1) 基于FCPS结构的OMP稀疏混合预编码算法和全数字最优预编码算法的能量效率较差，其原因在于传统全数字MIMO系统结构所需射频链数等于天线阵元数、FCPS结构所需移相器数量等于射频链数与天线阵元数的乘积，基于上述两种结构的毫米波大规模MIMO系统硬件开销较大。

(2) 在整个N_{RF}变化范围内，基于PCPS结构的混合预编码算法的能量效率相对较高，这是因为PCPS结构每个射频链仅与部分天线阵元相连接，所需移相器数量等于天线阵元数，随着N_{RF}增加，系统总功耗增幅较小。

(3) 基于FCPS-S结构的混合预编码算法的能量效率优于其他算法，且增幅较大。其原因在于FCPS-S结构所需移相器数量等于射频链数与模拟移相预编码矩阵输出维度N_c的乘积。由表6.10和表6.11可知，基于该结构的毫米波大规模MIMO系统中N_c的典型取值为10左右甚至更低，该数值远远小于发射天线阵元数N_t，即FCPS-S结构仅需要几个至数十个移相器便可以实现较好的系统性能。

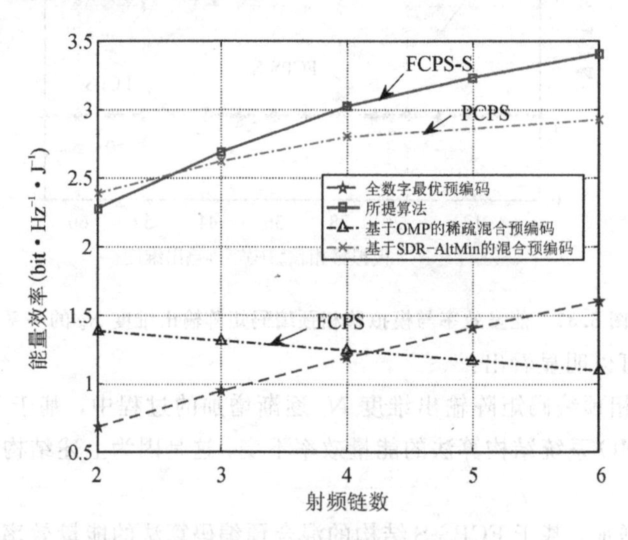

图6.33 能量效率与射频链数N_{RF}的关系

实验9： 能量效率与发射天线阵元数之间的关系。

本次实验主要分析当$N_{RF}=N_s=4$、SNR=10 dB、$N_c=12$时，在不同发射天线阵元数配置下，全数字最优预编码算法、基于 FCPS 结构的 OMP 稀疏混合预编码算法、基于 PCPS 结构的 SDR-AltMin 混合预编码算法以及基于 FCPS-S 结构的混合预编码算法的能量效率。

图 6.34 给出了能量效率与发射天线阵元数 N_t 之间的关系。从图 6.34 中可以看出：

(1) 随着 N_t 的增加，基于不同结构的算法的能量效率均有所下降，这表明基于大规模 MIMO 天线阵列的通信系统硬件开销较大。

(2) 当 $N_t \geqslant 64$ 时，所提算法的能量效率虽然也逐渐下降，但是仍然优于其他三种算法，这表明在不同发射天线阵元数环境下，所提 FCPS-S 结构都具有明显优势。

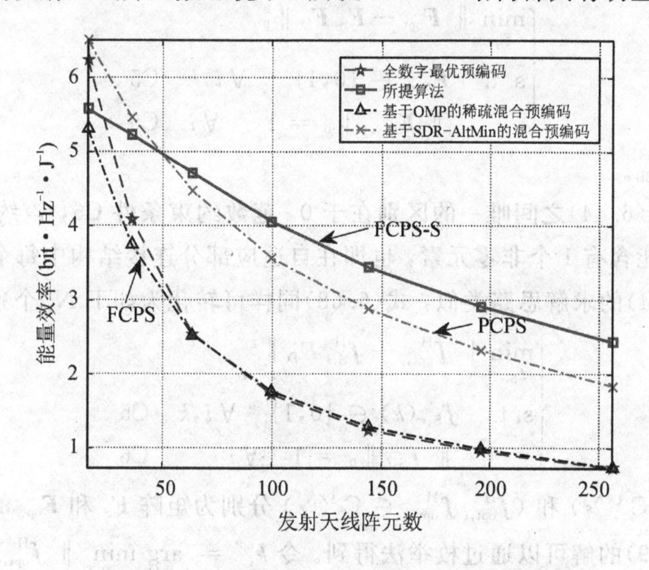

图 6.34　能量效率与发射天线阵元数 N_t 的关系

6.6　基于自适应部分连接结构的单用户混合预编码算法

6.6.1　问题描述

6.4、6.5 节分别讨论了在自适应全连接结构中，基于交替最小化的混合预编码矩阵求解方法。与 6.5 节中的式(6.42)类似，当发射端采用自适应部分连接结构时，模拟开关预编码矩阵 $\boldsymbol{F}_{\mathrm{S}}$、模拟移相预编码矩阵 $\boldsymbol{F}_{\mathrm{PS}}$ 和数字预编码矩阵 $\boldsymbol{F}_{\mathrm{BB}}$ 的优化问题可表示为

$$\begin{cases} \min\limits_{\boldsymbol{F}_{\mathrm{S}},\boldsymbol{F}_{\mathrm{PS}},\boldsymbol{F}_{\mathrm{BB}}} & \| \boldsymbol{F}_{\mathrm{opt}} - \boldsymbol{F}_{\mathrm{S}} \boldsymbol{F}_{\mathrm{PS}} \boldsymbol{F}_{\mathrm{BB}} \|_{\mathrm{F}}^2 \\ \text{s.t.} & \boldsymbol{F}_{\mathrm{S},ik} \in \{0,1\} \quad \forall i,k \quad \mathrm{C5} \\ & \| \boldsymbol{F}_{\mathrm{S},i,:} \|_0 = 1 \quad \forall i \quad \mathrm{C6} \\ & |\boldsymbol{F}_{\mathrm{PS},mn}| \in \{0,1\} \quad \forall m,n \quad \mathrm{C7} \\ & \| \boldsymbol{F}_{\mathrm{PS},m,:} \|_0 = 1 \quad \forall m \quad \mathrm{C8} \\ & \| \boldsymbol{F}_{\mathrm{S}} \boldsymbol{F}_{\mathrm{PS}} \boldsymbol{F}_{\mathrm{BB}} \|_{\mathrm{F}}^2 = P_t \quad \mathrm{C9} \end{cases} \tag{6.67}$$

利用交替最小化的思路，下文将分别讨论模拟开关预编码矩阵 $\boldsymbol{F}_{\mathrm{S}}$、模拟移相预编码矩

阵 $\boldsymbol{F}_{\mathrm{PS}}$ 和数字预编码矩阵 $\boldsymbol{F}_{\mathrm{BB}}$ 的求解算法。在求解过程中将首先忽略功率约束条件 C9，当 $\boldsymbol{F}_{\mathrm{S}}$、$\boldsymbol{F}_{\mathrm{PS}}$ 和 $\boldsymbol{F}_{\mathrm{BB}}$ 的优化处理后，在数字预编码矩阵 $\boldsymbol{F}_{\mathrm{BB}}$ 上乘以功率因子 $\sqrt{P_{\mathrm{t}}}/\|\boldsymbol{F}_{\mathrm{S}}\boldsymbol{F}_{\mathrm{PS}}\boldsymbol{F}_{\mathrm{BB}}\|_{\mathrm{F}}$，即可得到满足全部约束条件的解。

6.6.2 模拟开关预编码矩阵优化

当模拟移相预编码矩阵 $\boldsymbol{F}_{\mathrm{PS}}$ 和数字预编码矩阵 $\boldsymbol{F}_{\mathrm{BB}}$ 固定时，在自适应部分连接结构中模拟开关预编码矩阵 $\boldsymbol{F}_{\mathrm{S}}$ 的优化问题可以表示为

$$\begin{cases}\min\limits_{\boldsymbol{F}_{\mathrm{S}}} \|\boldsymbol{F}_{\mathrm{opt}}-\boldsymbol{F}_{\mathrm{S}}\boldsymbol{F}_{\mathrm{D}}\|_{\mathrm{F}}^{2} \\ \text{s.t.} \quad \boldsymbol{F}_{\mathrm{S},ik}\in\{0,1\} \quad \forall i,k \quad \mathrm{C5} \\ \qquad \|\boldsymbol{F}_{\mathrm{S},i,:}\|_{0}=1 \quad \forall i \quad \mathrm{C6}\end{cases} \tag{6.68}$$

其中，$\boldsymbol{F}_{\mathrm{D}}=\boldsymbol{F}_{\mathrm{PS}}\boldsymbol{F}_{\mathrm{BB}}$。

式(6.68)与式(6.44)之间唯一的区别在于 0 -范数约束条件 C6，该约束条件限定了矩阵 $\boldsymbol{F}_{\mathrm{S}}$ 的每 1 行只能含有 1 个非零元素，也即在自适应部分连接结构中每个天线只属于 1 个子阵列。与式(6.44)的求解思路类似，式(6.68)同样可转化为如下 N_{t} 个独立子问题：

$$\begin{cases}\min\limits_{\boldsymbol{f}_{\mathrm{S},i}} \|\boldsymbol{f}_{\mathrm{opt},i}^{\mathrm{H}}-\boldsymbol{f}_{\mathrm{S},i}^{\mathrm{H}}\boldsymbol{F}_{\mathrm{D}}\|^{2} \\ \text{s.t.} \quad \boldsymbol{f}_{\mathrm{S},i}(k)\in\{0,1\} \quad \forall i,k \quad \mathrm{C5} \\ \qquad \|\boldsymbol{f}_{\mathrm{S},i}\|_{0}=1 \quad \forall i \quad \mathrm{C6}\end{cases} \tag{6.69}$$

其中，$\boldsymbol{f}_{\mathrm{S},i}^{\mathrm{H}}$（$\boldsymbol{f}_{\mathrm{S},i}^{\mathrm{H}}\in\mathbb{C}^{1\times N_{\mathrm{c}}}$）和（$\boldsymbol{f}_{\mathrm{opt},i}^{\mathrm{H}}$ $\boldsymbol{f}_{\mathrm{opt},i}^{\mathrm{H}}\in\mathbb{C}^{1\times N_{\mathrm{s}}}$）分别为矩阵 $\boldsymbol{F}_{\mathrm{S}}$ 和 $\boldsymbol{F}_{\mathrm{opt}}$ 的第 i 行。

易知，式(6.69)的解可以通过枚举法得到。令 $k_i^{\mathrm{opt}}=\arg\min\limits_{k_i\in\{1,\cdots,N_{\mathrm{c}}\}}\|\boldsymbol{f}_{\mathrm{opt},i}^{\mathrm{H}}-\boldsymbol{f}_{\mathrm{D},k_i}^{\mathrm{H}}\|^{2}$，其中 $\boldsymbol{f}_{\mathrm{D},k_i}^{\mathrm{H}}$ 表示矩阵 $\boldsymbol{F}_{\mathrm{D}}$ 的第 k_i 行，则优化式(6.69)的最优解可以表示为

$$\boldsymbol{f}_{\mathrm{S},i}(k)=\begin{cases}0 & k\neq k_i^{\mathrm{opt}} \\ 1 & k=k_i^{\mathrm{opt}}\end{cases} \tag{6.70}$$

利用式(6.70)即可逐一确定模拟开关预编码矩阵 $\boldsymbol{F}_{\mathrm{S}}$ 的所有元素值，为清楚起见，可将上述基于枚举法的求解过程总结于表 6.12 中。

表 6.12 枚举法求解式(6.69)的步骤

输入参数：$\boldsymbol{F}_{\mathrm{opt}}$、$\boldsymbol{F}_{\mathrm{D}}$
步骤 1：迭代计算 $i=1,2,\cdots,N_{\mathrm{t}}$，求解问题 $k_i^{\mathrm{opt}}=\arg\min\limits_{k_i}\|\boldsymbol{f}_{\mathrm{opt},i}^{\mathrm{H}}-\boldsymbol{f}_{\mathrm{S},i}^{\mathrm{H}}\boldsymbol{F}_{\mathrm{D}}\|^{2}$；
步骤 2：迭代计算 $k=1,2,\cdots,N_{\mathrm{c}}$；
步骤 3：判断 $k=k_i^{\mathrm{opt}}$ 是否成立，求解得到相应的函数 $\boldsymbol{f}_{\mathrm{S},i}(k)=1$ 或 $\boldsymbol{f}_{\mathrm{S},i}(k)=0$
输出参数：$\boldsymbol{f}_{\mathrm{S},i}$

6.6.3 模拟移相预编码矩阵优化

当模拟开关预编码矩阵 $\boldsymbol{F}_{\mathrm{S}}$ 优化完成后，模拟移相预编码矩阵 $\boldsymbol{F}_{\mathrm{PS}}$ 的优化问题可表示为

$$\begin{cases}\min\limits_{\boldsymbol{F}_{\mathrm{PS}}} \| \boldsymbol{F}_{\mathrm{opt}} - \boldsymbol{F}_{\mathrm{S}} \boldsymbol{F}_{\mathrm{PS}} \boldsymbol{F}_{\mathrm{BB}} \|_{\mathrm{F}}^{2} \\ \text{s.t.} \quad |\boldsymbol{F}_{\mathrm{PS},mn}| \in \{0,1\} \quad \forall m,n \quad \mathrm{C7} \\ \qquad \| \boldsymbol{F}_{\mathrm{PS},m,:} \|_{0} = 1 \quad \forall m \quad \mathrm{C8}\end{cases} \tag{6.71}$$

为了简化式(6.71)的问题形式，利用模拟开关预编码矩阵 $\boldsymbol{F}_{\mathrm{S}}$ 的 QR 分解式 $\boldsymbol{F}_{\mathrm{S}} = \boldsymbol{Q}_{\mathrm{S}} \boldsymbol{R}_{\mathrm{S}}$ 将式(6.71)的目标函数重新表示为

$$\begin{aligned}\| \boldsymbol{F}_{\mathrm{opt}} - \boldsymbol{F}_{\mathrm{S}} \boldsymbol{F}_{\mathrm{PS}} \boldsymbol{F}_{\mathrm{BB}} \|_{\mathrm{F}}^{2} &= \mathrm{tr}\{\boldsymbol{F}_{\mathrm{opt}}^{\mathrm{H}} \boldsymbol{F}_{\mathrm{opt}} - 2\mathrm{Re}\{\boldsymbol{F}_{\mathrm{opt}}^{\mathrm{H}} \boldsymbol{F}_{\mathrm{S}} \boldsymbol{F}_{\mathrm{PS}} \boldsymbol{F}_{\mathrm{BB}}\} + \boldsymbol{F}_{\mathrm{BB}}^{\mathrm{H}} \boldsymbol{F}_{\mathrm{PS}}^{\mathrm{H}} \boldsymbol{F}_{\mathrm{S}}^{\mathrm{H}} \boldsymbol{F}_{\mathrm{S}} \boldsymbol{F}_{\mathrm{PS}} \boldsymbol{F}_{\mathrm{BB}}\} \\ &= \mathrm{tr}\{\boldsymbol{F}_{\mathrm{opt}}^{\mathrm{H}} \boldsymbol{F}_{\mathrm{opt}} - 2\mathrm{Re}\{\boldsymbol{F}_{\mathrm{opt}}^{\mathrm{H}} Q_{\mathrm{S}} R_{\mathrm{S}} \boldsymbol{F}_{\mathrm{PS}} \boldsymbol{F}_{\mathrm{BB}}\} + \\ &\quad \boldsymbol{F}_{\mathrm{BB}}^{\mathrm{H}} \boldsymbol{F}_{\mathrm{PS}}^{\mathrm{H}} \boldsymbol{R}_{\mathrm{S}}^{\mathrm{H}} \boldsymbol{Q}_{\mathrm{S}}^{\mathrm{H}} \boldsymbol{Q}_{\mathrm{S}} \boldsymbol{R}_{\mathrm{S}} \boldsymbol{F}_{\mathrm{PS}} \boldsymbol{F}_{\mathrm{BB}}\} \\ &= \mathrm{tr}\{\boldsymbol{F}_{\mathrm{opt}}^{\mathrm{H}} \boldsymbol{F}_{\mathrm{opt}}\} - \mathrm{tr}\{\boldsymbol{F}_{\mathrm{opt}}^{\mathrm{H}} \boldsymbol{Q}_{\mathrm{S}} \boldsymbol{Q}_{\mathrm{S}}^{\mathrm{H}} \boldsymbol{F}_{\mathrm{opt}}\} + \mathrm{tr}\{\boldsymbol{F}_{\mathrm{opt}}^{\mathrm{H}} \boldsymbol{Q}_{\mathrm{S}} \boldsymbol{Q}_{\mathrm{S}}^{\mathrm{H}} \boldsymbol{F}_{\mathrm{opt}} - \\ &\quad 2\mathrm{Re}\{\boldsymbol{F}_{\mathrm{opt}}^{\mathrm{H}} \boldsymbol{Q}_{\mathrm{S}} R_{\mathrm{S}} \boldsymbol{F}_{\mathrm{PS}} \boldsymbol{F}_{\mathrm{BB}}\} + \boldsymbol{F}_{\mathrm{BB}}^{\mathrm{H}} \boldsymbol{F}_{\mathrm{PS}}^{\mathrm{H}} \boldsymbol{R}_{\mathrm{S}}^{\mathrm{H}} \boldsymbol{R}_{\mathrm{S}} \boldsymbol{F}_{\mathrm{PS}} \boldsymbol{F}_{\mathrm{BB}}\} \\ &= \| \boldsymbol{Q}_{\mathrm{S}}^{\mathrm{H}} \boldsymbol{F}_{\mathrm{opt}} - \boldsymbol{R}_{\mathrm{S}} \boldsymbol{F}_{\mathrm{PS}} \boldsymbol{F}_{\mathrm{BB}} \|_{\mathrm{F}}^{2} - \| \boldsymbol{Q}_{\mathrm{S}}^{\mathrm{H}} \boldsymbol{F}_{\mathrm{opt}} \|_{\mathrm{F}}^{2} + \| \boldsymbol{F}_{\mathrm{opt}} \|_{\mathrm{F}}^{2}\end{aligned} \tag{6.72}$$

值得注意的是，在自适应部分连接混合预编码结构中，模拟移相预编码矩阵 $\boldsymbol{F}_{\mathrm{S}}$ 的每 1 行向量仅有 1 个非零元素，据此可知矩阵 $\boldsymbol{F}_{\mathrm{S}}$ 应当满足等式 $\boldsymbol{F}_{\mathrm{S}}^{\mathrm{H}} \boldsymbol{F}_{\mathrm{S}} = \boldsymbol{\Lambda}_{\mathrm{S}}$，其中$\boldsymbol{\Lambda}_{\mathrm{S}}$ 为对角矩阵，其第 k 个对角元素的值等于矩阵 $\boldsymbol{F}_{\mathrm{S}}$ 第 k 列中非零元素的个数。由此可给出矩阵 $\boldsymbol{F}_{\mathrm{S}}$ 的 QR 分解为

$$\boldsymbol{Q}_{\mathrm{S}} = \boldsymbol{F}_{\mathrm{S}} \boldsymbol{\Lambda}_{\mathrm{S}}^{-1/2} \tag{6.73}$$

$$\boldsymbol{R}_{\mathrm{S}} = \boldsymbol{\Lambda}_{\mathrm{S}}^{1/2} \tag{6.74}$$

将式(6.73)和(6.74)代入(6.72)并忽略常数项 $- \| \boldsymbol{Q}_{\mathrm{S}}^{\mathrm{H}} \boldsymbol{F}_{\mathrm{opt}} \|_{\mathrm{F}}^{2} + \| \boldsymbol{F}_{\mathrm{opt}} \|_{\mathrm{F}}^{2}$，可将式(6.71)重新表示为

$$\begin{cases}\min\limits_{\boldsymbol{F}_{\mathrm{PS}}} \| \boldsymbol{F}_{\mathrm{Q}} - \boldsymbol{\Lambda}_{\mathrm{S}}^{1/2} \boldsymbol{F}_{\mathrm{PS}} \boldsymbol{F}_{\mathrm{BB}} \|_{\mathrm{F}}^{2} \\ \text{s.t.} \quad |\boldsymbol{F}_{\mathrm{PS},mn}| \in \{0,1\} \quad \forall m,n \quad \mathrm{C7} \\ \qquad \| \boldsymbol{F}_{\mathrm{PS},m,:} \|_{0} = 1 \quad \forall m \quad \mathrm{C8}\end{cases} \tag{6.75}$$

其中，$\boldsymbol{F}_{\mathrm{Q}} = \boldsymbol{Q}_{\mathrm{S}}^{\mathrm{H}} \boldsymbol{F}_{\mathrm{opt}} = \boldsymbol{\Lambda}_{\mathrm{S}}^{-1/2} \boldsymbol{F}_{\mathrm{S}}^{\mathrm{H}} \boldsymbol{F}_{\mathrm{opt}}$。

考虑到式(6.75)中模拟移相预编码矩阵 $\boldsymbol{F}_{\mathrm{PS}}$ 的每 1 行仅有 1 个非零元素且模值为 1，因此求解自适应部分连接结构的模拟移相预编码矩阵 $\boldsymbol{F}_{\mathrm{PS}}$ 事实上是在确定矩阵 $\boldsymbol{F}_{\mathrm{PS}}$ 每个行向量中非零元素的位置与辐角，由此可将式(6.75)中的矩阵 $\boldsymbol{\Lambda}_{\mathrm{S}}^{1/2} \boldsymbol{F}_{\mathrm{PS}} \boldsymbol{F}_{\mathrm{BB}}$ 重新表示为 $\begin{bmatrix}\lambda_{\mathrm{S},1}^{1/2} f_{\mathrm{PS},1} \boldsymbol{f}_{\mathrm{BB},n_1}^{\mathrm{H}} \\ \vdots \\ \lambda_{\mathrm{S},N_{\mathrm{c}}}^{1/2} f_{\mathrm{PS},N_{\mathrm{c}}} \boldsymbol{f}_{\mathrm{BB},n N_{\mathrm{RF}}}^{\mathrm{H}}\end{bmatrix}$，其中 $\lambda_{\mathrm{S},m}$ 为矩阵 $\boldsymbol{\Lambda}_{\mathrm{S}}$ 的第 m 个对角元素，$f_{\mathrm{PS},m}$ 和 n_m 分别为矩阵 $\boldsymbol{F}_{\mathrm{PS}}$ 第 m 行中非零元素的数值和位置。据此，可将式(6.75)等价转化如下 N_{c} 个独立的子问题：

$$\begin{cases}\min\limits_{f_{\mathrm{PS},m}, n_m} \| \boldsymbol{f}_{\mathrm{Q},m}^{\mathrm{H}} - \lambda_{\mathrm{S},m}^{1/2} f_{\mathrm{PS},m} \boldsymbol{f}_{\mathrm{BB},n_m}^{\mathrm{H}} \|^{2} \\ \text{s.t.} \quad |f_{\mathrm{PS},m}| = 1 \quad \forall m \\ \qquad n_m \in \{1,\cdots,N_{\mathrm{RF}}\} \quad \forall m\end{cases} \tag{6.76}$$

式(6.76)可等价写为

$$\begin{cases}\min\limits_{f_{\mathrm{PS},m},n_m} \lambda_{\mathrm{S},m} \| \boldsymbol{f}_{\mathrm{BB},n_m} \|^2 - 2\lambda_{\mathrm{S},m}^{1/2}\mathrm{Re}\{f_{\mathrm{PS},m}^* \boldsymbol{f}_{\mathrm{Q},m}^{\mathrm{H}} \boldsymbol{f}_{\mathrm{BB},n_m}\} + \| \boldsymbol{f}_{\mathrm{Q},m} \|^2 \\ \text{s.t.} \quad |f_{\mathrm{PS},m}| = 1 \quad \forall m \\ \qquad n_m \in \{1,2,\cdots,N_{\mathrm{RF}}\} \quad \forall m \end{cases} \tag{6.77}$$

显然，在式(6.77)中，如果 n_m 固定不变，则在恒模约束条件下 $f_{\mathrm{PS},m}$ 的最优解可表示为

$$f_{\mathrm{PS},m}^{\mathrm{opt}} = \exp(\mathrm{j}\angle(\boldsymbol{f}_{\mathrm{Q},m}^{\mathrm{H}} \boldsymbol{f}_{\mathrm{BB},n_m})) \tag{6.78}$$

利用式(6.78)，式(6.72)可进一步简化为：

$$\begin{cases}\min\limits_{n_m} \lambda_{\mathrm{S},m} \| \boldsymbol{f}_{\mathrm{BB},n_m} \|^2 - 2\lambda_{\mathrm{S},m}^{1/2} |\boldsymbol{f}_{\mathrm{Q},m}^{\mathrm{H}} \boldsymbol{f}_{\mathrm{BB},n_m}| + \| \boldsymbol{f}_{\mathrm{Q},m} \|^2 \\ \text{s.t.} \quad n_m \in \{1,2,\cdots,N_{\mathrm{RF}}\} \quad \forall m \end{cases} \tag{6.79}$$

式(6.79)的最优解可以通过枚举法得到，然后利用式(6.78)即可得到恒模变量 $f_{\mathrm{PS},m}$ 的最优解，从而完成式(6.76)的求解。利用上述过程给出所有的整数变量 n_m 和恒模变量 $f_{\mathrm{PS},m}^{\mathrm{opt}}$，并构造模拟移相预编码矩阵 $\boldsymbol{F}_{\mathrm{PS}}$，即可最终得到式(6.76)的解。为清楚起见，将上述求解过程总结于表 6.13 中。

表 6.13 枚举法求解式(6.71)的步骤

输入参数：$\boldsymbol{F}_{\mathrm{opt}}$、$\boldsymbol{F}_{\mathrm{S}}$、$\boldsymbol{F}_{\mathrm{BB}}$
初始化：给出对角矩阵 $\boldsymbol{\Lambda}_{\mathrm{S}}$，其第 m 个对角线元 $\lambda_{\mathrm{S},m}$ 为矩阵 $\boldsymbol{F}_{\mathrm{S}}$ 第 i 列非零元素的个数； $\boldsymbol{F}_{\mathrm{Q}} = \boldsymbol{\Lambda}_{\mathrm{S}}^{-1/2} \boldsymbol{F}_{\mathrm{S}}^{\mathrm{H}} \boldsymbol{F}_{\mathrm{opt}}$；$\boldsymbol{F}_{\mathrm{PS}} = 0$
步骤 1：迭代计算 $m = 1,2,\cdots,N_{\mathrm{c}}$；
步骤 2：利用枚举法求解式(6.79)，得到最优解 n_m^{opt}；
步骤 3：计算 $f_{\mathrm{PS},m}^{\mathrm{opt}} = \exp(\mathrm{j}\angle(\boldsymbol{f}_{\mathrm{Q},m}^{\mathrm{H}} \boldsymbol{f}_{\mathrm{BB},n_m^{\mathrm{opt}}}))$；
步骤 4：迭代计算 $m = 1,2,\cdots,N_{\mathrm{c}}$，求解 $\boldsymbol{F}_{\mathrm{PS},m,n_m^{\mathrm{opt}}} = f_{\mathrm{PS},m}^{\mathrm{opt}}$
输出参数：$\boldsymbol{F}_{\mathrm{PS}}$

6.6.4 数字预编码矩阵优化

自适应部分连接结构的数字预编码矩阵与自适应全连接结构完全相同，其优化问题同样可表示为式(6.37)，最优解则由式(6.38)给出。然而值得注意的是在自适应部分连接结构中，模拟开关预编码矩阵 $\boldsymbol{F}_{\mathrm{S}}$ 和模拟移相预编码矩阵 $\boldsymbol{F}_{\mathrm{PS}}$ 的每 1 行均只包含 1 个非零元素，利用该特性，可将式(6.38)进一步简化为

$$\boldsymbol{F}_{\mathrm{BB}} = (\boldsymbol{F}_{\mathrm{PS}}^{\mathrm{H}} \boldsymbol{F}_{\mathrm{S}}^{\mathrm{H}} \boldsymbol{F}_{\mathrm{S}} \boldsymbol{F}_{\mathrm{PS}})^{-1} \boldsymbol{F}_{\mathrm{PS}}^{\mathrm{H}} \boldsymbol{F}_{\mathrm{S}}^{\mathrm{H}} \boldsymbol{F}_{\mathrm{opt}} = \boldsymbol{\Phi} \boldsymbol{\Psi}^{\mathrm{H}} \boldsymbol{F}_{\mathrm{opt}} \tag{6.80}$$

其中，$\boldsymbol{\Phi} = \mathrm{diag}\{\phi_1^{-1}, \cdots, \phi_{N_{\mathrm{RF}}}^{-1}\}$，$\boldsymbol{\Phi}$ 为对角矩阵，$\phi_k = \sum\limits_{i \in I_k} \lambda_{\mathrm{S},i}$，$\lambda_{\mathrm{S},i}$ 为对角矩阵 $\boldsymbol{\Lambda}_{\mathrm{S}}$($\boldsymbol{\Lambda}_S = \boldsymbol{F}_{\mathrm{S}}^{\mathrm{H}} \boldsymbol{F}_{\mathrm{S}}$)的第 i 个对角元素，I_k 为矩阵 $\boldsymbol{F}_{\mathrm{PS}}$ 第 k 列中所有非零元素位置索引组成的集合。矩阵 $\boldsymbol{\Psi}$ 满足等式 $\boldsymbol{\Psi}_{k,:} = \boldsymbol{F}_{\mathrm{PS},i_k,:}$，$i_k$ 为矩阵 $\boldsymbol{F}_{\mathrm{S}}$ 第 k 行中非零元素的位置索引。

基于上述讨论，可将自适应部分连接结构的混合预编码算法总结于表 6.4 中。显而易见，在步骤 1～步骤 6 中求解得到的数字预编码矩阵 $\boldsymbol{F}_{\mathrm{BB}}^{(n)}$、模拟开关预编码矩阵 $\boldsymbol{F}_{\mathrm{S}}^{(n)}$ 和模拟移相预编码矩阵 $\boldsymbol{F}_{\mathrm{PS}}^{(n)}$ 分别为式(6.37)、式(6.38)和式(6.71)的最优解，由此可知步骤 7

给出的残差序列 $\delta^{(n)}$ 一定为单调递减序列，且其下界为 0。根据单调有界数列收敛定理[8]，所给算法在迭代过程中，残差序列 $\delta^{(n)}$ 一定收敛。

表 6.14　基于自适应部分连接结构的单用户交替最小化混合预编码算法步骤

输入参数：$\boldsymbol{F}_{\mathrm{opt}}$
初始化：随机给定满足约束条件的模拟预编码矩阵 $\boldsymbol{F}_{\mathrm{PS}}^{(0)}$ 和模拟开关预编码矩阵 $\boldsymbol{F}_{\mathrm{S}}^{(0)}$，$n=0$
步骤 1：迭代计算 $n=n+1$、$k=1,2,\cdots,N_{\mathrm{RF}}$，计算 $\lambda_{\mathrm{S},k}^{(n-1)}$，$\lambda_{\mathrm{S},k}^{(n-1)}$ 为矩阵 $\boldsymbol{F}_{\mathrm{S}}^{(n-1)}$ 第 k 列非零元素的个数； 步骤 2：迭代计算 $k=1,2,\cdots,N_{\mathrm{s}}$，求解 $\phi_k^{(n-1)}=\sum_{i\in I_k^{(n-1)}}\lambda_{\mathrm{S},i}^{(n-1)}$，$I_k^{(n-1)}$ 为矩阵 $\boldsymbol{F}_{\mathrm{PS}}^{(n-1)}$ 第 k 列所有非零元素位置索引组成的集合； 步骤 3：计算 $\boldsymbol{\Phi}^{(n-1)}=\mathrm{diag}\{1/\phi_1^{(n-1)},\cdots,1/\phi_{N_{\mathrm{RF}}}^{(n-1)}\}$； 步骤 4：迭代计算 $k_i=1,2,\cdots,N_{\mathrm{t}}$，求解 $\boldsymbol{\varphi}_k^{(n-1)}=(\boldsymbol{F}_{\mathrm{PS},k_i,:}^{(n-1)})^{\mathrm{H}}$，$k_i$ 为矩阵 $\boldsymbol{F}_{\mathrm{S}}^{(n-1)}$ 第 k 行非零元素的位置索引； 步骤 5：计算 $\boldsymbol{\Psi}^{(n-1)}=\left[\boldsymbol{\varphi}_1^{(n-1)}\ \cdots\ \boldsymbol{\varphi}_{N_{\mathrm{t}}}^{(n-1)}\right]^{\mathrm{H}}$， $\boldsymbol{F}_{\mathrm{BB}}^{(n)}=\boldsymbol{\Phi}^{(n-1)}\boldsymbol{\Psi}^{(n-1)\mathrm{H}}\boldsymbol{F}_{\mathrm{opt}}$； 步骤 6：由表 6.5 给出的方法求解 $\boldsymbol{F}_{\mathrm{S}}^{(n)}$、$\boldsymbol{F}_{\mathrm{PS}}^{(n)}$； 步骤 7：计算 $\delta^{(n)}=\Vert\boldsymbol{F}_{\mathrm{opt}}-\boldsymbol{F}_{\mathrm{S}}^{(n)}\boldsymbol{F}_{\mathrm{PS}}^{(n)}\boldsymbol{F}_{\mathrm{BB}}^{(n)}\Vert_{\mathrm{F}}$； 步骤 8：判断 $\lvert\delta^{(n)}-\delta^{(n-1)}\rvert<\delta_{\mathrm{thres}}$ 是否成立，并求解 $\boldsymbol{F}_{\mathrm{BB}}^{(n)}=\dfrac{\sqrt{P_{\mathrm{t}}}}{\Vert\boldsymbol{F}_{\mathrm{S}}^{(n)}\boldsymbol{F}_{\mathrm{PS}}^{(n)}\boldsymbol{F}_{\mathrm{BB}}^{(n)}\Vert_{\mathrm{F}}}\boldsymbol{F}_{\mathrm{BB}}^{(n)}$
输出参数：$\boldsymbol{F}_{\mathrm{S}}^{(n)}$、$\boldsymbol{F}_{\mathrm{PS}}^{(n)}$、$\boldsymbol{F}_{\mathrm{BB}}^{(n)}$

6.6.5　计算复杂度分析

本节讨论基于自适应部分连接结构的单用户交替最小化混合预编码算法的计算复杂度。由表 6.14 给出的算法步骤可知，所给算法的计算复杂度主要包括如下几个部分：

(1) 数字预编码矩阵 $\boldsymbol{F}_{\mathrm{BB}}^{(n)}$ 的求解过程。

数字预编码矩阵 $\boldsymbol{F}_{\mathrm{BB}}^{(n)}$ 由步骤 1～步骤 5 给出，其主要计算过程包括步骤 1、步骤 2、步骤 4 和步骤 5。上述各步骤需分别执行 n_1N_{c} 次、n_1N_{s} 次、n_1N_{t} 次和 n_1 次，每次执行的计算复杂度分别为 $O(N_{\mathrm{t}})$、$O(N_{\mathrm{RF}})$、$O(N_{\mathrm{c}})$ 和 $O(N_{\mathrm{t}}N_{\mathrm{s}})$。因此，求解数字预编码矩阵 $\boldsymbol{F}_{\mathrm{BB}}^{(n)}$ 的计算复杂度为 $O(n_1N_{\mathrm{c}}N_{\mathrm{t}})$，其中 n_1 为表 6.14 所示算法的迭代次数。

(2) 模拟开关预编码矩阵 $\boldsymbol{F}_{\mathrm{S}}^{(n)}$ 的求解过程。

模拟开关预编码矩阵 $\boldsymbol{F}_{\mathrm{S}}^{(n)}$ 由步骤 6 给出，其计算复杂度主要取决于求解式(6.69)的过程，为 $O(n_1N_{\mathrm{s}}N_{\mathrm{c}}N_{\mathrm{t}})$。

(3) 模拟移相预编码矩阵 $\boldsymbol{F}_{\mathrm{PS}}^{(n)}$ 的求解过程。

模拟移相预编码矩阵 $\boldsymbol{F}_{\mathrm{PS}}^{(n)}$ 由步骤 6 给出，其计算复杂度主要取决于求解式(6.79)的过程，为 $O(n_1N_{\mathrm{s}}N_{\mathrm{RF}}N_{\mathrm{c}})$。

综合上述分析可知，所给基于自适应部分连接结构的单用户交替最小化混合预编码算法计算复杂度为 $O(n_1N_{\mathrm{s}}N_{\mathrm{c}}N_{\mathrm{t}})$。

6.6.6　仿真实验及性能分析

本小节仿真实验均针对单用户系统而言。假设发射端和接收端都采用均匀平面阵列，阵元间距为半波长。发射端与接收端之间的信道假设由 5 个路径簇组成，每簇包含 10 条路径[16][17]。每簇路径的平均方位角和平均俯仰角在 $[0,2\pi]$ 和 $[0,\pi]$ 区间上均匀分布，簇内每条路径的方位角和俯仰角服从尺度参数为 10°的拉普拉斯分布。每条路径的复用增益服从标准复高斯分布。在误码率的仿真实验中，假设发射信号的调制方式为 64QAM。所有仿真结果均为 1000 次随机实验的平均值。

实验 1： 混合预编码矩阵与全数字最优预编码矩阵残差和迭代次数的关系。

本实验给出了在不同迭代次数条件下，由部分连接结构的交替最小化混合预编码算法给出的混合预编码矩阵与全数字最优预编码矩阵的残差 $\delta = \| \boldsymbol{F}_{\text{opt}} - \boldsymbol{F}_{\text{S}} \boldsymbol{F}_{\text{PS}} \boldsymbol{F}_{\text{BB}} \|_{\text{F}}$。

仿真参数：发射天线阵列包含 128（$N_{\text{t}} = 128$）个阵元；数据流数与射频链数均为 4（$N_{\text{RF}} = N_{\text{s}} = 4$）。仿真结果如图 6.35 所示。

由图 6.35 的仿真结果可知：(1) 经少数几次迭代后，混合预编码矩阵与全数字预编码矩阵之间的残差趋于稳定，说明所提算法收敛速度较快。(2) 自适应部分连接结构中混合预编码矩阵与全数字预编码矩阵之间的残差较大，且中介维度 N_{c} 的变化对自适应部分连接结构的影响较小。其原因在于自适应部分连接结构中移相器与开关的数量较少。另外，当中介维度 N_{c} 增加 1 时，自适应部分连接结构中移相器和开关的数量仅增加 1，因此中介维度 N_{c} 的变化对于自适应部分连接结构的影响较小。

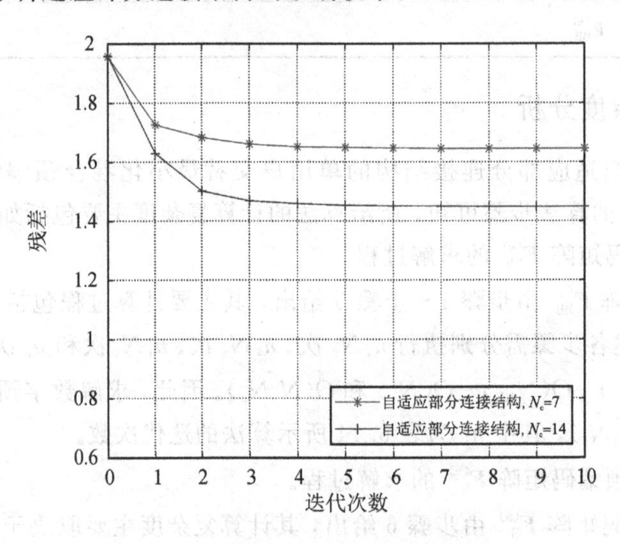

图 6.35　残差 δ 与迭代次数 n 的关系

实验 2： 频谱效率、能量效率、误码率和中介维度的关系。

本实验给出了所提算法的频谱效率、能量效率、误码率和中介维度 N_{c} 的关系，对比算法分别为固定部分连接结构中基于半定规划的混合预编码算法[4]以及文献[18]所提动态部分连接结构中基于贪婪法的混合预编码算法[18]。能量效率的定义在前文已给出，具体表示为 $E = R/(P_{\text{t}}/\eta + P)$，$R$ 为频谱效率，P_{t} 为发射功率，η 为功率放大器效率，P 为发射端硬件功耗。根据文献[19]、文献[20]和文献[21]，所提算法的发射功率 P_t 和功率放大器效率 η 可分别设置为 3.16 W (35 dBm)和 39%[19-21]。对于所提部分连接结构以及仿真实验所考虑的其他对比混合预编码结构，硬件功耗 P 可通过下式计算：

$$P=\begin{cases}P_{BB}+P_{RF}N_{RF}+P_{PS}N_c+P_S(N_t+N_c)\\P_{BB}+P_{RF}N_{RF}+P_{PS}N_t\\P_{BB}+P_{RF}N_{RF}+P_{PS}N_t+P_SN_t\end{cases}$$

其中，P_{BB}、P_{RF}、P_{PS} 和 P_S 分别为基带、射频链、移相器和开关的功耗；$P_{BB}+P_{RF}N_{RF}+P_{PS}N_c+P_S(N_t+N_c)$ 表示自适应部分连接结构的硬件功耗，$P_{BB}+P_{RF}N_{RF}+P_{PS}N_t$ 传统部分连接结构的硬件功耗，$P_{BB}+P_{RF}N_{RF}+P_{PS}N_t+P_SN_t$ 动态部分连接结构的硬件功耗[33]。根据文献[22]的算法，上述器件功耗可分别设置为 $P_{BB}=200$ mW、$P_{RF}=240$ mW、$P_{PS}=30$ mW、$P_S=5$ mW[22]。

为了表述简洁，在实验 2～实验 5 中，将直接以混合预编码结构名称代指相应的算法，即以固定部分连接结构代指固定部分连接结构中基于半定规划的混合预编码算法，以动态部分连接结构代指动态部分连接结构中基于贪婪法的混合预编码算法，以所提自适应部分连接结构代指基于所提自适应部分连接结构的交替最小化混合预编码算法。另外，为了公平起见，在仿真实验中假设只有发射端采用不同的结构进行混合预编码，接收端统一采用固定全连接结构，并由第 5 章所提基于 Givens 旋转的混合预编码算法求解相应的混合合并矩阵。

仿真参数：发送端与接收端分别包含 128($N_t=128$) 和 16($N_r=16$) 个天线阵元；收、发两端的射频链数和数据流数均为 4($N_{RF}=N_s=4$)；信噪比为 10 dB。仿真结果如图 6.36、图 6.37 和图 6.38 所示。

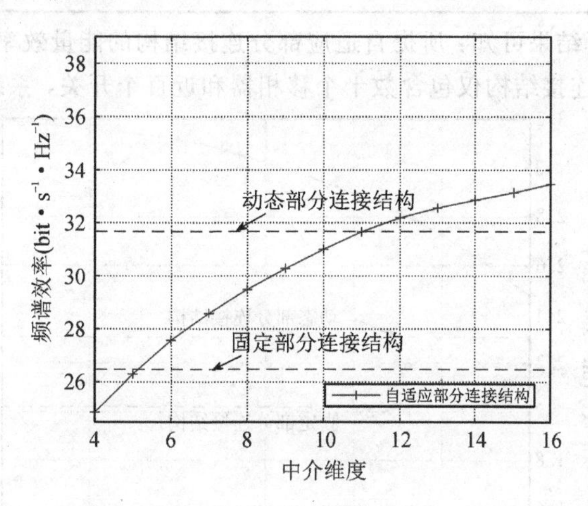

图 6.36　频谱效率与中介维度 N_c 的关系

由图 6.36 的仿真结果分析可知：

(1) 与固定部分连接结构的频谱效率相比，所提自适应部分连接结构的频谱效率在 $N_c=6$ 时，可以得到与之相当的值，此时，所提自适应部分连接结构的功耗为 2.01 W，而固定部分连接结构的功耗则高达 5 W。

(2) 与动态部分连接结构的频谱效率[18]相比，所提自适应部分连接结构的频谱效率在 $N_c=11$ 时，可以得到与之相当的值，此时，所提自适应部分连接结构与动态部分连接结构的功耗分别为 2.185 W 和 5.64 W。

为了更加准确地评估所提自适应部分连接结构的性能，表 6.15 和表 6.16 分别给出了在相近频谱效率的前提下，所提自适应部分连接结构与固定部分连接结构、动态部分连接结构的移相器、开关和功耗。由表中结果可知，所提自适应部分连接结构仅需固定部分连接结构 5%～11%数量的移相器，即可达到与固定部分连接结构相同的频谱效率，这也是所提自适应部分连接结构能够显著降低系统功耗的关键因素之一。

表 6.15　所提自适应部分连接结构与固定部分连接结构的功耗

混合预编码结构	N_c	基带		射频链		移相器		开关	总功耗/W
		功耗/W	数量	功耗/W	数量	功耗/W	数量	功耗/W	
固定部分连接结构	—	0.2	4	0.96	128	3.84	—	—	5
自适应部分连接结构	6	0.2	4	0.96	6	0.18	134	0.67	2.01

表 6.16　所提自适应部分连接结构与动态部分连接结构[18]的功耗

混合预编码结构	N_c	基带		射频链		移相器		开关	总功耗/W
		功耗/W	数量	功耗/W	数量	功耗/W	数量	功耗/W	
动态部分连接结构[33]	—	0.2	4	0.96	128	3.84	128	0.64	5.64
自适应部分连接结构	11	0.2	4	0.96	11	0.33	139	0.695	2.185

由图 6.37 的仿真结果可知：所提自适应部分连接结构的能量效率远高于其他结构。其原因在于自适应部分连接结构仅包含数十个移相器和近百个开关，系统功耗非常低。

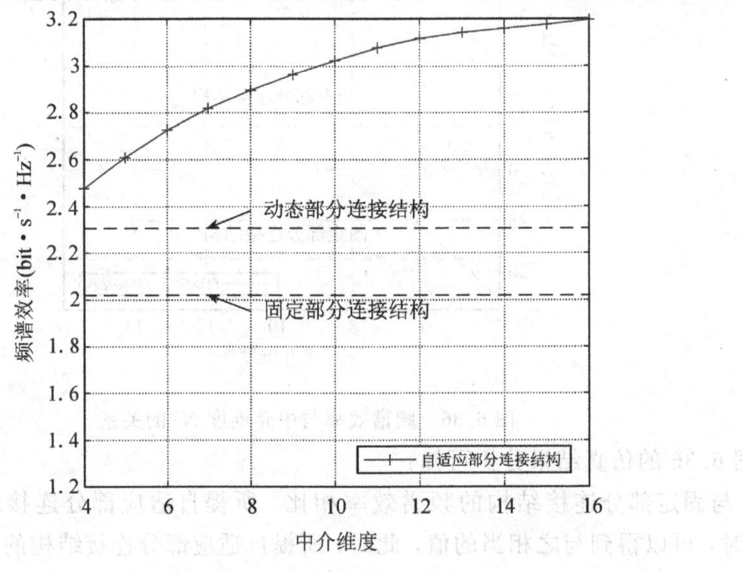

图 6.37　能量效率与中介维度 N_c 的关系

由图 6.38 的仿真结果可知：所提自适应部分连接结构的误码率的变化规律与频谱效率具有一致性。具体而言，相对于固定部分连接结构和动态部分连接结构，所提自适应部分连接结构分别在 $N_c = 5$ 和 $N_c = 10$ 时，可得出与之相当的误码率。总体来说，当所提自适应部分连接结构给出与固定、动态部分连接结构相同的误码率时，其功耗与表 6.15 和表 6.16 给出的结果非常接近。该现象说明无论从频谱效率的角度还是从误码率的角度来评价，所提自适应部分连接结构都能够在有效保证系统性能的前提下，显著降低系统功耗。

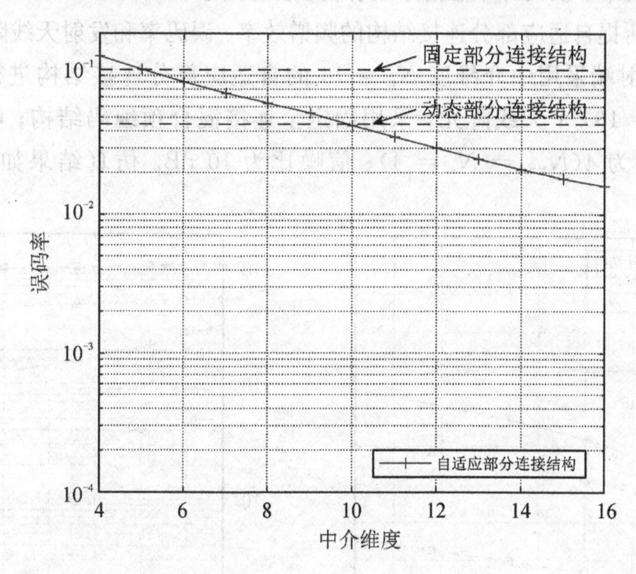

图 6.38　误码率与中介维度 N_c 的关系

实验 3： 频谱效率、误码率和信噪比的关系。

本实验给出了所提自适应部分连接结构的频谱效率、误码率与信噪比的关系。

仿真参数：发射端包含 128（$N_t = 128$）个天线阵元，采用中介维度 $N_c = 14$ 的自适应部分连接结构进行混合预编码；接收端包含 16（$N_r = 16$）个天线阵元，采用固定全连接结构；收、发两端的射频链数和数据流数均为 $4(N_{RF} = N_s = 4)$。仿真结果如图 6.39 和图 6.40 所示。

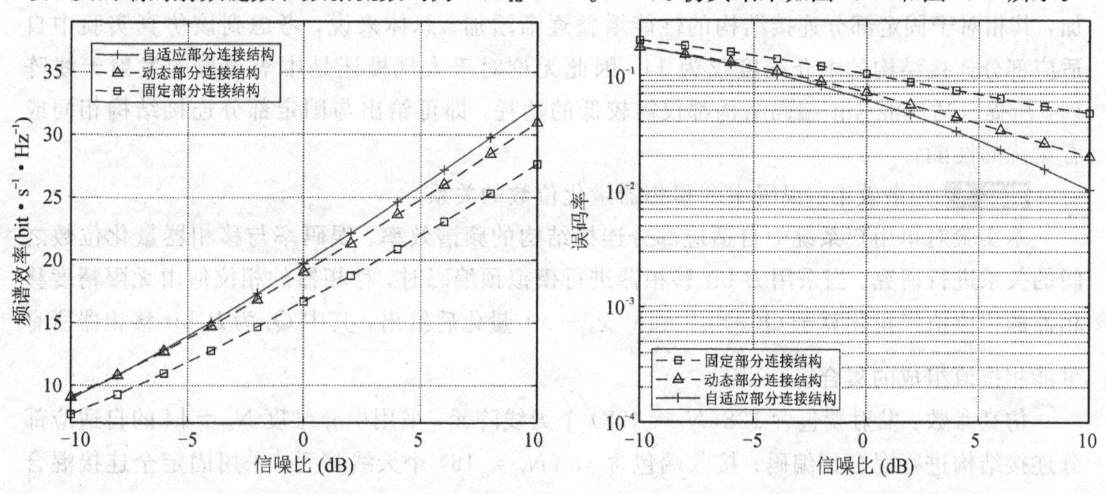

图 6.39　频谱效率与信噪比的关系　　图 6.40　误码率与信噪比的关系

由图 6.39 和图 6.40 可知：相比于动态部分连接结构和固定部分连接结构，所提自适应部分连接结构在频谱效率和误码率方面都可以给出较高的性能增益，此时，固定部分连接结构、动态部分连接结构和所提自适应部分连接结构的硬件功耗分别为 5 W、5.64 W 和 2.29 W。由此可见，在不同的信噪比环境下，所提自适应部分连接结构都可在保证频谱效率的同时显著降低系统功耗。

实验 4: 频谱效率、误码率和发射天线阵元数的关系。

本实验给出了所提自适应部分连接结构的频谱效率、误码率和发射天线阵元数的关系。

仿真参数：发射端采用中介维度 $N_c = 14$ 的自适应部分连接结构进行混合预编码；接收端包含 16（$N_r = 16$）个天线阵元，采用固定全连接混合预编码结构；收、发两端的射频链数和数据流数均为 4($N_{RF} = N_s = 4$)；信噪比为 10 dB。仿真结果如图 6.41、图 6.42 所示。

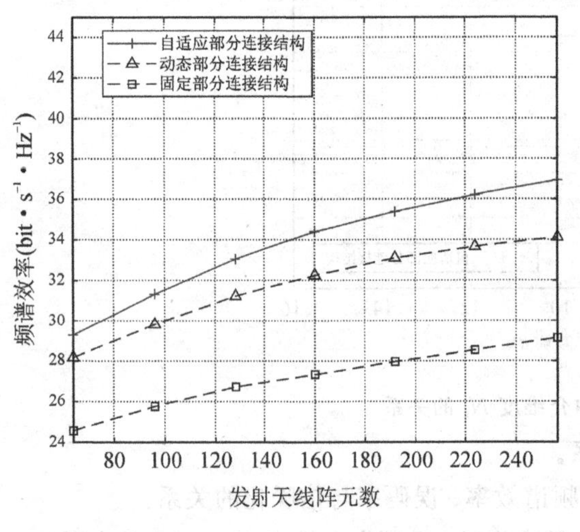

图 6.41　频谱效率和发射天线阵元数的关系

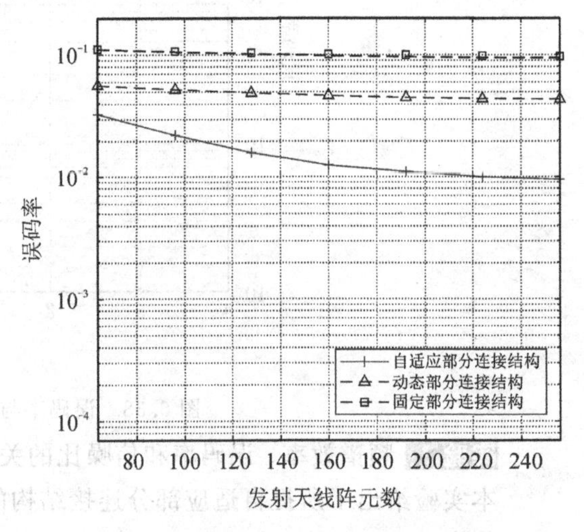

图 6.42　误码率和发射天线阵元数的关系

由图 6.41 和图 6.42 可知：对于自适应部分连接结构而言，随着发射天线阵元数的增加，其相对于固定部分连接结构的性能增益逐渐增加。总体来说，考虑到该仿真实验中自适应部分连接结构的中介维度仅为 14，因此无论对于大规模还是中等规模的发射天线阵列，所提自适应混合预编码结构都仅需较低的功耗，即可给出与固定部分连接结构相同或者更优的性能。

实验 5: 频谱效率、误码率和移相器量化位数的关系。

本实验对单用户系统中自适应部分连接结构的频谱效率、误码率与移相器量化位数之间的关系进行研究。当采用 B bit 移相器进行模拟预编码时，移相器的相位值由无限精度移相器的相位值经量化算子 $Q(x) = \min\limits_{x_q \in Q_\beta} |x_q - x|$ 量化后给出，其中 Q_β 为 B bit 移相器所有可能相位值组成的集合。

仿真参数：发射端包含 128($N_t = 128$) 个天线阵元，采用中介维度 $N_c = 14$ 的自适应部分连接结构进行混合预编码；接收端包含 16（$N_r = 16$）个天线阵元，采用固定全连接混合预编码结构；收、发两端的射频链数和数据流数均为 4($N_{RF} = N_s = 4$)。

仿真结果如图 6.43 和图 6.44 所示。

由图 6.43 和图 6.44 的仿真结果可知：所提自适应部分连接结构的性能受移相器量化位数的影响较大。因此，为了有效接近无限精度移相器的性能，保证系统频谱效率和误码率不受明显影响，所提自适应部分连接结构应至少配备量化位数为 4 bit 的移相器。

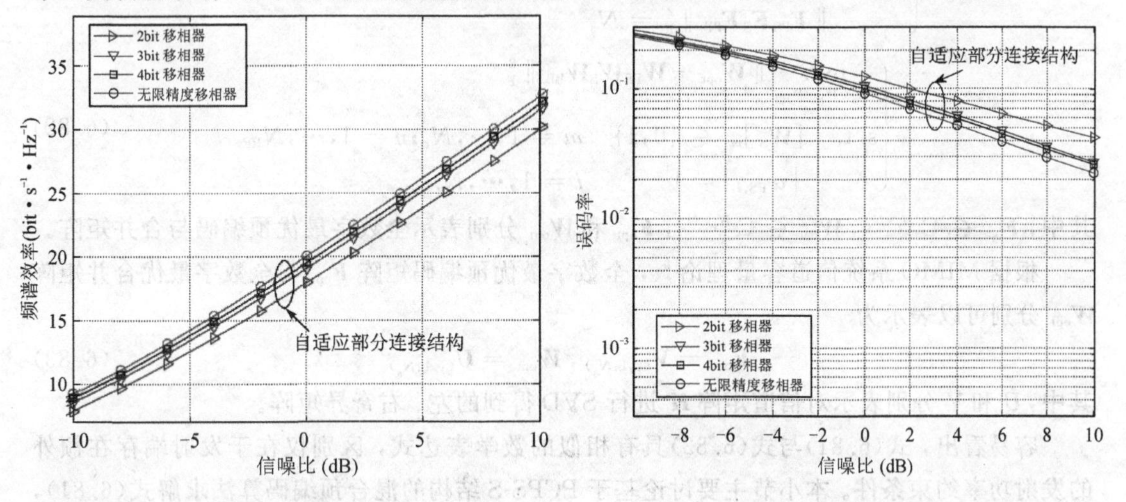

图 6.43 移相器量化位数对频谱效率的影响　　图 6.44 移相器量化位数对误码率的影响

6.7 基于 PCPS-S 结构的单用户混合预编码算法

根据射频链与天线阵元之间的连接方式，目前研究人员主要集中于基于 FCPS 结构和 PCPS 结构的混合预编码算法研究。然而，基于 FCPS 结构的混合预编码算法虽然可以实现逼近全数字最优预编码的系统性能，但是该结构存在移相器数量庞大、系统结构复杂、功耗高等问题；PCPS 结构虽然可以在一定程度上降低系统硬件成本，但是该结构牺牲了部分阵列增益，易减弱频谱效率等性能。

针对 PCPS 结构由于牺牲了部分阵列增益而易减弱频谱效率等性能的问题，本节阐述了一种基于分离移相—开关级联网络（The Partially-Connected Phase Shifter and Switch Network，PCPS-S）结构的混合预编码算法（本书用所提算法代指）。本节先给出基于 PCPS-S结构的混合预编码数学模型；然后详细阐述所提算法的基本原理和计算复杂度；最后进行对比仿真实验，并对仿真结果进行详细分析。

6.7.1 问题描述

针对图 6.5 所示的基于 PCPS-S 结构的毫米波大规模 MIMO 系统模型，本小节给出相应的关于混合预编码矩阵求解的数学模型。由于直接最大化式(6.7)，需要联合优化六个参数矩阵 $\{\boldsymbol{F}_{\mathrm{PS}}、\boldsymbol{F}_{\mathrm{S}}、\boldsymbol{F}_{\mathrm{BB}}、\boldsymbol{W}_{\mathrm{PS}}、\boldsymbol{W}_{\mathrm{S}}、\boldsymbol{W}_{\mathrm{BB}}\}$，处理起来非常困难。文献[2]将最大化系统频谱效率的问题分解为最小化混合预编码矩阵残差以及混合合并矩阵残差的子问题进行求解，它们的数学模型可以表示为[2]

$$\begin{cases} \min\limits_{F_{PS}, F_S, F_{BB}} & \| \boldsymbol{F}_{opt} - \boldsymbol{F}_{PS}\boldsymbol{F}_S\boldsymbol{F}_{BB} \|_F^2 \\ \text{s. t.} & [\boldsymbol{F}_S]_{mn} \in \{0,1\}, \quad m = 1,\cdots,N_t;\ n = 1,\cdots,N_{RF} \\ & | f_{PS,i} | = 1 \quad i = 1,\cdots,N_t \\ & \| \boldsymbol{F}_{PS}\boldsymbol{F}_S\boldsymbol{F}_{BB} \|_F^2 = N_s \end{cases} \tag{6.81}$$

$$\begin{cases} \min\limits_{W_{PS}, W_S, W_{BB}} & \| \boldsymbol{W}_{opt} - \boldsymbol{W}_{PS}\boldsymbol{W}_S\boldsymbol{W}_{BB} \|_F^2 \\ \text{s. t.} & [\boldsymbol{W}_S]_{mn} \in \{0,1\} \quad m = 1,\cdots,N_r;n = 1,\cdots,N_{RF} \\ & | w_{PS,i} | = 1 \quad i = 1,\cdots,N_r \end{cases} \tag{6.82}$$

其中，$\boldsymbol{F}_{opt} \in \mathbb{C}^{N_t \times N_s}$、$\boldsymbol{W}_{opt} \in \mathbb{C}^{N_r \times N_s}$，$\boldsymbol{F}_{opt}$ 和 $\boldsymbol{W}_{opt}$ 分别表示全数字最优预编码与合并矩阵。

根据 MIMO 系统信道容量理论[9]，全数字最优预编码矩阵 $\boldsymbol{F}_{opt}$ 与全数字最优合并矩阵 $\boldsymbol{W}_{opt}$ 分别可以表示为

$$\boldsymbol{F}_{opt} = \boldsymbol{V}_{(:,1:N_s)},\ \boldsymbol{W}_{opt} = \boldsymbol{U}_{(:,1:N_s)} \tag{6.83}$$

其中，$\boldsymbol{U}$ 和 $\boldsymbol{V}$ 分别表示对信道矩阵 $\boldsymbol{H}$ 进行 SVD 得到的左、右奇异矩阵。

容易看出，式(6.81)与式(6.82)具有相似的数学表达式，区别仅在于发射端存在额外的发射功率约束条件。本小节主要讨论基于 PCPS-S 结构的混合预编码算法求解式(6.81)，并且逐个修正模拟开关预编码矩阵 $\boldsymbol{F}_S$、数字预编码矩阵 $\boldsymbol{F}_{BB}$ 和模拟移相预编码矩阵 $\boldsymbol{F}_{PS}$。式(6.82)可以采用相同的方法进行求解。

针对式(6.81)所示的混合预编码问题，本节给出一种基于 PCPS-S 结构的混合预编码矩阵求解算法，即利用数字预编码矩阵 $\boldsymbol{F}_{BB}$ 的正交特性和模拟移相预编码矩阵 $\boldsymbol{F}_{PS}$ 的恒模对角特性，在模拟开关预编码矩阵 $\boldsymbol{F}_S$ 满足 0-1 约束条件、模拟移相预编码矩阵 $\boldsymbol{F}_{PS}$ 满足恒模对角约束条件、发射端满足发射功率约束条件的情况下，分别利用块坐标下降方法和相位旋转方法交替迭代优化模拟开关预编码矩阵 $\boldsymbol{F}_S$、数字预编码矩阵 $\boldsymbol{F}_{BB}$ 和模拟移相预编码矩阵 $\boldsymbol{F}_{PS}$，直到满足停止条件。

6.7.2 模拟开关预编码矩阵优化

假设已知具有恒模对角特性的模拟移相预编码矩阵 $\boldsymbol{F}_{PS} = \text{diag}\{f_{PS,1}, f_{PS,2}, \cdots, f_{PS,N_t}\}$，其中 $|f_{PS,i}| = 1$，根据图 6.5 所示的 PCPS-S 结构特征容易看出，$\boldsymbol{F}_{PS}\boldsymbol{F}_{PS}^H = \boldsymbol{F}_{PS}^H\boldsymbol{F}_{PS} = \boldsymbol{I}_{N_t}$。因此，式(6.81)中发射功率约束条件可以简化为

$$\begin{aligned} \| \boldsymbol{F}_{PS}\boldsymbol{F}_S\boldsymbol{F}_{BB} \|_F^2 &= \text{tr}\{\boldsymbol{F}_{PS}\boldsymbol{F}_S\boldsymbol{F}_{BB}\boldsymbol{F}_{BB}^H\boldsymbol{F}_S^H\boldsymbol{F}_{PS}^H\} \\ &= \| \boldsymbol{F}_S\boldsymbol{F}_{BB} \|_F^2 = N_s \end{aligned} \tag{6.84}$$

由式(6.84)可知，该约束条件仅与数字预编码矩阵 $\boldsymbol{F}_{BB}$ 和模拟开关预编码矩阵 $\boldsymbol{F}_S$ 有关，与模拟移相预编码矩阵 $\boldsymbol{F}_{PS}$ 无关

此外，值得注意的是，全数字最优预编码矩阵 $\boldsymbol{F}_{opt}$ 各列之间相互正交。为减少数据流之间由于多路复用产生的干扰，利用上述特性，文献[4]提出对数字预编码矩阵 $\boldsymbol{F}_{BB}$ 施加一个类似的约束条件，即假设 $\boldsymbol{F}_{BB}$ 各列之间也是相互正交的[4]。据此，本小节将随机构造一个与 $\boldsymbol{F}_{BB}$ 维度相同的半酉矩阵 $\boldsymbol{F}_{DD}$，且满足 $\boldsymbol{F}_{DD}^H\boldsymbol{F}_{DD} = \boldsymbol{I}_{N_s}$，$\boldsymbol{F}_{BB} = \lambda\boldsymbol{F}_{DD}$，以达到简化混合预编码矩

阵的目的，其中 λ 表示尺度因子。因此，式(6.81)的目标函数可以进一步展开为

$$\begin{aligned}\|\boldsymbol{F}_{\text{opt}}-\boldsymbol{F}_{\text{PS}}\boldsymbol{F}_{\text{S}}\boldsymbol{F}_{\text{BB}}\|_{\text{F}}^{2} &= \text{tr}\{\boldsymbol{F}_{\text{opt}}\boldsymbol{F}_{\text{opt}}^{\text{H}}\}-\text{tr}\{\boldsymbol{F}_{\text{opt}}\boldsymbol{F}_{\text{BB}}^{\text{H}}\boldsymbol{F}_{\text{S}}^{\text{H}}\boldsymbol{F}_{\text{PS}}^{\text{H}}\}-\text{tr}\{\boldsymbol{F}_{\text{opt}}^{\text{H}}\boldsymbol{F}_{\text{PS}}\boldsymbol{F}_{\text{S}}\boldsymbol{F}_{\text{BB}}\}+\\&\quad \text{tr}\{\boldsymbol{F}_{\text{PS}}\boldsymbol{F}_{\text{S}}\boldsymbol{F}_{\text{BB}}\boldsymbol{F}_{\text{BB}}^{\text{H}}\boldsymbol{F}_{\text{S}}^{\text{H}}\boldsymbol{F}_{\text{PS}}^{\text{H}}\}\\&= \text{tr}\{\boldsymbol{F}_{\text{PS}}^{\text{H}}\boldsymbol{F}_{\text{opt}}\boldsymbol{F}_{\text{opt}}^{\text{H}}\boldsymbol{F}_{\text{PS}}\}-2\Re\{\text{tr}\{\boldsymbol{F}_{\text{PS}}^{\text{H}}\boldsymbol{F}_{\text{opt}}\boldsymbol{F}_{\text{BB}}^{\text{H}}\boldsymbol{F}_{\text{S}}^{\text{H}}\}\}+\\&\quad \text{tr}\{\boldsymbol{F}_{\text{S}}\boldsymbol{F}_{\text{BB}}\boldsymbol{F}_{\text{BB}}^{\text{H}}\boldsymbol{F}_{\text{S}}^{\text{H}}\}\end{aligned} \tag{6.85}$$

在已知模拟移相预编码矩阵 $\boldsymbol{F}_{\text{PS}}$ 和辅助半酉矩阵 $\boldsymbol{F}_{\text{DD}}$ 的情况下，将式(6.84)和式(6.85)代入式(6.81)，并令 $\boldsymbol{F}_{\text{BB}}=\lambda\boldsymbol{F}_{\text{DD}}$，则模拟开关预编码矩阵 $\boldsymbol{F}_{\text{S}}$ 和尺度因子 λ 的优化问题为

$$\begin{cases}\{\boldsymbol{F}_{\text{S}}^{\text{opt}},\lambda^{\text{opt}}\}=\arg\min\limits_{\boldsymbol{F}_{\text{S}},\lambda}\|\boldsymbol{F}_{\text{eff}}-\lambda\boldsymbol{F}_{\text{S}}\boldsymbol{F}_{\text{DD}}\|_{\text{F}}^{2}\\ \text{s.t.}\ [\boldsymbol{F}_{\text{S}}]_{mn}\in\{0,1\}\\ \|\lambda\boldsymbol{F}_{\text{S}}\boldsymbol{F}_{\text{DD}}\|_{\text{F}}^{2}=N_{\text{s}}\end{cases} \tag{6.86}$$

其中，$\boldsymbol{F}_{\text{eff}}=\boldsymbol{F}_{\text{PS}}^{\text{H}}\boldsymbol{F}_{\text{opt}}$ 为等效最优预编码矩阵。

在混合预编码矩阵求解过程中，可以暂时忽略发射功率约束条件，只需要在完成混合预编码矩阵优化后，在数字预编码矩阵 $\boldsymbol{F}_{\text{BB}}$ 前乘以一个功率因子 $\sqrt{N_{\text{s}}}/\|\boldsymbol{F}_{\text{S}}\boldsymbol{F}_{\text{BB}}\|_{\text{F}}^{2}$，对其进行归一化处理，即可满足发射端发射功率约束条件。

此外，式(6.86)的目标函数可以进一步展开为

$$\begin{aligned}\|\boldsymbol{F}_{\text{eff}}-\lambda\boldsymbol{F}_{\text{S}}\boldsymbol{F}_{\text{DD}}\|_{\text{F}}^{2} &= \text{tr}\{\boldsymbol{F}_{\text{eff}}\boldsymbol{F}_{\text{eff}}^{\text{H}}\}-\lambda\text{tr}\{\boldsymbol{F}_{\text{eff}}\boldsymbol{F}_{\text{DD}}^{\text{H}}\boldsymbol{F}_{\text{S}}^{\text{H}}\}-\lambda\text{tr}\{\boldsymbol{F}_{\text{S}}\boldsymbol{F}_{\text{DD}}\boldsymbol{F}_{\text{eff}}^{\text{H}}\}+\\&\quad \lambda^{2}\text{tr}\{\boldsymbol{F}_{\text{S}}\boldsymbol{F}_{\text{DD}}\boldsymbol{F}_{\text{DD}}^{\text{H}}\boldsymbol{F}_{\text{S}}^{\text{H}}\}\\&= \|\boldsymbol{F}_{\text{eff}}\|_{\text{F}}^{2}-2\lambda\Re\{\text{tr}\{\boldsymbol{F}_{\text{DD}}\boldsymbol{F}_{\text{eff}}^{\text{H}}\boldsymbol{F}_{\text{S}}\}\}+\lambda^{2}\|\boldsymbol{F}_{\text{S}}\boldsymbol{F}_{\text{DD}}\|_{\text{F}}^{2}\end{aligned} \tag{6.87}$$

进一步地，$\|\boldsymbol{F}_{\text{S}}\boldsymbol{F}_{\text{DD}}\|_{\text{F}}^{2}$ 的上界可以简化为

$$\begin{aligned}\|\boldsymbol{F}_{\text{S}}\boldsymbol{F}_{\text{DD}}\|_{\text{F}}^{2} &= \text{tr}\{\boldsymbol{F}_{\text{DD}}\boldsymbol{F}_{\text{DD}}^{\text{H}}\boldsymbol{F}_{\text{S}}^{\text{H}}\boldsymbol{F}_{\text{S}}\}=\text{tr}\left\{\boldsymbol{K}\begin{bmatrix}\boldsymbol{I}_{N_{\text{s}}} & \\ & \boldsymbol{0}\end{bmatrix}\boldsymbol{K}^{\text{H}}\boldsymbol{F}_{\text{S}}^{\text{H}}\boldsymbol{F}_{\text{S}}\right\}\\&\leqslant \text{tr}\{\boldsymbol{K}\boldsymbol{K}^{\text{H}}\boldsymbol{F}_{\text{S}}^{\text{H}}\boldsymbol{F}_{\text{S}}\}=\|\boldsymbol{F}_{\text{S}}\|_{\text{F}}^{2}\end{aligned} \tag{6.88}$$

其中，$\boldsymbol{F}_{\text{DD}}\boldsymbol{F}_{\text{DD}}^{\text{H}}=\boldsymbol{K}\begin{bmatrix}\boldsymbol{I}_{N_{\text{s}}} & \\ & \boldsymbol{0}\end{bmatrix}\boldsymbol{K}^{\text{H}}$ 表示矩阵 $\boldsymbol{F}_{\text{DD}}\boldsymbol{F}_{\text{DD}}^{\text{H}}$ 进行 SVD 的数学表达式，易知，当且仅当 $N_{\text{RF}}=N_{\text{s}}$ 时，式(6.88)中等号成立。

将式(6.88)代入式(6.87)，则关于 $\{F_{\text{S}},\lambda\}$ 优化问题的目标函数上界为

$$\|\boldsymbol{F}_{\text{eff}}\|_{\text{F}}^{2}-2\lambda\Re\{\text{tr}\{\boldsymbol{F}_{\text{DD}}\boldsymbol{F}_{\text{eff}}^{\text{H}}\boldsymbol{F}_{\text{S}}\}\}+\lambda^{2}\|\boldsymbol{F}_{\text{S}}\|_{\text{F}}^{2} \tag{6.89}$$

在式(6.89)中添加常数项 $\|\Re\{F_{\text{eff}}F_{DD}^{\text{H}}\}\|_{\text{F}}^{2}$，并去掉常数项 $\|\boldsymbol{F}_{\text{eff}}\|_{\text{F}}^{2}$，则优化式(6.86)可以重新改写为

$$\begin{cases}\{\boldsymbol{F}_{\text{S}}^{\text{opt}},\lambda^{\text{opt}}\}=\arg\min\limits_{\boldsymbol{F}_{\text{S}},\lambda}\|\Re\{\boldsymbol{F}_{\text{eff}}\boldsymbol{F}_{\text{DD}}^{\text{H}}\}-\lambda\boldsymbol{F}_{\text{S}}\|_{\text{F}}^{2}\\ \text{s.t.}\ [\boldsymbol{F}_{\text{S}}]\underset{mn}{\in}\{0,1\}\end{cases} \tag{6.90}$$

由于模拟开关预编码矩阵 $\boldsymbol{F}_{\text{S}}$ 的每个元素仅有 0 或者 1 两种可能取值，式(6.90)可以进一步简化为

$$\begin{cases}\min\limits_{s,\lambda} \| \boldsymbol{f}-\lambda \boldsymbol{s} \|_2^2 \\ \text{s.t.}\ \ s_i \in \{0,1\} \quad \forall i\end{cases} \tag{6.91}$$

其中，$\boldsymbol{f}=\text{vec}\{\Re\{\boldsymbol{F}_{\text{eff}}\boldsymbol{F}_{\text{DD}}^{\text{H}}\}\}$；$\boldsymbol{s}=\text{vec}\{\boldsymbol{F}_{\text{S}}\}=[s_1,s_2,\cdots,s_k]^{\text{T}}$，$k=N_t N_{\text{RF}}$。对向量 $\boldsymbol{f}$ 中的每一个元素升序排列得到 $\tilde{\boldsymbol{f}}=[\tilde{f}_1,\tilde{f}_2,\cdots,\tilde{f}_k]^{\text{T}}$，满足 $\tilde{f}_1\leqslant\tilde{f}_2\leqslant\cdots\leqslant\tilde{f}_k$。

为了优化式(6.91)，当元素 $\tilde{f}_i$ 更接近于尺度因子 λ 时，取 $s_i=1$；当元素 $\tilde{f}_i$ 更接近于 0 时，取 $s_i=0$。据此，式(6.91)可以转化为一个关于尺度因子 λ 的二次函数 $f(\lambda)$，其数学表达式如下所示：

$$\begin{aligned} f(\lambda) &= \| \boldsymbol{f}-\lambda \boldsymbol{s} \|_2^2 \\ &= \begin{cases}\sum\limits_{j=1}^{i}(\tilde{f}_j-\lambda)^2+\sum\limits_{j=i+1}^{k}\tilde{f}_j^2 & \lambda<0,\dfrac{\lambda}{2}\in\mathcal{I}_i \\ \sum\limits_{j=1}^{i}\tilde{f}_j^2+\sum\limits_{j=i+1}^{k}(\tilde{f}_j-\lambda)^2 & \lambda>0,\dfrac{\lambda}{2}\in\mathcal{I}_i\end{cases} \\ &= \begin{cases} i\lambda^2-2\sum\limits_{j=1}^{i}\tilde{f}_j\lambda+\sum\limits_{j=1}^{k}\tilde{f}_j^2 & \lambda<0,\lambda\in\mathcal{R}_i \\ (k-i)\lambda^2-2\sum\limits_{j=i+1}^{k}\tilde{f}_j\lambda+\sum\limits_{j=1}^{k}\tilde{f}_j^2 & \lambda>0,\lambda\in\mathcal{R}_i\end{cases} \end{aligned} \tag{6.92}$$

其中，$\mathcal{I}_i=[\tilde{f}_i,\tilde{f}_{i+1}]$；$\mathcal{R}_i=[2\tilde{f}_i,2\tilde{f}_{i+1}]$；$i=1,2,\cdots,k$。

对于二次函数 $f(\lambda)$ 而言，其最小值点可能会在二次函数曲线的对称轴点或者端点处。因此，最优尺度因子 λ^{opt} 可以由下式给出：

$$\lambda^{\text{opt}}=\arg\min_{\lambda}\{f(2\tilde{f}_i),f(2\bar{f}_i)\} \tag{6.93}$$

其中，$\bar{f}_i$ 为二次函数 $f(\lambda)$ 的对称轴点，满足

$$\bar{f}_i=\begin{cases}\sum_{j=1}^{i}\tilde{f}_j/i & \bar{f}_i<0\quad \bar{f}_i\in\mathcal{R}_i \\ \sum_{j=i+1}^{k}\tilde{f}_j/k-i & \bar{f}_i>0\quad \bar{f}_i\in\mathcal{R}_i\end{cases}。$$

经过上述分析可知，在已知最优尺度因子 λ^{opt} 的情况下，关于模拟开关预编码矩阵 $\boldsymbol{F}_{\text{S}}$ 的优化结果可以表示为如下形式：

$$\boldsymbol{F}_{\text{S}}^{\text{opt}}=\begin{cases} I(\Re\{\boldsymbol{F}_{\text{eff}}\boldsymbol{F}_{\text{DD}}^{\text{H}}\}>\dfrac{\lambda^{\text{opt}}}{2}\boldsymbol{1}_{N_t\times N_{\text{RF}}}),\ \lambda^{\text{opt}}>0 \\ I(\Re\{\boldsymbol{F}_{\text{eff}}\boldsymbol{F}_{\text{DD}}^{\text{H}}\}<\dfrac{\lambda^{\text{opt}}}{2}\boldsymbol{1}_{N_t\times N_{\text{RF}}}),\ \lambda^{\text{opt}}<0\end{cases} \tag{6.94}$$

其中，$I(\cdot)$ 表示指示函数，它的含义是：当输入为“真”时，输出为 1；当输入为“假”时，输出

为 0；$\mathbf{1}_{m\times n}$ 表示矩阵元素全为 1 的 $m\times n$ 维矩阵。

6.7.3　数字预编码矩阵优化

假设已知模拟移相预编码矩阵 $\boldsymbol{F}_{\text{PS}}$、模拟开关预编码矩阵 $\boldsymbol{F}_{\text{S}}$ 和尺度因子 λ，不失一般性，本小节将式(6.89)作为新的目标函数，给出数字预编码矩阵 $\boldsymbol{F}_{\text{BB}}$ 的优化方法。考虑到 $\boldsymbol{F}_{\text{BB}}=\lambda\boldsymbol{F}_{\text{DD}}$，在已知尺度因子 λ 的情况下，数字预编码矩阵 $\boldsymbol{F}_{\text{BB}}$ 的优化问题可以等价转化为半酉矩阵 $\boldsymbol{F}_{\text{DD}}$ 的优化问题，其数学表达式可以进一步表示为

$$\begin{cases}\boldsymbol{F}_{\text{DD}}^{\text{opt}}=\arg\max\limits_{\boldsymbol{F}_{\text{DD}}}\lambda\Re\{\operatorname{tr}\{\boldsymbol{F}_{\text{DD}}\boldsymbol{F}_{\text{eff}}^{\text{H}}\boldsymbol{F}_{\text{S}}\}\}\\ \text{s.t.}\ \ \boldsymbol{F}_{\text{DD}}^{\text{H}}\boldsymbol{F}_{\text{DD}}=\boldsymbol{I}_{N_{\text{s}}}\end{cases}\tag{6.95}$$

根据文献[14]研究的对偶范数理论可知，公式(6.95)中目标函数可以近似转化为[14]

$$\begin{aligned}\lambda\Re\{\operatorname{tr}\{\boldsymbol{F}_{\text{DD}}\boldsymbol{F}_{\text{eff}}^{\text{H}}\boldsymbol{F}_{\text{S}}\}\}&\leqslant|\operatorname{tr}\{\lambda\boldsymbol{F}_{\text{DD}}\boldsymbol{F}_{\text{eff}}^{\text{H}}\boldsymbol{F}_{\text{S}}\}|\overset{\text{(a)}}{\leqslant}\|\boldsymbol{F}_{\text{DD}}\|_{\infty}\|\lambda\boldsymbol{F}_{\text{eff}}^{\text{H}}\boldsymbol{F}_{\text{S}}\|_{1}\\&=\|\lambda\boldsymbol{F}_{\text{eff}}^{\text{H}}\boldsymbol{F}_{S}\|_{1}=\sum_{i=1}^{N_{\text{s}}}\sigma_{i}\end{aligned}\tag{6.96}$$

其中，$\sigma_i(i=1,\cdots,N_{\text{s}})$ 表示对矩阵 $\lambda\boldsymbol{F}_{\text{eff}}^{\text{H}}\boldsymbol{F}_{\text{S}}$ 进行 SVD 得到 N_{s} 个非零奇异值；$\|\cdot\|_1$ 和 $\|\cdot\|_\infty$ 分别代表 1-Schatten 和 ∞-Schatten 范数；此外，不等式(a)遵循 Hölder's 不等式，当且仅当 $\boldsymbol{F}_{\text{DD}}=\boldsymbol{V}_1\boldsymbol{U}^{\text{H}}$ 时，等号成立，其中 $\boldsymbol{U}\in\mathbb{C}^{N_{\text{s}}\times N_{\text{s}}}$，$\boldsymbol{U}$ 表示对矩阵 $\lambda\boldsymbol{F}_{\text{eff}}^{\text{H}}\boldsymbol{F}_{\text{S}}$ 进行 SVD 得到的左奇异矩阵，$\boldsymbol{V}_1\in\mathbb{C}^{N_{\text{RF}}\times N_{\text{s}}}$，$\boldsymbol{V}_1$ 表示矩阵 $\lambda\boldsymbol{F}_{\text{eff}}^{\text{H}}\boldsymbol{F}_{\text{S}}$ 前 N_{s} 个非零奇异值对应的右奇异向量构成的矩阵。

综合上述分析可知，在已知尺度因子 λ 和模拟开关预编码矩阵 $\boldsymbol{F}_{\text{S}}$ 的情况下，数字预编码矩阵 $\boldsymbol{F}_{\text{BB}}$ 的优化结果为

$$\boldsymbol{F}_{\text{BB}}^{\text{opt}}=\lambda\boldsymbol{F}_{\text{DD}}^{\text{opt}}=\lambda\boldsymbol{V}_1\boldsymbol{U}^{\text{H}}\tag{6.97}$$

将修正后的数字预编码矩阵 $\boldsymbol{F}_{\text{BB}}$ 乘以功率因子 $\sqrt{N_{\text{s}}}/\|\boldsymbol{F}_{\text{S}}\boldsymbol{F}_{\text{BB}}\|_{\text{F}}^{2}$，即可对 $\boldsymbol{F}_{\text{BB}}$ 进行归一化，以满足发射功率约束条件。

6.7.4　模拟移相预编码矩阵优化

根据公式(6.84)可知，混合预编码问题的发射功率约束条件与模拟移相预编码矩阵 $\boldsymbol{F}_{\text{PS}}$ 无关，因此，在已知数字预编码矩阵 $\boldsymbol{F}_{\text{BB}}$ 和模拟开关预编码矩阵 $\boldsymbol{F}_{\text{S}}$ 的情况下，关于 $\boldsymbol{F}_{\text{PS}}$ 的优化问题可以表示为

$$\begin{cases}\boldsymbol{F}_{\text{PS}}^{\text{opt}}=\arg\min\limits_{\boldsymbol{F}_{\text{PS}}}\|\boldsymbol{F}_{\text{opt}}-\boldsymbol{F}_{\text{PS}}\boldsymbol{F}_{\text{S}}\boldsymbol{F}_{\text{BB}}\|_{\text{F}}^{2}\\ \text{s.t.}\ \ |f_{\text{PS},i}|=1\end{cases}\tag{6.98}$$

由于模拟移相预编码矩阵 $\boldsymbol{F}_{\text{PS}}=\operatorname{diag}\{f_{\text{PS},1},f_{\text{PS},2},\cdots,f_{\text{PS},N_{\text{t}}}\}$，$|f_{\text{PS},i}|=1$，因此式(6.98)可以等价转化为 $\boldsymbol{F}_{\text{PS}}$ 对角线元素 $f_{\text{PS},i}$ 的优化问题，其数学表达式为

$$\begin{cases}f_{\text{PS},i}^{\text{opt}}=\arg\min\limits_{f_{\text{PS},i}}\|\boldsymbol{f}_{\text{opt},i}^{\text{H}}-f_{\text{PS},i}\boldsymbol{f}_{\text{S},i}^{\text{H}}\boldsymbol{F}_{\text{BB}}\|_{2}^{2}\\ \text{s.t.}\ \ |f_{\text{PS},i}|=1\end{cases}\tag{6.99}$$

其中，$\boldsymbol{f}_{\mathrm{opt},i}^{\mathrm{H}}$（$\boldsymbol{f}_{\mathrm{opt},i}^{\mathrm{H}} \in \mathbb{C}^{1\times N_{\mathrm{s}}}$）表示全数字最优预编码矩阵 $\boldsymbol{F}_{\mathrm{opt}}$ 的第 i 行，$\boldsymbol{f}_{\mathrm{S},i}^{\mathrm{H}}$（$\boldsymbol{f}_{\mathrm{S},i}^{\mathrm{H}} \in \mathbb{C}^{1\times N_{\mathrm{RF}}}$）表示模拟开关预编码矩阵 $\boldsymbol{F}_{\mathrm{S}}$ 的第 i 行。

据此，可采用相位旋转方法求解式(6.99)的最优解，其数学表达式如下所示：

$$f_{\mathrm{PS},i}^{\mathrm{opt}} = \mathrm{e}^{\mathrm{j}\angle\{\boldsymbol{f}_{\mathrm{opt},i}^{\mathrm{H}}\boldsymbol{F}_{\mathrm{BB}}^{\mathrm{H}}\boldsymbol{f}_{\mathrm{S},i}\}} \tag{6.100}$$

其中，$\angle\{\cdot\}$ 表示取相位角。

基于上述分析和讨论，基于 PCPS-S 结构的混合预编码算法步骤总结如下：

(1) 建立混合预编码数学模型。

利用开关网络与 PCPS 结构给出 PCPS-S 结构，并将基于 PCPS-S 结构的频谱效率最大化问题转化为混合预编码矩阵残差最小化问题，其数学模型如式(6.81)所示。

(2) 输入数据。

首先对信道矩阵 $\boldsymbol{H}$ 进行 SVD，得到 $\boldsymbol{H}=\boldsymbol{U\Sigma V}^{\mathrm{H}}$，并取右奇异矩阵 $\boldsymbol{V}$ 的前 N_{s} 列作为全数字最优预编码矩阵 $\boldsymbol{F}_{\mathrm{opt}}$，即 $\boldsymbol{F}_{\mathrm{opt}}=V_{(:,1:N_{\mathrm{s}})}$；然后随机初始化具有恒模对角特性的模拟移相预编码矩阵 $\boldsymbol{F}_{\mathrm{PS}}^{(0)}=\mathrm{diag}\{\boldsymbol{f}_{\mathrm{PS},1}^{(0)},\boldsymbol{f}_{\mathrm{PS},2}^{(0)},\cdots,\boldsymbol{f}_{\mathrm{PS},N_{\mathrm{t}}}^{(0)}\}$，其中 $|f_{\mathrm{PS},i}^{(0)}|=1$；在此基础之上，利用数字预编码矩阵 $\boldsymbol{F}_{\mathrm{BB}}$ 的正交特性，随机构造一个与数字预编码矩阵 $\boldsymbol{F}_{\mathrm{BB}}^{(0)}$ 维度相同的半酉矩阵 $\boldsymbol{F}_{\mathrm{DD}}^{(0)}$，令 $\boldsymbol{F}_{\mathrm{BB}}^{(0)}=\lambda^{(0)}\boldsymbol{F}_{\mathrm{DD}}^{(0)}$；最后给出初始混合预编码矩阵残差 $\delta^{(0)}=\|\boldsymbol{F}_{\mathrm{opt}}-\boldsymbol{F}_{\mathrm{PS}}^{(0)}\boldsymbol{F}_{\mathrm{S}}^{(0)}\boldsymbol{F}_{\mathrm{BB}}^{(0)}\|_{\mathrm{F}}^{2}$，并设置迭代次数 $t=0$，进行迭 $t=t+1$。

(3) 优化模拟开关预编码矩阵。

固定模拟移相预编码矩阵 $\boldsymbol{F}_{\mathrm{PS}}^{(t-1)}$ 和半酉矩阵 $\boldsymbol{F}_{\mathrm{DD}}^{(t-1)}$，将关于模拟开关预编码矩阵 $\boldsymbol{F}_{\mathrm{S}}^{(t)}$ 的优化问题转化为关于$\{\lambda^{(t)},\boldsymbol{F}_{\mathrm{S}}^{(t)}\}$的联合优化问题，并分别利用式(6.93)以及式(6.94)优化尺度因子 $\lambda^{(t)}$ 和模拟开关预编码矩阵 $\boldsymbol{F}_{\mathrm{S}}^{(t)}$。

(4) 优化数字预编码矩阵。

将步骤 3 中已修正的模拟开关预编码矩阵 $\boldsymbol{F}_{\mathrm{S}}^{(t)}$ 和尺度因子 $\lambda^{(t)}$ 作为已知量，首先利用对偶范数理论和数字预编码矩阵 $\boldsymbol{F}_{\mathrm{BB}}^{(t)}$ 的正交特性优化半酉矩阵 $\boldsymbol{F}_{\mathrm{DD}}^{(t)}$，然后利用式(6.97)更新数字预编码矩阵 $\boldsymbol{F}_{\mathrm{BB}}^{(t)}$。

(5) 优化模拟移相预编码矩阵。

固定已修正的模拟开关预编码矩阵 $\boldsymbol{F}_{\mathrm{S}}^{(t)}$ 和数字预编码矩阵 $\boldsymbol{F}_{\mathrm{BB}}^{(t)}$，利用模拟移相预编码矩阵 $\boldsymbol{F}_{\mathrm{PS}}^{(t)}$ 的归一化恒模对角特性，将关于 $\boldsymbol{F}_{\mathrm{PS}}^{(t)}$ 的优化问题转化为一系列关于 $f_{\mathrm{PS},i}^{(t)}$ 的优化子问题，并利用式(6.100)所示的相位旋转优化方法进行求解，得到修正后的模拟移相预编码矩阵 $\boldsymbol{F}_{\mathrm{PS}}^{(t)}$。

(6) 循环判决。

根据所提算法的相邻两次迭代残差差值大小决定是否停止迭代。当 $|\delta^{(t)}-\delta^{(t-1)}|>\delta_{\mathrm{thres}}$ 时，跳转到第(3)步；否则循环结束。

(7) 输出结果。

分别利用第(3)～(5)步优化模拟开关预编码矩阵 $\boldsymbol{F}_{\mathrm{S}}^{(t)}$、数字预编码矩阵 $\boldsymbol{F}_{\mathrm{BB}}^{(t)}$ 和模拟移相预编码矩阵 $\boldsymbol{F}_{\mathrm{PS}}^{(t)}$，并最后对 $\boldsymbol{F}_{\mathrm{BB}}^{(t)}$ 进行归一化处理，以满足发射功率约束条件，得到 $\boldsymbol{F}_{\mathrm{BB}}^{(t)}=\sqrt{N_{\mathrm{s}}}/\|\boldsymbol{F}_{\mathrm{S}}^{(t)}\boldsymbol{F}_{\mathrm{BB}}^{(t)}\|_{\mathrm{F}}^{2}$，完成混合预编码。

综合上述分析，表 6.17 更直观地给出了基于 PCPS-S 结构的混合预编码算法步骤。

表 6.17 基于 PCPS-S 结构的混合预编码算法步骤

输入参数：$\boldsymbol{F}_{\mathrm{opt}}$
初始化：$\boldsymbol{F}_{\mathrm{PS}}^{(0)} = \mathrm{diag}\{f_{\mathrm{PS},1}^{(0)}, f_{\mathrm{PS},2}^{(0)}, \cdots, f_{\mathrm{PS},N_{\mathrm{t}}}^{(0)}\}$，$\lvert f_{\mathrm{PS},i}^{(0)} \rvert = 1$；$\boldsymbol{F}_{\mathrm{BB}}^{(0)} = \lambda^{(0)} \boldsymbol{F}_{\mathrm{DD}}^{(0)}$ $t = 0$； $\delta^{(0)} = \Vert F_{\mathrm{opt}} - F_{\mathrm{PS}}^{(0)} F_{\mathrm{S}}^{(0)} F_{\mathrm{BB}}^{(0)} \Vert_{\mathrm{F}}^{2}$
步骤 1：迭代计算 $t = t+1$，固定 $\boldsymbol{F}_{\mathrm{RF}}^{(t-1)}$ 和 $\boldsymbol{F}_{\mathrm{DD}}^{(t-1)}$，利用式(6.93)和式(6.94)求解 $\lambda^{(t)}$ 和 $\boldsymbol{F}_{\mathrm{S}}^{(t)}$ 步骤 2：取 $\boldsymbol{F}_{\mathrm{eff}}^{(t-1)} = (\boldsymbol{F}_{\mathrm{PS}}^{(t-1)})^{\mathrm{H}} \boldsymbol{F}_{\mathrm{opt}}$，对 $\lambda^{(t)} (\boldsymbol{F}_{\mathrm{eff}}^{(t-1)})^{\mathrm{H}} \boldsymbol{F}_{\mathrm{S}}^{(t)}$ 进行 SVD，即 $\lambda^{(t)} (\boldsymbol{F}_{\mathrm{eff}}^{(t-1)})^{\mathrm{H}} \boldsymbol{F}_{\mathrm{S}}^{(t)} = \boldsymbol{U}_1 \boldsymbol{\Sigma}_1 \boldsymbol{V}_1^{\mathrm{H}}$； 步骤 3：固定 $\boldsymbol{F}_{\mathrm{RF}}^{(t-1)}$、$\lambda^{(t)}$ 和 $\boldsymbol{F}_{\mathrm{S}}^{(t)}$，利用式(6.97)更新 $\boldsymbol{F}_{\mathrm{BB}}^{(t)}$； 步骤 4：固定 $\boldsymbol{F}_{\mathrm{S}}^{(t)}$ 和 $\boldsymbol{F}_{\mathrm{BB}}^{(t)}$，利用式(6.100)求解 $\boldsymbol{F}_{\mathrm{PS}}^{(t)}$； 步骤 5：计算 $\delta^{(t)} = \Vert \boldsymbol{F}_{\mathrm{opt}} - \boldsymbol{F}_{\mathrm{PS}}^{(t)} \boldsymbol{F}_{\mathrm{S}}^{(t)} \boldsymbol{F}_{\mathrm{BB}}^{(t)} \Vert_{\mathrm{F}}^{2}$； 步骤 6：判断 $\lvert \delta^{(t)} - \delta^{(t-1)} \rvert > \delta_{\mathrm{thres}}$ 是否成立，若成立则跳转到步骤 1，否则循环结束； 步骤 7：求解 $\boldsymbol{F}_{\mathrm{BB}}^{(t)} = \sqrt{N_{\mathrm{s}}}\, \boldsymbol{F}_{\mathrm{BB}}^{(t)} / \Vert \boldsymbol{F}_{\mathrm{BB}}^{(t)} \Vert_{\mathrm{F}}^{2}$
输出参数：$\boldsymbol{F}_{\mathrm{S}}^{(t)}$、$\boldsymbol{F}_{\mathrm{BB}}^{(t)}$、$\boldsymbol{F}_{\mathrm{PS}}^{(t)}$

6.7.5 计算复杂度分析

本节将对所给基于 PCPS-S 结构的混合预编码算法的计算复杂度进行分析，并将其与基于 FCPS 结构的 OMP 稀疏混合预编码算法[2]以及基于 PCPS 结构的 SDR-AltMin 混合预编码算法[4]的计算复杂度进行比较。通过分析可知，所给算法的计算复杂度主要由以下几个部分构成：

（1）优化模拟开关预编码矩阵。

优化模拟开关预编码矩阵 $\boldsymbol{F}_{\mathrm{S}}$ 和尺度因子 λ 的计算量主要取决于向量 $\boldsymbol{f} = \mathrm{vec}\{\Re\{\boldsymbol{F}_{\mathrm{eff}} \boldsymbol{F}_{\mathrm{DD}}^{\mathrm{H}}\}\}$ 的升序排列，其计算复杂度为 $O(KN_{\mathrm{t}}N_{\mathrm{RF}}\log(N_{\mathrm{t}}N_{\mathrm{RF}}))$。

（2）优化数字预编码矩阵。

优化数字预编码矩阵 $\boldsymbol{F}_{\mathrm{BB}}$ 的计算量主要由矩阵 $\lambda \boldsymbol{F}_{\mathrm{eff}}^{\mathrm{H}} \boldsymbol{F}_{\mathrm{S}}$ 的截断 SVD 和矩阵 $\boldsymbol{V}_1 \boldsymbol{U}^{\mathrm{H}}$ 的乘法运算决定，该过程的计算复杂度为 $O(\max\{KN_{\mathrm{s}}N_{\mathrm{t}}N_{\mathrm{RF}}, KN_{\mathrm{s}}^2 N_{\mathrm{RF}}\})$。为了保证正常通信，毫米波大规模 MIMO 系统需要满足 $N_{\mathrm{s}} \ll N_{\mathrm{t}}$，所以优化数字预编码矩阵 $\boldsymbol{F}_{\mathrm{BB}}$ 的计算复杂度为 $O(KN_{\mathrm{s}}N_{\mathrm{t}}N_{\mathrm{RF}})$。

（3）优化模拟移相预编码矩阵。

优化模拟移相预编码矩阵 $\boldsymbol{F}_{\mathrm{PS}}$ 的计算量取决于式(6.100)利用相位旋转方法优化 $\boldsymbol{F}_{\mathrm{PS}}$ 对角线元素 $\boldsymbol{f}_{\mathrm{PS},i}$ 的过程，即 $\boldsymbol{f}_{\mathrm{opt},i}^{\mathrm{H}} \boldsymbol{F}_{\mathrm{BB}}^{\mathrm{H}} \boldsymbol{f}_{\mathrm{S},i}$ 的乘法运算过程，其计算复杂度为 $O(KN_{\mathrm{RF}}N_{\mathrm{s}}^2)$。

（4）求解混合预编码矩阵残差。

残差 δ 的计算复杂度来源于循环判决中混合预编码矩阵乘积 $\boldsymbol{F}_{\mathrm{PS}}\boldsymbol{F}_{\mathrm{S}}\boldsymbol{F}_{\mathrm{BB}}$ 的计算过程，其中 $\boldsymbol{F}_{\mathrm{PS}} \in \mathbb{C}^{N_{\mathrm{t}} \times N_{\mathrm{t}}}$，$\boldsymbol{F}_{\mathrm{S}} \in \mathbb{C}^{N_{\mathrm{t}} \times N_{\mathrm{RF}}}$，$\boldsymbol{F}_{\mathrm{BB}} \in \mathbb{C}^{N_{\mathrm{RF}} \times N_{\mathrm{s}}}$，并且模拟移相预编码矩阵 $\boldsymbol{F}_{\mathrm{PS}}$ 为对角矩阵，所以该过程的计算复杂度为 $\mathrm{O}(KN_{\mathrm{s}}N_{\mathrm{RF}}N_{\mathrm{t}}^2)$。

综合上述分析，所给算法计算复杂度为 $O(KN_{\mathrm{s}}N_{\mathrm{RF}}N_{\mathrm{t}}^2)$，其中 K 表示算法迭代次数，N_{t}、N_{RF} 和 N_{s} 分别为发射天线阵元数、射频链数和数据流数。表 6.18 对比了基于 PCPS-S 结构的混合预编码算法、基于 FCPS 结构的 OMP 稀疏混合预编码算法以及基于 PCPS 结构的 SDR-AltMin 混合预编码算法的计算复杂度，其中 L 表示信道路径数。

表 6.18 基于相关混合预编码算法的计算复杂度

算 法	复杂度
所提算法	$O(KN_s N_{RF} N_t^2)$
基于 FCPS 结构的 OMP 稀疏混合预编码算法	$O(LN_t N_{RF} N_s)$
基于 PCPS 结构的 SDR-AltMin 混合预编码算法	$O(K(N_{RF} N_s + 1)^{4.5})$

从表 6.18 中可以看出，基于 PCPS 结构的 SDR-AltMin 的混合预编码算法计算复杂度较高，并且基于 FCPS 结构的 OMP 的稀疏混合预编码算法计算复杂度低于所给算法和基于 PCPS 结构的 SDR-AltMin 的混合预编码算法，其原因在于该算法的计算过程中不涉及迭代修正。本小节所给算法与其他两种算法的主要不同在于所给算法需要对具有 0－1 约束条件的模拟开关预编码矩阵 $\boldsymbol{F}_S$ 进行优化。当采用 OMP 方法优化维度为 $N_t \times N_{RF}$ 的模拟开关预编码矩阵 $\boldsymbol{F}_S$ 时，由于字典维度过大将导致难以接受的计算复杂度；当采用 SDR 方法对模拟开关预编码矩阵 $\boldsymbol{F}_S$ 的 0－1 约束条件进行处理时，在每次迭代的过程中，均需要解决 $(N_{RF} N_t + 1)$ 维的 SDP 问题，其计算复杂度为 $O(K(N_{RF} N_t + 1)^{4.5})$，相比于所提算法，基于 SDR 方法对模拟开关预编码矩阵 $\boldsymbol{F}_S$ 的求解运算的复杂度极高。

6.7.6 仿真实验及性能分析

本小节通过仿真实验(分别以频谱效率、误码率与能量效率作为评价指标)，对全数字最优预编码算法、基于 FCPS 结构的 OMP 稀疏混合预编码算法[2]、基于 PCPS 结构的 SDR-AltMin 混合预编码算法[4]以及基于 PCPS-S 结构的混合预编码算法的性能进行分析，进一步比较上述三种混合预编码结构的优缺点，以验证将开关网络引入到 PCPS 结构的有效性。

假设毫米波大规模 MIMO 通信系统的发射端和接收端均采用 UPA 进行信号的收发，其中发射端包含 12×12 个天线阵元，接收端包含 6×6 个天线阵元，并且相邻天线阵元间距 $d = \lambda/2$。发射端与接收端之间的信道模型采用扩展 Saleh-Valenuela 模型，将信道路径分为 5 簇，每簇包含 10 条子径，满足平均功率为 $\sigma_{\alpha,i}^2 = 1\ (i = 1,\cdots,5)$ 的标准复高斯分布。每簇路径的平均方位角 ϕ 和俯仰角 θ 在 $[0,2\pi]$ 区间内满足均匀分布，且满足角度扩展为 10° 的拉普拉斯分布。此外，所有混合预编码问题的发射功率约束条件相同。在本小节所有仿真实验中，假设 $N_{RF} = N_s$，即射频链数与数据流数相等。仿真结果曲线上的每一点都是经过 1000 次蒙特卡罗仿真得到的平均值。软件为 64 位 MATLAB R2016a（处理器型号：Intel(R) Core(TM)；处理器主频：3.60 GHz；处理器最大数：2；内存：4 GB）。具体仿真参数如表 6.19 所示。

1. 频谱效率与误码率

本小节分别对基于不同结构的混合预编码算法的频谱效率和误码率进行仿真分析。其中，在误码率的仿真实验中，假设发射信号的调制方式为 256QAM。

实验 1： 频谱效率、误码率与信噪比的关系。

本次实验主要分析当 $N_{RF} = N_s = 4$ 时，在不同的信噪比环境下，全数字最优预编码算法、基于 FCPS 结构的 OMP 稀疏混合预编码算法、基于 PCPS 结构的 SDR-AltMin 混合预编码算法以及基于 PCPS-S 结构的混合预编码算法的频谱效率与误码率。

表 6.19 仿真参数

参数	取值
天线阵元数 $N_t \times N_r$	144×36
天线阵列排布方式	UPA
调制方式	256QAM
信道估计	理想信道估计
天线阵元间距 d	0.5λ（半波长）
数据流数 N_s	4
射频链数 N_{RF}	4
信道路径簇数	5
每簇中路径数	10
每簇平均功率 $\sigma_{\alpha,i}^2$	1
每簇路径的平均方位角 ϕ 和俯仰角 θ	[0,2π] 均匀分布
角度扩展	10°
仿真次数	1000

图 6.45 和图 6.46 分别给出了信噪比变化对系统频谱效率和误码率的影响。

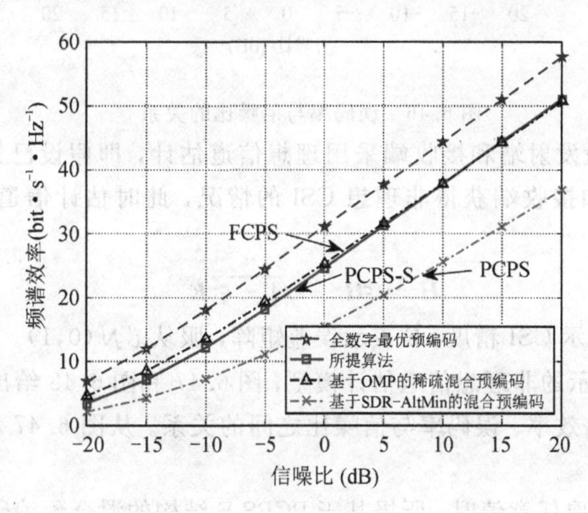

图 6.45 频谱效率与信噪比的关系

由图 6.45 和图 6.46 可以明显看出：

(1) 随着信噪比增加，基于以上四种结构的算法性能均呈现出频谱效率逐渐增加、误码率逐渐降低的特征。

(2) 全数字最优预编码算法能够实现最高的频谱效率和最低的误码率，其原因在于传统全数字 MIMO 为每个天线阵元均配备一个专用射频链，基于该结构的通信系统没有恒模约束条件限制，能够实现最优预编码性能。

(3) 当 SNR $\leqslant$ 5 dB 时，基于 PCPS-S 结构的混合预编码算法的频谱效率略低于基于 FCPS 结构的 OMP 稀疏混合预编码算法的频谱效率，但是随着信噪比增加，当 SNR $\geqslant$ 5 dB 时，所提算法的频谱效率逐渐逼近甚至优于 OMP 算法的频谱效率。值得注意的是，在整个信噪比变化范围内，相比于 FCPS 结构，基于 PCPS-S 结构的混合预编码算法具有更低的误码率。

(4) 在整个信噪比变化范围内，相比于 PCPS 结构，基于 PCPS-S 结构的混合预编码算法能够得到更高的频谱效率和更低的误码率，这是因为所提 PCPS-S 结构有效结合了开关网络与 PCPS 结构的优点，利用开关网络实现了射频链与天线阵元之间的动态连接，弥补了现有 PCPS 结构牺牲的阵列增益。

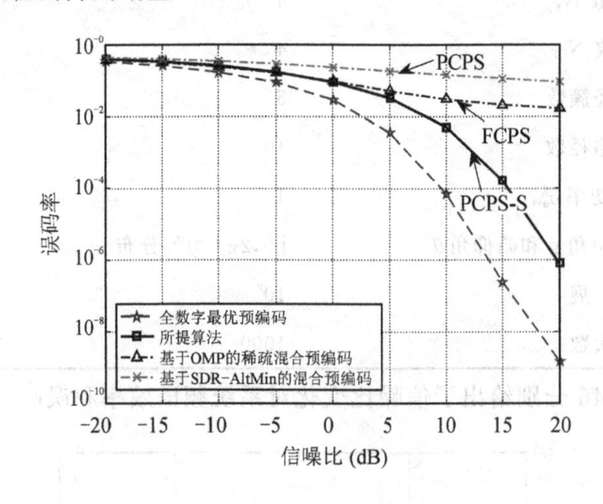

图 6.46 误码率与信噪比的关系

上述仿真实验假设发射端和接收端采用理想信道估计，即假设已知理想 CSI 的情况。文献[11]考虑发射端和接收端获得非理想 CSI 的情况，此时估计信道矩阵的数学表达形式为

$$\hat{\boldsymbol{H}} = \xi \boldsymbol{H} + \sqrt{1-\xi^2}\boldsymbol{E} \tag{6.101}$$

其中，$\xi(0 \leqslant \xi \leqslant 1)$ 表示 CSI 精度，$\boldsymbol{E}$ 表示误差矩阵，服从 $\mathcal{CN}(0,1)$。

基于式(6.101)所示的非理想信道估计模型，图 6.47 和图 6.48 给出了基于不同结构的混合预编码算法的频谱效率、误码率与信噪比之间的关系。从图 6.47 和图 6.48 中可以明显看出：

(1) 当 CSI 精度 ξ 取任意值时，所提基于 PCPS-S 结构的混合预编码算法的频谱效率均具有相同的变化趋势，即随着信噪比增加，频谱效率逐渐增加。

(2) 随着 CSI 精度 ξ 下降，所提基于 PCPS-S 结构的混合预编码算法的频谱效率略有下降，但是变化不大。比如，当 $\xi = 0.8$ 时，相比于理想 CSI，算法频谱效率损失约2.5 bits · s^{-1} · Hz^{-1}。

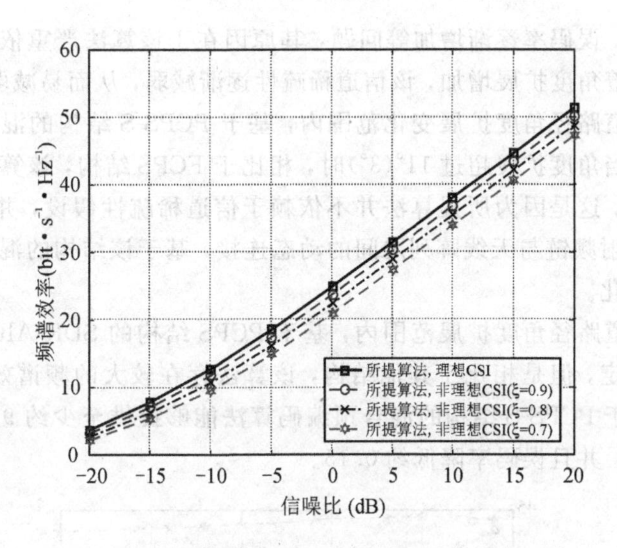

图 6.47　所提算法频谱效率与信噪比、ξ 的关系

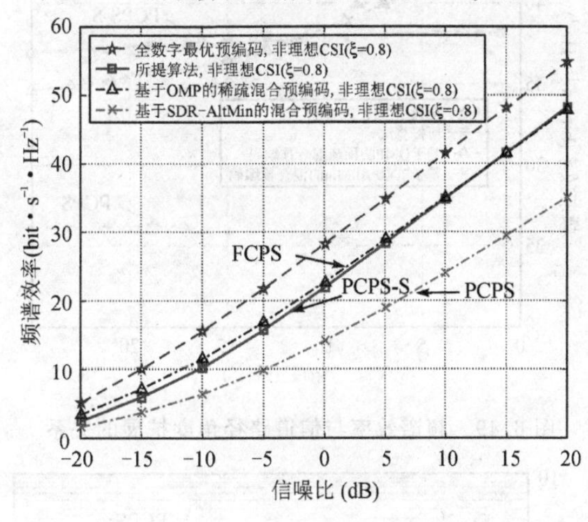

图 6.48　频谱效率与信噪比的关系

(3) 当 $\xi=0.8$ 时，基于上述四种混合预编码结构的相关算法的频谱效率的变化趋势与图 6.45 所示的在理想 CSI 情况下的频谱效率的变化趋势一致，即非理想情况下 CSI 精度变化对不同算法的影响相同。这进一步验证假设发射端和接收端已知理想 CSI 的情况进行仿真实验具有一定的研究意义。

实验 2: 频谱效率、误码率与角度扩展的关系。

本次实验主要分析当 $N_{RF}=N_s=4$、SNR=10 dB 时，在不同信道路径角度扩展环境下，全数字最优预编码算法、基于 FCPS 结构的 OMP 稀疏混合预编码算法、基于 PCPS 结构的 SDR-AltMin 混合预编码算法以及基于 PCPS-S 结构的混合预编码算法的频谱效率与误码率。

图 6.49 和图 6.50 分别给出了信道路径角度扩展对系统频谱效率和误码率的影响。从图 6.49 和图 6.50 中可以看出：

(1) 随着信道路径角度扩展的增加，基于 FCPS 结构的 OMP 稀疏混合预编码算法存在频谱效率逐渐降低、误码率逐渐增加等问题，其原因在于该算法严重依赖于毫米波信道的稀疏特性，然而随着角度扩展增加，该信道稀疏性逐渐减弱，从而易减弱系统性能。

（2）在整个信道路径角度扩展变化范围内，基于PCPS-S结构的混合预编码算法系统性能相对稳定，且当角度扩展超过11°(3°)时，相比于FCPS结构，该算法能够实现更优的频谱效率(误码率)，这是因为所提算法并不依赖于信道稀疏性假设，并且PCPS-S结构利用开关网络实现了射频链与天线阵列之间的动态连接，基于该结构的混合预编码算法能够更好地适应信道变化。

（3）在整个信道路径角度扩展范围内，基于PCPS结构的SDR-AltMin混合预编码算法虽然性能相对稳定，但是相比于其他结构，该算法存在较大的频谱效率和误码率损失。与该算法相比，基于PCPS-S结构的混合预编码算法能够提供至少约9 bit·s^{-1}·Hz^{-1}的频谱效率性能增益，并且误码率降低约0.15。

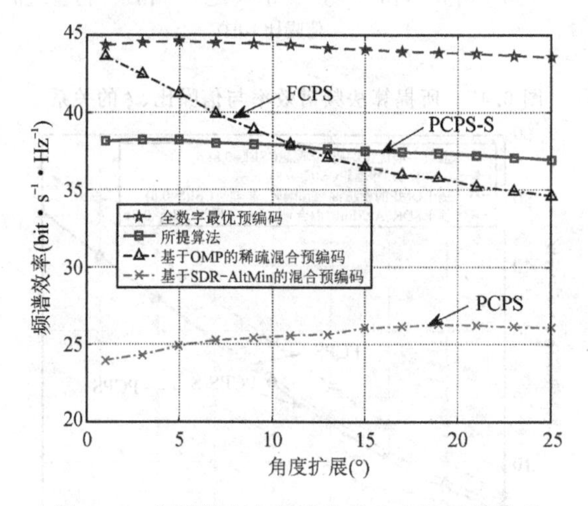

图6.49　频谱效率与信道路径角度扩展的关系

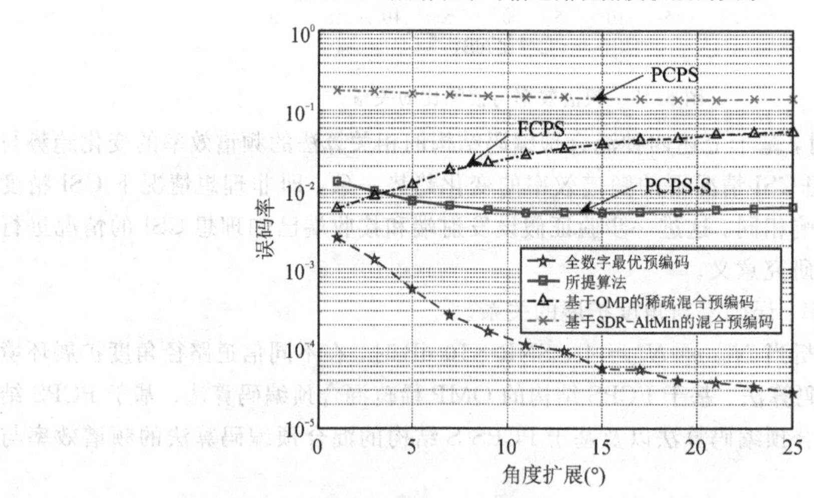

图6.50　误码率与信道路径平均角度扩展的关系

实验 3: 频谱效率、误码率与信道路径数的关系。

本次实验主要分析当 $N_{RF}=N_s=4$、SNR=10 dB 时，在不同信道路径数下，全数字最优预编码算法、基于 FCPS 结构的 OMP 稀疏混合预编码算法、基于 PCPS 结构的 SDR-AltMin 混合预编码算法以及基于 PCPS-S 结构的混合预编码算法的频谱效率与误码率。

图 6.51 和图 6.52 分别给出了在不同信道路径数下，基于 PCPS-S 结构的混合预编码算法的频谱效率和误码率变化曲线图。信道路径数 $L=N_{cl}N_{ray}$，其变化范围为 10～50，其中信道路径簇 $N_{cl}=5$，每簇中包含子径 N_{ray} 的变化范围为 2～10。

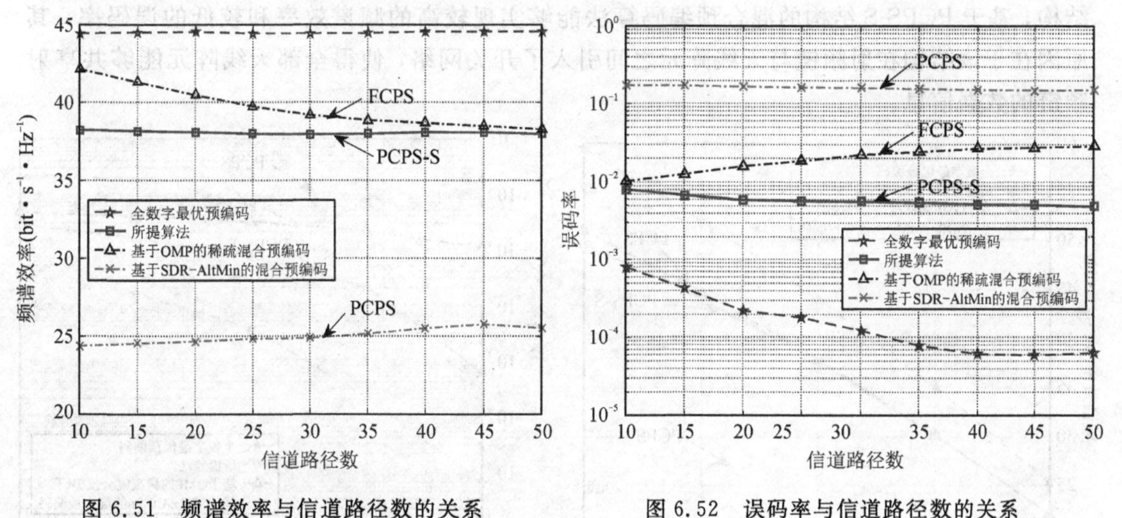

图 6.51 频谱效率与信道路径数的关系

图 6.52 误码率与信道路径数的关系

从图 6.51 和图 6.52 中可以明显看出：

(1) 在整个信道路径数变化范围内，无论是频谱效率还是误码率，基于 PCPS-S 结构的混合预编码算法的变化趋势均相对稳定。这进一步验证了所提算法对信道环境变化具有更好的适应性。

(2) 随着 L 增加，在频谱效率方面，基于 PCPS-S 结构的混合预编码算法远优于基于 PCPS 结构的 SDR-AltMin 混合预编码算法，并且逐渐接近于基于 FCPS 结构的 OMP 稀疏混合预编码算法；在误码率方面，相比于 FCPS 结构和 PCPS 结构，基于 PCPS-S 结构的混合预编码算法均能够实现较低的误码率。

实验 4: 频谱效率、误码率与射频链数的关系。

本次实验主要分析当 SNR=10 dB 时，在不同射频链数下，全数字最优预编码算法、基于 FCPS 结构的 OMP 稀疏混合预编码算法、基于 PCPS 结构的 SDR-AltMin 混合预编码算法以及基于 PCPS-S 结构的混合预编码算法的频谱效率与误码率。

图 6.53 和图 6.54 分别给出了不同射频链数对系统频谱效率和误码率的影响，并且假设 $N_s=N_{RF}$。由图 6.53 和图 6.54 可以明显看出：

(1) 随着射频链数 N_{RF} 和数据流数 N_s 的增加，基于不同结构的算法频谱效率和误码率均逐渐增加，这表明同时增加 N_{RF} 和 N_s 可以有效提高系统频谱效率，但是会造成系统误码率损失。

(2) 当 $N_{RF}\leqslant 4$ 时，基于 PCPS-S 结构的混合预编码算法具有与基于 FCPS 结构的

OMP 稀疏混合预编码算法基本相同的频谱效率，虽然随着 N_{RF} 增加，基于 PCPS-S 结构算法的频谱效率略低于基于 FCPS 结构的 OMP 稀疏算法，但是 FCPS 结构存在移相器数量庞大、系统结构复杂、功耗高等问题。值得注意的是，在整个 N_{RF} 和 N_s 的变化范围内，所提算法具有更低的系统误码率。

(3) 在整个 N_{RF} 和 N_s 的变化范围内，基于 PCPS 结构的 SDR-AltMin 混合预编码算法减少的频谱效率和误码率均大于其他混合预编码结构，这是因为在 PCPS 结构中，每个射频链仅与部分天线阵元相连接，牺牲了部分阵列增益，减弱的系统性能较大。相比于 PCPS 结构，基于 PCPS-S 结构的混合预编码算法能够实现较高的频谱效率和较低的误码率，其原因在于该结构在射频链与天线阵元之间引入了开关网络，使得全部天线阵元能够共享射频链的数据信息。

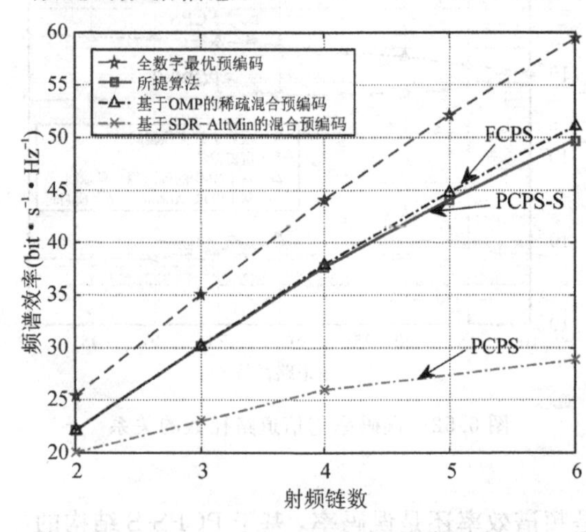

图 6.53　频谱效率与射频链数 N_{RF} 的关系

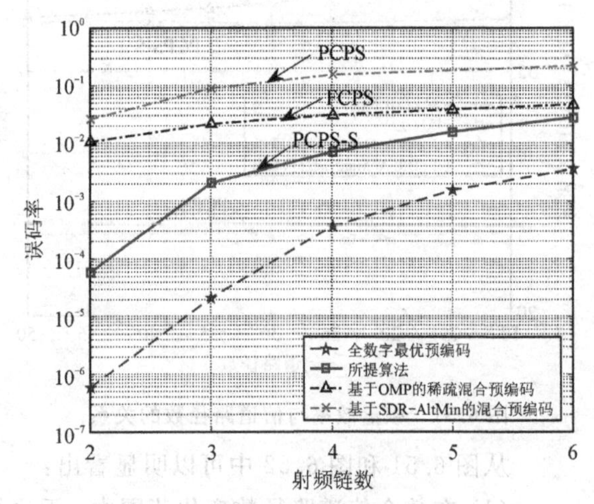

图 6.54　误码率与射频链数 N_{RF} 的关系

实验 5: 频谱效率、误码率与发射天线阵元数的关系。

本次实验主要分析当 $N_{RF} = N_s = 4$ 、SNR=10 dB 时，在不同发射天线阵元数下，全数字最优预编码算法、基于 FCPS 结构的 OMP 稀疏混合预编码算法、基于 PCPS 结构的 SDR-AltMin 混合预编码算法以及基于 PCPS-S 结构的混合预编码算法的频谱效率与误码率。

图 6.55 和图 6.56 给出了基于不同结构的算法频谱效率、误码率与发射天线阵元数 N_t 之间的关系。从图 6.55 和图 6.56 中可以看出：

(1) 随着发射天线阵元数 N_t 增加，全数字最优预编码算法、基于上述 FCPS 结构、PCPS 结构以及所提 PCPS-S 结构的混合预编码算法均可以有效地改善毫米波大规模 MIMO系统的频谱效率及误码率。

(2) 在整个 N_t 变化范围内，基于 PCPS-S 结构的混合预编码算法的误码率均低于基于 FCPS 结构的 OMP 稀疏混合预编码算法和基于 PCPS 结构的 SDR-AltMin 算法的误码率。

(3) 随着发射天线阵元数 N_t 增加，基于 PCPS-S 结构的混合预编码算法的频谱效率逐渐增加，并且当 $N_t \geqslant 144$ 时，所提算法的频谱效率优于基于 OMP 的稀疏混合预编码算法的频谱效率，这表明所提算法对于毫米波大规模 MIMO 天线阵列具有更好的适应性。

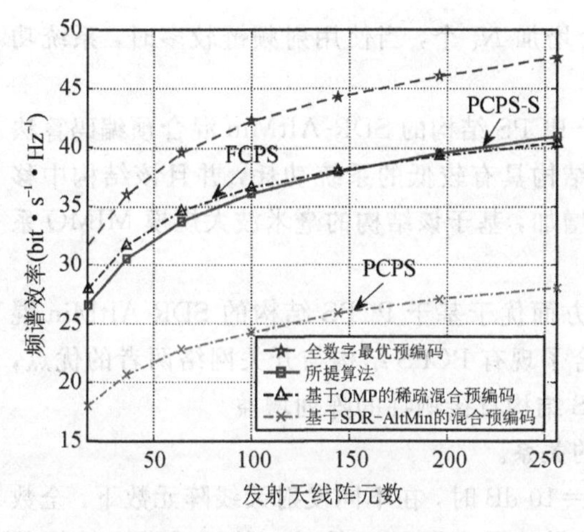

图 6.55　频谱效率与发射天线阵元数 N_t 的关系

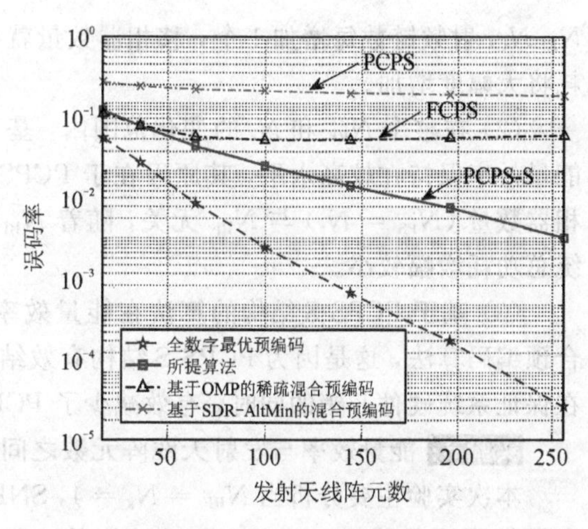

图 6.56　误码率与发射天线阵元数 N_t 的关系

2. 能量效率

本小节对基于不同结构的算法的能量效率进行仿真分析。根据文献[12]和文献[13]的研究内容，仿真参数[12-13]：发射端功率 $P_t = 1$ W，射频链功耗 $P_{RF} = 250$ mW，移相器功耗 $P_{PS} = 50$ mW，开关功耗 $P_S = 5$ mW。

实验 1： 能量效率与射频链数的关系。

本次实验主要分析当 SNR＝10 dB 时，在不同射频链数下，全数字最优预编码算法、基于 FCPS 结构的 OMP 稀疏混合预编码算法、基于 PCPS 结构的 SDR-AltMin 混合预编码算法以及基于 PCPS-S 结构的混合预编码算法的能量效率。

图 6.57 给出了不同射频链数对不同结构的毫米波大规模 MIMO 系统的能量效率的影响，并且 $N_s = N_{RF}$。从图 6.57 中可以明显看出：

(1) 基于 FCPS 结构的 OMP 稀疏预编码算法明显具有较低的能量效率，并且随着 N_{RF} 和 N_s 增加，该算法的能量效率逐渐下降，其原因在于 FCPS 结构中移相器数量 $N_{PS} =$

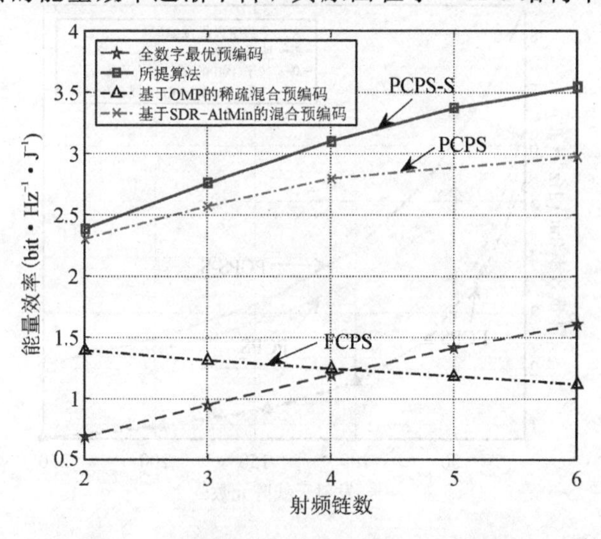

图 6.57　能量效率与射频链数 N_{RF} 的关系

$N_{RF}N_t$，射频链数每增加 1 个，移相器数量就会增加 N_t 个，当使用射频链较多时，系统功耗将大幅度增加。

（2）在整个 N_{RF} 和 N_s 的变化范围内，基于 PCPS 结构的 SDR-AltMin 混合预编码算法能量效率保持在较高水平，其原因在于 PCPS 结构具有较低的系统功耗，并且该结构中移相器数量（$N_{PS} = N_t$）与 N_{RF} 无关，随着 N_{RF} 增加，基于该结构的毫米波大规模 MIMO 系统总功耗增幅较小。

（3）基于 PCPS-S 结构的算法在能量效率方面优于基于 PCPS 结构的 SDR-AltMin 混合预编码算法，这是因为 PCPS-S 结构有效结合了现有 PCPS 结构与开关网络两者的优点，在保证系统硬件开销的同时，有效减少了 PCPS 结构直接牺牲的阵列增益。

实验 3： 能量效率与发射天线阵元数之间的关系。

本次实验主要分析当 $N_{RF} = N_s = 4$，SNR＝10 dB 时，在不同发射天线阵元数下，全数字最优预编码算法、基于 FCPS 结构的 OMP 稀疏混合预编码算法、基于 PCPS 结构的 SDR-AltMin 混合预编码算法以及基于 PCPS-S 结构的混合预编码算法的能量效率。

图 6.58 给出了基于不同结构的算法的能量效率与发射天线阵元数 N_t 之间的关系。从图 6.58 中可以看出：

（1）随着发射天线阵元数量 N_t 增加，基于不同结构的毫米波大规模 MIMO 系统的能量效率都有所下降。这表明在毫米波通信中，采用大规模天线阵列虽然可以有效提高系统频谱效率等性能，但是在一定程度上易导致巨大的硬件开销。

（2）在整个 N_t 变化范围内，全数字最优预编码算法和基于 FCPS 结构的 OMP 稀疏混合预编码算法的能量效率损失严重。进一步表明，设计高性能、低功耗的混合预编码结构并研究相应的混合预编码算法具有重要意义。

（3）在整个 N_t 变化范围内，基于所提 PCPS-S 结构的混合预编码算法在能量效率方面优于基于 PCPS 结构的 SDR-AltMin 混合预编码算法，这是因为 PCPS-S 结构将开关网络引入到 PCPS 结构，考虑到开关的低成本、低功耗等优点，其硬件开销在一定程度上可以忽

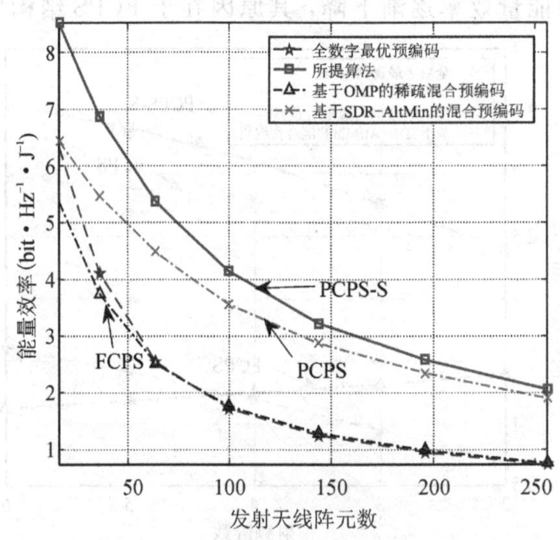

图 6.58　能量效率与发射天线阵元数 N_t 的关系

略，但是开关网络保证了各天线阵元之间能够共享射频链的数据信息，有效地提高基于该结构的混合预编码性能。

综上分析可知，PCPS-S 结构有效结合了 PCPS 结构与开关网络两者的优点，可以在保证相对较低系统硬件开销和功率损耗的同时，有效地改善系统混合预编码性能。

6.8　基于自适应结构的多用户混合预编码算法

以上小节分别讨论了采用 TDMA、CSMA 等协议的单用户大规模 MIMO 系统中，基于所提自适应全连接结构与自适应部分连接结构的交替最小化混合预编码算法。本节将在比基础之上，进一步讨论采用 SDMA、PDMA 等协议的多用户大规模 MIMO 系统中，基于所提自适应全连接与部分连接结构的非线性混合 TH 预编码方法。

6.8.1　问题描述

为清楚起见，将图 6.5 所示系统模型中非线性混合 TH 预编码部分重新表示为图 6.59。与前几个小节相同，为求解方便，数字预编码矩阵 $\boldsymbol{F}_{\mathrm{BB}}$ 被分解为 $\boldsymbol{F}_{\mathrm{P}}$ 与 $\boldsymbol{F}_{\mathrm{D}}$ 两部分，即 $\boldsymbol{F}_{\mathrm{BB}}=\boldsymbol{F}_{\mathrm{P}}\boldsymbol{F}_{\mathrm{D}}$，模拟预编码矩阵 $\boldsymbol{F}_{\mathrm{RF}}$ 则被分解为模拟开关预编码矩阵 $\boldsymbol{F}_{\mathrm{S}}$ 和模拟移相预编码矩阵 $\boldsymbol{F}_{\mathrm{PS}}$ 两部分，也即 $\boldsymbol{F}_{\mathrm{RF}}=\boldsymbol{F}_{\mathrm{S}}\boldsymbol{F}_{\mathrm{PS}}$。假设发射端同时服务于 K 个用户，每个用户装备有 N_{r} 个天线阵元，并采用包含 N_{r} 个移相器和 1 条射频链的固定全连接混合预编码结构。将第 k 个用户的模拟合并向量和数字缩放因子分别记为 $\boldsymbol{w}_{\mathrm{RF},k}$ 和 $w_{\mathrm{BB},k}$，那么与第 4 章相同，可将所有用户的模拟合并向量与数字缩放因子组合表示为对角矩阵 $\boldsymbol{W}_{\mathrm{RF}}=\mathrm{diag}\{\boldsymbol{w}_{\mathrm{RF},1},\cdots,\boldsymbol{w}_{\mathrm{RF},K}\}$ 和 $\boldsymbol{W}_{\mathrm{BB}}=\mathrm{diag}\{w_{\mathrm{BB},1},\cdots,w_{\mathrm{BB},K}\}$。

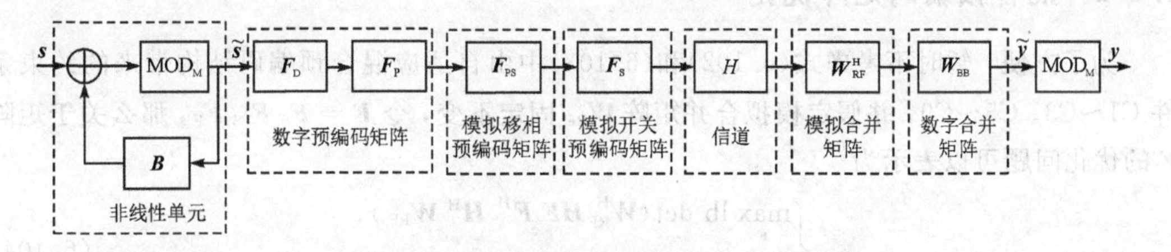

图 6.59　基于自适应结构的非线性混合 TH 预编码

与前几节中基于固定全连接和部分连接结构的混合 TH 预编码类似，令等效信道矩阵 $\boldsymbol{H}_{\mathrm{e}}=\boldsymbol{W}_{\mathrm{RF}}^{\mathrm{H}}\boldsymbol{H}\boldsymbol{F}_{\mathrm{S}}\boldsymbol{F}_{\mathrm{PS}}\boldsymbol{F}_{\mathrm{P}}$，根据文献[15]所提算法，可以得到反馈矩阵 $\boldsymbol{B}$、数字预编码矩阵 $\boldsymbol{F}_{\mathrm{D}}$ 和数字合并矩阵 $\boldsymbol{W}_{\mathrm{BB}}$[15]：

$$\boldsymbol{B}=\boldsymbol{G}_{\mathrm{e}}^{-1}\boldsymbol{L}_{\mathrm{e}}-\boldsymbol{I}$$

$$\boldsymbol{F}_{\mathrm{D}}=\boldsymbol{Q}_{\mathrm{e}}^{\mathrm{H}}$$

$$\boldsymbol{W}_{\mathrm{BB}}=\boldsymbol{G}_{\mathrm{e}}^{-1}$$

其中，$\boldsymbol{L}_{\mathrm{e}}$ 和 $\boldsymbol{Q}_{\mathrm{e}}$ 为等效信道矩阵 $\boldsymbol{H}_{\mathrm{e}}$ 的 LQ 分解，$\boldsymbol{G}_{\mathrm{e}}=\mathrm{diag}\{l_{\mathrm{e},11},\cdots,l_{\mathrm{e},KK}\}$ 为对角矩阵，$l_{\mathrm{e},kk}$ 是矩阵 $\boldsymbol{L}_{\mathrm{e}}$ 的第 k 个对角元素。

给出反馈矩阵 $\boldsymbol{B}$、数字预编码矩阵 $\boldsymbol{F}_{\mathrm{D}}$ 和数字合并矩阵 $\boldsymbol{W}_{\mathrm{BB}}$ 之后，与第 5 章中的混合 TH 预编码优化问题类似，关于数字预编码矩阵 $\boldsymbol{F}_{\mathrm{P}}$、模拟移相预编码矩阵 $\boldsymbol{F}_{\mathrm{PS}}$、模拟开关预编码矩阵 $\boldsymbol{F}_{\mathrm{S}}$ 和模拟合并矩阵 $\boldsymbol{W}_{\mathrm{RF}}$ 的联合优化问题在自适应全连接结构和自适应部分连接结构中可以分别为

$$\begin{cases}\max\limits_{\boldsymbol{W}_{\mathrm{RF}},\boldsymbol{F}_{\mathrm{S}},\boldsymbol{F}_{\mathrm{PS}},\boldsymbol{F}_{\mathrm{P}}} & \mathrm{lb}\det(\boldsymbol{W}_{\mathrm{RF}}^{\mathrm{H}}\boldsymbol{H}\boldsymbol{F}_{\mathrm{S}}\boldsymbol{F}_{\mathrm{PS}}\boldsymbol{F}_{\mathrm{P}}\boldsymbol{F}_{\mathrm{P}}^{\mathrm{H}}\boldsymbol{F}_{\mathrm{PS}}^{\mathrm{H}}\boldsymbol{F}_{\mathrm{S}}^{\mathrm{H}}\boldsymbol{H}^{\mathrm{H}}\boldsymbol{W}_{\mathrm{RF}}) \\ \mathrm{s.t.} & \boldsymbol{F}_{\mathrm{S},ik}\in\{0,1\}\quad\forall i,k \quad \mathrm{C1} \\ & |\boldsymbol{F}_{\mathrm{PS},mn}|=1\quad\forall m,n\quad \mathrm{C2} \\ & \|\boldsymbol{F}_{\mathrm{S}}\boldsymbol{F}_{\mathrm{PS}}\boldsymbol{F}_{\mathrm{P}}\|_{\mathrm{F}}^{2}=\alpha P_{\mathrm{t}}\quad \mathrm{C3} \\ & |\boldsymbol{w}_{\mathrm{RF},p}(q)|=1\quad\forall p,q\quad \mathrm{C4}\end{cases} \tag{6.102}$$

$$\begin{cases}\max\limits_{\boldsymbol{W}_{\mathrm{RF}},\boldsymbol{F}_{\mathrm{S}},\boldsymbol{F}_{\mathrm{PS}},\boldsymbol{F}_{\mathrm{P}}} & \mathrm{lbdet}(\boldsymbol{W}_{\mathrm{RF}}^{\mathrm{H}}\boldsymbol{H}\boldsymbol{F}_{\mathrm{S}}\boldsymbol{F}_{\mathrm{PS}}\boldsymbol{F}_{\mathrm{P}}\boldsymbol{F}_{\mathrm{P}}^{\mathrm{H}}\boldsymbol{F}_{\mathrm{PS}}^{\mathrm{H}}\boldsymbol{F}_{\mathrm{S}}^{\mathrm{H}}\boldsymbol{H}^{\mathrm{H}}\boldsymbol{W}_{\mathrm{RF}}) \\ \mathrm{s.t.} & \boldsymbol{F}_{\mathrm{S},ik}\in\{0,1\}\quad\forall i,k\quad \mathrm{C5} \\ & \|\boldsymbol{F}_{\mathrm{S},i,:}\|_{0}=1\quad\forall i\quad \mathrm{C6} \\ & |\boldsymbol{F}_{\mathrm{PS},mn}|\in\{0,1\}\quad\forall m,n\quad \mathrm{C7} \\ & \|\boldsymbol{F}_{\mathrm{PS},m,:}\|_{0}=1\quad\forall m\quad \mathrm{C8} \\ & \|\boldsymbol{F}_{\mathrm{S}}\boldsymbol{F}_{\mathrm{PS}}\boldsymbol{F}_{\mathrm{P}}\|_{\mathrm{F}}^{2}=\alpha P_{\mathrm{t}}\quad \mathrm{C9} \\ & |\boldsymbol{w}_{\mathrm{RF},p}(q)|=1\quad\forall p,q\quad \mathrm{C10}\end{cases} \tag{6.103}$$

其中，约束条件 C1～C3、C5～C9 分别为所提自适应全连接和部分连接结构中，由开关网络和移相网络的结构特性所引入的约束条件，其形式与单用户大规模 MIMO 系统中相应优化问题(6.17)和(6.67)的约束条件完全相同，C4 和 C10 为用户端模拟合并矩阵需满足的恒模约束。

6.8.2 混合预编码矩阵优化

为了方便，暂时不考虑式(6.102)和(6.103)中由自适应混合预编码结构带来的约束条件 C1～C3、C5～C9，并假定模拟合并矩阵 $\boldsymbol{W}_{\mathrm{RF}}$ 固定不变，令 $\boldsymbol{F}=\boldsymbol{F}_{\mathrm{S}}\boldsymbol{F}_{\mathrm{PS}}\boldsymbol{F}_{\mathrm{P}}$，那么关于矩阵 $\boldsymbol{F}$ 的优化问题可以表示为

$$\begin{cases}\max\limits_{\boldsymbol{F}}\ \mathrm{lb}\det(\boldsymbol{W}_{\mathrm{RF}}^{\mathrm{H}}\boldsymbol{H}\boldsymbol{F}\boldsymbol{F}^{\mathrm{H}}\boldsymbol{H}^{\mathrm{H}}\boldsymbol{W}_{\mathrm{RF}}) \\ \mathrm{s.t.}\quad \|\boldsymbol{F}\|_{\mathrm{F}}^{2}=\alpha P_{\mathrm{t}}\end{cases} \tag{6.104}$$

式(5.37)的最优解已在第 5 章定理中给出，令矩阵 $\boldsymbol{W}_{\mathrm{RF}}^{\mathrm{H}}\boldsymbol{H}$ 的 LQ 分解为 $\boldsymbol{W}_{\mathrm{RF}}^{\mathrm{H}}\boldsymbol{H}=\boldsymbol{P}\boldsymbol{R}$，那么式(5.37)的最优解可表示为 $\boldsymbol{F}_{\mathrm{opt}}=\sqrt{\frac{\alpha P_{\mathrm{t}}}{K}}\boldsymbol{R}^{\mathrm{H}}$。显然，如果存在满足约束条件 C1～C3 或者 C5～C9 的模拟开关预编码矩阵 $\boldsymbol{F}_{\mathrm{S}}$、模拟移相预编码矩阵 $\boldsymbol{F}_{\mathrm{PS}}$ 和数字预编码矩阵 $\boldsymbol{F}_{\mathrm{P}}$ 使得等式 $\sqrt{\frac{\alpha P_{\mathrm{t}}}{K}}\boldsymbol{R}^{\mathrm{H}}=\boldsymbol{F}_{\mathrm{S}}\boldsymbol{F}_{\mathrm{PS}}\boldsymbol{F}_{\mathrm{P}}$ 成立，那么由此即可得到优化问题式(6.102)和(6.103)的最优解。然而由于恒模约束与 0-1 约束的限制，满足等式 $\sqrt{\frac{\alpha P_{\mathrm{t}}}{K}}\boldsymbol{R}^{\mathrm{H}}=\boldsymbol{F}_{\mathrm{S}}\boldsymbol{F}_{\mathrm{PS}}\boldsymbol{F}_{\mathrm{P}}$ 的矩阵 $\boldsymbol{F}_{\mathrm{S}}$、$\boldsymbol{F}_{\mathrm{PS}}$ 和 $\boldsymbol{F}_{\mathrm{P}}$ 不一定存在。为此，假设存在满足约束条件 C1～C3 或者 C5～C9 的矩阵 $\boldsymbol{F}_{\mathrm{S}}$、$\boldsymbol{F}_{\mathrm{PS}}$ 和

$\boldsymbol{F}_{\mathrm{P}}$，使得三者的乘积 $\boldsymbol{F}_{\mathrm{S}}\boldsymbol{F}_{\mathrm{PS}}\boldsymbol{F}_{\mathrm{P}}$ 可以近似等于 $\sqrt{\frac{\alpha P_{\mathrm{t}}}{K}}\boldsymbol{R}^{\mathrm{H}}$，也即 $\sqrt{\frac{\alpha P_{\mathrm{t}}}{K}}\boldsymbol{R}^{\mathrm{H}}\approx\boldsymbol{F}_{\mathrm{S}}\boldsymbol{F}_{\mathrm{PS}}\boldsymbol{F}_{\mathrm{P}}$，那么矩阵 $\boldsymbol{R}\boldsymbol{F}_{\mathrm{S}}\boldsymbol{F}_{\mathrm{PS}}\boldsymbol{F}_{\mathrm{P}}\boldsymbol{F}_{\mathrm{P}}^{\mathrm{H}}\boldsymbol{F}_{\mathrm{PS}}^{\mathrm{H}}\boldsymbol{F}_{\mathrm{S}}^{\mathrm{H}}\boldsymbol{R}^{\mathrm{H}}$ 的全部特征值都应当与 $\frac{\alpha P_{\mathrm{t}}}{K}$ 近似相等。由此，便可利用 1 阶泰勒展开式并忽略高阶小量，将式(6.102)和(6.103)的目标函数重新表示为

$$
\begin{aligned}
&\mathrm{lb}\det(\boldsymbol{W}_{\mathrm{RF}}^{\mathrm{H}}\boldsymbol{H}\boldsymbol{F}_{\mathrm{S}}\boldsymbol{F}_{\mathrm{PS}}\boldsymbol{F}_{\mathrm{P}}\boldsymbol{F}_{\mathrm{P}}^{\mathrm{H}}\boldsymbol{F}_{\mathrm{PS}}^{\mathrm{H}}\boldsymbol{F}_{\mathrm{S}}^{\mathrm{H}}\boldsymbol{H}^{\mathrm{H}}\boldsymbol{W}_{\mathrm{RF}})\\
&=\mathrm{lb}\det(\boldsymbol{P}\boldsymbol{R}\boldsymbol{F}_{\mathrm{S}}\boldsymbol{F}_{\mathrm{PS}}\boldsymbol{F}_{\mathrm{P}}\boldsymbol{F}_{\mathrm{P}}^{\mathrm{H}}\boldsymbol{F}_{\mathrm{PS}}^{\mathrm{H}}\boldsymbol{F}_{\mathrm{S}}^{\mathrm{H}}\boldsymbol{R}^{\mathrm{H}}\boldsymbol{P}^{\mathrm{H}})\\
&=\mathrm{lb}\det(\boldsymbol{P}\boldsymbol{P}^{\mathrm{H}})+\mathrm{lb}\det(\boldsymbol{R}\boldsymbol{F}_{\mathrm{S}}\boldsymbol{F}_{\mathrm{PS}}\boldsymbol{F}_{\mathrm{P}}\boldsymbol{F}_{\mathrm{P}}^{\mathrm{H}}\boldsymbol{F}_{\mathrm{PS}}^{\mathrm{H}}\boldsymbol{F}_{\mathrm{S}}^{\mathrm{H}}\boldsymbol{R}^{\mathrm{H}})\\
&=\mathrm{lb}\det(\boldsymbol{P}\boldsymbol{P}^{\mathrm{H}})+\mathrm{lb}\det(\boldsymbol{\Lambda}_{F})\\
&=\mathrm{lb}\det(\boldsymbol{P}\boldsymbol{P}^{\mathrm{H}})+\sum_{i=1}^{K}\mathrm{lb}\,\lambda_{F,ii}\\
&\overset{(a)}{\approx}\mathrm{lb}\det(\boldsymbol{P}\boldsymbol{P}^{\mathrm{H}})+\sum_{i=1}^{K}\left(\mathrm{lb}\frac{\alpha P_{\mathrm{t}}}{K}+\frac{K}{\alpha P_{\mathrm{t}}}\frac{1}{\ln 2}\left(\lambda_{F,ii}-\frac{\alpha P_{\mathrm{t}}}{K}\right)\right)\\
&=\mathrm{lb}\det\left(\frac{\alpha P_{\mathrm{t}}}{K}\boldsymbol{P}\boldsymbol{P}^{\mathrm{H}}\right)-\frac{K}{\alpha P_{\mathrm{t}}}\frac{1}{\ln 2}\left(\alpha P_{\mathrm{t}}-\sum_{i=1}^{K}\lambda_{F,ii}\right)\\
&=\mathrm{lb}\det\left(\frac{\alpha P_{\mathrm{t}}}{K}\boldsymbol{P}\boldsymbol{P}^{\mathrm{H}}\right)-\frac{K}{\alpha P_{\mathrm{t}}}\frac{1}{\ln 2}(\alpha P_{\mathrm{t}}-\mathrm{tr}(\boldsymbol{R}\boldsymbol{F}_{\mathrm{S}}\boldsymbol{F}_{\mathrm{PS}}\boldsymbol{F}_{\mathrm{P}}\boldsymbol{F}_{\mathrm{P}}^{\mathrm{H}}\boldsymbol{F}_{\mathrm{PS}}^{\mathrm{H}}\boldsymbol{F}_{\mathrm{S}}^{\mathrm{H}}\boldsymbol{R}^{\mathrm{H}}))
\end{aligned}\tag{6.105}
$$

其中，$\boldsymbol{\Lambda}_{F}$ 为对角矩阵，对角元素 $\lambda_{F,ii}$ 为 Hermitian 矩阵 $\boldsymbol{R}\boldsymbol{F}_{\mathrm{S}}\boldsymbol{F}_{\mathrm{PS}}\boldsymbol{F}_{\mathrm{P}}\boldsymbol{F}_{\mathrm{P}}^{\mathrm{H}}\boldsymbol{F}_{\mathrm{PS}}^{\mathrm{H}}\boldsymbol{F}_{\mathrm{S}}^{\mathrm{H}}\boldsymbol{R}^{\mathrm{H}}$ 的特征值。约等式(a)来源于泰勒展开式 $\mathrm{lb}(x+\delta)=\mathrm{lb}x+\delta/(x\ln 2)+O(\delta^{2})$。

根据矩阵 $\boldsymbol{F}_{\mathrm{S}}\boldsymbol{F}_{\mathrm{PS}}\boldsymbol{F}_{\mathrm{P}}$ 近似等于 $\sqrt{\alpha P_{\mathrm{t}}/K}\boldsymbol{R}^{\mathrm{H}}$ 的假设，令 $\boldsymbol{R}\boldsymbol{F}_{\mathrm{S}}\boldsymbol{F}_{\mathrm{PS}}\boldsymbol{F}_{\mathrm{P}}=\sqrt{\alpha P_{\mathrm{t}}/K}\boldsymbol{I}+\boldsymbol{\Delta}$，其中 $\boldsymbol{\Delta}$ 为元素模值充分小的矩阵，由此可将式(6.105)重新表示为

$$
\begin{aligned}
&\mathrm{lb}\det(\boldsymbol{W}_{\mathrm{RF}}^{\mathrm{H}}\boldsymbol{H}\boldsymbol{F}_{\mathrm{S}}\boldsymbol{F}_{\mathrm{PS}}\boldsymbol{F}_{\mathrm{P}}\boldsymbol{F}_{\mathrm{P}}^{\mathrm{H}}\boldsymbol{F}_{\mathrm{PS}}^{\mathrm{H}}\boldsymbol{F}_{\mathrm{S}}^{\mathrm{H}}\boldsymbol{H}^{\mathrm{H}}\boldsymbol{W}_{\mathrm{RF}})\\
&\approx\mathrm{lb}\det\left(\frac{\alpha P_{\mathrm{t}}}{K}\boldsymbol{P}\boldsymbol{P}^{\mathrm{H}}\right)-\frac{K}{\alpha P_{\mathrm{t}}}\frac{1}{\ln 2}(\alpha P_{\mathrm{t}}-\mathrm{tr}(\boldsymbol{R}\boldsymbol{F}_{\mathrm{S}}\boldsymbol{F}_{\mathrm{PS}}\boldsymbol{F}_{\mathrm{P}}\boldsymbol{F}_{\mathrm{P}}^{\mathrm{H}}\boldsymbol{F}_{\mathrm{PS}}^{\mathrm{H}}\boldsymbol{F}_{\mathrm{S}}^{\mathrm{H}}\boldsymbol{R}^{\mathrm{H}}))\\
&=\mathrm{lb}\det\left(\frac{\alpha P_{\mathrm{t}}}{K}\boldsymbol{P}\boldsymbol{P}^{\mathrm{H}}\right)-\frac{K}{\alpha P_{\mathrm{t}}}\frac{1}{\ln 2}\left(\alpha P_{\mathrm{t}}-\mathrm{tr}\left(\left(\sqrt{\frac{\alpha P_{\mathrm{t}}}{K}}\boldsymbol{I}+\boldsymbol{\Delta}\right)\left(\sqrt{\frac{\alpha P_{\mathrm{t}}}{K}}\boldsymbol{I}+\boldsymbol{\Delta}\right)^{\mathrm{H}}\right)\right)\\
&\overset{(a)}{\approx}\mathrm{lb}\det\left(\frac{\alpha P_{\mathrm{t}}}{K}\boldsymbol{P}\boldsymbol{P}^{\mathrm{H}}\right)-\frac{K}{\alpha P_{\mathrm{t}}}\frac{1}{\ln 2}\left(\alpha P_{\mathrm{t}}-\sqrt{\frac{\alpha P_{\mathrm{t}}}{K}}\mathrm{tr}\left(\sqrt{\frac{\alpha P_{\mathrm{t}}}{K}}\boldsymbol{I}+\boldsymbol{\Delta}+\boldsymbol{\Delta}^{\mathrm{H}}\right)\right)\\
&=\mathrm{lb}\det\left(\frac{\alpha P_{\mathrm{t}}}{K}\boldsymbol{P}\boldsymbol{P}^{\mathrm{H}}\right)-\frac{K}{\alpha P_{\mathrm{t}}}\frac{1}{\ln 2}\left(2\alpha P_{\mathrm{t}}-\sqrt{\frac{\alpha P_{\mathrm{t}}}{K}}\mathrm{tr}(\boldsymbol{R}\boldsymbol{F}_{\mathrm{S}}\boldsymbol{F}_{\mathrm{PS}}\boldsymbol{F}_{\mathrm{P}}+\boldsymbol{F}_{\mathrm{P}}^{\mathrm{H}}\boldsymbol{F}_{\mathrm{PS}}^{\mathrm{H}}\boldsymbol{F}_{\mathrm{S}}^{\mathrm{H}}\boldsymbol{R}^{\mathrm{H}})\right)\\
&=\mathrm{lb}\det\left(\frac{\alpha P_{\mathrm{t}}}{K}\boldsymbol{P}\boldsymbol{P}^{\mathrm{H}}\right)-\frac{K}{\alpha P_{\mathrm{t}}}\frac{1}{\ln 2}\left(\mathrm{tr}\left(\frac{\alpha P_{\mathrm{t}}}{K}\boldsymbol{R}\boldsymbol{R}^{\mathrm{H}}\right)-\sqrt{\frac{\alpha P_{\mathrm{t}}}{K}}\mathrm{tr}(\boldsymbol{R}\boldsymbol{F}_{\mathrm{S}}\boldsymbol{F}_{\mathrm{PS}}\boldsymbol{F}_{\mathrm{P}}+\right.\\
&\quad\left.\boldsymbol{F}_{\mathrm{P}}^{\mathrm{H}}\boldsymbol{F}_{\mathrm{PS}}^{\mathrm{H}}\boldsymbol{F}_{\mathrm{S}}^{\mathrm{H}}\boldsymbol{R}^{\mathrm{H}})+\mathrm{tr}(\boldsymbol{F}_{\mathrm{S}}\boldsymbol{F}_{\mathrm{PS}}\boldsymbol{F}_{\mathrm{P}}\boldsymbol{F}_{\mathrm{P}}^{\mathrm{H}}\boldsymbol{F}_{\mathrm{PS}}^{\mathrm{H}}\boldsymbol{F}_{\mathrm{S}}^{\mathrm{H}})\right)\\
&=\mathrm{lb}\det\left(\frac{\alpha P_{\mathrm{t}}}{K}\boldsymbol{P}\boldsymbol{P}^{\mathrm{H}}\right)-\frac{K}{\alpha P_{\mathrm{t}}}\frac{1}{\ln 2}\left\|\sqrt{\frac{\alpha P_{\mathrm{t}}}{K}}\boldsymbol{R}-\boldsymbol{F}_{\mathrm{S}}\boldsymbol{F}_{\mathrm{PS}}\boldsymbol{F}_{\mathrm{P}}\right\|_{\mathrm{F}}^{2}
\end{aligned}\tag{6.106}
$$

其中，约等式(a)忽略了高阶无穷小量 $\boldsymbol{\Delta}\boldsymbol{\Delta}^{\mathrm{H}}$。

利用式(6.106)可将频谱效率最大化问题，即式(6.102)和式(6.103)分别近似转化为如下所示的残差最小化问题：

$$\begin{cases}\min\limits_{\boldsymbol{F}_S,\boldsymbol{F}_{PS},\boldsymbol{F}_P}\left\|\sqrt{\dfrac{\alpha P_t}{K}}\boldsymbol{R}-\boldsymbol{F}_S\boldsymbol{F}_{PS}\boldsymbol{F}_P\right\|_F^2\\ \text{s. t.}\quad \boldsymbol{F}_{S,ik}\in\{0,1\}\quad \forall i,k\quad \text{C1}\\ \qquad |\boldsymbol{F}_{PS,mn}|=1\quad \forall m,n\quad \text{C2}\\ \qquad \|\boldsymbol{F}_S\boldsymbol{F}_{PS}\boldsymbol{F}_P\|_F^2=\alpha P_t\quad \text{C3}\end{cases}\tag{6.107}$$

$$\begin{cases}\min\limits_{\boldsymbol{F}_S,\boldsymbol{F}_{PS},\boldsymbol{F}_P}\left\|\sqrt{\dfrac{\alpha P_t}{K}}\boldsymbol{R}-\boldsymbol{F}_S\boldsymbol{F}_{PS}\boldsymbol{F}_P\right\|_F^2\\ \text{s. t.}\quad \boldsymbol{F}_{S,ik}\in\{0,1\}\quad \forall i,k\quad \text{C5}\\ \qquad \|\boldsymbol{F}_{S,i,:}\|_0=1\quad \forall i\quad \text{C6}\\ \qquad |\boldsymbol{F}_{PS,mn}|\in\{0,1\}\quad \forall m,n\quad \text{C7}\\ \qquad \|\boldsymbol{F}_{PS,m,:}\|_0=1\quad \forall m\quad \text{C8}\\ \qquad \|\boldsymbol{F}_S\boldsymbol{F}_{PS}\boldsymbol{F}_P\|_F^2=\alpha P_t\quad \text{C9}\end{cases}\tag{6.108}$$

式(6.107)和式(6.108)的形式与式(6.17)和式(6.67)相同，分别采用表6.5和表6.14中算法即可求解得到模拟开关预编码矩阵 $\boldsymbol{F}_S$、模拟移相预编码矩阵 $\boldsymbol{F}_{PS}$ 和数字预编码矩阵 $\boldsymbol{F}_P$。

6.8.3 模拟合并矩阵优化

在模拟开关预编码矩阵 $\boldsymbol{F}_S$、模拟移相预编码矩阵 $\boldsymbol{F}_{PS}$ 和数字预编码矩阵 $\boldsymbol{F}_P$ 求解完成后，关于模拟合并矩阵 $\boldsymbol{W}_{RF}$ 的优化问题可表示为

$$\begin{cases}\max\limits_{\boldsymbol{W}_{RF}}\text{lb}\det(\boldsymbol{W}_{RF}^H\boldsymbol{H}\boldsymbol{F}_S\boldsymbol{F}_{PS}\boldsymbol{F}_P\boldsymbol{F}_P^H\boldsymbol{F}_{PS}^H\boldsymbol{F}_S^H\boldsymbol{H}^H\boldsymbol{W}_{RF})\\ \text{s. t.}\quad |\boldsymbol{w}_{RF,p}(q)|=1\quad \forall p,q\quad \text{C4}\end{cases}\tag{6.109}$$

由5.3.2节定理可知，当等式 $\boldsymbol{F}_S\boldsymbol{F}_{PS}\boldsymbol{F}_p=\sqrt{\dfrac{\alpha P_t}{K}}\boldsymbol{R}^H$ 成立时，式(6.109)的目标函数值为 $K\,\text{lb}\left(\dfrac{\alpha P}{K}\right)+\text{lb}\det(\boldsymbol{W}_{RF}^H\boldsymbol{H}\boldsymbol{H}^H\boldsymbol{W}_{RF})$。因此，在 $\boldsymbol{F}_S\boldsymbol{F}_{PS}\boldsymbol{F}_p\approx\sqrt{\dfrac{\alpha P_t}{K}}\boldsymbol{R}^H$ 的假设条件下，可将优化问题式(6.109)近似转化为如下形式：

$$\begin{cases}\max\limits_{\boldsymbol{W}_{RF}}\text{lb}\det(\boldsymbol{W}_{RF}^H\boldsymbol{H}\boldsymbol{H}^H\boldsymbol{W}_{RF})\\ \text{s. t.}\ |\boldsymbol{w}_{RF,p}(q)|=1\quad \forall p,q\quad \text{C4}\end{cases}\tag{6.110}$$

优化问题式(6.110)与第3章中优化的形式完全相同，根据3.3.4节的讨论可知，在大规模MIMO系统中，其解可由下列迭代式近似给出：

$$\boldsymbol{w}_{RF,k}^{(n+1)}=\exp(\text{j}\angle(\boldsymbol{H}_k\boldsymbol{H}_k^H\boldsymbol{w}_{RF,k}^{(n)}))$$

其中，n 为迭代次数。

至此，基于自适应全连接与部分连接结构的多用户非线性混合TH预编码优化问题式(6.102)和式(6.103)已求解完毕，为清楚起见，将所提算法的步骤总结于表6.20中。

表 6.20　基于自适应全连接或部分连接结构的交替最小化多用户混合 TH 预编码算法步骤

输入参数：$\boldsymbol{H}_1, \cdots, \boldsymbol{H}_K$
步骤 1：迭代计算 $k=1, 2, \cdots, K$，求解 $\boldsymbol{C}_k=\boldsymbol{H}_k\boldsymbol{H}_k^{\mathrm{H}}$；
步骤 2：迭代计算 $n=0$、$n=n+1$，求解 $\boldsymbol{w}_{\mathrm{RF},k}^{(n)}=\exp(\mathrm{j}\angle(\boldsymbol{C}_k\boldsymbol{w}_{\mathrm{RF},k}^{(n-1)}))$；
步骤 3：判断 $\Vert \boldsymbol{w}_{\mathrm{RF},k}^{(n)}-\boldsymbol{w}_{\mathrm{RF},k}^{(n-1)}\Vert<\delta_{\mathrm{thres}}$ 是否成立，求解 $\boldsymbol{W}_{\mathrm{RF}}=\mathrm{diag}\{\boldsymbol{w}_{\mathrm{RF},1}^{(n)},\cdots,\boldsymbol{w}_{\mathrm{RF},K}^{(n)}\}$、$\boldsymbol{H}=[\boldsymbol{H}_1^{\mathrm{H}},\boldsymbol{H}_2^{\mathrm{H}},\cdots,\boldsymbol{H}_K^{\mathrm{H}}]^{\mathrm{H}}$；
步骤 4：计算 LQ 分解 $\boldsymbol{W}_{\mathrm{RF}}^{\mathrm{H}}H=PR$；
步骤 5：利用表 6.5 或表 6.14 中的算法求解式(6.107)或式(6.108)，得到 $\boldsymbol{F}_{\mathrm{S}}$、$\boldsymbol{F}_{\mathrm{PS}}$、$\boldsymbol{F}_{\mathrm{P}}$；
步骤 6：计算 LQ 分解 $\boldsymbol{W}_{\mathrm{RF}}^{\mathrm{H}}\boldsymbol{H}\boldsymbol{F}_{\mathrm{S}}\boldsymbol{F}_{\mathrm{PS}}\boldsymbol{F}_{\mathrm{P}}=\boldsymbol{L}_{\mathrm{e}}\boldsymbol{Q}_{\mathrm{e}}$，$\boldsymbol{B}=\mathrm{diag}\,\{\boldsymbol{L}_{\mathrm{e}}\}^{-1}\boldsymbol{L}_{\mathrm{e}}-\boldsymbol{I}$；
步骤 7：求解 $\boldsymbol{F}_{\mathrm{o}}=\boldsymbol{Q}_{\mathrm{e}}^{\mathrm{H}}$，$\boldsymbol{W}_{\mathrm{BB}}=\mathrm{diag}\,\{\boldsymbol{L}_{\mathrm{e}}\}^{-1}$
输出参数：$\boldsymbol{W}_{\mathrm{BB}}$、$\boldsymbol{W}_{\mathrm{RF}}$、$\boldsymbol{F}_{\mathrm{S}}$、$\boldsymbol{F}_{\mathrm{PS}}$、$\boldsymbol{F}_{\mathrm{P}}$、$\boldsymbol{F}_{\mathrm{D}}$、$\boldsymbol{B}$

6.8.4　计算复杂度分析

由表 6.20 给出的算法步骤分析可知，所提基于自适应全连接和部分连接结构混合 TH 混合预编码算法的计算复杂度主要包括如下三部分：

(1) 模拟合并矩阵 $\boldsymbol{W}_{\mathrm{RF}}$ 的求解过程。

模拟合并矩阵 $\boldsymbol{W}_{\mathrm{RF}}$ 由步骤 1～步骤 3 给出，其计算复杂度已在第 5 章中进行了分析，为 $O(KN_{\mathrm{r}}^2N_{\mathrm{t}})$。

(2) 求解模拟开关预编码矩阵 $\boldsymbol{F}_{\mathrm{S}}$、模拟移相预编码矩阵 $\boldsymbol{F}_{\mathrm{PS}}$ 和数字预编码矩阵 $\boldsymbol{F}_{\mathrm{P}}$ 的过程。

模拟开关预编码矩阵 $\boldsymbol{F}_{\mathrm{S}}$、模拟移相预编码矩阵 $\boldsymbol{F}_{\mathrm{PS}}$ 和数字预编码矩阵 $\boldsymbol{F}_{\mathrm{P}}$ 由步骤 4、步骤 5 求解得到。其中步骤 4 给出矩阵 $\boldsymbol{W}_{\mathrm{RF}}^{\mathrm{H}}\boldsymbol{H}$ 的 LQ 分解，计算复杂度为 $O(\max\{KN_{\mathrm{r}}N_{\mathrm{t}},n_1K^2N_{\mathrm{t}}\})$，步骤 5 通过交替最小化算法给出 $\boldsymbol{F}_{\mathrm{S}}$、$\boldsymbol{F}_{\mathrm{PS}}$ 和 $\boldsymbol{F}_{\mathrm{P}}$，其计算复杂度与自适应混合预编码结构有关，根据 6.4.5 节和 6.5.5 节的分析结果可知，对于自适应全连接和部分连接结构，步骤 5 的计算复杂度分别为 $O(\max\{n_1n_2KN_{\mathrm{c}}N_{\mathrm{t}},n_1n_3N_{\mathrm{RF}}N_{\mathrm{c}}^2,n_1N_{\mathrm{t}}N_{\mathrm{c}}^2\})$、$O(n_1KN_{\mathrm{c}}N_{\mathrm{t}})$ 和 $O(\max\{KN_{\mathrm{r}}N_{\mathrm{t}},\ n_1K^2N_{\mathrm{t}}\})$。因此，该过程在自适应全连接和部分连接结构中的计算复杂度分别为 $O(\max\{KN_{\mathrm{r}}N_{\mathrm{t}},n_1n_2KN_{\mathrm{c}}N_{\mathrm{t}},n_1n_3N_{\mathrm{RF}}N_{\mathrm{c}}^2,n_1N_{\mathrm{t}}N_{\mathrm{c}}^2\})$ 和 $O(\max\{KN_{\mathrm{r}}N_{\mathrm{t}},n_1KN_{\mathrm{c}}N_{\mathrm{t}}\})$ 和 $O(\max\{KN_{\mathrm{r}}N_{\mathrm{t}},\ n_1K^2N_{\mathrm{t}}\})$。

(3) 求解反馈矩阵 $\boldsymbol{B}$、数字预编码矩阵 $\boldsymbol{F}_{\mathrm{D}}$ 和数字合并矩阵 $\boldsymbol{W}_{\mathrm{BB}}$ 的过程。

反馈矩阵 $\boldsymbol{B}$、数字预编码矩阵 $\boldsymbol{F}_{\mathrm{D}}$ 和数字合并矩阵 $\boldsymbol{W}_{\mathrm{BB}}$ 由步骤 6 和步骤 7 给出，其主要计算过程为步骤 6，LQ 分解和 $\boldsymbol{B}$ 求解的计算复杂度分别为 $O(K^2N_{\mathrm{t}})$ 和 $O(K^2)$，因此该过程的计算复杂度可表示为 $O(K^2N_{\mathrm{t}})$。

综合上述分析可知，所提算法在自适应全连接和部分连接结构中的计算复杂度分别为 $O(\max\{KN_{\mathrm{r}}^2N_{\mathrm{t}},n_1n_3KN_{\mathrm{c}}N_{\mathrm{t}},n_2n_3N_{\mathrm{RF}}N_c^2,n_3N_{\mathrm{t}}N_{\mathrm{c}}^2\})$ 和 $O(\max\{KN_{\mathrm{r}}^2N_{\mathrm{t}},n_1KN_{\mathrm{c}}N_{\mathrm{t}}\})$。

6.8.5　仿真实验及性能分析

本小节的仿真实验均针对多用户系统而言。假设发射端和用户都采用均匀平面阵列，阵元间距为半波长。发射端与用户之间的信道假设由 5 个路径簇组成，每簇包含 10 条路径[16][17]。每簇路径的平均方位角和平均俯仰角在 $[0,2\pi]$ 和 $[0,\pi]$ 区间上均匀分布，簇内每条路径的方位角和俯仰角服从尺度参数为 10°的拉普拉斯分布。每条路径的复用增益服从标准复高斯分布。在误码率的仿真实验中，假设发射信号的调制方式为 64QAM。所有仿真结果均为 1000 次随机实验的平均值。

实验 1： 频谱效率、能量效率以及误码率和中介维度的关系。

本实验对多用户系统中基于自适应全连接与部分连接结构的非线性混合 TH 预编码算法进行性能评估。值得注意的是，在多用户系统中，线性混合预编码算法与非线性混合预编码算法的性能往往存在较大差距。为了尽可能地排除因不同类别算法所导致的性能差异，最大限度地反映由自适应混合预编码结构所带来的性能优势，实验 1 至实验 3 将第 5 章中基于固定结构的非线性混合 TH 预编码和本章基于自适应结构的非线性混合 TH 预编码算法进行对比。上述两种算法的求解思路相近，主要的区别就在于混合预编码结构的不同，因此可最大程度上排除不同类型算法所导致的性能差异，准确反映出自适应连接结构在多用户系统中的优异性能。

为了表述简洁，在实验 1 至实验 3 中将直接以混合预编码结构名称代指相应的算法，也即分别以固定全连接结构和固定部分连接结构代指基于固定全连接和部分连接结构的混合 TH 预编码算法，以所提自适应全连接和部分连接结构代指基于自适应全连接和部分连接结构的交替最小化混合 TH 预编码算法。

仿真参数：发射端包含 128（$N_t = 128$）个天线阵元，射频链数与用户数均为 4（$N_{RF} = K = 4$）；每个用户包含 16（$N_r = 16$）个天线阵元，射频链数为 1；信噪比为 10 dB。仿真结果如图 6.60、图 6.61 和图 6.62 所示。

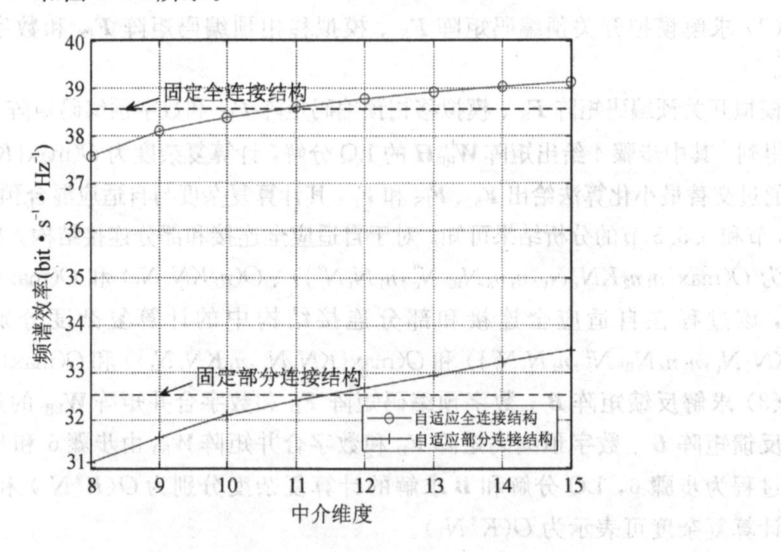

图 6.60　多用户系统中频谱效率与中介维度的关系

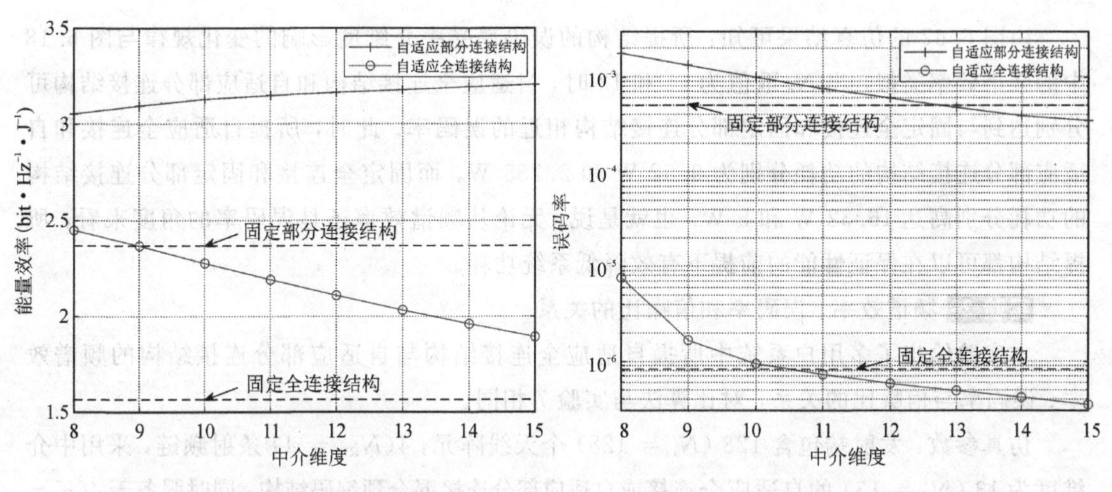

图 6.61　能量效率与中介维度的关系　　图 6.62　误码率与中介维度的关系

由图 6.60 的仿真结果可知：(1) 自适应部分连接混合预编码结构在 $N_c = 12$ 时，可给出与固定部分连接混合预编码结构相近的频谱效率，此时，固定部分连接结构的功耗高达 5 W，而所提自适应部分连接结构的功耗仅为 2.22 W，相当于固定部分连接结构的 40%左右的功耗。(2) 自适应全连接混合预编码结构在 $N_c = 11$ 时，可达到与固定全连接混合预编码结构相近的频谱效率，此时，两者的功耗分别为 9.52 W 和 16.52 W，相比而言，所提自适应全连接结构可节省大约 40%的能量。(3) 表 6.21 和表 6.22 给出了所提自适应混合预编码结构与固定混合预编码结构更为详细的功耗以及器件数量，由表可知，所提自适应结构所需移相器数量低于固定混合预编码结构的 1/10，这也是它能够显著降低功耗的主要原因。

表 6.21　多用户系统中所提自适应部分连接结构与固定部分连接结构功耗

混合预编码结构	N_c	基带 功耗/W	基带 数量	射频链 功耗/W	射频链 数量	移相器 功耗/W	移相器 数量	开关 功耗/W	总功耗/W
固定部分连接结构	—	0.2	4	0.96	128	3.84	—	—	5
自适应部分连接结构	12	0.2	4	0.96	12	0.36	140	0.7	2.22

表 6.22　多用户系统中所提自适应全连接结构与固定全连接结构功耗

混合预编码结构	N_c	基带 功耗/W	基带 数量	射频链 功耗/W	射频链 数量	移相器 功耗/W	移相器 数量	开关 功耗/W	总功耗/W
固定全连接结构	—	0.2	4	0.96	512	15.36	—	—	16.52
自适应全连接结构	11	0.2	4	0.96	44	1.32	1408	7.04	9.52

由图 6.61 的仿真结果可知：所提自适应混合预编码结构能量效率的变化规律与单用户系统中的图 6.9 具有一定的相似性。其中，自适应部分连接结构给出的能量效率最高，自适应全连接结构的能量效率在 $N_c < 9$ 时优于固定部分连接和全连接结构；当 $N_c > 9$ 时，由于开关数量较多，其能量效率有所下降，介于固定部分连接和固定全连接结构之间。由于部分连接结构的频谱效率较低，因此，对于在频谱效率方面有较高需求的通信场景而言，采用自适应全连接结构进行混合 TH 预编码是最节能的方案。

由图 6.62 的仿真结果可知：所提结构的误码率受中介维度影响的变化规律与图 6.18 中的频谱效率类似，当 N_c 取值为 11 和 13 时，自适应全连接结构和自适应部分连接结构可分别达到与固定全连接和固定部分连接结构相近的误码率。此时，所提自适应全连接和自适应部分连接结构的功耗分别为 9.52 W 和 2.255 W，而固定全连接和固定部分连接结构的功耗分别高达 16.52 W 和 5 W。也就是说，无论从频谱效率还是误码率的角度来看，所提结构都可以在保证性能的前提下有效降低系统功耗。

实验 2： 频谱效率、误码率和信噪比的关系。

本实验给出了多用户系统中所提自适应全连接结构与自适应部分连接结构的频谱效率、误码率与信噪比的关系，对比算法与实验 7 相同。

仿真参数：发射端包含 128 ($N_t = 128$) 个天线阵元，4($N_{RF} = 4$) 条射频链，采用中介维度为 13 ($N_c = 13$) 的自适应全连接或自适应部分连接混合预编码结构，同时服务于 4($K = 4$) 个用户，每个用户包含 $N_r = 16$ 个天线阵元和 1 条射频链，并采用固定全连接混合预编码结构。仿真结果如图 6.63 和图 6.64 所示。

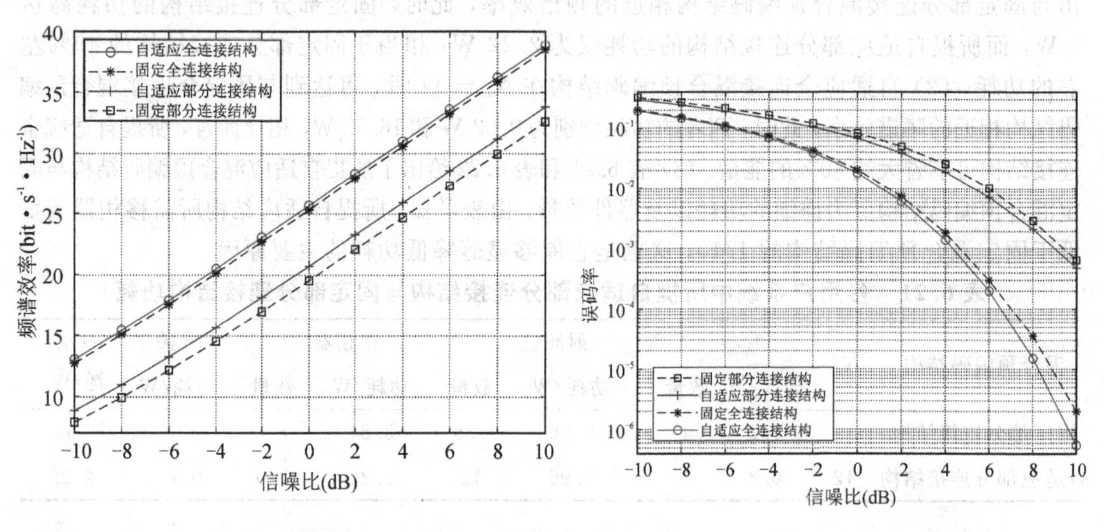

图 6.63 频谱效率与信噪比的关系　　图 6.64 误码率与信噪比的关系

由图 6.63 和图 6.64 的仿真结果可知：(1) 在不同信噪比环境下，自适应全连接结构的频谱效率与固定全连接结构的几乎完全一致。在误码率方面，自适应全连接结构相对于固定全连接结构的优势随信噪比的增加而逐渐增大。(2) 在整个仿真实验所考虑的信噪比范围内，自适应部分连接结构与固定部分连接结构在频谱效率和误码率两方面给出的性能增益基本一致。由于在 $N_c = 13$ 条件下，所提自适应全连接与自适应部分连接结构的功耗分别为 11.04 W 和 2.255 W，而固定全连接和固定部分连接结构的功耗高达 16.52 W 和 5 W，因此在不同信噪比环境下，所提自适应结构都可在有效保证频谱效率以及误码率的同时显著降低系统功耗。

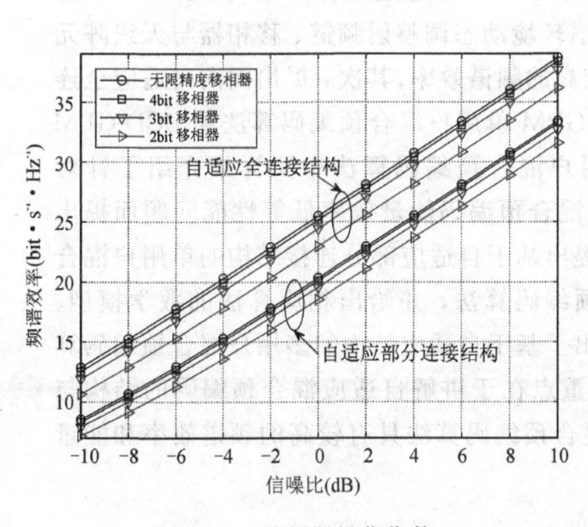

图 6.65　移相器量化位数对频谱效率的影响

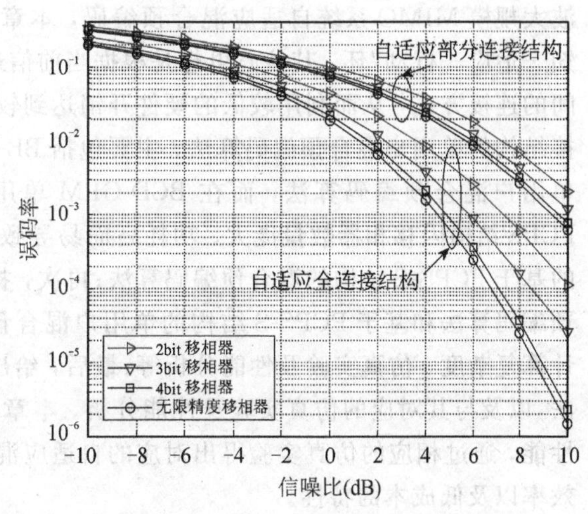

图 6.66　移相器量化位数对误码率的影响

实验 3: 频谱效率、误码率和移相器量化位数的关系。

本实验对多用户系统中自适应全连接和部分连接结构的频谱效率、误码率与移相器量化位数之间的关系进行研究。当采用 B bit 移相器进行模拟预编码时，移相器的相位值由无限精度移相器的相位值经量化算子 $Q(x)=\min\limits_{x_q\in Q_\beta}\left|x_q-x\right|$ 量化后给出，其中 Q_β 为 B bit 移相器所有可能相位值组成的集合。

仿真参数：发射端包含 $N_t=128$ 个天线阵元，采用中介维度为 $N_c=13$ 的自适应结构进行混合预编码，射频链数 $N_{RF}=4$，共服务于 $4(K=4)$ 个用户，每个用户包含 $N_r=16$ 个天线阵元和 1 条射频链，并采用固定全连接混合预编码结构。仿真结果如图 6.65 和图 6.66 所示。

由图 6.65 和图 6.66 的仿真结果可知：(1) 对于 2 bit 和 3 bit 移相器而言，其有限的量化位数对所提自适应混合预编码结构性能的影响较大，例如，在自适应全连接结构中，相对于无限精度移相器，3 bit 移相器所减少的频谱效率约为 1 $\text{bit}\cdot\text{s}^{-1}\cdot\text{Hz}^{-1}$，在误码率方面，当信噪比为 10 dB 时，3 bit 移相器所形成的误码率性能甚至不足无限精度移相器所形成的误码率的 10%。(2) 4 bit 移相器可支持 16 个相位值，量化误差较小，对应的频谱效率及误码率与无限精度移相器比较接近，因此在多用户系统中，所提自适应混合预编码结构应采用量化位数不低于 4 bit 的移相器，才能有效保证系统性能。

6.9　本章小结

毫米波大规模 MIMO 系统混合预编码是提升无线通信系统容量和降低射频链使用数量的关键技术之一，但是仍然需要大量高精度的相移器实现阵列增益。为了解决固定混合预编码结构对信道环境的自适应能力有限而导致系统能量效率低的问题，本章提出了高效的毫米波大规模 MIMO 系统自适应混合预编码结构与算法。为使读者更加详细地了解毫米波大规模MIMO系统自适应混合预编码，本章首先给出自适应混合预编码框架——“感知—适应—行动”环，其核心思想是根据当前信道环境动态调整射频链、移相器与天线阵元间的连接方式，从而利用较低的硬件开销达到较高的频谱效率；其次，提出面向自适应全连接结构的单用户混合预编码算法，主要包括BB-GPM单用户混合预编码算法和BCD-GPM单用户混合预编码算法，而在BCD-GPM单用户混合预编码算法中又详细介绍了针对FCPS结构因移相器数量庞大、功耗高而易导致混合预编码能量效率低等性能问题而提出的基于FCPS-S结构的混合预编码算法；再次，提出基于自适应部分连接结构的单用户混合预编码算法和基于PCPS-S结构的单用户混合预编码算法，并给出相应算法的数学模型、计算复杂度、仿真实验及性能分析等；最后，给出了基于自适应结构的多用户混合预编码算法，以及与其对应的仿真实验及性能分析。本章重点在于讲解自适应混合预编码的结构与性能，通过相应的仿真实验得出对应的自适应混合预编码算法具有较高的频谱效率和能量效率以及低成本的特性。

参考文献

[1] SALEH A A M, VALENZUELA R. A statistical model for indoor multipath propagation[J]. IEEE Journal on Selected Areas in Communications, 1987, 5(2): 128-137.

[2] AYACH O E, RAJAGOPAL S, ABU-SURRA S, et al. Spatially sparse precoding in millimeter wave MIMO systems[J]. IEEE Transactions on Wireless Communications, 2014, 13(3): 1499-1513.

[3] ZHANG D, WANG Y, LI X, et al. Hybridly connected structure for hybrid beamforming in mmWave massive MIMO systems[J]. IEEE Transactions on Communications, 2018, 66(2): 662-674.

[4] YU X, SHEN J C, ZHANG J, LETAIEF K B. Alternating minimization algorithms for hybrid precoding in millimeter wave MIMO systems[J]. IEEE Journal of Selected Topics in Signal Processing, 2016, 10(3): 485-500.

[5] 黄红选，韩继业. 数学规划[M]. 北京：清华大学出版社，2006.

[6] SOLTANALIAN M, STOICA P. Designing unimodular codes via quadratic optimization[J]. IEEE Transactions on Signal Processing, 2014, 62(5): 1221-1234.

[7] BOUMAL N. Nonconvex phase synchronization[J]. SIAM Journal on Optimization, 2016, 26(4): 2355-2377.

[8] BIBBY J. Axiomatisations of the average and a further generalisation of monotonic sequences[J]. Glasgow Mathematical Journal, 1974, 15(1): 63-65.

[9] TELATAR E. Capacity of multi-antenna gaussian channels[J]. European Transactions on Telecommunications, 1999, 10(6): 585-595.

[10] SOLTANALIAN M, Stoica P. Designing unimodular codes via quadratic optimization[J]. IEEE Transactions on Signal Processing, 2014, 62(5): 1221

－1234.

[11] RUSEK F, PERSSON D, Lau B K, et al. Scaling up MIMO: opportunities and challenges with very large arrays[J]. IEEE Signal Processing Magazine, 2013, 30(1): 40－60.

[12] GAO X, DAI L, HAN S, et al. Energy-efficient hybrid analog and digital precoding for mm- Wave MIMO systems with large antenna arrays[J]. IEEE Journal on Selected Areas in Communications, 2016, 34(4): 998－1009.

[13] YU X, ZHANG J, LETAIEF K B. A hardware-efficient analog network structure for hybrid precoding in millimeter wave systems[J]. IEEE Journal of Selected Topics in Signal Pro- cessing, 2018, 12(2): 282－297.

[14] HORN R A, JOHNSON C R. Matrix analysis[M]. Cambridge: Cambridge university press, 2012.

[15] WINDPASSINGER C, FISCHER R F H, VENCEL T, HUBER J B. Precoding in multiantenna and multiuser communications[J]. IEEE Transactions on Wireless Communications, 2004, 3(4): 1305－1316.

[16] MULLA M, ULUSOY A H, RIZANER A, AMCA H. Barzilai-Borwein gradient algorithm based alternating minimization for single user millimeter wave systems [J]. IEEE Wireless Communications Letters, 2020, 9(4): 508－512.

[17] HUANG W, SI Q, JIN M. Alternating optimization based low complexity hybrid precoding in millimeter wave MIMO systems[J]. IEEE Communications Letters, 2020, 24(3): 635－638.

[18] PARK S, ALKHATEEB A, HEATH R W. Dynamic subarrays for hybrid precoding in wideband mmwave MIMO systems[J]. IEEE Transactions on Wireless Communications, 2017, 16(5): 2907－2920.

[19] NAIR S S, BHASHYAM S. Hybrid beamforming in MU-MIMO using partial interfering beam feedback[J]. IEEE Communications Letters, 2020, 24(7): 1548－1552.

[20] TSINOS C G, MALEKI S, CHATZINOTAS S, OTTERSTEN B. On the energy-efficiency of hybrid analog-digital transceivers for single- and multi-carrier large antenna array systems[J]. IEEE Journal on Selected Areas in Communications, 2017, 35(9): 1980－1995.

[21] BUSARI S A, MUMTAZ S, AL-RUBAYE S, RODRIGUEZ J. 5G millimeter-wave mobile broadband: performance and challenges[J]. IEEE Communications Magazine, 2018, 56(6): 137－143.

[22] MÉNDEZ-RIAL R, RUSU C, GONZÁLEZ-PRELCIC N, Alkhateeb A, Heath R W. Hybrid MIMO architectures for millimeter wave communications: phase shifters or switches[J]. IEEE Access, 2016, 4: 247－267.

第7章 智能混合预编码算法

7.1 引言

毫米波大规模MIMO是提高5G移动通信容量的核心技术之一，其中混合预编码是大规模MIMO系统中最关键的技术。采用传统的迭代算法解决混合预编码问题将导致较高的计算复杂度和严重的系统性能恶化。新型的机器学习方法由于具有自适应学习和决策的优势而被广泛应用于混合预编码器的设计中。机器学习作为自适应学习和决策的人工智能工具之一，已经在图像/音频处理、社会行为分析和项目管理等方面得到了广泛应用。近年来，机器学习与无线移动通信领域的结合不仅仅停留在理论的研究阶段，高速和强大计算能力的硬件技术的出现，使得该结合成为现实。智能基站和移动终端可以模仿人类的复杂学习和决策能力，对耗时和计算密集的多样化问题迅速做出最优决策。通过对毫米波大规模MIMO系统中的混合预编码问题进行严格建模，可以采用机器学习的方法训练出最优的预编码矩阵。机器学习领域中的交叉熵方法可用于解决组合优化问题，这引起了将其应用于毫米波大规模MIMO系统中的复杂混合预编码方法的研究。因此，本章在机器学习的基础理论上提出基于机器学习自适应交叉熵的1比特量化相移的自适应连接混合预编码算法、基于深度学习的单用户混合预编码算法以及基于深度学习的多用户混合预编码算法。

基于机器学习自适应交叉熵的1 bit量化相移的自适应连接混合预编码算法首先根据概率分布随机生成模拟预编码器；其次采用经典的ZF预编码得到相应的数字预编码器，并根据可达和速率自适应地加权模拟预编码器；再次，通过减小交叉熵和加入常数平滑参数更新模拟预编码的概率分布；最后，经过多次重复，最终得到可达和速率几乎最优的混合预编码器。基于深度学习的单用户混合预编码算法首先通过设计合理的神经网络框架，使神经网络的输出为混合预编码向量；然后，利用信道矩阵的奇异值分解得到全数字最优预编码向量并将其作为神经网络的训练标签；最后，以减少全数字预编码矩阵与混合预编码矩阵的残差为目标对神经网络的参数进行更新，直到网络收敛。基于深度学习的多用户混合预编码算法采用监督学习的方案，并且尝试不同的网络的结构，通过优化设计网络的输入输出结构，从而降低神经网络的输出维度，减小模型的训练难度。

7.2 基于机器学习的自适应连接混合预编码算法

7.2.1 系统模型

1. 模型简介

图7.1所示为多用户大规模MIMO系统自适应连接混合预编码[7]，发射端含有 N_t 个

天线阵元与 N_{RF} 个射频链，在接收端同时服务 K 个具有单天线的非协作用户。通常，在大规模 MIMO 系统中满足 $K \leqslant N_{\mathrm{RF}} \leqslant N_{\mathrm{t}}$[1]，$N_{\mathrm{BF}}=K$。模拟预编码器由少量射频链、自适应连接网络和大量的天线组成，其中模拟预编码矩阵为 $\boldsymbol{F}_{\mathrm{RF}}$。假定发送到 K 个用户的数据流信号（$\boldsymbol{s}=[s_1,s_2,\cdots,s_k]^{\mathrm{T}}$）独立同分布，且均为服从零均值复高斯分布，并满足 $E(\boldsymbol{ss}^H)=(P_{\mathrm{t}}/K)\boldsymbol{I}_K$，其中 P_{t} 为发射功率，$\boldsymbol{I}_K$ 表示 $K\times K$ 的单位矩阵。K 个用户的接收信号可以表示为

$$\boldsymbol{y}=\boldsymbol{H}^{\mathrm{T}}\boldsymbol{F}_{\mathrm{RF}}\boldsymbol{F}_{\mathrm{BB}}\boldsymbol{s}+\boldsymbol{n} \tag{7.1}$$

其中，$\boldsymbol{H}^{\mathrm{T}}=[h_1,h_2,\cdots,h_K]^{\mathrm{T}}\in\mathbb{C}^{K\times N_{\mathrm{t}}}$ 表示基站到所有用户的下行信道矩阵，$h_K\in\mathbb{C}^{N_{\mathrm{t}}\times 1}$ 表示基站到第 k 个用户的信道增益；$\boldsymbol{F}_{\mathrm{RF}}=[\boldsymbol{f}_{\mathrm{RF},1},\boldsymbol{f}_{\mathrm{RF},2},\cdots,\boldsymbol{f}_{\mathrm{RF},N_{\mathrm{RF}}}]\in\mathbb{C}^{N_{\mathrm{t}}\times N_{\mathrm{RF}}}$ 表示高维的只能调整信号相位的恒模模拟预编码矩阵；$\boldsymbol{F}_{\mathrm{BB}}=[\boldsymbol{f}_{\mathrm{BB},1},\boldsymbol{f}_{\mathrm{BB},2},\cdots,\boldsymbol{f}_{\mathrm{BB},K}]\in\mathbb{C}^{N_{\mathrm{RF}}\times K}$ 表示低维的既能调整信号幅度又能调整信号相位的数字预编码矩阵；$\boldsymbol{n}$ 表示 $K\times 1$ 维矢量加性复高斯白噪声（Additive Gaussian White Noise，AWGN），满足 $E(\boldsymbol{nn}^{\mathrm{H}})=\sigma^2\boldsymbol{I}_K$，$\sigma^2$ 表示加性高斯白噪声的功率[2]。

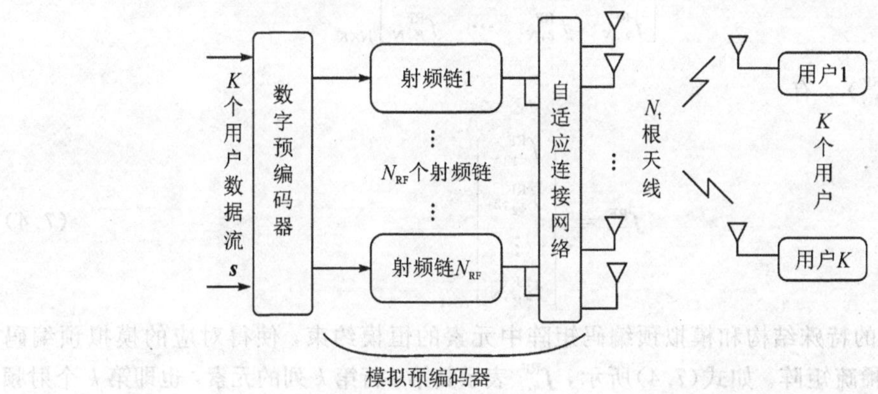

图 7.1　多用户大规模 MIMO 系统自适应连接混合预编码

为了保证总的发射功率约束，在设计好模拟预编码矩阵 $\boldsymbol{F}_{\mathrm{RF}}$之后，相应的数字预编码矩阵 $\boldsymbol{F}_{\mathrm{BB}}$应满足功率约束条件 $\|\boldsymbol{F}_{\mathrm{RF}}\boldsymbol{F}_{\mathrm{BB}}\|_{\mathrm{F}}^2$。为了更好地描述毫米波信道由极高的传播路径损失而导致的有限空间选择和有限散射的特点，以及毫米波发射机大量的天线阵列导致很大程度的天线相关性[3]，本节采用几何 Saleh-Valenzuela 信道模型，假设发射端是均匀线性阵列（Uniform Linear Array，ULA）天线，那么第 k 个用户的信道增益可以表示为[8]

$$\boldsymbol{h}_k=\sqrt{\frac{N_{\mathrm{t}}}{L_k}}\sum_{l=1}^{L_k}\alpha_{lk}\boldsymbol{\alpha}(\varphi_{lk}) \tag{7.2}$$

其中，N_{t} 为发射端均匀线性阵列天线的天线数；L_k 表示第 k 个用户的传播路径数；α_{lk} 和 φ_{lk} 分别表示第 k 个用户的第 l 条路径的复用增益和离开方位角度；$\boldsymbol{\alpha}(\varphi_{lk})$表示维数为 $N_{\mathrm{t}}\times 1$ 的发射阵列响应矢量，可以表示为

$$\boldsymbol{a}(\varphi_{lk})=\frac{1}{\sqrt{N_{\mathrm{t}}}}[1,\mathrm{e}^{\frac{\mathrm{j}2\pi d}{\lambda}\sin(\varphi_{lk})},\cdots,\mathrm{e}^{\frac{\mathrm{j}2\pi d(N_{\mathrm{t}}-1)}{\lambda}\sin(\varphi_{lk})}]^{\mathrm{T}} \tag{7.3}$$

式中，λ 为信号的波长，d 为均匀线性天线阵元之间的距离，通常 $d=\lambda/2$。

2. 数学描述

传统的低精度移相器部分连接结构的模拟预编码不能很好地实现毫米波高维天线的阵列增益，受文献[4]研究的自适应连接结构模拟预编码的启发[4]，模拟预编码器也采用自适

应连接结构。应用自适应连接结构代替固定部分连接结构的开关和反相器(相当于 1 bit 量化的移相器),其中,和固定部分连接结构相同,自适应连接结构仅仅需要 N 个 1 bit 量化的移相器,N 个射频链,不需要加法器。自适应连接结构和需要 $N\times N_{RF}$ 个高精度移相器,N_{RF}个射频链,N 个加法器的全连接结构相比,极大地降低了硬件复杂度(主要包括成本费用及其能量消耗)。自适应连接结构可以更好地匹配下行链路,改善用户的可达和速率,并且该结构可以用低计算复杂度的芯片实现[4]。为了更好地将自适应交叉熵优化方法应用于自适应连接结构,对应算法通常需要在特定信道状态信息下实现射频链与天线的匹配,也就是找到对应的模拟预编码矩阵 $\boldsymbol{F}_{RF}$ 中非零元素的位置。将

$$\boldsymbol{F}_{RF}=\begin{bmatrix} f_{1,1}^{RF} & f_{2,1}^{RF} & \cdots & f_{K,1}^{RF} \\ f_{1,2}^{RF} & f_{2,2}^{RF} & \cdots & f_{K,2}^{RF} \\ \vdots & \vdots & \vdots & \vdots \\ f_{1,N}^{RF} & f_{2,N}^{RF} & \cdots & f_{K,N}^{RF} \end{bmatrix}_{N\times K}$$

按行求和($\sum_{k=1}^{K} f_{k,j}^{RF}$),有

$$\overline{\boldsymbol{f}}_x^{RF}=\begin{bmatrix} f_{x_1,1}^{RF} \\ f_{x_2,2}^{RF} \\ \vdots \\ f_{x_K,N}^{RF} \end{bmatrix}_{N\times 1} \tag{7.4}$$

自适应连接的特殊结构和模拟预编码矩阵中元素的恒模约束,使得对应的模拟预编码矩阵 $\boldsymbol{F}_{RF}$通常为稀疏矩阵。如式(7.4)所示,$\boldsymbol{f}_{k,j}^{RF}$ 表示其第 i 行第 k 列的元素,也即第 k 个射频链连接第 j 根发射天线,其元素表示为 $f_{k,j}^{RF}\in 1/\sqrt{N}\{-1,0,1\}(1\leqslant k\leqslant K,1\leqslant j\leqslant N)$。对 $\boldsymbol{F}_{RF}$ 的每一行求和得到矢量 $\overline{\boldsymbol{f}}_x^{RF}=[f_{x_1,1}^{RF},f_{x_2,2}^{RF},\cdots,f_{x_K,N}^{RF}]^{T}$,其对应的第 j 个元素表示为 $f_{x_j,j}^{RF}\in 1/\sqrt{N}\{-1,1\}$。由以上描述可知,自适应连接结构模拟预编码的两个约束条件为

$$\sum_{j=1}^{N}|f_{k,j}^{RF}|=\frac{M}{\sqrt{N}} \tag{7.5}$$

$$\sum_{k=1}^{K}|f_{k,j}^{RF}|=\frac{1}{\sqrt{N}} \tag{7.6}$$

假设 $N/K=M$ 为整数,把 N_t 根发射天线分割为互相独立的 K 个集合,用 S_k 表示第 k 个射频链连接基站天线的集合,$S_k(j)$表示第 k 个射频链连接第 j 根天线,并有 $|S_k|=M$。所以式(7.5)和式(7.6)还等价为

$$S=\{\{S_k\}_{k=1}^{K}\mid \bigcup_{k=1}^{K} S_k=\{1,2,\cdots,N_t\},\ S_k\cap S_q=\varnothing\ (\forall k\neq q)\} \tag{7.7}$$

式(7.7)表示所有的射频链和发射天线的连接关系。式(7.7)设计的模拟预编码矩阵 $\boldsymbol{F}_{RF}$和数字预编码矩阵 $\boldsymbol{F}_{BB}$要使服务的 K 个用户下行可达和速率最大,即

$$\begin{cases} \boldsymbol{F}_{RF},\boldsymbol{F}_{BB}=\arg\max\limits_{\boldsymbol{F}_{BF}\boldsymbol{F}_{BB}}\sum_{k=1}^{K}\log(1+\mathrm{SINR}_k) \\ \text{s.t.}\quad \boldsymbol{F}_{RF}\in F_{RF} \\ \qquad\ \|\boldsymbol{F}_{RF}\boldsymbol{F}_{BB}\|_F^2=K \end{cases} \tag{7.8}$$

其中，SINR_k 表示第 k 个用户的信干噪比(SINR)，有

$$\text{SINR}_k = \frac{\frac{P}{K}\left|\boldsymbol{h}_k^{\text{T}}\boldsymbol{F}_{\text{RF}}\boldsymbol{f}_k^{\text{BB}}\right|^2}{\frac{P}{K}\sum_{k\neq i}\left|\boldsymbol{h}_k^{\text{T}}\boldsymbol{F}_{\text{RF}}\boldsymbol{f}_i^{\text{BB}}\right|^2+\sigma^2} \tag{7.9}$$

可以看到，式(7.8)在功率约束和自适应连接结构的约束下，是一个非凸优化问题。要使总的可达和速率最大，即要使各个用户接收符号的信噪比最大，可将第 k 个用户的接收信号功率最大化，$\boldsymbol{F}_{\text{RF}}$的第 k 列 $\boldsymbol{f}_{\text{RF},k}$ 要满足：

$$\boldsymbol{f}_k^{\text{RF}} = \arg\max_{\boldsymbol{f}_k^{\text{RF}}}\left\{\left|\boldsymbol{h}_k^{\text{T}}\boldsymbol{f}_k^{\text{RF}}\right| : \sum_{j=1}^{N}\left|f_{k,j}^{\text{RF}}\right| = \frac{M}{\sqrt{N}}, \sum_{k=1}^{K}\left|f_{k,j}^{\text{RF}}\right| = \frac{1}{\sqrt{N}}\right\} \tag{7.10}$$

其中，$\boldsymbol{f}_k^{\text{RF}}$ 中仅有 M 个非零元素，且需匹配信道 $\boldsymbol{h}_k$ 元素模的前 M 个最大值，其中每次匹配一个元素都要返回天线位置，并存储于集合 S_k：

$$S_k = \arg\max_{1\leqslant j\leqslant N}\left\{\left|h_{k,j}\right| : \sum_{k=1}^{K}\left|f_{k,j}^{\text{RF}}\right| = 0\right\} \tag{7.11}$$

式中，约束条件 $\sum_{k=1}^{K}\left|f_{k,j}^{\text{RF}}\right| = 0$ 表示 $\boldsymbol{F}_{\text{RF}}$的第 j 行还没有被取值或第 j 根天线还没有被匹配。

执行一次式(7.11)便可匹配第 k 个射频链与相应的一根发射天线，也即得到 $\boldsymbol{F}_{\text{RF}}$ 中一个非零元素位置。为保证射频链的公平性，K 个射频链轮流匹配，进行 M 次轮流，即可得到满足约束式(7.5)和式(7.6)的 $\boldsymbol{F}_{\text{BF}}$ 的 N 个非零元素的位置，或者满足约束式(7.7)的射频链与天线匹配关系的集合$\{S_k\}_{k=1}^{K}$。

7.2.2　基于自适应交叉熵优化的自适应连接算法

在基于机器学习自适应交叉熵的自适应连接混合预编码算法中，由于移相器被 1 bit 量化，因此式(7.8)非凸优化问题已经转化为组合优化问题。为获取可达和速率最大的 $\boldsymbol{F}_{\text{RF}}$ 和 $\boldsymbol{F}_{\text{BB}}$，通常需要通过穷尽搜索找到 N 个确定位置上的非零元素值的 2^N 个组合，这会涉及极高的计算复杂度。对于毫米波大规模 MIMO 系统来说，N 一般是非常大的，例如 $N = 56$ 时，需要穷尽搜索 $2^{56}\approx 7.2\times 10^{16}$个组合。为克服以上计算复杂度高的难题，可采用机器学习自适应交叉熵优化方法智能搜索最优的自适应连接模拟预编码[5-6]。该过程主要是通过迭代求解组合优化问题的，在每次迭代中，根据一个概率分布生成 Z(称为总样本数)个 $N\times 1$ 维的矢量，这些矢量按照每个射频链与发射天线的匹配关系集合$\{S_k\}_{k=1}^{K}$就可得到 Z 个候选模拟预编码矩阵 $\boldsymbol{F}_{\text{RF}}$，每个候选模拟预编码矩阵 $\boldsymbol{F}_{\text{RF}}$有对应的可达和速率，选择可达和速率最优的 Z_{elite}(称为最优样本数)个 $\boldsymbol{F}_{\text{RF}}$，通过最小化交叉熵以及加入常数平滑参数更新概率分布，如此循环，将会得到概率为 1 的接近最优候选模拟预编码矩阵中非零元素的概率分布[5]。

模拟预编码矩阵中每一行非零元素组成的矢量 $\overline{\boldsymbol{f}}_x^{\text{RF}} = [f_{x_1,1}^{\text{RF}}, f_{x_2,2}^{\text{RF}}, \cdots, f_{x_K,N}^{\text{RF}}]^{\text{T}}$ 可根据找到的匹配关系重构 $\boldsymbol{F}_{\text{RF}}$；用 $\boldsymbol{p}=[p_1, p_2, \cdots, p_N]^{\text{T}}$ 表示 $\overline{\boldsymbol{f}}_x^{\text{RF}}$ 中对应元素的概率，其中 $\overline{\boldsymbol{f}}_x^{\text{RF}}$ 的第 j 个元素 $f_{x_j,j}^{\text{RF}}$ 为伯努利随机变量[7]，即 $f_{x_j,j}^{\text{RF}} = \frac{1}{\sqrt{N}}$ 的概率为 p_j，$f_{x_j,j}^{\text{RF}} = -\frac{1}{\sqrt{N}}$ 的概率为$1-p_j$。

为使读者更加了解基于机器学习自适应交叉熵的自适应连接算法的过程，接下来将详细地介绍自适应交叉熵优化的几个重要步骤[2]。

1. 数据初始化

通过初始化概率分布参数 $\boldsymbol{p}_0=(1/2)\times\boldsymbol{1}_{N\times1}$，($\boldsymbol{1}$ 是全 1 矢量)，根据概率分布 $\zeta(\overline{\boldsymbol{f}}_x^{\mathrm{RF}},\boldsymbol{p}^{(i)})$ 生成 Z 个候选矢量 $\{\overline{\boldsymbol{f}}_x^{\mathrm{RF},z}\}_{z=1}^{Z}$ 的样本；利用已经获得的确定匹配关系重构生成 Z 个候选模拟预编码 $\{\boldsymbol{F}_{\mathrm{RF}}^{z}\}_{z=1}^{Z}$ 的样本；根据等效信道 $\boldsymbol{H}_{\mathrm{eq}}^{z}=\boldsymbol{H}^{\mathrm{H}}\boldsymbol{F}_{\mathrm{RF}}^{z}(1\leqslant z\leqslant Z)$，计算相应的 Z 个数字预编码 $\{\boldsymbol{F}_{\mathrm{BB}}^{z}\}_{z=1}^{Z}$ 的样本。

采用经典的消除用户间干扰的数字 ZF 预编码方式得到相应的第 z 个数字预编码矩阵[1]：

$$\boldsymbol{F}_{\mathrm{BB}}^{\mathrm{temp},z}=(\boldsymbol{H}_{\mathrm{eq}}^{z})^{\mathrm{H}}((\boldsymbol{H}_{\mathrm{eq}}^{z})(\boldsymbol{H}_{\mathrm{eq}}^{z})^{\mathrm{H}})^{-1}\tag{7.12}$$

其中，对式(7.12)进行功率约束：

$$\boldsymbol{F}_{\mathrm{BB}}^{z}=\frac{\sqrt{K}}{\|\boldsymbol{F}_{\mathrm{RF}}^{z}\boldsymbol{F}_{\mathrm{BB}}^{\mathrm{temp}z}\|_{\mathrm{F}}}\boldsymbol{F}_{\mathrm{BB}}^{\mathrm{temp}z}$$

2. 模型计算

将 $\boldsymbol{F}_{\mathrm{RF}}^{z}$ 和 $\boldsymbol{F}_{\mathrm{BB}}^{z}$ 代入式(7.8)和式(7.9)获得可达和速率 $R(\boldsymbol{F}_{\mathrm{RF}}^{z})$，降序排序 Z 个 $\{R(\boldsymbol{F}_{\mathrm{RF}}^{z})\}_{z=1}^{Z}$。为自适应地更新下一次的概率 $\boldsymbol{p}^{(i+1)}$，需要通过计算得到可达和速率最优的前 Z_{elite} 个 $\{R(\boldsymbol{F}_{\mathrm{RF}}^{z})\}_{z=1}^{Z_{\mathrm{elite}}}$，定义最优的 Z_{elite} 个模拟预编码可达和速率的平均值为 T，则

$$T=\frac{1}{Z_{\mathrm{elite}}}\sum_{z=1}^{Z_{\mathrm{elite}}}R(\boldsymbol{F}_{\mathrm{RF}}^{z})\text{ 或 }T=\frac{1}{Z_{\mathrm{elite}}}\sum_{z=1}^{Z_{\mathrm{elite}}}R(\boldsymbol{f}_x^{\mathrm{RF},z})\tag{7.13}$$

这里第 z 个模拟预编码矩阵 $\boldsymbol{F}_{\mathrm{RF}}^{z}$ 是第 z 个矢量 $\boldsymbol{f}_x^{\mathrm{RF},z}$ 根据射频链与发射天线匹配关系获得的，因此存在 $R(\boldsymbol{F}_{\mathrm{RF}}^{z})=R(\overline{\boldsymbol{f}}_x^{\mathrm{RF},z})$。第 z 个模拟预编码矩阵对应的可达和速率的权重为 $w_z=R(\boldsymbol{F}_{\mathrm{RF}}^{z})/T$。根据当前的概率分布和权重自适应地更新下一次的概率为

$$\boldsymbol{p}^{(i+1)}=\max_{\boldsymbol{p}_i}\frac{1}{Z}\sum_{z=1}^{Z_{\mathrm{elite}}}w_z\ln\zeta(\overline{\boldsymbol{f}}_x^{\mathrm{RF},z}\boldsymbol{p}^{(i)})\tag{7.14}$$

其中，由以上所描述的方式可以得到 $\zeta(\boldsymbol{f}_x^{\mathrm{RF},z},\boldsymbol{p}^{(i)})=\zeta(\boldsymbol{F}_{\mathrm{RF}}^{z},\boldsymbol{p}^{(i)})$，式中，

$$\zeta(\overline{\boldsymbol{f}}_x^{\mathrm{RF},z},\boldsymbol{p}_i)=\prod_{j=1}^{N}(p_j^{(i)})^{\frac{1}{2}(1+\sqrt{N}f^{\mathrm{RF}^z}{x_j,j})}(1-p_j^{(i)})^{\frac{1}{2}(1-\sqrt{N}f_{x_j,j}^{\mathrm{RF},z})}\tag{7.15}$$

把式(7.15)代入式(7.14)，然后对其第 j 个概率元素 $p_j^{(i)}$ 求一阶导数，得到

$$\frac{1}{Z}\sum_{z=1}^{Z_{\mathrm{elite}}}w_z\left[\frac{1+\sqrt{N}f_{x_j,j}^{\mathrm{RF},z}}{2p_j^{(i)}}-\frac{1-\sqrt{N}f_{x_j,j}^{\mathrm{RF},z}}{2(1-p_j^{(i)})}\right]\tag{7.16}$$

把式(7.16)设为零，就可得到下一次概率分布的第 j 个元素：

$$p_j^{(i+1)}=\frac{\sum_{z=1}^{Z_{\mathrm{elite}}}w_z(\sqrt{N}f_{x_j,j}^{\mathrm{RF},z}+1)}{2\sum_{z=1}^{Z_{\mathrm{elite}}}w_z}\tag{7.17}$$

为了避免自适应交叉熵优化方法局部收敛[8]，可以在当前概率分布和下一次概率分布之间加上常数平滑参数 α，即

$$\boldsymbol{p}^{(i+1)} = \alpha \boldsymbol{p}^{(i+1)} + (1-\alpha)\boldsymbol{p}^{(i)} \tag{7.18}$$

其中，$0<\alpha\leqslant 1$。

当达到 I 次迭代结束时，将会得到最优模拟预编码对应的概率分布 $\boldsymbol{p}_I$ 。选择第 I 次生成样本中最优的模拟预编码 $\boldsymbol{F}_{\mathrm{RF},I}$ 和最优的数字预编码 $\boldsymbol{F}_{\mathrm{BB},I}$，此时的预编码为对应信道状态信息条件下接近最优的自适应连接混合预编码。具体的算法如表 7.1 所示。

表 7.1　基于机器学习自适应交叉熵的自适应连接混合预编码算法步骤

输入：信道矩阵 $\boldsymbol{H}^{\mathrm{T}}$，迭代次数 I，候选数 Z，最优候选数 Z_{elite}，平滑参数 α
初始化：基站天线集合 $S=\{1,2,\cdots,N\}$，匹配关系 $S_k=\varnothing$，$1\leqslant k\leqslant K$，$i=0$，$\boldsymbol{p}^{(0)}=(1/2)\times\mathbf{1}_{N\times 1}$
步骤 1：进行 M 次 $k=1\sim K$ 的迭代计算； 步骤 2：计算 $j_{\mathrm{opt}}=\arg\max\limits_{j\in S}\{\lvert h_{k,j}\rvert\}$，$S_k=j_{\mathrm{opt}}$； 步骤 3：输出结果 $S=S-j_{\mathrm{opt}}$； 步骤 4：进行迭代计算 $i=1\sim I$； 步骤 5：根据 $\zeta(\overline{\boldsymbol{f}}_x^{\mathrm{RF},z};\boldsymbol{p}^{(i)})$ 随机生成 Z 个候选矢量 $\{\overline{\boldsymbol{f}}_x^{\mathrm{RF},z}\}_{z=1}^{Z}$； 步骤 6：根据匹配关系集合 $\{S_k\}_{k=1}^{K}$ 和 $\{\overline{\boldsymbol{f}}_x^{\mathrm{RF},z}\}_{z=1}^{Z}$ 重构 Z 个 $\{\boldsymbol{F}_{\mathrm{RF}}^{z}\}_{z=1}^{Z}$， 即 $\boldsymbol{F}_{\mathrm{RF}}^{z}(S_1,S_2,\cdots,S_K)=\overline{\boldsymbol{f}}_x^{\mathrm{RF},z}$ 步骤 7：根据式(7.12)计算数字预编码 $\{\boldsymbol{F}_{\mathrm{BB}}^{z}\}_{z=1}^{Z}$； 步骤 8：根据式(7.8)和式(7.9)计算可达和速率 $\{R(\boldsymbol{F}_{\mathrm{RF}}^{z})\}_{z=1}^{Z}$； 步骤 9：降序排列 $R(\boldsymbol{F}_{\mathrm{RF}}^{1})\geqslant R(\boldsymbol{F}_{\mathrm{RF}}^{2})\geqslant\cdots\geqslant R(\boldsymbol{F}_{\mathrm{RF}}^{z})$； 步骤 10：选择前 Z_{elite} 个 $R(\boldsymbol{F}_{\mathrm{RF}}^{1}),R(\boldsymbol{F}_{\mathrm{RF}}^{2}),\cdots,R(\boldsymbol{F}_{\mathrm{RF}}^{Z_{\mathrm{elite}}})$，获得 $\{\boldsymbol{F}_{\mathrm{RF}}^{z}\}_{z=1}^{Z_{\mathrm{elite}}}$； 步骤 11：计算前 Z_{elite} 个加权系数 $\{w_z\}_{z=1}^{Z_{\mathrm{elite}}}$； 步骤 12：根据 $\{w_z\}_{z=1}^{Z_{\mathrm{elite}}}$、$\{\overline{\boldsymbol{f}}_x^{\mathrm{RF},z}\}_{z=1}^{Z}$ 和常数平滑参数 α，利用式(7.17)和式(7.18)更新 $\boldsymbol{p}^{(i+1)}$
输出：$\boldsymbol{F}_{\mathrm{RF}}^{I}$，$\boldsymbol{F}_{\mathrm{BB}}^{I}$

7.2.3　仿真实验及性能分析

1. 计算复杂度

从表 7.1 的算法步骤可以得到，在搜索每个射频链与发射天线匹配关系集合时，其主要的计算复杂度在步骤 2 计算过程中，所涉及的计算复杂度为 $O(NMK)$。在利用自适应交叉熵优化智能搜索最优模拟预编码时，其主要的复杂度在步骤 7、8、11 和 12 计算过程中。在步骤 7 中，需要根据等效信道 $\boldsymbol{H}_{\mathrm{eq}}^{z}=\boldsymbol{H}^{\mathrm{H}}\boldsymbol{F}_{\mathrm{RF}}^{z}$ 计算 Z 个数字预编码器，其计算复杂度为 $O(ZNK^2)$。在步骤 8 中，需要计算 Z 个混合预编码的可达和速率，这部分的计算复杂度为 $O(Z)$。在步骤 11 中需要计算 Z_{elite} 个加权系数，涉及的计算复杂度为 $O(Z_{\mathrm{elite}})$。在步骤 12 中，更新概率分布 $\boldsymbol{p}^{(i+1)}$ 所需的计算复杂度为 $O(NZ_{\mathrm{elite}})$。I 次迭代之后，自适应交叉熵智能搜索模拟预编码器所需的计算复杂度为 $O(IZNK^2)$ [2]。总之，第一个搜索匹配关系循环的计算复杂度与第二个交叉熵智能循环计算复杂度相比是相当小的，其中，计算复杂度主要取决于第二个模拟预编码器的智能搜索循环。所以，基于机器学习自适应交叉熵的自适应连接混合预编码的计算复杂度为 $O(IZNK^2)$ 。然而，基于机器学习的固定子连接混合预编码不需要进行射频链与发射天线的匹配集合搜索，仅仅进行模拟预编码器的智能搜索，因此，基于机器学习自适应交叉熵的自适应连接混合预编码算法的计算复杂度稍微高于文献[7]提出的基于机器学习固定子连接的混合预编码算法的计算复杂度。但是就算法性能而言，稍微高的计算复杂度是可以接受的。

2. 仿真结果及分析

自适应连接结构的混合预编码[4]、基于机器学习的固定子连接开关和反相器结构的混合预编码[5]和基于机器学习自适应交叉熵的自适应连接混合预编码算法具有较低硬件复杂度的特点，省去了全连接结构所需要的 $N_t N_{RF}$ 个移相器和 N 个加法器，因此，本小节仅以可达和速率作为不同预编码算法性能的比较[2]。

仿真参数：均匀线性阵列(ULA)天线之间的距离设为毫米波半波长，即 $d=\lambda/2$；根据式(7.2)获得第 k 个用户的信道增益矢量，并使每个用户的到达波束传播路径数都相等，即 $L_k=3(1\leqslant k\leqslant K)$；第 k 个用户的第 l 条路径的复用增益服从复高斯分布，即 $\alpha_{lk}\sim\mathcal{CN}(0,1)$；离开角服从均匀分布，$\varphi_{lk}\sim U[0,2\pi)$；信噪比为 P/σ^2。

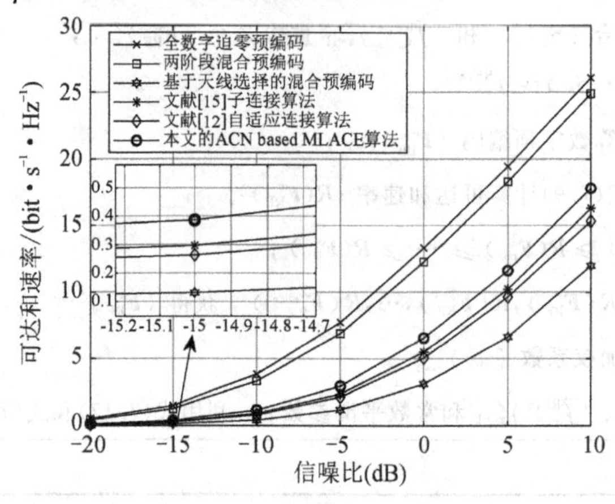

图 7.2 可达和速率比较图

图 7.2 显示了毫米波大规模 MIMO 系统不同混合预编码算法的可达和速率，它是通过1000 次信道矩阵样本实现的，其中，天线数 $N_t=56$；射频链数与用户数相等，即 $N_{RF}=K=4$；模拟预编码候选可行解个数 $Z=200$；候选样本中的最优样本个数 $Z_{elite}=40$；迭代次数 $I=20$；常数平滑参数 $\alpha=0.9$。文献[5]提出的固定子连接自适应交叉熵没有考虑常数平滑参数[5]，但为了保证结果的收敛性以及公平性，本仿真实验为其加上了常数平滑参数后，再进行可达和速率性能比较。在上述参数设置下，在整个信噪比范围内，所提的基于机器学习的自适应连接结构混合预编码算法可达和速率大于文献[5]提出的基于机器学习的固定子连接结构的可达和速率[5]，而文献[5]的可达和速率性能又稍微优于文献[4]研究的自适应连接(1 bit 量化)的可达和速率性能。基于机器学习自适应交叉熵优化辅助的固定子连接结构的可达和速率比只用自适应连接的可达和速率还高[4]，由此说明仅仅用 1 bit 量化的自适应连接结构不能很好地实现阵列增益。因此，基于机器学习的自适应交叉熵优化方法能够很好地改善 1 bit 自适应连接结构的可达和速率性能。在基于机器学习的自适应交叉熵

优化方法的辅助下，其可达和速率性能比自适应连接结构的可达和速率性能提升不少，这进一步验证了基于机器学习的自适应连接结构的可行性[2]，而且在相同的低硬件开销情况下，所提方法的可达和速率更加接近全数字迫零预编码和 4 bit 量化移相器的两阶段混合预编码的可达和速率。

图 7.3 显示了基于机器学习的自适应连接混合预编码的可达和速率与候选个数 Z、迭代次数 I 变化的关系。由图 7.3 可以看到，当信噪比 SNR＝10 dB，N_t＝56，$N_{RF}=K=4$，$Z_{elite}=40$，$\alpha=0.9$ 和 $Z_{elite}/Z=0.2$ 时，所提算法的可达和速率随着迭代次数的增加而增大，当迭代次数超过 20 次时，可达和速率趋于缓和，由此说明迭代次数设为 20 是合适的。而且，当迭代次数超过 20 次，$Z=300$ 时可达和速率最高，$Z=100$ 时可达和速率最低，考虑到计算复杂度，选择候选个数 $Z=200$ 是合适的[2]。

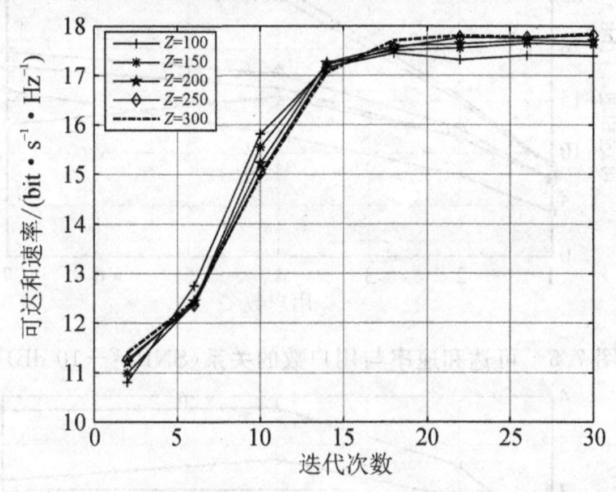

图 7.3　可达和速率与 Z、I 的关系(SNR＝10 dB)

图 7.4 显示了所提算法的可达和速率分别与迭代次数 I、最优样本数与总样本数的比率 rho＝Z_{elite}的关系。由图 7.4 可以明显看到，当 SNR＝10 dB，$N_t=56$，$N_{RF}=K=4$，$Z_{elite}=40$，$Z=200$ 和 $\alpha=0.9$ 时，rho＝0.2 的可达和速率最高，由此说明 rho＝0.2 是最好的选择，从而也证明了图 7.3 中所提混合预编码算法参数选择的合理性。

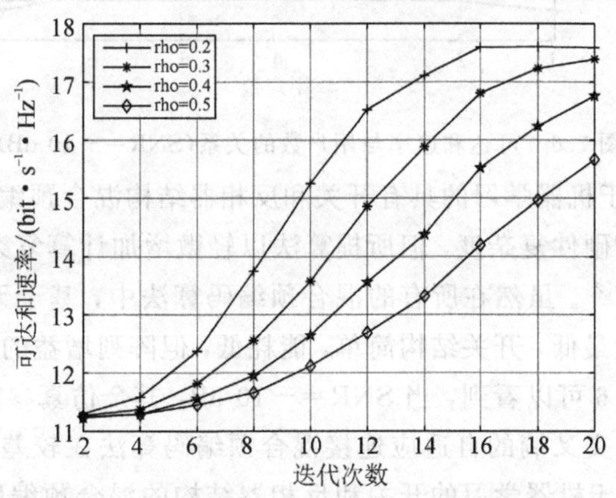

图 7.4　可达和速率与 rho 和 I 的关系(SNR＝10 dB)

图 7.5 和图 7.6 显示了不同混合预编码算法的可达和速率与用户数变化的关系，其中，射频链数与用户数相等($N_{RF}=K$)，信噪比 SNR=10 dB，且其余仿真参数与图 7.2 的仿真参数相同。全数字预编码和两阶段混合预编码虽然均具有较高的可达和速率性能，但是全数字预编码需要与天线数目相同的高能耗射频链，而两阶段混合预编码需要 $N_t N_{RF}=224$ 个 4 bit 精度的高能耗移相器，且其满意的天线阵列增益和消除多用户数据流之间相互干扰的能力是以极高的硬件复杂度为代价换取的。

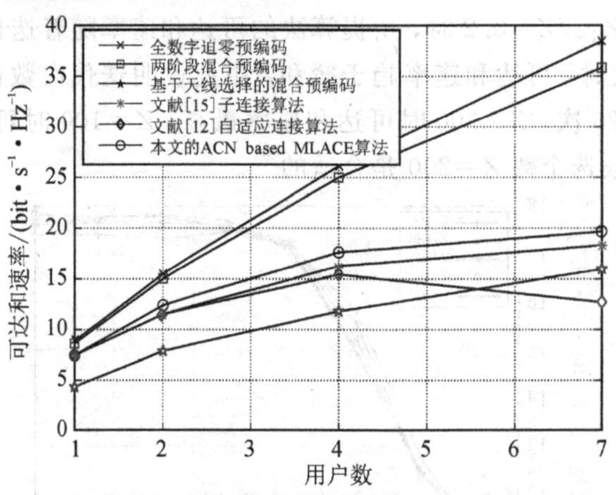

图 7.5 可达和速率与用户数的关系(SNR=−10 dB)

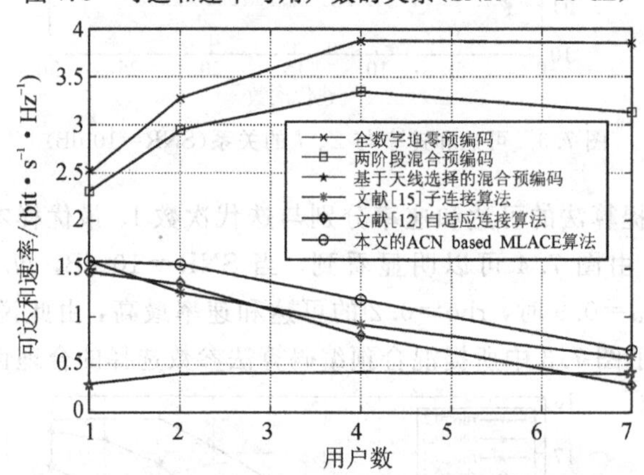

图 7.6 可达和速率与用户数的关系(SNR=−10 dB)

本节所提算法、基于机器学习的具有开关和反相器结构混合预编码、自适应连接结构混合预编码都具有较低的硬件复杂度，但所提算法以轻微增加计算复杂度为代价换得比其他算法更高的可达和速率[2]。虽然在所有的混合预编码算法中，基于天线选择开关结构的混合预编码的硬件复杂度最低，开关结构简单，能耗低，但阵列增益的性能较差，所以其可达和速率也欠佳。由图 7.6 可以看到，当 SNR=−10 dB，其余仿真参数与图 7.5 相同，所提的基于机器学习自适应交叉熵的自适应连接混合预编码算法在较差的信道条件、较低的信噪比情况下，仍然比基于机器学习的开关和反相器结构的混合预编码可达和速率高。由此可以知，匹配射频链与发射天线关系集合导致计算复杂度轻微地增加而换得较高的可达和速率是值得的[9]。

7.3　基于深度学习的单用户混合预编码算法

7.3.1　系统模型

1. 模型简介

毫米波单用户全连接混合预编码系统如图 7.7 所示，其中，基站配有 N_t 个发射天线和 N_{RF} 条射频链路，接收端有 N_r 个接收天线，为了不失一般性，假设接收端射频链数与发射端相同，同时满足 $N_s \leqslant N_{RF} \leqslant \min\{N_t, N_r\}$，基站发送 N_s 独立数据流到接收端，则经由混合预编码矩阵处理后的发射信号 $\boldsymbol{x}$ 可以写成如下形式：

$$\boldsymbol{x} = \boldsymbol{F}_{RF}\boldsymbol{F}_{BB}\boldsymbol{s} \tag{7.19}$$

式中，$\boldsymbol{s}$ 表示原始数据流，其维度为 $N_s \times 1$ 且满足约束条件 $E(\boldsymbol{s}\boldsymbol{s}^H) = 1/N_s \boldsymbol{I}_{N_s}$；$\boldsymbol{F}_{RF}$ 表示模拟预编码矩阵，其维度为 $N_t \times N_{RF}$；$\boldsymbol{F}_{BB}$ 表示数字预编码矩阵，其维度为 $N_{RF} \times N_s$。

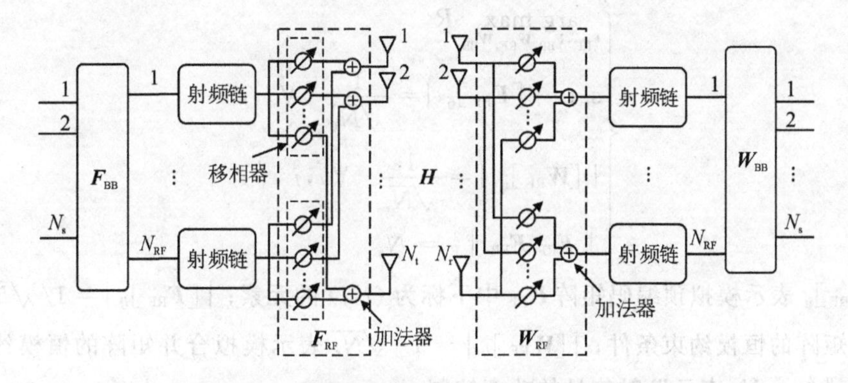

图 7.7　毫米波单用户全连接混合预编码系统

由于 $\boldsymbol{F}_{RF}$ 基于移相器网络构成，$\boldsymbol{F}_{RF}$ 的每一项需满足恒模约束条件：

$$|[\boldsymbol{F}_{RF}]_{ij}| = \frac{1}{\sqrt{N_t}} \quad i = 1,2,\cdots,N_t;\ j = 1,2,\cdots,N_{RF} \tag{7.20}$$

同时，发射端总功率需满足如下约束条件：

$$\|\boldsymbol{F}_{RF}\boldsymbol{F}_{BB}\|_F^2 = N_s \tag{7.21}$$

原始数据流 $\boldsymbol{s}$ 经过混合预编码算法处理后经过发射天线发出，通过信道传输到接收端，接收端信号经过合并处理后可表示为

$$\boldsymbol{y} = \sqrt{\rho}\boldsymbol{W}_{BB}^H\boldsymbol{W}_{RF}^H\boldsymbol{H}\boldsymbol{F}_{RF}\boldsymbol{F}_{BB}\boldsymbol{s} + \boldsymbol{W}_{BB}^H\boldsymbol{W}_{RF}^H\boldsymbol{n} \tag{7.22}$$

式中，ρ 表示平均接收功率；$\boldsymbol{H}$ 是信道矩阵，其维度为 $N_r \times N_t$；$\boldsymbol{n}$ 是满足独立同分布的复高斯噪声向量，服从 $\mathcal{CN}(0,\sigma_n^2)$ 的复高斯分布，其中 σ_n^2 表示为噪声信号的功率；$\boldsymbol{W}_{BB}$ 表示接收端数字合并矩阵；$\boldsymbol{W}_{RF}$ 表示接收端的模拟合并器，同样满足恒模约束。

基于著名的 Saleh-Valenzuela 信道模型，假设毫米波信道有 N_{cl} 簇，每簇包含 N_{ray} 个散射路径，令 $L = N_{cl}N_{ray}$，L 表示总传播路径，则信道矩阵表示如下：

$$\boldsymbol{H} = \sqrt{\frac{N_t N_r}{L}}\sum_{i=1}^{N_{cl}}\sum_{k=1}^{N_{ray}}\alpha_{ik}\boldsymbol{a}_r(\phi_{ik}^r,\theta_{ik}^r)\boldsymbol{a}_t^H(\phi_{ik}^t,\theta_{ik}^t) \tag{7.23}$$

其中，α_{ik} 表示第 i 簇第 k 条传播路径的复用增益，$\phi_{ik}^{r}(\theta_{ik}^{r})$ 和 $\phi_{ik}^{t}(\theta_{ik}^{t})$ 分别表示第 i 簇第 k 条路径接收的俯仰角(方位角)和发射的俯仰角(方位角)，$\boldsymbol{a}_{r}(\phi_{ik}^{r},\theta_{ik}^{r})$ 和 $\boldsymbol{a}_{t}(\phi_{ik}^{t},\theta_{ik}^{t})$ 分别表示接收端和发射端的阵列响应向量。

本节以 $M\times N$ 的均匀平面阵为例，阵列响应向量可以表示为

$$\boldsymbol{a}(\phi,\theta)=[1,\cdots,\mathrm{e}^{\mathrm{j}\pi(m\sin\phi\sin\theta+n\cos\theta)},\cdots,\mathrm{e}^{\mathrm{j}\pi((M-1)\sin\phi\sin\theta+(N-1)\cos\theta)}]^{\mathrm{T}} \tag{7.24}$$

其中，天线阵列中阵元之间的距离等于半波长，假设天线阵列的维度为 $M\times N$，则 m 与 n 分别表示天线阵列中各阵元的二维下标，且满足 $0\leqslant m\leqslant M-1$ 与 $0\leqslant n\leqslant N-1$。

当发射信号 $\boldsymbol{x}$ 服从复高斯分布时，毫米波大规模 MIMO 系统的频谱效率可表示为

$$R=\mathrm{lb}\left(\boldsymbol{I}+\frac{\rho}{\sigma_{n}^{2}N_{s}}(\boldsymbol{W}_{\mathrm{RF}}\boldsymbol{W}_{BB})^{\dagger}\boldsymbol{H}\boldsymbol{F}_{\mathrm{RF}}\boldsymbol{F}_{\mathrm{BB}}\boldsymbol{F}_{\mathrm{BB}}^{\mathrm{H}}\boldsymbol{F}_{\mathrm{RF}}^{\mathrm{H}}\boldsymbol{H}^{\mathrm{H}}\boldsymbol{W}_{\mathrm{RF}}\boldsymbol{W}_{\mathrm{BB}}\right) \tag{7.25}$$

2. 数学描述

混合预编码算法性能通常利用系统的频谱效率进行评价。在满足恒模约束条件下，以最大化系统的频谱效率为目标函数，混合预编码矩阵与混合合并矩阵的求解问题可表示为

$$\begin{cases}\underset{\boldsymbol{F}_{\mathrm{RF}},\boldsymbol{F}_{\mathrm{BB}},\boldsymbol{W}_{\mathrm{RF}},\boldsymbol{W}_{\mathrm{BB}}}{\arg\max}\quad R\\ \mathrm{s.t.}\ \left|[\boldsymbol{F}_{\mathrm{RF}}]_{ij}\right|=\dfrac{1}{\sqrt{N_{t}}}\quad\forall i,j\\ \left|[\boldsymbol{W}_{\mathrm{RF}}]_{ij}\right|=\dfrac{1}{\sqrt{N_{r}}}\quad\forall i,j\\ \|\boldsymbol{F}_{\mathrm{RF}}\boldsymbol{F}_{\mathrm{BB}}\|_{\mathrm{F}}^{2}=N_{s}\end{cases} \tag{7.26}$$

其中，$[\boldsymbol{F}_{\mathrm{RF}}]_{ij}$ 表示模拟预编码矩阵 $\boldsymbol{F}_{\mathrm{RF}}$ 中下标为 (i,j) 的元素；$\left|[\boldsymbol{F}_{\mathrm{RF}}]_{ij}\right|=1/\sqrt{N_{t}}$ 表示模拟预编码矩阵的恒模约束条件；$\left|[\boldsymbol{W}_{\mathrm{RF}}]_{ij}\right|=1/\sqrt{N_{r}}$ 表示模拟合并矩阵的恒模约束条件；$\|\boldsymbol{F}_{\mathrm{RF}}\boldsymbol{F}_{\mathrm{BB}}\|_{\mathrm{F}}^{2}=N_{s}$ 表示发射信号的功率控制。

由式(7.26)可以看出最大化系统的频谱效率，需要对多个变量进行联合设计优化，由于恒模约束的存在，以最大化系统的频谱效率为目标直接求解式(7.26)极为复杂，文献[9]将上述的联合设计优化问题转化为两个子问题[9]，即发射端混合预编码问题和接收端混合合并问题，发射端混合预编码问题可表示为

$$\begin{cases}\underset{\boldsymbol{F}_{\mathrm{BB}},\boldsymbol{F}_{\mathrm{RF}}}{\arg\min}\ \|\boldsymbol{F}_{\mathrm{opt}}-\boldsymbol{F}_{\mathrm{RF}}\boldsymbol{F}_{\mathrm{BB}}\|_{\mathrm{F}}\\ \mathrm{s.t.}\ \left|[\boldsymbol{F}_{\mathrm{RF}}]_{ij}\right|=\dfrac{1}{\sqrt{N_{t}}}\quad\forall i,j\\ \|\boldsymbol{F}_{\mathrm{RF}}\boldsymbol{F}_{\mathrm{BB}}\|_{\mathrm{F}}^{2}=N_{s}\end{cases} \tag{7.27}$$

其中，$\boldsymbol{F}_{\mathrm{opt}}$ 表示无约束条件的全数字预编码矩阵。

接收端混合合并问题可表示为

$$\begin{cases}\underset{\boldsymbol{W}_{\mathrm{RF}},\boldsymbol{W}_{\mathrm{BB}}}{\arg\min}\ \|\boldsymbol{W}_{\mathrm{opt}}-\boldsymbol{W}_{\mathrm{RF}}\boldsymbol{W}_{\mathrm{BB}}\|_{\mathrm{F}}\\ \mathrm{s.t.}\ \left|[\boldsymbol{W}_{\mathrm{RF}}]_{ij}\right|=\dfrac{1}{\sqrt{N_{r}}}\quad\forall i,j\end{cases} \tag{7.28}$$

其中，$\boldsymbol{W}_{\mathrm{opt}}$ 表示无约束条件的全数字合并矩阵。

根据大规模MIMO理论，无约束条件的全数字预编码矩阵和全数字合并矩阵可通过对信道矩阵奇异值分解得到：

$$\boldsymbol{F}_{\text{opt}}=\boldsymbol{V}_{:,1:N_s},\boldsymbol{W}_{\text{opt}}=\boldsymbol{U}_{:,1:N_s} \tag{7.29}$$

其中，$\boldsymbol{U}$ 和 $\boldsymbol{V}^{\text{H}}$ 表示信道矩阵的左右奇异值向量。

由式(7.27)与式(7.28)可以看出，发射端混合预编码问题与接收端混合合并问题具有相同的数学模型，当发射端混合预编码问题解决完成后，可利用类似的方法解决接收端混合合并问题，本节将侧重于发射端混合预编码问题求解。

式(7.27)中混合预编码矩阵的求解问题可视为全数字最优预编码矩阵与混合预编码矩阵的逼近问题，当全数字最优预编码矩阵与混合预编码矩阵的残差较大时，混合预编码算法性能存在严重的损失。为此利用深度学习算法，合理设计神经网络框架，尽可能减少全数字最优预编码矩阵与混合预编码矩阵的残差，从而提高系统的频谱效率性能。

7.3.2　基于深度学习的单用户混合预编码算法

为表达简洁,本节用所提算法代指基于深度学习的单用户混合预编码算法。所提算法首先通过合理设计神经网络框架，使神经网络的输出为混合预编码向量;然后，利用信道矩阵的奇异值分解得到全数字最优预编码向量并将其作为神经网络的训练标签;最后，以减小全数字最优预编码矩阵与混合预编码矩阵的残差为目标对神经网络的参数进行更新，直到网络收敛。

1. 数据集生成

由于在实际通信场景中，发射端的信道状态信息通常含有一定的噪声，故将信道矩阵定义为如下含噪声形式：

$$\hat{\boldsymbol{H}}=\boldsymbol{H}+\boldsymbol{n} \tag{7.30}$$

其中，$\boldsymbol{H}$ 是基于式(7.23)生成的随机信道矩阵；$\boldsymbol{n}$ 表示噪声矩阵，$\boldsymbol{n}$ 中每一个元素服从 $\mathcal{CN}(0,\sigma_n^2)$ 分布。

由于实值神经网络更容易实现且性能优越，因此将复值信道矩阵 $\hat{\boldsymbol{H}}$ 的实部与虚部相结合转换为实值输入 $\boldsymbol{X}$

$$\begin{aligned}[\boldsymbol{X}]_{1:N_r}&=\text{Re}\{\hat{\boldsymbol{H}}\},\\ [\boldsymbol{X}]_{N_r:2N_r}&=\text{Im}\{\hat{\boldsymbol{H}}\}\end{aligned} \tag{7.31}$$

其中，$\boldsymbol{X}$ 表示神经网络的实值输入，$\boldsymbol{X}$ 的维度为 $2N_r\times N_t$。

通常，全数字最优预编码矩阵被视为混合预编码的性能上界，全数字最优预编码矩阵通过对信道矩阵的奇异值分解即可得到，因此本节直接将全数字最优预编码矩阵向量($\boldsymbol{f}_{\text{opt}}=\text{vec}\{\boldsymbol{F}_{\text{opt}}\}$)作为神经网络的训练标签，此时，神经网络的数据集可表示为

$$\mathcal{F}=\{(\boldsymbol{X}^{(1,1)},\boldsymbol{f}_{\text{opt}}^{(1,1)}),\cdots,(\boldsymbol{X}^{(L,N)},\boldsymbol{f}_{\text{opt}}^{(L,N)})\} \tag{7.32}$$

其中，N 表示基于模型随机生成的信道矩阵个数，L 表示对每一个生成的信道矩阵添加不同信噪比的噪声数。

相比于已有的神经网络算法，所提方法生成数据的过程得到了简化，尤其是制作标签的过程。所提制作标签方法的复杂度主要来自于对信道矩阵的奇异值分解，而先前的混合

预编码算法的标签通常在预定义的码本中选取，同时，码本的生成需要借助于已有的预编码算法。例如，文献[10]研究的码本利用 Gram-Schmidt 预编码算法得到[10]；文献[11]研究的码本由阵列响应向量构成[11]。因此，所提制作标签方法复杂度明显降低，而且令 $\boldsymbol{f}_{\mathrm{opt}}$ 作为训练标签，神经网络的性能不会受到码本的限制，混合预编码矩阵可以尽可能地逼近最优预编码，从而改善混合预编码的性能。

2. 硬件约束

不同于全数字预编码矩阵 $\boldsymbol{F}_{\mathrm{opt}}$，混合预编码矩阵需要满足硬件约束条件，即恒模约束和总功率约束。为了使神经网络的输出满足恒模约束，定义 lambda1 层：

$$\boldsymbol{f}_{\mathrm{RF}}=\frac{1}{\sqrt{N_{\mathrm{t}}}}\mathrm{e}^{\mathrm{j}2\pi\alpha} \tag{7.33}$$

其中，α 为上一层神经网络的输出，也是 lambda1 层的输入，需满足 $\alpha\in(0,1)$；$2\pi\alpha\in(0,2\pi)$，$2\pi\alpha$ 表示模拟预编码矩阵的相位；$\boldsymbol{f}_{\mathrm{RF}}=\mathrm{vec}\{\boldsymbol{F}_{\mathrm{RF}}\}$，$\boldsymbol{f}_{\mathrm{RF}}$ 表示模拟预编码向量，即 lambda1 层的输出。

为了满足总功率约束，定义 myfunc 函数，对神经网络的输出进行函数关系变换，具体函数功能解释如下：

针对式(7.27)的优化问题，利用最小二乘法进行求解。无功率约束的数字预编码矩阵 $\overline{\boldsymbol{F}}_{\mathrm{BB}}$ 可通过下式计算得到：

$$\overline{\boldsymbol{F}}_{\mathrm{BB}}=(\boldsymbol{F}_{\mathrm{RF}}^{\mathrm{H}}\boldsymbol{F}_{\mathrm{RF}})^{-1}\boldsymbol{F}_{\mathrm{RF}}^{\mathrm{H}}\boldsymbol{F}_{\mathrm{opt}} \tag{7.34}$$

其中，$\boldsymbol{F}_{\mathrm{RF}}$ 和 $\boldsymbol{F}_{\mathrm{opt}}$ 作为函数的输入，$\boldsymbol{F}_{\mathrm{RF}}$ 可通过 lambda1 层输出得到。

考虑到功率约束，数字预编码矩阵进一步表示如下：

$$\boldsymbol{F}_{\mathrm{BB}}=\frac{\sqrt{N_{\mathrm{s}}}}{\|\boldsymbol{F}_{\mathrm{RF}}\overline{\boldsymbol{F}}_{\mathrm{BB}}\|_{\mathrm{F}}}\overline{\boldsymbol{F}}_{\mathrm{BB}} \tag{7.35}$$

式中，N_{s} 表示数据流。此时，$\boldsymbol{F}_{\mathrm{BB}}$ 为满足功率约束的数字预编码矩阵。

通过式(7.35)可以得到满足约束条件的数字预编码矩阵。通过 lambda1 层，神经网络可以输出满足恒模约束条件的模拟预编码矩阵。因此，混合预编码矩阵可计算得到，即 $\boldsymbol{F}=\boldsymbol{F}_{\mathrm{RF}}\boldsymbol{F}_{\mathrm{BB}}$，向量化后表示为 $\boldsymbol{f}=\mathrm{vec}\{\boldsymbol{F}\}$，$\boldsymbol{f}$ 即为 myfunc 函数的返回值。

3. 深度学习模型及训练

基于上述提到的方法，混合预编码神经网络框架如图 7.8 所示。

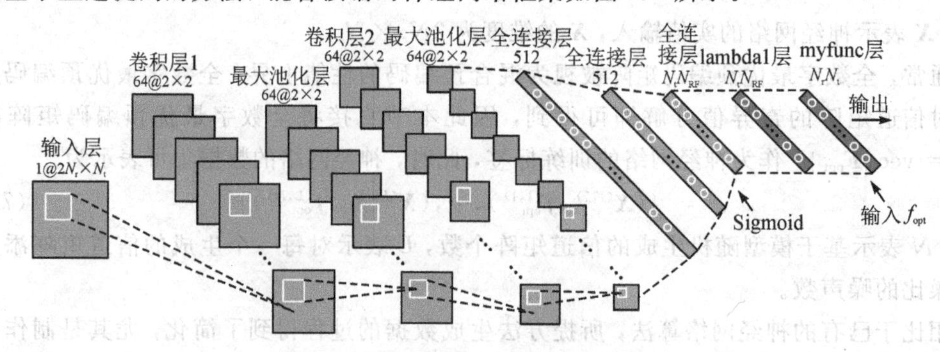

图 7.8　混合预编码神经网络框架

第一层为神经网络的输入层；第二层为卷积层 1，具有 16 个滤波器，大小为 2×2；第三层为 2×2 的最大池化层；第四层为卷积层 2，具有 32 个滤波器，大小为 2×2；第五层为 2×2 的最大池化层；第六层、第七层、第八层为全连接层，分别具有 512、512 和 $N_t N_{RF}$ 个神经元；第九层为 lambda1 层，输出满足恒模约束的模拟预编码向量 $\boldsymbol{f}_{RF}$；最后一层为函数 myfunc 层，输入模拟预编码向量 $\boldsymbol{f}_{RF}$ 和全数字最优预编码向量 $\boldsymbol{f}_{opt}$，返回混合预编码向量 $\boldsymbol{f}$。由 7.3.2 中的硬件约束知道，lambda1 层的输入需满足 $\alpha \in (0,1)$，因此，第八层神经网络应用"Sigmoid"激活函数，而其余网络层均为"RELU"激活函数。

在神经网络的训练阶段，以监督学习方式对网络进行端到端训练，使神经网络能够从不完美的信道矩阵中直接预测出混合预编码向量。本节将全数字最优预编码向量 $\boldsymbol{f}_{opt}$ 作为训练标签，以最小化混合预编码向量 $\boldsymbol{f}$ 和全数字最优预编码向量 $\boldsymbol{f}_{opt}$ 之间的残差为目标函数，故定义损失函数如下：

$$\text{LOSS} = \frac{1}{N_t N_{RF}} \| \boldsymbol{f}_{opt} - \boldsymbol{f} \|_2^2 \tag{7.36}$$

其中，$\boldsymbol{f}_{opt}$ 为训练标签，$\boldsymbol{f}$ 为神经网络最终的输出。

生成 10 000 个含有噪声的信道样本，随机抽取 30%作为验证集，通过观察神经网络在验证集上的学习能力，从而对神经网络的参数进行调整。使用式(7.36)作为损失函数，学习率设置为 0.0001，训练迭代 500 次，使网络得到较好的收敛。

综上所述，基于深度学习的混合预编码算法的具体步骤如表 7.2 所示。

表 7.2 深度学习的混合预编码算法

输入参数：随机生成 N 个信道矩阵 $\boldsymbol{H}$
步骤 1：构造图 7.8 所示的神经网络框架； 步骤 2：添加 L 个不同信噪比的噪声，生成噪声信道矩阵，即 $\hat{\boldsymbol{H}}^{(l,n)} = \boldsymbol{H}^{(n)} + \boldsymbol{n}^{(l)}$； 步骤 3：令 $[\boldsymbol{X}]_{1:N_r,:} = \text{Re}\{\hat{\boldsymbol{H}}\}, [\boldsymbol{X}]_{N_r:2N_r,:} = \text{Im}\{\hat{\boldsymbol{H}}\}$； 步骤 4：对 $\hat{\boldsymbol{H}}^{(l,n)}$ 奇异值分解，求得 $\boldsymbol{F}_{opt}^{(l,n)}, \boldsymbol{W}_{opt}^{(l,n)}$； 步骤 5：令 $\boldsymbol{f}_{opt}^{(l,n)} = \text{vec}\{\boldsymbol{F}_{opt}^{(l,n)}\}, \boldsymbol{w}_{opt}^{(l,n)} = \text{vec}\{\boldsymbol{W}_{opt}^{(l,n)}\}$ 作为训练标签； 步骤 6：输入训练数据 $\mathcal{F} = \{(\boldsymbol{X}^{(1,1)}, \boldsymbol{f}_{opt}^{(1,1)}), \cdots, (\boldsymbol{X}^{(L,N)}, \boldsymbol{f}_{opt}^{(L,N)})\}, \mathcal{W} = \{(\boldsymbol{X}^{(1,1)}, \boldsymbol{w}_{opt}^{(1,1)}), \cdots, (\boldsymbol{X}^{(L,N)}, \boldsymbol{w}_{opt}^{(L,N)})\}$， 对神经网络进行训练
输出参数：混合预编码向量 $\boldsymbol{f}$，混合合并向量 $\boldsymbol{w}$

7.3.3 仿真实验及性能分析

本小节将通过仿真实验来评价所提算法的性能。针对单用户全连接阵列结构的毫米波大规模 MIMO 系统，在仿真实验中假设接收端和发射端的天线阵列均采用均匀平面阵，基站天线数量 N_t 取值为 36，接收端天线数 N_r 为 36，数据流 $N_s = 3$。信道矩阵由 4 簇组成，每簇包含 4 个路径，每簇的到达角与离开角均在 $[0,2\pi)$ 区间上随机分布，每条路径的到达角与离开角服从拉普拉斯分布，同时尺度扩展设置为 5°。仿真结果中曲线上的每一点都是经过 1000 次蒙特卡罗仿真得到的平均值。

实验 1： 用 10 000 个含有噪声的信道矩阵样本对神经网络进行训练，保存训练良好的深度学习模型。重新生成 1000 个测试数据，在已有的深度学习模型上，预测混合预编码向量。

图 7.9 分别给出了神经网络预测得到的混合预编码向量的实部与虚部，图中还将其与全数字最优预编码向量的实部和虚部进行了比较。从图 7.9 中的预测结果可以明显看出：

（1）预测得到的混合预编码向量的实部与虚部都能够较好地逼近全数字最优预编码向量的实部和虚部。

（2）通过尽可能减小全数字最优预编码矩阵与混合预编码矩阵的残差，所提算法能够有效地求解混合预编码矩阵。

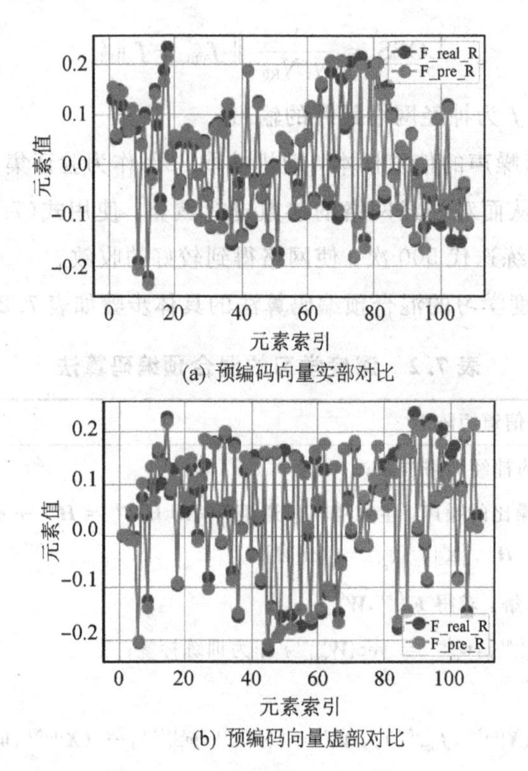

(a) 预编码向量实部对比

(b) 预编码向量虚部对比

图 7.9　神经网络预测混合预编码向量

综上分析可知：通过神经网络预测得到全数字最优预编码矩阵与混合预编码矩阵的残差的最小值，有望使得混合预编码算法更接近于全数字预编码算法的频谱效率。

实验 2： 对测试数据集添加信噪比分别为 5 dB、10 dB、20 dB、30 dB 的噪声，计算基于深度学习混合预编码算法的频谱效率并将其与全数字最优预编码的频谱效率进行比较，验证所提算法对噪声具有鲁棒性。

图 7.10 给出了在测试噪声分别等于 5 dB、10 dB、20 dB 与 30 dB 条件下，随着发射端的信噪比的变化，所提算法的频谱效率的变化曲线，并与全数字最优预编码算法的频谱效率的曲线进行了比较，从图 7.10 中的仿真曲线可以明显看出：

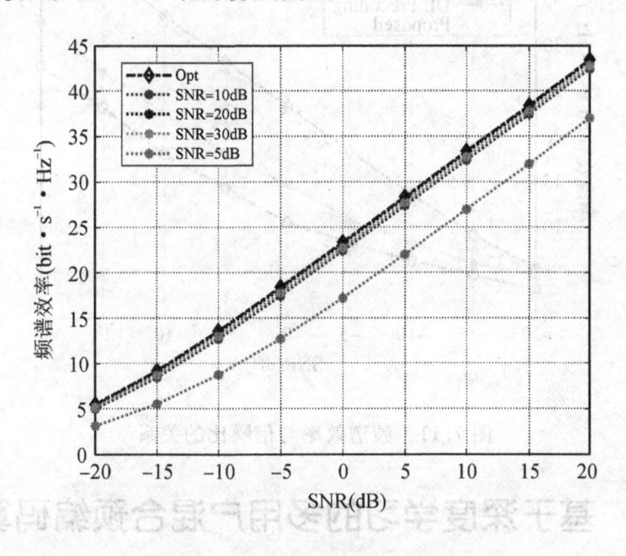

图 7.10　不同信噪比下频谱效率变化

(1) 当信道矩阵噪声大于 10 dB 时，所提算法的频谱效率保持稳定，且性能接近于全数字最优预编码算法的性能。

(2) 当信道矩阵噪声低于 10 dB 时，所提算法的频谱效率有所下降。

通过以上对比分析可知：随着信道噪声的改变，在信噪比高于 10 dB 条件下，所提算法的频谱效率性能十分接近于全数字最优预编码算法的性能，这说明基于深度学习的混合预编码算法对不完美的信道矩阵具有不错的鲁棒性。

实验 3： 在信道噪声为 10 dB 时，比较所提算法、SOMP 算法[9]、MO-AltMin 算法[19]、基于自编码器的混合预编码算法[13]及全数字最优预编码算法的频谱效率。

图 7.11 给出了在信道噪声等于 10 dB 条件下，随着发射端的信噪比的变化，所提算法的频谱效率的变化曲线，并与 SOMP 算法、MO-AltMin 算法、基于自编码器的混合预编码算法及全数字最优算法的频谱效率的变化曲线进行了比较，由图 7.11 仿真曲线可以明显看出：

(1) 随着发射端的信噪比的不断增加，所有算法的频谱效率均快速增长。

(2) 在信道噪声等于 10 dB 条件下，所提算法的频谱效率明显高于其他算法。

(3) 进一步观察图可知，当信道添加 10 dB 噪声时，所提算法的频谱效率依旧接近于全数字最优预编码算法的频谱效率，而其他算法均受到了噪声影响，性能有所下降，这是因为所提算法对信道噪声具有鲁棒性。

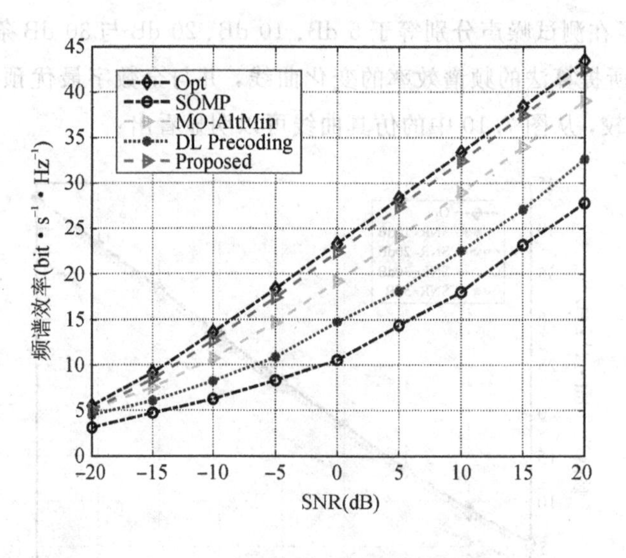

图 7.11　频谱效率与信噪比的关系

7.4　基于深度学习的多用户混合预编码算法

7.4.1　系统模型

图 7.12 所示为多用户大规模 MIMO 系统，其中基站配备有 N_t 根发射天线，每个小区有 K 个用户，每个用户配有 N_r 根接收天线。$\boldsymbol{s}_k \in \mathbb{C}^{d_k \times 1}$ 表示用户 k 的信号向量，$\boldsymbol{F}_k \in \mathbb{C}^{N_t \times d_k}$ 表示用户 k 的预编码矩阵。发射端发出的信号可以表示为

$$\boldsymbol{x} = \sum_{k=1}^{K} \boldsymbol{F}_k \boldsymbol{s}_k \tag{7.37}$$

其中，假设 $\boldsymbol{s}_k$ 服从均值为 0，方差矩阵为单位阵的复高斯分布。

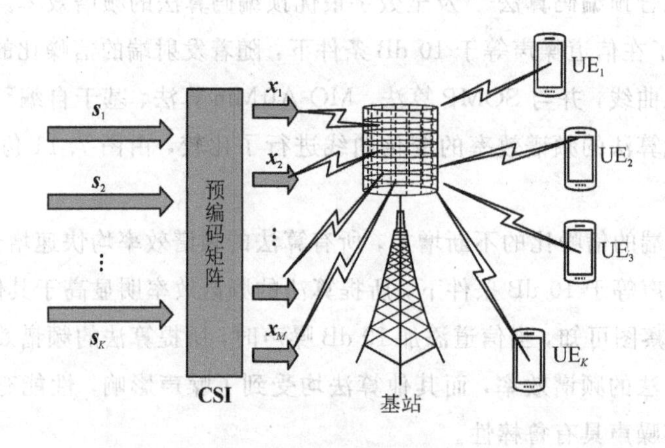

图 7.12　多用户大规模 MIMO 系统

假设一个平坦衰落信道模型，在用户 k 处接收到的信号 $\boldsymbol{y}_k \in \mathbb{C}^{N_r \times 1}$ 可以写成

$$\boldsymbol{y}_k = \boldsymbol{H}_k \boldsymbol{x} + \boldsymbol{n}_k = \boldsymbol{H}_k \boldsymbol{F}_k \boldsymbol{s}_k + \sum_{j=1, j\neq k}^{K} \boldsymbol{H}_k \boldsymbol{F}_j \boldsymbol{s}_j + \boldsymbol{n}_k \quad \forall k \tag{7.38}$$

其中，矩阵 $\boldsymbol{H}_k \in \mathbb{C}^{N_t \times N_r}$ 表示从发射端到用户 k 之间的信道矩阵；$\boldsymbol{n}_k \in \mathbb{C}^{N_r \times 1}$ 表示分布为 $\mathcal{CN}(0, \sigma_{i_k}^2 \boldsymbol{I})$ 的高斯加性白噪声；$\boldsymbol{H}_k \boldsymbol{F}_k \boldsymbol{s}_k$ 表示用户 k 的期望信号；$\sum_{j=1, j\neq k}^{K} \boldsymbol{H}_k \boldsymbol{F}_j \boldsymbol{s}_j$ 表示多用户干扰。假设不同用户的信号向量彼此独立，所有信号向量和噪声也独立。

在本节问题中，将多用户干扰作为噪声处理，接收端采用线性接收波束赋形，$\boldsymbol{U}_k \in \mathbb{C}^{d_k \times N_r}(\forall k)$。用户端估计信号 $\hat{\boldsymbol{s}}_k \in \boldsymbol{U}_k^{\mathrm{H}} y_k (\forall k)$ 可以表示为 $\hat{\boldsymbol{s}}_k \in \boldsymbol{U}_k^{\mathrm{H}} y_k (\forall k)$，其中，一个基本问题是找到预编码矩阵 $\{\boldsymbol{F}_k\}$，能够使得系统的加权和速率在发射端总功率约束下最大化，其中总功率约束是由发射端发射功率限制的。数学上，可将问题写成如下形式：

$$\begin{cases} \max\limits_{\boldsymbol{F}_k} \sum\limits_{k=1}^{K} \alpha_k R_k \\ \text{s.t.} \sum\limits_{k=1}^{K} \mathrm{tr}(\boldsymbol{F}_k \boldsymbol{F}_k^{\mathrm{H}}) \leqslant P_{\max} \end{cases} \tag{7.39}$$

其中，$P_{\max}$ 表示基站功率上限；权值 α_k 表示用户 k 在系统中的优先级；R_k 表示用户 k 的速率，可以表示如下：

$$R_k \triangleq \mathrm{lb}\det(\boldsymbol{I} + \boldsymbol{H}_k \boldsymbol{F}_k \boldsymbol{F}_k^{\mathrm{H}} \boldsymbol{H}_k^{\mathrm{H}} (\sum_{j\neq k} \boldsymbol{H}_k \boldsymbol{F}_j \boldsymbol{F}_j^{\mathrm{H}} \boldsymbol{H}_k^{\mathrm{H}} + \sigma_k^2 \boldsymbol{I})^{-1}) \tag{7.40}$$

式(7.39)在数学上是一个典型的非凸非线性优化问题。经典的 WMMSE 算法是目前求解这类问题的最有效方法之一。其核心思想可以归结如下：通过引入权重矩阵变量，将加权和速率最大化问题转化为等价的加权 MSE 最小化问题进行求解[14]，即式(7.39)可以转换为如下的等价 WMMSE 形式：

$$\max_{\boldsymbol{W}_k, \boldsymbol{F}_k, \boldsymbol{U}_k} \sum_{k=1} (\mathrm{lb}\det(\boldsymbol{W}_k) - \mathrm{tr}(\boldsymbol{W}_k \boldsymbol{E}_k)) \tag{7.41}$$

其中，$\boldsymbol{W}_k$ 和 $\boldsymbol{E}_k$ 分别为权重矩阵 MSE 矩阵。对式(7.41)做块坐标下降，依次迭代 $\boldsymbol{F}_k$、$\boldsymbol{U}_k$ 和 $\boldsymbol{W}_k$，即

$$\boldsymbol{F}_k = (\sum_k \frac{\sigma_k^2}{P_t} \mathrm{tr}(\boldsymbol{U}_k \boldsymbol{W}_k \boldsymbol{U}_k^{\mathrm{H}}) \boldsymbol{I} + \sum_m \boldsymbol{H}_m^{\mathrm{H}} \boldsymbol{U}_m \boldsymbol{W}_m \boldsymbol{U}_m^{\mathrm{H}} \boldsymbol{H}_m^{\mathrm{H}})^{-1} \boldsymbol{H}_k^{\mathrm{H}} \boldsymbol{U}_k \boldsymbol{W}_k \tag{7.42}$$

$$\boldsymbol{U}_k = \left(\sigma_k^2 \frac{\sum\limits_k \mathrm{tr}(\boldsymbol{F}_k \boldsymbol{F}_k^{H})}{P_t} \boldsymbol{I} + \sum_m \boldsymbol{H}_k \boldsymbol{F}_m \boldsymbol{V}_m^{\mathrm{H}} \boldsymbol{H}_k^{\mathrm{H}} \right)^{-1} \boldsymbol{H}_k \boldsymbol{F}_k \tag{7.43}$$

$$\boldsymbol{W}_k = (\boldsymbol{E}_k)^{-1} \tag{7.44}$$

重复上述迭代过程，直至算法收敛。

7.4.2 基于深度学习的多用户混合预编码算法

1. 神经网络的输入输出设计

在多用户系统中，发射天线的数目 N_t 比较大，且通常情况下发射天线数远远大于用户

数（$N_t \geqslant N_r$），由式(7.42)不难看出，预编码矩阵 $\boldsymbol{F}_k$ 的维度与 N_t 直接相关[15]。如果直接使用信道矩阵 $\boldsymbol{H}$ 作为系统的输入，将预编码矩阵 $\boldsymbol{F}_k$ 作为系统的输出，则神经网络的输出维度将变得很高，从而使得网络的训练变得非常困难。而在 WMMSE 算法迭代的过程中，$\boldsymbol{F}_k$ 由 $\{\boldsymbol{U}_k, \boldsymbol{W}_k\}$ 唯一决定，且 $\{\boldsymbol{U}_k, \boldsymbol{W}_k\}$ 的维度与发射天线的数目 N_t 无关。所以，将 $\{\boldsymbol{U}_k, \boldsymbol{W}_k\}$ 作为神经网络的输出，可大大降低网络输出的维度。

表 7.3 列出了不同的网络输出维度比较。由表 7.3 可以看出，将 $\{\boldsymbol{U}_k, \boldsymbol{W}_k\}$ 作为神经网络的输出可以大大降低神经网络的训练难度。

表 7.3 不同的网络输出维度比较

网络输出	输出维度
$\boldsymbol{F}_k$	$2\times(N_t \times d_k)$
$\boldsymbol{U}_k$ 和 $\boldsymbol{W}_k$	$2\times(N_r \times d_k + d_k \times d_k)$

2. 低复杂度预编码学习模型

为降低传统优化迭代算法进行预编码的计算复杂度，我们尝试了基于深度学习的预编码方法，采用监督学习的方法进行网络训练[16]。监督学习是训练波束赋形神经网络最直接的方法。在监督学习中采用了较简单的神经网络模型(MLP 和 CNN)。训练样本通过 WMMSE 算法直接产生。

对于 MLP 网络来说，由于网络的输入 $\boldsymbol{H}$ 是一个高维的复数矩阵，考虑把高维矩阵拉伸成一维的张量来处理。考虑到原输入是一个复数矩阵，同时也把复数的实部和虚部也拼接成一维张量。在 MLP 网络中选择 Adam 和 MSE 分别作为优化器和损失函数。网络模型示意图如图 7.13 所示。

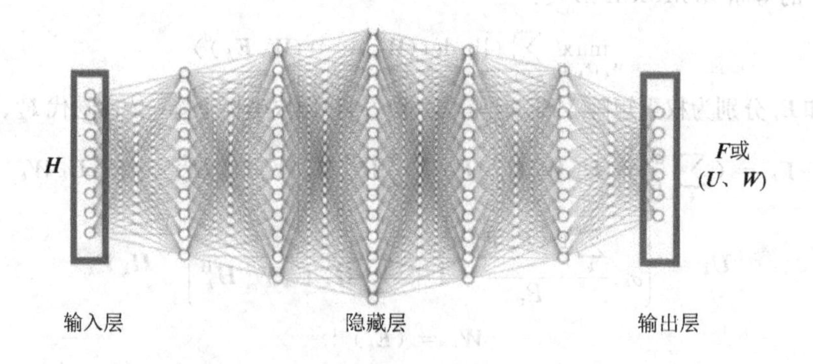

图 7.13 MLP 网络结构

同样地，对于 CNN 网络来说，也采取类似的操作，把复数矩阵扩张成一个张量，类似于一张 RGB 图像，但是在这里只有两个通道，一个代表实部，另一个代表虚部。但是，与传统的具有卷积和池化层的图像处理不同，CNN 网络不会使用池化层，因为它可能会导致信息丢失，从而影响学习效果。在 CNN 网络中同样选择 Adam 和 MSE 分别作为优化器和损失函数。CNN 网络模型如图 7.14 所示。

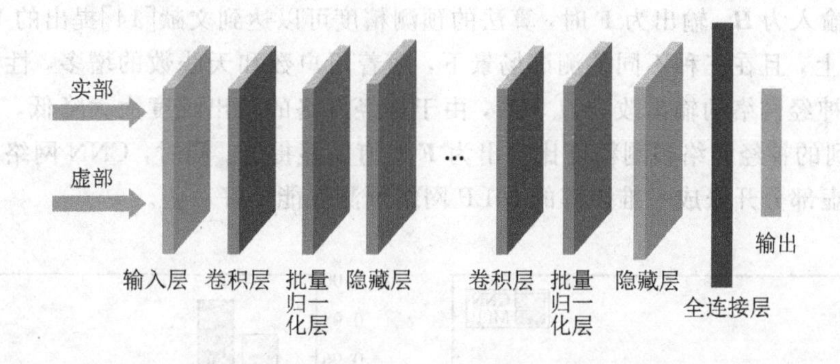

图 7.14　CNN 网络结构

7.4.3　仿真实验及性能分析

所采用的深度学习框架是 Keras，基于 python3.60 语言，服务器系统为 ubuntu16.04。硬件平台是所在实验室的服务器，它配备了两个 Intel Xeon Gold 6148 处理器，384 G 内存，四块 NVIDIA GeForce RTX2080Ti 显卡。在训练过程步长设置为 0.001，batch_size=512，将整个数据集迭代 500 轮。

1. 实验数据产生

信道矩阵 $\boldsymbol{H}$ 是由大尺度衰落和小尺度衰落组成，大尺度衰落中的路径损耗参照公式：[128+37.6lg(ω)]dB，其中 ω 是用户和基站之间的距离(范围为 0.1～0.3 km)。噪声功率对每个用户均相同，可以由计算得到，在此信噪比 SNR 设置为 20 dB，假定每个用户的优先级和发送的流数均相同，即 $\alpha_k=1$ 且 $d_k=N_r=2$。

训练样本集采用经典的 WMMSE 算法由 MATLAB 产生，一共包含 50 000 条样本数据，其中训练集 45 000 条，测试集 5000 条。监督学习仿真实验主要基于表 7.4 的测试场景进行的。

表 7.4　三种主要的测试场景

场景	N_t	K
1	8	2
2	8	4
3	32	12

2. 仿真结果及分析

为了测试用神经网络预测出的预编码器 $\boldsymbol{F}_k$ 的性能，将其预测的输出带入到目标函数，并且定义如下精度：

$$f(\boldsymbol{H},\boldsymbol{F}_k)\triangleq\sum_{k=1}^{K}\alpha_k\hat{R}(\boldsymbol{H},\boldsymbol{F}_k) \tag{7.45}$$

$$\text{Accuracy}\triangleq\frac{f(\boldsymbol{H},\boldsymbol{F}_{\text{predict}})}{(\boldsymbol{H},\boldsymbol{F}_{\text{true}})} \tag{7.46}$$

其中，$\boldsymbol{F}_{\text{predict}}$为预测预编码矩阵；$\boldsymbol{F}_{\text{true}}$为真实预编码矩阵。从图 7.15 和图 7.16 中可以看到，当神经网络输入为$\boldsymbol{H}$，输出为$\boldsymbol{F}$时，算法的预测精度可以达到文献[14]提出的 WMMSE 算法的 90%以上，且在三种不同的测试场景下，随着用户数和天线数的增多，性能只是略有下降[14]。把神经网络的输出改为$\boldsymbol{U}$、$\boldsymbol{W}$，由于神经网络的输出维度大大降低，网络更易训练，最终得到的神经网络预测精度比输出为$\boldsymbol{F}$时有明显提升。同时，CNN 网络比简单的把信道矩阵实虚部分开张成一维矩阵的 MLP 网络预测性能更好一些。

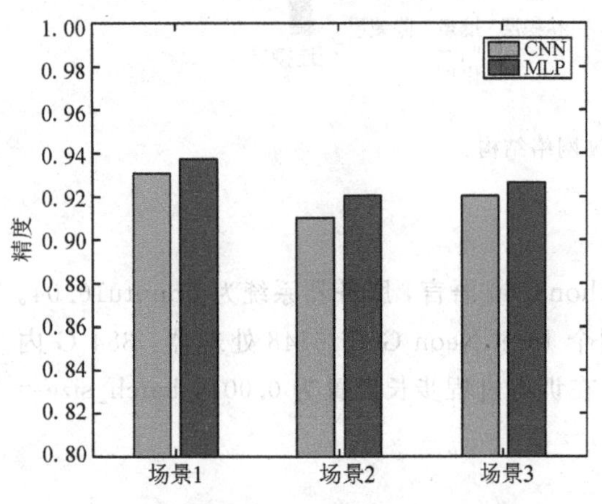

图 7.15　网络输出为 $\boldsymbol{F}$ 时算法预测精度

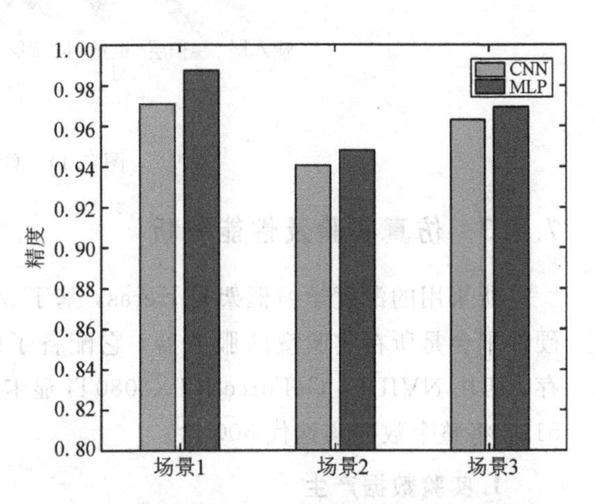

图 7.16　网络输出为 $\boldsymbol{U}$、$\boldsymbol{W}$ 时算法预测精度

由图 7.17 可以看出，在三种不同的测试场景下，MLP 网络和 CNN 网络比传统的 WMMSE 算法所需算法执行时间更少。而且，随着发射端天线数 N_t 和用户数 K 的增加，MLP 网络和 CNN 网络所消耗的时间变化不大，但是 WMMSE 算法的计算复杂度与 N_t 的三次方成正比，故其所消耗的时间大大增加[17-28]。

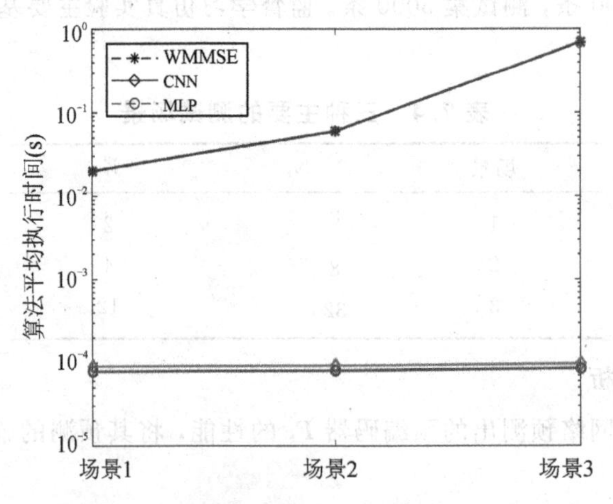

图 7.17　三种不同测试场景下算法执行时间

7.5 本章小结

毫米波大规模 MIMO 技术是第五代移动通信(5G)的核心技术之一，在提高系统容量和频谱效率方面起着至关重要的作用。在毫米波大规模 MIMO 系统中，设计实时性强、效率高的资源分配算法是一个非常重要的研究方向。传统的优化和迭代的预编码算法由于其收敛速度较慢，计算复杂度高、频谱效率低等问题，无法满足 5G 及以上系统实时应用的需求，如自动驾驶车辆和关键任务通信等。因此，为了解决延迟、计算复杂度高、频谱效率低等问题，本章给出了相关的基于机器学习的智能混合预编码算法的基础理论与仿真实验及性能分析，主要包括基于机器学习自适应交叉熵的 1 bit 量化移相的自适应连接混合预编码算法、基于深度学习的单用户混合预编码算法、基于深度学习的多用户混合预编码算法。其中，基于机器学习自适应交叉熵的 1 bit 量化移相的自适应连接混合预编码算法将基于机器学习的自适交叉熵优化算法应用于自适应连接结构混合预编码中，改善了自适应连接结构 1 bits 量化移相器的可达和速率性能以及计算复杂度；基于深度学习的单用户混合预编码算法将深度学习应用于毫米波大规模 MIMO 系统预编码过程中，通过设计合理的输入输出数据结构，提高了网络的收敛速度，以及算法的频谱效率与鲁棒性；基于深度学习的多用户混合预编码算法将深度学习方法应用到毫米波大规模 MIMO 系统的波束赋形设计中，采用监督学习的方案，尝试不同的网络结构，通过优化设计网络的输入输出结构，来降低神经网络的输出维度，从而减小模型的训练难度，降低算法的计算复杂度，提高系统的频谱效率。

参考文献

[1] LIANG L，XU W，DONG X. Low-complexity hybrid precoding in massive multiuser MIMO systems[J]. IEEE Wireless Communications Letters，2014，3(6)：653 - 656.

[2] 甘天江，傅友华，王海荣. 毫米波大规模 MIMO 系统中基于机器学习的自适应连接混合预编码[J]. 信号处理，2020，36(5)：677 - 685.

[3] ELAYACH O，RAJAGOPAL S，ABU-SURRA S，et al. Spatially sparse precoding in millimeter wave MIMO systems[J]. IEEE Transactions on Wireless Communications，2014，13(3)：1499 - 1513.

[4] ZHU X，WANG Z，DAI L. Adaptive hybrid precoding for multiuser massive MIMO [J]. IEEE Communications Letters，2016，20(4)：776 - 779.

[5] GAO X，DAI L，SUN Y，et al. Machine learning inspired energy-efficient hybrid precoding for mmWave massive MIMO systems[C]. IEEE International Conference on Communications，2017：1-6.

[6] WU Z，KOLONKO M. Asymptotic properties of a generalized cross-entropy optimization algorithm[J]. IEEE Transactions on Evolutionary Computation，2014，18(5)：658 - 673.

[7] MéNDEZ-RIAL R, RUSU C, ALKHATEEB A, et al. Channel estimation and hybrid combining for mmWave: Phase shifters or switches[C]. Information Theory and Applications Workshop, 2015: 90 - 97.

[8] COSTA A, JONES O D, KROESE D. Convergence properties of the cross-entropy method for discrete optimization[J]. Oper. Res. Lett, 2007, 35(5): 573 - 580.

[9] ELAYACH O, RAJAGOPAL S, ABU-SURRA S, et al. Spatially sparse precoding in millimeter wave MIMO systems [J]. IEEE Transactions on Wireless Communications, 2013, 13(3): 1499 - 1513.

[10] LI X, ALKHATEEB A. Deep learning for direct hybrid precoding in millimeter wave massive MIMO systems[J]. Asilomar Conference on Signals, Systems, and Computers, 2019: 800 - 805.

[11] ELBIR A M. Cnn-based precoder and combiner design in mmwave MIMO systems [J]. IEEE Communications Letters, 2019, 23(7): 1240 - 1243.

[12] YU X, SHEN J C, ZHANG J, et al. Alternating minimization algorithms for hybrid precoding in millimeter wave MIMO systems[J]. IEEE Journal of Selected Topics in Signal Processing, 2016, 10(3): 485 - 500.

[13] HUANG H, SONG Y, YANG J, et al. Deep-learning-based millimeter-wave massive MIMO for hybrid precoding [J]. IEEE Transactions on Vehicular Technology, 2019, 68(3): 3027 - 3032.

[14] SHI Q, RAZAVIYAYN M, LUO Z, et al. An iteratively weighted MMSE approach to distributed sum-utility maximization for a MIMO interfering broadcast channel[J]. IEEE Transactions on Signal Processing, 2011, 59(9): 4331 - 4340.

[15] SUN H, CHAN X, SHI Q, et al. Learning to optimize: Training deep neural networks for interference management [J]. IEEE Transactions on Signal Processing: A publication of the IEEE Signal Processing Society, 2018.

[16] WANI M A, BHAT F A, AFZAL S, et al. Supervised deep learning in fingerprint recognition[M]. Advances in Deep Learning, 2020.

[17] MARZETTA T L, LARSSON E G, HONG Y, et al. Fundamentals of massive MIMO [C]. IEEE International Workshop on Signal Processing Advances in Wireless Communications. IEEE, 2016.

[18] 尤肖虎，潘志文，高西奇，等. 5G移动通信发展趋势与若干关键技术[J]. 中国科学：信息科学，2014，44(5)：551 - 563.

[19] 刘斌，任欢，李立欣. 基于机器学习的毫米波大规模MIMO混合预编码技术[J]. 移动通信，2019，43(8)：8 - 13.

[20] 李国权，杨鹏，林金朝，等. 基于深度学习的MIMO系统联合优化[J]. 重庆邮电大学学报：自然科学版，2019，31(3)：293 - 298.

[21] E G LARSSON, O EDFORS, F TUFVESSON, et al. Massive MIMO for next generation wireless systems[J]. IEEE Communications Magazine, 2014, 52(2):

186 - 195.

[22] HUANG H, XIA W, XIONG J, et al. Unsupervised learning-based fast beamforming design for downlink MIMO[J]. IEEE Access, 2018.

[23] XIA W, ZHENG G, ZHU Y, et al. A deep learning framework for optimization of MISO downlink beamforming[J]. IEEE Transactions on Communications, 2019.

[24] KERRET P D, GESBERT D. Robust decentralized joint precoding using team deep neural network[C]. International Symposium on Wireless Communication Systems (ISWCS), 2018.

[25] 张智强. 基于深度学习的多用户 Massive MIMO 预编码方法[J]. 移动通信, 2020, 44 (5): 16 - 20.

[26] ER M J, ZHOU Y. Theory and Novel Applications of Machine Learning[M]. In Tech, 2009.

[27] HUTTON D M. The cross-entropy method: a unified approach to combinatorial optimization, monte-carlo simulation and machine learning[J]. Kybernetes, 2005, 34(6):903 - 903.

[28] HUANG X, XU W, XIE G, et al. Learning oriented cross-entropy approach to user association in load-balanced het net [J]. IEEE Wireless Communications Letters, 2018, 7(6): 1014 - 1017.

附录 数学符号说明

符号	说明
a	标量
$\lfloor a \rfloor$	标量 a 向下取整
$\boldsymbol{a}$	向量 $\boldsymbol{a}$
$a(i)$	向量 $\boldsymbol{a}$ 的第 i 个元素
$\\|\boldsymbol{a}\\|$	向量 $\boldsymbol{a}$ 的欧氏范数
$\\|\boldsymbol{a}\\|_0$	向量 $\boldsymbol{a}$ 的 0 范数
$\mathrm{diag}\{\boldsymbol{a}\}$	向量 $\boldsymbol{a}$ 的所有元素作为对角元素构成的对角矩阵
$\boldsymbol{A}$	矩阵
A_{ij}	矩阵 $\boldsymbol{A}$ 第 i 行第 j 列元素
$\boldsymbol{A}_{i,:}$	矩阵 $\boldsymbol{A}$ 第 i 行
$\boldsymbol{A}_{:,i}$	矩阵 $\boldsymbol{A}$ 第 i 列
$\boldsymbol{A}_{i:j,:}$	矩阵 $\boldsymbol{A}$ 第 i 行至第 j 行组成的矩阵
$\boldsymbol{A}_{:,i:j}$	矩阵 $\boldsymbol{A}$ 第 i 列至第 j 列组成的矩阵
$\boldsymbol{A}^{\mathrm{T}}$	矩阵 $\boldsymbol{A}$ 的转置
$\boldsymbol{A}^{*}$	矩阵 $\boldsymbol{A}$ 的共轭
$\boldsymbol{A}^{\mathrm{H}}$	矩阵 $\boldsymbol{A}$ 的共轭转置
$\boldsymbol{A}^{-1}$	矩阵 $\boldsymbol{A}$ 的逆
$\boldsymbol{A}^{\dagger}$	矩阵 $\boldsymbol{A}$ 的 Moore-Penrose 逆
$\det(\boldsymbol{A})$	矩阵 $\boldsymbol{A}$ 的行列式
$\mathrm{vec}(\boldsymbol{A})$	矩阵 $\boldsymbol{A}$ 的向量化
$\mathrm{rank}(\boldsymbol{A})$	矩阵 $\boldsymbol{A}$ 的秩
$\lambda_{\max}(\boldsymbol{A})$	矩阵 $\boldsymbol{A}$ 的最大特征值
$R(\boldsymbol{A})$	矩阵 $\boldsymbol{A}$ 的列空间
$N(\boldsymbol{A})$	矩阵 $\boldsymbol{A}$ 的零空间
$\\|\boldsymbol{A}\\|_{\mathrm{F}}$	矩阵 $\boldsymbol{A}$ 的 Frobenius 范数
$\mathrm{Re}\{\boldsymbol{A}\}$	矩阵 $\boldsymbol{A}$ 所有元素的实部组成的矩阵
$\mathrm{Im}\{\boldsymbol{A}\}$	矩阵 $\boldsymbol{A}$ 所有元素的虚部组成的矩阵

符号	说明
$\angle \boldsymbol{A}$	矩阵 $\boldsymbol{A}$ 所有元素的辐角组成的矩阵
$\mathrm{tr}\{\boldsymbol{A}\}$	矩阵 $\boldsymbol{A}$ 的迹
$\mathrm{diag}\{\boldsymbol{A}_1 \quad \cdots \quad \boldsymbol{A}_N\}$	矩阵 $\boldsymbol{A}_1 \quad \cdots \quad \boldsymbol{A}_N$ 作为对角块构成的块对角矩阵
$\mathrm{diag}\{\boldsymbol{A}\}$	矩阵 $\boldsymbol{A}$ 的对角元素构成的对角矩阵
$\boldsymbol{A} \otimes \boldsymbol{B}$	矩阵 $\boldsymbol{A}$ 和 $\boldsymbol{B}$ 的 Kronecker 积
$\boldsymbol{I}$	单位矩阵
$\mathbb{R}$	实数域
$\mathbb{C}$	复数域
$\mathscr{A}$	集合
$\lvert\mathscr{A}\rvert$	集合 $\mathscr{A}$ 中元素的个数
$\mathscr{A} \backslash \mathscr{B}$	集合 $\mathscr{A}$ 与 $\mathscr{B}$ 的差集
$\mathscr{A} \cup \mathscr{B}$	集合 $\mathscr{A}$ 与 $\mathscr{B}$ 的并集
$\bigcup_{i=1}^{N} \mathscr{A}_i$	集合 $\mathscr{A}_1 \cdots \mathscr{A}_N$ 的并集
$E\{\cdot\}$	随机变量的期望
$\inf f(x)$	函数 $f(x)$ 的下确界
$\lvert\cdot\rvert$	绝对值、求模运算符或集合的势
$\varnothing$	空集
$\boldsymbol{I}_K$	$K \times K$ 的单位矩阵

后　记

移动通信系统的演进与社会发展相辅相成，一方面社会发展中不断出现的新兴需求刺激着移动通信系统的进步；另一方面移动通信系统数据传输能力的提升为社会发展提供了更多的可能性。近年来，移动网络和智能终端的普及使得移动医疗、自动驾驶、智能家居、虚拟现实等新应用不断涌现，人们的生活方式也随之发生了改变。移动网络与智能终端对数据传输速率的需求持续高速增长，导致无线通信对频谱资源的需求不断增加，从而使得适合于无线通信的频谱资源变得日益稀缺。无线通信面临着如何满足未来高密度、大容量传输的巨大挑战，而这些问题已经成为制约无线通信发展的新瓶颈。利用毫米波大规模MIMO系统混合预编码技术实现超宽带、低时延、高速率和海量连接的业务需求是无线通信技术的重要发展方向。

毫米波大规模MIMO系统混合预编码的概念一经提出便受到了业界的广泛关注。其涉及的理论和相应算法成为国内外通信产业和学术界的研究热点，我国也高度重视无线通信系统的混合预编码相关研究。目前，我国的毫米波大规模MIMO系统混合预编码在无线通信系统领域已经取得了很多重要的研究成果，处于国际先进水平，在ITU、IEEE等国际标准化组织的相关标准化中取得了较重要的话语权。

本人的课题研究组是国内开展毫米波大规模MIMO无线通信系统混合预编码课题的研究组之一，致力于毫米波大规模MIMO系统混合预编码相关理论及算法的攻关、实现和应用推广。本书是近年来在毫米波大规模MIMO无线通信系统混合预编码领域研究成果的提炼和整理，部分研究成果填补了混合预编码相关领域的空白。

本书主要以本人主持的国家自然科学基金(61971117)、河北省自然科学基金(F2020501007)、教育部基本科研业务费重大(重点)学科研究引导项目(N172302002)等科研工作为支撑。本书针对国内外有关毫米波大规模MIMO系统混合预编码研究热点问题，根据课题组的最新科研成果，由浅入深地介绍毫米波大规模MIMO系统混合预编码的相关理论与优化算法，主要包括利用带有恒模约束的矩阵列向量优化的单用户混合预编码算法、适用于部分连接的低计算复杂度的多用户非线性混合预编码算法、高能效自适应高能效的混合预编码结构与算法、基于神经网络等的智能混合预编码算法等。为加强读者对毫米波大规模MIMO系统混合预编码相关理论和算法的理解，本书相关章节给出了详细的混合预编码理论、系统模型、算法原理、仿真实验及性能分析等，通过仿真实验，验证了所提相关理论和算法在毫米波大规模MIMO系统混合预编码时可提高频谱效率、降低系统功耗、增强鲁棒性等方面的可靠性和有效性。

本书是国内为数不多的全面论述毫米波大规模 MIMO 无线通信系统混合预编码相关理论与算法的专著。本书结构完整、层次清晰，具有很高的学术性、系统性和可读性。相信本书的出版，将为我国毫米波大规模 MIMO 混合预编码无线通信系统研究和应用起到积极的推动作用，并进一步促进我国无线通信的持续高速发展。

刘福来

2021 年 5 月